计算复杂性

[美] 克里斯特斯 H. 帕帕季米特里乌（Christos H. Papadimitriou） 著

朱洪 彭超 卜天明 等译

Computational Complexity

机械工业出版社
China Machine Press

图书在版编目（CIP）数据

计算复杂性 /（美）帕帕季米特里乌（Papadimitriou, C. H.）著，朱洪等译．—北京：机械工业出版社，2015.10

（计算机科学丛书）

书名原文：Computational Complexity

ISBN 978-7-111-51735-1

I. 计… II. ① 帕… ② 朱… III. 计算复杂性 IV. TP301.5

中国版本图书馆 CIP 数据核字（2015）第 237779 号

本书版权登记号：图字：01-2015-0263

计算复杂性是计算机科学中思考为什么有些问题用计算机难以解决的领域，是理论计算机科学研究的重要内容。本书重点介绍复杂性的计算、问题和逻辑。本书包含五部分：第一部分介绍算法，包括问题与算法、图灵机、不可判定性；第二部分介绍逻辑学，包括布尔逻辑、一阶逻辑和逻辑中的不可判定性；第三部分介绍 **P** 和 **NP**，包括复杂性类之间的关系、归约和完备性、**NP** 完全问题、**coNP** 和函数问题、随机计算、密码学、可近似性等；第四部分介绍 **P** 内部的计算复杂性，包括并行计算、对数空间；第五部分介绍 **NP** 之外的计算复杂性类，包括多项式谱系、计数的计算、多项式空间等。

本书不需要数学预备知识。每章最后一节包括相关的注解、参考文献和问题，很多问题涉及更深的结论和研究。本书适合于作为高年级本科生和低年级研究生计算复杂性理论课程的教材。

出版发行：机械工业出版社（北京市西城区百万庄大街 22 号 邮政编码：100037）

责任编辑：盛思源　　责任校对：殷　虹

印　　刷：中国电影出版社印刷厂　　版　　次：2016 年 1 月第 1 版第 1 次印刷

开　　本：185mm×260mm 1/16　　印　　张：21.25

书　　号：ISBN 978-7-111-51735-1　　定　　价：119.00 元

凡购本书，如有缺页、倒页、脱页，由本社发行部调换

客服热线：(010) 88378991 88361066　　投稿热线：(010) 88379604

购书热线：(010) 68326294 88379649 68995259　　读者信箱：hzjsj@hzbook.com

文艺复兴以来，源远流长的科学精神和逐步形成的学术规范，使西方国家在自然科学的各个领域取得了垄断性的优势；也正是这样的优势，使美国在信息技术发展的六十多年间名家辈出、独领风骚。在商业化的进程中，美国的产业界与教育界越来越紧密地结合，计算机学科中的许多泰山北斗同时身处科研和教学的最前线，由此而产生的经典科学著作，不仅擘划了研究的范畴，还揭示了学术的源变，既遵循学术规范，又自有学者个性，其价值并不会因年月的流逝而减退。

近年，在全球信息化大潮的推动下，我国的计算机产业发展迅猛，对专业人才的需求日益迫切。这对计算机教育界和出版界都既是机遇，也是挑战；而专业教材的建设在教育战略上显得举足轻重。在我国信息技术发展时间较短的现状下，美国等发达国家在其计算机科学发展的几十年间积淀和发展的经典教材仍有许多值得借鉴之处。因此，引进一批国外优秀计算机教材将对我国计算机教育事业的发展起到积极的推动作用，也是与世界接轨、建设真正的世界一流大学的必由之路。

机械工业出版社华章公司较早意识到“出版要为教育服务”。自 1998 年开始，我们就将工作重点放在了遴选、移译国外优秀教材上。经过多年的不懈努力，我们与 Pearson，McGraw-Hill，Elsevier，MIT，John Wiley & Sons，Cengage 等世界著名出版公司建立了良好的合作关系，从他们现有的数百种教材中甄选出 Andrew S. Tanenbaum，Bjarne Stroustrup，Brain W. Kernighan，Dennis Ritchie，Jim Gray，Afred V. Aho，John E. Hopcroft，Jeffrey D. Ullman，Abraham Silberschatz，William Stallings，Donald E. Knuth，John L. Hennessy，Larry L. Peterson 等大师名家的一批经典作品，以“计算机科学丛书”为总称出版，供读者学习、研究及珍藏。大理石纹理的封面，也正体现了这套丛书的品位和格调。

“计算机科学丛书”的出版工作得到了国内外学者的鼎力相助，国内的专家不仅提供了中肯的选题指导，还不辞劳苦地担任了翻译和审校的工作；而原书的作者也相当关注其作品在中国的传播，有的还专门为其书的中译本作序。迄今，“计算机科学丛书”已经出版了近两百个品种，这些书籍在读者中树立了良好的口碑，并被许多高校采用为正式教材和参考书籍。其影印版“经典原版书库”作为姊妹篇也被越来越多实施双语教学的学校所采用。

权威的作者、经典的教材、一流的译者、严格的审校、精细的编辑，这些因素使我们的图书有了质量的保证。随着计算机科学与技术专业学科建设的不断完善和教材改革的逐渐深化，教育界对国外计算机教材的需求和应用都将步入一个新的阶段，我们的目标是尽善尽美，而反馈的意见正是我们达到这一终极目标的重要帮助。华章公司欢迎老师和读者对我们的工作提出建议或给予指正，我们的联系方法如下：

华章网站：www.hzbook.com
电子邮件：hzjsj@hzbook.com
联系电话：（010）88379604
联系地址：北京市西城区百万庄南街 1 号
邮政编码：100037

华章科技图书出版中心

经过多年努力，本书终于翻译完成了。作者 Papadimitriou 为著名的理论计算机科学家，对计算复杂性有着比较全面而深刻的见解，因此本书内容也颇为深奥。在长期的翻译和学习中，我们体会到该书对于从事计算理论研究的相关人员来说确实是一本优秀的基础参考书，认真学习本书的读者必能受益匪浅。我们在翻译过程中也是收获良多，补习了不少原先忽略的知识。本书总结了截至 1994 年计算理论领域中的最新研究成果，其中有概率可验证证明（PCP）、零知识证明（Zeroknowledge proof system）等当时极其前沿并且对日后的学科发展起到关键性作用的内容，本书对这些专门知识给予了简洁的阐释。

读者通过本书的阅读和习题，可以对 20 世纪 90 年代中期的计算理论发展脉络有一个比较清楚的了解，从而打下良好的研究基础。但是，由于目前已经是 21 世纪 10 年代了，而计算理论在最近 20 多年里又有了蓬勃的发展，所以译者建议想进一步了解计算理论的读者可以补充阅读以下书籍：

- Sanjeev Arora and Boaz Barak. Computational Complexity：A Modern Approach. Cambridge University Press，2009.
- Oded Goldreich. Computational Complexity：A Conceptual Perspective. Cambridge University Press，2008.
- Mikhail J. Atallah and Marina Blanton. Algorithms and Theory of Computation Handbook. CRC Press，2009.

对于 NP 难优化问题的近似算法和难近似性，译者推荐补充阅读以下两本书：

- Giorgio Ausiello，Pierluigi Crescenzi，Giorgio Gambosi，Viggo Kann，Alberto Marchetti-Spaccamela and Marco Protasi. Complexity and Approximation：Combinatorial Optimization Problems and Their Approximabiltiy Properties. Springer，2003.
- Vijay V. Vazirani. Approximation Algorithm. Springer，2001.

近 30 年来，量子计算、量子复杂性和算法得到长足的发展，并且具有远大的潜力，译者推荐如下两本书和一篇综述：

- Michael A. Nielson and Isaac L. Chuang. Quantum Computation and Quantum Information. Cambridge University Press，2000.
- Jozef Gruska. Quantum Computing，McGraw-Hill，New York，1999.
- Lance Fortnow. One Complexity Theorist's View of Quantum Computing. Theoretical Computer Science，Vol 292，pp. 597-610，2003.

在参数复杂性和算法机制设计方面，译者推荐两篇代表性综述：

- Rod Downey. Basic Parametric Complexity II：Intractability. Victoria University. Wellington. Isaac Newton Institute，Cambridge，LATA，March 2012.
- Noam Nisan and Amir Ronen. Algorithmic mechanism design. Proceedings of the Thirty-First Annual ACM Symposium on Theory of Computing，pp. 129-140，1999.

最后，作为补充阅读，译者还推荐以下两本中文书籍：

◦ 堵丁柱，葛可一，王洁．计算复杂性导论．高等教育出版社，2002.

◦ 堵丁柱，葛可一，胡晓东．近似算法的设计与分析．高等教育出版社，2011.

全书译者分工如下：前言和第 1、2、3 章由倪盛宇和朱洪翻译，第 4、5、6 章由彭超翻译，第 7、8、11、12、14、20 章由朱洪翻译，第 9 章由王怡慧翻译，第 10、13 章由陈崇琛翻译，第 15、16、17、18 章由卜天明翻译，第 19 章由卜天明、陈崇琛、王怡慧、朱洪各译一节。由于译者较多，译稿难免有不统一和不准确之处，欢迎读者随时通过电子邮件 hzhu@fudan. edu. cn 提出宝贵意见。

译者

前 言

Computational Complexity

我仅仅希望简单叙述
请赋予我这一特权
因为我们已经被灌输了带有这么多音乐的歌声
音乐正在沉沦
而我们的艺术变得如此矫饰
以至于装饰品已经腐蚀了她的容颜
是时候说一些简单的语言了
因为明天我们的心灵将起帆远航
——Giorgos Seferis

本书适合作为低年级研究生或者高年级本科生学习计算复杂性理论的教材。计算复杂性是计算机科学中思考为什么有些问题用计算机难以解决的领域。这个领域以前几乎不存在，而现在却迅速扩展，并构成了理论计算机科学研究活动的主要内容。现在没有一本书可以全面介绍复杂性——当然也包括这本书在内。本书只是包含了我认为可以清楚和相对简单地表示的结果以及在我看来是复杂性领域的中心内容。

我认为复杂性是计算（复杂性类）和应用（问题）之间复杂而核心的部分。开篇就向读者灌输这一观点有点为时过早，不过我还是要冒险一试，而且这也将是全书 20 章中反复强调的观点。完全性的结论明显是这一进展的中心环节。逻辑也是如此，它能很好地表达和抓住计算这一概念，是非常重要的应用。因此计算、问题和逻辑是贯穿本书的三大主脉络。

内容

快速浏览目录，第 1 章介绍问题和算法——因为当复杂性与简单性比较时，复杂性最好理解。第 2 章讨论图灵机，同时明确我们的方式将不依赖于机器。第 3 章介绍非确定性（它不仅是复杂性的最高形式，而且还具有重大的方法学影响）。

接着讨论逻辑。这一部分最可能会被复杂性理论同行视为另类。但是它对于我看待复杂性的观点非常重要，对于计算机科学非常基本，又很少作为走向计算机科学家的成功之路看待，所以我感到我必须做一次尝试。第 4 章介绍布尔逻辑（包括 Horn 子句的算法属性，以及布尔电路和香农定理）。第 5 章介绍一阶逻辑及其模型论和证明论，还包括完全性定理，以及足够的二阶逻辑以引出随后的 NP 的 Fagin 特征——非常有用但是往往被忽视，其意义相当于 Cook 定理。第 6 章是对 Gödel 不完全性定理的独立证明，该证明是逻辑表达计算早期的重要例子。

然后重点介绍复杂性。第 7 章介绍已知的复杂性类之间的关系——包括 Savitch 和 Immerman-Szelepscényi 关于空间复杂性的定理。第 8 章介绍归约和完全性概念，紧接着，作为例子，介绍 Cook 定理和电路值问题的 P 完全性，同时比较用逻辑表示 **P** 和 **NP** 的特征。第 9 章包含很多 **NP** 完全的结果，同时介绍各种证明方法。第 10 章讨论 **coNP** 和函数问题。第 11 章介绍随机算法、与之对应的复杂性类以及用现实随机源的实现方法。电路和它们与复杂性、随机化的关系也在此介绍。第 12 章很简短，粗略介绍密码学和协议。第 13 章讨论近似算法，以及最近通过概率可验证性证明得出的一些不可行性方面的结果。另一方面，第 14 章讨论 $\mathbf{P} \stackrel{?}{=} \mathbf{NP}$ 问题的结构性方面，比如，中间度、同构、稠密性和谕示。它还包含了 Razborov 关于单调电路的下界证明。

第 15 章进一步关注 **P**、并行算法及其复杂性，第 16 章重点讨论对数空间，包括无向图路径的随机游走算法。最后，除了 **NP** 以外，第 17 章给出多项式谱系（包括优化问题的 Krentel 特征）；第 18 章讲述计数问题和关于积和式的 Valiant 定理；第 19 章介绍多项式空间的许多方面（最有趣的是关于交互式协议的 Shamir 定理）；本书最后对难解性领域做了简短展望。

本书并没有特别的数学基础要求——除了要有一定程度的“数学成熟度”，而数学成熟度这个名词，一般不在序言中给予定义。所有的定理都从基本原理给予证明（除了第 13 章关于近似性引用了两个定理外），同时更多的相关结果在每章最后一节中说明。证明和构造经常会比文献里讲述的简单得多。实际上，本书包含了多个与复杂性相关的主题或专题简介：基础数论（用来证明 Pratt 定理），Solovay-Strassen 素数测定和 RSA 密码协议（第 10、11、12 章）；基础概率（第 11 章和其他章节）；组合数学和概率方法（第 10、13、14 章）；递归理论（第 3、14 章）；逻辑（第 4、5、6 章）。由于复杂性问题总是和相对应的算法概念的全面发展联系在一起（第 1 章的有效算法，第 11 章的随机算法，第 13 章的近似算法和第 15 章的并行算法），所以本书也可以作为算法引论——虽然仅仅粗略分析，但是可以应用在各种情况。

注解和问题

每章的最后一节包含了相关的文献、注解、练习和问题。很多问题涉及更深的结论和课题。就我看来，这是一章中最重要的部分（经常也是最长的），读者应该将它作为本书的一部分来阅读。它经常给出历史观点，并把该章放到了更广泛的领域中。所有这些题目都是可做的，至少在提示下去图书馆查阅答案（我已经发现这样做至少对我的学生来说，不亚于另一次智商测验）。对这些题目没有标记难易，不过对于真正的难题还是给出了警示标记。

教学

本书的重点显然是复杂性，所以我们将它设计成（以及用作）计算机科学家关于计算理论的入门级读物。我和我的同事在过去的三年中用它作为加州大学圣地亚哥分校硕士研究生第一年为期 10 周的教材。前两周学习前 4 章，这些内容对于本科生来说，一般都已熟悉。逻辑学安排在紧接着的 3 周中，经常省略完全性证明。剩下的 5 周学习第 7 章，作为 NP 完全性的严格训练（不包括在该校的算法课内），选择第 11～14 章中的一两节。一学期的课程可以涵盖以上 4 章。如果你想跳过逻辑学部分，可以加上第 15 章（然而，我相信这样做会错过本书相当好的一部分内容）。

本书至少还可以用于两门课程：前 9 章的主题对于计算机科学家很关键，所以它可以自豪地替代高年级本科生初级理论课程中的自动机和形式语言（特别是，因为现在的编译课程都已独立出来）。我也两次使用后面的 11 章作为理论方向的第二学期课程，其目标是带领有兴趣的研究生进入复杂性的研究课题——或者至少帮助他们成为计算机理论会议上见多识广的听众。

感谢

我关于复杂性的想法是我的老师、学生和同事长期鼓舞和启迪的结果。我非常感谢所有这些人：Ken Steiglitz、Jeff Ullman、Dick Karp、Harry Lewis、John Tsitsiklis、Don Knuth、Steve Vavasis、Jack Edmonds、Albert Meyer、Gary Miller、Patrick Dymond、Paris Kanellakis、David Johnson、Elias Koutsoupias（他也在图表、最后检查和索引上给予我很多帮助）、Umesh Vazirani、Ken Arrow、Russell Impagliazzo、Sam Buss、Milena Mihail、Vijay Vazirani、Paul Spirakis、Pierluigi Crescenzi、Noga Alon、Stathis Zachos、Heather Woll、Phokion Kolaitis、Neil Immerman、Pete Veinott、Joan Feigenbaum、Lefteris Kirousis、Deng Xiaotie、Foto Afrati、Richard Anderson，最主要的是 Mihalis Yannakakis 和 Mike Sipser。他们阅读了本书的草稿并提出了建设性意见、想法和建议——否则就会让我为他们的沉默而紧张。在所有对我的课件提出评论的学生中，我记得名字的只有 David Morgenthaller、Goran Gogic、Markus Jacobsson 和 George Xylomenos（但我记住了其余人的笑容）。最后，感谢 Richard Beigel、Matt Wong、Wenhong Zhu 和他们在耶鲁的复杂性班，他们找出了本书初稿中的许多错误。自然，我对剩下的错误负责——尽管我认为我的朋友当初可以找出更多的错误。

我非常感激 Martha Sideri 的鼓励和支持，以及她的注解、看法和封面设计。

我在加州大学圣地亚哥分校工作时完成本书，但这期间我也访问了 AT&T 公司的贝尔实验室、Bonn 大学、Saarbrücken 的 Max-Planck 研究所、Patras 大学和那里的计算机学院以及巴黎 Sud 大学。我对于算法和复杂性的研究受到美国国家科学基金、Esprit 项目 AlCOM 以及加州大学圣地亚哥分校信息和计算机科学主席 Irwin Mark 和 Joan Klein Jacobs 的资助。

与 Addison-Wesley 的 Tom Stone 及其同事一起完成本书出版是愉快的。最后，我使用了 Don Knuth 的 TeX 排版，我的宏是从 Jeff Ullman 很多年前给我的那些中演变而来的。

Christos H. Papadimitriou

目 录

Computational Complexity

第四部分 P内部的计算复杂性类

第五部分 NP之外的计算复杂性类

第一部分

Computational Complexity

算　　法

算法书都是以复杂性作为最后一章结束的，反之本书以复述算法的某些基本方面作为开始。前3章旨在厘清几个简单的要点：计算问题不仅仅是有待解决的对象，它们本身就是值得研究的课题。问题和算法可以通过数学方法形式化和分析（比如，分别对应于语言和图灵机），而精确的形式化并不重要。多项式时间计算是计算问题中一个重要的期望属性，和直观意义上的实际可解决性联系在一起。许多不同模式的计算可以在多项式效率损失的情况下相互模拟——非确定性是唯一的例外，它看起来需要指数时间来模拟。还有一些问题根本没有算法，无论怎样总是束手无策。

1～2

第 1 章
Computational Complexity

问题与算法

算法是解决问题的一步步详细的方法。但是问题是什么？这一章介绍三个重要例子。

1.1 图的可达性问题

设图 $G=(V,E)$ 由有穷结点集 V 和边集 E 构成，它是结点对集合（如图 1.1 所示，图都是有向有穷图）。许多计算问题都是关于图的。图的最基本问题是：给定图 G 和两个结点 1，$n\in V$，是否存在从 1 到 n 的通路？我们称这为 REACHABILITY（可达性）[㊀]。例如，图 1.1 确实有一条从 1 到 $n=5$ 的通路，即（1，4，3，5）。如果我们把边（4，3）的方向反过来，就不存在这样的通路了。

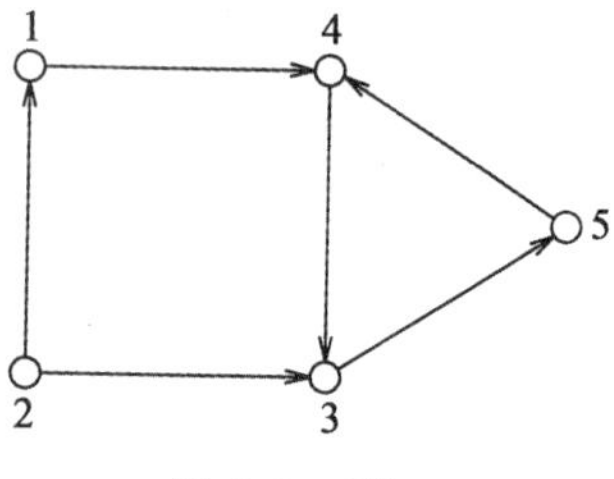

图 1.1　图

像大多数有趣的问题一样，REACHABILITY 有着无穷多的实例。每一个实例都是一个数学对象（在该例子中，是一个图和它的两个结点），我们对此提问并期待回答。提出的特定问题是这类问题的特征。注意，REACHABILITY 提出的问题只要求“是”或者“否”这样的回答。这样的问题称为*判定问题*。在复杂性理论上，我们通常发现只考虑判定问题而不需要各种形式答案的问题非常方便。所以判定性问题在本书扮演着很重要的角色。

3

我们对于解决问题的算法感兴趣。下一章将介绍*图灵机*，一种表达任意算法的形式化模型。目前，让我们粗略地描述算法。例如，REACHABILITY 可以被所谓的*搜索算法*解决。这个算法按照如下方式工作：整个算法中，我们维护一个结点集 S，初始化 $S=\{1\}$。每个结点或者有标记或者没有被标记。结点 i 的标记表示 i 曾经（或者当前）属于 S。开始时，只有结点 1 有标记。在算法循环的每一步，我们选择一个结点 $i\in S$，并且将它从 S 中移除。然后我们逐一考察从 i 出去的每一边（i，j）。如果结点 j 没有标记，那么我们将它标记，并放入集合 S。这个过程继续直到 S 为空。最后，如果结点 n 被标记，我们回答“是”；否则，就是“否”。

显然这个熟悉的算法解决了 REACHABILITY。需要证明的是，某个结点被标记当且仅当从结点 1 到它存在通路。两个方向都可以容易地用归纳证明（见问题 1.4.2）。然而，我们的描述也显然漏掉了一些重要的细节。比如，作为算法的输入，图如何表示？既然恰当的表示方法依赖于特定的算法模型，这就将等到我们有了特定模型才能确定。这一讨论（见 2.2 节）的关键在于*表达方式并不重要*。你可以假定此时图已经用邻接矩阵（见图 1.2）给出，所有的元素都可以被算法随机获取[㊁]。

$$\begin{bmatrix} 0 & 0 & 0 & 1 & 0 \\ 1 & 0 & 1 & 0 & 0 \\ 0 & 0 & 0 & 0 & 1 \\ 0 & 0 & 1 & 0 & 0 \\ 0 & 0 & 0 & 1 & 0 \end{bmatrix}$$

图 1.2　邻接矩阵

㊀ 在复杂性理论中，计算问题不仅是解答问题，而且问题本身就是我们要关注的数学对象。当问题被当作数学对象处理时，它们的名字用大写字母表示。

㊁ 实际上，在第 7 章，我们将看到 REACHABILITY 在复杂性理论中一些重要的应用，在那里，图将间接地给出。也就是说，邻接矩阵的每一元素可以从输入数据中计算出来。

算法本身也有不明确的地方：在 S 中怎样选择元素 $i \in S$? 选择的方式可能严重影响搜索的风格。比如，如果总是选择待在 S 中最久的结点（换句话说，我们作为队列实现 S)，那么搜索结果是广度优先的，得到的是最短路径。如果 S 按照栈来维护（我们选择最后加入的结点），那就是深度优先搜索。其他维护 S 的方式会导致完全不同的搜索。但是，对所有选择该算法都是正确的。

而且，该算法还是有效的。为了说明这一点，注意，当每行对应的顶点被选中的时候，矩阵的每个元素只被访问一次。因此，我们最多进行 n^2 次操作来处理那些选中顶点的边（毕竟，图最多只有 n^2 条边）。假定其他所需要的简单操作（从 S 集合中选择元素，标记顶点，判断顶点是否有标记）可以在恒定时间内完成，我们可以说，该搜索算法判断图中两结点是否连通的时间最多正比例于 n^2，或者说，$\mathcal{O}(n^2)$。

刚才用到的 $\mathcal{O}$ 记号以及相关记号，在复杂性理论中非常有用，所以这里插入一段来形式化地定义它们。

定义 1.1　记 $\mathbf{N}$ 为非负整数集合。在复杂性理论中，我们关注的是 $\mathbf{N}$ 到 $\mathbf{N}$ 的函数，像 n^2、2^n 和 n^3-2n+5。我们使用字母 n 作为函数的标准变量。即便函数的值是非整数或者负数（如$\sqrt{n}$、$\log n$ 和$\sqrt{n}-4\log^2 n$）我们将始终考虑非负整数。也就是说，这些例子中任何记为 $f(n)$ 的函数实际上表示 $\max\{\lceil f(n)\rceil,0\}$。

所以，令 f 和 g 是 $\mathbf{N}$ 到 $\mathbf{N}$ 的函数。我们记为 $f(n)=\mathcal{O}(g(n))$（读作"$f(n)$ 是大 O$g(n)$"），如果存在正整数 c 和 n_0，使得对于所有的 $n \geqslant n_0$，$f(n) \leqslant c \cdot g(n)$。$f(n)=\mathcal{O}(g(n))$ 通俗的意思是 f 增长得像 g 一样或者更慢。如果正好相反，则我们记为 $f(n)=\Omega(g(n))$，即如果 $g(n)=\mathcal{O}(f(n))$。最后 $f(n)=\Theta(g(n))$ 的意思是 $f(n)=\mathcal{O}(g(n))$ 并且 $f(n)=\Omega(g(n))$，后者表示的是 f 和 g 有着相同的增长率。

4~5

比如，非常容易看出，如果 $p(n)$ 是一个 d 阶多项式，那么 $p(n)=\Theta(n^d)$。也就是说，多项式的增长率由多项式第一个非零项决定。或许复杂性理论最重要和有用的事实为：如果 $c>1$ 是整数，$p(n)$ 是多项式，那么 $p(n)=\mathcal{O}(c^n)$，但是 $p(n)=\Omega(c^n)$ 并不正确。也就是说，任何多项式增长严格慢于任何指数函数（证明见问题 1.4.9)。降低指数，这一性质同样意指 $\log n=\mathcal{O}(n)$ ——实际上，$\log^k n=\mathcal{O}(n)$ 对于任意 k 都成立。 □

多项式时间算法

回到 REACHABILITY 的 $\mathcal{O}(n^2)$ 算法，不用吃惊这个简单问题被这个简单算法圆满解决——事实上，我们对 $\mathcal{O}(n^2)$ 的估计还悲观了，尽管这一点在此并不重要，见问题 1.4.3。然而，明确我们满意之处是重要的：时间增长率是 $\mathcal{O}(n^2)$。在本书中，多项式增长率视为可接受的时间要求，它作为问题满意解决的标志。相反，指数增长率 2^n，或者更糟糕的 $n!$ 就需要注意了。如果尝试了一个又一个算法，问题始终不能在多项式时间内解决，我们通常认为这个问题是难解的，不可能有实际有效的算法。那么本书介绍的方法就起作用了。

多项式和非多项式时限性的分划线（dichotomy)，以及认为多项式算法即是直观意义上的"实际可行计算"是有争议的。存在着非多项式的有效算法和实践上低效的多项式算法㊀。比

㊀ 实际上，线性规划这一重要例子提供了上述的两种反例（见 9.5.34 节的讨论和参考文献）。这个基本问题的一个广泛使用的经典算法是单纯形法，最坏情况下是指数，但实际运行中性能很好。事实上，它的期望性能被证明是多项式时间的。与此相反，问题的第一个多项式算法，椭球算法，缓慢得不切实际。但是线性规划的例子事实上支持（而不是反对）复杂性理论的方法学：看起来可能暗示了实际解决的问题确实是多项式时间的——尽管多项式时间算法和经验上的好算法不必然一致。

如，一个 n^{80} 的算法可能只有有限的实际价值，而一个指数增长的算法（如 $2^{\frac{n}{100}}$）（或者更有意思的是，亚指数函数，如 $n^{\log n}$）将有用得多。

然而，强有力的论据偏向于多项式范式。首先，多项式增长率最终会优于指数增长率，所以后者只会在问题的有限实例中作为首选项——当然，有穷结点集可能把实际出现的例子都包含进去，或者在我们宇宙的界限内……更重要的是，经验表明那种极端的增长率算法，如 n^{80} 和 $2^{\frac{n}{100}}$，在实际中很少发生。多项式算法一般有小的指数和合理的系数，而指数算法通常不现实。

另一个潜在的批评是，我们的观点只考察最坏情况下的算法性能。最坏情况下指数的算法性能可能对应输入数据中很小的一小部分，而平均情况下性能可能是满意的。当然，与最坏情况相反，分析算法的期望值，会给算法的性态带来更多信息。遗憾的是，在实践中我们很少知道问题的输入概率分布（也就是说，各种可能出现的实例作为输入的概率有多大）因此，不可能有真实情况的平均情况分析。另外，如果我们想解决某个特定实例，算法表现糟糕，那么知道我们遇到了小概率的例外情况对我们没有帮助和安慰[⊖]。

当我们选择多项式算法作为数学概念来代表非形式化意义下的"实际上有效的计算"时，不用惊讶所面临的种种批评。在数学领域，任何尝试用数学概念（如 C_∞）来表达直观意义下的实际想法（像实分析中的"光滑函数"）都会包括某些不想要的东西，而把一些有理由应包含在内的东西排除在外。最终，我们选择的论据只能是：*采用多项式最坏情况下的性能作为我们有效性的评价标准成就了出色而有用的理论：它抓住了实际计算的内涵，没有这种简化就不可能成功*。实际上，多项式有着不少数学上的方便：它们形成了一个稳定的函数类，在加法、乘法和左右代入（见问题 7.4.4）下不变。此外，对多项式函数取对数只相差一个常数（即 $\Theta(\log n)$），这一点在某些情况下比较方便，比如，当我们讨论空间约束时。

由此我们考虑解决 REACHABILITY 搜索算法的空间要求。算法需要存储集合 S 和每个结点的"标记"。因为最多有 n 个标记，S 不会大于 n，所以算法使用 $\mathcal{O}(n)$ 空间。我们应该庆贺吗？就空间而言，我们倾向于比时间更为严格——有些时候也确实可以节约许多空间。我们将在 7.3 节看到另一个 REACHABILITY 算法，不同于深度优先搜索和广度优先搜索（它可以称为中间优先搜索），所用的空间大大少于 n，特别是，它使用了 $\mathcal{O}(\log^2 n)$ 空间。

1.2 最大流问题

下一个计算问题的例子是 REACHABILITY 的一般化。对应地，输入是称为网络的一种一般化图形（见图 1.3）。网络 $N=(V,E,s,t,c)$ 是有两个特殊结点 s（称为源）和 t（称为汇）的图 (V,E)。假定源没有入边，汇没有出边。而且每一条边 (i,j) 都对应一个正整数，称为容量 $c(i,j)$。N 的流是对于每一条边 (i, j) 指定的一个非负整数值 $f(i,j)\leq c(i,j)$，

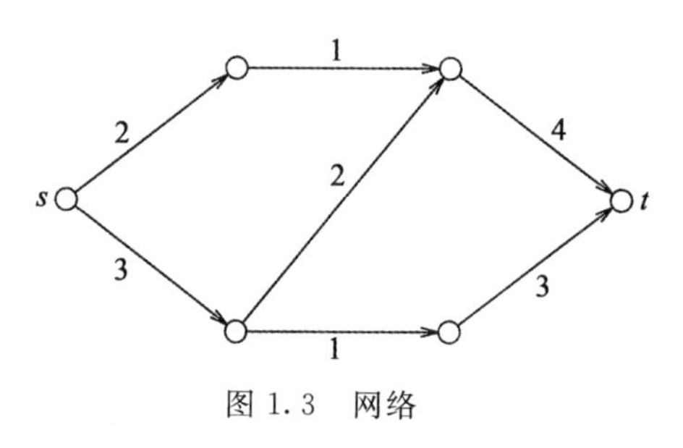

图 1.3 网络

⊖ 在第 11 章以及其他地方，我们会学到概率算法，但是随机源是算法的一部分，而不是输入随机。问题 12.3.10 给出了一种从复杂性理论角度处理平均性能的有趣方法。

且满足除了 s、t 外，其余结点的出边的 f 的和等于入边的 f 的和。流 f 的值定义为离开 s 的边的流之和（或者到达 t 的流之和，通过将所有结点的流守恒方程相加后，可知这两个量是相等的）。MAX FLOW（最大流）问题是：求给定网络 N，找出最大可能的流值。

MAX FLOW 明显不是判定性问题，因为它要求答案的信息量远多于“是”或者“否”。它是优化问题，因为它在诸多可能的解中，根据简单的代价准则，寻求最佳方案。然而，优化问题可以通过提供目标值，询问这个值是否可以取到，大致等价地转换为判定性问题。比如，在 MAX FLOW 的判定性版本中，记为 MAX FLOW(D)，给定网络 N 和整数 K（目标），问是否存在大于或者等于 K 的流。这个问题基本等价于 MAX FLOW，如果我们找到 MAX FLOW 的多项式时间算法，MAX FLOW(D) 也解决了；反过来也一样（后者，稍微不明显，可以用二分搜索得到结果，见例 10.4）。 8

解决 MAX FLOW 的多项式时间算法基于一个关于网络的基本事实，称为最大流最小割定理（同时该算法也提供了该定理的证明，见问题 1.4.11）。算法如下：假定我们已经有一个流 f，我们只想知道它是不是最优的。如果存在一个值大于 f 的流 f'，那么 $\Delta f = f' - f$ 就是一个正值流。Δf 的唯一问题就是在某些边 (i,j) 上出现负值。但是，这样的负值可以看成是边 (j,i) 上的正值流。这样的“逆流”必须至多等于 $f(i,j)$。另一方面，正分量 Δf 最多为 $c(i,j) - f(i,j)$。

另一种表述方法可以说，Δf 是派生网络 $N(f) = (V, E', s, t, c')$ 的流，这里 $E' = E - \{(i,j): f(i,j) = c(i,j)\} \cup \{(i,j): (j,i) \in E,\ f(j,i) > 0\}$，当 $(i,j) \in E$ 时 $c'(i,j) = c(i,j) - f(i,j)$，当 $(i,j) \in E' - E$ 时 $c'(i,j) = f(j,i)$[⊖]。比如，对于图 1.3 中的网络和图 1.4a 中的流，$N(f)$ 如图 1.4b 所示。所以，判断 f 是否最优，等价于判定 $N(f)$ 中是否有正值流。而我们知道怎样来做：在正容量网络中求正值流就是求是否存在 s 到 t 的路径：REACHABILITY 的一个实例！

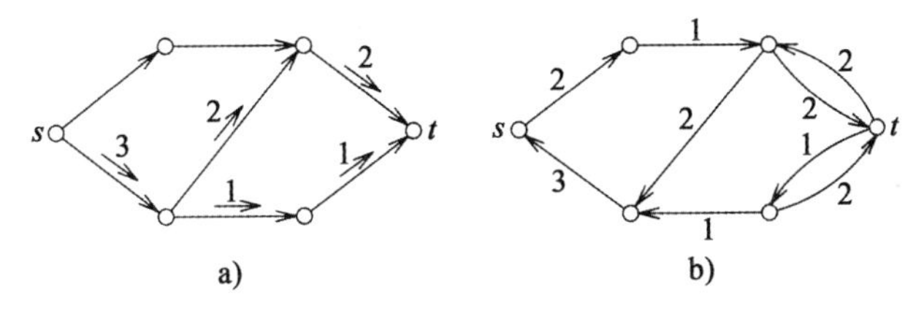

图 1.4　网络 $N(f)$ 的构造 9

因此，我们可以判断流是否已经最大。这就有了以下 MAX FLOW（最大流）的算法：从 N 中每个地方都是零值的流开始。重复构造 $N(f)$，并在 $N(f)$ 中寻找一条 s 到 t 的路径。如果路径存在，找出路径上沿着边的最小容量 c'，然后把这个流量的值加到出现在该路径上的所有边的 f 值上。结果很清楚是一个更大的流。当没有这样的路径时，f 就是最大流，算法结束。

这个算法需要花多少时间求解 MAX FLOW？算法的每次迭代（寻找路径并增加沿着该路径的流）花费 $\mathcal{O}(n^2)$ 的时间，如上一节所述。而且最多有 nC 次循环，这里 C 表示网络中边的最大容量。原因如下：每次迭代流都会至少增加 1（记住，容量是整数），最大流不会超过 nC（从源最多有 n 条边出来）。所以最多有 nC 次循环。实际上，如图 1.5 所示，

⊖　这里假设 N 没有互反的有向边对；否则，$N(f)$ 的定义会复杂一些。

现实结果几乎就这么糟糕：如果 REACHABILITY 的算法每次都返回一条包含边 (i,j) 或者 (j,i) 的路径，那么需要 $2C$ 次迭代。因此这个算法的总时间为 $\mathcal{O}(n^3C)$。

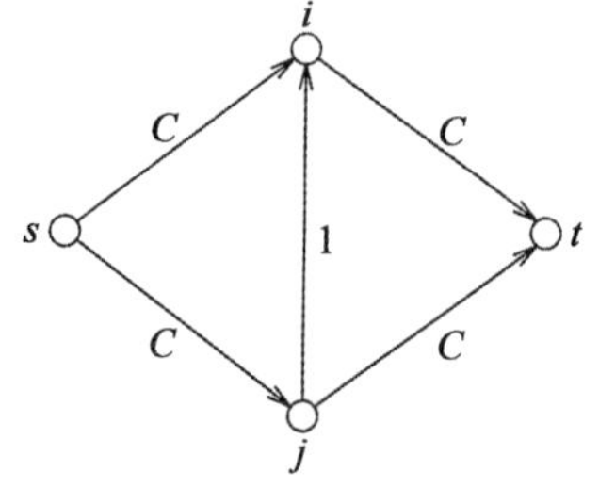

图 1.5　一个坏例子

尽管时间界有着完美的多项式形式，但颇有些令人不愉快。算法的运行时间线性地依赖于 C 要引起警觉。实例中的数字通过输入方很少的工作量就会变得很大（只是添加一些零）。也就是说，数字通常用二进制（或者十进制）表示，如此表示的长度是被表示数的对数。从真正意义而言，上述的界（以及算法）不属于多项式，因为时间按照输入长度的指数函数增长。

有简单而优雅的方法可以克服这个困难：假设我们每次增广的流不是 s 到 t 的任意路径，而是*最短路径*，也就是包括最少边的一条路径。我们可以通过搜索算法的广度优先版本来得到（注意这个策略如何轻易克服图 1.5 中的“坏例子”）。在 $N(f)$ 中一条 s 到 t 的路径上有最小容量 c'的边称为*瓶颈*。不难证明，如果我们总是选择最短路径来增广流，那么 N 的每条边 (i, j)，或者其反向边（$N(f)$ 中每条边或者是 N 的边或者是它的反向边），*最多 n 次迭代成为瓶颈*（见问题 1.4.12）。因为最多有 n^2 条边，每次循环最少有一个瓶颈，所以最短路径版本算法循环次数最多为 n^3。可以直接推出这个算法解决 MAX FLOW 问题的时间是 $\mathcal{O}(n^5)$。

MAX FLOW 还有更快的算法，但是它们是在上述算法基础上使用一些并非本书核心内容的技巧。这些算法的时间要求小于 n^5。比如，已知存在多项式时间 n^3 的算法，或许还有更好的可能。对于稀疏网络，具有远少于 n^2 的边，甚至有更快的已知算法，见 1.4.13 节的参考文献。这个领域以往的经验暗示着一条规律：问题一旦找到了多项式算法，时间要求会得到一系列的提高，使得问题可以获得实际意义下更好的计算（MAX FLOW 就是很好的例子，见 1.4.13 节的参考文献）。重要的一步是打破“指数的障碍”，设计第一个多项式时间算法。我们刚才见证了 MAX FLOW 就是如此突破的。

空间消耗呢？即便算法的每次迭代都可以在较小的空间中完成（注意前一节最后的评论），我们仍然需要很多额外空间（大概为 n^2）来存储当前流。我们将在后继章节（第 16 章）看到，不太可能有显著提高。

二分图匹配问题

还有一个相关的有趣问题可以用类似的技巧解决。定义*二分图*为三元组 $B=(U,V,E)$，其中 $U=\{u_1,\cdots,u_n\}$ 为结点集，称为*男孩集*，$V=\{v_1,\cdots,v_n\}$ 称为*女孩集*，$E\subseteq U\times V$ 为边集。二分图如图 1.6a 所示（注意，二分图始终有相同数目的男孩和女孩）。*完美匹配*，或者简单地，*匹配*，是二分图中 n 条边的集合 $M\subseteq E$，使得对任意两条边 $(u,v),(u',v')\in M$，有 $u\neq u'$ 和 $v\neq v'$。也就是说，M 中没有两条边与同一个男孩或同一个女孩相邻（例子见图 1.6a）。直观地，匹配是为每个男孩分配一个不同的女孩，使得如果 v 分配给 u，那么 $(u,v)\in E$。最后，MATCHING 描述如下：给定二分图，它有匹配吗？

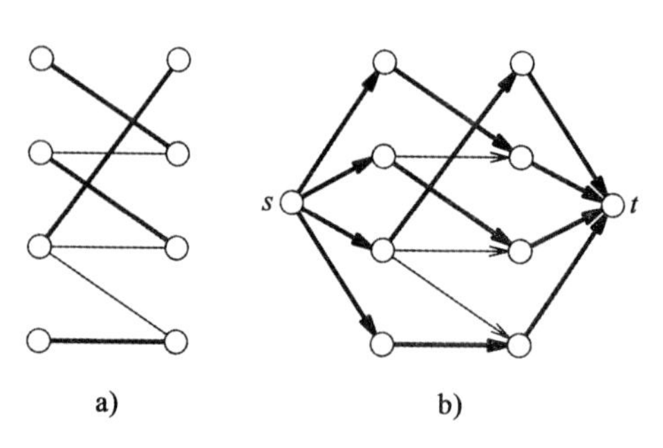

图 1.6　二分图 a）和伴随网络 b）

算法有一个核心概念叫作归约。归约是一种算法，它通过将问题A的实例转换为等价的已经解决问题B的实例来解决A。MATCHING是很好的例子：给定任意二分图(U, V, E)，可以构建网络，结点集为$U \cup V \cup \{s, t\}$，其中s为源，t为汇；边集$\{(s, u): u \in U)\} \cup E \cup \{(v, t): v \in V\}$；且所有的容量等于1（例子见图1.6a和b）。显然，原二分图有匹配当且仅当对应的网络有值为n的流。换句话说，我们将MATCHING归约到MAX FLOW(D)，一个可以在多项式时间内解决的问题。因此，既然可以有效构建伴随网络，那么MATCHING也可以在多项式时间内解决（实际上，对于解决匹配问题构建的网络，循环次数最多为n，因此用简单增广算法的时间为$\mathcal{O}(n^3)$。还有更快的算法——见1.4.13节中的参考文献）。

顺便提一句，归约对于学习算法和复杂性都很重要。实际上，复杂性理论的核心工具就是全面使用归约，这时候，问题不再归约到已经解决的问题，而是将已知的困难难题归约到我们希望证明是困难的问题，见第8章及其后续章节。

10 ~ 12

1.3 旅行商问题

本章迄今为止的三个问题（REACHABILITY、MAX FLOW和MATCHING）代表着算法理论中愉快的一面。我们现在将讨论该理论中非常突出而顽固的经典问题。它也给复杂性理论的发展带来不少动力。问题是这样的：给定n个城市$1, \cdots, n$，以及每对城市i和j之间的非负整数距离d_{ij}（假定距离是对称的，即$d_{ij} = d_{ji}$）。求这些城市的最短巡回旅程——也就是说，某个排列π使得$\sum_{i=1}^{n} d_{\pi(i), \pi(i+1)}$（$\pi(n+1)$表示$\pi(1)$）最小。这个问题称为TSP。它的判定性版本，TSP(D)，定义类似于MAX FLOW(D)。也就是说，一个整数B（旅行商的“预算”）和矩阵d_{ij}一起给定，问是否有最多为B的巡回旅程。

我们显然可以枚举所有可能的解来解决问题，计算每个代价，然后取出最低的。它的时间将正比于$n!$（共计有$\frac{1}{2}(n-1)!$种路线），它全然不受限于多项式。注意，这个原始算法的空间开销表现良好：它的空间要求正比于n，因为我们只需要记住当前检查的排列和迄今为止的最优解。

TSP没有已知的多项式时间算法。我们可以通过动态规划稍微将$n!$的时间界改进一点（见问题1.4.15。有趣的是，空间变成指数级）。有些启发式算法运行良好，在一些“典型”实例中返回的解没有偏离最优解太多。但是，如果坚持算法确保计算出最优解，那么当前的技术只能在指数时间内提供解答。这一失败并非因为对问题缺乏兴趣，而是因为TSP是数学中最关注的研究课题之一。

不禁要怀疑TSP和我们看到的其他问题之间有着某种基本障碍。可以假设TSP没有多项式时间算法。这是表述$\mathbf{P} \neq \mathbf{NP}$猜想的众多方式之一，它是计算机科学最重要的问题，也是本书的核心论题。

13

1.4 注解、参考文献和问题

1.4.1 全面介绍算法的书，可参见：

○ D. E. Knuth. *The Art of Computer Programming*, *volumes 1-3*, Addison-Wesley, Reading, Massachusetts, 1968—.

○ A. V. Aho, J. E. Hopcroft, and J. D. Ullman. *The Design and Analysis of Computer Algorithms*, Addison-Wesley, Reading, Massachusetts, 1974.

○ C. H. Papadimitriou and K. Steiglitz. *Combinatorial Optimization: Algorithms and Complexity*, Prentice-Hall, Englewood Cliffs, New Jersey, 1982.

○ T. H. Cormen, C. E. Leiserson, and R. L. Rivest. *Introduction to algorithms*, MIT Press, Cambridge, massachusetts, 1990.

1.4.2　**问题**：(a) 对 i 归纳证明，如果 v 是 1.1 节搜索算法中第 i 个加到 S 中的结点，那么存在 1 到 v 的路径。

(b) 对 ℓ 归纳证明，如果 v 可以从结点 1 通过一条长为 ℓ 的路径连通，那么搜索算法会将 v 放到 S 中。

1.4.3　**问题**：证明搜索算法处理 G 中每条边最多一次。从而得出算法被执行 $\mathcal{O}(|E|)$ 步。

1.4.4　**问题**：(a) 证明有向无环图存在源点（即它没有入边）。

(b) 证明具有 n 个结点的图没有环当且仅当可以用 1 到 n 对结点编号，使得所有的边都是从小编号指向大编号（重复使用 (a) 中的性质）。

(c) 设计一个多项式算法判断图是否无环。（用到 (b) 中结果，注意，算法在每条边上花费的时间不要超过一个常数时间）。

1.4.5　**问题**：(a) 证明图是二分图（顶点集可以分为两部分，不一定是相同基数，所有边都只连接这两部分点集之间）当且仅当图没有奇数边的环。

(b) 设计一个多项式算法检测图是否为二分图。

1.4.6　根据 Lex Schrijver，有意识地分析算法时间的一个早期记录（如果不是最早）是：

○ G. Lamé. "Note sur la limite du nombre des divisions dans la récherche du plus grand commun diviseur entre deux nombres entiers（一个关于求两个正整数的最大公约数的除法次数的上界的注记）," *Com. Rend. des Séances de l'Acad. des Sciences, Paris*, 19, pp. 867-870, 1884.

这个结果，即欧几里得算法就是用整数的位数来计数的多项式时间算法，它也是引理 11.7 和问题 11.5.8 的主题。

14

1.4.7　把多项式时间视为计算问题所期望的性质，类似于实用可解性的萌芽想法，可以追溯到 20 世纪五六十年代（更早的文献就不提了）逻辑、计算理论和最优化方面的若干研究报告。

○ J. von Neumann. "A certain zero-sum two-person game equivalent to the assignment problem," in *Contributions to the Theory of Gamess*, 2, pp. 5-12, edited by H. W. Kuhn and A. W. Tucker, Princeton Univ. Press, 1953.

○ M. O. Rabin. "Degree of difficulty of computing a function and a partial ordering ofrecursive sets," Tech. Rep. No. 2, Hebrew Univ., 1960.

○ M. O. Rabin. "Mathematical theory of automata," *Proc. 19th Symp. Applied Math.*, pp. 153-175, 1966.

○ A. Cobham. "The intrinsic computational difficulty of functions," *Proceedings of the 1964 congress on Logic, Mathematics and the Methodology of Science*, pp. 24-30, North Holland, New York, 1964.

○ J. Edmonds. "Paths, tress, and flowers," *Can J. Math*, 17, 3, pp. 449-467, 1965.

○ J. Edmonds. "Systems of distinct representatives and linear algebra," and "Optimum branchings," *J. Res. National Bureau of Standards, Part B*, 17B, 4, pp. 241-245 and pp. 233-240, 1966-1967.

Jack Edmonds 称多项式时间为"好算法"。事实上，最后的两篇论文非正式地讨论了 **NP**，并猜想 TSP 不属于 **P**。Kurt Gödel 更早地提出了反面猜想，见 8.4.9 节。也可参阅：

○ B. A. Trakhtenbrot. "A survey of Russian approaches to perebor (brute-forcesearch) algorithms," *Annals of the History of Computing*, 6, pp. 384-400, 1984.

1.4.8　本书中用到的 $\mathcal{O}$ 记号沿用以下文章中的定义：

○ D. E. Knuth. “Big omicron and big omega and big theta,” *ACM SIGACT News*, 8, 2, pp. 18-24, 1976.

1.4.9　**问题**：证明对任意多项式 $p(n)$ 和任意常数 c，存在整数 n_0，使得对所有 $n \geqslant n_0$，有 $2^{cn} > p(n)$。并对以下条件计算 n_0：

(a) $p(n)=n^2$，$c=1$。

(b) $p(n)=100n^{100}$，$c=\frac{1}{100}$。

1.4.10　**问题**：令 $f(n)$ 和 $g(n)$ 为以下任意函数，判断 (i) $f(n)=\mathcal{O}(g(n))$；(ii) $f(n)=\Omega(g(n))$ 还是 (iii) $f(n)=\Theta(g(n))$：

(a) n^2；　(b) n^3；　(c) $n^2\log n$

(d) 2^n；　(e) n^n；　(f) $n^{\log n}$

(g) 2^{2^n}　(h) $2^{2^{n+1}}$；　(j) 当 n 为奇数时，为 n^2，否则为 2^n。

1.4.11　**最大流最小割定理**　任何网络中，最大流的值等于最小割的容量。

这个重要结果由以下文献独立提出：

15

○ L. R. Ford, D. R. Fulkerson. *Flows in Networks*, Princeton Univ. Press, Princeton, N. J., 1962.

○ P. Elias, A. Feinstein, C. E. Shanon. *Note on maximum flow through a network*, *IRE Trans. Inform. Theory*, *IT*-2, pp. 117-119, 1956.

这里，割定义为网络 $N=(V,E,s,t,c)$ 中的一个结点集 S，且 $s\in S$，$t\notin S$。割 S 的容量定义为从 S 出去的边的容量和。

根据1.2节给出的增广算法，请给出最大流最小割定理的证明。（任何流的值最多等于任意割的容量。并且当算法终止时，它指出了一个和流相等的割。）

1.4.12　**问题**：证明如果在1.2节中的增广算法中，我们总是用最短路径增广，那么 (a) 在从一个 $N(f)$ 到下一个 $N(f)$ 时，s 到任意结点的距离不会减少。而且，(b) 如果边 (i,j) 在某步为瓶颈（沿着增广路径，该边具有最小容量），则在反方向成为瓶颈前，s 到 i 的距离会增加。(c) 从而得出最多 $\mathcal{O}(|E||V|)$ 次增广。

1.4.13　在过去的二十年中，一系列越来越有效的 MAX FLOW 算法在文献中提出，前面提到的 Ford 和 Fulkerson 的增广算法，当然是指数的。使用最短路径增广，得到 $\mathcal{O}(|E|^2|V|)$ 算法，首先出自：

○ J. Edmonds and R. M. Karp. *Theoretical improvements in algorithmic efficiency for network flow problems*, *J. ACM*, 19, 2, pp. 248-264, 1972.

进一步使用这个想法，每步同时增广多条最短路径，可以得到 $\mathcal{O}(|E||V|^2)$ 算法：

○ E. A. Dinic. *Algorithm for solution of a problem of maximal flow in a network with [efficiency analysis]*, *Soviet Math. Doklady*, 11, pp. 1277-1280, 1970.

同样想法给出 $\mathcal{O}(n^{2.5})$ 匹配算法：

○ J. E. Hopcroft, R. M. Karp. *An $n^{\frac{5}{2}}$ algorithm for maximum matchings in bipartite graphs*, *SIAM J. Comp.*, 2, 4, pp. 225-231. 1973.

如果算法过程中允许结点违反流守恒规则，还有更快的算法，其时间复杂性为 $\mathcal{O}(|V|^3)$，下面的文章给出良好的阐明：

○ V. M. Malhotra, M. P. Kumar, and S. N. Maheshwari. *An $\mathcal{O}(|V|^3)$ algorithm for finding maximal flows in networks*, *Information Processing Letters* 7, 6, pp. 277-278, 1978.

但是已知还有更快的算法。对于稀疏网络，已知渐进最快的算法基于上面的中间“流”想法更新颖的阐述，花费的时间为 $\mathcal{O}\left(|E||V|\log\frac{|V|^2}{|E|}\right)$：

16

○ A. V. Goldberg and R. E. Tarjan. *A new approach to the maximum flow problem*, *Proc. of the 18th Annual ACM symposium on the Theory of Computing*, pp. 136-146, 1986.

MAX FLOW 算法的总结和推广见：

○ A. V. Goldberg，E. Tardos and R. E. Tarjan. *Network flow algorithms*，Technical report STAN-CS-89-1252，Computer Science Department，Stanford University，1989.

1.4.14 对于非二分图的广义匹配问题是这样的：称图中一个互不相邻边集为一个匹配，一个完全匹配是覆盖所有结点的匹配（显然，只用偶数个顶点的图才有）。注意，如果图中没有奇环，问题就退化成匹配问题。但是推广最大流技术到奇环遇到严重障碍。广义匹配问题复杂得多的 $\mathcal{O}(n^5)$ 算法由 Jack Edmonds 给出（见 1.4.7 节注解中引用的他 1965 年的文章）。像往常一样，所需时间在几年中大大改进。

1.4.15 **问题**：假设给定一个 TSP 的实例，n 个城市和相互距离 d_{ij}。对每一个不包含城市 1 的子集 S 和每个 $j \in S$，定义 $c[S,j]$ 是从 1 开始，遍历 S 中各城市并结束于城市 j 的最短路径。

(a) 设计一个用动态规划计算 $c[S,j]$ 的算法，也就是从小到大处理集合 S。

(b) 证明这个算法在 $\mathcal{O}(n^2 2^n)$ 时间内解决 TSP。并求算法的空间代价。

17 ~ 18

(c) 假设现在求的是从 1 到 n 的最短（边的权之和）路径，不需要访问所有城市。我们怎样修改上述算法？（现在是否必须调用 S，还是简单地用 $|S|$ 代替？）证明该问题可以在多项式时间内解决。

第2章

Computational Complexity

图 灵 机

图灵机貌似笨拙无力，但它可以模拟任意算法而不损失效率。它是本书正式的算法模型。

2.1 图灵机概述

图灵机的神奇之处，在于只需要很少的预设便能表达一切。作为程序语言，图灵机只有单一的数据结构，而且它是颇为原始的字符串。允许的操作包括读写头在字符串上左移、右移，在当前位置写和根据当前字符的值选择下一步操作。总而言之，都是极其原始弱小的语言。但是本章将论述，它可以表达任意算法，可以模拟任意程序语言。

定义 2.1 图灵机是一个四元组 $M=(K,\Sigma,\delta,s)$。K 代表有限状态集（这些是隐含的指令），$s\in K$ 为初始状态，Σ 为有限字符集（称 Σ 为 M 的字符表）。假设 K 和 Σ 无交集，Σ 总包含特殊字符 ⊔ 和 ▷：空格符和首字符。最后，δ 是从 $K\times\Sigma$ 到 $(K\cup\{h,\text{“yes”},\text{“no”}\})\times\Sigma\times\{\leftarrow,\rightarrow,-\}$ 的转移函数，并假定 h（停机状态）、“yes”（接受状态）和“no”（拒绝状态），以及读写头的方向←表示“左移”、→表示“右移”和一表示“停留”，都不在 $K\cup\Sigma$ 中。 □

函数 δ 相当于机器的“程序”，它为每个当前状态 $q\in K$ 和每个字符 $\sigma\in\Sigma$ 的组合指定了三元组 $\delta(q,\sigma)=(p,\rho,D)$。$p$ 表示下一个状态，ρ 表示覆写在 σ 上的字符，而 $D\in\{\leftarrow,\rightarrow,-\}$ 表示读写头的移动方向。对于▷我们规定，若任意 p，q 满足 $\delta(q,\triangleright)=(p,\rho,D)$，那么 $\rho=\triangleright$ 并且 $D=\rightarrow$。也就是说，▷总是让读写头向右移动，且绝不会被删除。

程序如何启动？初始状态是 s，字符串以▷开始，然后是有限长的字符串 $x\in(\Sigma-\{\sqcup\})^*$。我们称 x 为图灵机的输入。读写头初始总指向第一个字符▷。

从初始格局开始，机器根据 δ 运行一步，改变其状态，输出字符，移动读写头。然后是下一步，再下一步。注意 $\delta(p,\triangleright)$ 规定，字符串总是以▷开始，因此读写头从不会“逸出”字符串的左端。

尽管读写头不会逸出字符串的左端，但它会远离右端。这种情况下，读写头扫描到的被认为是⊔，并可能马上被覆写。因此串也就变得更长——这是必要特性，如果机器进行的是通用计算，串总会变长。

由于 δ 是完全明确的函数，而读写头不会逸出左端，所以机器停止只有一个原因：其状态是三个停止状态之一：h、“yes”和“no”。如果这些发生了，我们就说停机了。而且，如果状态为“yes”，我们称机器接受输入；状态为“no”，拒绝输入。如果机器在输入 x 下停止，就可以定义 M 在 x 下的输出，记为 $M(x)$。如果 M 接受或者拒绝 x，那么 $M(x)$ 分别等于“yes”或者“no”；否则，如果停止在 h，则输出是停机时 M 上的字符串。因为经过有限步计算之后，字符串由一个▷紧跟尾字母非⊔的有限字符串 y 构成，也可能紧跟全为⊔的字符串（y 可能为空）。我们将 y 看成计算的输出，记为 $M(x)=y$。自然，M 可能在输入 x 上不停机，这种情况下，记为 $M(x)=\nearrow$。

例 2.1　考虑图灵机 $M=(K,\Sigma,\delta,s)$，这里，$K=\{s,q,q_0,q_1\}$，$\Sigma=\{0,1,\sqcup,\triangleright\}$，$\delta$ 如图 2.1 所示。如果我们输入 010 启动机器，计算过程也显示在图 2.1 中。读者应该仔细检查在这个输入上机器的操作，并思考在其他输入上的行为。不难看出，M 在 $\triangleright$ 和其输入之间插入一个 $\sqcup$（参见问题 2.8.2）。并且它总是停机。

然而，如果机器一旦执行到“指令” $\delta(q,\sqcup)=(q,\sqcup,-)$（见图 2.1 左表第 7 行），它将反复执行同一指令，永不停机。关键在于，如果机器按照我们的规定开始，即字符串的形式为 $\triangleright x$，x 中不含 $\sqcup$，且读写头在 $\triangleright$ 上，则这一转移将永远不会被执行。我们可以定义 $\delta(q,\sqcup)$ 为任何三元组，机器将完全相同。所以描述图灵机时，可以省略这些不重要的转移。□

$p\in K$,	$\sigma\in\Sigma$	$\delta(p,\sigma)$
s,	0	$(s,0,\rightarrow)$
s,	1	$(s,1,\rightarrow)$
s,	$\sqcup$	$(q,\sqcup,\leftarrow)$
s,	$\triangleright$	$(s,\triangleright,\rightarrow)$
q,	0	$(q_0,\sqcup,\rightarrow)$
q,	1	$(q_1,\sqcup,\rightarrow)$
q,	$\sqcup$	$(q,\sqcup,-)$
q,	$\triangleright$	$(h,\triangleright,\rightarrow)$
q_0,	0	$(s,0,\leftarrow)$
q_0,	1	$(s,0,\leftarrow)$
q_0,	$\sqcup$	$(s,0,\leftarrow)$
q_0,	$\triangleright$	$(h,\triangleright,\rightarrow)$
q_1,	0	$(s,1,\leftarrow)$
q_1,	1	$(s,1,\leftarrow)$
q_1,	$\sqcup$	$(s,1,\leftarrow)$
q_1,	$\triangleright$	$(h,\triangleright,\rightarrow)$

0.	s,	$\underline{\triangleright}010$
1.	s,	$\triangleright\underline{0}10$
2.	s,	$\triangleright0\underline{1}0$
3.	s,	$\triangleright01\underline{0}$
4.	s,	$\triangleright010\underline{\sqcup}$
5.	q,	$\triangleright01\underline{0}\sqcup$
6.	q_0,	$\triangleright01\sqcup\underline{\sqcup}$
7.	s,	$\triangleright01\underline{\sqcup}0$
8.	q,	$\triangleright0\underline{1}\sqcup0$
9.	q_1,	$\triangleright0\sqcup\underline{\sqcup}0$
10.	s,	$\triangleright0\underline{\sqcup}10$
11.	q,	$\triangleright\underline{0}\sqcup10$
12.	q_0,	$\triangleright\sqcup\underline{\sqcup}10$
13.	s,	$\triangleright\underline{\sqcup}010$
14.	q,	$\underline{\triangleright}\sqcup010$
15.	h,	$\triangleright\underline{\sqcup}010$

图 2.1　图灵机和计算

我们可以用格局来形式化地定义图灵机的操作。直观上，格局包含了当前计算状态下完整的描述。即图 2.1 右表中的一行内容。形式上，M 的格局是一个三元组 (q,w,u)，这里 $q\in K$ 是一个状态，w、u 是属于 Σ^* 的字符串。w 是读写头左边的字符串，包含读写头正在扫描的那个字符。u 是读写头右边的字符串，可能为空。q 是当前状态。例如，图 2.1 的机器中，从格局 $(s,\triangleright,010)$ 依次进入格局 $(s,\triangleright0,10)$、$(s,\triangleright01,0)$、$(s,\triangleright010,\varepsilon)$、$(s,\triangleright010\sqcup,\varepsilon)$、$(q,\triangleright010,\sqcup)$、$(q_0,\triangleright01\sqcup\sqcup,\varepsilon)$ 等（ε 表示空串）。

20~21

定义 2.2　让我们确定某个图灵机 M。我们说格局 (q,w,u) 在一步内产生 (q',w',u') 记为 $(q,w,u)\xrightarrow{M}(q',w',u')$，如果机器直观地在一步内从格局 (q,w,u) 变为 (q',w',u')。它可以形式化地表示下列含义。首先，令 σ 是 w 的最后字符，设 $\delta(q,\sigma)=(p,\rho,D)$，那么 $q'=p$。有三种情况，如果 $D=\rightarrow$，那么 w' 是在 w 基础上令其最后字符 (σ) 替换为 ρ，尾部加上 u 的首字符（如果 u 是空串，加 $\sqcup$）。u' 是 u 移除首字符（如果 u 是空串，u' 仍是空串）。如果 $D=\leftarrow$，那么 w' 在 w 基础上省略尾部 σ。u' 是 u 基础上首部添加 ρ。最后，如果 $D=-$，w' 是 w 基础上尾字符 σ 用 ρ 代替，且 $u=u'$。

一旦我们定义了在格局中“一步产生”关系，我们也就定义了“产生”的传递闭包。也就是说，称格局 (q,w,u) 在 k 步内产生格局 (q',w',u')，记为 $(q,w,u)\xrightarrow{M^k}(q',w',u')$，这里 $k\geqslant0$ 是整数，如果存在一系列格局 (q_i,w_i,u_i)，$i=1,\cdots,k+1$ 使得对于 $i=1,\cdots,k$，$(q_i,w_i,u_i)\xrightarrow{M}(q_{i+1},w_{i+1},u_{i+1})$，$(q_1,w_1,u_1)=(q,w,u)$ 并且 $(q_{k+1},w_{k+1},u_{k+1})=(q',w',u')$。最后称 (q,w,u) 在产生格局 (q',w',u')，记为 $(q,w,u)\xrightarrow{M^*}(q',w',u')$，如果存在 $k\geqslant0$ 使得 $(q,w,u)\xrightarrow{M^k}(q',w',u')$。□

$p\in K$,	$\sigma\in\Sigma$	$\delta(p,\sigma)$
s,	0	$(s,0,\rightarrow)$
s,	1	$(s,1,\rightarrow)$
s,	$\sqcup$	$(q,\sqcup,\leftarrow)$
s,	$\triangleright$	$(s,\triangleright,\rightarrow)$
q,	0	$(h,1,-)$
q,	1	$(q,0,\leftarrow)$
q,	$\triangleright$	$(h,\triangleright,\rightarrow)$

图 2.2　二进制后继函数图灵机

例 2.1（续）　在图 2.1 中，有 $(s,\triangleright,010)\xrightarrow{M}(s,\triangleright0,10)$，$(s,\triangleright,010)\xrightarrow{M^{15}}(h,\triangleright\sqcup,010)$，因此，$(s,\triangleright,010)\xrightarrow{M^*}(h,\triangleright\sqcup,010)$。□

例 2.2 考虑如图 2.2 的图灵机。如果它的输入是一个二进制的整数（可能首位为 0），那么机器计算 $n+1$ 的二进制表示。它首先在 s 状态下，不断地向右移，直到找到 n 的最低位，然后向左按照从低到高检查各位。如果它看到 1，就把它变为 0，并且带着进位继续向左。如果它看到 0，就把它变为 1，然后停机。

在输入 11011 上，计算是这样的：$(s,\triangleright,11011)\xrightarrow{M}(s,\triangleright 1,1011)\xrightarrow{M}(s,\triangleright 11,011)\xrightarrow{M}(s,\triangleright 110,11)\xrightarrow{M}(s,\triangleright 1101,1)\xrightarrow{M}(s,\triangleright 11011,\varepsilon)\xrightarrow{M}(s,\triangleright 11011\sqcup,\varepsilon)\xrightarrow{M}(q,\triangleright 11011,\sqcup)\xrightarrow{M}(q,\triangleright 1101,0\sqcup)\xrightarrow{M}(q,\triangleright 110,00\sqcup)\xrightarrow{M}(h,\triangleright 111,00\sqcup)$。在输入 111 上，计算是这样的：$(s,\triangleright,111)\xrightarrow{M}(s,\triangleright 1,11)\xrightarrow{M}(s,\triangleright 11,1)\xrightarrow{M}(s,\triangleright 111,\varepsilon)\xrightarrow{M}(s,\triangleright 111\sqcup,\varepsilon)\xrightarrow{M}(q,\triangleright 111,\sqcup)\xrightarrow{M}(q,\triangleright 11,0\sqcup)\xrightarrow{M}(q,\triangleright 1,00\sqcup)\xrightarrow{M}(q,\triangleright,000\sqcup)\xrightarrow{M}(h,\triangleright 0,00\sqcup)$。

22

机器存在一个漏洞（bug）：当输入为 1^k 时（也就是整数 2^k-1 的二进制表示），会“上溢”而回答零。（输入为空串会怎样?）一种解决方案是将图 2.1 中的机器作为“子过程”将输入右移一位并在结果最左边添加 0。这样，整个机器可以正确计算 $n+1$。 □

例 2.3 我们现在已经看到两个机器计算的是字符串到字符串的简单函数。相应地，它们结束于 h 状态，指示输出准备完毕。接下来的机器就没有输出，它只是对其输入用停机状态“yes”或者“no”表示它同意与否。

如图 2.3 所示的图灵机，判断输入是不是*回文*。也就是说，它反着读和正着读是不是一样，就像字符串 $\nu\iota\psi o\nu\alpha\nu o\mu\eta\mu\alpha\tau\alpha\mu\eta\mu o\nu\alpha\nu o\psi\iota\nu$。如果 M 的输入是回文串，M 接受（结束于“yes”状态）。如果它的输入不是回文串，那么 M 停机于“no”并拒绝。例如，$M(0000)=$“yes”，而 $M(011)=$“no”。

机器如下运作：在状态 s，它寻找输入的第一个字符。找到后将它变为 $\triangleright$（因此串的左端有效向内移了一格）并且利用不同的状态记住该字符。意思是 M 进入状态 q_0，如果首字符是 0；进入 q_1，如果首字符是 1（图灵机的这种用它们的状态记住有限信息的重要能力将会被反复用到）。然后 M 向右移动直到碰到第一个 $\sqcup$，然后向左移动一格扫描输入的最后一个字符（现在 M 在状态 q'_0 或者 q'_1，仍然记着首字符）。如果最后的字符和那个记着的字符相同，它将被 $\sqcup$ 代替（这样字符串右端也向内缩短）。接着，最右端的 $\triangleright$ 在 q 状态下找到，过程如此循环。注意当串的两端边界（左边 $\triangleright$，右边 $\sqcup$）“向内行进”，剩下的串正好是需要被验证为回文串。如果在某一时刻最后字符被发现和机器所记住的第一个字符不同，那么它就不是回文串，我们终止于“no”状态。如果最后结束于空串（或者没找到最后的字符，就是说串只有一个字符）我们用“yes”状态表达同意。

$p\in K$,	$\sigma\in\Sigma$	$\delta(p,\sigma)$
s	0	$(q_0,\triangleright,\rightarrow)$
s	1	$(q_1,\triangleright,\rightarrow)$
s	$\triangleright$	$(s,\triangleright,\rightarrow)$
s	$\sqcup$	(“yes”, $\sqcup$, $-$)
q_0	0	$(q_0,0,\rightarrow)$
q_0	1	$(q_0,1,\rightarrow)$
q_0	$\sqcup$	$(q'_0,\sqcup,\leftarrow)$
q_1	0	$(q_1,0,\rightarrow)$
q_1	1	$(q_1,1,\rightarrow)$
q_1	$\sqcup$	$(q'_1,\sqcup,\leftarrow)$

$p\in K$,	$\sigma\in\Sigma$	$\delta(p,\sigma)$
q'_0	0	$(q,\sqcup,\leftarrow)$
q'_0	1	(“no”, 1, $-$)
q'_0	$\triangleright$	(“yes”, $\sqcup$, $\rightarrow$)
q'_1	0	(“no”, 1, $-$)
q'_1	1	$(q,\sqcup,\leftarrow)$
q'_1	$\triangleright$	(“yes”, $\triangleright$, $\rightarrow$)
q	0	$(q,0,\leftarrow)$
q	1	$(q,1,\leftarrow)$
q	$\triangleright$	$(s,\triangleright,\rightarrow)$

图 2.3 判断回文串的图灵机

输入 0010 就会产生以下格局：$(s, \triangleright, 0010) \xrightarrow{M^5} (q_0, \triangleright\triangleright 010\sqcup, \varepsilon) \xrightarrow{M} (q'_0, \triangleright\triangleright 010, \sqcup) \xrightarrow{M} (q, \triangleright\triangleright 01, \sqcup\sqcup) \xrightarrow{M^2} (q, \triangleright\triangleright, 01\sqcup\sqcup) \xrightarrow{M} (s, \triangleright\triangleright 0, 1\sqcup\sqcup) \xrightarrow{M} (q_0, \triangleright\triangleright\triangleright 1, \sqcup\sqcup) \xrightarrow{M} (q_0, \triangleright\triangleright\triangleright 1\sqcup, \sqcup) \xrightarrow{M} (q'_0, \triangleright\triangleright\triangleright 1, \sqcup\sqcup) \xrightarrow{M} (\text{"no"}, \triangleright\triangleright\triangleright 1, \sqcup\sqcup)$。

输入 101，计算过程如下：$(s, \triangleright, 101) \xrightarrow{M} (s, \triangleright 1, 01) \xrightarrow{M} (q_1, \triangleright\triangleright 0, 1) \xrightarrow{M^3} (q'_1, \triangleright\triangleright 01, \sqcup) \xrightarrow{M} (q, \triangleright\triangleright 0, \sqcup\sqcup) \xrightarrow{M} (q, \triangleright\triangleright, 0\sqcup\sqcup) \xrightarrow{M} (s, \triangleright\triangleright 0, \sqcup\sqcup) \xrightarrow{M} (q_0, \triangleright\triangleright\triangleright\sqcup, \sqcup) \xrightarrow{M} (q'_0, \triangleright\triangleright\triangleright, \sqcup\sqcup) \xrightarrow{M} (\text{"yes"}, \triangleright\triangleright\sqcup, \sqcup)$。

输入 ε（最短的回文串），计算过程是：$(s, \triangleright, \varepsilon) \xrightarrow{M} (s, \triangleright\sqcup, \varepsilon) \xrightarrow{M} (\text{"yes"}, \triangleright\sqcup, \varepsilon)$。 □

2.2 视为算法的图灵机

图灵机看起来在处理某种特定串问题上是理想的，即计算串函数、接受和判定语言。让我们确切定义这些任务。

定义 2.3 令 $L \subseteq (\Sigma - \{\sqcup\})^*$ 是一种语言，也就是说，字符串的集合。令 M 为图灵机使得对于所有的字符串 $x \in (\Sigma - \{\sqcup\})^*$，假如 $x \in L$，那么 $M(x) =$ "yes"（也就是说，M 在输入 x 上停机于"yes"状态），并且如果 $x \notin L$，那么 $M(x) =$ "no"。这样就说 M *判定* L。如果 L 被某个图灵机 M 判定，那么 L 就称为*递归语言*。例如，$\{0,1\}^*$ 上的回文串就是被如图 2.3 所示的图灵机判定的递归语言。

如果对于串 $x \in (\Sigma - \{\sqcup\})^*$，若 $x \in L$，那么 $M(x) =$"yes"；若 $x \notin L$，那么 $M(x) = \nearrow$，我们就称 M *接受* L。如果 L 被某个图灵机 M 接受，那么称 L 为*递归可枚举的*。 □

23～24

让我们马上关注被图灵机接受定义中的有趣的反对称性。我们只是在 $x \in L$ 情况下得到有用结果（停机于"yes"状态）。如果 $x \notin L$，机器将永远计算下去。实际上，这不是一个有用的答案，因为我们从不会知道是否已经等了足够多的时间以确保机器不再会停机。因此，接受不是一个真正的算法概念，它只是一种有用的归类问题。在本章稍后的内容中，我们将介绍*非确定性*，将会再次看到这种模式。

迄今我们还没有看到接受语言的图灵机。然而让我们先看看结论：

性质 2.1 如果 L 是递归的，那么它也是递归可枚举的。

证明：假设存在图灵机 M 判定 L。我们可以从 M 构建图灵机 M' 接受 L，具体如下：M' 和 M 完全一样，除了当 M 要停机进入状态"no"时，M' 永远向右移动，永不停机。 □

定义 2.3（续） 我们将不仅仅处理语言的判定和接受，有时候也会处理*串函数的计算*。假设 f 是从 $(\Sigma - \{\sqcup\})^*$ 到 Σ^* 的函数，令 M 是字母表为 Σ 的图灵机。我们称 M *计算* f，如果对于任意 $x \in (\Sigma - \{\sqcup\})^*$，$M(x) = f(x)$。如果这样的 M 存在，f 称为*递归函数*。 □

例如，从 $\{0,1\}^*$ 到 $\{0,1,\sqcup\}^*$ 的函数 $f(x) = \sqcup x$ 是递归的，因为它可以被如图 2.1 所示的机器计算。从 $\{0,1\}^*$ 到 $\{0,1,\sqcup\}^*$ 的函数 s 也是递归的，这里 $s(x)$ 等于整数 $n+1$ 的二进制表达，x 则是正整数 n 的二进制表达：它可以被如图 2.2 所示的图灵机计算。

和图灵机所解决的各类串问题联系在一起的颇为意外的词汇（"递归"、"递归可枚举"）来源于该学科的丰富发展史。它们的隐含也是本章的重点，即图灵机让人吃惊的计算能力。这些词汇暗示着图灵机能力上等价于任意通用的（"递归"）计算机程序。第 3 章的性质 3.5 为“递归可枚举”提供了更为深刻的解释。

因此，图灵机可以被认为是解决串相关问题的算法。但是我们的原来目标怎样呢？即作为解决如前面章节所述的问题，例如图、网络和数字一样的数学对象的算法模型。为了让图灵机解决这类问题，我们必须定义问题实例的*串表示*。一旦我们确定了这类表示方法，判定问题的算法就简单成为判定对应语言的图灵机。即如果输入代表的是问题的“yes”实例，则它接受；否则，拒绝。类似地，要求更复杂输出的问题，如 MAX FLOW，被计算对应串函数的图灵机解决（这里输出也类似地表示为串）。

25

应该明白，这个提议是普遍适用的。任何感兴趣的“有限”数学对象都可以表示成适当字符表上的有限串。例如，有限集合上的元素，如图的结点可以表示成二进制整数。对和 k 元组这些较简单数学对象可以通过括号和逗号表达。简单对象的有限集合可以用花括号表示等。或者，图可以表示成*邻接矩阵*，矩阵最终排成一个字符串，它的各行之间用某个特殊字符诸如‘;’分开（见图 2.4）。

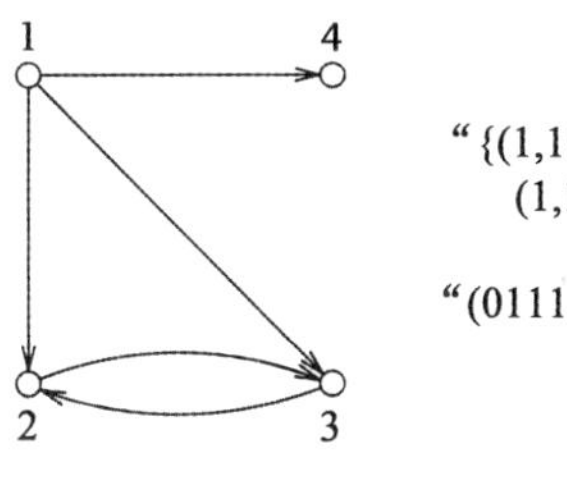

“{(1,100), (1,10), (10,11), (1,11), (11,10)}”

“(0111; 0010; 0100; 0000)”

图 2.4 图和其表达

整数、有限集合、图和其他这类基本对象可接受的表达方式很多。它们在形式上和简洁程度上相差很大。*然而所有可接受的编码都是多项式相关*。即如果 A 和 B 都是同一集合实例的“合理”表达，并且实例表达 A 是一个 n 字符的串，那么同一实例的表达 B 最多长度为 $p(n)$，p 是某个多项式。例如，非孤立点图的邻接矩阵表示比它的邻接链表表示浪费许多（见图 2.4）

一进制表示数而不是二进制或十进制，可能是这方面的唯一漏洞。显然，一进制表示（这里，比如说，数字 14 就是“IIIIIIIIIIIIII”）所要求的字符数比二进制多指数倍。因此算法的复杂性（通过图灵机输入长度的函数来衡量）看起来具有欺骗性（回顾 1.2 节 MAX FLOW 的最初算法分析）。在本书中，当我们讨论图灵机解决某一特定问题时，我们总假设输入的表示合理简洁，如图 2.4 所示，特别地，*数字总是用二进制表达*。

复杂性理论独立于输入的表示。它本来可以独立于串和语言而发展，但是表示的合适选择（在实践中，意味着排除数字的一进制表示）使得复杂性理论的结果和现实问题以及计算实践紧密联系。一个有价值的回报是令人吃惊的计算问题和复杂性理论概念之间的紧密对等关系，这一点可能是本书的主题。

2.3 多带图灵机

我们接下去必须形式化地定义图灵机计算所花的时间和空间。要做到这一点，最好首先介绍图灵机的通用机，即带有*多个读写头的图灵机*。我们将证明这一装置可以在效率损失不大的情况下被普通图灵机模拟，所以这一属性并不违背将图灵机视为我们的基本模型。这个结果同时也是向本章隐含的目标，即充分展示图灵机令人吃惊能力的第一个重要进展。

定义 2.4 一个 *k 带图灵机*（这里 $k\geq 1$ 是整数）是一个四元组 $M=(K,\Sigma,\delta,s)$，其中 K、Σ、s 和普通图灵机完全一样，δ 是一个必须反映多带复杂性的程序。直观地，和以前一样，δ 决定下一个状态，也决定*每一串*的覆写字符，并通过当前状态和每一根带上的当前字符决定读写头的方向。形式化地，δ 是从 $K\times\Sigma^k$ 到 $(K\cup\{h,\text{“yes”},\text{“no”}\})\times(\Sigma\times$

$\{\rightarrow,\leftarrow-\})^k$ 的函数。直观地，$\delta(q,\sigma_1,\cdots,\sigma_k)=(p,\rho_1,D_1,\cdots,\rho_k,D_k)$ 意味着，若 M 在状态 q，并且第一条带上的读写头扫描的是 σ_1，第二条是 σ_2 等，那么下一步状态是 p，并且第一个读写头将写 ρ_1，并且按照 D_1 所示方向移动。其他读写头也如此。$\triangleright$仍然不能被覆写或越过它向左移动：如果 $\sigma_i=\triangleright$，那么 $\rho_i=\triangleright$且 $D_i=\rightarrow$。初始化时带上读写头开始于 $\triangleright$，第一根带上的字符串同时包含输入。k 带机 M 在输入 x 上的计算结果和普通机一样，只有一点区别：当机器计算函数的情况下，停机时输出可以从最后的（第 k 条带上）字符串读出。□

例 2.4　使用如图 2.5 所示的 2 带图灵机，我们可以比例 2.3 更有效地判定回文串。这个机器首先将输入复制到第二条带子上。接着，将第一条带子的读写头定位在输入的首字符，将第二条带子的读写头定位在复制的尾字符。然后将其读写头相向移动，检查其每一步读到的字符是否相同，同时删除复制的字符。□

$p\in K$,	$\sigma_1\in\Sigma$	$\sigma_2\in\Sigma$	$\delta(p,\sigma_1,\sigma_2)$
s,	0	$\sqcup$	$(s,0,\rightarrow,0,\rightarrow)$
s,	1	$\sqcup$	$(s,1,\rightarrow,1,\rightarrow)$
s,	$\triangleright$	$\triangleright$	$(s,\triangleright,\rightarrow,\triangleright,\rightarrow)$
s,	$\sqcup$	$\sqcup$	$(q,\sqcup,\leftarrow,\sqcup,-)$
q,	0	$\sqcup$	$(q,0,\leftarrow,\sqcup,-)$
q,	1	$\sqcup$	$(q,1,\leftarrow,\sqcup,-)$
q,	$\triangleright$	$\sqcup$	$(p,\triangleright,\rightarrow,\sqcup,\leftarrow)$
p,	0	0	$(p,0,\rightarrow,\sqcup,\leftarrow)$
p,	1	1	$(p,1,\rightarrow,\sqcup,\leftarrow)$
p,	0	1	$(\text{"no"},0,-,1,-)$
p,	1	0	$(\text{"no"},1,-,0,-)$
p,	$\sqcup$	$\triangleright$	$(\text{"yes"},\sqcup,-,\triangleright,\rightarrow)$

图 2.5　判定回文串的 2 带图灵机

k 带图灵机的格局定义类似于普通图灵机。它是 $(2k+1)$ 元组 $(q,w_1,u_1,\cdots,w_k,u_k)$，这里 q 是当前状态，第 i 条串已读到 w_iu_i，第 i 个读写头位于 w_i 的尾字符。我们称 $(q,w_1,u_1,\cdots,w_k,u_k)$ 一步产生 $(q',w'_1,u'_1,\cdots,w'_k,u'_k)$（记为 $(q,w_1,u_1,\cdots,w_k,u_k)\xrightarrow{M}(q',w'_1,u'_1,\cdots,w'_k,u'_k)$），如果下述条件成立。首先，假设对于所有的 $i=1,\cdots,k,\sigma_i$ 是 w_i 的尾字符，并且 $\delta(q,\sigma_1,\cdots,\sigma_k)=(p,\rho_1,D_1,\cdots,\rho_k,D_k)$。那么对于 $i=1,\cdots,k$，如下运作：如果 $D_i=\rightarrow$，那么 w'_i由 w_i 的尾字符（即 σ_i）替换为 ρ_i，再加上 u_i 的首字符（如果 u_i 为空串，加上 $\sqcup$）构成。u'_i为 u_i 移除首字符（或者，如果 u_i 是空串，u'_i还是空串）。如果 $D_i=\leftarrow$，w'_i由 w_i 略去尾字符，而 u'_i为 u_i 首部加上 ρ_i 构成。最后，如果 $D_i=-$，那么 w'_i由 w_i 其尾字符 σ_i 替换为 ρ_i，$u'_i=u_i$ 构成。换句话说，单带图灵机产生所需要的条件在任一带上必须成立。“在 n 步产生”关系和单纯的“产生”关系的定义类似于普通图灵机。

k 带图灵机用格局 $(s,\triangleright,x,\triangleright,\varepsilon,\cdots,\triangleright,\varepsilon)$ 对输入 x 开始计算，即输入在第一条带上，所有串都起始于 $\triangleright$。如果存在串 $w_1,u_1,\cdots,u_k$，使得 $(s,\triangleright,x,,\triangleright,\varepsilon,\cdots,\triangleright,\varepsilon)\xrightarrow{M^*}(\text{"yes"},w_1,u_1,\cdots,w_k,u_k)$，那么我们说，$M(x)=$“yes”；如果 $(s,\triangleright,x,\triangleright,\varepsilon,\cdots,\triangleright,\varepsilon)\xrightarrow{M^*}(\text{"no"},w_1,u_1,\cdots,w_k,u_k)$，那么我们说，$M(x)=$ “no”。最后，如果机器停机于格局 $(h,w_1,u_1,\cdots,w_k,u_k)$，那么 $M(x)=y$，这里 y 是 w_ku_k，且首字符 $\triangleright$和尾部的$\sqcup$被删除。也就是说，如果 M 在状态 h 停机（这一状态表明输出已经准备完毕），则计算的输出放在最后一条带上。注意，在这些规则下，普通图灵机实际上是 $k=1$ 的 k 带图灵机。同样，一旦定义了 $M(x)$ 的含义，我们可以将上一节中函数计算、语言判定和接受这些定义扩展到多带图灵机上。

26~28

定义 2.5　我们将使用多带图灵机作为度量图灵机计算所耗费时间的基础（对于空间需要少量的改动，本章后面将会介绍）。如果对于 k 带图灵机和输入 x，有 $(s,\triangleright,x,\triangleright,\varepsilon,\cdots,\triangleright,\varepsilon)\xrightarrow{M^t}(H,w_1,u_1,\cdots,w_k,u_k)$，这里 $H\in\{h,\text{"yes"},\text{"no"}\}$，那么 M 在输入 x 上需要

时间 t。即所需时间为到停机状态所需步数。如果 $M(x)=\nearrow$，那么 M 在输入 x 上需要时间约定为∞（本书很少出现这种情况）。

定义一次计算所需要的时间仅仅是开始。我们真正需要的是反映我们所感兴趣的对于解决的问题任意实例的概念，而不是单独的实例。注意第 1 章中算法的性能是通过“大小” n 的实例所需时间和空间要求来刻画的，且表达为 n 的函数。对于图，我们用顶点数度量“大小”。对于串，衡量大小自然是串的长度。相应地，令 f 是从非负整数到非负整数的函数。我们说，机器 M 运行在时间 $f(n)$ 内，如果对于所有的输入串 x，M 在 x 上的时间要求最多为 $f(|x|)$（$|x|$ 定义为串 x 的长度）。函数 $f(n)$ 是 M 的时间界。

假设语言 $L\subset(\Sigma-\{\sqcup\})^*$ 由某个多带图灵机在时间 $f(n)$ 内判定。我们说 $L\in$ **TIME**$(f(n))$。即 **TIME**$(f(n))$ 是语言的集合。它恰好包含了可以被多带图灵机在时间界 $f(n)$ 内判定的那些语言。 □

TIME$(f(n))$ 就是我们所说的复杂性类。它是语言集合（希望能够包含很多表达重要判定问题的语言）。这些语言有着相同的属性，就其某一性能（时间、空间，然后是其他）而言，它们都能够在特定范围内被判定。复杂性类以及其包含的问题之间的关系，是本书研究的主要对象。

例 2.5 为了判断长度为 n 的字符串是否是回文，用图 2.3 所示的图灵机很容易计算所需的步数。机器运行分 $\left\lceil\frac{n}{2}\right\rceil$ 阶段。在第一阶段用 $2n+1$ 步比较首、尾字符，接着在长度为 $n-2$ 的串上重复该过程，接着是 $n-4$ 的串等。步数总计最多为 $(2n+1)+(2n-3)+\cdots$，得 $f(n)=\frac{(n+1)(n+2)}{2}$。因此，所有回文串构成的语言属于 **TIME**$\left(\frac{(n+1)(n+2)}{2}\right)$。我们马上可以看到，在这个练习中值得记住的是 $f(n)$ 为 n 的平方级；即我们只关心 $f(n)=\mathcal{O}(n^2)$。

29

当然，这是一个最悲观的估计。像 01^n 这样的串，机器在 $n+3$ 步就可以判定它不是回文串，并且停机。但是计算 $f(n)$ 时，必须把最坏情况输入考虑在内（这恰好是输入为回文串的情况）。

实际上，可以证明任何单带图灵机判定回文串必须使用时间 $\Omega(n^2)$（见问题 2.8.4 和问题 2.8.5）。有趣的是，例 2.4 中的 2 带图灵机所花时间最多为 $f'(n)=3n+3=\mathcal{O}(n)$，从而得到回文串属于 **TIME**$(3n+3)$。 □

上一段意味着，通过使用多带图灵机，我们可以节省平方级的时间代价。我们接着证明节省的时间代价不会多于平方级。

定理 2.1 对于任意给定在 $f(n)$ 时间内的 k 带图灵机 M，可以构造运行于 $f^2(n)$ 时间内的图灵机 M'，使得对于任意 x，有 $M(x)=M'(x)$。

证明：假定 $M=(K,\Sigma,\delta,s)$，我们描述 $M'=(K',\Sigma',\delta',s)$ 如下。M'的单带必须“模拟” M 的 k 带。一种方法是把 M 的串顺连成为 M'的串（当然，需要把碍事的$\triangleright$去除）。我们还必须“记住”每一个读写头的位置和当前各条带的尾端。

为了完成这一点，我们令 $\Sigma'=\Sigma\cup\underline{\Sigma}\cup\{\triangleright',\triangleleft,\triangleleft'\}$。这里$\underline{\Sigma}=\{\underline{\sigma}:\sigma\in\Sigma\}$ 是一系列读写头正好扫描到的 Σ 中的字符。$\triangleright'$是允许读写头向左移动的$\triangleright$，而$\triangleleft$标志着其中某带的结束。因此，任意格局 $(q,w_1,u_1,\cdots,w_k,u_k)$ 可以被 M'的格局 $(q,\triangleright,w'_1u_1\triangleleft w'_2u_2\triangleleft\cdots w'_ku_k\triangleleft\triangleleft)$ 所模拟。这里 w'_i表示将 w_i 的首字符 $\triangleright$替换为$\triangleright'$，且最后字符 σ_i 替换为$\underline{\sigma_i}$。最后两个 $\triangleleft$标志着 M'串的结束。

当模拟开始，M'将输入向右移一格，在首部添加$\rhd'$，在输入之后写上$\lhd(\rhd'\lhd)^{k-1}\lhd$。这些可以通过在$M'$上添加$2k+2$种新状态简单地实现，新状态的唯一目的就是实现这一操作。

为了模拟M的移动，M'将左右来回扫描其串两次。第一次扫描，M'将收集M上k个正在被扫描的字符：它们是那些下画线字符。为了实现这种“记忆”，M'必须包含新的状态，每一种对应一种M的状态和k元组字符的组合。

30

根据第一次扫描的后的状态，M'知道了带上哪些将要改动以反映被模拟的M在该步上的带变化。然后，M'再次从左到右扫描，并在下画线字符附近覆写一两个字符，以反映M上读写头在该串上的行为。在M'所获得信息的基础上这些更新不难实现。

但还是有一个难点，如果读写头扫描到某串的右端并需要向右移动，我们必须为新的字符（$\sqcup$）准备空间。这可以通过首先标记当前扫描的$\lhd$，记为$\lhd'$，接着读写头扫描到最右端的$\lhd\lhd$，然后将所有之间的字符向右移一格，就像例2.1图灵机做的那样。当扫描到$\lhd'$，它将被右移成为$\lhd$，原位置上覆写为$\underline{\sqcup}$。之后我们接着处理M的下一带上的变化。

模拟进行到M停机。这时候，M'删去M中除了最后串外的其他串（这样其输出和M完全相同）并且停机。

M'在输入x上需要多少操作？因为M在时间$f(|x|)$内停机，所以运行中其任何串都不会大于$f(|x|)$（这是任何合理计算模型下的简单事实：空间开销不会多于时间开销）。因此M'的总长度不会超过$k(f(|x|)+1)+1$（因为那些$\lhd$）。模拟一步因此需要在串上来回走两遍为$4k(f(|x|)+1)+4$步，加上模拟M中每条带的每一步最多$3k(f(|x|)+1)+3$。总计就是$\mathcal{O}(k^2f(|x|)^2)$，或者，因为k是定值且不依赖于x，所以为$\mathcal{O}(f^2(|x|)$。 □

对于串数量上的平方级依赖可以通过不同的模拟方式避免（见问题2.8.6），但是对于f上的平方级依赖无法去除（见例2.5的最后一节，见问题2.8.4和问题2.8.5）。

定理2.1是图灵机作为计算模型的能力和稳定性的有力证据：增加有限数量的带并不增加其计算能力，而且只是多项式影响效率。我们将在2.5节看到，即使加上更强有力的性质，使之非常类似于实际计算机，也不能显著改变基本图灵机模型的能力。这些以及其他的类似结果意味着最终的论题是，**图灵机不会有“合理”的提高以增加其机器可判定语言的范围，或者高于多项式影响其速度。**

31

2.4　线性加速

记得第1章中，在估计算法的时间性能上，我们大量用到了$\mathcal{O}$记号。这反映了我们对于时间和空间界上的精确乘法和加法附加的系数不太有兴趣。这些常数对于计算机科学而言当然很重要。遗憾的是，看上去不太可能包括计算这些常数的优雅理论[⊖]。而且，过去硬件上的进展极大地提高了计算机的性能，以至于算法设计者只需在算法时间要求的增长率上竞争。

我们在图灵机计算上的第一个定理实质上就是宣称，一旦使用k带图灵机作为定义时间复杂度的工具，系数的大小就不重要（定理的姐妹篇，7.2节的定理7.1，将证明增长率确实产生差异）。

⊖　不要忘记，为了简洁，我们甚至抹去多项式之间的差异。换句话说，我们忽略指数项上的常数。

定理 2.2 令 $L\in \mathbf{TIME}(f(n))$，那么对于任何 $\varepsilon>0$，$L\in \mathbf{TIME}(f'(n))$，这里 $f'(n)=\varepsilon f(n)+n+2$。

证明：令 $M=(K,\Sigma,\delta,s)$ 为在 $f(n)$ 时间内判定 L 的 k 带图灵机。我们将构造 k' 带图灵机 $M'=(K',\Sigma',\delta',s)$ 在 $f'(n)$ 时间内模拟 M。M' 的带 k' 将等于 k，如果 $k>1$；如果 $k=1$，则等于 2。在时间性能上的大提高来自一个简单的技巧（类似于计算机字长的增加）：M' 将 M 上的多个字符作为一个字符来处理。其结果是，M' 可以一步模拟 M 的多步运作。线性项来自初始步骤，它将 M 的输入压缩以供 M' 进一步处理。

具体而言，令 m 为仅依赖于 M 和 ε 的整数，数值大小以后确定。M' 的字符表包含了除了 M 的字符外加上所有 M 的 m 元组字符。也就是，$\Sigma'=\Sigma\cup\Sigma^m$。首先，$M'$ 向右移动第一条带上的读写头，有效读入输入 x。当读入 m 个字符，例如 $\sigma_1\sigma_2\cdots\sigma_m$，那么每个字符 $(\sigma_1,\sigma_2,\cdots,\sigma_m)\in\Sigma'$ 将输出在第二条带上。通过 M' 的状态“记住”其读过的字符是容易的（就像例 2.3 所示的图灵机）。记忆可以通过增加状态 $K\times\Sigma^i(i=1,\cdots,m-1)$ 到 K' 来获得。如果构建 m 元组中间遇到了输入的尾端（也就是说，$|x|$ 不是 m 的倍数），那么 m 元组用 $\sqcup$“填充”。在 $m\left\lceil\frac{|x|}{m}\right\rceil+2$ 步后，第二条带子上就包含了所需的压缩输入。除此以外的其他串保持 $\triangleright$。

32

现在开始，我们将把第二条带作为输入。如果 $k>1$，就将第一条带作为普通工作带（在输入尾部写上 $\triangleright$，这样就不会重新访问原输入）。因此，所有 k 条带只包含 m 元组字符。

现在 M' 模拟 M 的主要部分开始了。M' 重复地用 6 步或更少步模拟 M 的 m 步。我们称如此模拟 m 步为一个阶段。在每个阶段的开始，M' 的状态包含 $(k+1)$ 元组 $(q,j_1,\cdots,j_k)$。q 是 M 在该阶段下的开始状态，$j_i\leqslant m$ 是第 i 个读写头在 m 元组内的位置。也就是说，如果在模拟中，M 的状态为 q 且 M 的第 i 个读写头位于 $\triangleright$ 之后的第 ℓ 字符，那么 M' 的第 $i+1$ 个读写头将指向 $\triangleright$ 之后的 $\left\lceil\frac{\ell}{m}\right\rceil$ 字符，且当前 M' 状态为 $(q,\ \ell \bmod m)$。

然后（这是模拟的主要部分）M' 将所有的读写头向左移动一格，向右移动两格，再向左移动一格。现在 M' 的状态“记住”了读写头当前和邻近格中的所有字符（这需要添加所有在 $K\times\{1,\cdots,m\}^k\times\Sigma^{3mk}$ 中的状态到 K'）。要点在于，根据这些信息，M' 可以完全预测 M 之后的 m 步。原因在于，在 m 步内，M 的读写头无法脱离当前 m 元组和邻近格。因此，M' 可以使用 δ' 在两步内实现 M 中 m 步内的变化（两步足够了，因为所有的变化局限在当前 m 元组以及它的两个邻近之一）。M 的 m 步可以被 M' 在 6 步内模拟。

一旦 M 接受或者拒绝输入，M' 也停机并做同样的事情。M' 在 x 上所花的总时间最坏为 $|x|+2+6\left\lceil\frac{f(|x|)}{m}\right\rceil$。选择 $m=\left\lceil\frac{6}{\varepsilon}\right\rceil$，论题得证。 □

有趣的是，定理 2.2 的证明过程说明了我们之前谈到的一个观点，确切地说，硬件的进展使常数无意义。状态数量（且不考虑字符的数量）乘以 $m^k|\Sigma|^{3mk}$ 就是硬件的进展！

让我们考虑定理2.2的重要性。存在时间界小于n的机器，但是没有真实意义[⊖]，因为图灵机需要n步读入所有输入。所以，任何“合理”时间届将遵守$f(n)\geqslant n$。如果$f(n)$为线性，如cn且$c>1$，那么根据定理可知，c可以任意接近于1。如果$f(n)$是超线性的，如$14n^2+31n$，则最高项前的系数（例中为14）可以变得任意小，也就是说，时间界可以得到任意的线性加速。低阶项，如上面的$31n$，可以被完全丢弃。因此，我们可以在时间界上放心使用$\mathcal{O}$记号。同时，任何多项式的时间界可以用最高项代表（n^k，其中$k\geqslant 1$）。也就是说，如果L是多项式可判定语言，则它在**TIME**(n^k)内，其中$k>0$。所有这些类的并，即可以被图灵机在多项式时间内判定的语言集，记为**P**。读者已经知道它是复杂性类的最中心类。

33

2.5　空间界

刚开始，看起来定义k带图灵机在计算$(s,\triangleright,x,\triangleright,\varepsilon,\cdots,\triangleright,\varepsilon)\xrightarrow{M^*}(H,w_1,u_1,\cdots,w_k,u_k)$中使用的空间是直接的。因为串在我们模型中不会变短，所以最后串的长度w_iu_i，其中$i=1$，…，k，就是计算所需的空间要求。我们可以取这些长度的和，也可以取它们的最大值。两者都有其支持的理由，但是这种估计最多相差k倍，即一个常数。暂时让我们说机器M在输入x下所用空间为$\sum_{i=1}^{k}|w_iu_i|$。然而这一估计表达着严重的高估。让我们考虑下面的例子：

例2.6　我们可以在远小于n的空间内辨认回文串吗？就计算空间的定义来看，停机状态下串长之和是不可能的：其中之一的串长，确切地说，记录输入的第一串，总是至少为$|x|+1$。

但是考虑以下辨认回文串的3带图灵机：第一串包含输入，且从不覆写。机器按阶段工作，在第i阶段第二带包含了i的二进制表达，机器则辨认并记忆x的第i字符。我们可以通过初始化第3带的串$j=1$，然后比较i和j来做到这一点。比较两个不同的串可以通过同时移动读写头方便地得到。如果$j<i$，那么我们按二进制方式递增j（见例2.2所示的图灵机），接着第一读写头向右移动一格，检查下一个输入字符。如果$j=i$，我们在状态中记住当前输入的扫描字符，且重新初始化j为1，并确定x中倒数的i个字符。这同样可以得到，只是第一个读写头现在从右向左前进了。

如果两个字符不相同，我们停机于“no”。如果它们相同，我们让i加1，开始下一阶段。最后，如果在某阶段中，x的第i字符是$\sqcup$，这就意味着$i>n$，即输入是回文串。我们停机于“yes”。

34

机器的这些操作需要多少空间呢？看来机器所用的空间为$\mathcal{O}(\log n)$。机器当然察看输入（否则计算将不可能），但仅按照只读模式。第一串上没有写操作。其他两个串则最多长为$\log n+1$。□

通过这个例子，我们得到以下定义：令$k>2$为整数。一个有输入和输出的k带图灵机是在其程序δ上有重要限制的普通k带图灵机：只要$\delta(q,\sigma_1,\cdots,\sigma_k)=(p,\rho_1,D_1,\cdots,\rho_k,D_k)$，那么有a）$\rho_1=\sigma_1$；且b）$D_k\neq\leftarrow$；且c）如果$\sigma_1=\sqcup$，那么$D_1=\leftarrow$。要求a）说明

⊖　相反，运行开销小于n空间的机器就很有意义。见1.2节的最后评论，并参阅2.5节。

在每一步，第一条带的“写入”字符总是与旧字符相同，因此机器有只读模式的输入串。要求b）串明最后串（输出）的读写头从不往左移，因此输出串是只写模式。最后，c）保证输入串的读写头不会在读完输入后，读到后面的 ⊔。这是有用的技术要求，但并不是必须的。

这些限制为精确的空间需求定义创造了条件，而不会因为输入和输出计算“过多统计”，即不需要那些“记忆”以前计算结果的函数。在这些限制下，我们可以研究小于 n 的空间界。然而，让我们首先注意这些限制没有改变图灵机的能力。

性质 2.2　对任意在时间界 $f(n)$ 内的 k 带图灵机 M 都存在着带输入输出的（$k+2$）带图灵机 M'，其时间界为 $\mathcal{O}(f(n))$。

证明：机器 M' 首先将输入复制到第二条带上，然后用第 $2\sim k+1$ 条带模拟 M，得到 k 带。当 M 停机时，M' 将输出复制到第 $k+2$ 条带，之后停机。 □

定义 2.6　假设 k 带图灵机 M 和输入 x 满足 $(s,\triangleright,x,\cdots,\triangleright,\varepsilon)\xrightarrow{M^*}(H,w_1,u_1,\cdots,w_k,u_k)$，这里 $H\in\{h,\text{“yes”},\text{“no”}\}$ 为停机状态。那么 M 在 x 上的空间要求为 $\sum_{i=1}^{k}|w_iu_i|$。但是如果 M 是具有输入输出的机器，那么 M 在 x 上的空间要求为 $\sum_{i=2}^{k-1}|w_iu_i|\}$。假设 f 是 $\mathbf{N}$ 到 $\mathbf{N}$ 的函数。如果对于任意输入 x，M 空间要求最多为 $f(|x|)$，则我们说图灵机 M 运行在 $f(n)$ 空间界内。

最后，令 L 为一种语言。我们说，L 在空间复杂性类 $\mathbf{SPACE}(f(n))$ 内，如果存在带有输入输出的图灵机在空间界 $f(n)$ 内判定 L。例如，回文串已经被证明在空间复杂性类 $\mathbf{SPACE}(\log n)$ 内。这一重要的空间类通常被引用为 $\mathbf{L}$。 □

我们以类似于定理 2.2 的结论结束本节，即对于空间而言，常数并不重要。它的证明是定理 2.2 证明的变种（见问题 2.8.14）。

35

定理 2.3　令 L 为在 $\mathbf{SPACE}(f(n))$ 中的一种语言。那么，对于任意 $\varepsilon>0$，$L\in\mathbf{SPACE}(2+\varepsilon f(n))$。 □

2.6　随机存取机

我们已经看到了一些图灵机的例子和结果，它们暗示着，尽管其数据结构和指令集简单，但是机器功能强大。它们真的可以实现任意算法吗？

我们断言它们可以。我们无法严格证明这个断言，因为“任意算法”这一概念是无法定义的（实际上在本书中，图灵机就是最接近的定义）。这一非正式断言的经典版本，称为 Church 论题，断言任意算法可以转化为一个图灵机。这一论题被 20 世纪早期的数学家试图形式化“任意算法”概念的经验所支持。他们各自从非常不同的观点和背景下提出计算模型，而最终在计算能力上等同于图灵机（Alan M. Turing 就是其中的一员。这个有趣的故事见参考资料）。

在那些先驱性考察的后面几十年中，计算实践和计算机科学家对于时间界的关注引发了另一个广泛接受的信念，可以看作 Church 论题的数量化加强。它说任何合理化建立的计算机算法的数学模型，其时间性能都在多项式时间内等价于图灵机。我们已经看到了这一原则的应用，即多带图灵机可以在平方级损失下被原始图灵机模拟。在本节中，我们将展示另一个更有说服力的例子：我们将定义相当精确地反映实际计算机算法的计算模型，并说明它也等价于图灵机。

随机存取机，或者说 RAM，与图灵机一样，是一种作用于数据结构的由程序组成的计算设备。RAM 的数据结构是寄存器数组，每一个可以容纳任意大的整数，也可以为负数。RAM 的指令类似于真实计算机的指令集，见图 2.6。

形式上，一个 RAM 程序 $\Pi=(\pi_1,\pi_2,\cdots,\pi_m)$ 是一个指令的有限序列，这里每条指令 π_i 是图 2.6 中的一种类型。在 RAM 计算过程的任一点，寄存器 i（$i\geqslant 0$）包含一个可能为负的整数，记为 r_i，并执行指令 π_κ。这里“程序计数器”κ 是执行过程中的另一个参数。指令的执行可能会导致其中一个寄存器的变化和 κ 的变化。这些变化，或者说指令的语义，是人们期望真实计算机所具有的，总结在图 2.6 中。

36

注意寄存器 0 的特殊作用：它是累加器，负责所有的算术和逻辑运算。同时需要注意三种寻址模式，即访问操作数的方式：有些指令使用操作数 x，这里 x 可能为以下三种类型：j、“$\uparrow j$”，或者“$=j$”。如果 x 是整数 j，那么 x 定义为寄存器 j 的内容；如果 x 为“$\uparrow j$”，那么它代表把寄存器 j 的内容作为地址的寄存器的内容；如果 x 为“$=j$”，这表示整数 j 本身。数字就这样被识别并在指令执行中使用。

1. 指令	操作数	语义
2. READ	j	$r_0:=i_j$
3. READ	$\uparrow j$	$r_0:=i_{r_j}$
4. STORE	j	$r_j:=r_0$
5. STORE	$\uparrow j$	$r_{r_j}:=r_0$
6. LOAD	x	$r_0:=x$
7. ADD	x	$r_0:=r_0+x$
8. SUB	x	$r_0:=r_0+x$
9. HALF		$r_0:=\left\lfloor\frac{r_0}{2}\right\rfloor$
10. JUMP	j	$\kappa:=j$
11. JPOS	j	如果 $r_0>0$ 则 $\kappa:=j$
12. JZERO	j	如果 $r_0=0$ 则 $\kappa:=j$
13. JNEGP	j	如果 $r_0<0$ 则 $\kappa:=j$
14. HALT		$\kappa:=0$

j 是整数。r_j 是寄存器 j 的当前内容。i_j 是第 j 个输入。x 理解为形如 j、“$\uparrow j$”或者“$=j$”的操作数。指令 READ 和 STORE 不会操作“$=j$”。操作数 j 的值是 r_j，“$\uparrow j$”的值是 r_{r_j}，“$=j$”的值是 j。κ 是程序计数器。除了显式地指明外，所有指令执行后，κ 改成 $\kappa+1$。

图 2.6　RAM 的指令和语义

指令也改变 κ。除了图 2.6 最后 5 种指令外，其他指令执行后，新的 κ 为 $\kappa+1$。即下一步要执行的指令为下一条指令。4 种“转移”指令以另一类方式改变 κ，它们通常依赖于累加器的内容。最后，HALT 指令停止计算。我们可以将任何语义错误的指令，如地址寄存器 -14，也看作 HALT 指令。开始，所有的寄存器初始化为零，且首先执行的是第一条指令。

37

RAM 程序的输入是有限的整数序列，包含在有限的输入寄存器数组内，$I=(i_1,\cdots,i_n)$。输入的任意整数可以通过 READ 指令读入累加器。当停机时，累加器的内容为计算的输出。

RAM 执行第一条指令，按照指令改变内容，然后执行 π_κ，这里 κ 为程序计数器的新值，如此进行，直到停机。RAM 计算可以类似地形式化定义为 RAM 格局。一个 RAM 的格局是二元组 $C=(\kappa,R)$，这里 κ 为将要执行的指令，而 $R=\{(j_1,r_{j_1}),(j_2,r_{j_2}),\cdots,(j_k,r_{j_k})\}$ 是寄存器值对的有限集合，直观上展示了计算寄存器到目前为止更改过的值（注意其他值为零）。初始格局为 $(1,\emptyset)$。

让我们固定 RAM 程序 Π 和输入 $I=(i_1,\cdots,i_n)$。假设 $C=(\kappa,R)$ 和 $C'=(\kappa',R')$ 为格局。我们说 $C=(\kappa,R)$ 在一步内产生 $C'=(\kappa',R')$，记为 $(\kappa,R)\xrightarrow{\Pi,I}(\kappa',R')$，如果下列条件成立：$\kappa'$是$\kappa$ 执行 π_κ 后的新值。另一方面，如果 R 在第κ 指令是图 2.6 所示的最后 5 种指令之一的情况下，则 R'完全和R 相同。其他情况下，寄存器 j 的计算如图 2.6 所示，有新的值 x。为了得到 R'，我们从 R 中删除可能存在的对 $(j,\ x')$，并增加 $(j,\ x)$。这就完成了关系$\xrightarrow{\Pi,\ I}$的定义。由此定义$\xrightarrow{\Pi,\ I^k}$（在 k 步内产生）和$\xrightarrow{\Pi,\ I^*}$（产生）。

令 Π 为一个 RAM 程序，D 为整数有限序列集合，ϕ 为从 D 到整数的函数。我们说 Π 计算 ϕ，如果对于任意 $I\in D$，$(1,\emptyset)\xrightarrow{\Pi,I^*}(0,R)$，这里$(0,\phi(I))\in R$。

下面我们定义 RAM 程序的时间要求。尽管 RAM 的算术操作会包含任意大的整数，但我们还是将每一个 RAM 操作为一步。这看起来过于自由，因为包含大整数的 ADD 操作，其代价正比于该整数的对数。实际上，使用复杂的算术指令会使单位代价的假设高估 RAM 程序的能力（见参考文献）。然而我们的指令集（特别是没有基本的乘法指令）保证了单位代价假设是不会产生重大影响的一种简化。这一选择的数学根据见定理 2.5，该定理表明 RAM 程序，即便在时间概念上非常自由地定义，但仍可以在多项式时间损失效率下被图灵机模拟。

38

然而我们确实需要用对数来计算输入的规模。对于整数 i，令 $b(i)$ 为它的二进制表达，没有多余的 0 在高位，如果为负数则前面添加减号。整数 i 的长度是 $\ell(i)=|b(i)|$。如果 $I=(i_1,\cdots,i_k)$ 是整数序列，则它的长度定义为 $\ell(I)=\sum_{j=1}^{k}\ell(i_j)$。

现在假设 RAM 程序 Π 计算从定义域 D 到整数的函数 ϕ。令 f 为从非负整数到非负整数的函数，并假设对于任意 $I\in D,(1,\emptyset)\xrightarrow{\Pi,I^k}(0,R)$，这里 $k\leqslant f(\ell(I))$。那么我们说 Π 在时间 $f(n)$ 内计算 ϕ。换句话说，我们用输入总长度的函数来表达 RAM 计算要求的时间。

例 2.7 明显地，图 2.6 缺少乘法指令 MPLY。这并非重大缺失，因为图 2.7 所示的程序计算了函数 ϕ：$\mathbf{N}^2\mapsto\mathbf{N}$，这里 $\phi(i_1,i_2)=i_1\cdot i_2$。方法是通常的二进制乘法，这里 HALF 指令用来恢复 i_2 的二进制表达（实际上，我们的指令集包含这个不寻常的指令就是为了这个用途）。

更详细地说，程序在指令 5～19 之间重复$\lceil\log i_2\rceil$次。在第 k 次循环的开始（循环从 0 开始），寄存器 3 等于$\lfloor i_2/2^k\rfloor$，寄存器 5 等于 $i_1 2^k$，寄存器 4 等于 $i_1\cdot(i_2 \bmod 2^k)$。每次循环都保持这一不变量（欢迎读者验证）。在循环结束，我们检查寄存器 3 是否为 0，如果是，则我们完成计算且输出保存在寄存器 4 的内容。否则，下一次循环开始。

容易看到程序在 $\mathcal{O}(n)$ 时间内计算两数之积。回忆 $\mathcal{O}(n)$ 意味着指令总数正比于输入中整数的对数。这可以由图 2.7 的程序的循环次数得到，它最多为 $\log i_2\leqslant\ell(I)$；每次循环所执行的指令为常数条。

注意，一旦我们考察完这个程序，我们可以在我们的 RAM 程序中自由使用 MPLY x

指令，这里 x 为任意操作数（j，↑ j，或者 $=j$）。这可以通过图 2.7 的程序来模拟。再多一些指令将解决乘数为负的情况。 □

```
1. READ 1
2. STORE 1      （寄存器 1 包含 i1。在第 k 次迭代时，寄存器 5 包含 i1 2^k。当前，k=0）
3. STORE 5
4. READ 2
5. STORE 2      （寄存器 2 包含 i2）
6. HALF         （k 加 1，第 k 次迭代开始）
7. STORE 3      （寄存器 3 包含 ⌊i2/2^k⌋）
8. ADD 3
9. SUB 2
10. JZERO 14
11. LOAD 4      仅当 i2 的第 k 个最小有效位是 0 时（将寄存器 5 与寄存器 4 相加，并存入寄存器 4）
12. ADD 5
13. STORE 4     （寄存器 4 包含 i1 · (i2 mod 2^k)）
14. LOAD 5
15. ADD 5
16. STORE 5     （见指令 3 的注解）
17. LOAD 3
18. JZERO 20    （如果 ⌊i2/2^k⌋=0，程序结束）
19. JUMP 5      （如果不是，继续重复）
20. LOAD 4      （获得结果）
21. HALF
```

图 2.7　RAM 的乘法程序

例 2.8　再次考察 1.1 节的 REACHABILITY 问题。图 2.8 的 RAM 程序解答了 REACHABILITY 问题。假设问题的输入使用 n^2+1 个输入寄存器，这里输入寄存器 1 包含了结点数 n，输入寄存器 $n(i-1)+j+1$ 包含了图的邻接矩阵中第（i,j）元素的内容，其中 $i,j=1,\cdots,n$。假定我们希望判断是否有从结点 1～n 的路径。程序的输出为 1，如果路径存在（如果实例是一个“yes”实例）；否则，为 0。

程序将寄存器 1～7 作为“临时”存储。寄存器 3 总是包含 n。寄存器 1 包含 i（从 S 中选出的结点，见 1.1 节的算法），寄存器 2 包含 j，我们当前考察是否将 j 插入 S。在寄存器 9～$n+8$ 中，我们维护结点的标记位：如果结点标记过（在过去的某个时刻，曾经在 S 中，见 1.1 节的算法），则等于 1；否则，为 0。寄存器 $8+i$ 包含着结点 i 的标记位。

集合 S 按照栈维护；作为结果，搜索将为深度优先。寄存器 $n+9$ 指向栈顶，即指向包含着最后加入结点的寄存器。如果寄存器 $n+9$ 发现指向一个包含着大于 n 的寄存器（即它自身），那么我们得知栈为空。为了方便，寄存器 8 包含着整数 $n+9$，指向栈顶指针的地址。

39～40

毋庸置疑，程序基本没有保留原始搜索算法的简单性和精致性，但是它准确地实现了算法（欢迎检验）。步数为 $\mathcal{O}(n^2\log n)$：每条 READ 指令（邻接关系的查询）的完成至多为常数再加上 MPLY 指令的 $\log n$ 时间，而每一项只查询一次。为了表达为输入长度的函数（因为对一个 RAM 程序应该做的），输入的长度 $\ell(I)$ 大约为（$n^2+\log n$），即 $\Theta(n^2)$。因此程序在 $\mathcal{O}(\ell(I)\log\ell(I))$ 时间内工作。

如果我们希望用广度优先搜索，这可以用队列代替栈来实现。只需要在图 2.8 上进行少量改动即可。 □

```
1. READ 1
2. STORE 3          (寄存器 3 包含 n)
3. ADD=9
4. STORE 8          (寄存器 8 包含寄存器 n+9 的地址，那里存放着栈顶的地址)
5. ADD=1
6. STORE↑8          (初始时，栈只包含一个元素，结点 1)
7. STORE 7
8. LOAD=1           (将结点 1 压入栈顶，这就完成了初始化)
9. STORE↑7
10. LOAD↑8          (一次循环从这里开始)
11. STORE 6
12. LOAD↑6          (取出栈顶的数；如果该数大于 n，则表明该栈为空，我们必须拒绝)
13. SUB 3
14. JPOS 52
15. STORE 1         (寄存器 1 包含 i)
16. LOAD 6
17. SUB=1
18. STORE↑8         (栈顶值减 1)
19. LOAD=1
20. STORE 2         (寄存器 2 包含 j，初始为 1)
21. LOAD=1
22. SUB=1
23. MPLY 3          (乘法程序，见图 2.7)
24. ADD 2           (计算(i-1)·n+j，邻接矩阵的第 (i,j) 元素的地址)
25. ADD=1
26. STORE 4
27. READ↑4          (读入第 (i,j) 元素)
28. JZERO 48        (如果是 0，则不做任何事)
29. LOAD 2
30. SUB 3
31. JZERO 54        (如果 j=n，则我们必须接受)
32. LOAD 2
33. ADD=8           (计算 j 的标记位的地址)
34. STORE 5         (继续进入下一页)
35. LOAD ↑5
36. JPOS 48         (如果 j 的标记位是 1，则我们没有事情可做)
37. LOAD=1
38. STORE↑5         (j 的标记位现在是 1)
39. LOAD ↑8
40. ADD=1
41. STORE 7
42. STORE ↑8        (栈顶值增 1)
43. LOAD 2
44. STORE ↑7        (将 j 压入栈)
45. LOAD 2
46. SUB 3
47. JZERO 10        (如果 j=n，则新的循环必须开始)
48. LOAD 2
49. ADD=1
50. STORE 2
51. JUMP 21         (否则，j 加 1，并且我们重复循环)
52. LOAD=0
53. HALT            (并且拒绝)
54. LOAD=1
55. HALF            (并且接受)
```

图 2.8　REACHABILITY 的 RAM 程序

作为 RAM 程序能力的进一步说明，下面的定理报告了意料中的结果，即任何图灵机都可以被 RAM 程序轻松地模拟。假定 $\Sigma=\{\sigma_1,\cdots,\sigma_k\}$ 是图灵机的字母表。那么令 D_Σ 为以下整数有限序列的集合：$D_\Sigma=\{(i_1,\cdots,i_n,0):n\geqslant 0,1\leqslant i_j\leqslant k,j=1,\cdots,n\}$。如果 $L\subset(\Sigma-\{\sqcup\})^*$ 是一种语言，定义 ϕ_L 是从 D_Σ 到 $\{0,1\}$ 的函数，且 $\phi_L(i_1,\cdots,i_n,0)=1$，如果 $\sigma_{i_1}\cdots\sigma_{i_n}\in L$，否则为 0。换句话说，在 RAM 中计算 ϕ_L 等价于判定 L。输入序列中最后的 0 帮助 RAM 程序“感知”图灵机输入的末端。

41～42

定理 2.4　假设语言 L 属于 **TIME**$(f(n))$。那么存在 RAM 程序，可以在 $\mathcal{O}(f(n))$ 时间内计算函数 ϕ_L。

证明：令 $M=(K,\Sigma,\delta,s)$ 为在 $f(n)$ 时间内判定 L 的图灵机。我们的 RAM 程序首先复制输入到寄存器 4～寄存器 $n+3$（寄存器 1 和寄存器 2 需要保留用做模拟，寄存器 3 包含 j，这里 $\sigma_j=\triangleright$）。寄存器 1 的值为 4，因此该寄存器指向存储着当前扫描字符的寄存器。

从现在起，程序逐步模拟寄存器。该程序有相应的指令集来模拟每个状态 $q\in K$。该序列集合的指令包含了 k 个子序列，其中 $k=|\Sigma|$。第 j 个子序列开始于指令数 N_{q,σ_j}。假设 $\delta(q,\sigma_j)=(p,\sigma_\ell,D)$。第 j 个子序列的指令如下：

N_{q,σ_j}.	LOAD ↑1	（取读写头扫描到的符号）
$N_{q,\sigma_j}+1$.	SUB=j	（减去测试字符的个数，j）
$N_{q,\sigma_j}+2$.	JZERO$N_{q,\sigma_j}+4$	（如果字符是 σ_j，我们有工作要做）
$N_{q,\sigma_j}+3$.	JUMP $N_{q,\sigma_{j+1}}$	（否则，测试下一个字符）
$N_{q,\sigma_j}+4$.	LOAD=ℓ	（σ_ℓ是所写的字符）
$N_{q,\sigma_j}+5$.	STORE ↑1	（写 σ_ℓ）
$N_{q,\sigma_j}+6$.	LOAD 1	（读写头位置）
$N_{q,\sigma_j}+7$.	ADD=d	（如果 $D=\rightarrow$，则 $d=1$；$D=\leftarrow$，则 $d=-1$；$D=-$，则 $d=0$）
$N_{q,\sigma_j}+8$.	STORE 1	
$N_{q,\sigma_j}+9$.	JUMP N_{p,σ_1}	（启动模拟状态 p）

最后，状态“yes”和“no”通过简单地载入常数 1（或者 0）到累加器，并停机来模拟。

模拟每一步（即一个状态）所需执行的指令时间为常数（取决于 M）。我们需要额外的 $\mathcal{O}(n)$ 复制输入；定理得证。□

我们下一个结果就有点儿令人吃惊了。它表明任何 RAM 可以在只有多项式效率损失下被图灵机模拟。这还在我们对 RAM 程序使用了比较自由的时间概念下（比如，单位时间完成任意长的加法）。首先我们必须确定适当的“输入输出规则”，使图灵机可以像 RAM 程序一样运作。假定 ϕ 是从 D 到整数的函数，这里 D 是整数的有限序列。序列 $I=(i_1,\cdots,i_n)$ 的二进制表达记为 $b(I)$，为字符串 $b(i_1);\cdots;b(i_n)$。我们说图灵机 M 计算 ϕ，如果对于任意 $I\in D$，$M(b(I))=b(\phi(I))$。

定理 2.5　如果 RAM 程序 Π 在 $f(n)$ 时间内计算函数 ϕ，那么存在 7 带图灵机 M，在$\mathcal{O}(f(n)^3)$ 时间内计算 ϕ。

证明：M 的第一条带是输入串，从不覆写。第二条带包含了寄存器内容，R 的表达，它由一系列形如 $b(i):b(r_i)$ 的串构成，用“;”和可能的一长串空格分隔。序列的尾部用记号◁标记结束。每当寄存器的值更新（包括累加器的值）时，以前的 $b(i):b(r_i)$ 将被删除（在其上打印空格），新的对附加在串的最右端。◁标记移到新的串末尾。

43

M的状态分成m组，这里m是Π的指令数。每一组实现Π的一条指令。寄存器的内容可以通过从左到右扫描第二条带来获得。最多只需要两次这样的扫描（当操作数为“$\uparrow j$”）。第三条带包含了程序计数器κ的当前值。第四条带用来保存当前操作的寄存器地址。每次扫描到$b(i):b(r_i)$对时，第四条带的内容就与$b(i)$比较，如果相同，$b(r_i)$就直接拿到其他带上处理。所有操作通过剩余的三条带来完成。在数学运算的情况下，其中的两条带保留操作数，结果放在最后一条带上。计算完成后，更新第二条带（某一对被删除，新的一对则添到右边）。最后，下一个状态开始执行下一条指令。如果执行到**HALT**指令，寄存器0的内容就从第二条带上写到第七条带上并输出。

让我们计算Π在模拟长度为n的输入I下运行$f(n)$步所需要的时间。我们首先证明以下有用的结论：

断言：RAM程序在输入I的t步后，任何寄存器的长度最多为$t+\ell(I)+\ell(B)$，这里B是程序Π用到的最大整数。

证明：归纳于t。第一步之前，当$t=0$时性质成立。假设到t步断言成立。分几种情况讨论，如果执行到“跳转”或者HALT（停机）指令，寄存器内容不变。如果是LOAD或者STORE指令，更改寄存器的内容等于上一步的某个寄存器的内容，断言成立。如果是READ指令，$\ell(I)$部分保证断言为真。最后，假设这是算术指令，比如说ADD。就涉及两个整数i和j的和。每一个或者包含在上一步的某个寄存器中，或者在Π中明确提及（如ADD=314 159），哪一种情况它都小于B。结果的长度最多为1加上最长的操作数长度，通过归纳，即最多为$t-1+\ell(I)+\ell(B)$。SUB情况与此类似，而HALF就更简单（结果短于操作数）。 □

我们现在处理时间界的证明。我们需要说明M在$\mathcal{O}(f(n)^2)$时间内模拟Π的一条指令，这里n是输入的长度。解码Π的当前指令和它所含的常数需要常数时间。在指令执行中，从M的第二条带获取寄存器的值花费$\mathcal{O}(f(n)^2)$时间（第二条带包含了$\mathcal{O}(f(n))$对，根据断言，每一个为$\mathcal{O}(f(n))$长，并且搜索可以在线性时间内完成）。计算结果本身也包含了在整数长度$\mathcal{O}(f(n))$上的简单算术函数（ADD、SUB、HALF），因此可以在$\mathcal{O}(f(n))$时间内完成。证明完毕。 □

44

2.7 非确定性机

我们现在将脱离“合理”计算模型之链，这些模型可以在多项式时间效率损失下相互模拟。我们将引入一个不真实的计算模型，非确定性图灵机。我们将说明它可以被其他模型在指数时间损失下模拟。这一指数级损失是内在的还是因为我们对非确定性的有限了解而人为造成（即著名的$\mathbf{P}\stackrel{?}{=}\mathbf{NP}$问题），是本书的中心课题。

非确定性图灵机是一个四元组$N=(K,\Sigma,\Delta,s)$，和普通图灵机很相似，K、Σ、s很像以前的普通图灵机。然而，Δ不再是一个从$K\times\Sigma$到$(K\cup\{h,\text{“yes”},\text{“no”}\})\times\Sigma\times\{\leftarrow,\rightarrow,-\}$的函数，而是一个关系$\Delta\subset(K\times\Sigma)\times(K\cup\{h,\text{“yes”},\text{“no”}\})\times\Sigma\times\{\leftarrow,\rightarrow,-\}$。它反映出非确定性图灵机并非只有唯一定义的下一步行为，而是多个下一步行之间的选择。也就是说，在每一个状态字符组合中，存在多于一种的下一步——或者什么也没有。

非确定性图灵机的格局和确定性图灵机一样，但是“产生”不再是一个函数，而是一个关系。我们说非确定性图灵机N的格局(q,w,u)一步产生格局(q',w',u')，记为

$(q,w,u) \xrightarrow{N} (q',w',u')$，如果直观上 Δ 中存在规则使之成为合法转移。正式地，它意味着存在移动 $((q,\sigma),(q',\rho,D))\in\Delta$，使得或者 a) $D=\rightarrow$，w'为 w 基础上最后字符（原来为 σ）替换为 ρ，加上 u 的首字符（如果 u 为空串就是 $\sqcup$），u'就是 u 去掉首字符（如果 u 为空串，u'也是空串）；b) $D=\leftarrow$，w'是 w 基础上省略尾字符 σ，u'是在 u 基础上首部添加 ρ；c) $D=-$，w'在 w 基础上其尾字符 σ 替换为 ρ，且 $u'=u$。$\xrightarrow{N^k}$和$\xrightarrow{N^*}$像通常一样定义，只是$\xrightarrow{N^k}$不再是函数。

使得非确定性机如此不同而又能力强大的原因在于我们对“输入输出行为”非常微弱的要求，也就是说我们对于这样的机器关于“解决问题”的非常自由的定义。令 L 是语言而 N 是非确定性图灵机。我们说 N 判定 L，如果对于任何 $x\in\Sigma^*$，以下为真：$x\in L$ 当且仅当存在 w 和 u 使得 $(s,\triangleright,x)\xrightarrow{N^*}(\text{“yes”},w,u)$。

这是非确定性机有别于其他模型的关键定义。输入将被接受，如果存在一系列导致“yes”的非确定性选择。其他选择可能会导致拒绝，但只要有一个接受计算就足够了。只有当没有一个选择能导致接受时，该输入串才被拒绝。在非确定性机中，对待“yes”和“no”实例的非对称性很容易想起图灵机接受定义中的非对称性（见 2.2 节）。我们将会看到更多的接收和非确定性之间的类比（然而在一些关键方面，类比不复存在）。

令 f 是一个从非负整数到非负整数的函数，如果 N 判定 L，而且对于任意 $x\in\Sigma^*$，如果 $(s,\triangleright,x)\xrightarrow{N^k}(q,u,w)$，那么 $k\leqslant f(|x|)$。也就是说，我们要求 N 除了判定 L 外，还要求短于 $f(n)$ 长度的计算路径，这里 n 是输入长度，则我们说非确定性图灵机 N 在 $f(n)$ 时间内判定语言 L。因此，我们所记录的非确定性计算的时间可能非真实地小。时间量只是将要进行的计算行为的“深度”——见图 2.9。容易看出，“全部计算行为”有可能指数增大。

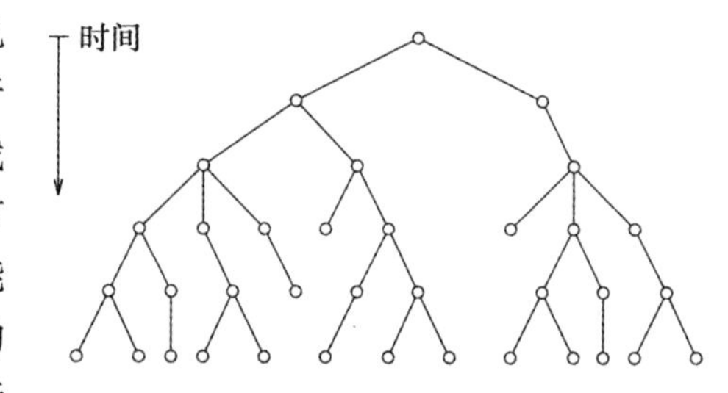

图 2.9　非确定性计算

45～46

被非确定性图灵机在时间 f 下判定的语言集，是一个非常重要的复杂性类，记为 **NTIME**($f(n)$)。一个最重要的非确定性复杂性类是 **NP**，全部 **NTIME**(n^k) 的并。注意显然有 **P**$\subseteq$**NP**，因为确定性机是非确定性机的一个子集：它们正好是当关系 Δ 为函数的情况。

例 2.9　记得我们并不知道 TSP 的判定版本 TSP(D)（见 1.3 节）是否属于 **P**。但是显然 TSP(D) 属于 **NP**，因为它可以被非确定性图灵机在 $\mathcal{O}(n^2)$ 时间内判定。对于包含表达 TSP 实例的输入，该机器写下任意不长于输入的字符序列。写完后，机器回来检查写下的串是否是城市的一个排列，如果是，则检验这一排列是否是代价小于 B 的回路。两者都可以通过使用第二条带在 $\mathcal{O}(n^2)$ 时间内完成（多带非确定性图灵机容易定义，它们也可以在平方级降速下被单带非确定性图灵机模拟）。如果输入串真的含有小于 B 的回路，机器接受；否则，它拒绝（可能对字符的其他选择，对应图 2.9 的另一分支，将以接受结束）。

机器确实判定 TSP(D)，因为它接受输入当且仅当它编码了 TSP(D) 的一个“yes”实例。如果输入是“yes”实例，就意味着存在代价小于等于 B 的旅程。所以，可以在机器计算中准确地“猜测”这一排列，检验到其代价低于 B，并以接受结束。机器的其他计算可能猜测到代价很高的旅程或者无意义的串而被拒绝，但这没有关系。机器接受只需要有一个接受的计算。相反，如果没有小于 B 的旅程，就不可能被接受：所有的计算都会发现猜测错误并拒绝。因此根据我们的规则，输入将被拒绝。 □

如果我们可以把非确定性的思路变成现实的 TSP(D) 的多项式算法那将非常好。遗憾的是，现在我们只知道常规的指数方式可以将非确定性算法变成确定性算法。下面我们将描述这种明显相当直接的方法。

定理 2.6 假定语言 L 可以在时间 $f(n)$ 内被非确定性图灵机 N 判定。那么它可以在时间 $\mathcal{O}(c^{f(n)})$ 内被 3 带确定性图灵机判定。这里 $c>1$ 是依赖于 N 的常数。

注意通过使用复杂性类记号，我们可以简洁地重述这一结果：

$$\mathbf{NTIME}(f(n)) \subseteq \bigcup_{c>1} \mathbf{TIME}(c^{f(n)})$$

47

证明：令 $N=(K,\Sigma,\Delta,s)$。对于每一个 $(q,\sigma)\in K\times\Sigma$，考虑选择集合 $C_{q,\sigma}=\{(q',\sigma',D):((q,\sigma),(q',\sigma',D))\in\Delta\}$。$C_{q,\sigma}$ 是有限集。令 $d=\max_{q,\sigma}|C_{q,\sigma}|$（$d$ 可以称为 N 的“不确定性度”），并假设 $d>1$（否则机器就是确定性了）。

模拟 N 的基本思想是：N 的任意计算是非确定性选择的序列。现在，N 由 t 个不确定性选择所构成的序列实际上是范围为 $0,1,\cdots,d-1$ 的 t 个整数。模拟的确定性机 M 按照长度从小到大考虑全部的这种选择序列来模拟 N（注意我们不能仅考虑长度为 $f(|x|)$ 的序列，这里 x 为输入，因为 M 执行时不会知道界 $f(n)$）。在考虑序列 $(c_1,c_2,\cdots,c_t)$ 时，M 将它保留在第二带。然后 M 模拟 N 的动作，设想 N 在最初 t 步内，第 i 步 N 选择 c_i。如果这些选择使得 N 停机于“yes”（可能第 t 步之前），那么 M 也停机于“yes”。否则，M 处理下一个选择序列。产生下一个序列就像在 d 进制下计算下一个整数，所以容易解决（回想例 2.2）。

在不知道界 $f(n)$ 的情况下，M 怎样检测 N 拒绝呢？回答是简单的：如果 M 模拟了长度为 t 的所有选择序列，并发现它们都没有后继计算（即所有的 t 长度计算都以“no”或者 h 停机），那么 M 可以得到结论：N 拒绝输入。

M 完成以上模拟所需要的时间为 $\sum_{t=1}^{f(n)} d^t = \mathcal{O}(d^{f(n)+1})$（它所需要考察的序列数）乘上产生和考察每条序列的时间，而后者容易看出为 $\mathcal{O}(2^{f(n)})$。 □

我们还对非确定性图灵机的空间要求感兴趣。为了正确计算小于线性的空间界，我们将定义带有输入输出的非确定性图灵机。它是两种扩展图灵机的简单组合（过程略去）。

给定带输入输出的 k 带非确定性图灵机 $N=(K,\Sigma,\Delta,s)$，我们说 N 在空间 $f(n)$ 内判定语言 L，N 判定 L 并且对于任意 $x\in(\Sigma-\{\sqcup\})^*$，如果 $(s,\triangleright,x,\cdots,\triangleright,\varepsilon)\xrightarrow{N^*}(q,w_1,u_1,\cdots,w_k,u_k)$ 可以得到 $\sum_{j=2}^{k-1}|w_iu_i|\leqslant f(|x|)$。即我们要求 N 无论在什么情况下，使用的“临时”都空间小于 $f(n)$。注意我们的定义并不需要所有的计算都停机。

48

例 2.10 考虑 REACHABILITY（见 1.1 节）。我们在 1.1 节的确定性算法要求线性空间。在第 7 章，我们将描述 REACHABILITY 的一种聪明、空间效率高的算法：它要求空间 $\mathcal{O}(\log^2 n)$。结果利用非确定性，我们可以在空间 $\mathcal{O}(\log n)$ 内解决 REACHABILITY。

方法很简单：除了输入外，再使用两条带。一条带用二进制写上当前结点 i（以 1

开始），另一条带则“猜测”整数 $j \leqslant n$（直观地，为路径的下一个结点）。然后验证输入的第（i，j）位邻接矩阵是否是 1。如果不是，则停机于拒绝状态（只要有一个选择序列产生接受就没关系）。如果是，接着验证是否 $j=n$，如果是，则接受并停机（到达 n 意味着存在从 $1\sim n$ 的路径）。如果 j 不等于 n，将它复制到另一条带（删除 i），并重复。

容易验证 a）上述非确定性图灵机解决 REACHABILITY；b）两条临时的草稿带上用的总空间为（可能在寻址矩阵元素时还需要其他计数器）$\mathcal{O}(\log n)$，注意可能会产生任意长，实际上是无限的计算，但是都在空间 $\log n$ 这个很重要的参数内（第 7 章我们将看到如何标准化机器的空间界使之总是停机。当前情况下，我们可以增加计数器，每次处理新结点就增加 1，计数器为 n 就以“no”停机。）

这个例子显示了非确定性处理空间的能力：没有已知的 REACHABILITY 算法的空间小于 $\log^2 n$，而问题可以在 $\log n$ 空间内非确定性“解决”。然而，现在的差距远小于不确定性和确定性之间在时间上差距。实际上，这个差距是我们知道最大的——实际上也是最大可能的差距。这发生在 REACHABILITY 上并不吃惊：这个问题在空间上是这样准确地把握了非确定性，以至于在第 7 章它将成为学习非确定性空间性能的主要工具。 □

非确定性图灵机并不是真实的计算模型。与图灵机和随机存取机不同，它不是为研究假想或者实际难计算现象仓促定义的严格数学模型的结果。非确定性在复杂性理论中是一个中心概念，不是因为它和计算本身的内在联系，而是因为它和计算应用的密切关系，主要应用有逻辑、组合最优化和人工智能。逻辑的很大部分（见第 4～6 章）研究证明，就是基本的非确定性概念。句子“可能尝试”所有可能证明，如果其中之一有效为真，它就成为定理。类似地，对于满足模型的句子——另一个逻辑上的中心概念也是如此，参见第 4～6 章。人工智能和组合最优化问题则需要在指数级多的可行解中找到最低代价解，或者满足一定复杂约束的解。非确定性机可以很不费力地在指数大的解空间内进行搜索。

49～50

2.8　注解、参考文献和问题

2.8.1　图灵机由 Alan M. Turing 定义在

○ A. M. Turing. “On computable numbers, with an application to the Entscheidungsproblem,” *Proc. London Math. Society*, 2, 42, pp. 230-265, 1936. Also, 43, pp. 544-546, 1937.

这是在 20 世纪 30 年代独立、等价且实质上同时提出的多个计算形式化之一，主要受到一阶逻辑（见第 5、6 章）判定问题的影响。Post 在下面的论文中提出了类似的形式：

○ E. Post. “Finite combinatory processes: Formulation I,” *J. Symbolic Logic*, 1, pp. 103-105, 1936.

Kleene 形式化了一个递归定义的、因此是可计算的、数论函数的综合类，见：

○ S. C. Kleene. “General recursive functions of natural numbers,” *Mathematische Annalen*, 112, pp. 727-742, 1936.

Church 发明了另一个算法系统，λ 演算，见

○ A. Church. “The calculi of lambda-conversion,” *Annals of Mathematical Studies*, 6, Princeton Univ. Press, Princeton N. J., 1941.

最后，A. Markov 提出了另一个面向字符串的算法系统：

○ A. Markov. “*Theory of algorithms*,” *Trudy Math. Inst. V. A. Steklova*, 42, 1954. 英文翻译：Israel Program for Scientific Translations, Jerusalem, 1961.

图灵机、计算理论，以及对复杂性理论的更多介绍，见

○ J. E. Hopcroft and J. D. Ullman. *Introduction to Automata Theory, Languages, and Computation*, Addison-Wesley, ReadingMassachusetts, 1979.

○ H. R. Lewis, C. H. Papadimitriou. *Elements of the Theory of Computation*, Prentice-Hall, Englewood Cliffs, 1981.

最后，

○ P. van Emde Boas. "Machine models and simulations", pp. 1-61 in *The Handbook of Theoretical Computer Science, vol. I: Algorithms and Complexity*, edited by J. van Leeuwen, MIT Press, Cambridge, Massachusetts, 1990.

全面考察了各种计算模型和它们的等价性。

2.8.2 **问题**：通过对 $|x|$ 归纳，证明例 2.1 的图灵机 M 计算了函数 $f(x)=\sqcup x$。

2.8.3 希腊语的回文句"Νιψου ανομηματα μη μοναν οψιν"⊖ 意思是"洗去我的罪恶而不仅是清洗我的脸"是刻在君士坦丁堡（现在是土耳其的伊斯坦布尔）Aghia Sophia 拜占庭教堂喷泉上的格言。

51

2.8.4 **Kolmogorov 或描述复杂性** 何种意义下，字符串 011010110111001 更比 0101010101010101 复杂？由于计算复杂性的考察对象是无限语言，而不是有限长的字符串，所以它无法回答。描述复杂性的重要理论，由 A. N. Kolmogorov 提出，回答了这类问题，见

○ A. N. Kolmogorov. "Three approaches to the quantitative definition of information" *Prob. of Information Transmission* 1, 1, pp. 1-7, 1965.

○ M. Li and P. M. B. Vitányi. "Kolmogorov complexity and its applications" pp. 187-254 in *The Handbook of Theoretical Computer Science, vol. I: Algorithms and Complexity*, edited by J. van Leeuwen, MIT Press, Cambridge, Massachusetts, 1990.

令 $\mu=(M_1, M_2, \cdots)$ 为在字母表 {0，1} 下的全部图灵机的编码。应该清楚这种编码是很多的。见 3.1 节这个问题的讨论。我们可以定义，对每一个字符串 $x\in\{0,1\}^*$，它关于 μ 的 Kolmogorov 复杂性如下：

$$K_\mu(x)=\min\{|M_j|: M_j(\varepsilon)=x\}$$

即 $K_\mu(x)$ 是输出 x 的编码中最小"程序"的长度。

(a) 证明存在图灵机的编码 μ_0，对于其他的编码 μ，存在常数 c，使得对于任意 x，$K_{\mu_0}(x)\leqslant K_\mu(x)+c$（使用第 3 章的通用图灵机）。

有了这个结果，我们可以放心省略引用 μ，记 x 的 Kolmogorov 复杂性为 $K(x)$（明白其中包含了常数）。

(b) 证明对于所有的 x，$K(x)\leqslant|x|$。

(c) 证明对于所有的 n，存在长度 n 的串满足 $K(x)\geqslant n$。

换句话说，存在不可压缩串。

2.8.5 **回文串的下界** 我们可以用 Kolmogorov 复杂性证明下界。假设 M 是判定定义于例 2.3 回文串的单带图灵机。我们将论证它需要 $\Omega(n^2)$ 步。

如果 M 是图灵机，x 是输入，$0\leqslant i\leqslant|x|$，且 $(s,\varepsilon,x)\xrightarrow{M^{t-1}}(q,u\sigma,v)\xrightarrow{M}(q',u',v')$，这里或者 a) $|u|=i-1$，且 $|u'|=i+1$；或者 b) $|u|=|u'|=i$。则我们说 M 在输入 x 下的计算中第 t 步以 (q,σ) 对横穿串的第 i 位，在情况 a) 它移向右边，在情况 b) 移向左边。M 在 x 下的第 i 个横穿序列是序列 $S_i(M,x)=((q_1,\sigma_1),\cdots,(q_m,\sigma_m))$，它使得存在有一系列步 $t_1<t_2<\cdots<t_m$，且在第 t_j 步，$1\leqslant j\leqslant m$，存在以 (q_j,σ_j) 对横穿第 i 位。并且在 i 没有更多移动。显然，奇数次向右移，偶数次向左移。

直观地，从前 i 个位置的"角度"看，重要的不是计算中其他位置中的内容变化，而是第 i 个横穿序列。以下论证基于这种直觉。

52

令 M 是判定 {0，1} 字母表下回文串的单带图灵机，并考虑它在回文串 $x0^nx^R$ 上的计算，这里 x 是任意长度为 n 的串，x^R 代表 x 的逆转（反写 x）。假设总步数为 $T(x)$。那么存在 i，$n\leqslant i\leqslant 2n$，使得第 i

⊖ 原文有误，该回文句应当是"νιψου ανομηματα μη μοναν οψιν"。——译者注

次横穿序列 S_i 的长度 $m \leqslant \frac{T(x)}{n}$。假设这个横穿序列为 $((q_1,\sigma_1),\cdots,(q_m,\sigma_m))$。

我们可以得到结论：x 当续接 0^{i-n}后，可以认证为长度 n 的满足如下条件的唯一串：当它作为 M 的输入时，会使机器首先以（q_1，σ_1）向串的右端横穿。而且，如果将要以（q_2，σ_2）向左边横穿（我们使用向左边横穿而不是向剩余的串），接下来的横穿将是（q_3，σ_3）等，直至（q_m，σ_m）。注意这一描述真正独一无二地认证了 x。因为如果串 y 有同样的属性，那么 M 将接受 $y0^nx^R$，而后者不是回文串。

(a) 证明上一段中的描述是长度最多为 $c_M \frac{T(x)}{n} + 2\log n$ 的二进制串，这里 c_M 是只依赖于 M 的常数。

(b) 论证存在图灵机 M'，给定上述描述，将产生 x。

(c) 证明 x 的 Kolmogorov 复杂性（见问题 2.8.4）最多为 $c_M \frac{T(x)}{n} + 2\log n + c_{M'}$，这里 $c_{M'}$ 只依赖于 M'。

(d) 使用问题 2.8.4 (c) 的结果证明 M 使用时间 $\Omega(n^2)$。

因此，定理 2.1 的模拟是渐进最优的。

2.8.6　问题：用上下叠加而不是并排来表示 k 带，给出定理 2.1 的另一个证明。分析你的模拟效率，并和定理 2.1 的证明相比较（模拟机的单个字符代表被模拟的 k 个字符。自然地，读写头将到处都是）。

2.8.7　问题：假设我们的图灵机有一根无限的两维带（黑板）。现在存在移动形式↑、↓、←、→。开始时输入放在初始读写头的右边。

(a) 给出机器的转移函数的详细定义。它的格局是什么？

(b) 证明这样的机器可以被 3 带图灵机在平方级效率损失下模拟。

2.8.8　问题：假设图灵机可以删除和插入字符，而不仅仅是覆写。

(a) 仔细定义这样机器的计算和转移函数。

(b) 证明这样的机器可以被普通图灵机在平方级效率损失下模拟。

53

2.8.9　问题：证明任意运行时间在 $f(n)$ 的 k 带图灵机可以被 2 带图灵机在 $f(n)\log f(n)$ 时间内模拟。（这个聪明的模拟来自

- F. C. Hennie and R. E. Stearns. "Two-tape simulation of multitape Turing machines," *J. ACM 13*, 4, pp. 533-546, 1966.

这个技巧是将所有带上下叠加变成一条带（即一个字符编码 k 个字符，和上面问题 2.8.6 一样）这样读写头的位置会重合。假设带的两个方向都没有边界。读写头的动作通过移动字符块实现，故意移动到可以书写在稀疏的空格内。块的大小呈几何级数。第二条带仅仅用来作为快速复制。）

这个结果是定理 2.1 的有用替代，因为一旦建立固定数目带的图灵机，它就可以用更好时间界来模拟（见问题 7.4.8）。

2.8.10　称图灵机 M 健忘，如果它在计算过程中第 t 步的读写头位置仅取决于 t 和 $|x|$，而不是 x 本身。

问题：上题的 2 带模拟机可以被改建成健忘的（健忘机所以重要，因为它们更接近于计算的"静态"模型，例如布尔电路，见问题 11.5.22）。

2.8.11　正则语言　假设语言 L 在使用常数空间下被带有输入输出的图灵机判定。

问题：(a) 证明存在等价的仅有只读输入带的图灵机判定 L（接受和拒绝由状态"yes"和"no"来判定）。

该机器称为双向有限自动机。一个（单向）有限自动机是只能使用→读写头移动的"双向"有限自动机（当遇到第一个空格就进入"yes"或"no"状态）。被单向有限自动机判定的语言称为正则语言。

(b) 证明下面的语言是正则语言：$L=\{x\in\{0,1\}^*: x$ 最少含有两个 0 且没有连续的两个 $0\}$。

更多有关正则语言的内容见上面引用的 Lewis 和 Papadimitriou 的书，以及问题 3.4.2 和问题 20.2.13。

(c) 令 $L\subseteq\Sigma^*$ 为语言，在 Σ^* 上定义以下等价关系：$x \equiv_L y$ 当且仅当对于所有的 $z\in\Sigma^*$，$xz\in L$ 当

且仅当 $yz\in L$。证明 L 是正则语言当且仅当在 $\equiv_L$ 中只存在有限多的等价类。(b) 中有多少等价类?

(d) 证明如果 L 被双向有限自动机判定，则它是正则语言（这个精妙的论证来源于：

○ J. C. Shepherdson. “The reduction of two-way automata to one-wayautomata,” *IBM J. of Res. and Dev.*, 3, pp. 198-200, 1959.

54

证明 $x\equiv_L y$ 当且仅当 x 和 y 在双向机上“产生相同行为”。这里“行为”指的是状态到状态的映射，当然，状态是有限的。利用 (c))。

于是，我们得到 **SPACE**(k)（这里 k 是任意整数）是正则语言类。

(e) 证明如果 L 无限和正则的，则存在 $x, y, z\in\Sigma^*$ 使得 $y\neq\epsilon$ 且对于所有的 $i\geqslant 0$，$xy^iz\in L$（既然机器只有限多的状态，则在足够长的串上状态肯定会重复）。

(f) 记得 $b(i)$ 代表 i 的二进制表达，且首位不为 0。证明“等差序列”语言 $L=\{b(1);b(2);\cdots;b(n):n\geqslant 1\}$ 不是正则的（使用 (e) 部分）。

(g) 证明 (f) 中的 L 可以在空间 $\log\log n$ 内被判定。

2.8.12 **问题**：证明如果图灵机使用的空间，对所有的 $c>0$，小于 $c\log\log n$，那么它使用常数空间（来自

○ J. Hartmainis, P. L. Lewis Ⅱ, and R. E. Stearns. “Hierarchies of memory-limited computations” *Proc. 6th Annual IEEE Symp. on Switching Circuit Theory and Logic Design*, pp. 179-190, 1965.

的也包含工作带上的字符串内容的机器，考虑其“状态”。那么机器对带有输入前缀的行为可以认为是状态到状态集合的映射。现在考虑需求空间 $S>0$ 的最短输入。所有它的前缀必然有不同行为——否则存在更短的要求 $S>0$ 的输入，但是行为的数量是 S 的双次指数。注意使用这个结果，问题 2.8.11(g) 要求 $\Theta(\log\log n)$ 空间)。

2.8.13 **问题**：证明回文串语言不能被少于 $\log n$ 空间判定（这个论证是问题 2.8.5 和问题 2.8.12 的综合）。

2.8.14 **问题**：给出定理 2.3 的详尽证明。即给出模拟机明确的数学构建来模拟被模拟机（假设后者除了输入带只有一条带）。

2.8.15 下面的论文提出了随机存取机：

○ J. C. Shepherdson and H. E. Sturgis. “Computability of recursive function,” J. ACM, 10, 2, pp. 217-255, 1963.

下面的论文对它们的性能进行了分析：

○ S. A. Cook and R. A. Reckhow. “Time-bounded random access machine,” J. CSS, 7, 4, pp. 354-475, 1973.

2.8.16 **问题**：改写例 2.10 中解决 REACHABILITY 的非确定性图灵机，使它使用相同空间，但总是停机。

可以证明所有的空间受限机，即便那些使用了空间少到无法计算的步数，都可以被修改为总是停机。构建的技巧见：

55

○ M. Sipser. “Halting space-bounded computations,” *Theor. Comp. Science 10*, pp. 335-338, 1980.

2.8.17 **问题**：证明任何被 k 带非确定性图灵机在 $f(n)$ 时间内判定的语言也可以被 2 带非确定性图灵机在 $f(n)$ 时间内判定（找出这个简单解答，这是一个理解非确定性的很好练习。比较关于确定性机的定理 2.1 和问题 2.8.9)。

不用说，任何 k 带非确定性图灵机可以被单带非确定性图灵机在平方级效率损失下模拟，如同确定性机一样。

2.8.18 **问题**：(a) 证明非确定性单向有限自动机（见 2.8.11）可以被确定性单向自动机用指数多的状态模拟（构造一个确定性机，其状态为给定非确定性机的状态集合）。

(b) 证明 (a) 中的指数增长是内在固有的（考虑语言 $L=\{x\sigma:x\in(\Sigma-\{\sigma\})^*\}$，其中字符表 Σ 有 n 个字符）。

56

第3章
Computational Complexity

不可判定性

图灵机是如此强大，以至于它们可以计算有关图灵机自身的非平凡的结果。自然，这个新能力包含了它们最终局限的种子。

3.1 通用图灵机

在前几章中介绍的计算模型看起来存在着比实际计算机弱的方面：计算机经过适当编程，可以解决各种各样的问题。相反，图灵机和 RAM 程序看起来专门解决某个单一问题。在本节我们将指出图灵机也可以通用这一简单事实。特别地，我们将描述一台通用图灵机U，一旦赋予输入，它会将此输入解释为另一图灵机M的描述，并将M的输入的描述x，连接其上。U的功能是模拟M在输入x下的行为。我们可以写作$U(M;x)=M(x)$。

我们必须首先确定U的一些细节。既然U必须模拟任意的图灵机M，那么U所准备面对的状态和字符数没有预设的界。因此，我们将假设所有图灵机的状态和字符都是整数。确切地说，我们假设对于任意图灵机$M=(K,\Sigma,\delta,s)$，$\Sigma=\{1,2,\cdots,|\Sigma|\}$并且$K=\{|\Sigma|+1,|\Sigma|+2,\cdots,|\Sigma|+|K|\}$。初始状态$s$总是$|\Sigma|+1$。数字$|\Sigma|+|K|+1,\cdots,|\Sigma|+|K|+6$将分别编码特殊字符$\leftarrow$、$\rightarrow$、$-$、$h$、"yes"和"no"。所有数字将表达为$\lceil\log(|K|+|\Sigma|+6)\rceil$位长的二进制供$U$处理，每一个数字的首几位都放有足够多的0，使它们长度相同。图灵机$M=(K,\Sigma,\delta,s)$的描述将开始于二进制数$|K|$，然后是$|\Sigma|$（根据规则，这两个数字足够定义K和Σ)，然后是δ的描述。δ的描述是形如$((q,\sigma),(p,\rho,D))$对的序列，使用字符"("、")"和","等。这些都假设在U的字母表中。

我们将使用字符M代表机器M的描述。这不会带来记号的混乱，因为通过上下文总会清楚的（见上面清楚、简洁、精致的等式$U(M;x)=M(x)$)。

作为U的输入，M的描述着紧跟";"，然后是x的描述。x的字符编码为二进制，用","隔开。我们仍记字符串x的编码为x。

通用图灵机U在输入M；x下模拟M在输入x下的行为。为了更好地描述模拟，假设U有两条带。从定理2.1我们知道，可以使单带机产生同样的结果。U使用第二条带存储M的当前格局。格局(w,q,u)（与第2章一样）存储为w，q，u，即串w的编码紧跟","，紧跟q的代码，紧跟","，然后是u的编码。第二条带初始包含$\triangleright$的代码，紧跟s的代码，最后是x的代码。

为了模拟M的一步，U扫描它的第二条带，直到发现状态对应的二进制描述（在$|\Sigma|+1$和$|\Sigma|+|K|$之间）。然后搜索第一条带符合当前状态的规则δ。如果规则找到了，M在第二条带上左移并读取扫描的字符，将扫描的字符和规则相比较。如果不匹配，继续搜索下一条规则。如果匹配，则实现规则（这包含了在第二条带上改变当前字符和状态，状态的左移或右移。状态和字符使用相同长度的二进制代码表示在这里就显得很方便）。当M停止时，U也停止。这就结束了U在M；x下的操作描述。

U在计算过程中会发现它的输入无法构成图灵机的描述和输入（你可以容易地想出至

少一打）。这种情况下，我们可以定义 M 进入不断右移状态。既然我们只关心 U 在合法输入下的行为，那么这种规定完全无关紧要。

3.2 停机问题

通用图灵机的存在很快并不可避免地引出不可判定问题，即没有算法的问题，非递归的语言。不可判定性从一开始就成为计算机科学文化的一部分，以至于非常容易忘记其奇怪的一面。严格来讲，一旦我们将语言等同为问题，而将图灵机等同为算法，不可判定问题的存在就显而易见了：语言的种类（不可数）多于判定语言的方法（图灵机）。然而，当它在20世纪30年代首次发现时，这样接近于我们计算能力极限问题的存在，还是造成了轰动。不可判定性在某种程度上是复杂性的最难形式，所以值得在本书前面章节提及。而且，不可判定性理论的发展是复杂性理论的重要先驱，也是方法学、类比和准则的有用来源。 58

我们如下定义 HALTING：给定图灵机 M 的描述和它的输入 x，M 停机于 x 吗？作为语言形式，我们令 H 是定义在 3.1 节中通用机 U 字母表上的语言：$H=\{M;x:M(x)\neq\nearrow\}$。即语言 H 包含了所有编码为图灵机和输入的字符串，使得该图灵机停机于该输入。容易得到以下性质：

性质 3.1 H 是递归可枚举语言。

证明：我们只要设计接受 H 的图灵机，即如果其输入属于 H，停机输出“yes”，否则永不停机。容易看到，所需要的机器就是前 3.1 节的通用图灵机。我们只需要做微小改动使得每次它都停机于“yes”状态。 □

实际上，H 不仅仅是递归可枚举语言。在所有的递归可枚举语言中，HALTING 有重要的属性：如果有某个算法来判定 HALTING，那么我们可以构造算法来判定任意递归可枚举语言：令 L 为图灵机 M 接受的递归可枚举语言。给定输入 x，我们可以简单地通过判定 $M;x\in H$ 来判定是否有 $x\in L$。可以说，所有递归可枚举语言都可以归约到 H。因此 HALTING 是递归可枚举语言的完全问题。归约和完全性的准确概念将是研究远不止这些（这些将马上解决）复杂性情况的有用工具。典型地，完全性是问题不能满意解决的征兆。

实际上，性质 3.1 已经说完了有关 H 的所有好消息：

定理 3.1 H 不是递归语言。

证明：为了引出矛盾，假设存在图灵机 M_H 判定 H。修改 M_H 得到图灵机 D 如下运作：输入 M，D 首先模拟 M_H 运行于输入 $M;M$ 直到停机（它肯定停机，因为假设它判定 H）。如果 M_H 接受，D 进入不停地将其读写头向右移动的状态。如果 M_H 拒绝，D 停机。D 的运作形象地描述如下： 59

$$D(M)\text{：}\textbf{如果 } M_H(M;M)=\text{“yes” } \textbf{那么} \nearrow \textbf{ 否则} \text{ “yes”}$$

$D(D)$ 的结果是什么呢？即对于 D 自身的编码，它又是如何反映的呢？特别地，它是否停机？

没有满意的回答。如果 $D(D)=\nearrow$，根据 D 的定义，有 M_H 接受输入 $D;D$。因为 M_H 接受 $D;D$，有 $D;D\in H$，又根据 H 的定义，$D(D)\neq\nearrow$。

另一方面，若 $D(D)\neq\nearrow$，根据 D 的定义，M_H 拒绝 $D;D$，因此 $D;D\notin H$，又根据 H 的定义，$D(D)=\nearrow$。

推出矛盾仅仅出于假设 M_H 判定 H，因此得到结论：不存在判定 H 的图灵机。 □

定理1的证明采用了一种熟悉的称为对角化的论证技巧。我们考察一种关系，即所有令$M(x)\neq\nearrow$的对(M,x)的集合。我们首先注意到关系的“行”（图灵机）也是合法的列（图灵机的输入）。然后我们观察这张庞大表的“对角线”（将自身作为输入的机器）并且创建一行对象（在我们例子中是D）来“否决”对角线元素（停机当它们不停，不停当它们停机）。这直接导致了矛盾，因为D不可能是一个行对象。

3.3 更多不可判定性问题

HALTING，第一个不可判定性问题，由此产生了大范围的其他不可判定性问题。这里再次使用了归约这一技巧。为了说明问题A的不可判定性，我们建立，如果存在问题A的算法，那么将存在HALTING的算法，从而得到谬论。我们列出一些例子如下：

性质3.2 以下语言不是递归的：

(a) $\{M:M$停机于所有输入$\}$

(b) $\{M;x$：存在y使得$M(x)=y\}$

(c) $\{M;x$：在输入x上，计算M使用了M的全部状态$\}$

(d) $\{M;x;y: M(x)=y\}$

证明：（a）我们将HALTING归约到这个问题。给定$M;x$，我们构造如下图灵机M'：

$$M'(y):\textbf{如果 } y=x \textbf{ 则 } M(x) \textbf{ 否则 停机}$$

60

显然，M'停机于所有输入当且仅当M停机于x。 □

以上（b）、（c）、（d）的证明，和其他类似的不可判定性结果，见问题3.4.1。下面的定理3.2也是很多不可判定性结果的依据。

显然，递归语言是递归可枚举语言的真子集（见性质2.1、性质3.1和定理3.1）。但是值得注意的是，这两种语言的一些简单联系。首先，递归语言不具备递归可枚举语言的“不对称性”。

性质3.3 如果L是递归语言，$\bar{L}$也是。

证明：如果M是判定L的图灵机，我们通过简单反转M中“yes”和“no”的功能，从而构造了判定$\bar{L}$的图灵机$\bar{M}$。 □

相反，我们将说明$\bar{H}$不是递归可枚举的，从而得到递归可枚举语言类在求补操作下不封闭。即我们注意到在定义中接受的不对称性有着深刻影响（我们将在恰当时候看到，对于非确定性的不对称性是否为真，是个悬而未决的问题）。这是以下简单事实的直接结果。

性质3.4 L是递归的当且仅当L和$\bar{L}$都是递归可枚举的。

证明：假设L是递归的。那么$\bar{L}$也是（性质3.3），因此它们都是递归可枚举的。

相反，假设L和$\bar{L}$都是递归可枚举的，分别被图灵机M和$\bar{M}$接受。那么L被以下定义的图灵机M'判定。对于输入x，M'在两条不同的带上交错模拟M和$\bar{M}$。即在一条带上模拟一步$\bar{M}$，然后在另一条带上模拟一步$\bar{M}$，接着又在原先的M上模拟一步，等等。因为M接受L，$\bar{M}$接受其补，而x必是其中之一，所以两机器中迟早会停机并接受。如果M接受，那么M'停机于状态“yes”。如果$\bar{M}$接受，M'停机于“no”。 □

术语“递归可枚举”的语源则是一个有趣的偏题。假设M为图灵机，定义语言

$$E(M)=\{x:(s,\triangleright,\varepsilon)\xrightarrow{M^*}(q,y\sqcup x\sqcup,\varepsilon)\quad 对于某些\ q、y\}$$

即，$E(M)$ 是满足以下条件的所有字符串 x 的集合：在 M 操作空输入时，存在某一时刻 M 的串结束于$\sqcup x\sqcup$。我们说，$E(M)$ 是 M 枚举的语言。

61

性质 3.5　L 是递归可枚举的当且仅当存在机器 M 使得 $L=E(M)$。

证明：假设 $L=E(M)$，那么 L 可以被机器 M' 接受，它在输入 x 上，模拟空输入的 M，且仅当 M 永远束于 $\sqcup x\sqcup$时停机接受。如果 M 停机前没有产生 $\sqcup x\sqcup$，则 M' 永不停机。

另一方向则更有趣，因为它将用到称为“鸽尾”（交替计算）的非常有用的技巧，例子见定理 14.1 的证明。假设 L 确实是递归可枚举的，被机器 M 所接受。我们将描述机器 M' 使得 $L=E(M')$。M' 在空串上的操作如下：当 $i=1,2,3,\cdots$，重复如下：它将依次模拟 M 在前 i 个（字典序）输入，即对每个 j，$j=1,2,\cdots,i$，都走 i 步。如果任何时刻 M 在这 i 个输入中的某个 $1\leqslant j_0\leqslant i$ 上，停机于“yes”，就记录 $x=j_0$，则 M' 在串的末尾写下 $\sqcup x\sqcup$，然后继续运行。其他情况下，M' 从不会在带上写下$\sqcup$。这就保证了，如果 $x\in E(M')$，则 $x\in L$。

相反，假设 $x\in L$。那么 M 在 x 上经过一定步数后，比如 t_x 步，停机于“yes”。又假设 x 是 M 第 l_x 小的字典序输入，那么在空串上的 M' 最终会在运行 $i=\max(t_x,\ell_x)$ 的时候，完成它对 M 在 x 上的模拟，并且在串上写下 $\sqcup x\sqcup$。于是得到 $x\in E(M')$。 □

我们接下来将要证明一个非常通用的结果，它实质上断言图灵机的任何非平凡性质都是不可判定的。假设 M 是接受语言 L 的图灵机，我们记 $L=L(M)$。自然，并不是所有机器都接受语言（例如，机器可能会停机于“no”，就不兼容我们关于接受的定义）。如果机器 M 对于串 x，其 $M(x)$ 既不等于“yes”也不等于$\nearrow$，那么按照惯例，$L(M)=\emptyset$。

定理 3.2 (Rice 定理)　假设 $\mathcal{C}$ 是所有递归可枚举语言集合的一个非空真子集。那么以下问题是不可判定的：给定图灵机 M，是否有 $L(M)\in\mathcal{C}$?

证明：我们假设 $\emptyset\notin\mathcal{C}$（否则将下面的论证对所有不属于 $\mathcal{C}$ 的递归可枚举语言类展开，它也是递归可枚举语言的非空真子集）。接下来，既然是非空的，我们假设存在语言 $L\in\mathcal{C}$ 被机器 M_L 接受。

考虑接受不可判定语言 H 的图灵机 M_H（性质 3.1），并假设我们希望判定 M_H 是否接受 x（即对于任意输入 x，求解 HALTING 问题）。为了完成这点，我们构造机器 M_x，其语言或者是 L 或者是 $\emptyset$。对于输入 y，M_x 模拟 M_H 在 x 的行为。如果 $M_H(x)=$“yes”，那么 M_x 将继续模拟 M_L 在输入 y 上的行为而不是停机：它或者停机并接受，或者永不停机，决定于 M_L 在输入 y 上的行为。自然，如果 $M_H(x)=\nearrow$，则 $M_x(y)=\nearrow$。概要地，M_x 是机器：

62

$M_x(y)$：**如果** $M_H(x)=$“yes” **那么** $M_L(y)$ **否则**$\nearrow$

断言：$L(M_x)\in\mathcal{C}$ 当且仅当 $x\in H$。

换句话说，从 x 上构造 M_x 等价于将 HALTING 问题归约于我们讨论的问题：给定 M，是否有 $L(M)\in\mathcal{C}$。因此，后者必然是不可判定的，从而定理得证。

断言的证明：假设 $x\in H$，即 $M_H(x)=$“yes”。那么在输入 y 上的 M_x 判定这一点后，总是接受 y，或者永不停机，取决于 $y\in L$ 是否成立。因此被 M_x 接受的语言是L，且根据假设是属于$\mathcal{C}$的。

然后假设$M_H(x)=\nearrow$（因为M_H是接受语言H的机器，所以只有一种其他可能）。这种情况下M_x永不停机，因此M_x接受一直不属于$\mathcal{C}$的语言$\emptyset$。断言和定理的证明完成。 □

递归不可分割性

如图3.1描绘语言类**RE**（递归可枚举语言）、**coRE**（递归可枚举语言的补）和**R**。我们已经看到了图中多数区域的代表。当然存在递归语言，H是递归可枚举的而不是递归语言。也容易看出$\overline{H}$（H的补）属于区域**coRE-R**。然而我们还没有看到图中上面区域的代表。即我们还没有遇到既不属于递归可枚举语言也不属于其补的成员（本节开始的基数论证证明并不是所有的语言都是递归的，现在利用与基数论证相同的论证，我们可以得到绝大多数语言都是属于这一类。即既不属于递归可枚举语言也不属于递归可枚举语言补的语言类）。在第6章，我们将证明关于逻辑的一个非常重要的语言属于这个区域。我们的证明将利用下面介绍的另一种“严重不可判定性”。

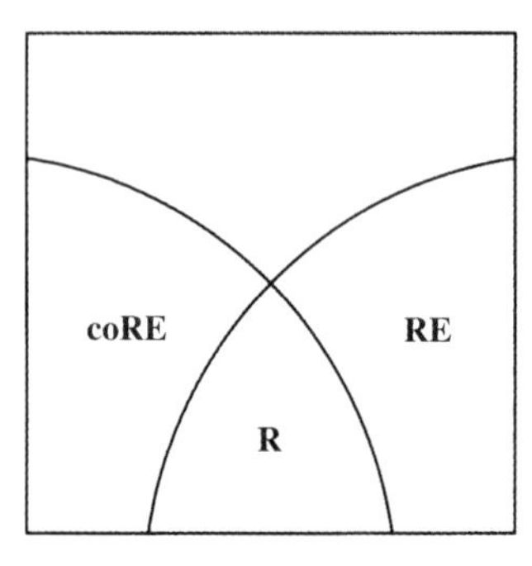

图3.1　语言类

考虑“停机”语言H和其补$\overline{H}$。它们就是我们称为*递归不可分割语言*的例子。两个不相交语言L_1和L_2称为递归不可分割，如果不存在递归语言R使得$L_1\cap R=\emptyset$且$L_2\subset R$（换句话说，不存在如图3.2所示的递归语言）。自然，对于H和$\overline{H}$而言，这个结果是平凡的，因为H和$\overline{H}$自身是唯一可分割语言，而我们知道它们不是递归的。然而存在重要的补相交的语言对，它们有不可数的分割语言，任何一个都不是递归的。我们接着给出一个有用的例子。

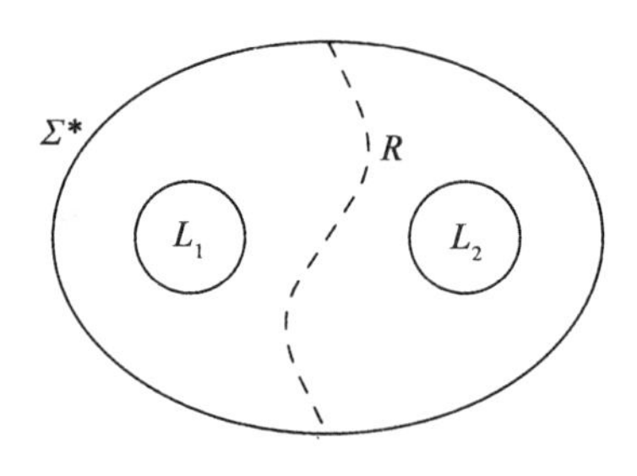

图3.2　递归不可分割语言

定理3.3　定义$L_1=\{M:M(M)=\text{“yes”}\}$，$L_2=\{M:M(M)=\text{“no”}\}$。那么$L_1$和$L_2$是递归不可分割的。

证明：假设存在分隔它们的递归语言R，即$L_1\cap R=\emptyset$且$L_2\subset R$（如果$L_2\cap R=\emptyset$且$L_1\subset R$，那么下面的论证对于R的补展开）。现在考虑判定R的图灵机M_R，那么$M_R(M_R)$是什么呢？结论或者是“yes”或者是“no”，因为M_R判定一个语言。如果是“yes”，就意味着$M_R\in L_1$（根据L_1的定义），因此$M_R\notin R$（因为$R\cap L_1=\emptyset$），$M_R(M_R)=\text{“no”}$（根据M_R的定义）。类似地，$M_R(M_R)=\text{“no”}$推出$M_R(M_R)=\text{“yes”}$，产生矛盾。 □

63～64

推论：令$L_1'=\{M:M(\varepsilon)=\text{“yes”}\}$和$L_2'=\{M:M(\varepsilon)=\text{“no”}\}$，则$L_1'$和$L_2'$是递归不可分割的。

证明：对于任意图灵机M，令M'为如下图灵机，它对于任意输入，首先产生M的描述，然后模拟M对该输入的运行。我们断言，如果可以用递归语言R'分割L_1'和L_2'，那么将递归地分割定理中的L_1和L_2。这可以如下完成：在输入M上，构造M'的描述，并检测是否有$M'\in R'$。如果是，接受；否则，拒绝（如果输入M不是图灵机的描述，那么行为任意，比如说，接受）。容易看出，用这个算法判定的递归语言R分割L_1和L_2。 □

不可判定性在20世纪30年代首先作为一个特殊应用而发展：建立机械数学推理的不可能性。数学逻辑因此就是我们下一个讨论的主题。在证明逻辑主要不可判定性结果时，我们将用到上面推论中 L'_1 和 L'_2 的递归不可分割性。 65

3.4 注解、参考文献和问题

3.4.1 **问题**：对下面关于图灵机的问题，判定其是否递归。

(a) 给定图灵机 M，对于空串，它是否停机？

(b) 给定图灵机 M，是否存在字符串使得它停机？

(c) 给定图灵机 M，它是否写过字符 σ？

(d) 给定图灵机 M，它是否写过与当前扫描字符不同的字符？

(e) 给定图灵机 M，$L(M)$ 为空吗？（这里 $L(M)$ 定义为图灵机接受的语言，而不是判定的语言。）

(f) 给定图灵机 M，$L(M)$ 有限吗？

(g) 给定图灵机 M 和 M'，$L(M)=L(M')$是否成立？

以上非递归语言中哪些是递归可枚举的？

3.4.2 **Chomsky 谱系** 语法 $G=(\Sigma,N,S,R)$ 包含终结字符集 Σ、非终结字符集 N、初始字符 $S\in N$ 和有限规则集 $R\subseteq(\Sigma\cup N)^*\times(\Sigma\cup N)^*$。$R$ 如下归纳得到更为复杂的关系 $\rightarrow\subseteq(\Sigma\cup N)^*\times(\Sigma\cup N)^*$：如果 $x,y\in(\Sigma\cup N)^*$，我们说 $x\rightarrow y$ 当且仅当存在串 x_1,x_2,x_3,y_2 使得 $x=x_1x_2x_3$，$y=x_1y_2x_3$ 同时 $(x_2,y_2)\in R$。即 y 是将 x 中出现的一次规则左边替换为规则右边的结果。令 $\rightarrow^*$ 为 $\rightarrow$ 的自反传递闭包：即我们定义 $x\rightarrow^0 y$ 当且仅当 $x=y$，且对于 $k>0$ 定义 $x\rightarrow^k y$ 当且仅当存在 y' 使得 $x\rightarrow^{k-1}y'$、$y'\rightarrow y$。定义 $x\rightarrow^* y$ 当且仅当存在 $k\geqslant 0$ 使得 $x\rightarrow^k y$。最后，定义 G 产生的语言为：$L(G)=\{x\in\Sigma^*:S\rightarrow^* x\}$。语言及其句法限定形成了一个非常有趣的谱系，首先研究它的是 Noam Chomsky，

- N. Chomsky. “Three models for the description of language,” *IRE Transactions on Information theory*, 2, pp. 113-124, 1956.
- N. Chomsky. “On certain formal properties ofgrammars,” *Information and Control*, 2, pp. 137-167, 1969. 其详尽文章见：
- H. R. Lewis, C. H. Papadimitriou. *Elements of the Theory of Computation*, Prentice-Hall, Englewood Cliffs, 1981.

(a) 证明语法产生的语言类恰好是递归可枚举语言（在一个方向上，说明如何枚举从 S “推导”所有可能的串。另一个方向上，说明使用语法推导可以模拟图灵机的运行，这里被操作的串代表图灵机的格局）。

(b) 给定 G 和 $x\in\Sigma^*$，判断是否 $x\in L(G)$ 是不可判定的。

定义一个上下文有关语法，满足：如果 $(x,y)\in R$，有 $|x|\leqslant|y|$。

(c) 给定上下文有关语法产生 $L=\{xx:x\in\Sigma^*\}$。

(d) 证明给定上下文有关语法 G 和串 $x\in\Sigma^*$，判断 $x\in L(G)$ 是可判定的（算法可以是非确定性的）。 66

实际上，(d) 可以被加强和明确化：

(e) 证明上下文有关语法产生的语言类是 **NSPACE**(n)（一个方向上使用 (a) 中的构造，另一方向使用 (d) 中的算法）。

如果对于所有的规则 $(x,y)\in R$ 都有 $x\in N$，则语法称为上下文无关。即规则的左边是单字符。

(f) 构造上下文无关语法产生以下语言：1) 回文串；2)“平衡括号”串（宽恕其不明确，但唯一方便定义该语言的方法是使用上下文无关语法……）；3) 有相同 0 和 1 的串。

(g) 说明给定 G，$\varepsilon\in L(G)$ 是否可以在 **P** 中判定。

(h) 说明如果 G 是上下文无关语法，则对于任意串 x，$x\in L(G)$ 的问题是否属于 **P**（这可以通过将 G 写成 Chomsky 范式和一个等价的语法，它满足 $R\subseteq N\times N^2\cup N\times\Sigma$，加上可能的规则 (S,ε) 来说明）。

(i) 如果上下文无关语法满足 $R\subseteq N\times(\Sigma N\cup\{\epsilon\})$，则称为*右线性语法*。证明右线性语法产生的上下文无关语言是正则语言（常数空间判定的语言，见问题 2.8.11）。

3.4.3 **Post 对应问题**　在 POST 问题中，给定字符串对的有限列表 $P=\{(x_1,y_1),\cdots,(x_n,y_n)\}$，问是否存在每个元素$\leqslant n$的整数序列 $(i_1,\cdots,i_m)$ 使得 $x_{i_1}x_{i_2}\cdots x_{i_m}=y_{i_1}y_{i_2}\cdots y_{i_m}$。换句话说，给定两种语言的字典，这两种语言是否有相同意思的语句。证明 POST 问题不可判定（从 $i_1=1$ 的子问题着手）。

3.4.4 **问题**：证明如果 L 是递归可枚举的，则存在可以不重复枚举 L 中元素的图灵机 M。

3.4.5 **问题**：证明 L 是递归的当且仅当存在枚举 L 的图灵机 M，使得 L 中的字符串可以被 M 按照长度递增的方式输出（在充分性的证明中，当 L 是有限时无须证明，故假设 L 是无限的情形……）。

3.4.6 ***s-m-n* 定理**：证明存在一种算法，对于给定字符串 x 和接受语言 $\{x;y:(x,y)\in R\}$ 的图灵机描述，这里 R 是一个关系，可以构造出接受语言 $\{y:(x,y)\in R\}$ 的图灵机 M_x 的描述。

3.4.7 **问题**：设计图灵机使得 $M(\epsilon)$ 是 M 的描述（这里有一个解，尽管使用了本书的非正式算法记号：

打印下面的文字两次，第二次用引号。

"打印下面的文字两次，第二次用引号。"

67

将它表述为图灵机——或者是读者选择的任何程序语言）。

3.4.8 **递归定理**：假定 f 是从图灵机描述到图灵机描述的任意递归函数。证明存在图灵机 M，满足对于所有 x，$M(x)=f(M)(x)$。即 M 和 $f(M)$ 是等价的。因此 M 是 f 的*不动点*（令递归函数 g 是从图灵机 M 到另一个图灵机的映射，该图灵机对任意输入 x，计算 $M(M)(x)$ ——如果 $M(M)$ 不是图灵机的描述，则 $M(M)(x)=\nearrow$。那么存在计算函数 $f(g)$ 的图灵机 $M_{f(g)}$，验证要求的不动点正是 $g(M_{f(g)})$）。

3.4.9 **算术谱系**：我们说关系 $R\subseteq(\Sigma^*)^k$ 是*递归的*，如果语言 $L_R=\{x_1;\cdots;x_k:(x_1,\cdots,x_k)\in R\}$ 为递归的。定义 Σ_k，其中 $k\geqslant 0$，为满足以下条件的所有语言 L 的类：存在递归的 $k+1$ 元关系 R 使得：

$$L=\{x:\exists x_1\forall x_2\cdots Q_kx_kR(x_1,\cdots,x_k,x)\}$$

当 k 为奇数时，Q_k 为 $\exists$；k 为偶数时，Q_k 为 $\forall$。定义 $\Pi_k=\mathbf{co}\Sigma_k$，即 Π_k 为 Σ_k 中所有语言的补语言构成的集合。属于 Σ_i 的语言构成了*算术谱系*。

(a) 证明对于 $k\geqslant 0$，Π_k 是满足以下递归关系 R 的语言类：

$$L=\{x:\forall x_1\exists x_2\cdots Q_kx_kR(x_1,\cdots,x_k,x)\}$$

(b) 证明 $\Sigma_0=\Pi_0=\mathbf{R}$，$\Sigma_1=\mathbf{RE}$。

(c) 证明对于所有的 i，$\Sigma_{i+1}\supseteq\Pi_i$，$\Sigma_i$。

(d) 证明 Σ_2 是被加上了以下额外能力的图灵机接受（不是判定）的语言类：在任何时刻，机器可以进入一个特殊状态 $q_?$，下一个状态根据其带上的内容是否为停机的图灵机编码进入 $q_{\text{"yes"}}$ 或 $q_{\text{"no"}}$。扩展这个定义到 Σ_i，$i>2$（学习 14.3 节后，和喻示机进行比较）。

(e) 证明对于所有的 i，$\Sigma_{i+1}\neq\Sigma_i$（推广 $i=0$ 时的证明）。

(f) 证明语言 $\{M:L(M)=\Sigma^*\}$ 属于 $\Pi_2-\Pi_1$（用 (d) 的结论，证明它属于 Π_2。然后证明它不属于 Π_1，可以证明其他所有属于 Π_2 的语言归约到它，并使用 (e)）。

(g) 将语言 $\{M:L(M)$是无限的$\}$ 置放于算术谱系中的尽可能低的层。

算术谱系最早定义并研究于：

○ S. C. Kleene. "Recursive predicates and quantifiers," *Trans. Amer. Math. Soc*, 53, pp. 41-73, 1943.

○ A. Mostowski. "On definable sets of positive integers," *Fundamenta Mathematics*. 34, pp. 81-112.

68

和 17.2 节定义的多项式谱系比较。

3.4.10　本章主题详见：

○ H. Rogers. *Theory of Recursive Functions and Effective Computability*, MIT Press, Cambridge, Massachusetts, 1987 (second edition).

○ M. Davis. *Computability and Unsolvability*, McGraw-Hill, New York, 1958.

69

第二部分
Computational Complexity

逻 辑 学

试考虑以下语句："假如存在一个整数 y 使得对于所有整数 x 都有 $x=y+1$，那么对于任意两个整数 w 和 z 都有 $w=z$。"这是一个真语句（虽然这很琐碎，而且有点混乱和无聊）。其意义在于我们可以从多个层面讨论它的真实性。这个语句可以写成

$$\exists y \forall x(x=y+1) \Rightarrow \forall w \forall z(w=z)$$

如果看成数论（数学中研究整数性质的分支）中的一个语句，这个句子是真实的，其理由很简单：它的前提 $\exists y \forall x(x=y+1)$ 是假的。显然不存在一个后继数为所有整数的数。

因此，这个句子的形式为 $A \Rightarrow B$，其中 A 是一个假语句。众所周知（现在我们在布尔逻辑层面进行讨论），如果 A 是假的，那么不论 B 多么荒谬，$A \Rightarrow B$ 都为真。所以我们必须推断原句子是真实的。

但是原句子为真是因为一个更加基础的原因，它与数毫无关系。我们不妨假装对整数一无所知。我们不知道加法，也不知道 1 是什么。我们只认识句子中一些"逻辑"符号的意思，比如 $\forall$、$=$、$\Rightarrow$ 等。对于 $+$ 我们仅仅知道它必定是一个定义在句子所讲述的神秘域里的二元函数，而 1 则是这个域里的一个成员。在这种情况下，我们将这个句子理解（并讨论其真实性）为一阶逻辑当中的一个句子。

即便如此，这个句子仍然是正确的。理由如下：无论 $+$ 是什么，它肯定是一个函数，也就是说，对每组选定的参数，它有一个唯一的值。如果这个函数应用在元素 y（根据前提它必定存在）和元素 1 上，那么我们知道我们将得到域中的一个特定元素，称为 $y+1$。但根据前提，这个域中的所有元素都等于 $y+1$。也就是说，域中任意两个成员都等于 $y+1$，故而彼此相等，即 $\forall w \forall z(w=z)$。因此整个句子是正确的：前提的确蕴涵了结论。确立这个结论仅仅用到了函数和相等性的普通性质。

71

这些就是在接下来的三章里我们将考虑的数学推理的三个层面，按深度与复杂性递增依次为：布尔逻辑、一阶逻辑和数论。因为研究兴趣的本性，我们将着重考虑关系到这三个不同层面真实性的许多重要的计算问题。来源于逻辑学的计算问题在复杂性理论中拥有相当重要的地位，因为它们天生就非常具有表达力而且丰富多彩（别忘了表达力是逻辑学的存在理由），它们不但可以用来表达数学原理，还可以用来表达不同层面的计算。本书的主要任务是将复杂性概念与实际计算问题一致化，在这当中逻辑学将是一个最有价值的媒介。

72

第4章
Computational Complexity

布尔逻辑

世界分解为事实。每个事实可以发生或者不发生，其余的一切则仍保持原样。

——Ludwig Wittgenstein

它可为真，也可为假。而你将得到一样的回报。

——Clash 乐队

4.1 布尔表达式

首先让我们指定一个可数无限的布尔变量字母集 $X=\{x_1, x_2, \cdots\}$。这些变量都可以取真值**真**或者**假**。可以使用布尔连接词，比如 $\vee$（逻辑或）、$\wedge$（逻辑与）和 $\neg$（逻辑非）来组合布尔变量，就像在代数学中用+、×和-将实数组合成为算术表达式一样。以下就是布尔表达式的定义。

定义 4.1 一个布尔表达式可以是下列中任意一个：a）一个布尔变量，比如 x_i；b）一个形如 $\neg\phi_1$ 的表达式，其中 ϕ_1 是一个布尔表达式；c）一个形如（$\phi_1\vee\phi_2$）的表达式，其中 ϕ_1 和 ϕ_2 都是布尔表达式；d）一个形如（$\phi_1\wedge\phi_2$）的表达式，其中 ϕ_1 和 ϕ_2 都是布尔表达式。我们称 b）中的表达式为 ϕ_1 的"非"，称 c）中的表达式为 ϕ_1 和 ϕ_2 的析取，称 d）中的表达式为 ϕ_1 和 ϕ_2 的合取。一个形如 x_1 或 $\neg x_1$ 的表达式称为一个文字。 □

以上仅仅定义了布尔表达式的语法，也就是，它们比较肤浅而明显的结构。而赋予一个逻辑表达式生命的是它的语义，亦即它的含义。布尔表达式的语义是相对简单的：这些表达式的真、假值取决于其中的布尔变量是否为真或为假。由于布尔表达式的定义是归纳的，所以它起始于一个变量的最简单形态，然后通过连接词将简单的表达式组合成为复杂的表达式。相应地，关于布尔表达式的讨论大多也是归纳的。对于布尔表达式属性的定义，我们必须沿用与最初定义中一样的归纳方法，并且我们的证明也将对表达式的结构展开归纳。

定义 4.2 一个真值指派 T 是指从一个有限的布尔变量集 $X'(X'\subset X)$ 到真值集合{**真**，**假**}的一个映射。令 ϕ 为布尔表达式，我们可以归纳地定义 ϕ 中所出现的布尔变量集合 $X(\phi)(X(\phi)\subset X)$ 如下：如果 ϕ 是布尔变量 x_i，那么 $X(\phi)=\{x_i\}$。如果 $\phi=\neg\phi_1$，那么 $X(\phi)=X(\phi_1)$。如果 $\phi=(\phi_1\vee\phi_1)$ 或者 $\phi=(\phi_1\wedge\phi_1)$，那么 $X(\phi)=X(\phi_1)\cup X(\phi_2)$。

现在令 T 为布尔变量集 X' 上的一个真值指派，$X(\phi)\subset X'$，我们称这样一个真值指派对于 ϕ 是合适的，或者称 T 适合 ϕ。假设 T 适合 ϕ，我们接下来定义 T 满足 ϕ，记为 $T\models\phi$。如果 ϕ 是一个变量 $x_i\in X(\phi)$，那么当 $T(x_i)=$**真**时有 $T\models\phi$。如果 $\phi=\neg\phi_1$，那么当 $T(x_i)\not\models\phi_1$ 时有 $T\models\phi$（即当 $T\models\phi_1$ 不成立）。如果 $\phi=\phi_1\vee\phi_2$，那么当 $T\models\phi_1$ 或者 $T\models\phi_2$ 时有 $T\models\phi$。最后，如果 $\phi=\phi_1\wedge\phi_2$，那么当 $T\models\phi_1$ 和 $T\models\phi_2$ 同时成立时有 $T\models\phi$。 □

例 4.1 考虑布尔表达式 $\phi=((\neg x_1\vee x_2)\wedge x_3)$。它有一个合适的真值指派实例：$T(x_1)=T(x_3)=$**真**，而 $T(x_2)=$**假**。那么 $T\models\phi$ 成立吗？显然 $T\models x_3$。但是对于一个合取表达式满足的定义要求 T 同时满足（$\neg x_1\vee x_2$）。那它是否满足呢？首先由于 $T\models x_1$，

因此有 $T\not\models\neg x_1$。同样，$T\not\models x_2$。由此可推 $T\not\models(\neg x_1\vee x_2)$，因为没有一个析取表达式被满足。最后，$T\not\models\phi$，因为它不能满足其中的一个合取表达式——即（$\neg x_1\vee x_2$）。 □

为了方便表达，有时候可以使用以下两个布尔连接词：我们以（$\phi_1\Rightarrow\phi_2$）作为（$\neg\phi_1\vee\phi_2$）的简写；而以（$\phi_1\Leftrightarrow\phi_2$）作为（$(\phi_1\Rightarrow\phi_2)\wedge(\phi_2\Rightarrow\phi_1)$）的简写。

给定两个表达式 ϕ_1 和 ϕ_2，如果任意一个适合它们的真值指派 T 都满足 $T\models\phi_1$ 当且仅当 $T\models\phi_2$（也就是说，对任意合适的 T，$T\models(\phi_1\Leftrightarrow\phi_2)$，参见问题 4.4.2），那么我们说 ϕ_1、ϕ_2 是等价的，记做 $\phi_1\equiv\phi_2$。如果两个布尔表达式是等价的，那么它们可以被视为同一个对象的不同表示，并且可以互换使用。布尔连接词拥有一些基本的有用性质，比如交换律和结合律，很像数学运算符。我们接下来概述这些性质。

性质 4.1　设 ϕ_1、ϕ_2 和 ϕ_3 为任意布尔表达式。那么有：

(1) $(\phi_1\vee\phi_2)\equiv(\phi_2\vee\phi_1)$。

(2) $(\phi_1\wedge\phi_2)\equiv(\phi_2\wedge\phi_1)$。

(3) $\neg\neg\phi_1\equiv\phi_1$。

(4) $((\phi_1\vee\phi_2)\vee\phi_3)\equiv(\phi_1\vee(\phi_2\vee\phi_3))$。

(5) $((\phi_1\wedge\phi_2)\wedge\phi_3)\equiv(\phi_1\wedge(\phi_2\wedge\phi_3))$。

(6) $((\phi_1\wedge\phi_2)\vee\phi_3)\equiv((\phi_1\vee\phi_3)\wedge(\phi_2\vee\phi_3))$。

(7) $((\phi_1\vee\phi_2)\wedge\phi_3)\equiv((\phi_1\wedge\phi_3)\vee(\phi_2\wedge\phi_3))$。

(8) $\neg(\phi_1\vee\phi_2)\equiv(\neg\phi_1\wedge\neg\phi_2)$。

(9) $\neg(\phi_1\wedge\phi_2)\equiv(\neg\phi_1\vee\neg\phi_2)$。

(10) $\phi_1\vee\phi_1\equiv\phi_1$。

(11) $\phi_1\wedge\phi_1\equiv\phi_1$。 □

74

交换律（1）和（2）是 $\vee$ 和 $\wedge$ 定义中对称性的直接推论，而性质（3）则由 $\neg$ 的定义直接可得。性质（4）和（5），即 $\vee$ 和 $\wedge$ 的结合律，也可以由定义推出。其他性质的证明请参照问题 4.4.2，包括性质（6）和（7）（$\vee$ 和 $\wedge$ 的分配律）、性质（8）和（9）（德·摩根律（De Morgan））、性质（10）和（11）（布尔表达式的幂等律）以及关于*真值表方法*（一种证明前面所述事实的通用技巧）的介绍。值得一提的是，从性质（6）到（9），我们可以看出 $\vee$ 和 $\wedge$ 之间明显存在一种完全对称性，也可说是“对偶性”。布尔表达式中的对偶性比算术中的强很多（比如，加法就不能在乘法上分配）。

性质 4.1 使我们此后可以用简化的布尔表达式。我们可以省略括号，如果它们隔开的是相同的二元连接词（$\vee$ 或 $\wedge$）。这就是说，我们可以把表达式（$(((x_1\vee\neg x_3)\vee x_2)\vee x_4\vee(x_2\vee x_5))$）改写成 $x_1\vee\neg x_3\vee x_2\vee x_4\vee x_2\vee x_5$，允许“长析取”和“长合取”。注意，根据交换律和幂等律，我们可以保证长析取和长合取不包含重复的表达式：比如我们可以将上面的析取式改写成 $x_1\vee\neg x_3\vee x_2\vee x_4\vee x_5$。我们将偶尔使用一些类似于代数中 $\sum$ 与 $\prod$ 的数学符号：$\bigwedge_{i=1}^{n}\phi_i$ 表示（$\phi_1\wedge\phi_2\wedge\cdots\wedge\phi_n$），而 $\bigvee_{i=1}^{n}\phi_i$ 表示（$\phi_1\vee\phi_2\vee\cdots\vee\phi_n$）。

另外，根据这些性质，我们可以确定依照某种方便的专门格式，每个布尔表达式都能够改写成一个等价的表达式。特别是，我们称一个布尔表达式 ϕ 为*合取范式*，如果 $\phi=\bigwedge_{i=1}^{n}C_i$，其中 $n\geq 1$ 且每一个 C_j 都是一个或者多个文字的析取式。这些 C_j 称为这个合取范式中表达式的*子句*。对称地，我们称一个布尔表达式 ϕ 为*析取范式*，如果 $\phi=\bigvee_{i=1}^{n}D_i$，其中 $n\geq 1$ 且每一个 D_j 都是一个或者多个文字的合取式。这些 D_j 称为这个析取范式的*蕴涵项*。

75

定理 4.1　每个布尔表达式都等价于某个合取范式，也等价于某个析取范式。

证明：按照 ϕ 的结构进行归纳。如果 $\phi=x_j$，一个单变量，那么结论明显成立。如果 $\phi=\neg\phi_1$，假设根据归纳我们已经把 ϕ_1 改写成一个析取范式，其中的蕴涵项为 $D_j(j=1,\cdots,n)$。那么，根据德·摩根律（性质 4.1 中的性质（8）和性质（9）），ϕ 是所有 $\neg D_j$ 的合取式。再次应用德·摩根律，则每个 $\neg D_j$ 是文字（D_j 中文字的非）的析取。对于 ϕ 的析取范式，同样可以从 ϕ_1 的合取范式开始展开。

现在假设 $\phi=(\phi_1\vee\phi_2)$。对于析取范式，归纳步骤非常明显：如果 ϕ_1 和 ϕ_2 都是析取范式，那么 $\phi_1\vee\phi_2$ 也是。要把 ϕ 改成合取范式，先假定 ϕ_1 和 ϕ_2 都已经是合取范式，令 $\{D_{1i}:i=1,\cdots,n_1\}$ 和 $\{D_{2j}:j=1,\cdots,n_2\}$ 为两个相应的子句集合。那么显而易见 ϕ 等价于以下 $n_1\cdot n_2$ 个子句的合取式：$\{(D_{1i}\vee D_{2j}):i=1,\cdots,n_1,j=1,\cdots,n_2\}$。$\phi=(\phi_1\wedge\phi_2)$ 的情况与上面完全对称，故同理可得。 □

定理 4.1 的证明中的构造看起来很有算法特色，而且看起来它似乎还是一条颇有希望的多项式时间方法：归纳步骤中最难的构造是关于 $n_1\cdot n_2$ 个子句，而这可以在归纳假设所得的合取范式长度的平方时间内完成。但是，这个多项式的外表是欺骗性的：由于长析取产生重复平方，而这能导致最终范式的大小是原表达式大小的指数函数（参见问题 4.4.5。一般来说，指数函数是最糟糕的情况）。事实上，我们可以假定范式是比较标准的：其中没有重复的子句或蕴涵项（如果有，可以通过性质 4.1 的性质（10）和（11）消去它们），同时每个子句或蕴涵项中也没有重复的文字（理由同上）。

4.2　可满足性与永真性

如果存在一个适合 ϕ 的真值指派 T 使得 $T\models\phi$，我们说一个布尔表达式 ϕ 是*可满足的*。如果对所有适合 ϕ 的真值指派 T 都有 $T\models\phi$，我们就称 ϕ 是*永真的*或者称 ϕ 为一个*重言式*。因此，一个永真的表达式必须是可满足的（而一个不可满足的表达式不可能是永真的）。如果 ϕ 是永真的，我们记作 $\models\phi$，这里没有提及真值指派 T，因为任意（适合的）T 都可以。另外，假设布尔表达式 ϕ 是不可满足的，我们接下来考虑 $\neg\phi$。显然，对任意适合 ϕ 的真值指派 T 都有 $T\not\models\phi$，因此 $T\models\neg\phi$：

性质 4.2　一个布尔表达式是不可满足的当且仅当它的非是永真的。 □

换句话说，所有布尔表达式的全集可用图 4.1 来表示，而“非”则可看作一个该图沿垂直对称轴的“翻转”操作。

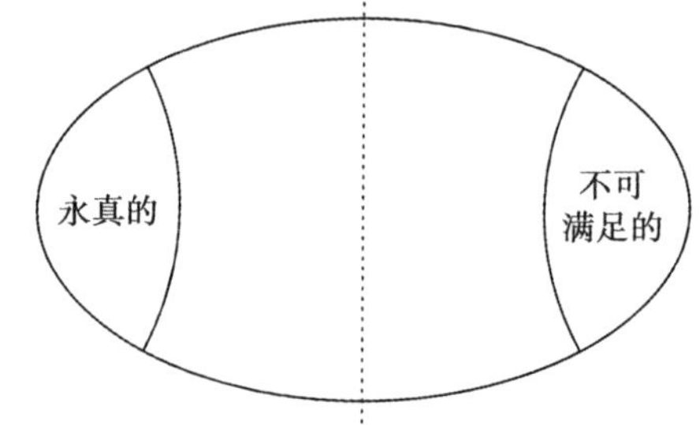

图 4.1　所有布尔表达式的地理分布图

例 4.2　表达式 $((x_1\vee\neg x_2)\wedge\neg x_1)$ 是可满足的，它可以被 $T(x_1)=T(x_2)=$**假**满足。另一方面，表达式

$$\phi=((x_1\vee x_2\vee x_3)\wedge(x_1\vee\neg x_2)\wedge(x_2\vee\neg x_3)\wedge(x_3\vee\neg x_1)\wedge(\neg x_1\vee\neg x_2\vee\neg x_3))$$

是不可满足的。要验证这一点，我们首先要注意到它是一个合取范式，所以一个满足的真值指派必须满足所有的子句。第一个子句要求 $T(x_1)$、$T(x_2)$、$T(x_3)$ 中有一个为**真**。容易验证接下来的三个子句要求所有三个值都是一样的。最后一个子句要求三个值中有一个为**假**。因此 ϕ 不可能被任何真值指派满足。

一旦确认了这一点，我们可以立即得出$\neg\phi=((\neg x_1\wedge\neg x_2\wedge\neg x_3)\vee(\neg x_1\wedge x_2)\vee(\neg x_2\wedge x_3)\vee(\neg x_3\wedge x_1)\vee(x_1\wedge x_2\wedge x_3))$是永真的。□

可满足性和永真性是布尔表达式的重要性质，因此我们必须仔细学习相关计算问题。为了方便算法处理，一个布尔表达式可以表示为某个字母集上的字符串，这个字母集包括符号x、0和1（这对记载带有二进制索引的变量名很有用），以及布尔表达式语法所需的符号（、）、∨、¬、∧。一个布尔表达式的长度是指其对应字符串的长度。SATISFIABILITY（简写为SAT）是指：给定一个合取范式形式的布尔表达式ϕ，它可以被满足吗？我们要求表达式是合取范式，因为以下两个理由：首先，我们知道所有的表达式原则上都可以表示成合取范式；其次，可满足性的这种特殊形式一定程度上体现了整个问题的复杂性（例4.2对此也许有说明）。

76～77

有趣的是，我们不难发现SAT可以在$\mathcal{O}(n^2 2^n)$时间内解决，相应的穷举算法将测试表达式中所出现变量的真值的所有可能组合，如果其中有一个组合满足，这个算法将回答"yes"，否则回答"no"。另外，SAT可以被一个*非确定性*多项式算法轻松解决，这样一个算法将能猜测一个满足的真值指派并验证它的确满足所有子句，因此SAT属于**NP**。与**NP**中的另一个重要成员TSP(D)一样，目前我们不知道SAT是否属于**P**（不过我们强烈怀疑它不属于）。

Horn子句

SAT有一个例子可以被相当容易地解决。如果一个子句有*至多一个正文字*，我们就说这个子句是*Horn子句*。也就是说，它所有的文字，除了最多一个可能的例外外，都是某个变量的非。因此下面的子句都是Horn子句：$(\neg x_2\vee x_3)$、$(\neg x_1\vee\neg x_2\vee\neg x_3\vee\neg x_4)$和$(x_1)$。这些子句中，第二个是一个纯粹的非子句（即没有正文字），而其余的都有一个正文字，称为*蕴涵式*。之所以这样称呼它们，因为它们可以改写为形如$((x_1\wedge x_2\wedge\cdots\wedge x_m)\Rightarrow y)$的式子——其中$y$是正文字。例如，上面三个子句中的两个蕴涵式可以分别改写成：$(x_2\Rightarrow x_3)$,$((x_1\wedge x_2\wedge x_3\wedge x_4)\Rightarrow$**假**）和（**真**$\Rightarrow x_1$）（最后一个子句中，我们用"表达式"真来表示没有变量的合取式）。

上面这些子句都可满足吗？基于Horn子句的蕴涵形式，我们可以设计一个有效的算法来测试它们是否可满足。为了清楚地描述这个算法，我们最好将一个真值指派看成一个包含所有真值指派为**真**的变量集合T，而不是一个从变量集到集合｛真，假｝的函数。

我们想要确定一个Horn子句的合取表达式ϕ是否是可满足的。开始，我们只考虑ϕ中的蕴涵式。该算法将为ϕ的这个部分构建一个满足的真值指派。开始，$T:=\emptyset$，即所有变量真值为**假**。接下来我们重复以下步骤，直到所有蕴涵式被满足：选择一个尚未被满足的蕴涵式$((x_1\wedge x_2\wedge\cdots\wedge x_m)\Rightarrow y)$（即其中所有$x_i$为**真**而$y$为**假**的一个子句），然后将$y$添加到$T$（使它为**真**）。

这个算法将会终止，因为T每一步都在变大。而且所得到的真值指派必定满足ϕ中的所有蕴涵式，因为这是算法终止的唯一途径。最后，假设另外一个真值指派T'也满足ϕ中的所有蕴涵式，我们将发现$T\subseteq T'$。因为，如果不这样我们可以考虑算法运行过程中首次出现T不是T'子集的时刻：导致这个对T的插入动作的子句不可能被T'满足。

78

现在可以确认整个表达式 ϕ 的可满足性。可以肯定：ϕ 是可满足的当且仅当上述算法所得到的真值指派 T 满足 ϕ。假设存在 ϕ 的一个纯粹非子句不能被 T 满足——比如 $(\neg x_1 \vee \neg x_2 \vee \cdots \vee \neg x_m)$。那么有 $\{x_1,\cdots,x_m\} \subseteq T$。因此没有一个 T 的扩集可以满足这个子句，但是我们知道所有满足 ϕ 的真值指派都是 T 的扩集。

显然上面列出的步骤都可以在多项式时间内执行，因此我们同时证明了下面的结论（我们用 HORNSAT 表示 Horn 子句特例中的可满足性问题，这是在本书中我们接下来还将碰到许多 SAT 的一个特例和变种）。

定理 4.2　HORNSAT 属于 **P**。□

4.3　布尔函数与电路

定义 4.3　一个 n 元布尔函数是函数 $f\{\mathbf{真},\mathbf{假}\}^n \mapsto \{\mathbf{真},\mathbf{假}\}$。例如，$\vee$、$\wedge$、$\Rightarrow$和$\Leftrightarrow$可以视为 16 个可能的二元布尔函数中的 4 个，因为它们将真值对（布尔表达式成员的真值对）映射到 {**真**，**假**} 上。$\neg$ 是一个一元布尔函数（其他一元函数仅有常量函数和恒等函数）。一般而言，一个布尔表达式 ϕ 可以被视为一个 n 元布尔函数 f_ϕ，这里 $n=|X(\phi)|$，因为对任意关于 ϕ 中变量的真值指派 T，一个 ϕ 的真值定义为：如果 $T \models \phi$，则它为**真**；如果 $T \not\models \phi$，则它为**假**。形式化地，我们称包含变量 x_1，…，x_n 的布尔表达式 ϕ 表达了 n 元布尔函数 f，如果对于任意的 n 元真值组 $\mathbf{t}=(t_1,\cdots,t_n)$，$T \models \phi$ 可推出 $f(\mathbf{t})$ 为**真**，如果 $T \not\models \phi$ 则有 $f(\mathbf{t})$ 为**假**，这里对于所有 $i=1,\cdots,n$，有 $T(x_i)=t_i$。□

因此，每个布尔表达式都表达了某些布尔函数。而反过来看则可能更有趣。

性质 4.3　任何 n 元布尔函数 f 都可以表示成一个包含变量 $x_1,\cdots,x_n$ 的布尔表达式 ϕ_f。

证明：设 F 为包含 {**真**，**假**}^{n} 中所有使 f 为真的 n 元真值组的子集。对每一个 $\mathbf{t}=(t_1,\cdots,t_n)\in F$，令 D_t 为所有相应 t_i 为**真**的变量 x_i 以及所有相应 t_j 为**假**的变量 x_j 的非 $\neg x_j$ 的合取式。那么最终所求的表达式为 $\phi_f = \bigvee_{t\in F} D_t$（请注意，它已经是析取范式）。显然，对任意适合 ϕ 的真值指派 T，$T \models \phi_f$ 当且仅当 $f(\mathbf{t})=\mathbf{真}$，这里 $t_i=T(x_i)$。□

在性质 4.3 的证明中产生的表达式的长度（为了表达它所需要的符号个数）为 $\mathcal{O}(n^2 2^n)$。虽然许多有趣的布尔函数能够被很短的表达式表示，但我们可以发现绝大多数布尔函数并不能如此（一个更规范的叙述可以参考定理 4.3）。

79

定义 4.4　存在一种也许能够比表达式更加经济地表示布尔函数的方法——布尔电路。一个布尔电路是一个图 $C=(V,E)$，其中 $V=\{1,\cdots,n\}$ 中的结点称为 C 的门。图 C 有比较特殊的结构。首先，图中没有环路，所以我们可以假定所有的边都具有形式 (i, j)，其中 $i<j$（见问题 1.4.4）。图中所有的结点的入度（扇入边的数目）为 0、1 或者 2。而且，每一个门 $i\in V$ 都有一个关联的类型 $s(i)$，这里 $s(i)\in\{\mathbf{真},\mathbf{假},\vee,\wedge,\neg\}\cup\{x_1,x_2,\cdots\}$。如果 $s(i)\in\{\mathbf{真},\mathbf{假}\}\cup\{x_1,x_2,\cdots\}$，那么 i 的入度为 0，即 i 不能有扇入边。没有扇入边的门称为 C 的输入。如果 $s(i)=\neg$，那么 i 的入度为 1。如果 $s(i)\in\{\vee,\wedge\}$，那么 i 的入度为 2。最后，结点 n（电路中编号最大的门，它不能有扇出边）称为电路的输出门（事实上，我们还将考虑有多个输出的电路，它们能够同时计算多个函数。在这种情况下，任何没有扇出边的门都将被视为输出）。

以上完成了对电路语法的定义。电路的语义给每个适合的真值指派指定了一个真值。我们用 $X(C)$ 表示电路 C 中所有布尔变量的集合（即 $X(C)=\{x\in X: s(i)=x$，i 为 C 中的某个门})。我们说一个真值指派 T 对 C 是适合的，前提是它定义在 $X(C)$ 中的所有变量上。给定这样一个 T，门 $i\in V$ 的真值 $T(i)$ 按照 i 归纳定义如下：如果 $s(i)=$**真**，那么 $T(i)=$**真**；同样，如果 $s(i)=$**假**，那么 $T(i)=$**假**。如果 $s(i)\in X$，那么 $T(i)=T(s(i))$。现在，如果 $s(i)=\neg$，那么存在一个唯一的门 $j<i$ 使得 $(j,i)\in E$。通过归纳，我们已知 $T(j)$，于是 $T(i)=$**真**当 $T(j)=$**假**，反之亦然。如果 $s(i)=\vee$，那么存在两条边 (j,i) 和 (j',i) 扇入 i。因此 $T(i)=$**真**当且仅当 $T(j)$ 与 $T(j')$ 中至少有一个为**真**。如果 $s(i)=\wedge$，那么 $T(i)=$**真**当且仅当 $T(j)$ 与 $T(j')$ 同时为**真**，这里 (j,i) 和 (j',i) 为 i 的扇入边。最后，电路的值 $T(C)$ 是 $T(n)$，其中 n 是输出门。 □

例 4.3 图 4.2a 给出了一个电路。这个电路没有类型为**真**或者**假**的输入，因此它可以被看成是表示一个布尔表达式 $\phi=(x_3\wedge\neg((x_1\vee x_2)\wedge(\neg x_1\vee\neg x_2)))\vee(\neg x_3\wedge(x_1\vee x_2)\wedge(\neg x_1\vee\neg x_2))$。

反过来，给定一个布尔表达式 ϕ，存在一个构造电路 C_ϕ 的简单方法，使得对适合二者的任意真值指派 T 有 $T(C_\phi)=$**真**当且仅当 $T\models\phi$。构造过程遵循 ϕ 的归纳定义，并为每一个碰到的子表达式构建一个新的门 i。图 4.2b 给出了从上面表达式构造出来的电路 C_ϕ。注意图 4.2a 与图 4.2b 的区别。“标准”电路 C_ϕ 体积更大，因为它没有利用“共享子表达式”的优势。在表示布尔函数时，这些共享子表达式（出度大于 1 的门）可能使电路比表达式更加经济。 □ 80

例 4.4 图 4.3 给出了一个零变量电路 C，即一个没有类型属于 X 的门的电路。它的真值 $T(C)$ 独立于真值指派 T。在这个例子中，它碰巧为**假**。 □

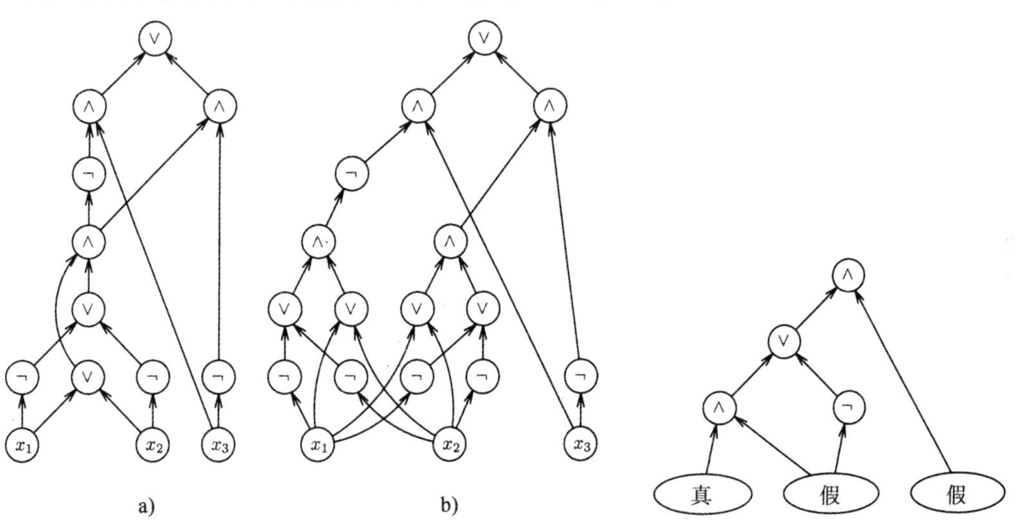

图 4.2 同一表达式的两个电路

图 4.3 一个零变量电路

有一个与电路相关的有趣计算问题，叫作 CIRCUIT SAT（电路可满足性问题）。给定一个电路 C，是否存在一个适合 C 的真值指派 T 使得 $T(C)=$**真**？不难看出 CIRCUIT SAT 与 SAT 是计算等价的，因此估计会很难。计算等价，或者归约，将在第 8 章中正式阐述。现在让我们考虑在零变量门电路（见图 4.3）中的相同问题。这个问题称为 CIRCUIT VALUE（电路值问题），它明显有一个多项式时间算法：按照电路值定义中的数字顺序计算所有门的值，不需要考虑任何真值指派。CIRCUIT VALUE 是又一个与 81

逻辑相关的基本计算问题。

类似于布尔表达式“表达”布尔函数，布尔电路“计算”布尔函数。例如，图 4.2 中的两个电路都能够计算 x_1、x_2 和 x_3 的奇偶值（如果有奇数个变量的真值为**真**，那么这个奇偶值为**真**，否则为**假**）。形式化地，我们说一个包含变量 x_1，…，x_n 的布尔电路 C 计算 n 元布尔函数 f，前提是对任意 n 元真值组 $t=(t_1,\cdots,t_n)$ 都有 $f(t)=T(C)$，这里真值指派 T 的定义为：对所有 $i=1$，…，n，$T(x_i)=t_i$。

显然，任意 n 元布尔函数都能够被一个布尔电路计算（因为它能够先表达为一个布尔表达式）。一个有趣的问题是，作为 n 的函数，电路需要多大呢？

定理 4.3　任给 $n\geqslant 2$，存在一个 n 元布尔函数 f 使得没有一个门数不多于 $2^n/2n$ 的布尔电路可以计算它。

证明：如若不然，可以反设存在某个 $n\geqslant 2$ 使得所有 n 元布尔函数都能够被门数不多于 $2^n/2n$ 的布尔电路计算。

我们知道存在 2^{2^n} 个不同的 n 元布尔函数。但是有多少门数不多于 m 的电路呢？精确的答案难以计算，但是不难得到一个上限估值：只要我们为每个门选定两个变量，即它的类型和扇入它的门，一个电路就可以完全定义好了。而这 m 个门中的每一个都有不超过 $(n+5)\cdot m^2$ 个选择，那么总共就有最多 $((n+5)\cdot m^2)^m$ 个电路选项。这些选项中有很多是不规范的电路，而且这当中也可能有相同电路伪装成不同电路，不过可以肯定的是拥有 n 个变量和不多于 m 个门的电路个数不会多于 $((n+5)\cdot m^2)^m$。

[82] 现在令 $m=2^n/2n$，则不难发现拥有 n 个变量和不多于 m 个门的电路个数的上界估值少于 n 个变量上的布尔函数的数量。要理解这一点，只需比较这两个数量的对数（以 2 为底）：结果分别是 $2^n\left(1-\frac{\log(4n^2/(n+5))}{2n}\right)$ 和 2^n，而后者显然更大，因为 $n\geqslant 2$。因此，如果我们假设每个拥有 n 个变量的布尔函数都被一个拥有最多 m 个门的电路计算，我们就会得出至少有两个不同的 n 元布尔函数 f 和 f' 被相同的电路计算，而这当然是荒谬的。 □

复杂性理论中一个主要的难题是：虽然我们知道存在许多指数复杂度的布尔函数（事实上，大多数拥有 n 个变量的布尔函数都是指数复杂度的，参见问题 4.4.14），但是没人能够提出一系列需要超过线性数量的门来计算的布尔函数。[83]

4.4　注解、参考文献和问题

4.4.1　除了定理 4.2 和定理 4.3 外，本章的大部分内容都应该至少是间接熟悉的。如果想要对布尔逻辑有一个更加详尽的了解，可以参考下列书籍：

○ H. R. Lewis，C. H. Papadimitriou. *Elements of the Theory of Computation*，Prentice-Hall，Englewood Cliffs，1981.

○ H. B. Enderton. *A Mathematical Introduction to Logic*，Academic Press，New York，1972.

4.4.2　**问题**：(a) 假设有两个布尔表达式 ϕ_1 和 ϕ_2 满足：所有适合它们两个的真值指派都赋给它们相同的真值。请证明这意味着 $\phi_1\equiv\phi_2$。

(b) 请用上面的技巧证明性质 4.1 的第 11 项。

这个用来验证永真性（以及术语“重言式”）的“真值表方法”最早应用于：

○ L. Wittgenstein. *Tractatus Logico-philosophicus*，New York and London，1922.

本章开头的引言出自这本书，它的主要前提是关于世界状态的语言表达可以被形式化并通过逻辑术语来学习（参见问题 5.8.7 和问题 5.8.15 中两个有趣的例子）。Wittgenstein 在他后来的工作中明确地放弃了这个观点。至于布尔逻辑，那得追溯到 George Boole。请参考

○ G. Boole, *The Mathematical Analysis of Logic*, *Being an Essay towards a Calculus of Deductive Reasoning*, Cambridge and London, 1847.

4.4.3 **问题**：请证明 $\phi_1 \equiv \phi_2$ 当且仅当 $\phi_1 \Leftrightarrow \phi_2$ 是一个重言式。

4.4.4 **问题**：请为以下每一个表达式给出你能够找到的最短的等价表达式（如果表达式为重言式或者是不可满足的，可以分别使用**真**或**假**作为答案）并证明其等价。

(a) $x \vee \neg x$。

(b) $x \Rightarrow (x \wedge y)$。

(c) $(y \Rightarrow x) \vee x$。

(d) $((x \wedge y) \Leftrightarrow (y \vee z)) \Rightarrow \neg y$。

(e) $\neg ((x \wedge y) \Leftrightarrow (x \wedge (y \vee z)))$。

(f) $((x \wedge y) \Rightarrow z) \Leftrightarrow (x \vee (y \wedge z))$。

(g) $((x \Rightarrow y) \Rightarrow (y \Rightarrow z)) \Rightarrow (x \Rightarrow z)$。

4.4.5 **问题**：请给出表达式 $(x_1 \vee y_1) \wedge (x_2 \vee y_2) \wedge \cdots \wedge (x_n \vee y_n)$ 的析取范式。

4.4.6 定理4.2可视为逻辑编程的算法基础，逻辑编程是计算机编程中一种很有影响的风格，请参考

○ R. A. Kowalski, "Algorithm = Logic + Control," *C. ACM*, 22, 7, pp. 424-435, 1979.

84

4.4.7 **问题**：给定一个真值指派集合 $\mathcal{T} \subseteq \{$**真**，**假**$\}^n$。根据性质4.3，存在一个布尔表达式 ϕ 使得 $\mathcal{T}$ 刚好是满足 ϕ 的所有真值指派的类。问题是，在 $\mathcal{T}$ 满足何种条件时才有 ϕ 是Horn子句的合取式？任给 T_1，$T_2 \in \mathcal{T}$，如果 T_1 和 T_2 的AND（指一个满足 $T(x)=$**真**当且仅当 $T_1(x)=$**真**并且 $T_2(x)=$**真**的真值指派 T）也包含在 $\mathcal{T}$ 中，那么我们称 $\mathcal{T}$ 对AND封闭。另外，如果 $T_1(x)=$**真**蕴涵了 $T_2(x)=$**真**，我们记做 $T_1 \leqslant T_2$。

请证明以下结论是等价的：

(i) $\mathcal{T}$ 是一个满足某些Horn子句集合的真值指派的集合。

(ii) $\mathcal{T}$ 对AND封闭。

(iii) 如果 $T \in \{$**真**,**假**$\}^n - \mathcal{T}$，那么最多存在一个 T' 使得（1）$T' \in \mathcal{T}$；（2）$T \leqslant T'$；（3）在所有满足（1）和（2）的真值指派中，T' 关于 $\leqslant$ 是最小的——如果 $T'' \in \mathcal{T}$ 并且 $T \leqslant T''$，那么 $T' \leqslant T''$。

（要证明（i）蕴涵（ii）和（ii）蕴涵（iii）不难。其余的蕴涵关系，为每个不包含于 $\mathcal{T}$ 的真值指派建立一个Horn子句。）

4.4.8 **问题**：一棵（有根的）树是一个图 $T=(V,E)$，其中从一个称为根的特殊结点到 V 中的每个结点都有一条唯一的路径。树中的每个结点自身又是一棵子树的根，这棵子树包括所有（从 T 的根出发经过）当前结点可以到达的结点。如果一棵树中的每个结点最多有两条扇出弧，那么我们称其为二叉树。

请证明König引理：如果一棵二叉树有无穷多个结点，那么它必定有一条无限长的路径。（提示：从根结点开始，假设你已经选择了路径上的结点 $1,2,\cdots,n$，并且以 n 为根的子树规模是无穷的，证明能够同样找到下一个结点）。

4.4.9 **问题**：在König引理的基础上，请证明布尔逻辑的紧致性定理：设 S 为一个表达式的无穷集并且 S 的每一个有限子集都是可满足的，那么 S 也是可满足的（提示：令 S_i 为 S 中只包含最初 i 个变量的表达式集合，由于集合是有限的，所以它是可满足的。定义一棵无穷的二叉树，其中第 i 层的结点是满足 S_i 的真值指派，而边表示兼容性。应用König引理）。

4.4.10 **消解法**：给定一个合取范式型的布尔表达式 ϕ，考虑两个子句 $C=(x \vee C')$ 和 $D=(\neg x \vee D')$，其中 C' 是 C 的余下部分，同样 D' 是 D 的余下部分。也就是说，这两个子句包含两个相反的文字。那么我们称包含两个子句中除了两个相反文字以外所有文字的子句 $(C' \vee D')$ 为 C 和 D 的消解式（如果 C 和 D 只包含那两个相反的文字，那么它们的消解式是空子句）。现在把消解式加入 ϕ 并得到一个新的表达式 ϕ'。

(a) 请证明如果 ϕ 是可满足的，那么 ϕ' 也是可满足的。

我们可以接着把消解式加入 ϕ' 产生 ϕ''，并如此继续下去。由于我们最初只有有限多个变量，可能的

子句数目也是有限的，所以这个过程肯定会终止。记结果为 ϕ^* 。

85

(b) 请证明 ϕ 是可满足的当且仅当 ϕ^* 不包含空子句（可以仿照紧致性定理的证明）。

消解法是一个用于证明布尔逻辑中不可满足性（或永真性）的重要计算技巧。请参考

○ J. A. Robinson. "A Machine-oriented Logic based on the Resolution Principle," *Journal of the ACM*，12，pp. 23-41，1965.

本题是一个可靠且完备的演绎系统的例子，上面的性质 (a) 代表可靠性，(b) 代表完备性。关于消解法的详细含义请参照问题 10.4.4。

4.4.11 问题：布尔电路中可能出现的二元或者一元连接词有 20 个，但这里电路只使用 3 个：AND、OR 和 NOT。我们知道所有布尔函数都可以用这三个连接词来表达。

(a) 请证明所有布尔函数都可以用 AND 和 NOT 来表达。

(b) 定义连接词 NOR 和 NAND 如下：$\mathrm{NOR}(x,y)=\neg(x\vee y)$；$\mathrm{NAND}(x,y)=\neg(x\wedge y)$。请证明所有布尔函数都可以单独用 NOR 来表达。同样请证明 NAND 也可以。

(c) 请证明除了以上两个外，没有其他二元连接词可以单独表达所有的布尔函数。

4.4.12 显然，电路比表达式更简洁（见图 4.2），但是差距有多大呢？特别地，是否存在一些布尔函数族使得它们相应的电路比表达式呈指数关系地简洁呢？事实上，这是一个很深奥的问题，关系到是否所有永真的计算都可以并行化。请参考问题 15.5.4。

4.4.13 问题：一个单调的布尔函数 F 具有以下性质：如果它的一个输入从**假**变为**真**，那么函数的值不会从**真**变为**假**。请证明 F 是单调的当且仅当它能够被一个仅包含 AND 门和 OR 门的电路表示。

4.4.14 定理 4.3 来自

○ C. Shannon. "The Synthesis of Two-terminal Networks," *Bell System Technical Journal*，28，pp. 59-98，1949.

86

问题：请扩展定理 4.3 以证明绝大多数具有 n 个输入的布尔函数需要 $\Omega(2^n/n)$ 个门。

一阶逻辑

一阶逻辑能为我们提供表达详细数学论述的语法，识别句子具有预期数学应用的语义，以及全面的通用证明系统。

5.1 一阶逻辑的语法

我们将要描述的语言比布尔逻辑更为详尽地表达相当广阔范围内的数学思想和事实。它的表达式包括涉及所有数学领域中的常量、函数和关系。当然，每个表达式只能涉及这其中的一小部分。相应地，每个表达式将包含一些来自一个特定的有限词汇表中的符号。

定义 5.1 从形式上，一个词汇表 $\Sigma=(\phi,\Pi,r)$ 包含两个不相交的可数集合：一个函数符号集合 Φ 和一个关系符号集合 Π。r 为元数函数，从 $\Phi\cup\Pi$ 映射到非负整数。直观上，r 告诉我们每个函数和关系符号带有多少个参数。函数符号 $f\in\Phi$ 如果有 $r(f)=k$，则它称为 k 元函数符号，$r(R)=k$ 的关系符号 $R\in\Pi$ 也是 k 元的。一个 0 元函数符号称为常量。关系符号永远不会是 0 元的。我们假定 Π 总是包含二元相等关系 $=$。总是存在一个指定的、可数的变量集合 $V=\{x,y,z,\cdots\}$，它直观地从一个特定表达式所讨论的论域中取值（注意不要和第 4 章中的布尔变量混淆）。 □

定义 5.2 我们现在归纳地定义词汇表 Σ 上的项。首先，V 中的任意变量都是一个项。如果 $f\in\Phi$ 是一个 k 元函数，而 $t_1,\cdots,t_k$ 都是项，那么表达式 $f(t_1,\cdots,t_k)$ 也是一个项。注意每个常量 c 都是一个项——只需在上述定义中取 $k=0$ 并省略 $c()$ 里的括号。

定义好项后，就可以开始定义词汇表 Σ 中的表达式。如果 $R\in\Pi$ 是 k 元关系符号，而 $t_1,\cdots,t_k$ 都是项，那么表达式 $R(t_1,\cdots,t_k)$ 称为一个原子表达式。一阶表达式可以归纳地定义如下：首先，每个原子表达式都是一阶表达式。如果 ϕ 和 ψ 都是表达式，那么 $\neg\phi$、$(\phi\vee\psi)$ 和 $(\phi\wedge\psi)$ 也是表达式。最后（这也是此语言中最强大的元素），如果 ϕ 是一阶表达式，而 x 是任意变量，那么 $(\forall x\phi)$ 也是一阶表达式。这些都是 Σ 上的一阶表达式，或简称为表达式。 □

我们如在布尔逻辑里那样在表达式中使用简略符号 $\Rightarrow$ 和 $\Leftrightarrow$（事实上，在我们学习一阶逻辑证明的过程中 $\Rightarrow$ 将成为一个重要连接词）。我们将用 $(\exists x\phi)$ 作为 $\neg(\forall x\neg\phi)$ 的简写。符号 $\forall$ 和 $\exists$ 称为量词。与布尔逻辑中一样，我们将在不引起歧义的情况下省略括号。

需要提醒的是，你也许已经意识到某种异常情况正在发生：这是一本数学书，而此刻却在谈论数学的语言和方法，也就是它自身的语言和方法。这里现在还没有什么矛盾，但却存在很多导致混淆的可能性。我们必须非常仔细地区分被学习的数学语言和符号（即来自许多不同词汇表的一阶逻辑表达式），以及学习过程中所采用的数学语言和符号（我们通常的数学论述与在其他章节和其他数学书籍中看到的一样，虽大量使用符号但仍不太正式，不过希望是严格且令人信服的）。后者有时也称为“元语言”。为了帮助区分一阶表达式的实际文本（我们学习的对象）和它在元语言中的不同参照（记录这种学习的文本），我们将为表达式文本加注下画线。在某些情况下，比如上面的（$\underline{\forall x\phi}$）中，表达式文本（$\underline{\forall x}$）和元语言符号（$\phi$）共存于同一个表达式中。这样的情况也会加注下画线。

例 5.1　数论，研究所有关于数的性质的学科，自古以来迷住了无数的数学家。我们可以用一阶逻辑来表达关于所有数的语句，采用如下定义的词汇表 $\Sigma_N=(\Phi_N, \Pi_N, r_N)$。$\Phi_N=\{0,\sigma,+,\times,\uparrow\}$。其中，0 是一个常量，$\sigma$ 是一个一元函数（后继函数）。二元函数有 3 个：+（加法）、×（乘法）和 ↑（指数函数）。在 Π_N 中，除了＝以外，还有一个关系，即＜，它是二元的。

88

以下是一个数论表达式：

$$\underline{\forall x<(+(x,\sigma(\sigma(0))),\sigma(\uparrow(x,\sigma(\sigma(0)))))}$$

使用一些专门的符号简写将更为方便，尤其是对这里的词汇表而言，这些简写能够使形如以上的表达式看起来不那么奇怪。首先，我们将用中缀式来书写二元函数和谓词，而不是前缀式。也就是说，我们将写为$\underline{(x\times 0)}$而非$\underline{\times(x,0)}$，写为$\underline{(y<y)}$而非$\underline{<(y,y)}$。同时，我们将写为$\underline{2}$而不是繁冗的$\underline{\sigma(\sigma(0))}$，并且以同样方式简写 σ 对$\underline{0}$的任意给定次数的应用：$\underline{\sigma(\sigma(\sigma(\cdots(\sigma(0))\cdots)))}$，比如 σ 的 314 159 次应用将简单地写为$\underline{314\ 159}$。因此前面的表达式将改写为：

$$\underline{\forall x((x+2)<\sigma((x\uparrow 2)))}$$

而 $\underline{((2\times 3)+3)=((2\uparrow 3)+1)}$ 是另外一个数论表达式。

以下提醒对于读者也许是徒劳无功的：上面这些表达式只是纯粹字符串，即我们不应该急着给它们赋予任何数学含义。□

例 5.2　相比而言，图论的词汇表 $\Sigma_G=(\Phi_G, \Pi_G, r_G)$ 要简单很多。它着眼于表达图的性质。它没有函数符号（$\Phi_G=\emptyset$），除了＝外二元关系只有一个 G。以下都是典型的图论表达式：$\underline{G(x,x)}$；$\underline{\exists x(\forall y G(y,x))}$；$\underline{\forall x(\forall y(G(x,y)\Rightarrow G(y,x)))}$；和$\underline{\forall x(\forall y(\exists z(G(x,z)\wedge G(z,y))\Rightarrow G(x,y)))}$。□

一个变量在一个表达式的文本中可以出现多次。例如，$\underline{(\forall x(x+y>0))\wedge(x>0)}$ 中 x 出现了 3 次。这当中我们可以迅速撇开紧跟在 $\forall$ 后面的那个 x，因为我们认为它是“包裹于” $\underline{\forall x}$ 中的一部分，而不是 x 的一次出现。变量 x 在表达式 ϕ 的文本中出现一次，如果不是紧跟在一个量词后面，我们称其为 x 在 ϕ 中的一次出现。出现可以是自由的或者约束的。直观地说，在前面表达式中 x 的第一次（在$\underline{x+y>0}$ 里）出现不是自由的，因为它被量词$\underline{\forall x}$ 引用。不过第二次（在$\underline{x>0}$ 里）出现是自由的。从形式上，如果$\underline{\forall x\phi}$ 是一个表达式，那么 x 在 ϕ 中的任何出现都是约束的。所有不被约束的出现是自由的。一个变量如果在表达式 ϕ 中有一次自由出现，那么就是 ϕ 的一个自由变量（尽管它也许还有其他约束出现）。不含自由变量的表达式称为语句。

例如，在$\underline{(\forall x\ (x+y>0))\wedge(x=0)}$ 中，x 有两次出现。第一次是约束的，而第二次是自由的。y 有一次自由出现。这个表达式显然不是一个语句，因为它包含两个自由变量 x 和 y。而$\underline{\forall x(\forall y(\forall z\ (G(x,z)\wedge G(z,y))\Rightarrow G(x,y)))}$ 则是一个语句。

89

5.2　模型

一个表达式的真值决定于其成分的取值，这与布尔逻辑差不多。不过，变量、函数和关系现在可以取复杂很多的值，而不仅仅是**真**和**假**。在一阶逻辑中与真值指派相类似的是一个错综复杂的数学对象，称为模型。

定义 5.3 让我们指定一个词汇表 Σ。一个适合 Σ 的模型是一个二元组 $M=(U,\mu)$。其中 U 是一个集合（任意非空集合），称为 M 的论域。μ 是一个函数，它为 $V\cup\Phi\cup\Pi$ 中的每个变量、函数符号和关系符号赋予一个 U 中的实际对象。对于每个变量 x，μ 为其赋予一个元素 $x^M\in U$（这里我们用右上标 M 来标记映射 μ 的值，而不是 $\mu(\cdot)$）。对于每个 k 元函数符号 $f\in\Phi$，μ 为其赋予一个实际的函数 $f^M:U^k\mapsto U$（因此，如果 $c\in\Phi$ 是一个常量，那么 c^M 是 U 中的一个元素）。最后，对于每个 k 元关系符号 $R\in\Pi$，μ 为其赋予一个实际的关系 $R^M\subseteq U^k$。不过，对于相等关系符号$=$，μ 必须为它赋予关系 $=^M$，这个关系恒为$\{(u,u):u\in U\}$。

现在假设 ϕ 是词汇表 Σ 上的一个表达式，而 M 是适合 Σ 的一个模型。我们将定义 M 满足 ϕ，记为 $M\models\phi$。首先，对于 Σ 上的任意一个项 t，我们必须定义它在 M 上的含义 t^M。作为基础，如果 t 是一个变量或者常量，那么 t^M 已经被 μ 明确定义。因此，如果 $t=\underline{f(t_1,\cdots,t_k)}$，其中 f 是 k 元函数符号，而 $t_1,\cdots,t_k$ 都是项，那么 t^M 定义为 $f^M(t_1^M,\cdots,t_k^M)$（注意它实际上是 U 的一个元素）。到此我们就完成了对于项的语义的定义。

我们假设 ϕ 是一个原子表达式，$\phi=\underline{R(t_1,\cdots,t_k)}$，其中 $t_1,\cdots,t_k$ 都是项。那么当 $(t_1^M,\cdots,t_k^M)\in R^M$ 时有 M 满足 ϕ（因为我们要求 $=^M$ 为 U 上的相等关系，所以没理由单独处理相等的情况）。如果表达式 ϕ 不是原子表达式，满足的定义将按照 ϕ 的结构归纳地进行。如果 $\phi=\underline{\neg\psi}$，那么 $M\models\phi$ 当 $M\not\models\psi$（也就是说，$M\models\psi$ 不成立）。如果 $\phi=\underline{\psi_1\vee\psi_2}$，那么 $M\models\phi$ 当 $M\models\psi_1$ 或者 $M\models\psi_2$。如果 $\phi=\underline{\psi_1\wedge\psi_2}$，那么 $M\models\phi$ 当 $M\models\psi_1$ 并且 $M\models\psi_2$。

到现在为止，上面的归纳定义与布尔逻辑中对于满足的定义是平行的。但接下来的最后一部分是一阶逻辑所独有的：如果 $\phi=\underline{\forall x\psi}$，那么当以下陈述为真时我们说 $M\models\phi$：对 M 的论域 U 中的任意 u，令 $M_{x=u}$ 为一个除了 $x^{M_{x=u}}=u$ 以外在所有细节上与 M 都相同的模型，那么对于所有 $u\in U$，我们都有 $M_{x=u}\models\psi$。 □

我们主要将学习语句，即没有自由变量的表达式。我们对于其他表达式的兴趣仅限于它们可能是某些语句的子表达式。现在，对于语句，能否被一个模型满足就不能决定于其变量的值了。这一点可以由下面这个更一般的性质推出：

90

性质 5.1 假设 ϕ 是一个表达式，而 M 和 M' 是两个适合 ϕ 的词汇表的模型，而且除了对于 ϕ 中非自由变量的赋值以外，M 和 M' 在其他地方完全一致。那么 $M\models\phi$ 当且仅当 $M'\models\phi$。

证明：让我们为这个论述给出一个仔细的归纳证明。首先假设 ϕ 是一个原子表达式，因此它所有的变量都是自由的。那么 M 和 M' 是相等的，结果显然可得。接下来，假设 $\phi=\underline{\neg\psi}$，则 ϕ 中的自由变量就是 ψ 中的自由变量，因此我们有 $M\models\phi$ 当且仅当 $M\not\models\psi$ 当且仅当（按照归纳）$M'\not\models\psi$ 当且仅当 $M'\models\psi$。同样，假设 $\phi=\underline{\psi_1\wedge\psi_2}$，则 ϕ 中的自由变量集合是 ψ_1 和 ψ_2 的自由变量集合的并集。如果 M 和 M' 只是给 ϕ 中非自由变量的赋值不一致，那么它们对于 ψ_1 和 ψ_2 也是一样的。所以，归纳可得 $M\models\psi_i$ 当且仅当 $M'\models\psi_i$（$i=1$，2）。因此，$M\models\phi$ 当且仅当 $M\models\psi_1$ 并且 $M\models\psi_2$，当且仅当（按照归纳）$M'\models\psi_1$ 并且 $M'\models\psi_2$，当且仅当 $M'\models\phi$。同样可证 $\phi=\underline{\psi_1\vee\psi_2}$ 的情况。

因此，假定 $\phi=\underline{\forall x\psi}$，则 ϕ 中的自由变量就是 ψ 中除了 x（它在 ψ 中可能是也可能不是自由的）以外的自由变量。按照满足的定义，$M\models\phi$ 当且仅当“对于所有 $u\in U$，有

$M_{x=u} \models \psi$”。按照归纳假设，这个引号中的声明等于说对于所有 u 和所有仅仅在 ψ 中非自由变量的值与 $M_{x=u}$ 不一致的模型（$M_{x=u}$）$'$，我们都有（$M_{x=u}$）$' \models \psi$。现在，在最后的声明里我们可以改变 ψ 中非自由变量的值和 x 的值。因此我们可以改变 ϕ 中所有非自由变量的值。这个声明等于说：对于所有 M 的非自由变量值不同的任何变种 M' 都有 $M' \models \phi$。性质由此得证。□

按照性质 5.1，一个模型是否满足一个表达式并不决定于这个表达式中（或者没出现在表达式中）约束变量的值。因此，以后对于“适合一个表达式的模型”，我们是指模型中的一个部分，它处理表达式中的函数、关系和自由变量（如果它们存在）。接下来我们将要看看几个有趣的模型实例。

数论的模型

我们将定义一个适合数论词汇表的模型 **N**。它的论域是所有非负整数的集合。对于常量 0，**N** 为其指派 $0^{\mathbf{N}}=0$。对于函数 σ，**N** 为其指派 $\sigma^{N}(n)=n+1$。类似地，$+$ 的指派为加法，$\times$ 的指派为乘法，而 $\uparrow$ 的指派为指数函数。两个数 m 和 n，当 m 小于 n 时符合关系 $<^{\mathbf{N}}$。最后，我们假设 m 和 n 将所有变量映射到 0（按照性质 5.1，一个模型对于约束变量的赋值并不是很重要）。

91

我们断言 $\mathbf{N} \models \underline{\forall x(x<x+1)}$。要证明这一点，我们需要应用数论性质的知识来验证对于所有自然数 n 有 $\mathbf{N}_{x=n} \models \underline{x<x+1}$。即我们必须说明对于任意 n，都有 $n <^{\mathbf{N}} n +^{\mathbf{N}} 1^{\mathbf{N}}$。这等于说 $n<n+1$（现在的元语言里没有下画线），而我们都知道这对所有的数 n 都成立。

另一方面，$\mathbf{N} \not\models \underline{\forall x \exists y(x=y+y)}$。原因是 $\mathbf{N}_{x=1} \not\models \underline{\exists y\,(x=y+y)}$，也就是 $\mathbf{N}_{x=1} \models \underline{\forall y \neg(x=y+y)}$，即对于所有整数 n 都有 $1 \neq n+n$，而这显然是正确的。

讨论模型 **N** 给逻辑和元语言之间那种难以捉摸的区别带来了另外的变数。为了确认是否有 $\mathbf{N} \models \phi$，我们需要关于整数性质的数学知识，*该知识正是我们想通过这个练习来获取一些真知灼见的对象*。我们仅仅是因为想展示模型和满足的概念才这样做的。我们最终的目标是要*机械化*这个过程，并开发出一种技巧来区分那些被 **N**（即数论中的定理）满足的句子和那些不能被 **N** 满足的句子。在第 6 章中，这个目标将通过一种极其有趣但又是毁灭性的方法证明是不可实现的。

模型 **N** 可以称为数论的*标准模型*，因为事实上我们就是按照脑海中这个模型来定义词汇表 $\Sigma_{\mathbf{N}}$ 的。不过，也还有其他一些适合数论词汇表的*非标准模型*。比如，模型 $\mathbf{N}_p$，其中 $p>1$ 是一个整数，它的论域是集合 $\{0,1,\cdots,p-1\}$。$0^{\mathbf{N}_p}=0$，而所有的操作都定义为模 p 操作。也就是说，对于论域中的任意 m 和 n，$\sigma^{\mathbf{N}_p}(n)=n+1 \bmod p$，$m +^{\mathbf{N}_p} n = m+n \bmod p$，其他操作类似。对于 $<$，我们说两个小于 p 的整数 m 和 n，在 $m<n$ 时符合关系 $<^{\mathbf{N}_p}$。所有变量映射到 0。注意，$\mathbf{N}_p \models \underline{\forall x \exists y(x=y+y)}$ 是否成立取决于 p 的奇偶性（如果 p 是奇数，则 $y=\dfrac{x+p \cdot (x \bmod 2)}{2}$ 是一个能使 $\mathbf{N}_p \models \underline{\forall x \exists y(x=y+y)}$ 成立的函数）。不过，$\mathbf{N}_p \not\models \underline{\forall x\ (x<x+1)}$（$x=p-1$）。

对于 $\mathbf{N}_p$ 来说，不难找到一个语句将它与 **N** 区分开来（请回想上一段中最后的句子）。不幸的是，数论中还有更多“顽固的”非标准模型。我们介绍其中最简单的，叫作 $\mathbf{N}'$，在它上面我们只定义 σ（其他数论的要素可以一致地定义，故省略）。$\mathbf{N}'$ 的论域包含了所有非负整数和*所有形如* $n+mi$ 的复数，这里 n 和 m 是任意整数（正整数、零，或者负整数），

而 $\mathrm{i}=\sqrt{-1}$ 是虚数单元。在这个非标准模型中，后继函数将一个非负整数 n 映射到 $n+1$，将一个复数 $n+m\mathrm{i}$ 映射到 $(n+1)+m\mathrm{i}$。也这就是说，后继函数的图形，除了通常的非负整数的半直线以外，现在还包含无限多条互不相交的平行直线。正如我们之前所说的，$\mathbf{N}'$ 是一个非常顽固的非标准模型：我们将在5.6节中将说明不存在一个可以区分 $\mathbf{N}$ 和 $\mathbf{N}'$ 的一阶语句集合！

92

不过大家也可以设想一些与数无关的适合 $\Sigma_{\mathbf{N}}$ 的模型。例如，这里有另外一个“数论模型”，称为 L：L 的论域为 $2^{\{0,1\}^*}$，即由符号0和1组成的所有语言的集合（这是一个不可数的模型）。$0^L=\emptyset$，即空语言。对于任意语言 ℓ，$\sigma^L(\ell)=\ell^*$。另外，$+^L$ 是并运算，$\times^L$ 是串联运算，而 $\uparrow^L$ 是交运算。最后，$<^L$ 是集合的包含关系（不一定是真包含）。那么我们有 $L\models \forall x\,(x<x+1)$。为了证明，回想1是 $\sigma(0)$ 的简写，而 $\sigma^L(0^L)=\emptyset^*=\{\varepsilon\}$。事实上，对任意语言 x，它与 $\{\varepsilon\}$（其他集合也一样）的并集包含作为子集的 x。所以，对任意语言 $\ell\subset\{0,1\}^*$，$L_{x=\ell}\models x<x+1$，因此有 $L\models \forall x(x<x+1)$。请读者自己验证 $L\models \forall x\ \exists y\,(x=y+y)$。

图论的模型

在语句和模型之间有一个有趣的对偶性。一个模型可能满足也可能不满足一个语句。反过来，一个语句可以视为一个模型集合的描述，这个集合中的模型都满足它。这一点通过 Σ_G 的语句可以得到充分体现。

任何适合于 Σ_G 的模型都是图。这里我们的兴趣仅限于有限图（因此在随后的讨论中我们省略“有限”）。不妨考虑语句 $\phi_1=(\forall x\exists yG(x,y)\wedge \forall x\forall y\forall z((G(x,y)\wedge G(x,z))\Rightarrow y=z))$ 和 ϕ_1 的模型 Γ：Γ 的论域由图5.1中的7个结点组成，另外当图中存在从 x 到 y 的边时有 $G^\Gamma(x,y)$ 成立。不难看出 $\Gamma\models\phi_1$。

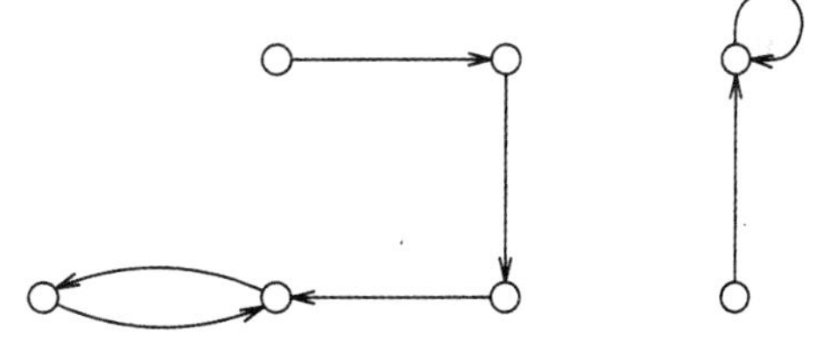
图5.1 一个可以视为函数的图

还有哪些图满足 ϕ_1？我们认为所有代表一个函数（即所有结点的出度为一）的图都满足 ϕ_1，而且只有这些图满足。换句话说，ϕ_1 本质上是一个说明“G 是一个函数”的语句。

现在考虑语句 $\phi_2=\forall x(\forall y\,(G(x,y)\Rightarrow G(y,x)))$。图5.2中的图满足 ϕ_2，但图5.1中的图不满足 ϕ_2。ϕ_2 是说“G 是对称的”。另外，语句 $\forall x(\forall y\,(\forall z\,(G(x,z)\wedge G(z,y))\Rightarrow G(x,y)))$ 说明“G 是传递的”。有趣的是，这三个图的性质（出度为一、对称、传递）都能够在多项式时间内检测（见问题5.8.2）。

93

图论中的每一个语句都描述了图的一个性质。现在，任何图的性质反过来对应于一个计算问题：给定一个图 G，它是否拥有这个性质？由此我们进入以下定义。令 ϕ 为 Σ_G 上的任意表达式（不一定是一个语句，注意这里我们将情形扩展到任意表达式，这样就能使用归纳法），定义 ϕ-GRAPHS 如下：给定一个 ϕ 的模型 Γ（即一个图 G_Γ 和一个从 G_Γ 中结点到 ϕ 中自由变量的指派），是否有 $\Gamma\models\phi$？例如，如果 $\phi=\forall x(\forall y\,(G(x,y)\Rightarrow G(y,x)))$，则 ϕ-GRAPHS 就是 SYMMETRY 问题（对称图问题），即判定一个给定图是否对称的计算问题。这样的计算问题，包含一个图和其中的某些结点，对我们而言并不陌生：1.1节中的 REACHABILITY 问题也是

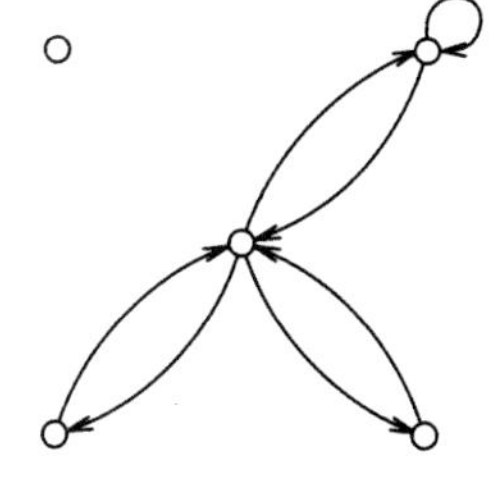
图5.2 一个对称图

这样一个问题。我们接下来将说明，任何形如 ϕ-GRAPHS 的问题有一个与 REACHABILITY 相同的重要性质。

定理 5.1　对于 Σ_G 上的任意表达式 ϕ，ϕ-GRAPHS 属于 **P**。

证明：我们按照 ϕ 的结构归纳地展开证明。当 ϕ 是一个形如 $G(x,y)$ 或 $G(x,x)$ 的原子表达式时，这个定理显然成立。如果 $\phi=\neg\psi$，按照归纳存在一个多项式时间算法解决 ϕ-GRAPHS。我们可以采用这个算法解决 ϕ-GRAPHS，只需把返回结果中的“yes”与“no”对调一下。如果 $\phi=\psi_1\vee\psi_2$，则按照归纳，ψ_1-GRAPHS 和 ψ_2-GRAPHS 都有多项式时间算法可以解决。ϕ-GRAPHS 算法一个接一个地运行这两个算法，只要其中有一个回答为“yes”就返回“yes”。这个算法的运行时间是两个多项式的和，因此也是一个多项式。同样，可证明 $\phi=\psi_1\wedge\psi_2$ 的情况。

94

最后，假设 $\phi=\forall x\psi$。我们知道存在一个多项式时间算法解决 ψ-GRAPHS。这里 ϕ-GRAPHS 算法对 G 中每个结点 v 重复以下步骤：给定 ϕ 的一个待检验的模型 Γ，算法为 Γ 指定 $x=v$ 以产生一个 ψ 的模型 Γ（请回想一下，Γ 不包含 x 的值，因为 x 在 ϕ 中是约束变量）。接下来测试这个模型是否满足 ψ。如果所有结点 v 的测试结果都为“yes”，则算法回答“yes”，否则回答“no”。整个算法是多项式时间的，其复杂度为其中 ψ-GRAPHS 算法的多项式乘以 n，n 为 Γ 的论域中的结点个数。　□

在上述定理 5.1 的证明过程中，我们只需简单地将计算时间换成计算空间，就可以得到以下的结果（在第 7 章中我们将看到，这其实是一个比定理 5.1 更强的结论）：

推论　对于 Σ_G 上的任意表达式 ϕ，ϕ-GRAPHS 能够在 $\mathcal{O}(\log n)$ 空间内解决。

证明：见问题 5.8.3。　□

在本章中，我们将看到，对任意一阶表达式 ϕ，REACHABILITY 都不能表示成 ϕ-GRAPHS。

5.3　永真的表达式

对于某些表达式我们得费尽辛苦地去寻找一个能够满足它们的模型。如果存在这样一个模型，我们说这个表达式是*可满足的*。不过有些表达式却能够被任何模型（只要它适合这些表达式的词汇表）满足。这样的表达式称为是*永真的*。如果 ϕ 是永真的，我们记做 $\models\phi$，其中没有提及任何模型。从直觉上，一个永真的表达式是一个在所有基本推理上都成立的声明，它着眼于函数、量词和相等关系等的一般性质，而不是某个特定的数学领域（见第二部分简介中的例子 $\exists y\forall x(x=y+1)\Rightarrow\forall w\ \forall z(w=z)$）。

与性质 4.2 完全相对应，这里我们有：

性质 5.2　一个表达式是不可满足的当且仅当它的非是永真的。　□

我们再一次将所有表达式的全集表示于图 5.3 中。

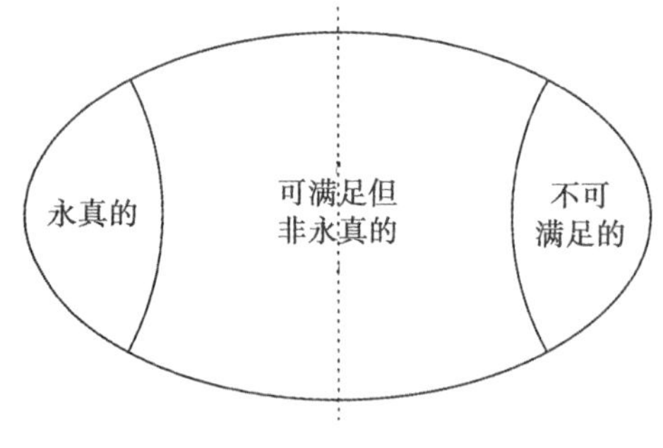

图 5.3　一阶逻辑表达式（与图 4.1 比较）

布尔永真性

一个语句因何永真呢？答案是有三个原因使得一个一阶表达式可能永真。第一个是从布尔表达式中“继承”而来的。考虑表达式 $\phi=\forall xP(x)\vee\neg\forall xP(x)$。这里 ϕ 形如 $\psi\vee\neg\psi$，其中 $\psi=\forall x\,P(x)$。所以它必定是一个永真的语句，因为

我们可以把 ψ 看成一个布尔变量，所以 $\psi \vee \neg \psi$ 在布尔逻辑当中是一个重言式。类似地，也容易看出表达式 $(G(x,y) \wedge G(y,x)) \Rightarrow (G(y,x) \wedge G(x,y))$ 是永真的。

更一般地，令 ϕ 为一个表达式。我们将定义 ϕ 的一个子表达式集合，称为它的*主子表达式*。不用说，这个定义又是归纳的。任何原子表达式只有一个主子表达式：它自己。若 ϕ 形如 $\forall x\psi$ 也同样如此。现在，如果 ϕ 形如 $\neg\psi$，则 ϕ 的主子表达式就是 ψ 的那些。最后，如果 ϕ 为 $\psi_1 \vee \psi_2$ 或 $\psi_1 \wedge \psi_2$，那么 ϕ 的主子表达式集合是 ψ_1 和 ψ_2 的主子表达式集合的并集。

例如，考虑一阶表达式 $\forall xG(x,y) \wedge \exists xG(x,y) \wedge (G(z,x) \vee \forall xG(x,y))$。它的主子表达式有 $\forall xG(x,y)$、$\forall x \neg G(x,y)$ 和 $G(z,x)$（在应用定义之前，先将 $\exists xG(x,y)$ 扩展为 $\neg \forall x \neg G(x,y))$。显然任何表达式都能视为一个包含主子表达式而非布尔变量的布尔表达式。我们称其为表达式的*布尔形式*。例如，上述表达式的布尔形式就是布尔表达式 $x_1 \wedge (\neg x_2) \wedge (x_3 \vee x_1)$，其中 $x_1 = \forall xG(x,y)$、$x_2 = \forall x \neg G(x,y)$，而 $x_3 = G(z,x)$。

性质 5.3　如果一个表达式 ϕ 的布尔形式是一个重言式，那么 ϕ 是永真的。

证明：考虑任意适合 ϕ 的模型 M。对于 ϕ 的每个主子表达式，M 要么满足它要么不满足它。这就为其主子表达式定义了一个真值指派，这个真值指派必定（按照我们的假设，其布尔形式是一个重言式）满足 ϕ。□

95～96

布尔逻辑不仅有助于识别新的永真的表达式，它还有助于从已知的永真表达式创造新的永真表达式（如果要系统地学习永真性，这两个功能我们都需要）。例如，倘若我们知道 ϕ 和 ψ 是永真的，我们就能立即确定 $\phi \wedge \psi$ 也是永真的。另外，如果 ψ 和 $\psi \Rightarrow \phi$ 都是永真的，那么 ϕ 也是。事实上，这最后一条规则是最有用的，因为它将是5.4节中证明系统的基础。它称为 Modus Ponens，在拉丁文里的意思是“放置，增加的方法”，因为它是证明系统里获取新的永真语句的主要方法，在本书中我们将简称为*假言推理*[⊖]。

性质 5.4　Modus Ponens　如果 ψ 和 $\psi \Rightarrow \phi$ 都是永真的，那么 ϕ 也是永真的。□

相等关系

一个表达式也可能因为相等关系的性质而永真。例如，考虑表达式 $x+1=x+1$。它是永真的，因为在任何模型中 $x+1$ 都肯定等于 $x+1$（注意我们不是说 $x+1=1+x$ 永真，它不是）。考虑一个更加复杂的例子，$\phi = x=1 \Rightarrow 1+1=x+1$ 也是永真的，这独立于1和+的含义，因为如果 $x=1$，则任何函数都为参数 x 指派1，而对于1，它与其他1的结果都是一样的（当然，这里我们还用到了相等关系的对称性，即永真表达式 $t=t' \Rightarrow t'=t$）。同样，表达式 $x=y \Rightarrow (G(x,x) \Rightarrow G(y,x))$ 也是永真的：如果 $x=y$，那么显然 $G(x,x)$ 蕴涵 $G(y,x)$，这与 G 的含义无关。

性质 5.5　假设 $t_1,\cdots,t_k,t'_1,\cdots,t'_k$ 为项。任何形如 $t_1=t_1$，或 $(t_1=t'_1 \wedge,\cdots,\wedge t_k=t'_k) \Rightarrow f(t_1,\cdots,t_k)=f(t'_1,\cdots,t'_k)$，或 $(t_1=t'_1 \wedge,\cdots,\wedge t_k=t'_k) \Rightarrow (R(t_1,\cdots,t_k) \Rightarrow R(t'_1,\cdots,t'_k))$ 的表达式都是有效的。□

量词

因此，表达式可能因为布尔逻辑推理或者相等关系的性质而永真。还有其他确定永真性的原因吗？除了布尔连接词和相等关系外，一阶逻辑的唯一重要因素就是量词。

⊖ Modus Ponens 在文中有时译为“假言推理”、“肯定前件”或者“离断律”等，有些场合称为三段论。但三段论有多种形式，这里只是其中的一种，所以我们还是选择将其译作“假言推理”。——译者注

事实上一个语句也可能因为量词的含义而永真。例如，考虑表达式$G(x,1)\Rightarrow\exists zG(x,z)$。它当然是永真的。在任意模型（这里指任意图）中，如果$G(x,1)$成立，那么显然存在一个z使得$G(x,z)$成立，即$z=1$。另外，逆否推理也是有效的，表达式$\forall xG(x,y)\Rightarrow G(z,y)$可以作为示范。如果所有结点都有一条到$y$的边，那么显然也有一条来自$z$的边，与$z$是什么无关。

为了推广，我们需要以下符号：假设ϕ是一个表达式，x是一个变量，而t是一个项。我们定义在ϕ中t对x的替代为将ϕ中所有变量x的自由出现换成项t以后所得到的表达式，记为$\phi[x\leftarrow t]$。例如，如果$\phi=(x=1)\Rightarrow\exists x(x=y)$，$t=y+1$，那么$\phi[x\leftarrow t]=(y+1=1)\Rightarrow\exists x(x=y)$，$\phi[y\leftarrow t]=(x=1)\Rightarrow\exists x(x=y+1)$。如果$t$包含一个与$x$一起出现的约束变量，这个定义就会产生问题。比如，我们可以稍微修改一下前面的表达式：如果$\phi'=(x=1)\Rightarrow\exists y(x=y)$，那么$\phi'[x\leftarrow t]$应该是$(y+1=1)\Rightarrow\exists y(y+1=y)$。在后一个表达式中，$y$的倒数第二个出现被量词$\exists y$"冤枉地"约束了（要明白为什么这很糟糕，只需检查两个表达式ϕ'和$\phi'[x\leftarrow t]$，现在不用假装你不知道加法是什么了）。为了避免这种无意的约束，只有当t中不存在变量y使得ϕ的某个形如$\forall y\psi$（当然，$\exists y\psi$也可以，它就是$\neg\forall y\neg\psi$的简写）的部分里包含x的自由出现时，我们才称t对ϕ中x可替代。因此我们只有在t对ϕ中x可替代的情况下才使用符号$\phi[x\leftarrow t]$。也就是说，这个符号的使用本身包含了一个含蓄的断言，即t对ϕ中x可替代。

性质 5.6　任何形如$\forall x\phi\Rightarrow\phi[x\leftarrow t]$的表达式都是永真的。　□

注意按照性质 5.6，形如$\phi[x\leftarrow t]\Rightarrow\exists x\phi$的表达式也是永真的（它是$\forall x\phi\Rightarrow\phi[x\leftarrow t]$的逆否性质）。

量词以另外一种方式影响永真性。假设一个表达式ϕ是永真的，那么我们断言$\forall x\phi$也是永真的。这是因为，即使x在ϕ中是自由出现的（另外一种情况明显可见），ϕ也是永真的这个事实意味着它被所有模型满足，而不论x的指派是什么。这正是$\forall x\phi$永真性的定义。

性质 5.7　如果ϕ是永真的，则$\forall x\phi$也是永真的。　□

这个性质有一个更强的形式。假设x不在ϕ中自由出现，那么我们断言$\phi\Rightarrow\forall x\phi$是永真的。原因是，任何满足$\phi$的模型也满足$\forall x\phi$，因为关于满足的定义中$x=u$部分变得不相干了。我们总结如下：

性质 5.8　如果x不在ϕ中自由出现，则$\phi\Rightarrow\forall x\phi$也是永真的。　□

最后，永真性可能也来自量词和布尔逻辑的一个有趣互动：全称量词对于条件量词可分配，即$\models((\forall x(\phi\Rightarrow\psi))\Rightarrow(\forall x\phi)\Rightarrow(\forall x\psi))$。作为证明，一个模型只有在以下三个条件发生时才不满足这个表达式：$M\models(\forall x(\phi\rightarrow\psi))$，$M\models\forall x\phi$和$M\not\models\forall x\psi$。第三个条件是指存在一个$u$使得$M_{x=u}\not\models\psi$。然而，我们知道$M_{x=u}\models\phi$，而且$M_{x=u}\models\phi\Rightarrow\psi$。这显然矛盾。

性质 5.9　对于所有ϕ和ψ，$(\forall x(\phi\Rightarrow\psi))\Rightarrow((\forall x\phi)\Rightarrow(\forall x\psi))$都是永真的。　□

前束范式

永真性可以为简化表达式带来方便。显然，如果$\phi\Leftrightarrow\psi$是永真的，那么我们就可以用ϕ自由替换ψ。灵活地使用这一点将能够简化表达式（至少不会那么"混乱"）。如果$\phi\Leftrightarrow\psi$是永真的，我们写作$\phi\equiv\psi$。很多这样有用的相等关系继承自布尔逻辑（见性质 5.3）。下面这些相等关系将量词与布尔逻辑联系起来：

性质 5.10 设 ϕ 和 ψ 为任意一阶逻辑表达式。那么：

(1) $\forall x(\phi \wedge \psi) \equiv (\forall x\phi \wedge \forall x\psi)$。

(2) 如果 x 不在 ψ 中自由出现，则 $\forall x(\phi \wedge \psi) \equiv (\forall x\phi \wedge \psi)$。

(3) 如果 x 不在 ψ 中自由出现，则 $\forall x(\phi \vee \psi) \equiv (\forall x\phi \vee \psi)$。

(4) 如果 y 不在 ϕ 中出现，则 $\forall x\phi \equiv \forall y\phi[x \leftarrow y]$。 □

事实上，前面三个性质可以从性质 5.7、性质 5.8 和性质 5.9 得到证明。最后一个性质本质上是说表达式中的约束变量可以换一个完全不同的新名字，以免为表达式的其他部分带来麻烦（证明请见问题 5.8.4）。

使用这些相等关系，我们可以证明任何一阶逻辑表达式都能够改写成一个方便的范式，其中所有量词都放在前面。特别地，如果一个表达式的形式是一连串量词后跟一个没有任何量词的表达式（即原子表达式的布尔组合），那么我们称其为前束范式。

例 5.3 让我们将以下表达式改写成一个等价的前束范式。

$$(\forall x(G(x,x) \wedge (\forall yG(x,y) \vee \exists y \neg G(y,y))) \wedge G(x,0))$$

为此，我们首先应用性质 5.10 中的等式（4）为某些约束变量和自由变量换一个新的变量名：

$$(\forall x(G(x,x) \wedge (\forall yG(x,y) \vee \exists z \neg G(z,z))) \wedge G(w,0))$$

然后我们应用性质（2）将 $\forall x$ 移到外面：

$$\forall x((G(x,x) \wedge (\forall y G(x,y) \vee \exists z \neg G(z,z))) \wedge G(w,0))$$

接下来我们应用性质（3）和性质（2）将 $\forall y$ 移出来：

$$\forall x \ \forall y((G(x,x) \wedge (G(x,y) \vee \exists z \neg G(z,z))) \wedge G(w,0))$$

我们可以改写最里面的括号，应用德·摩根律（见性质 4.1 中的（8））将 $\exists z$ 转化成 $\forall z$。

$$\forall x \ \forall y((G(x,x) \wedge \neg(\neg G(x,y) \wedge \forall z G(z,z))) \wedge G(w,0))$$

现在 $\forall z$ 也可以被移出一层：

$$\forall x \forall y((G(x,x) \wedge \neg \forall z(\neg G(x,y) \wedge G(z,z))) \wedge G(w,0))$$

再重复一次：

$$\forall x \forall y(\neg(\neg G(x,x) \vee \forall z(\neg G(x,y) \wedge G(z,z))) \wedge G(w,0))$$

现在 $\forall z$ 可以再移出一层：

$$\forall x \forall y(\neg \forall z(\neg G(x,x) \vee (\neg G(x,y) \wedge G(z,z))) \wedge G(w,0))$$

再一次应用德·摩根律：

$$\forall x \forall y \neg(\forall z(\neg G(x,x) \vee (\neg G(x,y) \wedge G(z,z))) \vee \neg G(w,0))$$

又一次将 $\forall z$ 移出一层：

$$\forall x \forall y \neg \forall z((\neg G(x,x) \vee (\neg G(x,y) \wedge G(z,z))) \vee \neg G(w,0))$$

最后，将 $\forall z$ 转换成一个 $\exists z$。

$$\forall x \forall y \exists z \neg((\neg G(x,x) \vee (\neg G(x,y) \wedge G(z,z))) \vee \neg G(w,0))$$

我们终于得到一个前束范式的表达式。注意量词后面的表达式可以按照布尔表达式的性质进行进一步的修改和简化。比如，它可以被整理成一个合取范式。 □

定理 5.2 任何一阶逻辑表达式都能够改写成一个等价的前束范式。

证明：见问题 5.8.5。 □

99

5.4 公理和证明

我们已经为我们用于表达数学推理的系统装备了语法和语义。不过肯定还缺少了一些什么：一个展现真理的系统方法。

但是首先要问，什么是真理？一个可能的答案是一阶逻辑中的真理与永真性的概念一致。让我们先介绍一个展现表达式永真性的系统方法。我们的系统基于我们所知的最基本的三种永真性：布尔永真性、相等关系性质和量词性质。

我们将要提出的系统对任何指定的词汇表 Σ 中的表达式都可行。因此我们不妨假定 Σ 是固定的（不过在我们的例子中将使用熟悉的词汇表的常用搭配）。首先，我们的系统有一个可数无限的（事实上，还是递归的，见问题 5.8.6）逻辑公理集合。公理是我们基本的永真表达式。我们的逻辑公理集合 Λ 包含所有的具有性质 5.4、性质 5.5、性质 5.6、性质 5.8 和性质 5.9 中所讨论形式的表达式，以及它们的扩展，也就是加上任意数目的形如 $\forall x$ 的前缀（见性质 5.9）。Λ 包含图 5.4 中所列出的基本公理的所有扩展。

100

AX0： 任何布尔形式为重言式的表达式。

AX1： 任何具备以下形式的表达式：

 AX1a： $t=t$。

 AX1b： $(t_1=t_1' \wedge, \cdots, \wedge t_k=t_k') \rightarrow f(t_1,\cdots,t_k)=f(t_1',\cdots,t_k')$。

 AX1c： $(t_1=t_1' \wedge, \cdots, \wedge t_k=t_k') \rightarrow (R(t_1,\cdots,t_k) \Rightarrow R(t_1',\cdots,t_k'))$。

AX2： 任何形如 $\forall x\phi \Rightarrow \phi[x \leftarrow t]$ 的表达式。

AX3： 任何形如 $\phi \Rightarrow \forall x\phi$ 的表达式，其中 x 不在 ϕ 中自由出现。

AX4： 任何形如 $(\forall x(\phi \Rightarrow \psi)) \Rightarrow (\forall x\phi \Rightarrow \forall x\psi)$ 的表达式。

图 5.4 基本逻辑公理

从公理开始，我们的系统通过一个基于性质 5.4 的方法生成（“证明”）新的永真表达式。特别地，考虑一个有限的一阶逻辑表达式序列 $S=(\phi_1,\phi_2,\cdots,\phi_n)$，如果其中的每一个表达式 $\phi_i(1\leqslant i\leqslant n)$ 都满足要么 a）$\phi\in\lambda$，要么 b）表达式 $\phi_1,\cdots,\phi_{i-1}$ 中存在两个形如 ψ 和 $\psi\Rightarrow\phi$ 的表达式（这就是 Modus Ponens，我们用来往已知的永真语句里添加新成员的方法，见性质 5.4 之前的讨论）。那么我们说 S 是表达式 ϕ_n 的一个证明。表达式 ϕ_n 称为一个一阶逻辑定理，记作 $\vdash\phi_n$（试比较 $\models\phi_n$）。

例 5.4 相等关系的自反性（$x=x$）是一个一阶公理。相等关系的对称性 $x=y\Rightarrow y=x$ 是一个一阶逻辑定理。它的证明如下：

$\phi_1=(x=y\wedge x=x)\Rightarrow(x=x\Rightarrow y=x)$ 是公理族 **AX1c** 中的一员，这里 $k=2$，R 为相等关系，$t_1=t_2=t_2'=x$，且 $t_1'=y$。

$\phi_2=(x=x)$ 属于公理族 **AX1a**。

$\phi_3=x=x\Rightarrow((x=y\wedge x=x)\Rightarrow(x=x\Rightarrow y=x))\Rightarrow(x=y\Rightarrow y=x)$ 属于公理族 **AX0**（这个可能要花点时间去检验）。

$\phi_4=((x=y\wedge x=x)\Rightarrow(x=x\Rightarrow y=x))\Rightarrow(x=y\Rightarrow y=x)$ 可以从 ϕ_2 和 ϕ_3 运用假言推理推出。

101

$\phi_5=(x=y\Rightarrow y=x)$ 可以从 ϕ_1 和 ϕ_4 运用假言推理推出。

因此，$\vdash x=y\Rightarrow y=x$。

相等关系的传递性，$(x=y\wedge y=z)\Rightarrow x=z$，也是一个一阶逻辑定理（证明类似，见问题5.8.8）。□

我们在后面将给出更多证明实例，此前我们得先设计一个能够使其证明不像前述论证过程那般繁冗的方法。

但是，不要忘记我们的兴趣是要识别重要的计算问题。一阶逻辑表达式可以编码成某个适当的字母集上的串。让我们首先指定一个词汇表 $\Sigma=(\Phi,\Pi,r)$。一个可能的编码将使用符号 F、R、x、0 和 1（为了表达函数、关系和变量，它们都带有二进制索引），还有逻辑符号 $\wedge$、$\vee$、$\neg$、$\exists$ 和 $\forall$，以及括号。同样的字母集当然还能够用来对证明进行编码（它只不过是表达式的串）。以下算法可以检验一个串是否为一个证明：一个一个地检查所有表达式，测定它是否属于一阶逻辑中的某个公理族。这不是很明显，但也并不太难（见问题5.8.6）。然后，对每个并非公理的表达式，检测它是否可以从之前的两个表达式出发根据假言推理推导出来。

这里有一些读者可能想问的重要计算问题：给定一个表达式 ϕ（的编码），它是否有 $\vdash\phi$，即 ϕ 是否为一个一阶定理？我们称这个问题为 THEOREMHOOD（一阶定理问题）。

性质 5.11 THEOREMHOOD 是递归可枚举的。

证明： 接受 THEOREMHOOD 语言的图灵机将按照字典序测试所有可能的证明（表达式组成的有限串），如果其中有一个是那个给定表达式的正确证明，就回答“yes”。□

另一个问题是：给定一个 ϕ，它是否为永真的？我们称这个问题为 VALIDITY（永真性问题）。这个问题的定义在计算量方面是可怕的：它看起来似乎需要检查一个语句的所有模型（而这样的模型多得不可数）。就这一点而言，我们无从知晓是否 VALIDITY 是递归可枚举的。在5.5节中我们将给出肯定的回答，通过确定一个惊人的事实：VALIDITY 与 THEOREMHOOD 是相符的。也就是说，$\models\phi$ 当且仅当 $\vdash\phi$（这是定理5.7的一个特例）。换言之，我们繁冗而笨拙的证明系统其实已经强大到它所能达到的极限。如果一阶逻辑中的永真性是数学真理的一个满意的概念，那么这对我们力图系统化数学真理搜寻方法的任务而言已经是游刃有余了。

可惜，它当然不是。作为数学学者，我们很有兴趣想要发现不同词汇表所讲述的论域的性质，比如，整数及其操作、实数、图。一阶逻辑只是一个概念，它使我们可以通过一种统一的方法来学习对这些有趣论域的推理。在任何时候，我们想知道一个语句是否不被所有模型满足（否则就是永真的），但是被我们感兴趣的模型满足，不论这时我们感兴趣的是什么模型。

102

我们怎样才能够填补我们能够做到的（系统化永真性）和我们需要做到的（系统化我们感兴趣模型中的真理）之间的缺口呢？一个很自然的途径是公理化方法。我们不妨假定对所有能够被一个特定模型 M_0 满足的语句感兴趣，然后用一个非常理想的情况来演示这个方法。假设我们已经发现一个表达式 ϕ_0 使得 $M_0\models\phi_0$，并且有 $M_0\models\phi$ 当且仅当 $\models\phi_0\Rightarrow\phi$。那么，为了研究我们“感兴趣的模型”$M_0$ 中的真理，在这种情况下我们能够使用永真性。

例 5.5 公理化其实也不像看起来那样毫无希望。事实上，数学中一些有趣的部分可以被公理化。例如，群论有一个词汇表包含二元函数 $\circ$（作为中缀符号）和常量1。$\forall x\,(x\circ y)=x$ 是这个词汇表里一个典型的表达式。所有群的性质都能够从以下非逻辑公理推导出来：

GR1： $\forall x\forall y\forall z((x\circ y)\circ z=x\circ(y\circ z))$ （$\circ$ 的结合律）

$$\textbf{GR2}:\quad \forall x\ (x\circ 1)=x \quad (1\text{是单位元})$$

$$\textbf{GR3}:\quad \forall x \exists y\ (x\circ y=1) \quad (\text{逆元的存在性})$$

（我们也可以在群论的词汇表里加入一个一元函数（•）$^{-1}$来表示逆运算。但这没有什么必要，因为我们可以认为公理 **GR3** 定义了逆函数。它的唯一性可以从其他公理推出。）这三个简单的公理构成了群的一个完备的公理化系统。所有群的性质都能够从它们开始通过我们的证明方法推导出来。如果我们想要公理化阿贝尔群，只需追加一个公理：

$$\textbf{GR4}:\quad \forall x \forall y(x\circ y)=(y\circ x) \quad (\circ\text{的交换律})$$

另一方面，若要研究无限群，也只需对每个 $n>1$ 添加语句 $\phi_n=\exists x_1 \exists x_2,\cdots \exists x_n \bigwedge_{i\neq j}(x_i\neq x_j)$。这个无限语句集合就是无限群的一个完备的公理化集。□

不过，一般来说，我们感兴趣的模型可能有一个包含无穷多表达式的公理化集（回想在前面例子中的无限群）。所以，我们的证明系统必须拓展到允许从无限多个前提得来的证明。令 Δ 为一个表达式集合，而 ϕ 是另外一个表达式。如果任何满足 Δ 中所有表达式的模型都必定满足 ϕ，我们说 ϕ 是 Δ 的一个永真推论，记做 $\Delta\models\phi$。在公理化集的设想应用中，Δ 的永真推论可能将是 M_0 的所有性质，而且也仅限于它们。所以，我们对怎么系统地生成 Δ 的所有永真推论非常感兴趣。

103

接下来我们介绍另一个证明系统，它是前面针对永真性的那个系统的自然延拓，对于识别永真推论很有帮助。令 Δ 为一个表达式集合。令 S 为一个有限的一阶表达式序列，$S=(\phi_1,\phi_2,\cdots,\phi_n)$，且序列中每个表达式 $\phi_i(1\leqslant i\leqslant n)$ 都必定满足以下三个情况中的一种：(a) $\phi\in\Lambda$；(b) $\phi\in\Delta$；(c) 在表达式序列 $\phi_1,\cdots,\phi_{i-1}$ 中存在两个表达式形如 ψ 和 $\psi\rightarrow\phi$。那么我们说 S 是 $\phi=\phi_n$ 的基于 Δ 的一个证明。表达式 ϕ 由此称为 Δ 一阶定理，记做 $\Delta\vdash\phi$（试比较 $\Delta\models\phi$）。

换而言之，一个 Δ 一阶定理将是一个普通的一阶定理，如果我们允许将 Δ 中所有表达式都添加到我们的逻辑公理中去。在这种情况下，Δ 中的表达式称为我们系统中的非逻辑公理[⊖]。

利用这个基于表达式集合的证明思路，我们甚至可以简化永真性（这个不需要前提）的证明。这主要通过使用接下来的三个有趣结论得以实现。这些结论形式化了数学推理中三个十分常见的思维模式：它们将称为演绎法、反证法和合理概化。

在演绎法中我们希望证明$\phi\Rightarrow\psi$并因此声明说："让我们假设 ϕ 成立……"

定理 5.3（演绎法）　假设 $\Delta\cup\{\phi\}\vdash\psi$，那么 $\Delta\vdash\phi\Rightarrow\psi$。

证明：试考虑从 $\Delta\cup\{\phi\}$ 推导出 ψ 的一个证明 $S=(\phi_1,\phi_2,\cdots,\phi_n)$。我们将按 $i(i=0,\cdots,n)$ 归纳地证明从 Δ 出发存在一个$\phi\Rightarrow\phi_i$的证明。最后只要取 $i=n$ 就可以得到结论。

当 $i=0$ 时结论显然为真，因此不妨假设对于所有 $j<i(i\leqslant n)$ 都成立。$\phi\Rightarrow\phi_i$的证明包含对所有表达式$\phi\Rightarrow\phi_j(1\leqslant j<i)$ 的证明，当然还有能够证明$\phi\Rightarrow\phi_i$的一些新表达式，取决于 ϕ_i 的性质。如果 ϕ_i 属于$\Delta\cup\Lambda$（即它是一个逻辑公理或非逻辑公理），我们就在证明中添加表达式$\cdots,\phi_i,\phi_i\Rightarrow(\phi\Rightarrow\phi_i)$和$\phi\Rightarrow\phi_i$。第一个表达式可以作为公理加入（根据假设它是公理）；第二个作为 **AX0** 的公理加入；第三个根据假言推理加入。如果 S 中的 ϕ_i 是从某个 $\phi_j(j<i)$ 和$\phi_j\Rightarrow\phi_i$依据假言推理得来的，那么按照归纳我们的证明现在包含$\phi\Rightarrow\phi_j$和

⊖　术语非逻辑将 Δ 中的表达式和 Λ 中的逻辑公理区分开来。它并不包含 Δ 中表达式为"不符合逻辑"的贬损含义。

$\phi\Rightarrow(\phi_j\Rightarrow\phi_i)$。我们可以在证明中添加表达式$(\phi\Rightarrow\phi_j)\Rightarrow((\phi\Rightarrow(\phi_j\Rightarrow\phi_i))\Rightarrow(\phi\Rightarrow\phi_i))$、$(\phi\Rightarrow(\phi_j\Rightarrow\phi_i))\Rightarrow(\phi\Rightarrow\phi_i)$和$\phi\Rightarrow\phi_i$。第一个作为 **AX0** 的公理加入，第二个和第三个则是根据假言推理加入。 104

最后，如果 $\phi_i=\phi$，那么我们在证明中将$\phi\Rightarrow\phi$作为 **AX0** 的公理加入。 □

大家可能更加熟悉下面的证明方法：为了证明 ϕ，我们先假设 $\neg\phi$，然后由此推出一个矛盾。从形式上，一个矛盾可以定义为表达式$\psi\wedge\neg\psi$，这里 ψ 是任意表达式。如果$\psi\wedge\neg\psi$能够从 Δ 出发得到证明，那么所有表达式，包括所有其他的矛盾，都可以证明为重言蕴涵式。如果 $\Delta\vdash\phi$，对任意表达式 ϕ（包括上面提到的矛盾），我们说 Δ 是不协调的；否则，如果没有矛盾能够从 Δ 出发得到证明，我们就说 Δ 是协调的。

定理 5.4（反证法）　如果 $\Delta\cup\{\neg\phi\}$ 是不协调的，那么 $\Delta\vdash\phi$。

证明：假设 $\Delta\cup\{\neg\phi\}$ 是不协调的，那么 $\Delta\cup\{\neg\phi\}\vdash\phi$（以及任意其他表达式）。根据定理 5.3，我们知道 $\Delta\vdash\neg\phi\Rightarrow\phi$，这等于就是 ϕ。从形式上，我们在$\neg\phi\Rightarrow\phi$ 的证明中加入一个序列…（$\neg\phi\Rightarrow\phi$）$\Rightarrow\phi$，ϕ，前者作为布尔公理，后者根据假言推理。 □

在定理 5.4 的证明里，最后一个论证（从$\neg\phi\Rightarrow\phi$ 证明 ϕ）很常见，而且相当程序化。它主要涉及证明某个表达式，而这个表达式则是其他已经得证的表达式的“布尔推论”。以后我们将压缩这样的步骤，避开烦琐细节直接引入布尔推论。

在数学证明中我们经常如此结束：“……由于 x 可以取任意整数，证明完成。”这类论证可以形式化为：

定理 5.5（合理概化）　假设 $\Delta\vdash\phi$，而 x 在 Δ 的所有表达式中没有自由出现，那么 $\vdash\forall x\phi$。

证明：试考虑从 Δ 推导出 ψ 的一个证明 $S=(\phi_1,\phi_2,\cdots,\phi_n)$。我们将按 $i(i=0,\cdots,n)$ 归纳地证明从 Δ 出发存在一个 $\forall x\phi_i$ 的证明。同样，只要取 $i=n$ 就可以得到结论。

当 $i=0$ 时结论显然为真，因此不妨假设对于所有 $j<i(i\leqslant n)$ 都成立。$\forall x\phi_i$的证明包含对所有表达式$\forall x\phi_j(1\leqslant j<i)$ 的证明，当然还有能够证明$\forall x\phi_i$的一些新表达式。这些新表达式取决于 ϕ_i。

如果 ϕ_i 属于Λ（即它是一个逻辑公理），那么$\forall x\phi_i$ 也是一个公理，可以加入证明。

如果 ϕ_i 属于Δ（即它是一个非逻辑公理），那么我们知道 x 在 ϕ_i 中不是自由的，因此可以添加序列…，ϕ_i，$(\phi_i\Rightarrow\forall x\phi_i)$和$\forall x\phi_i$。第一个表达式作为非逻辑公理加入；第二个作为 **AX3** 的公理加入；最后一个根据假言推理加入。

最后，如果 ϕ_i 是从某个 $\phi_j(j<i)$ 和$\phi_j\Rightarrow\phi_i$依据假言推理得来的，那么按照归纳我们的证明现在包含$\forall x\phi_j$和$\forall x(\phi_j\Rightarrow\phi_i)$。我们可以在证明当中添加表达式…$\forall x(\phi_j\Rightarrow\phi_i)\Rightarrow((\forall x\phi_j)\Rightarrow(\forall x\phi_i))$，$(\forall x\phi_j)\Rightarrow(\forall x\phi_i)$和$\forall x\phi_i$。第一个作为 **AX4** 的公理加入，而第二个和第三个则是根据假言推理加入。 105 □

下面让我们用几个例子来展示这些新的概念和证明技巧：

例 5.6　事实上，$\vdash\forall x\forall y\phi\Rightarrow\forall y\forall x\phi$。这是大家熟知的一个事实，即在逻辑表达式中相继连续出现的同类型量词的顺序并不重要。下面是证明：

$\phi_1=\forall x\ \forall y\phi$，为了应用演绎法，我们先假设所需表达式的前提成立，即假设 $\Delta=\{\phi_1\}=\{\forall x\forall y\phi\}$。

$\phi_2=\forall x\forall y\phi\Rightarrow\forall y\phi$，这是 **AX2** 的公理。

$\phi_3 = \forall y\phi \Rightarrow \phi$，这也是 **AX2** 的公理。

$\phi_4 = \phi$，前面三个表达式的布尔推论。

$\phi_5 = \forall x\phi$，这是合理概化的一次应用。注意 x 并不自由出现于 Δ 的任何表达式中（这里只有一个，即 $\forall x\ \forall y\phi$）。

$\phi_6 = \forall y \forall x\phi$，同样又是应用合理概化。

由于我们已经有了 $\{\forall x \forall y\phi\} \vdash \forall x \forall y\phi$，按照演绎技巧，我们得出结论 $\vdash \forall x \forall y\phi \Rightarrow \forall y \forall x\phi$。□

例 5.7　让我们证明 $\vdash \forall x\phi \Rightarrow \exists x\phi$。

$\phi_1 = \forall x\phi$，也是为了应用演绎法的前提假设。

$\phi_2 = (\forall x\phi) \Rightarrow \phi$ 是 **AX2** 的公理。

$\phi_3 = \phi$，根据假言推理。

$\phi_4 = \forall x \neg\phi \Rightarrow \neg\phi$ 是 **AX2** 的公理。

$\phi_5 = (\forall x \neg\phi \Rightarrow \neg\phi) \Rightarrow (\phi \Rightarrow \exists x\phi)$，一个布尔公理，试回想我们前文中提到过 $\exists$ 是一个简写。

$\phi_6 = \phi \Rightarrow \exists x\phi$，根据假言推理。

$\phi_7 = \exists x\phi$，对 ϕ_3 和 ϕ_6 应用假言推理。□

例 5.8　我们将证明下述性质：假设 ϕ 和 ψ 是两个除了以下区别之外其他都一样的表达式：ϕ 中 x 的每个自由出现的位置，其在 ψ 中都恰好是 y 的一个自由出现，反之亦然。那么 $\vdash \forall x\phi \Rightarrow \forall y\psi$。这是一个大家熟知的事实，即被量词约束的变量的具体名称无关紧要。换句话说，如果一个表达式是永真的，那么它所有的字母替换变式也是。下面是证明：

$\phi_1 = \forall x\phi$，我们还是要应用演绎法。

$\phi_2 = \forall x\phi \Rightarrow \psi$，**AX2** 的一个公理，$\psi = \phi[x \leftarrow y]$。

106

$\phi_3 = \psi$，根据假言推理。

$\phi_4 = \forall y\psi$，根据合理概化，y 在 $\forall x\phi$ 中没有自由出现。□

我们接下来证明一个可靠的结论，它说明我们的证明系统是可靠的，即它只证明永真的推论。

定理 5.6（可靠性定理）　如果 $\Delta \vdash \phi$，那么 $\Delta \models \phi$。

证明：考虑从 Δ 推导出的任意证明 $S = (\phi_1, \phi_2, \cdots, \phi_n)$。我们将归纳地证明 $\Delta \models \phi_i$。若 ϕ_i 是一个逻辑公理或非逻辑公理，显然有 $\Delta \vdash \phi_i$。那么，假设 ϕ_i 是从某个 $\phi_j (j < i)$ 和 $\phi_j \Rightarrow \phi_i$ 依据假言推理得来的，按照归纳则有 $\Delta \models \phi_j$ 或者 $\Delta \models \phi_j \Rightarrow \phi_i$。所以任何满足 Δ 的模型必定也满足 ϕ_j 和 $\phi_j \Rightarrow \phi_i$，因此也满足 ϕ_i。这样我们就证明了 $\Delta \models \phi_i$。□

5.5　完备性定理

与可靠性定理相对应，Kurt Gödel 证明了一阶逻辑的完备性定理，即 5.4 节中介绍的证明系统能够证明所有永真的推论。

定理 5.7（哥德尔的完备性定理）　如果 $\Delta \models \phi$，那么 $\Delta \vdash \phi$。

我们将证明这个结论的另外一种形式，即下面的这个定理：

定理 5.7（哥德尔的完备性定理，第二种形式）　如果 Δ 是协调的，那么它有一个模型。

若要说明原来的形式由第二种形式可得，不妨假设 $\Delta \models \phi$。这意味着任意满足 Δ 中所有表达式的模型也满足 ϕ（自然地，可以推翻$\underline{\neg\phi}$）。因此，没有模型可以满足 $\Delta\cup\{\underline{\neg\phi}\}$ 中的所有表达式，所以（这里我们按照第二种形式推断）这个集合是不协调的。根据反证法（见定理5.4），$\Delta\vdash\phi$。同时，明显可以看出第二种形式是原来形式的推论（参见问题5.8.10）。接下来我们将证明第二种形式。

证明： 给定词汇表 Σ 上的一个表达式集合 Δ，我们知道 Δ 是协调的。单凭这些信息，我们必须找到 Δ 的一个模型，这个任务看起来很艰巨：我们必须从现有的语法信息着手建立一个语义结构。下面的解决方案虽显简单但颇为巧妙：这个模型将是一个语法模型，基于语言的要素上（在计算机科学和逻辑学里还有其他几个例子，当中我们也是由语法入语义）。特别地，我们的论域必须是 Σ 上所有项的集合。而这个模型的细节（比如关系和函数的值）将按照 Δ 中表达式所指代的来定义。

要实现这个计划还有很大障碍。首先，包含所有项的论域可能还没有丰富到可以提供一个模型：考虑 $\Delta=\{\underline{\exists xP(x)}\}\cup\{\underline{\neg P(t)}:t$ 是 Σ 上的项$\}$。虽然这是一个协调的表达式集合，但容易看出没法找到一个论域只包含 Σ 中项的模型来满足它。另外一个困难是 Δ 中表达式可能太少而且不得“要领”，无法导出所需模型的定义。对于某个项 t，它们可能无从得知 $P(t)$ 是否成立。

107

为了绕开这些难点，我们将采取 Leon Henkin 提出的策略，解释如下。首先，我们在 Σ 中添加可数无限个常量 c_1，c_2，…，称所得的词汇表为 Σ'。我们不得不证明最初的假设仍然是永真的：

断言　当作为 Σ' 上的表达式集合考虑时，Δ 仍然是协调的。

证明： 假设存在一个从 Δ 推导出某个矛盾的证明 $S=(\phi_1,\phi_2,\cdots,\phi_n)$，它使用 Σ' 上的表达式。我们不妨假定存在无限多个不在 Δ 中出现的变量 x_1，x_2，…等。要明白为什么这些变量肯定存在，因为变量的解释域是无穷的。即便它们都出现在 Δ 中，我们也可以重新定义 Δ 使它仅使用集合中的奇数序号变量，那么就仍然有无限多个变量是没有用到过的。

从这个矛盾的证明 S 中，我们将构建一个新的证明 S'，其中常量 c_i 的每个出现都被替换成变量 x_i。这个 S' 证明了 Δ 原来的词汇表中的一个矛盾是荒谬的，因为按照假设 Δ 是协调的。 □

在引入常量 c_i 以后，我们在 Δ 中添加下述新表达式（多到使它有足够的“要领”）。考虑 Σ' 上所有表达式的一个枚举：ϕ_1，ϕ_2，…。我们将定义一系列 Δ 的后继改进版本 $\Delta_i(i=0,1,\cdots)$。定义 $\Delta_0=\Delta$，并假设 Δ_1，…，Δ_{i-1} 已经定义好。Δ_i 取决于 Δ_{i-1} 和 ϕ_i。有以下4种可能的情况：

- **情况1：** $\Delta_{i-1}\cup\{\phi_i\}$ 是协调的，并且 ϕ_i 的形式不是 $\underline{\exists x\psi}$。那么 $\Delta_i=\Delta_{i-1}\cup\{\phi_i\}$。
- **情况2：** $\Delta_{i-1}\cup\{\phi_i\}$ 是协调的，并且 $\phi_i=\underline{\exists x\psi}$。令 c 为没有出现在表达式 $\phi_1,\cdots,\phi_{i-1}$ 中的一个常量（由于我们有无限多的常量，所以总能找到这样的常量）。那么我们令 $\Delta_i=\Delta_{i-1}\cup\{\underline{\exists x\psi},\underline{\psi[x\leftarrow c]}\}$。
- **情况3：** $\Delta_{i-1}\cup\{\phi_i\}$ 是不协调的，并且 ϕ_i 的形式不是 $\underline{\forall x\psi}$。那么 $\Delta_i=\Delta_{i-1}\cup\{\underline{\neg\phi_i}\}$。
- **情况4：** $\Delta_{i-1}\cup\{\phi_i\}$ 是不协调的，并且 $\phi_i=\underline{\forall x\psi}$。令 c 为没有出现在表达式 ϕ_1，…，ϕ_{i-1} 中的一个常量（由于我们有无限多的常量，所以总能找到这样的常量）。那么我们令 $\Delta_i=\Delta_{i-1}\cup\{\underline{\forall x\psi},\underline{\neg\psi[x\leftarrow c]}\}$。

请注意这些添加对 Δ 的作用：在所有 4 种情况中，我们在其中加入所有种类的兼容表达式，慢慢地解决前面提到的“不得要领”问题。当然，在情况 3 和情况 4 中我们没有往 Δ 添加将会导致其不协调的表达式，但是我们加入了它的非。最后，在情况 2 和情况 4 中，当表达式 $\exists x\psi$ 加入 Δ 中时，另一个表达式 $\psi[x\leftarrow c]$ 作为见证伴随着它。

108

断言　对于所有 $i\geqslant 0$，Δ_i 是协调的。

证明：对 i 进行归纳。作为基础，$\Delta_0=\Delta$ 肯定是协调的。不妨假设 Δ_{i-1} 是协调的。如果 Δ_i 是根据情况 1 得来的，那么它显然是协调的。如果是情况 3，那么我们知道 $\Delta_{i-1}\cup\{\phi_i\}$ 是不协调的，由于已知 Δ_{i-1} 为协调的，所以可以推知 $\Delta_i=\Delta_{i-1}\cup\{\neg\phi_i\}$ 也是协调的。

最后，假设符合情况 4，且 Δ_i 是不协调的（下面的论证对情况 2 同样有效）。按照反证法，$\Delta_{i-1}\cup\{\neg\psi[x\leftarrow c]\}\vdash\forall x\psi$，但是我们知道 $\Delta_{i-1}\vdash\neg\forall x\psi$，因此 $\Delta_{i-1}\cup\{\neg\psi[x\leftarrow c]\}$ 是不协调的。再由反证法，$\Delta_{i-1}\vdash\psi[x\leftarrow c]$。可是，我们知道 c 不出现在 Δ_{i-1} 的任何表达式中，因此在前面的这个证明中可以将 c 替换成一个新的变量 y，即 $\Delta_{i-1}\vdash\psi[x\leftarrow y]$。根据全称推广，$\Delta_{i-1}\vdash\forall y\psi[x\leftarrow y]$。现在我们可以应用例 5.8 生成前面表达式的一个字母变式，得到 $\Delta_{i-1}\vdash\forall x\psi$。但是我们知道 $\Delta_{i-1}\cup\{\forall x\psi\}$ 是不协调的，因此 Δ_{i-1} 也是不协调的，由此得出矛盾。 □

我们可以定义 Δ' 为所有 Δ_i 的并集，即 Δ' 包含所有在某个 $\Delta_i(i\geqslant 0)$ 中出现过的表达式。Δ' 包含了最初的 Δ，并且还有一些值得注意的性质：首先，对于任意 Σ' 上的表达式 ϕ，Δ' 必定至少包含 ϕ 或者 $\neg\phi$ 中的一个：我们说 Δ' 是*完备的*。其次，对于 Δ' 中的任意表达式 $\exists x\phi$，相对应地 Δ' 中还有一个形如 $\phi[x\leftarrow c]$ 的表达式：我们说 Δ' 是*封闭的*。最后，容易看出 Δ' 是协调的：任何一个对于矛盾的证明都将包含有限多个表达式，因此只是某个 Δ_i 中的表达式。但我们知道 Δ_i 是协调的，所以没有矛盾能够由它得到证明。

现在我们可以应用最初的“由语法入语义”思想。考虑 Σ' 上所有项的集合 T。定义这个集合上的一个等价关系：$t\equiv t'$ 当且仅当 $t=t'\in\Delta'$。我们将说明 $\equiv$ 在这里是一个等价关系，即它是自反的、对称的、传递的。作为证明，这三个性质如果看成是项 t、t' 和 t'' 之间的表达式，它们要么是公理要么是一阶定理（见例 5.4 并参考问题 5.8.8），因此它们都包含在 Δ' 中，因为 Δ' 是协调的而且是完备的。T 中项 t 的等价类标记为 $[t]$。令 U 为 T 中按照 $\equiv$ 关系划分的等价类的集合。*U 是我们要寻找的模型 M 的论域。*

接下来我们定义模型 M 中函数和谓词的值。如果 f 是 Σ 中的一个 k 元函数符号，而 $t_1,\cdots,t_k$ 都是项，那么 $f^M([t_1],\cdots,[t_k])=[f(t_1,\cdots,t_k)]$。如果 R 是 Σ 中的一个 k 元关系符号，而 $t_1,\cdots,t_k$ 都是项，那么 $R^M([t_1],\cdots,[t_k])$ 当且仅当 $R(t_1,\cdots,t_k)\in\Delta'$。这就完成了对 M 的定义。

109

我们还需要验证这个模型“有意义”，即 f^M 和 R^M 的定义独立于类 $[t_i]$ 的具体代表元。假设项 $t_1,\cdots,t_k,t'_1,\cdots,t'_k$ 之间对任意 i 都有 $t_i\equiv t'_i$，那么我们断言 $f(t_1,\cdots,t_k)\equiv f(t'_1,\cdots,t'_k)$，因此 $[f(t_1,\cdots,t_k)]$ 的确是独立于代表元 t_i 的选择。因为如果对任意 i 都有 $t_i\equiv t'_i$，这就意味着对任意 i 都有 $t_i=t'_i\in\Delta'$。所以按照公理 **AX1b** 有 $\Delta'\vdash f(t_1,\cdots,t_k)=f(t'_1,\cdots,t'_k)$。于是前面的表达式就在 Δ' 中，即 $f(t_1,\cdots,t_k)\equiv f(t'_1,\cdots,t'_k)$。而且，我们同样可以按照 t 的结构进行归纳，得出 $t^M=[t]$。至于 R^M 的定义：如果对任意 i 都有 $t_i\equiv t'_i$，

那么按照公理 **AX1c** 有 $M \models R(t_1, \cdots, t_k)$ 当且仅当 $M \models R(t'_1, \cdots, t'_k)$。下面的结论就可以完成对完备性定理的证明：

断言 $M \models \Delta'$。

证明： 我们现在将按照 ϕ 的结构归纳地证明 $M \models \phi$ 当且仅当 $\phi \in \Delta'$。作为归纳的基础，假设 ϕ 是原子的，且有 $\phi = \underline{R(t_1, \cdots, t_k)}$。按照 R^M 的定义，我们知道 $R^M(t_1^M, \cdots, t_k^M)$ 当且仅当 $\phi \in \Delta'$。

假设 $\phi = \underline{\neg \psi}$。则 $M \models \phi$ 当且仅当 $M \not\models \psi$。按照归纳，$M \not\models \psi$ 当且仅当 $\psi \notin \Delta'$。如果 $\phi = \underline{\psi_1 \vee \psi_2}$，那么 $M \not\models \phi$ 当且仅当 $M \not\models \psi_i$ 对至少一个 i 成立，按照归纳，也就是当且仅当至少有一个 ψ_i 属于 Δ'。根据协调性和完备性，这当且仅当 $\phi \in \Delta'$ 时发生。$\phi = \underline{\psi_1 \wedge \psi_2}$ 的情况同理可得。

假设 $\phi = \underline{\forall x \psi}$。我们断言 $\phi \in \Delta'$ 当且仅当 对于所有的项 t 都有 $\psi[x \leftarrow t] \in \Delta'$（这就完成了证明）。假定 $\phi \in \Delta'$，那么对于每个项 t 有 $\Delta' \vdash \underline{\psi[x \leftarrow t]}$（调用公理 $\underline{\forall x \psi \Rightarrow \psi[x \leftarrow t]}$ 和假言推理）。因为 Δ' 是完备的，我们有 $\psi[x \leftarrow t] \in \Delta'$。相反，假设 $\phi \notin \Delta'$，那么 $\underline{\neg \forall x \psi}$ 是在 Δ' 的构造过程中引入的，并且 $\underline{\neg \psi[x \leftarrow c]}$ 随同它一起被加入。因此，$\psi[x \leftarrow c] \notin \Delta'$。由于 c 是该语言的 一个项，证明完成。 □

5.6 完备性定理的推论

由于完备性定理和可靠性定理识别有关一阶定理的永真语句，所以 VALIDITY（给定一个表达式，它是否为永真的?）这个计算问题与 THEOREMHOOD 其实是一样的。因此，按照性质 5.11，有：

推论 1 VALIDITY 是递归可枚举的。 □

另外一个完备性定理的直接推论是下面的属于一阶逻辑的一个重要性质（布尔逻辑也有相同的结论，而且更容易证明，参见问题 4.4.9）： 110

推论 2（紧致性定理） 如果一个语句集合 Δ 所有的有限子集都是可满足的，那么 Δ 是可满足的。

证明： 假设 Δ 不是可满足的，但是它所有的有限子集都是可满足的。那么，按照完备性定理，从 Δ 出发可以得到一个对矛盾的证明：$\Delta \vdash \underline{\phi \wedge \neg \phi}$。这个证明使用了 Δ 中的有限多个语句（5.4 节中对证明的定义）。因此，Δ 就有一个有限的子集（即，对矛盾的证明中用的那个）是不可满足的，而这与我们的假设矛盾。 □

紧致性定理的第一个应用显示一阶语句无法将数论的非标准模型 $\mathbf{N}'$（自然数加上整数的一个不相交复制，在 5.2 节中有介绍）和标准模型 $\mathbf{N}$ 区分开来。

推论 3 如果 Δ 是一个一阶语句的集合，它满足 $\mathbf{N} \models \Delta$，那么存在一个模型 $\mathbf{N}'$ 使得 $\mathbf{N}' \models \Delta$，并且 $\mathbf{N}'$ 的论域是 $\mathbf{N}$ 的论域的一个真扩集。

证明： 考虑语句 $\phi_i = \underline{\exists x((x \neq 0) \wedge (x \neq 1) \wedge \cdots (x \neq i))}$ 和集合 $\Delta \cup \{\phi_i : i \geq 0\}$。我们断言这个集合是协调的。因为，如果它不是协调的，它必定有一个有限子集是不协调的。这个有限子集只包含 ϕ_i 系列语句中的有限多个。但是 $\mathbf{N}$ 显然满足 Δ 和这些语句的任意有限子集。所以，存在一个 $\Delta \cup \{\phi_i : i \geq 0\}$ 的模型，而且这个模型的论域必定是 $\mathbf{N}$ 的论域的一个严格扩集。 □

对完备性定理的证明也确立了下面一个关于模型的基本事实：

推论 4　如果一个语句有一个模型，那么它有一个可数的模型。

证明：在完备性定理的证明中，构建的模型 M 是可数的，因为词汇表 Σ' 是可数的。 □

不过，一个可数模型可以是有限的，当然也可以是无限的。在完备性定理的证明中，模型 M 通常是无限的。那么是否每个语句都有一个可数无限的模型呢？答案是“no”。有些语句，比如，$\forall x\ \forall y(x=y)$ 和 $\exists x\ \exists y \forall z(z=x \vee z=y)$ 就没有无限的模型。但是，这是通过给模型的基数指定一个上界（前面的语句是一个，后面的是两个）来实现的。我们接下来的这个推论本质上是说对于一个语句而言这也是唯一的方法来避免被一个无限的模型满足。

推论 5（Löwenheim-Skolem 定理）　如果语句 ϕ 拥有基数任意大的有限模型，那么它有一个无限模型[⊖]。

证明：考虑语句 $\psi_k=\exists x_1 \cdots \exists x_k \bigwedge_{1 \leqslant i<j \leqslant k} \neg(x_i=x_j)$，这里 $k>1$ 是一个整数。显然，

111

ψ_k 说明论域中至少有 k 个不同的元素，它不能被一个论域只有不多于 $k-1$ 个元素的模型满足，但是任何论域具有不少于 k 个元素的模型都可以满足它。

为了应用反证法，我们不妨假设 ϕ 有任意大的模型，但是没有无限模型。考虑语句集合 $\Delta=\{\phi\} \cup\{\psi_k: k=2,3,\cdots\}$，如果 Δ 有一个模型 M，那么 M 不可能是有限的（因为，如果它是有限的，而且有 k 个元素，它就会满足 ψ_{k+1}），而且不可能是无限的（否则它将满足 ϕ）。所以，Δ 没有模型。

根据紧致性定理，存在一个有限集合 $D \subset \Delta$ 没有模型。这个子集必定包含 ϕ（否则，任何足够大的模型都将满足中 D 的所有 ψ_k）。假设 k 是满足 $\psi_k \in D$ 的最大整数。根据我们的预设，ϕ 有一个基数大于 k 的有限模型。因此可以推出这个模型满足 D 中的所有语句，这是一个矛盾。 □

最后，让我们应用 **Löwenheim-Skolem 定理**来证明一阶逻辑表达能力的一个限制。在 5.3 节中我们给出了图能够被一阶逻辑表达的一些有趣性质（出度为 1、对称性、传递性等）的实例。我们还展示了图能够被语句 ϕ 表达的属性都很容易得到验证（相应的计算问题，称为 ϕ-GRAPHS 问题，有一个多项式时间算法）。那么很自然大家会问：是否所有多项式时间可验证的图的性质都是可表达的呢？

答案是“no”，而且导致这个答案的问题是 REACHABILITY（可到达性问题）（给定一个图 G 和 G 中的两个结点 x 和 y，问是否存在一条从 x 到 y 的路径）。

推论 6　不存在一个一阶表达式 ϕ（包含两个自由变量 x 和 y）使得 ϕ-GRAPHS 和 REACHABILITY 相同。

证明：假设存在这样一个表达式 ϕ。我们来考虑语句 $\psi_0=\forall x \forall y \phi$，它意味着图 G 是强连通的，即所有结点都能够互相到达。接下来考虑 ψ_0 与语句 ψ_1 和 ψ_1' 的合取式，这里 $\psi_1=(\forall x \exists y G(x,y) \wedge \forall x \forall y \forall z((G(x,y) \wedge G(x,z)) \Rightarrow y=z))$，$\psi_1'=(\forall x \exists y G(y,x) \wedge \forall x \forall y \forall z((G(y,x) \wedge G(z,x)) \Rightarrow y=z))$。语句 ψ_1 是指图 G 中的每个结点都有出度为 1，而 ψ_1' 则说图 G 中的每个结点都有入度为 1。因此，合取式 $\psi=\psi_0 \wedge \psi_1 \wedge \psi_1'$ 说明这个图是强连通的，并且所有结点的出度和入度都为 1。这样的图有一个名称：它们叫作环（见图 5.5）。

⊖ 应至多是无限可数模型。——译者注

显然，存在一些有限环，其中结点想要多少就有多少。这意味着 ψ 有任意大的有限模型。因此，按照 Löwenheim-Skolem **定理**，它有一个无限模型，称为 G_∞。一个矛盾呼之欲出：无限环是不存在的！具体地，让我们考虑 G_∞ 中的一个结点，称其为结点 0。结点 0 有一条单边扇出，到达结点 1；结点 1 有一条单边扇出，到达结点 2；然后又到结点 3，如此继续。如果我们沿着这条路走下去，我们最终将经历从结点 0 出发经过一个路径可以到达的所有结点。由于 G_∞ 是强连通的，所以这些结点必定包含图中的所有结点。但是，结点 0 的入度为 1，因此肯定存在某个结点 j 使得存在一条边从结点 j 到结点 0。这是一个矛盾：前面所指的“无限”环其实是有限的。 □

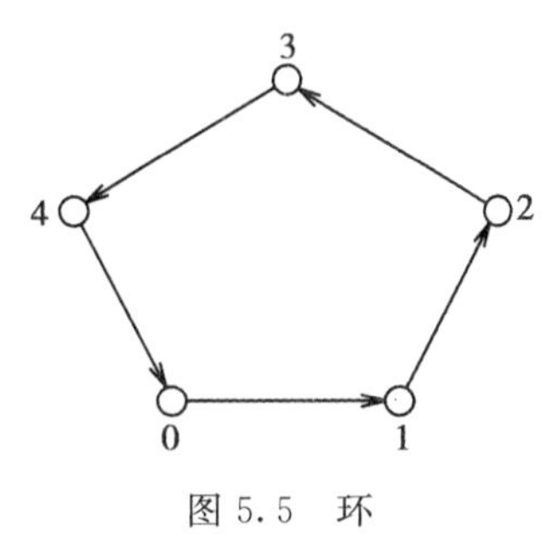

图 5.5　环

一阶逻辑可达性的不可表达性是非常有趣的，因为以下几个原因：首先，它是一个不平凡的不可能性定理，而不可能性定理正是我们在复杂性理论中想要证明的结论（现在离证明还相差很远……）。另外，这个不可能性结论激发了对一阶逻辑的适当延拓的学习，并最终引出了复杂性和逻辑之间紧密黏合的另一个重要方面。这些附加的能力是本章的最后一个主题。

5.7　二阶逻辑

我们需要往一阶逻辑添加哪些“特征”才能使得 REACHABILITY 可以被表达呢？从直觉上，在 REACHABILITY 中我们想要表述的是“存在一条从 x 到 y 的路径”。就字面上来看，一个以“存在”开头的陈述句似乎很适合于用一阶逻辑表达，因为它刚好有一个 $\exists$ 量词。不过当然这里有一个陷阱：因为我们的量词后面紧跟着一些变量，比如 x，而变量代表单个结点，一阶逻辑只容许我们表述“存在一个结点……”。显然，这里所需要的是一种可以让语句以关联于复杂对象的存在量词开端的能力。

定义 5.4　词汇表 $\Sigma=(\Phi,\Pi,r)$ 上的一个*存在性二阶逻辑表达式*是一个形如 $\exists P\phi$ 的表达式，其中 ϕ 是词汇表 $\Sigma'=(\Phi,\Pi\cup\{P\},r)$ 上的一阶表达式。这就是说，$P\notin\Pi$ 是一个新的 $r(P)$ 元关系符号。自然，P 可以在 ϕ 中被提到。从直觉上，表达式 $\exists P\phi$ 表明存在一个关系 P 使得 ϕ 成立。

112
≀
113

二阶逻辑表达式的语义体现了这个直觉：我们说一个适合于 Σ 的模型 M *满足* $\exists P\phi$，如果存在一个关系 $P^M\subseteq(U^M)^{r(P)}$ 使得 M，在经过 P^M 的扩充包含一个适合于 Σ' 的模型以后，满足 ϕ。 □

例 5.9　在数论的词汇表中考虑二阶表达式 $\phi=\exists P\forall x((P(x)\lor P(x+1))\land\neg(P(x)\land P(x+1)))$。它声称存在一个集合 P 使得对所有的 x 都有要么 $x\in P$ 成立要么 $x+1\in P$ 成立，但是两者不能同时成立。ϕ 能够被数论的标准模型 $\mathbf{N}$ 满足：只需取 $P^{\mathbf{N}}$ 为所有偶数的集合即可。 □

例 5.10　图论词汇表中的语句 $\exists P\forall x\forall y(P(x,y)\Rightarrow G(x,y))$ 声称图 G 存在一个子图。它是一个永真的语句，因为每个图都有至少一个子图：它自己（不用说，还有空集……）。 □

例 5.11　我们的下一个二阶逻辑表达式抓住了图中的可到达性质。更准确地说，它表达了可达性的反面，即不可达性：

$$\phi(x,y)=\exists P(\forall u\forall v\forall w((P(u,u))\land(G(u,v)\Rightarrow P(u,v))\land$$

$$\underline{((P(u,v) \wedge P(v,w)) \Rightarrow P(u,w)) \wedge \neg P(x,y)))}$$

$\phi(x,y)$ 是说存在一个包含 G 为子图的图 P，它是自反和传递的，而且在这个图中不存在从 x 到 y 的边。但容易看到，在任何满足最开始三个条件的 P 中，任意两个在图 G 中可到达的点之间都必定有一条边（换句话说，它必定包含 G 的自反-传达闭包）。所以，$\neg P(x,y)$ 这个表达式意味着图 G 中不存在从 x 到 y 的路径：$\phi(x,y)$-GRAPHS 刚好是 REACHABILITY 的补。

再多花一点功夫我们就可以表达 REACHABILITY 本身，可以使用一些表达式，它们类似于下面例子中为了其他目的而将用到的那些表达式，参见问题 5.8.13（我们不能靠简单地取 ϕ 的非来达到这个目的：因为存在性二阶逻辑在非操作下不是明显封闭的）。因此，就本节旨在解决的问题而言存在性二阶逻辑是成功的。□

例 5.12　事实上，存在性二阶逻辑的能力远远不止上面所提到的。它能够用来表达一些比 REACHABILITY 更加复杂的图论性质，这些性质甚至还没有已知的多项式时间算法。例如，考虑以下的 HAMILTON PATH（哈密顿路问题）：给定一个图，是否存在一条刚好经历每个结点一次的路径？作为例子，图 5.6 中的图就有一条哈密顿路，用粗线段表示。这个问题是一个可以证明为难解的问题（它与 1.3 节中 TSP 问题的相似实在是太明显了）。目前还没有一个已知的多项式时间算法可以回答一个图中是否有一条哈密顿路。

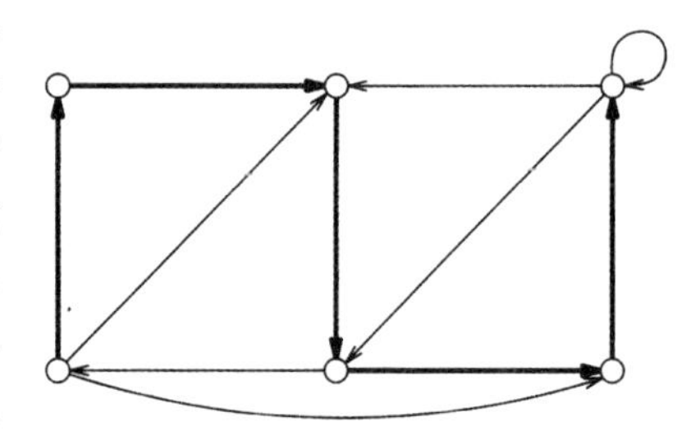

图 5.6　哈密顿路
（图中的粗线条路径）

有趣的是，下面的语句描述了含有哈密顿路的图：$\psi = \underline{\exists P \chi}$。这里 χ 要求 P 为 G 中结点上的一个线性序，即 G 中结点上一个同态于 $<$ 的二元关系（不失一般性，可以设这些结点为 $\{1,2,\cdots,n\}$），其中前后相继的结点在 G 中是连通的。χ 必须具备以下几点：首先，G 中所有不同的结点在 P 中是可以相互比较的：

$$\underline{\forall x \forall y((P(x,y) \vee P(y,x) \vee x = y)} \tag{5-1}$$

其次，P 必须是传递的但不能是自反的：

$$\underline{\forall x \forall y \forall z((\neg P(x,x)) \wedge ((P(x,y) \wedge P(y,z))) \Rightarrow P(x,z))}$$

最后，P 中任意两个相继的结点在 G 中必须是邻接的：

$$\underline{\forall x \forall y((P(x,y) \wedge \forall z(\neg P(x,z) \vee \neg P(z,y))) \Rightarrow G(x,y))}$$

容易验证 ψ-GRAPHS 与 HAMILTONPATH 是一样的。这是因为任何具有以上性质的 P 都肯定是一个线性序，其中任意两个相继的元素在 G 中都是邻接的——它必定是一条哈密顿路。□

上面的最后一个例子表明，我们本来着眼于将一阶逻辑拓展到可以表达一些简单性质，比如图的可到达性，结果我们被带得更远：存在性二阶逻辑太强大了，它能够表达非常复杂的性质，比如哈密顿路的存在性这样一般不被认为属于 **P** 的问题。不过，不难看出下面的内容：

114～115

定理 5.8　对任意存在性二阶逻辑表达式 $\exists P\phi$ 而言，问题 $\exists P\phi$-GRAPHS 属于 **NP**。

证明：给定任意一个具有 n 个结点的图 $G=(V,E)$，一个非确定性图灵机能够“猜测”一个关系 $P^M \subseteq V^{r(P)}$ 使得 G 在扩增了 P^M 以后满足 ϕ，如果这样的关系存在。这个图灵机然后可以在多项式时间内确定性地检验 M 是否真的满足一阶表达式 ϕ（使用定理 5.1

中的多项式时间算法)。猜测和检验总共所需要的时间是多项式的，因为 P^M 最多只有 $n^{r(P)}$ 个元素可供测验。 □

现在让我们回头看看两个表达式，一个是 (UN)REACHABILITY 的，另一个是 HAMIL-TONPATH 的。我们想知道为什么前者对应于一个容易的问题，而后者则是一个难解的问题。REACHABILITY 的表达式 $\phi(x,y)$ 是前束范式，它只有全称一阶量词和合取范式形式的母式。更重要的是，假设我们从母式的子句中删除所有不是与 P 相关的原子表达式的内容。下面是所得到的三个子句：

$$((P(u,u)),\quad \neg(P(x,y)),\quad (\neg P(x,y) \vee \neg P(y,z) \vee P(x,z))$$

注意这里所有的三个子句都有最多一个不是非出现的关联于 P 的原子公式。这让我们想起布尔逻辑中的 Horn 子句（见定理 4.2)。相应地，我们称存在性二阶逻辑中的一个表达式为 Horn 表达式，如果它是一个前束范式，只有全称一阶量词，而且它的母式都是其子句的合取范式，那么每个子句只包含最多一个不是非出现的关联于二阶关系符号 P 的原子公式。显然，上面的 ϕ 是一个 Horn 表达式。相反，HAMILTON PATH 的表达式 ψ 包含了一些违反 Horn 形式的地方。如果将它调整为前束范式，那么其中会有存在量词，而且它的子句（式 (5-1)）本质上是非 Horn 形式的。

下面的结论解释了 ϕ 与 ψ 之间的区别：

定理 5.9 对于任意存在性二阶 Horn 表达式 $\exists P\phi$ 而言，问题 $\exists P\phi$-GRAPHS 属于 **P**。

证明：令 $\exists P\phi$ 为：

$$\exists P\phi = \exists P \forall x_1 \cdots \forall x_k \eta \tag{5-2}$$

其中 η 是 Horn 子句的合取式，而 P 的元数为 r。假设有一个图 G 包含 n 个结点（不失一般性，可以设 G 的结点为 $\{1,2,\cdots,n\}$)，我们要判定 G 是否为 $\exists P\phi$-GRAPHS 问题的一个"yes"实例。即我们需要回答是否存在关系 $P \subseteq \{1,2,\cdots,n\}^r$ 使得 ϕ 被满足。

由于 η 必须对 x_i 值的所有组合都成立，而这些 x_i 在 $\{1,2,\cdots,n\}$ 中取值，我们可以将式 (5-2) 改写为一个庞大的由 η 的不同变式组成的合取式，在这些变式中我们已经代入 x_i 的所有可能的取值： 116

$$\bigwedge_{v_1,\cdots,v_k=1}^{n} \eta[x_1 \leftarrow v_1,\cdots,x_k \leftarrow v_k] \tag{5-3}$$

这个表达式包含了刚好 hn^k 个子句，这里 h 是 η 中子句的数目。

现在，式 (5-3) 中每个子句的原子表达式只可能是以下三种形式之一：$G(v_i,v_j)$、$v_i=v_j$，或者 $P(v_{i_1},\cdots,v_{i_r})$。不过，前面两种可以很容易地检验其为**真**还是为**假**，然后做出相应处理（记住，这些 v_i 其实是图 G 的结点，而我们已知 G)。如果发现一个文字为**假**，它将被从子句中删除；如果发现它为**真**，它的子句将被删除。如果最后得到一个空的子句，我们就说这个表达式是不可满足的并且 G 不能满足 ϕ。因此，直到结束，我们将有一个包含最多 hn^k 个子句的合取式，其中每个子句是形如 $P(v_{i_1},\cdots,v_{i_r})$ 的原子表达式或者它们的非析取范式。

我们还需要一个最后的思路：这些原子表达式中每一个都可以独立地为**真**或者为**假**。那么，何不将每一个原子表达式都替换成一个不同的布尔变量。这就是说，我们系统地将 $P(v_{i_1},\cdots,v_{i_r})$ 的每一个出现都替换成新的布尔变量 $x^{v_{i_1},\cdots,v_{i_r}}$。最后得到一个布尔表达式 F。从我们的构造过程可以迅速得知，F 是可满足的当且仅当存在一个 P 使得 P 和 G 能够

满足 ϕ。

最后，由于 η 是二阶 Horn 子句的合取式，F 是一个有着最多 hn^k 个子句和 n^r 个变量的 Horn 布尔表达式。因此，我们能够解决 F 的可满足性问题（从而能够检验一个给定的 $\exists P\phi$-GRAPHS 问题的一个实例），通过我们在定理 4.2 中提到的用于 HORNSAT 的多项式时间算法。 □

117

5.8 注解、参考文献和问题

5.8.1 逻辑学是数学的一个广阔而深邃的分支，本部分的这三章（第 4 章、第 5 章和第 6 章）只是触及了一些皮毛——具体地说，只是那些与我们力图理解复杂性的目标相关的一些内容。以下的书籍有更加详细的介绍：

- H. B. Enderton. *A Mathematical Introduction to Logic*，Academic Press，New York，1972.
- J. R. Schoenfield. *Mathematical Logic*，Addison-Wesley，Reading，Massachusetts，1967.
- H. R. Lewis. C. H. Papadimitriou，*Elements of the Theory of Computation*，Prentice-Hall，Englewood Cliffs，1981.

5.8.2 **问题：**请证明对于 5.2 节中所提到的关于图的三个一阶性质（出度为 1、对称性、传递性），其中每一个性质都有相应的多项式算法可以进行检验。并说明你的算法中的复杂度指数与定义相关问题的逻辑表达式之间的关系。

5.8.3 **问题：**请归纳地（对 ϕ 做归纳）证明 ϕ-GRAPHS 问题能够在对数空间内进行计算（定理 5.1 的推论）。并说明量词的个数对算法复杂度的影响。

5.8.4 **问题：**请证明性质 5.10 中的 4 个恒等式，通过说明某些模型满足恒等号两边式子的这样一个方法。

5.8.5 **问题：**请证明定理 5.2 意味着任何表达式都能够改写成一个等价的前束范式。

5.8.6 **问题：**请证明存在一个算法可以判断一个给定的表达式是否为图 5.4 中的一个公理。请说明算法的复杂度。

5.8.7 **问题：**给定一个词汇表，它只有一个关系 LOVES（当然还有＝关系）以及两个常量 ME 和 MYBABY。请为以下的一句老歌写出相应的表达式 ϕ：

每个人都爱我的孩子，我的孩子不爱别人只爱我……

(a) 请说明以下表达式是永真的：$\phi \Rightarrow \text{MYBABY}=\text{ME}$。

(b) 请用公理系统论证 $\{\phi\} \vdash \text{MYBABY}=\text{ME}$（这个无意识的结论展示了简单地将自然语言论述转换成一阶逻辑的危险性）。

(c) 请为 ϕ 写出一个更加仔细的版本，使其免受上述批评的诟病。

5.8.8 **问题：**对于以下每一个表达式，如果它是对的，请按照公理系统为其提供一个逐行递进的证明，可以使用演绎法、反证法和合理概化；如果它不是永真的，请提供一个模型来证明它：

118

(a) $\forall x \forall y \forall z((z=y \wedge y=z) \Rightarrow x=z)$。

(b) $\exists y \forall x(x=y+1) \Rightarrow \forall w \forall z(w=z)$。

(c) $\forall y \exists x(x=y+1) \Rightarrow \forall w \forall z(w=z)$。

(d) $\forall x \exists y G(x,y) \Leftarrow \exists y \forall x G(x,y)$。

(e) $\forall x \exists y G(x,y) \Leftrightarrow \exists y \forall x G(x,y)$。

(f) $\forall x\phi \Leftrightarrow \forall y\phi[x \leftarrow y]$，这里 y 不出现在 ϕ 中。

5.8.9 完备性定理为 Kurt Gödel 所证明，参见文献：

- K. Gödel. "Die Vollständigkeit der Axiome der Logischen Funktionenkalküls"（The completeness of the axioms of the logical function calculus），*Monat. Math. Physik*，*37*，pp. 349-360，1930.

虽然我们的证明遵循了 Leon Henkin 的方法：

○ L. Henkin, "The completeness of first-order function calculus," *J Symb. Logic*, *14*, pp. 159-166, 1949.

5.8.10 **问题**：请证明完备性定理的第一种形式蕴涵了它的第二种形式。

5.8.11 推论3，关于数论非标准模型的必要性，出自于挪威数学家Thoralf Skolem，参见：

○ T. Skolem. "Über die Unmöglichkeit einer vollständingen Charakterisierung der Zahlenreihe mittels eines endlichen Axiomsystems" (On the impossibility of the complete characterization of number theory in terms of a finite axiom system), *Norsk Mathematisk Forenings Skrifter*, *2*, *10*, pp. 73-82, 1933.

5.8.12 **Herbrand定理** 除了完备性定理外，还有另一个重要的结论为一阶逻辑中的永真性提供了一个语义刻画，它由法国数学家Jacques Herbrand提出。请参见：

○ J. Herbrand. " Sur la théorie de la démonstration" (On the theory of proof), *Comptes Rend. Acad des Sciences*, *Paris*, *186*, pp. 1274-1276, 1928.

这个结论假定我们的语言没有相等关系（不过只需多花一点功夫就可以加入相等关系）。考虑一个前束范式语句ϕ。将其中每一个被存在性量词约束的变量替换为一个新的函数符号f_x，其元数等于在$\exists x$前面的全称量词数目。在所有f_x的出现中它的参数都刚好是在$\exists x$前面的被全称量词约束的变量。我们称所得语句的母式为ϕ^*。

例如，如果ϕ是$\exists x\forall y\exists z(x+1<y+z\wedge y<z)$，那么$\phi^*$是$f_x+1<y+f_z(y)\wedge y<f_z(y)$。注意，$f_z(y)$抓住了一个直觉的观念，即"存在一个$z$依赖于$y$"，$f_x$是一个常数。考虑在我们的新词汇表上所有不带变量的项的集合T（包括f_x的，如果词汇表没有常量符号，那么T将是空的，那么在这种情况下我们将常量1加入词汇表）。假设ϕ^*的变量（ϕ中被全称量词约束的变量）是$x_1,\cdots,x_n$。ϕ的Herbrand扩展是包含所有形如$\phi^*[x_1\leftarrow t_1,\cdots,x_n\leftarrow t_n]$的不带变量的表达式的无限集合，对于所有$t_1,\cdots,t_n\in T$。比如，前面所列表达式的Herbrand扩展其开端如下：

119

$$\{f_x+1<1+f_z(1)\wedge 1<f_z(1), f_x+1<f_x+f_z(f_x)\wedge f_x<f_z(f_x),$$
$$f_x+1<f_z(1)+f_z(f_z(1))\wedge f_z(1)<f_z(f_z(1)),\cdots\}$$

(a) 请证明Herbrand定理：ϕ有一个模型当且仅当ϕ的Herbrand扩展是可满足的。

也这就是说，一阶可满足性被归结为一个包含可数无限个"本质上布尔"表达式集合的可满足性。

(b) 请通过Herbrand定理证明完备性定理的推论2（即紧致性定理）以及布尔表达式的紧致性定理（问题4.4.9）。

5.8.13 **问题**：(a) 请给出REACHABILITY的一个存在性二阶表达式（使用例5.12中的构造，只是不用要求每个结点都为线性序。然后要求第一个结点为x，而最后一个结点为y）。

(b) 请给出UNREACHABILITY的一个存在性二阶表达式使得其中的二阶关系符号都是一元的。

事实上(a)中用到的REACHABILITY的二元存在性二阶关系符号是必要的，参见：

○ R. Fagin. "Monadic generalized spectra," *Zeitschrift für Match. Logik und Grund. der Math.*, 21, pp. 123-134, 1975.

○ R. Fagin, L. Stockmeyer, and M. Vardi. "A simple proof that connectivity separates existential and universal monadic second-order logics over finite structures," Research Report RJ 8647 (77734), IBM, 1992.

5.8.14 不动点逻辑与Horn二阶逻辑一样地能够刻画图论的性质。考虑一个一阶表达式ϕ和ϕ中的一个关系符号P。我们说P在ϕ中正出现，如果没有一个P出现在ϕ的任何$\neg\phi'$形式子表达式中（我们假定ϕ中没有$\Rightarrow$联结词，因此没有"隐藏的"$\neg$符号）。

(a) 假设P在ϕ中正出现，而M和M'都是适合于ϕ的模型，而且除了$P^M\subseteq P^{M'}$以及$M\models\phi$外，M和M'在其他地方完全相同。那么有$M'\models\phi$。

一个词汇表Σ上的不动点表达式是指一个形如"$\phi:P=\psi^*$"的表达式，其中1）ϕ是Σ上的一个一阶表达式；2）ψ是Σ上的一个一阶表达式并且有r个自由变量，不妨令它们为$x_1,\cdots,x_r$；3）P是词汇表

上的一个 r 元关系，它在 ψ 中正出现。换句话说，不动点逻辑只是简单地为一个一阶表达式 ϕ 标注上神秘的声明“$P=\psi^*$”。

为了定义不动点逻辑的语义，令“ϕ: $P=\psi^*$”为一个不动点表达式。适合于 ϕ 的模型（因此也适合于 ψ，因为我们知道 ϕ 和 ψ 是在同一个词汇表上的）将记做（M, F），其中 $F=P^M$ 是特定的 r 元符号 P 所取的值。我们说（M, F）是某个一阶表达式 χ 的一个 P 最小模型，如果 $(M,F)\models\chi$ 并且不存在一个 F 的真子集 F' 满足 $(M,F')\models\chi$。最后，我们说（M, F）满足“ϕ:$P=\psi^*$”，如果它满足 ϕ 并且它是表达式 $\forall x_1,\cdots,x_r P(x_1,\cdots,x_r)\Leftrightarrow\psi$ 的一个 P 最小模型；否则，$M=(\{0,1,2,\cdots\},\{0\})$ 是 $P(x)$ ：$P=(x=0\vee\exists y(P(y)\wedge x=y+2))$（如果 $x^M=0$）的模型。

120

（b）请证明“$\exists z\neg P(z)$：$P=\underline{(x=0\vee\exists y(P(y)\wedge x=y+2))^*}$”被算术的标准模型 **N** 满足，其中 P 是所有偶数的集合 $\{0,2,\cdots\}$。

（c）考虑以下不动点表达式：

$$P(x,y):P=\underline{((x=y)\vee\exists z(P(x,z)\wedge G(z,y)))^*}$$

请证明模型（G, f）满足这个表达式当且仅当 F 是 G 的自反-传递闭包，即 $F(x,y)$ 当且仅当存在一条从 x 到 y 的路径。如果“ϕ :$P=v^*$”是图论词汇表上的一个不动点表达式，(ϕ:$P=\psi^*$)-GRAPHS 问题力图判定对一个给定的图 G 是否存在一个有着适当元数的关系 F 使得 (G,F) 满足 ϕ，而且 (G,F) 是表达式 $P\Leftrightarrow\psi$ 的一个 P 最小模型。对于上面（c）中的不动点表达式，(ϕ:$P=\psi^*$)-GRAPHS 恰好就是 REACHABILITY。

考虑下面的对于（ϕ:$P=\psi^*$）-GRAPHS 的算法：我们从 $F_0=\emptyset$ 开始一步一步地构建 F。每一步中我们只为 F 添加那些必须包含任何 $P\Leftrightarrow\psi$ 的模型中的 r 元组（试比较定理 4.2 的证明）。也就是说，在第 i（$i>0$）个步骤中，F_i 是 $G(v_1,\cdots,v_r)$ 中结点的所有这些 r 元组，它们使得 $(G,F_{i-1})\models\psi[x_1\leftarrow v_1,\cdots,x_r\leftarrow v_r]$。

（d）请证明 $F_{i-1}\subseteq F_i$。

（e）假设 (G,F) 是 $P(x_1,\cdots,x_r)\Leftrightarrow\psi$ 的一个模型。请证明对每个 $i\geqslant 0$ 都有 $F_i\subseteq F$。

（f）请证明在经过多项式个步骤以后我们将得到 ψ 的唯一的最小模型 F。接下来我们就能在多项式时间内检测 G 加上 F 是否满足 ϕ。

（g）请证明（ϕ:$P=\psi^*$）-GRAPHS 属于 **P**。

（h）当这个算法应用于前面的 REACHABILITY 的不动点表达式时，那些 F_i 会是什么？

5.8.15　**问题**：（a）假设词汇表只有一个二元关系符号，CANFOOL(p,t)（直觉的意义：“你可以在 t 时刻愚弄某人 p”），而且没有函数和常量符号。请为下面的林肯（Abraham Lincoln）名言写出一个一阶逻辑表达式：

你可以愚弄全体人民于一时，也可以愚弄部分人民于永远，

但你无法愚弄全体人民于永远。

（b）现在回头看看你写出的表达式。它可能要么就是一个悲观的版本，其中至少有一个人能够被永远愚弄，而且存在一种情况使得所有人都能够被愚弄；要么就是一个乐观的版本，其中很有可能没有人能够被永远愚弄，但是不同的人可能每次都被愚弄（关于“全体人民”部分也是一样）。请写出第二个表达式。

121
～
122

（c）上面的两个表达式中一个蕴涵了另外一个。请使用公理系统形式化地证明它们确实如此。

第 6 章
Computational Complexity

逻辑中的不可判定性

我们可以用逻辑陈述来表达计算。我们已经知道，这种能力是有局限性的，它在数论中非常清楚地体现了自己。

6.1 数论公理

如果你必须写出整数的基本性质，那么它们会是哪些？在图 6.1 中我们列出了大家熟知的一些能够被非负整数的模型 **N** 满足的语句。我们以$x \leqslant y$作为$x=y \vee x<y$的简写，以$x \neq y$作为$\neg(x=y)$的简写。在 **NT14** 中，我们使用 $\mathrm{mod}(x,y,z)$ 作为表达式$\exists w(x=(y \times w)+z \wedge z<y)$ 的简写（注意，实际上这个表达式是说 z 是 x 除以 y 所得到的余数）。另一方面，表达式$\exists z(x=(y \times w)+z \wedge z<y)$（注意与前面表达式的差别）可以简写成 $\mathrm{div}(x,y,w)$。

NT1:	$\forall x(\sigma(x) \neq 0)$
NT2:	$\forall x \forall y(\sigma(x)=\sigma(y) \Rightarrow x=y)$
NT3:	$\forall x(x=0 \vee \exists y \sigma(y)=x)$
NT4:	$\forall x(x+0=x)$
NT5:	$\forall x \forall y(x+\sigma(y)=\sigma(x+y))$
NT6:	$\forall x(x \times 0=0)$
NT7:	$\forall x \forall y(x \times \sigma(y)=(x \times y)+x)$
NT8:	$\forall x(x \uparrow 0=\sigma(0))$
NT9:	$\forall x \forall y(x \uparrow \sigma(y)=(x \uparrow y) \times x)$
NT10:	$\forall x(x<\sigma(x))$
NT11:	$\forall x \forall y(x<y \Rightarrow(\sigma(x) \leqslant y)$
NT12:	$\forall x \forall y(\neg(x<y) \Leftrightarrow y \leqslant x)$
NT13:	$\forall x \forall y \forall z(((x<y) \wedge(y<z)) \Rightarrow x<z)$
NT14:	$\forall x \forall y \forall z \forall z'(\mathrm{mod}(x,y,z) \wedge \mathrm{mod}(x,y,z') \Rightarrow z=z')$

图 6.1　数论的非逻辑公理

显然，这些语句都是真实的整数性质。公理 **NT1**、**NT2** 和 **NT3** 说明函数 σ 是一个图，其中只有结点 0 入度为 0，而其他所有结点的出度和入度均为 1。公理 **NT4** 和 **NT5** 本质上就是加法的一个归纳定义。同样，公理 **NT6** 和 **NT7** 定义了乘法，公理 **NT8** 和 **NT9** 定义了指数运算，而公理 **NT10**、**NT11**、**NT12** 和 **NT13** 都是不等式的有用性质。最后，公理 **NT14** 指出 mod 是一个函数。我们将用 **NT** 来指代合取式**NT1** $\wedge$ **NT2** $\wedge \ldots \wedge$ **NT14**。

这个公理集合的能力怎么样呢？我们知道它是可靠的（即它不包含假的 **N** 的性质）。理想情况下，我们希望它还是完备的，即它能够证明所有 **N** 的真实性质。本章中我们最终的结论是对 **N** 而言这样既可靠又完备的公理系统是不存在的，因此有很多整数的真实性质是不能够从 **NT** 出发得到证明的（一个简单的例子是加法的交换性，参见下面的例 6.3）。不过，我们在这一节里将证明对相当广泛的一个语句集合来说 **NT** 是完备的。这就是说，我们将在数论的词汇表上定义一个语句子类（数论的一个“语法片段”），使得对于类中的任意语句 ϕ 都有 **NT** $\vdash \phi$（当 ϕ 为整数的一个真的性质）或者 **NT** $\vdash \neg \phi$（当 **N** $\not\models \phi$）。要完成这个工作我们还得从零开始：

例 6.1 读者对下面这个结论也许不会很吃惊，但是的确有{**NT**} $\vdash \underline{1<1+1}$。以下是其证明的来龙去脉：

我们首先论证 {**NT**} $\vdash \underline{\forall x(\sigma(x)=x+1)}$。这个结论可以由 **NT5** 推出，只需指定 $y=0$，并按照 **NT4** 将$\underline{x+0}$替换成 $\underline{x}$。当得出$\underline{\forall x(x+1=\sigma(x))}$以后，$\underline{\forall x(\sigma(x)=x+1)}$也就显而易见了。

接下来我们应用 **NT10**，指定 $x=\sigma(0)=1$，就可以得出$\underline{1<\sigma(1)}$。这与前面证明的“引理” $\underline{\forall x(\sigma(x)=x+1)}$一起产生了我们想要的结论$\underline{1<1+1}$。

123～124

顺便提起，请注意完备性定理对我们的证明风格所带来的突破性影响：由于我们现在知道所有永真的蕴涵式都是可以证明的，所以如果我们假装所知道的关于整数的唯一事实是定理群 **NT1** 到 **NT14**，那么要证明 {**NT**} $\vdash\phi$ 我们只需简单地说明 ϕ 是整数的真实性质。所有一阶表达式的有效操作都是允许的。 □

事实上，我们可以证实上面的例子不过是一个很通用模式中的一部分。一个无变量语句是一个没有变量出现（不论自由的还是约束的）的语句。我们将会看到，**NT** 已经足够证明所有真实的无变量语句，并且证伪所有假的无变量语句：

定理 6.1 假设 ϕ 是一个无变量语句。那么 $\mathbf{N}\models\phi$ 当且仅当 {**NT**} $\vdash\phi$。

证明： 任何无变量语句都是表达式$\underline{t=t'}$或$\underline{t<t'}$的布尔组合。因此只要针对这两种表达式证明定理就行了。

首先假设 t 和 t'都是“数”，即形如 $\sigma(\sigma(\cdots\sigma(0)\cdots))$ 的项。那么如果$\underline{t=t'}$是正确的，则它直接可证。为了证明在“数”的情况下正确的不等式$\underline{t<t'}$，我们可用 **NT10** 证明 $\underline{t<\sigma(t)}$、$\underline{\sigma(t)<\sigma(\sigma(t))}$等一系列不等式，直到 t'，然后应用 **NT13**。所以，我们知道怎么从 **NT** 出发证明只与“数”相关的正确等式和不等式。

接下来假设 t 和 t'是通常的无变量项，比如 $t=\underline{(3+(z\times 2))\uparrow(2\times 1)}$。显然任何这样的项 t 都有一个值。即存在一个“数” t_0 使得 $\mathbf{N}\models\underline{t=t_0}$（在上例中 $t_0=\underline{49}$）。如果我们能够证明 {**NT**} $\vdash\underline{t=t_0}$和 {**NT**} $\vdash\underline{t'=t'_0}$，我们就能替换要证明的等式或者表达式中的那些“数”，使用前面一段中用过的相同方法即可。所以，剩下的任务是说明对于任意的无变量项 t 有 {**NT**} $\vdash\underline{t=t_0}$，这里 t_0 是 t 的“值”；这就是说，在 **NT** 中，可以证明将任意无变量项转换成它的值都是正确的。

我们按照 t 的结构归纳地展开证明。如果 $t=\underline{0}$，那么结论立即可得。如果 $t=\underline{\sigma(t')}$，那么按照归纳我们首先有$\underline{t=t'_0}$，从而可得$\underline{\sigma(t')=\sigma(t'_0)}$（以及 $t_0=\underline{\sigma(t'_0)}$）。最后，如果$t=\underline{t_1\circ t_2}$（这里$\circ\in\{+,\times,\uparrow\}$），那么我们首先归纳地证明对于适当的“数”，有 {**NT**} $\vdash\underline{t_1=t_{10}}$和 {**NT**} $\vdash\underline{t_2=t_{20}}$。然后我们对 $t=\underline{t_{10}\circ t_{20}}$重复地应用定义这些运算（对$\uparrow$为 **NT9**、对$\times$为 **NT7**、对$+$为 **NT5**）的公理，直到可以应用那些基本公理（它们分别为 **NT8**、**NT6** 和 **NT4**）。容易看到表达式最终将被归约到它的值。 □

注意，对于任意无变量语句 ϕ，如果 $\mathbf{N}\not\models\phi$，那么 {**NT**} $\vdash\neg\phi$。这可以从定理 6.1 立即推出，因为如果 $\mathbf{N}\not\models\phi$ 则有 $\mathbf{N}\models\neg\phi$，所以我们能够从 **NT** 出发证明任意不带量词的整数的正确性质，并证伪所有假的性质。

不过，我们也能从 **NT** 出发证明带量词的表达式。我们在例 6.1 中已经这样做过：我们证明了$\underline{\forall x(\sigma(x)=x+1)}$，通过让这个语句“继承”公理 **NT5** 中两个全称量词中的一个。对于存在量词，则有一个相当一般的证明技巧。

例 6.2　让我们从 **NT** 出发证明丢番图（Diophantine）方程 $x^x + x^2 - 4x = 0$ 有一个整数解（这个解不是 0）。这个陈述被表达为 $\exists x((x \uparrow x) + (x \uparrow \underline{2}) = \underline{4} \times x)$。让我们称这个表达式的母式为 ϕ。要证明 $\{\mathbf{NT}\} \vdash \exists x\phi$，我们只须证明 $\phi[x \leftarrow \underline{2}]$ 可以由 **NT** 推出。而根据定理 6.1，我们已经知道如何证明，因为 $\mathbf{N} \models \phi[x \leftarrow \underline{2}]$。□ [125]

例 6.3　尽管有定理 6.1 和上面的例子，但总体上公理族 **NT1** 到 **NT14** 对公理化数论仍然力不从心。例如，$\{\mathbf{NT}\} \nvdash \forall x \forall y(x + y = y + x)$。要证明这个语句（加法的交换性）需要用到*归纳法*，这就是说要用到下面的公理族（它针对每个带有一个自由变量 x 的表达式 $\phi(x)$ 采用一阶逻辑公理的风格，见图 5.4）：

$$\mathbf{NT15}: (\phi(0) \wedge \forall x(\phi(x) \Rightarrow \phi(\sigma(x)))) \Rightarrow \forall y \phi(y)$$

之所以没有将 **NT15** 添加到我们的公理系统，仅仅是因为想保持这个系统的有限性，于是我们就能够将其看成单个语句 **NT** 来考虑。□

显然，**NT** 对于证明带全称量词的语句是尤其乏力的。不过，有一种特殊形式的全称量词能够得到解决。我们用 $(\forall x < t)\phi$ 作为 $\forall x((x < t) \Rightarrow \phi)$ 的简写，其中 t 是一个项。类似的还有 $(\exists x < t)\phi$。我们称它们为*受限量词*。当所有的量词都在表达式的最前端时，我们就说这个表达式是*受限前束范式*。所以，语句 $(\forall x < \underline{9}) \exists y (\forall z < \underline{2} \times y)(x + z + \underline{10} < \underline{4} \times y)$ 是受限前束范式（虽然如果我们拓展简写 $\forall x < \underline{9}$，它就不再是前束范式）。我们称一个语句是*受限的*，如果它所有的全称量词都是受限的，并且这个语句是受限前束范式。例如，上面的语句是受限的。现在我们可以评价 **NT** 的表达能力：

定理 6.2　假设 ϕ 是一个受限的语句，那么 $\mathbf{N} \models \phi$ 当且仅当 $\{\mathbf{NT}\} \vdash \phi$。

证明：我们将按照 ϕ 中量词的个数 k 归纳地证明 $\mathbf{N} \models \phi$ 蕴涵 $\{\mathbf{NT}\} \vdash \phi$（另外一个方向显然成立，因为 **NT** 是可靠的）。首先，如果 k 为零，则 ϕ 是一个无变量语句，因此结论由定理 6.1 可以推出。现在假设 $\phi = \exists x\psi$。由于 $\mathbf{N} \models \phi$，所以存在一个整数 n 使得 $\mathbf{N} \models \psi[x \leftarrow \underline{n}]$。按照归纳，$\{\mathbf{NT}\} \vdash \psi[x \leftarrow \underline{n}]$，因此 $\{\mathbf{NT}\} \vdash \phi$（这个技巧在例 6.2 中用到过）。

最后，假设 $\phi = (\forall x < t)\psi$。那么 t 是一个无变量项（因为表达式中的这个位置没有其他约束变量，而且表达式中没有自由变量）。因此，按照定理 6.1 我们可以假设 t 是一个数，设为 $\underline{n}$（否则，我们从 **NT** 出发证明 $t = \underline{n}$，然后将 t 替换成 $\underline{n}$）。对于任意整数 $\underline{n}$，通过重复运用 **NT10** 和 **NT11**，不难证明 $\chi_1 = \forall x(x < \underline{n} \Rightarrow (x = \underline{0} \vee x = \underline{1} \vee x = \underline{2} \vee \cdots \vee x = \underline{n-1}))$。现在将每个值 $j(0 \leqslant j < n)$ 代入 ψ。按照归纳，$\{\mathbf{NT}\} \vdash \psi[x \leftarrow \underline{j}]$。因此有 $\{\mathbf{NT}\} \vdash \chi_2 = \forall x((x = \underline{0} \vee x = \underline{1} \vee x = \underline{2} \vee \cdots \vee x = \underline{n-1}) \Rightarrow \psi)$。在通过 **NT** 证明 χ_1 和 χ_2 以后，我们可以推出 $\phi = \forall x((x < \underline{n}) \Rightarrow \psi)$。□ [126]

从定理 6.2 并不能推出对任意受限的语句 ϕ 都有“如果 $\mathbf{N} \not\models \phi$ 那么 $\{\mathbf{NT}\} \vdash \neg\phi$”。原因是受限语句这个类对于取“非”操作不是封闭的！不过，这个类仍然是相当丰富而且有用的。在 6.2 节中我们将看到，使用受限语句，我们能够描述图灵机计算的有趣性质。按照定理 6.2，这些性质将能够从 **NT** 推导出来。

6.2　作为一个数论概念的计算

本节我们将展示怎样把图灵机的计算用数论中的某些表达式来表达。为了达到这个目标，有必要先对机器做一些标准化工作。本章中所有的图灵机都有一条单带，并且停机时会处在“yes”或者“no”的位置（当然它们也有可能不停机）。它们永远都不会在自己的带上写▷（除非它们看见一个），所以▷总是一个字符串毋庸置疑的开始标志。在停机之前，机器一直往右走，直到所处理串的尽头（显然，它必须有一种方法可以记住这个串的右端，比如避免写下任何⊔符号），然后进入"yes"或者"no"的状态。大家应该清楚，不失一般性，我们完全可以假设所有的图灵机都为标准形。

现在考虑图灵机 $M=(K,\Sigma,\delta,s)$。我们将仔细地学习用数论中的数和表达式来表示 M 的计算和计算性质的所有可能的方法。思路与3.1节是一样的：$K\cup\Sigma$ 中的状态和符号可以编码成不同的整数。即我们假设 $\Sigma=\{0,1,\cdots,|\Sigma|-1\}$ 以及 $K=\{|\Sigma|,|\Sigma|+1,\cdots,|\Sigma|+|K|-1\}$。初始状态 s 总是编码成 $|\Sigma|$，而▷则固定为0。"yes"与"no"分别编码成 $|\Sigma|+1$ 和 $|\Sigma|+2$，而⊔则总是编码为1（与第3章中一样，这里没有必要编码 h、←、→和—）。这就需要总共 $b=|\Sigma|+|K|$ 个整数。

我们现在可以将图灵机的格局表示成 $\{0,1,\cdots,b-1\}$ 中的整数所组成的串。同样，我们可以将这样的串看成是用 b 进制表示的整数，其中左边第一个数字为最高位。例如，格局 $C=(q,w,u)$，其中 $q\in K$ 而 w，$u\in\Sigma^*$，该格局将编码成 $C=(w_1,w_2,\cdots,w_m,q,u_1,u_2,\cdots,u_n)$，这里 $|w|=m$，$|u|=n$。同样也可以用其 b 进制表示为这个串的特定整数，即 $\sum_{i=1}^{m}w_i\cdot b^{m+n+1-i}+q\cdot b^n+\sum_{i=1}^{n}u_i\cdot b^{n-i}$。

$p\in K$,	$\sigma\in\Sigma$	$\delta(p,\sigma)$
s,	a	$(s,a,\rightarrow)$
s,	b	$(s,b,\rightarrow)$
s,	⊔	$(q,$⊔$,\leftarrow)$
s,	▷	$(s,$▷$,\rightarrow)$
q,	a	$(q,$⊔$,\leftarrow)$
q,	b	("no", b, —)
q,	▷	("yes", ▷, →)

图6.2　一个图灵机

例6.4　让我们考虑图灵机 $M=(K,\Sigma,\delta,s)$，其中 $K=\{s,q,$"yes","no"$\}$，$\Sigma=\{$▷,⊔$,a,b\}$，而 δ 如图6.2所示。跟以往一样，我们总是省略那些在合法的计算中不会碰到的规则。M 是一个简单的机器，它从右到左检查是否所有的输入符号都是 a，如果不是就拒绝。它还会擦除自己所发现的 a 并用⊔覆盖。M 偏离了我们的标准形（它将指针停在带的中间，而不是右端），不过这个偏离目前不是很重要。对于这个机器，$|K|=4$、$|\Sigma|=4$，所以有 $b=8$。我们将▷编为0，⊔编为1，a 编为2，b 编为3，s 编为4，"yes"编为5，"no"编为6，q 编为7。格局（q，▷aa，⊔⊔）编码为（0,2,2,7,1,1），或者为整数 $022711_8=9673_{10}$。注意，按照惯例，所有格局的编码以一个0开始，对应于▷。由于我们可以假定图灵机从不写▷（因此合法的格局不会以▷▷开头），所以这个编码是唯一的。□

我们的主要兴趣在于图灵机的产生关系。例如，图6.2所示图灵机中的（q，▷aa，⊔⊔）$\xrightarrow{M}$（q，▷a，⊔⊔⊔）。现在，通过我们对格局实施的 b 进制整数编码，在 M 格局上的"下一步产生"关系定义了在整数上的关系 $Y_M\subseteq\mathbf{N}^2$。这里有一个迷人的可能性：我们能否将这个关系表示成数论中的一个表达式？在数论中是否存在一个有两个自由变量 x 和 y 的表达式"$\text{yields}_M(x,y)$"，使得 $\mathbf{N}_{x=m,y=n}\models\text{yields}_M(x,y)$ 当且仅当 $Y_M(m,n)$？

让我们考虑关联于 Y_M 的两个整数，比如，与上面提到的格局（q，▷aa，⊔⊔）和（q，▷a，⊔⊔⊔）相关联的两个整数 $m=022711_8$ 和 $n=027111_8$。显然，$Y_M(m,n)$。问题是，我们怎么才能说明，难道仅凭看一看这两个数就断定吗？有一个简单的方法：除了 m 的 b 进制整数表示中的子串 271_8 在 n 的 b 进制整数表示中被替换成 711_8 外，m 与 n 是一样的。回想这些数字的意义就知道，它们代表规则 $\delta(q,a)=(q,$⊔$,\leftarrow)$（见图6.2中的第五行）。注意这个特定的变化本来可以描述成一个两位数字的局部替换，$27_8\rightarrow 71_8$。不过，当存在一个往右的动作位时，第三个数字将会有用。为了表达一致，我们认为 M 的一个动作将

127～128

引发三个数位的局部替换。我们将图6.2所示的图灵机 M 中的所有三元组以及它们的替换都列举在图6.3中。

042_8	→	024_8
043_8	→	034_8
041_8	→	014_8
242_8	→	224_8
243_8	→	234_8
241_8	→	214_8
242_8	→	324_8
343_8	→	334_8
341_8	→	314_8
141_8	→	711_8
271_8	→	711_8
071_8	→	015_8
371_8	→	361_8

图6.3　图6.2所示图灵机 M 中的所有三元组以及它们的替换表

我们可以用数论中的表达式来表达图6.3中的表，称其为 $\text{table}_M(x,y)$，这里 M 是要被模拟的机器。在我们的例子中，$\text{table}_M(x,y)$ 是下面的表达式：

$$\underline{((x = 042_8 \wedge y = 024_8) \vee (x = 043_8 \wedge y = 034_8)}$$

$$\underline{\vee \cdots \vee (x = 371_8 \wedge y = 361_8))}$$

显然，如果两个整数 m 和 n 满足这个表达式，那么它们必定都是代表 M 的一个动作的三位数。

让我们考虑在输入串 aa 上与图灵机 M 的计算相关的八进制整数串：0422_8，0242_8，0224_8，02241_8，02214_8，02271_8，…注意第4个八进制数是第3个数添上一个1——一个⊔。这样的步骤是必要的，虽然偏离了我们的三元组替换。因为当机器在串的右端碰到一个空白符号时，需要用它来表示串的扩充。假如没有插入这第4个数字，我们将无法运用三元组替换式 $241_8 \to 214_8$ 来继续计算。我们说0224被填充了一个⊔来获得02241。因此只有那些末尾数字是一个状态（一个大于等于 $|\Sigma|$ 的数）的八进制数可以被填充。

现在我们已经准备好将“产生”关系 $Y_M(m,n)$ 表示成一个数论表达式。表达式 $\text{yields}_M(x,x')$ 的表示如下。表达式 $\text{pads}_M(x,x')$ 是说 x 所代表的格局其末尾部分是一个状态，而 x' 就是 x 填充了一个⊔（我们将填充视为一种特殊的产生）。另外，$\text{conf}_M(x)$ 是说 x 为一个格局的编码，$\text{pads}_M(x,x')$ 和 $\text{conf}_M(x)$ 在后面都会更加详细地论及。yields_M 的第二行包含了一个受限存在量词的串，它引入了几个被 x 限制了上界的数。第一个这样的数 y 指向 x 和 x' 的 b 进制表示中的一个位。数 z_1 是由 x 和 x' 的最后 y 个数字拼写成的 b 进制数。z_3 为 x 中接下去的三位数（z'_3 则是 x' 中接下去的三位数）。另外，除了最后的 $y+3$ 位数以外，x 和 x' 必须一致（这两个数都必须拼写出 z_4）。因此，除了三个数位外，x 和 x' 在其他地方必须一致。最后一行要求剩下的三位数按照 M 的动作表相关联。

129

$$\text{yields}_M(x,x') = \underline{\text{pads}_M(x,x') \vee}$$

$$\underline{(\exists y < x)(\exists z_1 < x)(\exists z_2 < x)(\exists z'_2 < x)(\exists z_3 < x)(\exists z'_3 < x)(\exists z_4 < x)}$$

$$\underline{(\text{conf}_M(x) \wedge \text{conf}_M(x') \wedge}$$

$$\underline{\text{mod}(x, b \uparrow y, z_1) \wedge \text{div}(x, b \uparrow y, z_2) \wedge \text{mod}(x', b \uparrow y, z_1) \wedge \text{div}(x', b \uparrow y, z'_2) \wedge}$$

$$\underline{\text{mod}(z_2, b \uparrow 3, z_3) \wedge \text{div}(z_2, b \uparrow 3, z_4) \wedge \text{mod}(z'_2, b \uparrow 3, z'_3) \wedge \text{div}(z'_2, b \uparrow 3, z_4) \wedge}$$

$$\underline{\text{table}_M(z_3, z'_3))}$$

这里有一个简单的办法可以表达 $\text{pads}_M(x,x')$：

$$\underline{(\forall y < x)(\text{mod}(x,b,y) \Rightarrow y \geqslant |\Sigma|) \wedge x' = x \times b + 1}$$

回想一下，$\text{conf}_M(x)$ 是说 x 的 b 进制表示正确地编码了 M 的一个格局，也就是说，只包含了一个状态数字，而且没有0数字：

$$\underline{(\exists y < x)(\forall z < x)(\text{state}_M(x,y) \wedge (\text{state}_M(x,z) \Rightarrow y = z) \wedge \text{nozeros}_M(x))}$$

这里 $\text{nozeros}_M(x)$ 表示在 x 的 b 进制表示中不存在0数字（也许开头部位除外，那里不能被检测到）：

$$\underline{(\forall y < x)(\forall u < x)(\mathrm{mod}(x, b \uparrow y, u) \wedge \mathrm{mod}(x, b \uparrow (y+1), u) \Rightarrow x = u)}$$

而 $\mathrm{state}_M(x,y)$ 是说 x 的 b 进制表示中最后的 y 位数为一个状态的编码，即它是一个不小于$|\Sigma|$的数字：

$$\mathrm{state}_M(x,y) = \underline{(\exists z < x)(\exists w < x)(\mathrm{div}(x, b \uparrow y, z) \wedge \mathrm{mod}(z, b, w) \wedge |\Sigma| \leqslant w)}$$

最后，我们能够将相继的格局拼合成一个单一的 b 进制整数（最后面添加一个 0，使得所有的格局都以 0 开头并以 0 结尾）来作为 M 的整个计算过程的编码。下面的方法可以用来说明 x 为 M 从一个空串开始到停机的计算编码：每个格局（在 x 的 b 进制表示中两个相继的 0 之间的一个子串）产生下一个格局，并且 x 最初为三个数 0、$|\Sigma|$ 和 0（代表 $\triangleright s \triangleright$），最终为两个数 $|\Sigma|+1$ 和 0（如果回答为“yes”），或者 $|\Sigma|+2$ 和 0（如果回答为“no”）。我们可以将这写成一个表达式，称为 $\mathrm{comp}_M(x)$：

$$\underline{(\forall y_1 < x)(\forall y_2 < x)(\forall y_3 < x)(\forall z_1 < x)(\forall z_2 < x)(\forall z_3 < x)(\forall u < x)(\forall u' < x)}$$

$$\underline{((\mathrm{mod}(x, b \uparrow y_1, z_1) \wedge \mathrm{mod}(x, b \uparrow (y_1+1), z_1) \wedge \mathrm{div}(x, b \uparrow (y_1+1), z_2) \wedge}$$

$$\underline{\mathrm{mod}(z_2, b \uparrow y_2, u) \wedge \mathrm{mod}(z_2, b \uparrow (y_2+1), u) \wedge \mathrm{div}(z_2, b \uparrow (y_2+1), z_3) \wedge}$$

$$\underline{\mathrm{mod}(z_3, b \uparrow y_3, u') \wedge \mathrm{mod}(z_3, b \uparrow (y_3+1), u') \wedge}$$

$$\underline{\mathrm{conf}_M(u) \wedge \mathrm{conf}_M(u')) \Rightarrow}$$

$$\underline{\mathrm{yields}_M(u', u))}$$

$$\underline{\wedge (\forall u < x)(\mathrm{mod}(x, b \uparrow 2, u) \Rightarrow (u = b \cdot (|\Sigma|+1) \vee u = b \cdot (|\Sigma|+2)))}$$

$$\underline{\wedge (\forall u < x)(\forall y < x)((\mathrm{div}(x, b \uparrow y, u) \wedge u < b \uparrow 2 \wedge b \leqslant u) \Rightarrow u = b \cdot |\Sigma|)}$$

第二行是说 x 的右数第 y_1+1 位数字是 0，同样，第三行是指第 y_2+1 位数字而第四行是指第 y_3+1 位数字。第五行断言 u 和 u'，它们之间的数字拼成的数是格局，因此其中没有零。当这些条件都被满足时，第六行指定 u'产生 u。第七行是说最后两位数为$|\Sigma|+1$、0 或者$|\Sigma|+2$、0（即机器停机），而最后一行是指最初的三个数字为 0、$|\Sigma|$、0，代表$\triangleright s \triangleright$（即机器从空串开始计算）。

上面对于表达式 $\mathrm{comp}_M(x)$ 及其成分的讨论确立了本章的主要结论：

引理 6.1　对于每个图灵机 M，我们都能构造一个受限的数论表达式 $\mathrm{comp}_M(x)$ 以满足：对于所有非负整数 n，我们有 $\mathbf{N}_{x=n} \models \mathrm{comp}_M(x)$ 当且仅当 n 的 b 进制表示是 M 从空串开始的一个停机计算的连续格局的并列式。□

6.3　不可判定性与不完备性

万事俱备，一个重要的结论呼之欲出。图 6.4 描绘了数论词汇表中的几个有趣的语句集。从左往右，我们首先看到永真语句的集合，它们被所有模型满足。我们知道这个语句集合是递归可枚举的，因为按照完备性定理它与包含所有存在永真性证明的语句集合是一致的。接下来的集合包含整数的所有能够从 **NT** 出发得到证明

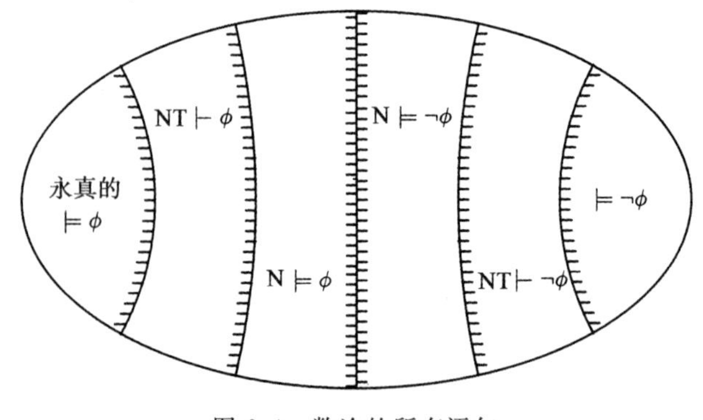

图 6.4　数论的所有语句

的性质（显然，这也包含永真的语句，因为它们无须借助于 **NT** 就可以得到证明）。进一步的扩集是包含整数所有性质的集合，即能够被模型 **N** 满足的所有语句。这是一个很重要的语句集合，在某种意义上它就是我们学习逻辑的动机所在。最后，一个进一步的扩集是包含所有有着某个模型语句的集合，这些语句不能是不可满足的或不协调的。与前面的同类型图一样，取非操作关联于沿垂直对称轴的“镜像”操作。

我们接下来证明包含所有不协调语句的集合与包含所有从 NT 出发可证明语句的集合是递归不可分的。也就是说，不存在一个递归集可以将二者分离开来（见 3.3 节）。这个结论有着一系列很重要的含义：图 6.4 中所示的 5 个“边界”没有一个是递归的！

定理 6.3　包含所有不协调语句的集合与包含所有从 **NT** 出发可证明语句的集合是递归不可分的。

证明： 我们将应用语言 $L'_1=\{M: M(\varepsilon)=\text{“yes”}\}$ 和语言 $L'_2=\{M: M(\varepsilon)=\text{“no”}\}$ 的递归不可分性质（见定理 3.4 的推论）。给定任意一个图灵机的描述 M，我们将展示怎样构造一个语句 ϕ_M 使得：（a）如果 $M(\varepsilon)=\text{“yes”}$，则 $\{\mathbf{NT}\}\vdash\phi_M$；（b）如果 $M(\varepsilon)=\text{“no”}$，则 ϕ_M 是不可满足的。这将证明定理，因为，假如存在一个算法可以将不可满足的语句与整数的正确性质区分开来，那么我们就能使用这个算法与下面的构造 ϕ_M 的算法一起将接收空串的图灵机与拒绝空串的图灵机区分开来，从而得出矛盾。

131
~
132

很简单，ϕ_M 就是语句 $\mathbf{NT}\wedge\psi$，这里：

$$\psi=\exists x(\text{comp}_M(x)\wedge((\forall y<x)\neg\text{comp}_M(y))\wedge\text{mod}(x,b^2,b\cdot(|\Sigma|+1)))$$

直觉上，ψ 是指存在一个整数，它是可以对空串上 M 的计算进行编码的最小整数，而且计算是可接受的。

假设 $M(\varepsilon)=\text{“yes”}$。那么显然存在一个唯一的 M 计算，它从空串开始并且最后停在“yes”状态。这就是说，存在一个唯一的整数 n（它可能难以想象地大）使得 $\mathbf{N}\models\text{comp}_M[x\leftarrow n]$。所以，$\mathbf{N}\models\exists x\text{comp}_M(x)$，而且，因为 n 是唯一的，所以 $\mathbf{N}\models\exists x\text{comp}_M(x)\wedge((\forall y<x)\neg\text{comp}_M(y))$。最后，由于 n 的 b 进制表示的最后两个数字是 $|\Sigma|+1$ 和 0，所以 $\mathbf{N}\models\psi$。

现在，ψ 包含受限的量词（除了最外面的存在量词，见 6.2 节中 $\text{comp}_M(x)$ 的构造过程），因此它可以改写成一个前束范式形式的受限语句。根据定理 6.2，有 $\{\mathbf{NT}\}\vdash\psi$，因此当然也有 $\{\mathbf{NT}\}\vdash\phi_M$。所以，我们断定 $M(\varepsilon)=\text{“yes”}$ 蕴涵了 $\{\mathbf{NT}\}\vdash\phi_M$。

现在假设 $M(\varepsilon)=\text{“no”}$，我们将说明 ϕ_M 是不协调的。因为 $M(\varepsilon)=\text{“no”}$，按照上面的方法我们可以证明 $\mathbf{N}\models\phi'_M$，其中

$$\phi'_M=\exists x'(\text{comp}_M(x')\wedge((\forall y<x')\neg\text{comp}_M(y))\wedge\text{mod}(x',b^2,b\cdot(|\Sigma|+2)))$$

其中我们省略了 **NT**，并且将 $|\Sigma|+1$ 替换为 $|\Sigma|+2$（“no”的编码）。

与前面一样，容易验证 ϕ'_M 能够被改写成为一个受限的语句，因此有 $\{\mathbf{NT}\}\vdash\phi'_M$。我们将说明 ϕ_M 和 ϕ'_M 是不协调的。

这其实也不难看出：ϕ_M 断言 x 是使得 $\text{comp}_M(x)$ 的最小整数，它最后一位数字是 $|\Sigma|+1$。而 ϕ'_M 断言 x' 是使得 $\text{comp}_M(x')$ 的最小整数，它最后一位数字是 $|\Sigma|+2$。但是我们能够从 **NT**（它包含于 ϕ_M 中）出发证明这是不可能的。下面是这个证明的内容：我们知道（公理 **NT12**）要么 $x<x'$，要么 $x'<x$，要么 $x=x'$。由于 $\text{comp}_M(x)$ 而且 $(\forall y<x')\neg\text{comp}_M(y)$，所以第一种可能性被排除，相应地第二种也可被排除。所以 $x=x'$。但是 **NT14** 断言 mod 是一个函数。我们得出 $b\cdot(|\Sigma|+1)=b\cdot(|\Sigma|+2)$，而这违

背了公理 **NT10** 和 **NT13**。因此，如果 $M(\varepsilon)=$ “no”，则 ϕ_M是不协调的。证明完成。 □

推论 1　对于一个给定的语句 ϕ，下面的问题是不可判定的：

(a) VALIDITY，即 ϕ 是永真的吗？（而且，按照完备性定理，THEOREMHOOD 也是一样的。）

(b) 是否有 $\mathbf{N}\models\phi$?

(c) 是否有 $\{\mathbf{NT}\}\vdash\phi$?

证明：这些语句集合中的每一个都能够区分开定理 6.3 中证明为递归不可分的两个集合。 □

133

更糟糕的是，定理 6.3 粉碎了我们试图将数论公理化的美梦：

推论 2（哥德尔不完备性定理）　不存在一个递归可枚举的公理集合 Ξ 可以满足对于所有表达式 ϕ 有 $\Xi\vdash\phi$ 当且仅当 $\mathbf{N}\models\phi$。

证明：我们首先注意到，由于 Ξ 是递归可枚举的，所以包含从 Ξ 出发的所有可能证明的集合也是递归可枚举的。给定一个声称为证明的序列，接收这个语言的图灵机对于序列中每个表达式都检查其是否为一个逻辑公理，或者是否可以根据假言推理得出，又或者它在 Ξ 当中。最后面这个检测将调用接收 Ξ 的机器。如果序列中的每个表达式都合格，那么这个证明就被接受，否则这个机器就会分岔。

由于包含从 Ξ 出发的所有可能证明的集合是递归可枚举的，存在一个图灵机可以枚举它（见性质 3.5 之前的定义），因此存在一个图灵机可以枚举集合 $\{\phi:\Xi\vdash\phi\}$，按照假设这个集合等于 $\{\phi:\mathbf{N}\models\phi\}$。因此后面的这个集合（见图 6.4 的左半部分）是递归可枚举的。类似地，$\{\phi:\mathbf{N}\models\neg\phi\}$（见图 6.4 的左半部分）也是递归可枚举的。由于这两个集合互为补集，所以根据性质 3.4，可以断定它们是递归的，而这与之前的推论是矛盾的。 □

注意以下声明的强度：不可能存在一个公理集合能够表达所有整数的正确性质，哪怕是无限集合，甚至一个非递归的集合——只要它是递归可枚举的。任何这样可靠的公理系统必定是不完备的，而且必定存在一个整数的正确性质不能够由它推出。

推论 2 也证实了 $\{\phi:\mathbf{N}\models\phi\}$ 不是递归可枚举的（因为，如果它是，那么它肯定会构成自身的一个完全公理化集）。同理可知它的补集也不是递归可枚举的。因此，我们曾经希望理解和攻克所有数的正确性质的集合，其实是图 3.1 中广袤上界的一个标本，一个既不是递归可枚举集又不是某个递归可枚举集的补集的集合实例。

134

6.4　注解、参考文献和问题

6.4.1　David Hilbert，20 世纪最伟大的数学家之一，他预言终有一天数学证明会被机械化和自动化。他的主要动机是想机械化地验证数学家所用的公理系统的一致性。虽然在今天看来，Hilbert 的工程因为他野心勃勃的乐观主义而几近愚蠢，但这个现象本身却正是这个工程为数学思想和文化带来巨大影响的一个证明。

○ A. N. Whitehead，B. Russell. *Principia Mathematica*，Cambridge Univ. Press，1913.

一些早期的试图系统化数学的庞大工作以及几个关于一阶逻辑的重要肯定性结论（不仅包括对于特殊情况的算法，见 20.1 节和问题 20.2.11；而且还包括 Hilbert 自己的学生 Kurt Gödel 发现的完备性定理，见定理 5.7）都可以视为这个卓越智慧工程的一部分。另一方面，Turing 以及其他科学家所推动的计算理论的发展（见 2.8.1 中的参考资料）也是受这个工程的启发，只不过是从相反的方向（因此还有这些文章中经常提及的 Entscheidungsproblem——即“判定性问题”）。

不完备性定理以及它的毁灭性结论（见定理 6.3 及其推论）也是 Kurt Gödel 发现的，它为 Hilbert 工程突然地画上了句号。

○ K. Gödel. "Über formal unentscheidbareSätze der Principia Mathematica und verwandter Systeme" (On formally undecidable theorems in Principia Mathematica and related systems), *Monatshefte für Mathematik und Physik*, *38*, pp. 173-198, 1931.

事实上，Gödel 证明了数论在没有指数函数↑情况下的不完备性。指数函数是我们将计算表达为数论陈述的技巧基础。缺少了它我们就必须采用一个详细而且拐弯抹角的编码技巧。如果对这样的实例感兴趣，不妨参考：

○ M. Machtey and P. R. Young. *An Introduction to the General Theory of Algorithms*, Elsevier, New York, 1978.

而且，Gödel 对于不完备性定理的原始证明是纯逻辑的，并未诉诸计算，因此它不能立即推出一阶逻辑永真性的不可判定性，这一任务的最终完成还有赖于 Church 和 Turing 的工作（参见第 2 章中提到的论文）。

6.4.2 作为一个能够展示其宏伟工程的特殊实例，Hilbert 在 1900 年提问是否存在一个算法可以判定一个多变量多项式方程，比如 $x^2y+3yz-y^2-17=0$ 是否有一个整数解，并且满怀希望地以为会有一个肯定的回答。这个问题就是广为人知的 Hilbert 第十问题，因为它是 Hilbert 在下面的演讲中提出的一些基本数学问题中的第十个问题：

○ D. Hilbert. "Mathematical Problems", *Bull. Amer. Math. Soc.*, 8, pp. 437-479, 1902.

这是 Hilbert 在召开于巴黎的 1900 年世界数学家大会上做的演讲。

Hilbert 第十问题是对于给定的语句 ϕ 判定其是否有 $\mathbf{N}\models\phi$（特别地，限制 ϕ 不得含有布尔连接词，不得有指数运算符号，不得有全称量词以及不得有不等式）这个问题中的一个非常特殊的情况。但即便这个特例，也是不可判定的： [135]

○ Y. Matiyasevich. "Enumerable sets are Diophantine", *Dokl. Akad. Nauk SSSR*, 191, pp. 279-282; translation in *Soviet Math. Doklady*, *11*, pp. 354-357, 1970.

作为这个结论的一个良好展示，请参考：

○ M. Davis. "Hilbert's tenth problem is unsolvable", *American Math. Monthly*, *80*, pp. 233-269, 1973.

但是数论的其他限制（基本上没有指数运算和乘法的情况，参见问题 20.2.12）以及实数的定理（参见问题 20.2.12）都是可以判定的。

6.4.3 **问题**：Gödel 的不完备性定理基于这样一个事实，即如果数论可以公理化，那么它就是可以判定的。在例 5.5 中我们注意到群论肯定是可以公理化的（见公理 **GR1** 到 **GR3**）。但是，群论不是可判定的。这个结论来自：

○ A. Tarski, A. Mostowski, and R. M. Robinson. *Undecidable Theories*, North-Holland, Amsterdam, 1953.

请问群论（对于所有的群为真的语句）与数论（对于 **N** 为真的语句）之间的哪些基本不同点可以解释这个差异？ [136]

第三部分

Computational Complexity

P 和 NP

“区分已知有好算法的问题类和尚未发现好算法的问题类具有很大的理论意义。[…] 我猜不存在好的算法解决旅行商问题，理由和任何其他数学猜想一样：1）它是一个合理的数学可能性；2）我不知道结论。”

Jack Edmonds，1966

137
~
138

第7章

Computational Complexity

复杂性类之间的关系

本章讲述所有我们已知的关于复杂性类之间包含关系的结论。不幸的是，我们所知道的并不多……

7.1 复杂性类

在探讨我们对图灵机的理解和它们的能力时，我们已经看到复杂性类的概念。现在将认真学习复杂性类。

一个复杂性类由多个参数确定。首先，所采用的计算模型——我们通常约定为多带图灵机。如前所述，这并非很重要。其次，一个复杂性类以计算的方式（此时，我们仅仅考虑机器接受它的输入）来表征。我们已经看到两种最重要的方式，即确定性的方式和非确定性的方式。后面还将讲到其他方式（参见问题 20.2.14，那里有更为一般和综合的处理方式）。再次，我们必须固定一个希望囿于的资源——它对机器是昂贵的。我们已经看到基本的资源是时间和空间，但是还有许多其他资源（例如，问题 7.4.12）。最后，我们必须规定一个界，那就是映射非负整数到非负整数的函数。于是，复杂性类定义为以适当方式运作的多带图灵机判定的所有语言的集合，即对任意输入 x，M 耗费至多 $f(|x|)$ 单位的特定资源。

我们应当考虑用怎样的界函数 f? 原则上，任何非负整数到非负整数的函数都可以用来定义复杂性类，其中包括下述怪异的函数 $f(n)$，例如，“如果 n 是素数，则 $f(n)=2^n$；否则，它是满足某条件的最小数”等。我们甚至可以有一个复杂度函数，它是如此的复杂，以至于它不能在它所容许的时间和空间内自我计算出来！运用这类函数就打开了十分错综复杂和混淆之门（见定理 3.7）。这对于理解自然计算问题的复杂性仍然是很无趣的。

定义 7.1 现在，我们将定义广泛而自然的函数类，用它来作为本书的界，设 f 是一个从非负整数到非负整数的函数。如果 f 非递减（即对所有 $n, f(n+1)\geqslant f(n)$），并且下述条件为真，则我们称 f 为真复杂度函数。这个条件是：有一个 k 带图灵机 $M_f=(K,\Sigma,\delta,s)$ 具有如下输入和输出，对任何整数 n 和任何长度为 n 的输入 x，$(s,\triangleright,x,,\triangleright,\varepsilon,\cdots,\triangleright,\varepsilon)\xrightarrow{M_f^t}(h,x,\triangleright,\sqcup^{j_2},\triangleright,\sqcup^{j_3},\cdots,\triangleright,\sqcup^{j_{k-1}},\triangleright,\sqcap^{f(|x|)})$，其中 $t=\mathcal{O}(n+f(n))$，$j_i=\mathcal{O}(f(|x|))$，$i=2,\cdots,k-1$，而 t 和 j_i 仅依赖于 n。换句话说，输入 x 后，M_f 计算 $\sqcap^{f(|x|)}$，$\sqcap$ 是“拟似空格”符号。而且，对任何 x，M_f 在 $\mathcal{O}(|x|+f(|x|))$ 步后停机，除了输入外，用 $\mathcal{O}(f(|x|))$ 空间。 □

例 7.1 函数 $f(n)=c$，c 是一个固定整数，就是一个真复杂度函数：不管输入是什么，M_f 在最后带上总输出 $\sqcap^c$。函数 $f(n)=n$ 也是一个真复杂度函数：M_f 重写所有输入作为尾部串的拟似空格。函数 $f(n)=\lceil\log n\rceil$ 也是真复杂度函数，M_f 是如下 3 带图灵机：它的第一个读写头慢慢地从左向右移动，第二个读写头按二进制核计输入的符号（运用二进制后继图灵机，像例 2.2 那样）。当它看到输入带上的第一个空格时，第二个带的长度为$f(n)=\lceil \log n \rceil$，$M_f$仅仅擦去第二条带上的串，改写第二条带上的符号为⊓到输出带上。花费时间$\mathcal{O}(f(n))$。自然地，所有这些函数也都符合定义要求，是非递减函数。

真复杂度函数类是很广泛的，它可能排除许多“病态”函数，但是它却包含许多本质上“合理”的函数，人们期待用于分析算法和研究它们的复杂性。例如，函数$\log n^2$、$n\log n$、n^2、n^3+3n、2^n、$\sqrt{n}$和$n!$都是真的。为了知道缘故，容易证明：如果函数f和g是真的，则$f+g$、$f\cdot g$和2^g也是真的，除了其他以外（计算新函数的机器首先计算组成该函数的各分函数，然后通过适当移动读写头计算新函数，参见问题7.4.3）。对于$\sqrt{n}$和$n!$，其他论证也正确（参见问题7.4.3）。 □

从今以后，在涉及复杂性类时，我们将仅仅用真复杂度函数。今后我们会解释，这有助于实现便捷化和标准化。我们说一个图灵机M（无论有没有输入/输出，确定性或者非确定性）是精确的，如果有函数f和g对每个$n\geqslant 0$和每个长度为n的输入x和非确定情况下M的每个计算，M恰好在$f(n)$步停机，并且除了第一条串和最后一条串外，它的所有串都停在长度为$g(n)$的位置处。 140

性质7.1 假定有一个（确定性或非确定性的）图灵机M在时间（或空间）$f(n)$内判定一个语言L，这里的f是个真函数。则有一个（确定性或非确定性的）精确的图灵机M'恰好在时间（或空间）$\mathcal{O}(f(n))$判定一个语言L。

证明：在全部4个类（确定性时间、确定性空间、非确定性时间或非确定性空间）的情况下，机器M'对输入x，开始时在真函数f时段内模拟机器M_f，用新串集合，对输入x运行。一旦M_f计算结束，M用M_f的输出串作为长度为$f(|x|)$的“码尺”，指导随后的计算。如果$f(n)$是时间界，则M'在不同的串集合上模拟M，用码尺作为“时钟”。即机器在码尺上推进读写头，先模拟M的每一步，然后当且仅当精确地在M的$f(|x|)$步遇到真空格时停机。如果$f(n)$是空间界，则M'在M_f的输出串的拟似空格上模拟M。无论哪种情况，机器都是精确的。如果M是非确定性的，则M'在x上的所有可能的计算都用同样的时间或空间作为精确的界，这个时空量仅仅依赖于M'（模拟M_f）的确定节拍。在上述两种情形中，时间和空间就是M_f的时间或空间加上M消耗的时间和空间，因此是$\mathcal{O}(f(n))$。

在空间囿界机器情形，M'所用的“空间码尺”以适当的基去“计数”M字符的尺寸，M'永不容许无意义的长计算。于是我们可以认为空间囿界机器总停机。 □

下面我们将考虑形为**TIME**(f)（确定性时间）、**SPACE**(f)（确定性空间）、**NTIME**(f)（非确定性时间）、**NSPACE**(f)（非确定性空间）的复杂性类。在所有4种情形中，函数f总是为真复杂度函数（除了定理7.3以外，因为它的目的就是要解释缺少这个约定后结果会很荒谬的问题）。

有的时候，我们不把f看成一个特定的函数，而是看成一个带有参数$k>0$的函数类。函数类标记所有k值的各个复杂性类的并。两类重要的参数复杂性类是： 141

$$\mathbf{TIME}(n^k)=\bigcup_{j>0}\mathbf{TIME}(n^j)$$

和它的非确定性对应函数类⊖

$$\mathbf{NTIME}(n^k)=\bigcup_{j>0}\mathbf{NTIME}(n^j)$$

⊖ 这里合适的记号应是**TIME**(poly)代替**TIME**(n^k)，**NTIME**(poly)代替**NTIME**(n^k)。——译者注

我们已经知道它们分别是 **P** 和 **NP**。其他重要复杂性类有 **PSPACE**=**SPACE**(n^k)、**NPSPACE**=**NSPACE**(n^k) 和 **EXP**=**TIME**(2^{n^j})。最后，对于空间类，我们可以考察亚线性类。两个重要类是 **L**=**SPACE**(log n) 和 **NL**=**NSPACE**(log n)。

非确定性类的补

当我们第一次在 2.7 节定义非确定性类时，我们被输入“yes”和“no”的反对称性如何处理难住了。对于语言内（一个“yes”输入）的串，一个成功的计算路径已经足够。与此相反，对于不在语言内的串，所有的计算路径必须不成功。由于类似的反对称性结果，可证明 **RE**（递归可枚举语言）和 **coRE**（递归可枚举语言的补）两个类（见 3.3 节）是不同的（例如，停机语言 $H\in$ **RE** - **coRE**。见图 3.1）。

设 $L\subseteq\Sigma^*$ 是一个语言。L 的补 $\overline{L}=\Sigma^*-L$ 是所有不在 L 中的相应字符集合的串集合。我们现在将这个定义推广到判定问题。判定问题 A 的补，称为 A COMPLEMENT，定义为它的回答是“yes”，当 A 对输入的回答是“no”，反之亦然。例如，SAT COMPLEMENT 是这样一个问题：给一个合取范式的布尔表达式 ϕ，它是不可满足的吗？HAMILTON PATH COMPLEMENT 是：给一个图 G，它为真，当 G 没有哈密顿路？等等。注意，严格地说，对应于问题 HAMILTON PATH 和 HAMILTON PATH COMPLEMENT，例如，并不彼此互补，因为它们的并不是 Σ^*，所以它们只是全部能编码成图的串。这是通常意义下的补，而不会引起严重的后果。

对复杂性类$\mathcal{C}$，co$\mathcal{C}$标记类 $\{\overline{L}: L\in\mathcal{C}\}$。显然，如果$\mathcal{C}$是确定性时间和空间复杂性类，则 $\mathcal{C}$=co$\mathcal{C}$。即所有确定性时间和空间复杂性类对补封闭。其理由是，在某个时间或空间界内判定 L 的任何确定图灵机，可以转换为在同样的时间或空间界内判定 $\overline{L}$ 的确定性图灵机：用同样的机器，只不过将“yes”和“no”对换。我们将在 7.3 节看到，对非确定性空间类有更为精细的议论。但对于非确定性时间复杂性类，是否在补运算下封闭是个悬而未决问题。

142

7.2　谱系定理

计算理论从一开始就关注谱系（见问题 3.4.2，关于递归可枚举语言的 Chomsky 谱系）。许多结果阐述，增加新的特性（下推栈、非确定性、允许改写输入等）增强了计算模型的能力。我们已经看到许多经典和基本的结果：在第 3 章，我们已经证明递归语言是递归可枚举语言的真子集。换句话说，图灵机有能力在一个更丰富的语言类里拒绝它的输入而得到发散的结果，而这个更丰富的语言包含非递归语言 H。

本节，我们将证明一个量级的谱系结果：若给予充分大的时间，则图灵机有能力执行更为复杂的计算任务。可以预测，我们的证明将运用对角线量化。

令 $f(n)\geqslant n$ 是个真复杂度函数，H_f 是如下 HALTING 语言 H 的时间界版本：

$$H_f=\{M;x: M \text{ 至多在 } f(|x|) \text{ 步内接受输入 } x\}$$

其中 M 包含所有确定性多带图灵机（见 3.1 节，那里有图灵机的标准描述）。虽然一个机器可以有任意多个字符（于是，我们可以用定理 2.2），但我们可以假定，我们所感兴趣的语言和输入 x 仅仅包含编码图灵机所需要的符号（0、1、“(”、“;”等，见 3.1 节）。这并不失去一般性，因为即使有其他字符，显然可以有一个同样复杂性的仅仅包含两个字符的语言来代替。因此，输入 x 不编码，就按照字面上的字符来使用。

下面的结果类似于性质 3.1：

引理 7.1 $H_f \in \mathbf{TIME}((f(n))^3)$。

证明： 我们将描述一个在时间 $(f(n))^3$ 内判定 H_f 的 4 带图灵机 U_f。U_f 是基于前述的多个机器，它们是：3.1 节描述的通用图灵机；多带图灵机的单带模拟机（见定理 2.1）；削去时间界的常数项的线性加速机（见定理 2.2）；计算长度精确 $f(n)$ 的“码尺”和 M_f，因为我们假定 f 是真复杂度函数，所以这样的码尺是存在的。所有这些简单思路不涉及概念性问题，但是我们还是要注意一些细节。 143

首先，U_f 在它输入的第二部分 x 上使用 M_f，在第四条带上初始化“时钟” $\sqcap^{f(|x|)}$，用于模拟 M（这里，我们假设 M_f 至多只有四条带；如果不是，U_f 相应地必须增加带的数目）。M_f 在时间 $\mathcal{O}(f(|x|))$ 内运行（常数仅仅依赖于 f，不依赖于 x 或 M）。U_f 也把待模拟机器 M 的描述复制到第三条带上，并将第一条带上的 x 转换为 $\triangleright x$。第二条带初始值为初始状态 s 的编码。在这个时刻，我们可以检查 M 是否是合法的图灵机描述，如果不是，则拒绝（花费两条带的线性时间）。总时间为 $\mathcal{O}(f(|x|)+n)=\mathcal{O}(f(|x|))$。

在初始阶段后，U_f 开始主要的操作。与 3.1 节中的 U 一样，U_f 一步一步地模拟 M 对于输入 x 的每一步。如定理 2.1 的证明一样，模拟限制在第一条带，那里保留着 M 所有带上内容的编码。通过连续扫描 U_f 的第一条带来模拟 M 的每一步。在第一次扫描中，U_f 收集所有有关 M 当前扫描过的符号信息，并且将这些信息写在第二条带上。第二条带还包含目前状态的编码。然后，U_f 根据第二条上的内容与第三条带上 M 的描述进行匹配，寻找 M 的对应的转移。在第二遍扫描时，U_f 对第一条带执行适当的改变，而且将时钟向前拨 1。

U_f 在时间 $\mathcal{O}(\ell_M k_M^2 f(|x|))$ 内模拟 M 的每一步，此处 k_M 是 M 的带数，ℓ_M 是描述 M 的每个符号和状态的描述符的长度。因为，对一个合法的图灵机，这些量囿于机器描述符长度的对数值、模拟 M 每步的时间 $\mathcal{O}(f^2(n))$，其常数不依赖 M。

如果 U_f 确认 M 在 $f(|x|)$ 步内接受 x，它就接受输入 $M;x$。如果不接受（即 M 拒绝 x 或者时钟到了），则 U_f 拒绝它的输入。总时间为 $\mathcal{O}(f(n)^3)$。与线性加速定理的证明（定理 2.1）一样。通过修改 U_f 把几个字符当作一个字符处理，容易得到总和至多为 $f(n)^3$。 □

下一个结果类似于定理 3.1。

引理 7.2 $H_f \notin \mathbf{TIME}((f(\lfloor n/2 \rfloor))$。

证明： 假设引理不成立，即有一个图灵机 M_{H_f} 在时间 $f(\lfloor n/2 \rfloor))$ 内判定 H_f。这就导致构造“三角化”机器 D_f 具有下述行为： 144

$$D_f(M): \textbf{if } M_{H_f}(M;M) = \text{“yes” } \textbf{then} \text{ “no” } \textbf{else} \text{ “yes”}$$

如同 M_{H_f} 对输入 $M;M$ 的运行时间一样，D_f 对输入 M 的运行时间是 $f(\lfloor (2n+1)/2 \rfloor))=f(n)$。

D_f 接受它自己的描述吗？假设 $D_f(D_f)=$“yes”。这就意味 $M_{H_f}(D_f;D_f)=$“no”，或者，等价地，$D_f;D_f \notin H_f$。根据 H_f 的定义，这意味 D_f 不在 $f(n)$ 步内接受自己的描述，而且，因为我们知道 D_f 总是在 $f(n)$ 步内接受或拒绝，所以 $D_f(D_f)=$“no”。类似地，$D_f(D_f)=$“no”意味着 $D_f(D_f)=$“yes”，并且假设 $H_f \in \mathbf{TIME}((f(\lfloor n/2 \rfloor))$ 将导致矛盾。 □

比较引理 7.1 和引理 7.2，我们有：

定理 7.1（时间谱系定理） 如果 $f(n) \geqslant n$ 是个真复杂度函数，则类 $\mathbf{TIME}(f(n))$ 严格真包含在类 $\mathbf{TIME}((f(2n+1))^3)$ 内。 □

事实上，时间谱系比定理7.1所描述的（$f(2n+1))^3$ 更稠密，$(f(2n+1))^3$ 可以用增长慢的函数，例如 $f(n)\log^2 f(n)$ 代替（见问题7.4.8）。上述定理中的（$f(2n+1))^3$ 的重要特性是它为 $f(n)$ 的多项式，无论 $f(n)$ 是否是多项式。这就导致了下面的结论：

推论　**P** 是 **EXP** 的真子集。

证明：任何多项式最后都小于 2^n，故 **P** 是 **TIME**(2^n) 的子集（因此也是 **EXP** 的子集）的子集。为了证明真包含，根据定理7.1，**TIME**(2^n)（它包含 **P** 中的所有）是 **TIME**$((2^{2n+1})^3)\subseteq$ **TIME**(2^{n^2}) 的真子集，而后者是 **EXP** 的子集。□

对于空间，我们能证明下面的结果，它来自两个非常类似于引理7.1和引理7.2的定理（见问题7.4.9）：

定理7.2（空间谱系定理）　如果 $f(n)$ 是真复杂度函数，则 **SPACE**$(f(n))$ 是 **SPACE**$(f(n)\log f(n))$ 的真子集。□

我们将证明一个表面上看上去与定理7.1矛盾的结果来结束本节。事实上，这个结果警告我们，当复杂度函数是非真时，非常反常的现象就会发生。

定理7.3（空隙定理）　存在一个从非负整数到非负整数的递归函数 f，使 **TIME**$(f(n))=$ **TIME**$(2^{f(n)})$。

证明：我们将定义 f，使得没有一个图灵机可以对给定长度为 n 的输入在 $f(n)$ 和 $2^{f(n)}$ 之间停机。即对于给定的 n，M 或者在 $f(n)$ 内停机，或者在 $2^{f(n)}$ 步后停机（甚至根本不停机）。

145

把图灵机按照它编码的字典序排序，$M_0,M_1,M_2,\cdots$ 在这个列表中的机器可能对部分输入或者全部输入不停机。对于 $i,k\geqslant 0$，我们定义下述性质 $P(i,k)$：“在列表 $M_0,M_1,M_2,\cdots,M_i$ 中，对于任何长度为 i 的输入，或者在 k 步内停机，或者在 2^k 后停机，或者它根本不停机。”虽然机器在许多输入上不停机，但 $P(i,k)$ 可以通过模拟所有编码到 i 的机器，对于长度小于等于 i 的输入，运行到 2^k+1 步，$P(i,k)$ 总可以得出判定。

现在让我们对某些 $i\geqslant 0$ 定义值 $f(i)$，考虑下面一系列的 k 值：$k_1=2i$，对于 $j=2,3,\cdots$，$k_j=2^{k_{j-1}}+1$。令 $N(i)=\sum_{j=0}^{i}\left|\sum_j\right|^i$，即全部长度为 i 的输入到前 $i+1$ 个机器。因为每个这样的输入只能使得对于至多一个 k_j 值 $P(i,k_j)$ 为假，所以一定有一个整数 $\ell\leqslant N(i)$ 使得 $P(i,k_\ell)$ 为真。我们现在准备定义 $f(i)$：$f(i)=k_\ell$（注意这是异常快速增长，以及这个函数判定不自然的定义）。

现在考虑类 **TIME**$(2^{f(n)})$ 中的语言 L。L 被某个图灵机（称为 M_j）在时间 $2^{f(n)}$ 内判定。对任何输入 $x,|x|\geqslant j$（就是除了有限个输入以外），M_j 不可能在 $f(|x|)$ 到 $2^{f(|x|)}$ 步之间停机（因为 $f(n)$，$n>j$ 的值连同 M_j 都已经确定了）。因为 M_j 至多在 $2^{f(|x|)}$ 步后停机的，所以我们只能得出结论：至多在 $f(|x|)$ 步后停机。当然，有有限多个输入（长度少于 j 的），所以我们无法知道 M_j 何时停机。但是我们能够修改 M_j 的状态集，使得修改后的 M'_j 事实上能在时间两倍于输入长度内判定所有这些有限多个输入。由此得出：$L\in$ **TIME**$(f(n))$，故 **TIME**$(f(n))=$ **TIME**$(2^{f(n)})$。□

容易看出，论断里的 2^n 可以修改为任意快速增长的递归函数，对于空间复杂性也有类似的结果（见问题7.4.11）。

7.3 可达性方法

当函数所表示的复杂性界变化时，谱系定理告诉我们同样的类（确定性时间、确定性空间）怎样相互关联。它们是第一个被证明的有关复杂性的事实。针对非确定性复杂性类（见问题 7.4.10）也有类似的结果，虽然更为难以证明。然而，复杂性理论中最有趣的、持续的、令人困惑的问题是不同类之间的关系——例如 **P** 与 **NP**。本节我们将证明我们已经知道的这类少数结果。 146

定理 7.4　假设 $f(n)$ 是真复杂度函数。则：

(a) $\mathbf{SPACE}(f(n))\subseteq\mathbf{NSPACE}(f(n))$ 和 $\mathbf{TIME}(f(n))\subseteq\mathbf{NTIME}(f(n))$。

(b) $\mathbf{NTIME}(f(n))\subseteq\mathbf{SPACE}(f(n))$。

(c) $\mathbf{NSPACE}(f(n))\subseteq\mathbf{TIME}(k^{\log n+f(n)})$。

证明：(a) 部分是显然的。任何确定性图灵机也是非确定性图灵机（每步仅一个选择），所以任何 $\mathbf{SPACE}(f(n))$ 中的语言也在 $\mathbf{NSPACE}(f(n))$ 中，类似地，$\mathbf{NTIME}(f(n))$ 中的语言也在 $\mathbf{NTIME}(f(n))$ 中。

为证明 (b)，考虑语言 $L\in\mathbf{NTIME}(f(n))$。有一个精确的非确定性图灵机 M 在时间 $f(n)$ 内判定 L。我们将设计一个确定性机器 M' 在空间 $f(n)$ 内判定 L。

思路是简单的，类似于定理 2.6，非确定性机器用指数时间模拟（从定理 2.6 得到本定理的 (b) 和 (c)）。确定性机器 M' 产生 M 的一系列非确定性选择，即一个在 $0\sim d-1$ 的 $f(n)$ 长的整数序列（d 是 M 状态符号组合的最大选择个数）。那么 M' 以给定选择模拟 M 的操作。这个模拟显然可以在空间 $f(n)$ 内进行（在时间 $f(n)$ 内，仅 $\mathcal{O}(f(n))$ 符号能被写入）。然而，必有指数多个这样的模拟试验，去检查是否有一系列引导向接受的选择。关键点在于它们常常能够擦去前面的模拟而重用空间，一个模拟一个模拟地执行。我们仅需要保留目前模拟选择序列的轨迹，并且产生下一个选择，但是这些任务容易在空间 $\mathcal{O}(f(n))$ 完成。因为 $f(n)$ 是真复杂度函数，所以可以用于产生第一个选择序列 $0^{f(n)}$。于是定理的 (b) 得证。

现在证明 (c)，从方法学角度这个结论更加有趣。这个证明虽然非常简单明了，但涉及一个有力而且通用的模拟空间囿界机器的方法，叫作可达性方法。这个方法还将用于证明下面两个更有趣的结果。

给定一个 k 带具有输入/输出的非确定性图灵机 M，它在空间 $f(n)$ 内判定 L。我们必须找出一个确定性方法去模拟 M 在输入 x 上和时间 $c^{\log n+f(n)}$ 内的非确定性计算，$n=|x|$，常数 c 仅依赖于 M。这里，回顾 M 的格局概念是有用的：直观地说，一个格局是 M 对给定输入 x 的一个计算的“快照”(snapshop)。对 k 带机器，格局是记录状态、字符串、头位置的 $2k+1$ 元组 $(q,w_1,u_1,\cdots,w_k,u_k)$。现在，对于一个具有输入/输出的机器（例如 M），格局的第二和第三部分将总是拼接成 $\triangleright x$。而且，对于判定语言的机器（例如，M），只写输出带写什么内容是无关紧要的。$k-2$ 条其他带的长度至多是 $f(n)$。于是，一个格局可以用一个 $2k-2$ 元组 $(q,i,w_2,u_2,\cdots,w_{k-1},u_{k-1})$ $(i\in[0,n=|x|])$ 记录输入串上读写头的位置（总是拼写为 $\triangleright x$）。 147

有多少格局呢？第一部分有 $|K|$ 个选择（状态），i 有 $n+1$ 个选择，所以剩下的串数总共有 $\leqslant|\Sigma|^{2(k-4)f(n)}$ 个选择。当对长度为 n 的输入进行操作时，M 格局的总数至多为 $nc_1^{f(n)}\leqslant c_1^{\log n+f(n)}$，$c_1$ 是仅决定于 M 的某个常数。

但是我们在上下文里并没有确定多项式算法怎样用于可达性。有多种选择。一个是在模拟机器的串上显式地构造 $G(M,x)$ 的邻接矩阵，然后运行可达性算法。一个更为精巧的思路是不构造邻接表而直接运行可达性算法。或者，当我们需要知道两个格局 C 和 C' 是否构成 $G(M,x)$ 中的一条边（C,C'）时，我们调用一个简单子程序去判断两个格局是否可以互推演。换句话说，在以后的方法中，格局图由 x 隐含地给出。给出两个这样的格局，例如 C 和 C'，我们只需要扫描 C 的每个串，确定是否 C' 可以由 C 产生，这对所有的串都容易做到，除了输入串外，只需知道读写头的位置 i。要恢复 x 的第 i 个符号，我们只需要从机器的输入 x 开始查找它，从输入字符串的左边计数符号，递增二进制计数器（在单独的带上）直到它达到 i。□

综合定理 7.4 的信息，我们得到下述塔状的类包含：

148

推论　**L**⊆**NL**⊆**P**⊆**NP**⊆**PSPACE**。□

现在我们从空间谱系定理（定理 7.2）知道 **L** 是 **PSPACE** 的真子集。于是推论中的四个包含至少有一个为真包含。这就是复杂性理论的另外一个令人丧气之处：虽然我们强烈地怀疑这四个包含都是真的，但是我们目前仅仅确定四个之一是真包含！

非确定性空间

模拟非确定性空间可达性方法有两个其他的应用。第一个令人惊奇的结果是用确定性空间模拟非确定性空间。定理 7.4（c）的直接结果是 **NSPACE**$(f(n))$⊆**SPACE**$(k^{\log n+f(n)})$。是否有比指数方式更好的方式来用确定性空间模拟非确定性空间？或者这里空间的非确定性是否比确定性（如同我们在时间的情形中怀疑的一样）更强有力？我们下面将证明确定性空间模拟非确定性空间仅仅需要平方级。

我们用可达性方法来建立这个性质。为了运用这个方法，我们首先在有限的确定性空间中建立图论的可达性来得到算法的结果。基于 1.1 节讨论的广度和深度优先搜索技术，它们在最坏情况至少需要空间 n，n 是图的结点个数。下面将会看到，有一种聪明的“中间优先”技巧，耗费时间，但成功地减少了空间需用量。

定理 7.5(Savitch 定理)　REACHABILLITY∈**SPACE**$(\log^2 n)$。

证明： 设 G 是具有 n 个结点的图，x，y 是 G 的结点，$i\geqslant 0$。如果有一条路径从 x 到 y 且长度至多为 2^i，我们就说谓词 PATH(x,y,i) 为真。请注意，G 中的路径至多长为 n，如果我们能对 G 中任意两个结点计算 PATH$(x,y,\lceil \log n\rceil)$，我们就能解决可达性问题。

我们将设计一个图灵机，除输入带外还具有两条工作带，它判断是否 PATH(x,y,i)。G 的邻接矩阵在输入带上给出。我们假设第一条工作带包含结点 x、y 和整数 i，都以二进制形式给出。第一条工作带包含有多个有序对，而（x，y，i）是最左边的序对。另一条工作带用作可擦写的草稿纸——$\mathcal{O}(\log n)$ 空间足够用了。

现在我们来描述机器如何判断是否 PATH(x,y,i)。如果 $i=0$，我们可以判断 x 和 y 是否以长度至多为 $2^i=1$ 来连接，只需检查是否 $x=y$ 或者在输入中直接连接。这是 $i=0$ 的情形。如果 $i\geqslant 1$，我们用下述递归算法计算 **PATH**(x, y, i)：

149

对所有结点 z 测试是否 **PATH**$(x,z,i-1)$ 和 PATH$(z,y,i-1)$。

此程序隐含非常简单的思想：任何从 x 到 y 长度为 2^i 的路径必然有一个中点 z[⊖]，它

⊖　此处用 z 是为了纪念埃利亚学派的芝诺（Zeno），详见参考文献。

与 x 和 y 的距离都至多为 2^{i-1}。为执行这个巧妙的思路以便节约空间，我们逐一产生中间点 z 来重复使用空间。一旦产生了一个新 z，我们增加三元组 $(x,z,i-1)$ 到主工作带中，并对此问题递归地开始工作。如果得到对 PATH$(x,z,i-1)$ 的否定回答，我们擦去这个三元组并测试新的 z。如果得到肯定回答，我们擦去三元组 $(x,z,i-1)$，写三元组 $(z,y,i-1)$ 于工作带上（我们咨询左边的下一个三元组 (x,y,i) 以得到 y），于是判断 PATH$(z,y,i-1)$，如果它是否定的回答，则擦去三元组并测试新的 z；如果它是肯定的，我们检查和比较左面的 (x,y,i)，进行第二次递归调用，然后返回一个肯定的回答给 PATH(z,y,i)，注意，机器的第一条工作带像一个栈记录那样执行上述递归。

该算法清楚地执行上面所述的递归，因此正确地解答了 PATH(x,y,i)。第一条工作带任何时刻包含不超过$\lceil \log n \rceil$个三元组，每个长度至多为 $3\lceil \log n \rceil$。为了解决 REACHABILITY 问题，我们从 $(x,y,\lceil \log n \rceil)$ 开始运行算法，把它写在主工作带上。证明完成。 □

通过可达性方法，Savitch 定理产生一个重要的结果：

推论 对任何真复杂度函数 $f(n)\geqslant \log n$，**NSPACE**$(f(n))\subseteq$**SPACE**$(f^2(n))$。

证明：设 M 是 $f(n)$ 空间界的非确定性图灵机，具有输入 x，其长度 $|x|=n$，为了模拟它，我们直接运行定理 7.5 证明的算法于 M 在输入 x 上的格局图。注意，和通常一样，这个算法和输入仅有的交互作用是检测两个结点是否相连（即 $i=0$ 的基本情形）。在新的算法里，每次都需要检测，我们通过检查输入和模拟机器的转移函数来判断格局里两个结点是否有一条边相连。因为格局图有 $c^{f(n)}$ 个结点，c 是某常数，所以 $\mathcal{O}(f^2(n))$ 空间足够了。 □

这个结果直接推出 **PSPACE＝NPSPACE**，该结果强烈暗示相对于时间来说，空间非确定性不一定更强。下一个结果进一步证实这一点。我们将要证明非确定性空间类在补运算下封闭（但是非常值得怀疑的是，非确定性时间类在补运算下封闭吗）。再一次，我们先证明对可达性问题的一个变种的算法结果。

150

我们能在空间 $\log n$ 内非确定性地解决 REACHABILITY。下面，我们将证明在非确定性空间 $\log n$ 里 REACHABILITY 的一个重要推广：计算从 x 的可达结点数。注意，这相当于计算从 x 出发不可达的结点数（它们的总和是 n）。这就是说，计数问题和它的“补”是等价的。因此，这使得我们意识到解答这个问题有助于证明非确定性空间在补运算下是封闭的（见下面推论）。

对于非确定性图灵机，我们必须首先定义什么叫从字符串到字符串计算函数 F。简单地说，它意味着对于输入 x，机器的每次计算或者输出正确的答案 $F(x)$，或者以状态“no”结束。当然，我们坚持至少有一个计算以 $F(x)$ 结束——否则，所有的函数会成为无意义计算……换句话说，我们要求所有的“成功”计算与它们的输出一致，而所有的“不成功”计算真的是不成功的。这样的机器如果对于所有串都停机（除了输入输出空间外），那么它的空间界总是 $f(n)$——这必须是所有计算都成功或者都不成功。

定理 7.6 (The Immerman-Szelepscényi 定理) 给定一个图 G 和一个结点 x，G 中从 x 出发可达的顶点数可以用非确定性图灵机在空间 $\log n$ 内计算出来。

证明：与我们在定理 7.5 中所做的一样，我们将首先描述实现该目的的机器背后的基本算法思想。算法有四层循环。虽然每层相当简单，但非确定性使得它们之间的交互得很精巧。

最外层的循环交替地计算$|S(1)|, |S(2)|, \cdots, |S(n-1)|$，这里 $S(k)$ 是 G 中从 x 出发经过长度小于等于 k 的路径可达的结点集合。显然，$S(n-1)$ 是期望的答案，n 是 G 的结点数初值。一旦产生 $S(k-1)$，我们就开始计算 $S(k)$。最初，我们知道$|S(0)|=1$。于是，最外层循环是：

$|S(0)|:=1$；对 $k=1,2,\cdots,n-1$ 做：从$|S(k-1)|$计算$|S(k)|$

用$|S(k-1)|$计算$|S(k)|$(但是，不幸的是，没有前面的$|S(j)|$)，计数器 ℓ 初始值置为 0。然后我们一个个地按照数的大小检查 G 的所有结点，可以重用空间。如果发现一个结点在 $S(k)$ 中，ℓ 加 1。结束时，ℓ 包含 $S(k)$ 的真值：

$\ell:=0$；对每个结点 $u=1,2,\cdots,n$ 做：如果 $u\in S(k)$[⊖] 则 $\ell=\ell+1$

但是，我们还没有提到如何判断 $u\in S(k)$。这由第三个循环完成。在这个循环里，我们按照数的大小和重用空间遍历 G 的所有结点 v。如果点 v 在 $S(k-1)$ 中，则对 $S(k-1)$ 的成员计数器 m 增加 1。然后检测是否 $u=v$ 或者 v 和 u 有条边相连（我们在下面描述中用 $G(v,u)$ 表示 $u=v$ 或者 v 和 u 有条边相连）。如果是，我们就建立了 $u\in S(k)$，并设置变量“reply”为真。如果到结束还没有 $u\in S(k)$，我们就报告 $u\notin S(k)$。然而，如果通过比较 m 和已知的$|S(k-1)|$值，我们发现还没有计数到 $S(k-1)$ 的所有成员（不完善性导致非确定性地告知是否 $v\in S(k-1)$），则放弃，进入状态“no”（回顾我们当初如何定义计算一个函数的非确定性图灵机）。目前的计算不影响最后的结果。

$m:=0$；reply:=假；对每个结点 $v=1,2,\cdots,n$ 重复做：

如果 $v\in S(k-1)$ 则 $m:=m+1$；如果还有 $G(v,u)$ 为真则 reply:=真；

如果到最后 $m<|S(k-1)|$ 则“no”（放弃），否则返回 reply。

但是我们怎样告知是否 $v\in S(k-1)$？答案在下一个循环中，但是此刻人们从例子 2.10 的 REACHABILITY 非确定 $\log n$ 空间算法中熟知：运用非确定性，我们从结点 x 开始，猜测 $k-1$ 个结点，对每个结点，我们检测这个结点和前面的结点，或者有一条弧连接两者。我们报告有一条路径连接 x 与 v，如果最后一个结点是 v：

$w_0:=x$；对 $p=1,2,\cdots,k-1$ 做：

猜测一个结点 w_p 且检测 $G(w_{p-1},w_p)$ 为真否？（如果非真，则放弃循环）；

如果 $w_{k-1}=v$ 则报告 $v\in S(k-1)$，否则放弃。

这就完成了算法的描述。容易看出该算法可以在 $\log n$ 空间界的图灵机 M 上运行。M 有单独的串，每个串有 9 个变量，分别为 k、$|S(k-1)|$、l、u、m、v、p、w_p 和 w_{p-1}，加上输入/输出串。这些整数只需要加 1，相互比较或与输入的结点比较。它们都$\leqslant n$。

我们下面证明这个算法是正确的，即对每个 k，它正确地计算$|S(k)|$。当 $k=0$ 时，此断言完全正确。对于一般的 $k\geqslant 1$，考虑用成功的计算给出值$|S(k)|$（即在发现 $m<|S(k-1)|$前永不拒绝）。我们必须证明的是计数器 ℓ 加 1 当且仅当当前的 $u\in S(k)$。因为关于 m 和 v 的循环没有被拒绝，所以 $m=|S(k-1)|$(根据归纳假定)。这意味着，所有 $v\in S(k-1)$ 已被证明（因为内循环不会生成误报错误，即永不会判定存在一条路径连接 x 到 v，而实际上却不存在这样的路径），因此变量“reply”精确地记录是否 $u\in S(k)$，而且这个变量决定 ℓ 是否递加 1。最后，容易看出至少存在一个成功的计算（那就是正确地猜到了一个 $S(k-1)$ 的成员，且有一条路径可到每个点）。证明完成。□

151

152

⊖ 即 reply=真。——译者注

这个定理的直接的复杂性结果是很重要的：

推论　如果 $f(n)\geqslant \log n$ 是真复杂度函数，则 **NSPACE**$(f(n))$ = **coNSPACE**$(f(n))$。

证明：假设 $L\in$ **NSPACE**$(f(n))$ 被一个 $f(n)$ 空间界的非确定性图灵机 M 所判定。我们将证明存在一个 $f(n)$ 空间界的非确定性图灵机 $\overline{M}$ 判定 $\overline{L}$。对输入 x，$\overline{M}$ 运行定理7.6的证明中 M 在输入 x 上的格局图的算法。通常，算法每次报告两个格局是否相连，$\overline{M}$ 基于 x 和 M 的转移函数判定这一点。最后，在运行这个算法时，如果 $\overline{M}$ 对任何 k 的值在 $S(k)$ 里发现一个接受格局 u，则停机并拒绝；否则，如果计算 $|S(n-1)|$，该 n 是格局图中结点个数，不是输入长度，而且计算中没有遇到接受的格局，则 $\overline{M}$ 就接受。□　153

7.4　注解、参考文献和问题

7.4.1　第三部分开头的语录来自：

○ J. Edmonds. "Systems of distinct representatives and linear algebra," and "Optimum branchings," *J. Res. National Bureau of Standards*, *Part B*, *17B*, 4, pp. 241-245 and pp. 233-240, 1966—1967.

7.4.2　虽然20世纪50年代就研究递归函数的拟复杂性子类：

○ A. Grzegorczyk. "some classes of recusive functions," *Rosprawy Matematyzne 4*, Math. Inst. of the Polish Academy of Sciences, 1953.

○ M. O. Rabin. "Degree of difficulty of computing a function and a partial ordering of recusive sets," Tech. Rep. No 2, Hebrew Univ., 1960.

20世纪50年代和60年代，有些学者非正式和粗略地讨论过复杂性问题（有时候，已经涉及 $\mathbf{P}\overset{?}{=}\mathbf{NP}$ 问题，见前面Edmonds的文献），但系统和正式地研究时间和空间复杂性类开始于下面这些开创性文章：

○ J. Hartmanis and R. E. Stearns. "On the computational complexity of algorithms," *Transaction of the AMS*, *117*, pp. 285-306, 1965.

○ J. Hartmanis, P. L. Lewis II, and R. E. Stearns. "Hierachies of memory-limited computations," *Proc. 6th Annual IEEE Symp. on Switching Circuit Theory and Logic Design*, pp. 179-190, 1965.

这些文章奠定了复杂性理论的基础，它们给出了定理7.1、定理7.2以及定理2.2和定理2.3的证明。

7.4.3　**问题：**(a) 证明如果 $f(n)\geqslant n$ 和 $g(n)$ 是真复杂度函数，则 $f(g)$、$f+g$、$f\cdot g$ 和 2^g 也是真复杂度函数。

(b) 证明下述函数是真复杂度函数：(i) $\log n^2$，(ii) $n\log n$，(iii) n^2，(iv) n^3+3n，(v) 2^n，(vi) 2^{n^2}，(vii) $\sqrt{n}$，(viii) $n!$。

我们关于真复杂度函数的概念可能是各文献中许多可能的提法中在坦诚性和时空构造性方面最简单的提法，每个提法都有多种精细的变化。

7.4.4　**问题：**设 C 是非负整数到非负整数的函数类。我们说 C 是左多项式复合封闭的，如果 $f(n)\in C$ 推出 $p(f(n))=\mathcal{O}(g(n))$，而 $g(n)\in C$，$p(n)$ 是任意多项式。我们说 C 是右多项式复合封闭的，如果 $f(n)\in C$ 推出 $f(p(n))=\mathcal{O}(g(n))$，而 $g(n)\in C$，$p(n)$ 是任意多项式。

直觉上，第一个封闭性推出对应的复杂性类是"计算模型独立的"，即在合理的计算模型变化（从RAM模型到图灵机模型和多带图灵机模型等）下，该类是强壮的，而右多项式封闭性表明该类在归约下是封闭的（见第8章）。下面的函数类：

(a) $\{n^k: k>0\}$。

(b) $\{k\cdot n: k>0\}$。

(c) $\{k^n: k>0\}$。

(d) $\{2^{n^k}:k>0\}$。

(e) $\{\log^k n:k>0\}$。

(f) $\{\log n\}$。

哪些是左多项式复合封闭的？哪些是右多项式复合封闭的？

7.4.5　**问题**：证明 **P** 在并和交运算下是封闭的。对 **NP** 也证明同样的问题。

7.4.6　**问题**：定义一个语言 L 的 Kleene 星是 $L^*=\{x_1,\cdots,x_k:k\geqslant 0,x_1,\cdots,x_k\in L\}$（注意，我们的符号 Σ^* 是和这个定义一致的）。证明 **NP** 在 Kleene 星下封闭。对 **P** 也证明同一个问题。

7.4.7　**问题**：证明 **NP**$\neq$**SPACE**(n)。（我们完全不知道这两个集合是否一个包含另外一个，但是我们确实肯定它们不一样！显然，在某种运算下封闭性必须用到。）

7.4.8　**问题**：重新定义时间层次定理 7.1，证明如果 $f(n)$ 是真函数，则 **TIME**($f(n)$) 是 **TIME**($f(n)\log^2 f(n)$)的真子集。（见问题 2.8.9，用 2 带通用图灵机 U_f。事实上，只要任何函数增长速度比 $\log f(n)$ 快，都可以作为乘数）。

7.4.9　**问题**：证明空间层次定理 7.2。是否还需要因子 $\log f(n)$？

7.4.10　**问题**：我们也有非确定性时间和空间的谱系定理；见：

○ S. A. Cook. "A Hierarchy for nondeterministic time complexity," J. CSS, 7, 4. pp. 343-353, 1973.

○ J. I. Seiferas, M. J. Fisher, and A. R. Meyer. "Refinements of Nondeterministic time and space hierarchies," *Proc. 14th IEEE Symp. on the Foundations of Computer Science*, pp. 130-137, 1973.

和问题 20.2.5。这个层次定理事实上比它对应于确定性层次的定理还要紧，这要追踪到问题 2.8.17：假设非确定性图灵机只有两条带而不危害它的时间性能。

7.4.11　**问题**：叙述和证明空间的间隙定理。而且，证明当我们用任何递归函数代替 2^n 时，间歇定理还是成立的。

间歇定理出自

○ B. A. Traktenbrot. "Turing computations with logarithmic delay," *Algebra i Logicka*, 3, 4. pp. 33-48, 1964.

而

○ A. Borodin. "Computational complexity and the existence of complexity gaps," *J. ACM 19*, 1, pp. 158-174, 1972.

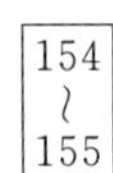

也独立地重新发现了该定理。

7.4.12　**Blum 复杂度**　时间和空间是计算"复杂度"的仅有的两个例子。一般情况下，假设我们有一个函数 Φ，可能对许多自变量没有定义，映射图灵机-输入对到非负整数。假设 Φ 满足下述两个公理：

公理 1：$\Phi(M,x)$ 有定义当且仅当 $M(x)$ 有定义。

公理 2：给定 M、x 和 k，可以判定是否 $\Phi(M,x)=k$。

则 Φ 称为*复杂性测度*。这个简洁的复杂性提法在文献

○ M. Blum. "A Machine-independent theory of the complexity of recursive functions," *J. ACM 14*, 2, pp. 322-336, 1967.

里得到发展。

(a) 证明空间和时间是复杂性测度（注意，从上下文来看，我们并没有对所有同长度的串取时间或空间的最大化，而是留给各个串独立定义）。也对非确定性空间和时间定义复杂性测度。

(b) 证明：*墨迹*（计算过程中，一个方格[⊖]被不同的符号重复写了多少次）也是一个复杂性测度。

(c) 证明：*回返*（计算时，读写头改变移动方向的次数）也是复杂性测度。

⊖ 原文用"symbol"，但是译者认为译为图灵机带上的方格较为妥当。——译者注

(d) 证明：碳迹（计算过程中，一个方格[⊖]被相同的符号重复写了多少次）不是一个复杂性测度。

我们已经在本章定理中看到了四个常规的复杂性测度。这些结果是更大模式的一部分。

(e) 证明：如果 Φ 和 Φ' 是两个复杂性测度，则存在一个递归函数 b，对所有图灵机 M 和所有 x，有 $\Phi(M,x)\leqslant b(\Phi'(M,x))$。

(f) 证明：间隙定理对任何复杂性测度成立。

7.4.13 **加速定理** 原则上，算法和复杂性理论驱使我们对每个计算问题确定最快速的算法去解答它。在图灵机模型里，具有任意多的字符和状态空间，我们知道没有单一的算法，因为任何图灵机都可以用一个常数加速（见定理2.2）。下面的结果来自

○ M. Blum. "On effective procedures for speeding up algorithms," *J. ACM 18*, 2, pp. 290-305, 1971.

证明了对某语言而言任意加快速是可能的：

证明：有一个语言 L，使得对每个在空间 $f(n)$ 中判定 L 的图灵机，总能在空间 $g(n)$ 内判定 L，这里 $g(n)\leqslant \log f(n)$ 对几乎所有的 n 都满足（定义函数 T 为：$T(1)=2$，$T(n+1)=2^{T(n)}$）。即 $T(n)$ 是 n 个2在指数位置堆砌而成的幂。小心地定义 L 为：(a) 对所有 k，有一个图灵机判定它，用少于 $T(n-k)$ 空间于长度为 n 输入上，而且如果 $L(M_i)=L$，则 M_i 要求对于某些长度为 n 的输入，至少用 $T(n-i)$ 空间）。

156

7.4.14 请参见

○ J. Seiferas. "Machine-independent complexity theory," pp. 163-186 in *The Handbook of Theoretical Computer Science*, *Vol. I*: *Algorithms and Complexity*, edited by J. van Leeuwen, MIT Press, Cambridge, Massachusetts, 1990.

可以更多地了解 Blum 复杂性。

7.4.15 为了在实数轴从1开始到达0，我们必须先到达中点1/2。为了在余下的距离内巡游，我们必须通过中点1/4。如此不断下去……古代希腊哲学家 Zeno of Elea 考虑这个中点无限序列是一个移动是不可能的论断的证据（显然，他忽略了一个细节：无限正实数可以有有限的和）。Savitch 算法基于如下事实：在离散情况下，中点序列只是对数长。

7.4.16 定理7.5出自 Walt Savitch 的文章：

○ W. J. Savitch. "Relationship between nondeterministic and deterministic tape classes," *J*, *CSS*, *4*, pp. 177-192, 1970.

Immerman-Szelepcsényi 定理（定理7.6）是被

○ N. Immerman. "Nondeterministic space is closed under complementation," *SIAM J. Computing*, *17*, pp. 935-938, 1988.

○ R. Szelepcsényi. "The method of forcing for nondeterministic automata," *Bull. of the EATCS*, *33*, pp. 96-100, 1987.

分别独立发表的。

7.4.17 时空关系 我们有 $\mathbf{TIME}(f(n))\subseteq\mathbf{SPACE}(f(n))$。下述文章

○ J. E. Hopcroft, W. J. Paul, and L. G. Valiant. "On time vs. Space and related problems," *Proc. 16th Annual IEEE Symp on the Foundations of Computer Science*, pp. 57-64, 1975.

证明对于一个真函数 f，$\mathbf{TIME}(f(n))\subseteq\mathbf{SPACE}\left(\frac{f(n)}{\log f(n)}\right)$。该证明规范化了一个 $f(n)$ 时间界的图灵机，输入 x，分割串为尺寸 $\sqrt{f(|x|)}$ 的块。该机器是以块为单位的，即块的边界要被跨过，仅当步数为 $\sqrt{f(|x|)}$ 的整数倍。

(a) 证明一个 $f(n)$ 时间界的具有 k 带的图灵机总能改造成以块为单位而不增加时间复杂性。一个

⊖ 原文用"symbol"，但是译者也认为译为图灵机带上的方格较为妥当。——译者注

以块为单位的具有 k 带的图灵机在输入 x 上的操作可以用一个图来表示，该图具有 $\sqrt{f(|x|)}$ 个结点，每个结点的入度/出度数为 $\mathcal{O}(k)$。结点被看成长度为 $\sqrt{f(|x|)}$ 的计算，边看成"信息流"。即（B，B'）是一条边，当且仅当从块段 B 中的信息必须执行块段 B' 中的计算。

（b）精细地定义图 $G_M(x)$，阐述它是无回路的有向图。

M 在 x 上限定空间上进行的计算可以看成图 $G_M(x)$ 的用尺寸为 $\sqrt{f(|x|)}$ 的"寄存器"的"计算"。157其要点是用尽可能少的重复再计算的寄存器。

（c）精细地定义什么是具有 R 个寄存器的有向无回路图计算。证明任何一个具有 n 个结点的具有有界入度和出度的有向无回路图可以用 $\mathcal{O}(n/\log f(n))$ 寄存器计算（这是证明中最为困难的部分，它涉及深刻的"分治法"技术）。

（d）证实 $\mathbf{TIME}(f(n))\subseteq\mathbf{SPACE}\left(\frac{f(n)}{\log f(n)}\right)$。（用上述（c）去猜测计算 $G_M(x)$ 上的计算，然后应用 Savitch 定理）。

（e）证明对单带机 M，$G_M(x)$ 总是平面图。由此，我们能得到单带机时间和空间的什么关系呢？158（首先证明平面图可以用 $\mathcal{O}(\sqrt{n})$ 个寄存器计算。）

归约和完备性

某些问题抓住了整个复杂性类的难点。逻辑在这个强烈吸引人的现象中起了中心作用。

8.1 归约

与所有复杂性类一样，**NP** 包含无穷多个语言。在本书我们所提到的问题和语言中，**NP** 包含 TSP(D)（见 1.3 节）和布尔表达式的 SAT 问题（见 4.3 节）。此外，**NP** 肯定包含 REACHABILITY 和 4.3 节的 CIRCUIT VALUE（都在 **P** 中，因此肯定在 **NP**）。显然，前面两个问题比后面两个问题更值得 **NP** 表达。它们似乎抓住了更为要害的 **NP** 的复杂性和能力，知道它们不（或相信它们不）属于 **P**。我们将设法使这个直觉成为精确和数学上可以证明的概念。

我们需要使一个问题至少与另外一个问题一样难的含义成为精确的概念。我们提出归约这个概念（见 1.2 节和 1.3 节的讨论）。我们打算说：一个问题 A 至少和问题 B 一样难，如果 B 归约到 A。什么叫"归约"? 我们说 B 归约到 A，如果存在一个转换 R，它对每个 B 的输入 x，产生一个 A 的等价输入 $R(x)$。这里"等价"指的是将 $R(x)$ 作为 A 的输入，回答"yes"或"no"，也是 B 的输入 x 的正确的回答。换句话说，解答 B 相对于 x 的回答，我们只需要计算 A 对于 $R(x)$ 的回答（见图 8.1）。

如果图 8.1 的情景成为事实，它似乎有理由地说：A 是至少和 B 一样难。这里有个附带条件：R 应当不是异常难计算的。如果我们不限制计算 R 的复杂性，我们将进入不合理的境界：TSP(D) 归约到 REACHABILITY，因此 REACHABILITY 比 TSP(D) 还难！事实上，假设 TSP(D) 的任何实例 x（即，一个距离矩阵和一个预算），我们可以用下述归约：检查所有回路。如果它们中的一个比预算便宜，则 $R(x)$ 是两个结点和连接它们的边组成的图；否则，它是一个二结点图但没有边。注意：事实上，$R(x)$ 是 REACHABILITY 的"yes"情况当且仅当 x 是 TSP(D) 的"yes"情况。当然，致命的缺陷为 R 是一个指数 - 时间的算法。

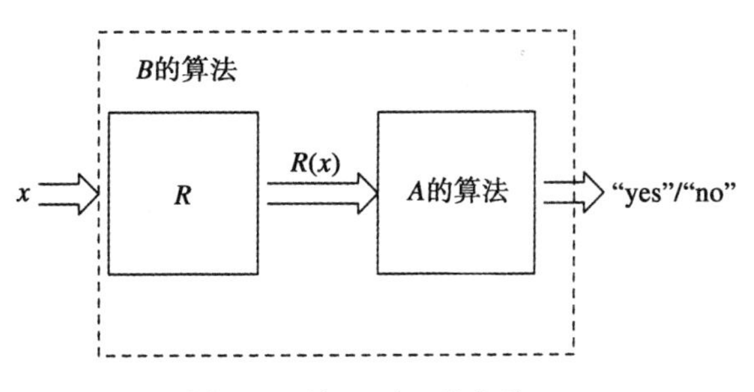

图 8.1 从 B 到 A 的归约

定义 8.1 正如我们前面指出的，为使得归约的概念有意义，它的计算是弱的计算。我们将采用 $\log n$ 空间界归约作为"有效归约"的概念。也就是，我们说 L_1 归约到 L_2，如果有一个从串到串的确定性图灵机在 $\mathcal{O}(\log n)$ 空间可计算的函数 R，它对所有输入 x，$x \in L_1$ 当且仅当 $R(x) \in L_2$。称 R 为 L_1 到 L_2 的归约。 □

因为我们重点是比较时间类的复杂性，所以重点说明多项式时间算法的归约。

性质 8.1 如果 R 是图灵机 M 所计算的归约，则对所有输入 x，M 在多项式步后停机。

证明：M 对输入 x 的可能格局有 $\mathcal{O}(nc^{\log n})$ 个，$n=|x|$。因为机器是确定性的，所以计算中格局不会重复（如果有重复，机器就不会停机）。于是，对某个 k 计算的长度至多为 $\mathcal{O}(n^k)$。 □

160

当然，因为输出串 $R(x)$ 在多项式时间计算出来，所以它的长度也是多项式的（因为每步至多输出一个新符号）。下面，我们看归约的多个有趣的例子。

例 8.1 回顾例 5.12 中简略讨论过的 HAMILTON PATH 问题。给定一个图，它询问是否存在一条路径，恰好经过每个点一次。虽然 HAMILTON PATH 问题是很难的，但我们证明至少和 SAT（对于给定的布尔表达式，是否有一个满足真值指派）一样难：我们指出 HAMILTON PATH 问题可以归约到 SAT 问题。下面我们来描述这个归约。

假设给定图 G。我们将构造一个布尔表达式 $R(G)$，使得 $R(G)$ 是可满足的当且仅当 G 有哈密顿路径。设 G 有 n 个结点 $1,2,\cdots,n$。则 $R(G)$ 有 n^2 个布尔变量，$x_{i,j}$：$1\leqslant i,j\leqslant n$。从形式上，变量 v_{ij} 表示事实“结点 j 在哈密顿路径的第 i 个结点”，它可能为真也可能为假。R（G）将是合取范式，故我们将描述它的子句。这些子句将琢磨出对诸 x_{ij} 的要求，使它们编码成一个真正的哈密顿路径。首先，结点 j 必须在哈密顿路径上，即在子句（$x_{1j}\vee x_{2j}\vee\cdots\vee x_{nj}$）中。对每个 j，有一个这样的子句。但是结点 j 不能同时出现在第 i 和第 k 个位置，它重复地对所有 j 和 $i\neq k$，用子句（$\neg x_{ij}\vee\neg x_{kj}$）来表示。反过来，必须有一个结点位于第 i 个位置，于是我们为每个 i 增加子句（$x_{i1}\vee x_{i2}\vee\cdots\vee v_{in}$）。而且没有两个结点都位于第 i 位置，即对所有 i 和 $j\neq k$，有（$\neg x_{ij}\vee\neg x_{ik}$）。最后，对每对 (i,j)，如果它们不构成 G 的边，那么它们不能成为哈密顿路径中的相邻结点。因此给不在 G 中的每对（i,j）增加下面的子句：$(\neg x_{ki}\vee\neg x_{k+1,j})(k=1,\cdots,n-1)$。这就完成了全部构造。布尔表达式 $R(G)$ 是所有这些子句的合取。

我们断言：R 是一个从 HAMILTON PATH 到 SAT 的归约。为证明这个论断，我们必须做两件事：对于任何图 G，表达式 $R(G)$ 有一个可满足的真值指派当且仅当 G 有一个哈密顿路径，而且 R 可以在空间 $\log n$ 内计算出。

假设 $R(G)$ 有一个可满足的真值指派 T，因为 T 满足 $R(G)$ 的所有子句，所以对于每个 j，存在唯一的 i，使得 $T(x_{ij})=$**真**；否则，形为（$x_{1j}\vee x_{2j}\vee\cdots\vee v_{nj}$）和（$\neg x_{ij}\vee\neg x_{kj}$）的子句不可能都满足。类似地，子句（$x_{i1}\vee x_{i2}\vee\cdots\vee v_{in}$）和（$\neg x_{ij}\vee\neg x_{ik}$）确保对每个 i，总有唯一的 j，使得 $T(x_{ij})=$**真**。因此 T 实际上表示 G 的结点的一个置换 $\pi(1),\pi(2),\cdots,\pi(n)$，这里 $\pi(i)=j$ 当且仅当 $T(x_{ij})=$**真**。然而，子句（$\neg x_{k,i}\vee\neg x_{k+1,j}$）（这里（$i,j$）不是 G 的边，$k=1,\cdots,n-1$）确保对所有 k，$(\pi(k),\pi(k+1))$ 是 G 的一条边。这就意味着 $(\pi(1),\pi(2),\cdots,\pi(n))$ 是 G 的一条哈密顿路径。

161

反之，如果 G 有一条哈密顿路径 $(\pi(1),\pi(2),\cdots,\pi(n))$（$\pi$ 是一个置换）。那么，如果 $\pi(i)=j$，则真值指派 $T(x_{ij})=$**真**；如果 $\pi(i)\neq j$ 则 $T(x_{ij})=$**假**，这样的真值指派满足 $R(G)$ 的所有子句。

我们还必须指明 R 是空间 $\log n$ 可计算的。假设 G 是输入，图灵机 M 如下输出 $R(G)$：首先它以二进制写下 G 的结点个数 n，然后基于 n，它在输出带上生成四组和 G 无关的子句（按照前面关于 $R(G)$ 的描述）。最后，M 需要三个计数器 i，j，k，帮助构造子句中变量的下标。对于最后一组子句，它和 G 相关，M 在工作带上逐一产生所有形为（$\neg x_{ki}\vee\neg x_{k+1,j}$）

的字句（$k=1,\cdots,n-1$）。在这些子句产生之后，M 观察其输入，看看（i,j）是否是 G 的边，如果不是，则输出这个子句。这就完成我们的证明，HAMILTON PATH 能归约到 SAT。

在本书中，我们将看到更多的归约。但是目前给出的归约是其中最简单和最清楚的一个。所产生的子句以直接和自然的方式表达了 HAMILTON PATH 的要求，证明仅仅需要核查这些转换是精确的。因为 SAT（“目标”问题）是从逻辑启发出来的问题，所以人们不难理解它可以很有效地“表达”其他问题：毕竟，可表达性是逻辑的最强项。　□

例 8.2　我们还能够归约 REACHABILITY 到 CIRCUIT VALUE（逻辑引起的另外一个问题）。我们给定图 G，希望构造一个无变量电路 $R(G)$，使得 $R(G)$ 的输出为**真**当且仅当 G 存在一条从结点 1 到结点 n 的路径。

$R(G)$ 的门形为 $g_{ijk}(1\leqslant i,j\leqslant n、0\leqslant k\leqslant n)$ 直觉上，$g_{ijk}=$**真**当且仅当 G 中存在一条从 i 到 j 的路径，其中中间结点不大于 k。另一方面，$h_{ijk}=$**真**当且仅当 G 中存在一条从 i 到 j 的路径，中间结点不大于 k，但使用 k 作为中间结点。我们将描述每个门的类型和前驱。对 $k=0$，所有 g_{ij0} 是输入门（h_{ij0} 是不存在的）。特别地，$g_{ij0}=$**真**当且仅当 $i=j$ 或者（i,j）是 G 的一条边；否则，$g_{ij0}=$**假**。这是 G 在 $R(G)$ 中的反映。对 $k=1,\cdots,n,h_{ijk}$ 是 AND 门（即，$s(h_{ijk})=\wedge$），它的前驱是 $g_{i,k,k-1}$ 和 $g_{k,j,k-1}$（即 $R(G)$ 有两条边（$g_{i,k,k-1}$，h_{ijk}）和（$g_{k,j,k-1},h_{ijk}$）。同样，对 $k=1,\cdots,n,h_{ijk}$ 是 OR 门，$R(G)$ 有两条边（$g_{i,j,k-1}$，g_{ijk}）和（h_{ijk},g_{ijk}）。最后，g_{1nn} 是输出门。这就完成了 $R(G)$ 的描述。

容易看出，$R(G)$ 是一个合理的无变量电路，其门可以重新命名为 $1,2,\cdots,2n^3+n^2$（从第三个下标非递减排列），使得边从低数字下标门到高数字下标门，入度也依次排列（注意，R 中没有 NOT 门）。下面，我们将指出，$R(G)$ 输出门的值为**真**当且仅当 G 有一条从 1 到 n 的路径。　162

我们对 k 进行归纳，门的值事实上是前面非形式化描述的含义。当 $k=0$ 时，此断言为真，并且如果到 $k-1$ 还为真，则 h_{ijk} 定义为（$g_{i,k,k-1}\wedge g_{k,j,k-1}$）和 g_{ijk} 定义为（$h_{ijk}\vee g_{i,j,k-1}$）确保断言对 k 也正确。因此，输出门 g_{1nn} 是**真**当且仅当如果有一条从 1 到 n 的路径没有用到任何超过 n 的结点（事实上，根本就没有），也就是说，当且仅当 G 中有一条从 1 到 n 的路径。

而且，R 能在 $\log n$ 空间内计算。机器可以遍及所有下标 i、j、k，并且输出合适的边和各类变量。因此，R 是从 REACHABILITY 到 CIRCUIT VALUE 的归约。

注意电路 $R(G)$ 是从 REACHABILITY 的一个多项式时间算法中导出的，它就是著名的 Floyd-Warshall 算法。今后，我们还将看到，运用多项式时间算法作为无变量电路是相当通用的模式。特别是，它没有用到 **NOT** 门，因此是单调电路（见问题 4.4.13 和问题 8.4.7）。最后，注意构造的电路有线性于 n 的深度（从输入到输出的最长路径长度）。在第 15 章，我们将展示同一问题的更“短”的电路。　□

例 8.3　我们也能归约 CIRCUIT SAT（见 4.3 节）到 SAT。给出电路 C，我们要产生一个布尔表达式 $R(C)$，使得 $R(C)$ 是可满足的当且仅当 C 是可满足的。但是，这不难做到，因为表达式和电路是布尔函数的表现形式，相互之间进行转换很容易。$R(C)$ 的变量包含 C 中的所有变量，除此以外，对于 C 中的每个门 g，我们在 $R(C)$ 中也有一个变量，它标志为 g。对 C 中的每个门，我们将产生 $R(C)$ 某个子句。如果 g 是一个可变门，它对应于变量 x，则我们增加两个子句（$\neg g\vee x$）和（$\neg x\vee g$）。注意，任何真值指派 T

(同时满足两个子句) 必须有 $T(g)=T(x)$。另外，$(\neg g \vee x) \vee (\neg x \vee g)$ 是 $g \Leftrightarrow x$ 的合取范式。如果 g 是**真**门，则我们增加子句 (g)；如果它是**假**门，我们增加子句$\neg g$)。如果 g 是 **NOT** 门，它在 C 中的前驱是门 h，我们增加门 $(\neg g \vee \neg h)$ 和 $(g \vee h)$ (形为 $(g \Leftrightarrow \neg h)$ 的合取范式。如果 g 是一个 **OR** 门，其前驱为 h 和 h'，则我们给 $R(C)$ 增加子句 $(\neg h \vee g)$、$(\neg h' \vee g)$ 和 $(h \vee h' \vee \neg g)$ ($g \Leftrightarrow (h \vee h')$ 的合取范式)。类似地，如果 g 是一个 **AND** 门，具有前驱 h 和 h'，则我们给 $R(C)$ 增加子句 $(\neg g \vee h)$、$(\neg g \vee h')$ 和 $(\neg h \vee \neg h' \vee g)$。最后，如果 g 也是输出门，我们给 $R(C)$ 增加子句 (g)。容易看出：$R(C)$ 是可满足的当且仅当 C 是可满足的，且在 $\log n$ 空间内构造出来。 □

163

例 8.4 一个平凡而又是非常有用的归约是部分到一般的归约。如果 A 的输入包含易于识别的 B 的输入的子集，而且那些 A 和 B 的输入有相同的回答，则我们非形式化地称问题 A 是问题 B 的特殊情况。例如，CIRCUIT VALUE 是 CIRCUIT SAT 的特殊情况：它的输入全都是无变量电路；CIRCUIT VALUE 和 CIRCUIT SAT 中的电路有相同的回答。另外，CIRCUIT SAT 是 CIRCUIT VALUE 的扩展。注意，从 CIRCUIT VALUE 到 CIRCUIT SAT 的归约是平凡的，它就取恒等函数即可。 □

上例子中，有一个归约链：从 REACHABILITY 到 CIRCUIT VALUE，到 CIRCUITSAT，到 SAT。我们是否有从 REACHABILITY 到 SAT 的归约呢？复合归约需要一些证明：

性质 8.2 如果 R 是从语言 L_1 到 L_2 的归约，R'是从语言 L_2 到 L_3 的归约，则 $R \cdot R'$ 是从语言 L_1 到 L_3 的归约。

证明：从 R 和 R'是归约这一事实直接得知，$x \in L_1$ 当且仅当 $R'(R(x)) \in L_3$。难点在于证明 $R \cdot R'$能在 $\log n$ 空间内计算。

首先，用输入和输出构成两个机器，M_R 和 $M_{R'}$，分别计算 R 和 R' (见图 8.2)，这样 $R(x)$ 先产生，从它得到最后的输出 $R'(R(x))$。而且，复合机器 M 必须将 $R(x)$ 写在工作带上，$R(x)$ 可能比 $\log|x|$ 长很多。

这个问题的解决是聪明和简单的，我们在 M 的带上不直接存储中间结果。我们用自始至终记住 $M_{R'}$ 的输入串 (即是 M_R 的输出串) 下标 i 位置，在输入 $R(x)$ 上模拟 $M_{R'}$。i 在 M 新串上以二进制存储。开始，$i=1$，我们以一个单独的串集合开始模拟 M_R 在输入 x 的计算。

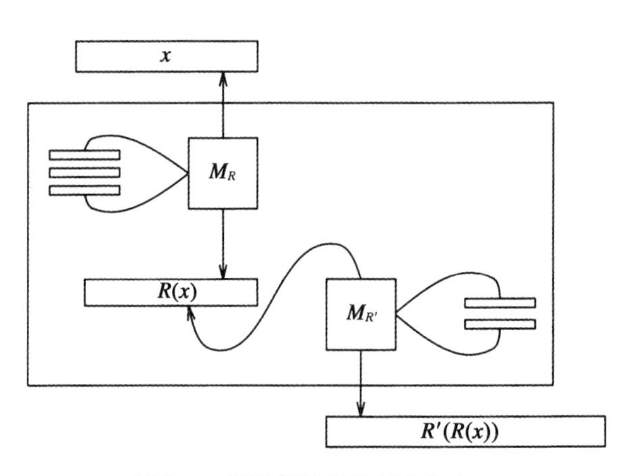

图 8.2 怎样能够避免复合归约

因为我们知道输入读写头在开始时扫描一个 ▷，模拟 $M_{R'}$ 的第一步移动是容易的。无论何时，$M_{R'}$ 输入串的读写头向右移动，我们将 i 增加 1，并且继续机器 M_R 在 x 上的计算 (在单独串集合上) 足够长，以便产生下一个输出符号。这是被 $M_{R'}$ 的输入读写头当前扫描到的符号，因此模拟就如此进行下去。如果读写头停在相同位置，则我们仅仅记住扫描到的输入符号。然而，如果 $M_{R'}$ 输入读写头向左移动，没有现成的模拟可以继续，因为 M_R 已经忘记了前面输出的符号。我们必须做一些更为基本的事情：我们把 i 递减 1，然后从头开始在 x 上运

行 M_R，在单独的带上累计输出的符号，当输出第 i 个符号时，停止运行。一旦我们知道该符号，对 $M_{R'}$ 的模拟就可以重新开始。显然，该机器的确在 $\log n$ 空间内计算 $R' \cdot R$（注意，$|R(x)|$ 至多是 $n=|x|$ 的多项式，故 i 仅有 $\mathcal{O}$（$\log n$）位）。 □

8.2 完全性

因为归约具有传递性，所以它使问题按照难解性排序。我们提别对这个偏序的最大元感兴趣：

定义 8.2 设 $\mathcal{C}$ 是复杂性类，L 是 $\mathcal{C}$ 中的语言。我们说 L 是 $\mathcal{C}$ 完全的，如果 $\mathcal{C}$ 中任何语言 L' 都能归约到 L。 □

虽然无法预先知道完全问题是否存在，但我们将很快指出某些自然和熟悉的问题是 **NP** 完全的，还有些是 **P** 完全的。在随后的章节里，我们还将引入 **PSPACE** 完全问题、**NL** 完全问题等更多的完全性问题。

164
~
165

完全问题构成复杂性理论中极端中心的概念和方法学工具（NP 完全问题或许是最好的例子）。我们觉得只有知道某问题是它所属于的问题类中的完全问题，我们才能完全了解和清楚该问题的复杂性。另一方面，完全问题抓住了类的本质和困难。它们是连接复杂性类在计算复杂性实践航程的生命和港湾锚舵。例如，重要的和自然的问题是某类完全的，它们的存在使得原来的定义从不清楚变得有意义（**NP** 类就是如此）。相反，缺少自然的完全问题使得该类被怀疑为人造的和多余的。然而，完全性常见的应用是它的负面复杂性结果：一个完全问题至少像 $\mathcal{C}$ 中所有问题中最弱的一类 $\mathcal{C}' \subseteq \mathcal{C}$——只要 $\mathcal{C}'$ 在归约下封闭。如果，无论何时，当 L 归约到 L' 且 $L' \in \mathcal{C}'$ 时，也有 $L \in \mathcal{C}'$，我们就称类 $\mathcal{C}'$ 在归约下封闭。具有这种有趣性质的所有类是：

性质 8.3 **P**、**NP**、**co-NP**、**L**、**NL**、**PSPACE** 和 **EXP** 都在归约下封闭。

证明：见问题 8.4.3。 □

因此，如果一个 **P** 完全问题在 **L** 中，则 **P**=**L**，而且如果它在 **NL** 中，则 **P**=**NL**。如果一个 **NP** 完全问题在 **P** 中，则 **P**=**NP**，等等。在这个意义下，完全问题是衡量复杂性类是否相重合的重要工具：

性质 8.4 如果两个类 $\mathcal{C}$ 和 $\mathcal{C}'$ 同时在归约下封闭，而且语言 L 对 $\mathcal{C}$ 和 $\mathcal{C}'$ 都是完全的，那么 $\mathcal{C}=\mathcal{C}'$。

证明：因为 L 是 $\mathcal{C}$ 完全的，所有 $\mathcal{C}$ 中语言归约到 $L \in \mathcal{C}'$。又因为 $\mathcal{C}'$ 在归约下封闭，所以推出 $\mathcal{C} \subseteq \mathcal{C}'$，根据对称性，推出另一个方向的包含关系。 □

这个结果说明在复杂性研究中，完全性问题的有用方面。我们将在第 16、19 和 20 章里多次用这个方法来识别类。

为了说明第一个 **P** 完全和 **NP** 完全问题，我们采用理解时间复杂性的有用方法，它叫作表格法（见空间复杂性的可达性方法）。考虑一个多项式时间的图灵机 $M=(K,\Sigma,\delta,s)$ 判定语言 L，它在输入 x 上的计算可以看成一个 $|x|^k \times |x|^k$ 计算表（见图 8.3），$|x|^k$ 是时间界。在这个表格中，横坐标是时间步（范围从 $0 \sim |x|^k-1$），纵坐标是机器带上的位置（同样范围）。于是，第（i,j）表项表示在时刻 i 即经过 i 步之后，M 带上第 j 个位置上的内容。

166

我们将计算表稍做标准化，使之更为简单和灵活。因为我们知道任何 k 带图灵机能用单带机模拟，不失一般性，可以认为 M 是多项式时间单带机，对任何输入 x，它至多在

▷	0_s	1	1	0	⊔	⊔	⊔	⊔	⊔	⊔	⊔	⊔	⊔	⊔	⊔
▷	▷	1_{q_0}	1	0	⊔	⊔	⊔	⊔	⊔	⊔	⊔	⊔	⊔	⊔	⊔
▷	▷	1	1_{q_0}	0	⊔	⊔	⊔	⊔	⊔	⊔	⊔	⊔	⊔	⊔	⊔
▷	▷	1	1	0_{q_0}	⊔	⊔	⊔	⊔	⊔	⊔	⊔	⊔	⊔	⊔	⊔
▷	▷	1	1	0	$\sqcup_{q_0}$	⊔	⊔	⊔	⊔	⊔	⊔	⊔	⊔	⊔	⊔
▷	▷	1	1	$0_{q_0'}$	⊔	⊔	⊔	⊔	⊔	⊔	⊔	⊔	⊔	⊔	⊔
▷	▷	1	1_q	⊔	⊔	⊔	⊔	⊔	⊔	⊔	⊔	⊔	⊔	⊔	⊔
▷	▷	1_q	1	⊔	⊔	⊔	⊔	⊔	⊔	⊔	⊔	⊔	⊔	⊔	⊔
▷	$\triangleright_q$	1	1	⊔	⊔	⊔	⊔	⊔	⊔	⊔	⊔	⊔	⊔	⊔	⊔
▷	▷	1_s	1	⊔	⊔	⊔	⊔	⊔	⊔	⊔	⊔	⊔	⊔	⊔	⊔
▷	▷	▷	1_{q_1}	⊔	⊔	⊔	⊔	⊔	⊔	⊔	⊔	⊔	⊔	⊔	⊔
▷	▷	▷	1	$\sqcup_{q_1}$	⊔	⊔	⊔	⊔	⊔	⊔	⊔	⊔	⊔	⊔	⊔
▷	▷	▷	$1_{q_1'}$	⊔	⊔	⊔	⊔	⊔	⊔	⊔	⊔	⊔	⊔	⊔	⊔
▷	▷	$\triangleright_q$	⊔	⊔	⊔	⊔	⊔	⊔	⊔	⊔	⊔	⊔	⊔	⊔	⊔
▷	▷	▷	$\sqcup_s$	⊔	⊔	⊔	⊔	⊔	⊔	⊔	⊔	⊔	⊔	⊔	⊔
▷	▷	▷	“yes”	⊔	⊔	⊔	⊔	⊔	⊔	⊔	⊔	⊔	⊔	⊔	⊔

图 8.3 计算表

$|x|^k-2$步停机（我们取 k 足够大，使得对于所有$|x|\geqslant 2$ 都成立，而且对$|x|\leqslant 1$ 不予考虑）。计算表添加足够多的⊔使右端总长度为$|x|^k$。因为图灵机带在计算时用⊔扩展，此计算表的添加没有背离我们的约定。注意，实际的计算囿于时间限制永不会超越表格的右端。如果时刻 i 时状态为 q，读写头扫描到第 j 位置，则表格中第 (i,j) 项不仅仅表示在时刻 i，第 j 位置为符号 σ，而且表示新符号 σ_q，然后将读写头位置和状态也恰当地记录下来。然而，如果状态 q 是“yes”或者“no”，则不再写符号 σ_q，而是在表格内简单地写上“yes”或者“no”。

我们进一步修改机器，使得读写头不指向▷，而是指向输入的第一个符号。而且，读写头永远不访问最左边的符号▷，因为这样的访问必然紧跟着一个右移，当读写头移动到最左端▷时，机器就运行前面叠加起来的两个移动。于是计算表的每行的第一个字符总是▷(永远不是$\triangleright_q$)。最后，我们将假设，如果机器在时间界 n^k 之前停机，状态 q 是“yes”或者“no”出现在某行，则随后的各行都保持相同。我们说这个表格是*可接受的*，如果对某个 j，$T_{|x|^k-1,j}=$ “yes”。

167

例 8.5 回顾例 2.3 中时间为 n^2 的判定回文的机器。我们用图 8.3 表示其输入为 0110 的计算表。那是一个可接受的表。 □

下面的结果直接出自计算表的定义。

性质 8.5 M 接受 x 当且仅当 M 的计算表对于输入 x 是接受的。 □

我们现在进行到第一个完全性成果。

定理 8.1 CIRCUIT VALUE 是 **P** 完全的。

证明： 我们知道 CIRCUIT VALUE 属于 **P**（见定义 8.2，这是一个问题是 **P** 完全的先决条件）。我们将证明对于任何语言 $L\in\mathbf{P}$，有一个从 L 到 CIRCUIT VALUE 的归约 R。

给定任何输入 x，$R(x)$ 必须是一个无变量的电路，使得 $x\in L$ 当且仅当 $R(x)$ 的值是**真**。设 M 是一个在时间 n^k 内判定 L 的图灵机，考虑 M 在输入 x 上的计算表，叫作 T。当$i=0$，或者 $j=0$，或者 $j=|x|^k-1$ 时，则 T_{ij} 的值是*预知的*（x 的第 j 个符号或者为⊔，或为▷，或为⊔）。

现在考虑表中 T_{ij} 的任何其他项。T_{ij} 的值反映了在时刻 i 带在位置 j 的内容，它仅仅依赖于时刻 $t-1$ 在相同位置的内容或者相邻位置的内容。也就是，T_{ij} 仅仅依赖于项 $T_{i-1,j-1}$、$T_{i-1,j}$和 $T_{i-1,j+1}$（见图 8.4a）。例如，如果所有三项都是 Σ 中的符号，则这意

味着第 i 步的读写头不指向带的第 j 个位置或者不指向其附近，因此 T_{ij} 保持和 $T_{i-1,j}$ 相同。如果 $T_{i-1,j-1}$、$T_{i-1,j}$ 和 $T_{i-1,j+1}$ 三者之一形为 σ_q，则 T_{ij} 可能是在第 i 步写的新符号，或者如果读写头移动至位置 j 而形为 σ_q，或者还是和 $T_{i-1,j}$ 相同的符号。在所有情况下，我们只需要根据 $T_{i-1,j-1}$、$T_{i-1,j}$ 和 $T_{i-1,j+1}$ 来确定 T_{ij}。

令 Γ 表示能出现在表格中的所有符号的集合（机器 M 的符号，或者符号状态的组合），用向量 $(s_1, s_2, \cdots, s_m)=\sigma \in \Gamma(s_1, s_2, \cdots, s_n \in \{0,1\})$ 编码 Γ 中每个符号，而 $m=\lceil \log|\Gamma| \rceil$，计算表被认为是二进制数项 $S_{ij\ell}$ 的表格，其中 $0 \leqslant i \leqslant n^k-1, 0 \leqslant j \leqslant n^k-1$ 和 $1 \leqslant l \leqslant m$。根据前段的观察，二进制项 $S_{ij\ell}$ 仅仅依赖于 $S_{i-1,j-1,\ell'}$、$S_{i-1,j,\ell'}$ 和 $S_{i-1,j+1,\ell'}$，$\ell'=1,\cdots,m$。即，它们是布尔函数 $F_1,\cdots,F_m$，具有 $3m$ 个输入，而且对所有 $i,j>0$

$$S_{ij\ell} = F_\ell(S_{i-1,j-1,1},\cdots,S_{i-1,j-1,m},S_{i-1,j,1},\cdots,S_{i-1,j+1,m})$$

168

（此刻，我们不区别**假**、**真**和 0、1，它们都称为布尔函数）。因为每个布尔函数可以用布尔电路呈现（回顾 4.3 节），所以就推出存在一个具有 $3m$ 输入和 m 输出的布尔电路 C，它计算 T_{ij} 的二进制编码，给定输入 $T_{i-1,j-1}$、$T_{i-1,j}$ 和 $T_{i-1,j+1}$ 的二进制编码，对所有的 $i=1,\cdots,|x|^k$ 和 $j=1,\cdots,|x|^k-2$（见图 8.4b）。电路 C 仅仅依赖 M，它是固定的，常数尺寸，与 x 的长度无关。

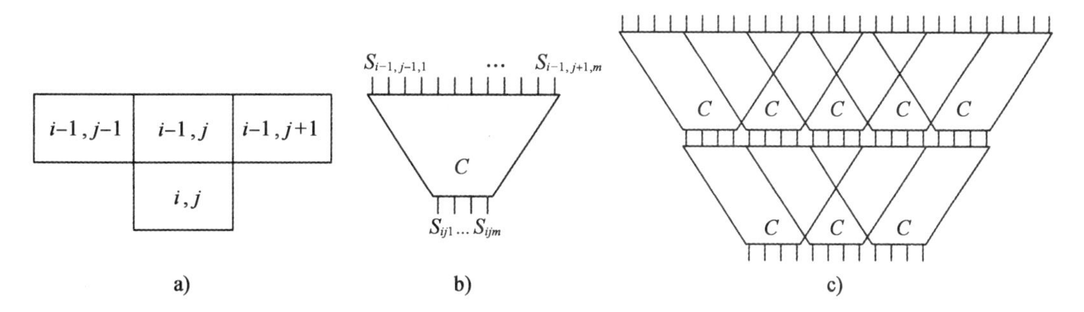

图 8.4　电路的构造

现在我们描述从 M 确定的 **P** 中语言 L 到 CIRCUIT VALUE 的归约 R。对于每个输入 x，$R(x)$ 基本上由电路 C 的 $(|x|^k-1)(|x|^k-2)$ 个副本组成（见图 8.4c），每一个对应计算表 T_{ij} 的每一项，它不在最高行，也不在两个极端列。我们标 C 的副本为 C_{ij}。对于 $i \geqslant 1$，C_{ij} 的输入门确认是 $C_{i-1,j-1}$、$C_{i-1,j}$ 和 $C_{i-1,j+1}$ 的输出门。整个电路的输入门是对应于第一行、第一列和最后一列的门。这些门的类（**真**或**假**）对应于这三条线的已知内容。最后，$R(x)$ 的输出门是电路 $C_{|x|^k-1,1}$ 的第一个输出（不失去一般性，我们假设 M 的第二条带总是停在“yes”或者“no”的位置，“yes”编码的第一位是 1，“no”的第一位是 0）。这就完成了 $R(x)$ 的描述。

我们断言电路 $R(x)$ 的值是**真**当且仅当 $x \in L$。假设 $R(x)$ 的值的确是**真**。容易通过对 i 的归约，电路 C_{ij} 的输出值拼写为 M 在 x 上计算表的二进制项。因为 $R(x)$ 的输出是**真**，这就意味着计算表的项 $T_{|x|^k-1}$ 是“yes”（因为它只可能是“yes”或者“no”，而“no”的编码以 0 为开始）。这就推出表是可接受的，于是 M 接受 x，从而 $x \in L$。

相反，如果 $x \in L$，则计算表是可接受的，于是符合原先的要求，电路 $R(x)$ 的值是**真**。

剩下要证明的是 R 可以在 $\log|x|$ 空间执行。注意，电路 C 是固定的，仅仅决定于 M。

R的计算产生了输入门（通过巡视x和计数到$|x|^k$容易得到），产生了许多固定电路C的下标副本和认证适当的输入以及这些副本的输出门——此任务涉及直接操作下标，因而容易在$\mathcal{O}(\log|x|)$空间内执行。□

在CIRCUIT VALUE里，我们允许在电路里用**AND**、**OR**和**NOT**门（当然，除此以外还有输入门）。结果是，**NOT**门可以被消除，问题仍然是**P**完全的。这是相当惊奇的，因为已知仅有**AND**和**OR**门的电路的表达能力比一般电路的表达能力减弱了：它们只能计算单调布尔函数（见问题4.4.13）。尽管单调电路表达能力远不及一般电路，但具有常数输入的单调电路和一般电路一样难以计算。为了了解这点，注意给出任何一般电路，我们能运用De Morgan定律逐步"向下移动所有**NOT**门"（基本上，对换所有**AND**和**OR**）直到输入端。于是，我们能简单地改变¬**真**为**假**（每次创造一个新的输入门），或者反之。改变¬ **假**为**真**（每次也创造一个新的输入门）。电路的改造显然只需对数空间。我们因此有：

169
≀
170

推论　MONOTONE CIRCUIT VALUE是**P**完全的。

对于CIRCUIT VALUE的其他特殊情况，见问题8.4.7。

下面我们证明第一个**NP**完全性的结果，大量地重用定理8.1中的机制。

定理8.2（Cook定理）　SAT是**NP**完全的。

证明：该问题在**NP**中的：给出一个可满足的布尔表达式，一个非确定性机器能"猜测"满足的真值指派，并在多项式时间内验证它。因为我们知道（例8.3）CIRCUIT SAT归约到SAT，所以我们需要证明所有**NP**中的语言可以归约到CIRCUIT SAT。

令$L\in$**NP**。我们将描述一个归约R，它对于每个串x，构造一个电路$R(x)$（其输入是变量或者常数）使得$x\in L$当且仅当$R(x)$是可满足的。因为$L\in$**NP**，所以有一个非确定性图灵机$M=(K,\Sigma,\Delta,s)$在n^k时间内判定它。即对于给定串x，有M的一个可接受计算当且仅当$x\in L$。我们假设M有且仅有一条带，而且，我们假设该机器的每一步有两个非确定性选择。如果对于某些状态符号组合，Δ有$m>2$个选择，我们修改M，增加$m-2$个新状态使之达到同样的效果（其解释见图8.5）。如果对某些组合，仅有一个选择，我们把两个选择定为一致的。最后，如果对某状态-符号组合，在Δ中没有选择，那么我们在Δ内增加选择，它不改变状态，符号和位置。所以机器M对于每个符号-状态组合，恰有两个选择。这些选择叫作选择0和选择1，所以非确定性选择序列是简单的位串$(c_1, c_2,\cdots,c_{|x|^k-1})\in\{0,\ 1\}^{|x|^k-1}$。

因为非确定性图灵机的计算在并行路径上实现（见图2.9），所以没有简单的计算表的概念能抓住这种机器对于一个输入的所有行为。然而，如果我们固定选择序列$\mathbf{c}=(c_0, c_1,\cdots,c_{|x|^k-1})$，则计算是确定性有效的（在第$i$步，我们选择$c_i$），于是我们定义对应于机器、输入和一系列选择的计算表$T(M,x,\mathbf{c})$。另外，最高行和两端列的表格是预先定义了的。所有其他项T_{ij}仅仅依赖于项$T_{i-1,j-1}$、$T_{i-1,j}$和$T_{i-1,j+1}$以及前一步的选择c_{i-1}（见图8.6）。也就是说，这时候的固定电路C有$3m+1$项而不是$3m$项，外加的项对应于机器的非确定性选择。于是，我们还是能在$\mathcal{O}(\log|x|)$空间构造电路$R(x)$，这时候有变量门$c_0,c_1,\cdots,c_{|x|^k-1}$对应于机器的非确定性选择。这就推出$R(x)$是可满足的（即，有一个选择系列$c_0,c_1,\cdots,c_{|x|^k-1}$使得计算表是接受的）当且仅当$i\in L$。□

我们将在第9章看到更多的NP完全问题。

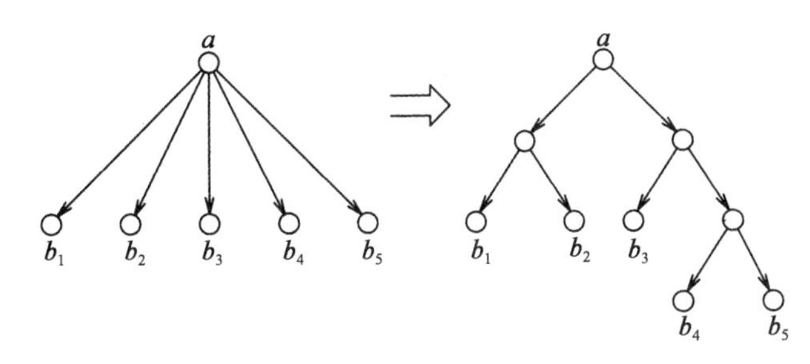

图 8.5 减少非确定性的度

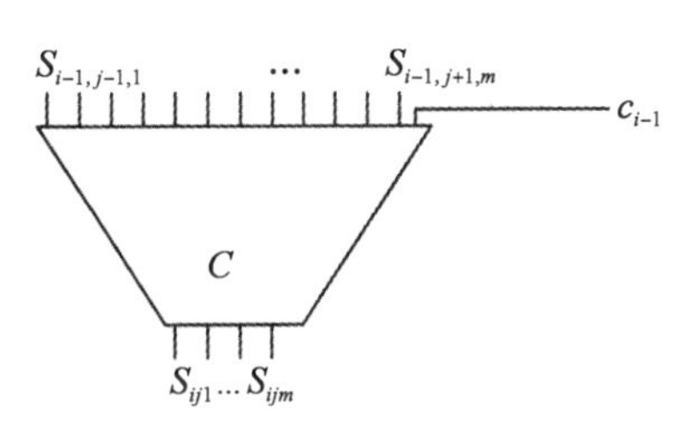

图 8.6 Cook 定理的构造

8.3 逻辑特征

定理 8.1 和定理 8.2 建立了两个逻辑计算问题，它们对于两个重要的复杂性类是完全的，它们是逻辑和复杂性之间的密切关系的充分证据。本节以更直接的方式，再一次有趣地捕捉逻辑对复杂性的影响。回顾在图论词汇里（5.7 节，存在量词二阶逻辑），一个计算问题关联一个一阶逻辑表达式，称为 ϕ-GRAPHS，它询问是否给定的图满足 ϕ。在 5.7 节中，我们指出存在量词二阶逻辑 ϕ-GRAPHS 的任何表达式 ϕ 都属于 **NP**，而且如果 ϕ 是 Horn 逻辑式，则 ϕ 属于 **P**。现在我们将探讨逆性质。

171
~
172

设$\mathcal{G}$是有限图的集合。即，一个图论性质。对应于$\mathcal{G}$的计算问题是判断对于给定图 G，是否 $G\in\mathcal{G}$。我们说$\mathcal{G}$是在存在量词二阶逻辑可表达的，如果有一个存在量词二阶逻辑语句 $\exists P\phi$ 使得 $G\models\exists P\phi$ 当且仅当$G\in\mathcal{G}$。

自然地，有很多计算问题不对应于图论性质。这是值得争论的，然而我们倾向于图上的串作为基本编码是人为产品。图对编码任意数学对象完全是合适的。例如，任何语言 L 可以考虑为图的集合$\mathcal{G}$($G\in\mathcal{G}$) 当且仅当 G 的邻接矩阵的第一行组成 L 中的一个串。据此（且仅仅在本节），我们将用 **P** 标记其图论性质的集合所对应的计算问题在 **P** 中，**NP** 也是如此[⊖]。

定理 8.3（Fagin 定理） 所有存在量词二阶逻辑中可以表达的图论性质类恰好就是 **NP**。

证明：如果$\mathcal{G}$在存在量词二阶逻辑里是可表达的，从定理 5.8，我们知道它确实在 **NP** 内。证明的另外一个方向，假设$\mathcal{G}$是个 **NP** 中的图论性质。那就是说，存在一个非确定性图灵机 M，在时间 n^k 内（k 是大于 2 的整数），判定具有 n 个结点的图G，是否 $G\in\mathcal{G}$。我们将构造一个二阶表达式 $\exists P\phi$ 使得 $G\models\exists P\phi$ 当且仅当 $G\in\mathcal{G}$。

我们必须首先对非确定性图灵机进行标准化。我们假设 M 的输入是一个考察中图的邻接矩阵。事实上，我们将假设邻接矩阵以相当奇怪的方式散布在输入串中：输入开始于邻接矩阵的第 (1,1) 项，每两项之间设置 $n^{k-2}-1$ 个⊔。也就是说，输入串扩展长度为 n^k。因为机器可能压缩其输入，所以这样的假设不失一般性。

我们现在准备开始对 $\exists P\phi$ 进行描述。P 将是具有很多元素项的关系符号。事实上，它将十分清楚地描述 $\exists P_1\exists P_2\cdots\exists P_m\phi$ 的等价表达式，这里 P_i 是关系符，P 是 $P_i(i=1,\cdots,m)$ 的笛卡儿乘积（Cartesian product）。我们称为 P_i 的新关系，下面会进一步介绍它们。

⊖ 如果读者对这个基本术语的突然改变不舒服，还有一种方法开始定理 8.3：**NP** 是精确的所有语言类，它归约到某些存在量词二阶逻辑所表示的图论性质。类似的定理还有定理 8.4。见问题 8.4.12。

首先，S 是二元新关系符号，它表示 G 的结点的后继函数。也就是说，在 ϕ 的任何模型 M 中，S 是同构于 $\{(0,1),(1,2),\cdots,(n-2,n-1)\}$ 的关系（我们假设 G 的结点是 $0,1,\cdots,n-1$ 而不是 $1,2,\cdots,n$。当然，这是不矛盾的）。我们将不描述 S 可以怎样用一阶逻辑表示（见问题 8.4.11），例 5.12 哈密顿路径问题已经完成了大部分工作。

173

一旦我们有了 S，我们就能够用整数 $0,1,\cdots,n-1$ 标识 G 的结点。我们能定义一些有趣的关系。例如，$\zeta(x)$ 是表达式 $\underline{\forall_y \neg S(x,y)}$ 的缩写，它意指结点 x 是 0，因为只有结点 0 在 S 中没有前驱。另一方面，$\eta(x)$ 是表达式 $\forall_y \neg S(y,x)$ 的缩写，它表示结点 x 等于 $n-1$。

因为这些变量代表 $0\sim n-1$ 的数（不论 $n-1$ 在当前模型中是多大），k 元组可以表示 $0\sim n^k-1$ 的数，k 是 M 的多项式界。我们用 k 元组 $(x_1,\cdots,x_k)$ 代表 $\mathbf{x}$。事实上，我们能定义一个具有 $2k$ 个自由变量的一阶表达式 S_k，使得 $S_k(\mathbf{x},\mathbf{y})$ 当且仅当 $\mathbf{y}$ 编码 k 位 n 元数，它是来自 $\mathbf{x}$ 的编码。即 S_k 是 $\{0,1,\cdots,n^k-1\}$ 中的后继函数。

我们将按照 j 归约地定义 S_j。首先，如果 $j=1$，则显然 S_1 是 S 本身。对于归约步，假设我们已经有表达式 $S_{j-1}(x_1,\cdots,x_{k-1},y_1,\cdots,y_{j-1})$，它定义了对于 $j-1$ 数字的后继函数。则表达式 S_j 定义为（全称量词作用于全体变量）：

$$\underline{[S(x_i,y_j)\wedge(x_1=y_1)\wedge\cdots\wedge(x_{j-1}=y_{j-1})]}$$
$$\underline{\vee[\eta(x_j)\wedge\zeta(y_j)\wedge S_{j-1}(x_1,\cdots,x_{j-1},y_1,\cdots,y_{j-1}]}$$

即，为了从 $x_1,\cdots,x_j$ 得到它后继者 $y_1,\cdots,y_j$ 的 n 元描述（最低有效位优先），我们这么做：如果 $\mathbf{x}$ 的最低位不是 $n-1$（首行），则我们只要增加 1 并保持其他数字不变。但是，如果它是 $n-1$，则该位变成 0，余下的 $j-1$ 位数字递增 1。于是，$S_k(\mathbf{x},\mathbf{y})$ 实际上是一阶逻辑表达式，涉及 $\mathcal{O}(k^2)$ 个符号，它是满足的当且仅当 $\mathbf{x}$ 和 $\mathbf{y}$ 是 $0\sim n^k-1$ 之间的连续整数。它将多次出现在下面的表达式 $\exists P\phi$ 内。

既然我们有 S_k，因此“我们能够计数到 n^k”，我们可以描述 M 在输入 x 上的计算表。特别是，对每个计算表都出现的符号 σ，我们有 $2k$ 元新关系符号 T_σ。$T_\sigma(\mathbf{x}、\mathbf{y})$ 意指计算表 T 的第 (i,j) 项是 σ，$\mathbf{x}$ 是 i 的编码，$\mathbf{y}$ 是 j 的编码。最后，对 M 每步的两个非确定性选择 0 和 1，我们有两个 k 元符号 C_0 和 C_1。例如，$C_0(\mathbf{x})$ 意指在第 i 步，$\mathbf{x}$ 编码 i，非确定性选择 0 分支。这些都是新关系。二阶公式具有形式 $\exists S\exists T_{\sigma_1}\cdots\exists T_{\sigma_k}\exists C_0\exists C_1\phi$。

174

接下来，就是描述 ϕ。ϕ 本质上需要描述下面几部分（除了 S 是个后继函数外）：

(a) T 的最高行和两端列应当是 M 对于输入 x 的合法计算。

(b) 所有其他项应当按照 M 的转移关系填满。

(c) 最后，每步选取一个非确定性选择。

(d) 机器在接受时终止。

我们在部分 (a) 表述，如果 $\mathbf{x}$ 编码 0，则为 $T_{\sqcup}(\mathbf{x},\mathbf{y})$，否则 $\mathbf{y}$ 的最后 $k-2$ 个分量全是 0，该情况下为 $T_1(\mathbf{x},\mathbf{y})$ 或 $T_0(\mathbf{x},\mathbf{y})$，它取决于是否 $G(y_1,y_2)$，G 是输入图（请回顾我们对于输入的奇特约定）。这是唯一在 ϕ 中出现 G 的地方。部分 (a) 还表述，如果 $\mathbf{y}$ 编码 0，则为 $T_{\triangleright}(\mathbf{x},\mathbf{y})$；而如果 $\mathbf{y}$ 编码 n^k-1，则为 $T_{\sqcup}(\mathbf{x},\mathbf{y})$。

对于部分 (b)，我们要求计算表反映 M 的转移关系。M 的转移关系可以用五元组 $(\alpha,\beta,\gamma,c,\sigma)$ 表示，$\alpha,\beta,\gamma,\sigma$ 是表符号，$c\in\{0,1\}$ 是非确定性选择。每个五元组意指当 $T(i-1,j-1)=\alpha,T(i-1,j)=\beta T(i-1,j+1)=\gamma$，并且第 $i-1$ 步选择 c 时，则 $T(i,j)=\sigma$，对每个五元组，ϕ 中有如下析取式：

$$[S_k(\mathbf{x}',\mathbf{x}) \wedge S_k(\mathbf{y}',\mathbf{y}) \wedge S_k(\mathbf{y},\mathbf{y}'') \wedge T_\alpha(\mathbf{x}',\mathbf{y}') \wedge T_\beta(\mathbf{x}',\mathbf{y}) \wedge T_\gamma(\mathbf{x}',\mathbf{y}'') \wedge C_c(\mathbf{x}')] \Rightarrow T_\sigma(\mathbf{x},\mathbf{y})$$

在表达式里 S_k 的出现是在前面证明里归约定义的独立的副本。

部分（c）表述在非确定性的每一步恰好有一个选择被选取：

$$(C_0(\mathbf{x}) \vee C_1(\mathbf{x})) \vee (\neg C_0(\mathbf{x}) \vee \neg C_1(\mathbf{x})) \tag{8-1}$$

有趣的是，这是构造的关键部分——例如，这是仅有的非 Horn 子句！

部分（d）是容易的：$\theta(\mathbf{x},\mathbf{y}) \rightarrow \neg T_{\text{“no”}}(\mathbf{x},\mathbf{y})$，$\theta(\mathbf{x},\mathbf{y})$ 是表述 $\mathbf{x}$ 编码 n^k-1 和 $\mathbf{y}$ 编码 1 的显式表达式的简称（回顾我们约定机器在串的第一个位置终止于“yes”或“no”）。所有这些子句前置 $5k$ 个全称量词，它们对应于变量组 $\mathbf{x},\mathbf{x}'\mathbf{y},\mathbf{y}',\mathbf{y}''$。表达式的构造最终完成了。

我们声称一个给定图 G 满足上述二阶逻辑表达式当且仅当 $G\in\mathcal{G}$。表达式以如此方式构造：当输入 G 在$\mathcal{G}$中时，M 以 G 为输入，表达式是可满足的，它有一个非确定性选择路径以接受计算表。 □ [175]

我们以定理 5.9 的逆结束本节。根据定理 5.9，Horn 存在二阶逻辑表达式所表达的性质集合恰好就是 **P**。不幸的是，*这并不正确*。有些计算平凡的图论性质，例如“此图有偶数条边”无法用 Horn 二阶存在逻辑表达式表达（见问题 8.4.15）。困难相当大：在表达确定性多项式计算的成分中（按照前面证明的样式）中，唯一不能用 Horn 碎片表达的要求 S 是后继函数。然而，如果我们提到*我们的逻辑拥有后继关系*，则我们可以得到所要的结果。

让我们精确定义我们的意思：我们说一个图论性质$\mathcal{G}$是*可以表示带有后继函数的 Horn 二阶存在逻辑*，如果存在一个带有二元关系符号 G 和 S 的 Horn 二阶存在表达式 ϕ，使得下述事实正确：对于任何适合 ϕ 的模型 M，S^M 是 G^M *结点上的线性序*，$M\models\phi$ 当且仅当 $G^M\in\mathcal{G}$。

定理 8.4 所有用带有后继函数的 Horn 二阶存在逻辑表达的图论性质类都恰好属于 **P**。

证明：一个方向的证明与定理 5.9 相同。对于另外一个方向的证明，给定一个确定性图灵机 M，它在时间 n^k 内判定图论性质$\mathcal{G}$，我们将构造以 Horn 存在二阶逻辑式表达$\mathcal{G}$（当然，假设 S 是后继函数）。此构造完全等价于前面的证明，但略简单些。**P** 的组成仅仅是多个 T_σ，因为现在 S 是基本词汇的一部分。更重要的是，因为机器是确定性的，所以没有 C_0 和 C_1。*因此，产生的表达式是* Horn。这就完成了证明。 □

回顾带有 Horn 子句的 SAT 的特殊情况，按照定理 4.2，它是多项式的。

推论 HORNSAT 是 **P** 完全的。

证明：按照定理 4.2，此问题属于 **P**。我们从定理 5.9 的证明可知，任何形为 ϕ-GRAPHS 的问题（ϕ 是一个存在二阶逻辑中的 Horn 表达式），可以归约到 HORNSAT。但根据定理 8.4，这考虑了 **P** 中的所有问题。 □ [176]

8.4 注解、参考文献和问题

8.4.1 有各种各样的归约。我们的对数空间归约是迄今为止最弱的（因而作为困难程序是最有用和最令人信服的）。但是问题 16.4.4 将给出更弱的归约，对 **L** 和较低的类更为有用。除此以外，令人惊奇地，为了发展本书中许多完备性结果，我们所需要的对数空间归约很容易做到。传统地，**NP** 完全性用多项式-归约来定义（也叫作多项式转换或 Karp 归约）。对数空间归约仅仅用于 **P** 或更低的类。目前我们不清楚这两类归于是否一致。

多项式时间图灵归约或者Cook归约用谕示机来解释是最好不过了（定义见14.3节）：语言L，Cook归约到L'当且仅当存在一个多项式时间谕示机器$M^?$，使得$M^{L'}$判定L。换句话说，允许类型为“$x \in L'$?”的询问多项式次（不像Karp归约那样仅仅在最后询问一次）。多项式图灵归约更要强些（见17.1节）。

有一个中间形式的归约，叫作*多项式真值表归约*。在这种归约中，我们能够询问“$x \in L'$?”多次，但是*必须在所有询问回答之前询问*。也就是说，我们得到最后回答是这些询问回答的布尔函数（这就是真值表归约名字的由来）。有关于这四类归约的有趣的结果，见

○ R. E. Lander, N. A. Lynch, and A. L. Selman. “A comparison of polynomial time reducibilities” *Theor. Comp. Sci.*, *1*, pp. 103-124, 1975.

但是，还有很多其他的归约：对*非确定性归约*，参见问题10.4.2；对*随机归约*，参见18.2节。事实上，研究不同归约的性状（在广义下，包括谕示）和在它们之间做些微小的调整构成*结构复杂性*研究课题中的主要部分（本书列出了多次年会的参考文献）。从复杂性角度做了很好探索的有

○ J. L. Balcäzar, J. Diaz, and J. Gabarró. “Structual Complexity” *vols. I and II*, Springer-Verlag, Berlin, 1988。

显然，这不是我们目前关注的方面。

8.4.2　**问题**：一个*线性时间归约* R 必须在 $\mathcal{O}(|x|)$ 步内完成它的输出 $R(x)$。证明在线性时间归约中没有**P**完全问题（这样的问题将是**TIME**(n^k)，对某个固定的$k>0$）。

8.4.3　**问题**：证明性质8.3，即类**P**、**NP**、**coNP**、**L**、**NL**、**PSPACE**和**EXP**在归约下封闭。**TIME**(n^2)类在归约下封闭吗？

[177]　8.4.4　**通用的完全问题**　证明所有语言在时间**TIME**($f(n)$)内归约到$\{M;x:M$在$f(|x|)$步内接受$x\}$，这里$f(n)>n$是真复杂度函数。该语言在**TIME**($f(n)$)内吗？

对非确定性类和空间复杂性类，重复问前面的问题。

8.4.5　如果$\mathcal{C}$是复杂性类，语言L叫作$\mathcal{C}$难的，如果$\mathcal{C}$中所有语言归约到L，但是*L不知道是否属于$\mathcal{C}$*。$\mathcal{C}$困难性推出L不能属于任何较弱的对归约封闭的类，除非$\mathcal{C}$是该类的子类。但是当然L可能有比$\mathcal{C}$中任何语言更高的复杂性，因而它无法在$\mathcal{C}$内。例如，许多在指数时间或更长时间内判定的语言显然是**NP**难的，但是它们肯定不能像**NP**完全问题那样作为**NP**可信赖的表示。在本书，我们不需要这个概念。

8.4.6　Cook定理当然来自Stephen Cook：

○ S. A. Cook. “The Complexity of theorem-proving procedue,” *Proceeding of the 3rd IEEE Symp. on the Foundation of Computer Science*, pp. 151-158, 1971.

随后Richard Karp的文章揭示了**NP**完全问题的丰富宝库（第9章证明了许多结果）和**NP**完全性的意义。

○ R. M. Karp. “Reducibility among combinatorial problems,” *Complexity of Computer Computations*, *edited by* J. W. Thatcherand R. E. Miller, Plenum Press, New York, pp. 85-103, 1972.

Leonid Levin独立地证明了多个组合问题是“穷举搜索的普遍性”，该概念容易用**NP**完全性确定（Cook定理有时候称为Cook-Levin定理）。

○ L. A. Levin. “Universal sorting problems,” *Problems of Information Transmission*, *9* pp. 265-266, 1973。

CIRCUIT VALUE问题的**P**完全性（定理8.1）由下述文章首次证实：

○ R. E. Ladner. “The circuit value problem is log space complete for P,” *SIGACT News*, *7*, 1. pp. 18-20, 1975.

8.4.7　**问题**：(a) 证明即使电路是平面的，CIRCUIT VALUE问题仍然是**P**完全的（证明电路的连线怎样交叉而又不伤害计算的值）。

(b) 证明如果电路是平面且单调的，则CIRCUIT VALUE可以在对数空间内解答（这两个题目分别出自。

○ L. M. Goldschlager. "The monotone and planer circuit value roblem are complete for P," *SIGACT News*, *9*, pp. 25-29, 1977.

○ P. W. Dymond. "Complexity theory of parallel time and hardware," *Information and Computation*, *80*, pp. 205-226, 1989.

所以，如果（a）的解答没有用到 NOT 门，那么你可能需要再次检查该解答是否正确……）

8.4.8　**问题**：(a) 定义编码 κ 为从 Σ 到 Σ 的映射（不一定是一对一的），如果 $x=\sigma_1, \cdots, \sigma_n \in \Sigma^*$。我们定义 $\kappa(x)=\kappa(\sigma_1)\cdots\kappa(\sigma_n)$。最后，如果 $L\subseteq\Sigma^*$ 是语言，定义 $\kappa(L)=\{\kappa(x): x\in L\}$。证明 **NP** 在编码下封闭。相反，**P** 可能不封闭，但是当然，从（a）的观点，我们不能证明这个结论，除非假定 **P**≠**NP**。最好情况下我们只能做到：

178

(b) 证明 **P** 在编码下封闭，当且仅当 **P**=**NP**（使用 SAT）。

8.4.9　**问题**：设 $f(n)$ 是一个整数到整数的函数。一个 $f(n)$ 证明者是一个算法，它对给定的任何一阶逻辑有效表达式，如果该有效表达式在图 5.4 的公理系统中有一个长度为 ℓ 的证明，那么该算法就会在 $f(\ell)$ 时间内找到此证明。如果该表达式是非有效的，这个算法报告非有效或者发散（所以，它与有效性的不可判定性不矛盾），我们称该算法是 $f(n)$ 证明者。

证明对某个 $k>1$，有 k^n 证明者。

在 1956 年给 John von Neumann 的信中，Kurt Gödel 假设对某个 $k\geqslant1$，n^k 证明者存在的。该著名文献的全文翻译以及与许多有趣历史资料的有关的现代复杂性理论的讨论，参见

○ M. Sipser. "The history and status of the P versus NP Problem," *Proc. of the 24th. Annual ACM Symposium on the Theory of Computing*, *8*, pp. 603-618, 1992.

问题：证明对某个 $k\geqslant1$，有 n^k 证明者，当且仅当 **P**=**NP**。

8.4.10　**问题**：Fagin 定理 8.3 来自文献

○ R. Fagin. "Generalized first-order spectra and polynomial-time recognizable sets," *Complexity of Computation*, edited by R. M. Karp, SIAM-AMS proceedings, vol. 7, 1974.

定理 8.4 也独立地包含在下述文献中：

○ N. Immerman. "Relational queries computable in Polynomial time", *Information and Control*, 68, pp. 86-104, 1986.

○ M. Y. Vardi. "The complexity of relational query languages", *Proc. of the 14th. Annual ACM Symposium on the Theory of Computing*, pp. 137-146, 1982.

○ C. H. Papadimitriou. "A note on the expressive power of PROLOG", *Bull. of the EATCS*, 26 pp. 21-23, 1985.

最后一篇文章强调定理 8.3 作为逻辑程序语言 PROLOG 的有趣解释。无函数的 PROLOG 程序可以精确地用 **P** 中的语言解释。定理 8.4 的叙述基于

○ E. Grädel. "The expressive power of second-order Horn logic", *Proc. of the 8th. Symposium on Theory Aspects of Computer Science*, vol 480 of Lecture notes in Computer Science, pp. 466-477, 1991.

8.4.11　**问题**：给出一个一阶逻辑表达式，它描述了 Fagin 定理的后继函数 S（定理 8.3）（与例 5.12相同，定义一个 Hamilton 路径 P，该路径不一定是图 G 的子图，然后定义新关系 S，它省略 P 中所有的传递边）。

8.4.12　**问题**：我们可以叙述 Fagin 定理不必作为图集合类重新定义 **NP**：**NP** 就是所有的语言类，它们归约到可以用存在二阶逻辑表达的图论性质。

(a) 证明这种版本的 Fagin 定理（编码为串的图）。

(b) 叙述和证明类似于定理 8.4 的版本。

8.4.13　**问题**：证明 **P** 类就是所有用后继函数作为不动点逻辑表达的图论性质类。(见问题 5.8.14)。

8.4.14　**问题**：勾画从 Fagin 定理到 Cook 定理的直接证明。

8.4.15　终于发现，用 Horn 存在二阶逻辑可表达的任何图性质 ϕ，都服从 0-1 律：如果所有图是等

概率的，那么当n趋于无穷大时，具有n个结点的图满足ϕ的概率，或者趋于0，或者趋于1。参见

○ P. Kolaitis and M. Vardi. "0-1 laws and decision problems for fragments of second-order logic", *Proc. 3rd IEEE Symp. on Logic in Comp. Sci.*, 8, pp. 2-11, 1988.

179～180

问题：基于这个结果，证明有一个平凡的图论性质，例如有偶数条边的性质是没有后继函数就无法用Horn二阶存在逻辑表达的。(一个图具有偶数条边的概率是多少?)

第9章

Computational Complexity

NP 完全问题

NP 完全结论的证明不仅是研究计算问题的方法学中一个重要组成部分，而且是一种艺术。

9.1 NP 中的问题

我们知道 **NP** 的定义是非确定性图灵机在多项式时间内可以判定的语言集合。接下来我们换个角度来观察 **NP**，类似于其在二阶逻辑下的特性（定理 8.3）。令 $R\subseteq\Sigma^*\times\Sigma^*$ 为字符串上的二元关系。如果存在一个确定性图灵机可以在多项式时间内判定语言 $\{x;y:(x,y)\in R\}$，则我们称 R 是多项式可判定的。如果由 $(x,y)\in R$ 可以得到 $|y|\leqslant|x|^k$（对于某个 $k\geqslant1$），则我们称 R 是多项式平衡的。也就是说，第二部分的长度总是以多项式为界，且这个多项式是以第一部分的长度为变量的多项式（反方向并不重要）。

性质 9.1 令 $L\subseteq\Sigma^*$ 为语言，则 $L\in$ **NP** 当且仅当存在一个多项式可判定和多项式平衡的关系 R 满足 $L=\{x:(x,y)\in R$（对于某个 y）$\}$。

证明： 假设存在这样一个 R。则 L 由以下的非确定性机 M 来判定：对于输入 x，M 猜测一个长度至多为 $|x|^k$ 的 y（R 的多项式平衡的界），然后使用多项式算法 $x;y$ 来测试 $(x,y)\in R$ 是否成立。如果成立，则接受 x；否则，拒绝 x。显然，接受计算存在当且仅当 $x\in L$。

相反，假设 $L\in$ **NP**，也就是说，存在一个非确定性图灵机 N 可以在 $|x|^k$（对于某个 k）时间内判定 L。定义如下关系 R：$(x,y)\in R$ 当且仅当输入 x 时，y 是 N 的接受计算的编码。显然 R 是多项式平衡的（因为 R 是多项式有界的），也是多项式可判定的（因为对于 x 来说，可以在线性时间内验证 y 是否编码了 N 的一个接受计算）。此外，根据假设，N 可以判定 L，可以得到 $L=\{x:(x,y)\in R$(对于某个 y)$\}$。 □

性质 9.1 也许是理解 **NP** 最直观的方式了。**NP** 中的每个问题都有一个不寻常的性质：任意问题“yes”的实例 x 都至少有一个与之对应的简短的凭证（或者说多项式的证明）y 来证明 x 为“yes”的实例。显然，“no”的实例不存在这样的凭证。也许我们不知道怎样在多项式时间内找到这样的一个凭证，但我们可以确信只要这个实例是一个“yes”的实例则必然存在对应的凭证。对于 SAT 问题来说，布尔表达式 ϕ 的凭证就是一个满足 ϕ 的真值指派 T。相对于 ϕ 来说，T 是简短的（T 给 ϕ 中出现的变量赋真值），且其存在当且仅当表达式可以被满足。在 **HAMILTON PATH**（哈密顿路径）问题中，图 G 的凭证正是 G 的一条哈密顿路径。

现在可以很容易地解释为什么 **NP** 包含了这么多在实际应用中很重要又很自然的计算问题（见本章以及参考文献中提到的问题）。在某些应用领域中，很多计算问题都需要设计不同类型的数学对象（例如，路径、真值指派、方程解、寄存器分配、旅行商路线、VLSI 布局等）。有时我们会在所有可能性中找一个最优的，有时我们只需要满足设计要求的即可（在 TSP(D) 的例子中我们已经看到最优性可以用约束条件的满足，即给问题加一个“预算”来表达)。因此，我们要找寻这样的对象就是可以证明一个问题属于**NP**的“凭证”。通常情况下，凭证是实际物体或者现实生活中最终会构造或实现计划的一个数学抽象。因此，显然在大部分的应用中，相对于输入数据而言，凭证都不会是非常大的。此外，那些(设计)要求也大多是简单的，可以在多项式时间内检查的。所以，我们总是希望计算实践中的大部分问题都是属于**NP**的。

而事实上的确如此。即使在后面的章节中我们会看到几个实际应用中很重要也很自然的问题并不属于**NP**，但这些问题并不影响总的规律。所以计算问题的复杂性研究主要关注**NP**中的一些问题，本质上就是研究哪些问题可以在多项式时间内解决，哪些不可以。在这种情况下，**NP**完全是一个很重要的工具。如果一个问题被证明是**NP**完全的，那也就意味着这个问题是最不可能属于**P**的一类问题，只有当**P**=**NP**时，这类问题才可能在多项式时间内解决。由此可以看到，**NP**完全与算法设计的技术相辅相成，是方法学中一个很重要的部分。其中一个重要性体现在：一旦可以证明问题是属于**NP**完全的，则显然[⊖]我们可以把我们努力的方向转到其他各种方法中：设计近似算法、解决特例、研究算法的平均性能、设计随机算法，设计可以实际应用在小规模实例中的指数算法、使用局部搜索或者其他启发式的算法等。这当中的很多方法都是算法和复杂性理论中的重要组成部分(见参考文献和后续章节)，也正是由于这些方法的存在使得**NP**完全的研究得以蓬勃发展。

182

9.2　可满足性问题的不同版本

任意计算问题只要足够一般化，都可以变成**NP**完全或者更甚。同样，任何问题都存在属于**P**的特殊情况。一个有趣的问题就是寻找这两者之间的分界线。本节将介绍的SAT问题就是这样一个有趣的例子。

有很多的方法可以证明**NP**完全问题的一个特例是**NP**完全。其中最简单的方法(可能也是最有用的)就是我们已知的那个归约构造了属于当前这个特例的实例。例如，假设kSAT问题(其中$k \geqslant 1$为一个整数)是SAT问题的一个特例，即整个公式是合取范式且每个子句包含k个文字。

性质9.2　3SAT是**NP**完全的。

证明：可以看到定理8.2和例8.3的归约中都产生了这样的公式。一个包含了一两个文字的子句可以通过把其中的一个文字重复一两次从而转化为一个包含了三个文字的子句(关于SAT直接归约为3SAT见问题9.5.2)。□

值得注意的是，在不同种类的可满足性问题中我们都允许子句中的文字重复。这样的假设是合理的也使问题更简单，尤其是因为(从这些问题出发的)归约并不假设每个子句中的所有文字都是不同的。但是即使要求每个子句中的所有文字都是不同的，3SAT问题仍然是**NP**完全的(见问题9.5.5)。从另一方面来说，如果我们对公式中的所有变量出现的次数加以限制，可满足性问题还是**NP**完全的。

性质9.3　假设限制每个变量至多出现三次，且每个文字至多出现两次，则3SAT仍然是**NP**完全的。

⊖ 当然试着通过为一个**NP**完全问题设计一个多项式算法来证明**P**=**NP**也是可以的。但这里我们想说的是在没有得到一个**NP**完全的证明前我们会尝试做的事。

183

证明：这是一类特殊的归约，即当给实例增加限制条件后我们需要证明一个问题仍然是**NP**完全的。我们可以通过改写所有实例从而去除那些“令人讨厌的特征”（限制条件中禁止的特征）。在这个问题中，这个令人讨厌的特征是变量可以多次出现。我们考虑这样一个变量x，它在整个公式中出现了k次。则我们把第一次出现的x用x_1来替换，把第二次出现的x用x_2来替换，此次类推，$x_1,x_2,x_3,\cdots,x_k$是k个新变量。现在我们要保证这k个变量的取值是一样的。显然，我们可以通过在公式中加入以下一串子句来达到这个目的：

$$(\neg x_1 \vee x_2) \wedge (\neg x_2 \vee x_3) \wedge \cdots \wedge (\neg x_k \vee x_1)$$
□

然而，需要注意的是，为了满足性质9.3的限制条件，我们需要放弃我们的要求，即每个子句都包含正好三个文字。这背后的原因会在问题9.5.4中解释。

在分析问题的复杂性时，我们总是想要明确多项式和**NP**完全实例之间的精确界限（虽然我们不能太过自信这样一个界限总是存在的，见14.1节）。对于SAT问题来说，这个界限已经深入研究过，至少在每个子句所包含文字个数的维度上：接下来我们就要证明2SAT问题属于**P**（对于性质9.3中变量出现次数的界限，详见问题9.5.4。分界线仍然是2和3）。

令ϕ为2SAT的一个实例，即一组子句，每个子句中都包含了两个文字。我们定义图$G(\phi)$[⊖]为：图G中的顶点是ϕ中的变量以及这些变量的非，此外，存在一条弧(α,β)当且仅当子句$(\neg\alpha\vee\beta)$（或者$(\beta\vee\neg\alpha)$）属于ϕ。直观上，这些边满足ϕ的所有逻辑蕴涵。因此，$G(\phi)$有一个有趣的对称性：如果(α,β)是一条边，则$(\neg\beta,\neg\alpha)$也是一条边，见图9.1。$G(\phi)$中的路径也是有效的蕴涵（根据$\rightarrow$的传递性）。我们可以得到如下结论：

定理9.1　ϕ不能被满足当且仅当存在一个变量x使得$G(\phi)$中存在从x到$\neg x$的路径和从$\neg x$到x的路径。

证明：假设存在这样的路径，且ϕ可以被一个赋值T所满足。假设$T(x)=$**真**（当$T(x)=$**假**，也有对应的类似证明）。由于存在一条从x到$\neg x$的路径，则$T(x)=$**真**且$T(\neg x)=$**真**，因此在这条路径上存在一条边(α,β)使得$T(\alpha)=$**真**且$T(\beta)=$**真**。然而，由于(α,β)是$G(\phi)$的一条边，所以$(\neg\alpha\vee\beta)$是ϕ的一个子句。而这个子句不满足于T的赋值，由此产生矛盾。

相反，假设$G(\phi)$中不存在有这样路径的变量。则我们构造一个满足所有子句的真值指派，也就是说，一个真值指派使得$G(\phi)$中没有一条是从**真**到**假**。我们重复以下步骤：我们选择一个还没有赋值的结点α，且不存在从α到$\neg\alpha$的路径。我们考虑$G(\phi)$中所有从α可以到达的结点，并给这些结点赋值为**真**。此外，我们给所有这些结点的非赋值为**假**（所有可以到达$\neg\alpha$的这些非的结点）。以上我们已经清楚地定义了这一步骤，如果同时存在α到β和$\neg\beta$的路径，则必然也存在从这两个结点到$\neg\alpha$的路径（根据$G(\phi)$的对称性），因此也就存在一条从α到$\neg\alpha$的路径，这与假设不符。此外，如果在上一步中存在一条从α到一个已经赋值为**假**的结点，则α是这个结点的直接前驱结点，而这个结点在这一步中也会被赋值为**假**。

184

我们重复这个步骤直到每个结点都有真值指派。由于我们假设不存在任何从x到$\neg x$或者相反的路径，所以所有的结点最终都会指派一个真值。此外，由于当一个结点赋值为

⊖　G约定是有向图。——译者注

真时，所有这个结点的直接后继结点都会赋值为**真**，结点为**假**时同理。因此不存在从**真**到**假**的边。所以真值指派满足 ϕ。□

推论　2SAT 属于 **NL**（因此属于 P）。

证明：由于 **NL** 关于求补运算是封闭的（根据定理 7.6 的引理），因此我们需要证明我们可以识别 **NL** 中不满足的表达式。在非确定性对数空间下，我们能够通过猜测一个 x 和对应的 x 到 $\neg x$ 的路径以及相反的路径，来测试这个定理的条件是否满足。□

本章介绍多项式时间算法，比如上文提到的 2SAT 问题，并没有什么不合适。因为研究问题的复杂性主要就是在寻找关于这个问题的多项式算法和证明这个问题是 **NP** 完全之间不停进行尝试，直到两者之一成功。此外，之前讲过的 HORSAT 就是 SAT 问题的另一个多项式时间可解的特例（定理 4.2）。

$(x_1 \vee x_2) \wedge (x_1 \vee \neg x_3) \wedge (\neg x_1 \vee x_2) \wedge (x_2 \vee x_3)$

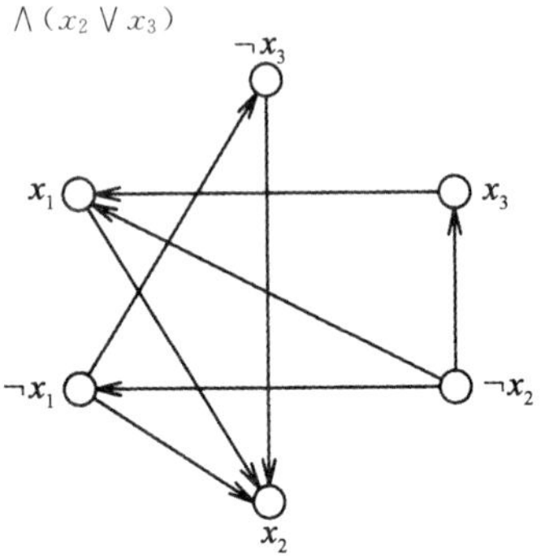

$\neg x_3$　x_1　x_3　$\neg x_1$　$\neg x_2$　x_2

图 9.1　2SAT 算法

显然，3SAT 问题是 2SAT 问题的一般化形式：2SAT 问题可以理解为 3SAT 问题的特例，即在每个子句的三个文字中，至多只存在两个不同的文字（我们允许子句中的文字可以重复出现）。我们已经知道对 2SAT 问题这样一般化会使其变成一个 **NP** 完全问题。但我们也可以从另外方向推广 2SAT 问题：要求 2SAT 中所有子句都必须满足。一个很自然的问题就是，是否存在一个真值指派并不满足所有的子句，而是满足了大部分的子句。换句话说，给出一个整数 K 和一组子句，其中每个子句包含了两个文字，我们要回答的是是否存在一个真值指派使得至少 K 个子句都能够满足。我们称这个问题为 MAX2SAT 问题。显然，这是最优化问题，通过加入了目标值 K，即最大化问题对应的预算，使其变成了一个“yes-no”问题。MAX2SAT 是 2SAT 问题的一般化形式，因为当 K 等于子句的数量时 2SAT 问题就成了一个特例。值得注意的是，对于子句包含三个或更多文字的情况，我们不需要定义对应的 MAXSAT 问题，因为这些问题显然肯定是 **NP** 完全的，它们都是 3SAT 的一般化形式。

事实证明，通过把 2SAT 问题一般化为 MAX2SAT 问题，我们再一次地跨过了 **NP** 完全的边界。

定理 9.2　MAX2SAT 是 **NP** 完全的。

证明：考虑下面的 10 个子句：

$$(x)(y)(z)(w)$$
$$(\neg x \vee \neg y)(\neg y \vee \neg z)(\neg z \vee \neg x)$$
$$(x \vee \neg w)(y \vee \neg w)(z \vee \neg w)$$

没有办法可以满足所有这些子句（例如，要满足第一行中的所有子句我们不得不失去第二行中的所有子句）。但我们最多能够满足多少子句呢？注意，所有的子句都是关于 x、y、z 对称的（但不关于 w）。因此，假设 x、y、z 都赋值为**真**。则第二行的子句都会失去，我们可以通过把 w 赋值为**真**得到剩余的所有子句。如果 x、y、z 中只有两个赋值为**真**，则我们会失去第一行的一个子句和第二行的一个子句。接下来我们有一个选择：如果令 w 为**真**，则我们从第一行中可以再获得一个子句；如果我们令其为**假**，则我们可以从第三行得到一个子句。因此，我们仍然可以得到最多 7 个满足条件的子句。如果 x、y、z 中只有一个赋值为**真**，则我们有第一行的一个子句和第二行的所有子句。对于第三行来说，我们可以通过令 w 为**假**来满足所有三个子句，但这样我们就会失去第一行的（w）。因此最大值还是7。然而，假设所有三个文字都赋值为**假**。则很容易看到最多只能有6个子句被满足：第二行和第三行。

185~186

换言之，这10个子句具有如下特征：任何满足（$x \vee y \vee z$）的真值指派可以扩展到满足其中的7个子句，不能再多。其余的真值指派只能满足其中的6个子句。这也显示出了从3SAT到MAX2SAT的一个直接归约：给出3SAT的一个任意实例 ϕ，我们可以构造一个关于MAX2SAT的如下实例 $R(\phi)$：对于 ϕ 的任意子句 $C_i=(\alpha \vee \beta \vee \gamma)$，把以上的10个子句加入到 $R(\phi)$ 中，并用 α、β、γ 来替代 x、y、z；对于不同的子句 C_i，w 用 w_i 来替代。我们称 ϕ 的一个子句所对应的 $R(\phi)$ 的10个子句为一个组。如果 ϕ 包含了 m 个子句，则显然 $R(\phi)$ 包含了 $10m$ 个子句。我们的目标是令 $K=7m$。

接下来我们要证明当且仅当 ϕ 是可满足的，这个目标可以在 $R(\phi)$ 中实现。假设 $R(\phi)$ 中的 $7m$ 个子句可以被满足。已知在每个组中至多只有7个子句可以被满足，现在一共有 m 组，则每组中必须有7个子句被满足。然而，这样的真值指派会使 ϕ 中的所有子句都满足。相反，任意使得 ϕ 中所有子句都满足的赋值都可以通过根据 ϕ 中对应的子句中文字赋值为**真**的个数来定义每个组中 w_i 的真值，从而转化为一个只满足 $R(\phi)$ 中 $7m$ 个子句的真值指派。

最后，我们可以很容易地检查MAX2SAT是否属于**NP**，这个归约可以在对数空间内完成（由于这些重要的先决条件在之后大部分的归约中都是很显然的，所以下文中我们通常忽略不提）。 □

这个证明的风格具有很强的指导意义：要证明一个问题是**NP**完全的，我们通常从这个问题的小规模实例开始研究，直到找出一个有趣的现象（比如上述的10个子句）。有时我们可以马上从这个实例的性质获得一个简单的**NP**完全的证明。在第10章中，我们将会看到这个方法的更多用处，我们通常称这个方法为“构件构造法”。

本章最后一节将介绍SAT问题的另一个有趣变种。在3SAT问题中，给定一系列子句且每个子句都包含三个文字，我们需要判断是否存在一个真值指派 T 使得不存在一个子句的所有三个文字的值都为**假**。每个子句中其他各种真值的组合都是允许的，尤其是，三个文字可以都为**真**。假设现在我们不允许这样的情况发生，即我们不允许任意子句中三个文字的真值都相同（既不能都为**真**，也不能都为**假**）。我们称这个问题为NAESAT问题（即“not-all-equal SAT”）。

定理9.3 NAE SAT是**NP**完全的。

证明：让我们回顾从CIRCUIT SAT问题到SAT问题的归约（见例8.3）。我们应当认为本质上这也是一个从CIRCUIT SAT到NAESAT的归约。要明白为什么，首先考虑在那个归约中创造的子句。我们给所有只包含一个文字或两个文字的子句加入相同的文字 z。我们可以断言形成的这组子句可以视为NAESAT（非3SAT）的一个实例，且其可被满足当且仅当最初的电路是可满足的。

假设在NAESAT问题中有一个真值指派 T 满足所有的子句。显然，根据NAESAT问题的定义，这个真值指派的补 $\overline{T}$ 也满足所有的子句。这些中的真值指派 z 有一个使赋值为**假**。则这个真值指派可以满足所有的原始子句（在添加 z 之前），因此（根据例8.3中的归约）存在一个对应于这个电路的可满足的真值指派。

187

相反，假设存在一个真值指派可以满足这个电路。则存在一个真值赋值 T 满足 3SAT 定义的所有的子句。令 $T(z)=$**假**。我们断言 T 中没有一个子句的所有文字都为**真**（我们知道不会所有的文字都为**假**）。这是因为子句组都对应于门。**真**、**假**、非门和其他门都有包含 z 的子句，因此 T 不可能使所有的文字都为**真**。对于与（AND）门来说，有子句 $(\neg g \vee h \vee z)$、$(\neg g \vee h' \vee z)$ 和 $(\neg h \vee \neg h' \vee g)$。显然，$T$ 不能满足任意子句的所有三个文字：对于第一个和第二个子句来说，这很容易实现，因为它们都包含了 z；但如果第三个子句的所有文字都为**真**，则第一和第二个子句就不能被满足。或门的情况类似。 □

9.3 图论问题

很多有趣的图论问题都定义在无向图上。技术上，无向图就是一个普通的对称图且没有任何的自环。也就是说，如果 (i,j) 是一条边 $(i\neq j)$，则 (j,i) 也是一条边。然而，由于我们要广泛地使用这类图，所以我们需要为这类图给出一个更好的定义。我们定义一个无向图为 $G=(V,E)$，其中 V 是一个有限的顶点集合，E 是 V 中无序的顶点对组成的集合，也称为边。i 和 j 之间的边也表示为 $[i,j]$。每条边也用一条线来表示（无箭头）。本节中的所有图都是无向图。

令 $G=(V,E)$ 是一个无向图，$I\subseteq V$。如果对于任意的 $i,j\in I$ 都不存在 i 和 j 之间的边，则我们称集合 I 是独立的。所有的图（除了不包含任何顶点的图）都有非空的独立集（independent set）。一个有趣的问题就是一个图中最大的独立集是什么。所以 INDEPENDENT SET 问题就是：给定一个无向图 $G=(V,E)$ 和目标值 K，是否存在一个独立集 I 使得 $|I|=K$？

定理 9.4　INDEPENDENT SET 问题是 **NP** 完全的。

证明：我们的证明使用一个简单的构件：三角形。关键点在于，如果一个图包含了一个三角形，则任意的独立集显然至多只可以包含三角形的一个顶点。但我们要构造的内容不限于这些。

有趣的是，要证明 INDEPENDENT SET 问题是 **NP** 完全的，最好限制所考虑图的种类。虽然限制图的种类可以使问题变得容易，但在这个问题中这个限制并没有改变问题的复杂性，但可以让问题变得更清楚。接下来我们只考虑顶点可以划分为 m 个不相交的三角形的图（见图 9.2）。显然，一个独立集可以包含至多 m 个顶点（每个三角形一个顶点）。存在一个大小为 m 的独立集，当且仅当图中其他边可以使我们在每个三角形中选择一个顶点。

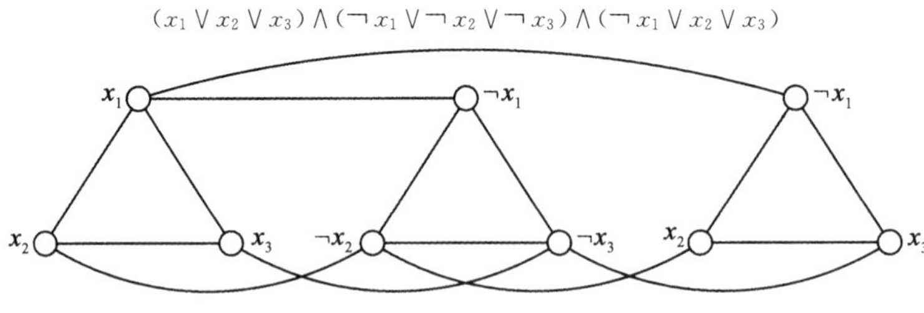

188

$(x_1 \vee x_2 \vee x_3) \wedge (\neg x_1 \vee \neg x_2 \vee \neg x_3) \wedge (\neg x_1 \vee x_2 \vee x_3)$

图 9.2　归约至 INDEPENDENT SET

当我们看到这些图后，INDEPENDENT SET 问题的组合结构看起来似乎更容易理解（但从计算上来解决还是很困难）。事实上，可以直接从 3SAT 来归约：对于给定表达式 ϕ 的 m 个子句中的每个子句，我们都在图 G 中构造一个单独的三角形。三角形的每个顶点都对应于子句中的一个文字。我们用简单方式考虑 ϕ 的结构：我们在两个属于不同三角形的顶点之间添加一条边当且仅当这两个顶点对应于相反的两个文字（见图9.2）。最后我们令 $K=m$，构造结束。

形式上，给定3SAT的一个实例 ϕ，它包含了 m 个子句 $C_1,\cdots,C_m$，其中每个子句为 $C_i=(\alpha_{i1}\vee\alpha_{i2}\vee\alpha_{i3})$，$\alpha_{ij}$ 为布尔变量或者不是。我们的归约构造了一个图 $R(\phi)=(G,K)$，其中 $K=m$，且 $G=(V,E)$ 是这样一个图：$V=\{v_{ij}:i=1,\cdots,m;j=1,2,3\}$，$E=\{[v_{ij},v_{ik}]:i=1,\cdots,m;j\neq k\}\cup\{[v_{ij},v_{\ell k}]:i\neq\ell,\alpha_{ij}=\neg\alpha_{\ell k}\}$（子句中任意文字的出现都会有一个对应的顶点，第一组边定义了 m 个三角形，第二组边把相反的文字连接在一起）。

我们断言 G 中存在一个 K 个结点的独立集当且仅当 ϕ 是可满足的。假设存在这样一个集合 I。由于 $K=m$，所以 I 中包含了每个三角形的一个结点。由于每个结点以文字来标记，且 I 中没有任意两个结点由相反文字组成，所以 I 是满足 ϕ 的一个真值指派：那些标记为 I 中的结点即是真值指派为**真**的文字（根据这个规则剩下未真值指派的变量可以取任意值）。我们知道这的确为一个真值指派，因为任意两个相反的文字在 G 中都由一条边连接，所以这两个结点不可能都属于 I。此外，由于 I 包含了每个三角形中的一个结点，所以这个真值指派满足所有的子句。

189

相反，如果存在一个可满足的真值指派，则我们可以从每个子句中找到一个真值指派为**真**的文字，然后用这个文字来标记三角形中的对应结点：由此我们得到 $m=K$ 个独立结点。 □

根据性质9.3，在上面的证明中我们可以假设原始布尔表达式中的每个文字至多只出现两次。因此，在定理9.4的证明中，图中每个构造的结点都与至多4个结点相连（也就是说，结点度数至多为4）：三角形的其他两个结点以及文字的相反值出现两次。但还有问题没解决，因为还存在一些子句只包含两个文字（见性质9.3中的证明）。但这个很容易就可以解决：这类子句可以通过用一条简单的边连接这两个文字而不是三角形来表示。假设 k-DEGREE INDEPENDENT SET 是 INDEPENDENT SET 的一个特殊情况，即所有结点的度数至多为 k，因此我们可以得到以下推论：

推论1 4-DEGREE INDEPENDENT SET 是 **NP** 完全的。 □

即使是平面图，INDEPENDENT SET 问题仍然是 **NP** 完全的（见问题9.5.9）。然而，当它是二分图时，INDEPENDENT SET 问题是多项式时间可解的（见问题9.5.25）。原因是，在二分图中，INDEPENDENT SET 问题和 MATCHING 问题相关，所以它也是 MAX FLOW 问题的一个特殊情况。

这引出了一个有趣的情况：图论中的问题可以是另一个问题的一个伪装形式，有时候这也意味着一个问题到另一个问题的简单归约。在 CLIQUE 问题中，给定一个图 G 和目标值 K，判断是否存在一个包含 K 个结点的集合，它可以构成一个团（clique），且团中包含了所有可能的边。此外，NODE COVER 问题要回答，是否存在一个集合 C，当它包含了 B 个或更少的结点（其中 B 是给定的"预算值"。这是一个最小化问题）时 G 中每条边都至少有一个结点属于集合 C。

可以很容易看到，CLIQUE 是 INDEPENDENT SET 的一个伪装：假设我们取图的补，也就是说，图中所有不存在的边，团问题就变成了独立集问题，反之亦然。同样，I 是图 $G=(V,E)$ 的一个独立集，当且仅当 $V-I$ 是同一个图的一个结点覆盖（此外，NODE COVER 也是一个最小化问题）。从以上这些观察，我们可以得到下面的结论：

推论 2　CLIQUE 问题和 NODE COVER 问题是 **NP** 完全的。 □

割就是把一个无向图 $G=(V,E)$ 的顶点集分成两个非空集合 S 和 $V-S$。割 $(S,V-S)$ 的大小就是 S 和 $V-S$ 之间边的数量。计算一个图中的最小割是一个有意思的问题。这个问题，也称为 MIN CUT 问题，已经证明是属于 **P** 的。要知道为什么，回想之前提到的把两个给定的结点 s 和 t 分隔开的最小割等于从 s 到 t 的最大流（见问题 1.4.11）。因此，要找到最小割，需要找到某个固定点 s 和 V 中任意其他结点之间的最大流，然后选择其中的最小值。

190

但是找到最大割的问题的确困难许多：

定理 9.5　MAX CUT 是 **NP** 完全的。

可以说设计 **NP** 完全证明中最重要的决定就是应该从哪里开始 **NP** 完全问题。显然，这里没有简单的规则。每个人都应该从手中的问题开始，发掘有趣的小问题，获得尽可能多的经验。然后浏览已知的 **NP** 完全问题列表（见参考文献），查看列表上是否存在与手中问题接近的问题。还有一种是从 3SAT 这个非常通用的问题开始，这个问题可以很容易地归约到很多的 **NP** 完全问题上（下面会提到相关的例子）。然而，有时候找到一个更合适的初始问题会带来很大的好处：这样的归约更优雅和简单，这时候如果从 3SAT 进行归约就是一种浪费。下面的证明就是一个很好的例子。

证明：我们将从 NAESAT 归约到 MAX CUT。给出 m 个子句，每个子句包含了三个文字。我们构造一个图 $G=(V,E)$ 和目标值 K，使得存在一个方法可以把 G 中的结点分为两个集合 S 和 $V-S$，且从一个集合到另一个集合边的数量大于等于 K，当且仅当存在一个真值指派使得每个子句中至少存在一个文字为**真**，一个文字为**假**。在我们的构造中扩展定义使得图中任意两个结点间可以存在多条边。也就是说，从一个顶点到另一个顶点可以存在多条边，如果这些顶点是分开的，则每条边都会对这个割起到一个贡献。

假设所有的子句为 $C_1,\cdots,C_m$，这些子句中的文字有 $x_1,\cdots,x_n$。G 一共包含 $2n$ 个结点，分别为 $x_1,\cdots,x_n,\neg x_1,\cdots,\neg x_n$。我们使用的构件仍然是三角形，但这次我们用不同的方式来实现：这里我们需要的三角形性质是三角形的最大割为 2，这可以通过以任意方式分割来获得。将每个子句记为 $C_i=(\alpha\vee\beta\vee\gamma)$（记得 α、β、γ 也是 G 的结点），我们把三角形 $[\alpha,\beta,\gamma]$ 的三条边加入集合 E 中。如果其中的两个文字相同，则我们忽略第三条边，三角形变成了两个不同文字间的两条平行边。最后，对每个变量 x_i，我们添加 n_i 条边 $[x_i,\neg x_i]$，其中 n_i 是子句中 x_i 或 $\neg x_i$ 出现的次数。这样就完成了 G 的构造（见图 9.3）。对于 K，令其等于 $5m$。

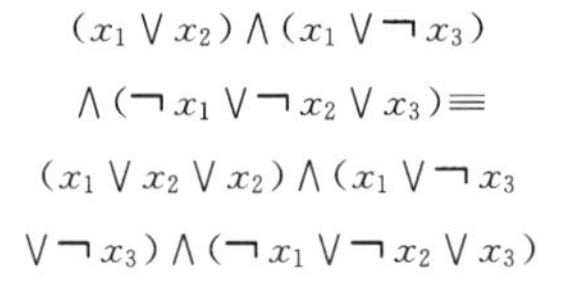

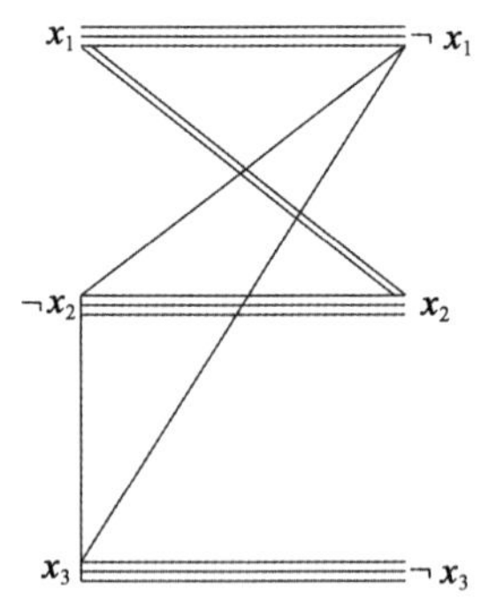

图 9.3　归约至 MAX CUT

假设存在一个割 $(S,V-S)$ 的大小为 $5m$ 或更大。我们断言不失一般性可以假设所有的变量和它们的否都是分隔开的。因为如果 x_i 和 $\neg x_i$ 在割的同一边，它们一共可以给割贡献至多 $2n_i$ 条邻接边，所以我们可以把其中一个变量换至割的另一边而不减少割的数量。所以，我们假设 S 中的文字都为**真**，所有 $V-S$ 中的文字都为**假**。

割中所有连接相反文字的边的总数为 $3m$（和文字的出现次数相同）。余下的 $2m$ 条边来自子句对应的所有三角形。由于每个三角形至多给割贡献两条边，所以 m 个三角形都要被分开。

而一个三角形被分开意味着其中至少一个文字为**假**，至少一个文字为**真**。因此，所有的子句可以被 NAESAT 定义下的真值指派所满足。

相反，我们可以很容易地把一个满足所有子句的真值指派转化为一个大小为 $5m$ 的割。 □

在图划分的很多有趣的应用中，集合 S 和 $V-S$ 不可能任意大或任意小。假设我们寻找一个大小大于等于 K 的割（$S,V-S$）使得 $|S|=|V-S|$（如果 V 中结点数为奇数，则这个问题就很容易处理了……）。我们称这个问题为 MAX BISECTION（最大二等分）。

MAX BISECTION 比 MAX CUT 问题更简单还是更难？添加额外的限制条件（$|S|=|V-S|$）显然会令问题变得更难。这也产生不利的结果，也就是说最大值会变小。然而，额外的条件也可能从另一方面影响问题的计算复杂性。我们可以很容易给解空间添加一个额外的限制条件，使得 **P** 中的问题变成 **NP** 完全的问题，上述的例子就正好是一个相反的情况。在 NAESAT 问题中（通过给 3SAT 添加额外的限制条件），我们可以看到这个问题还是一样难。下面的问题也是这种情况：

191～192

引理 9.1 MAX BISECTION 是 **NP** 完全的。

证明：我们从 MAX CUT 来归约。这是一类特殊的归约。我们通过修改给定的 MAX CUT 的实例，从而使得额外的限制条件可以很容易地被满足，因此修改后（MAX BISECTION）的实例存在一个解当且仅当最初（MAX CUT）的实例也存在一个解。这里的技巧很简单：在 G 中添加 $|V|$ 个完全不相连的新结点。通过把新结点在 S 和 $V-S$ 中恰当地分割可以使 G 的每个割都成为一个等分，由此得到我们的结论。 □

事实上，证明引理 9.1 还有一个更简单的方法，可以看到定理 9.5 证明中的归约中构造的最优割永远都是二等分的图。那么二等分问题的最小化版本，也称为 BISECTION WIDTH 的复杂度怎么样呢？事实证明，额外的限制把多项式的 MIN CUT 变成了 **NP** 完全问题：

定理 9.6 BISECTION WIDTH 是 **NP** 完全的。

证明：已知一个图 $G=(V,E)$，其中 $|V|=2n$ 为偶数，这个图存在一个大于等于 K 的二等分当且仅当 G 的补有一个为 n^2-K 的二等分。 □

上文这样的介绍顺序可以带来一定的启发性：因为它涉及一个最大化问题何时会在计算量上等价于一个对应的最小化问题（习题 9.5.14 介绍了其他有趣的例子和一些反例）。

我们现在转向另一类图论问题。虽然 HAMILTON PATH 是定义在有向图上的问题，但我们现在考虑这个问题无向图的特殊情况：给定一个无向图，是否存在一条哈密顿路径使得每个结点正好被访问一次？

定理 9.7 HAMILTON PATH 是 **NP** 完全的。

证明：我们从 3SAT 问题来归约 HAMILTON PATH。给定一个合取范式 ϕ 以及变量 $x_1,\cdots,x_n$ 和子句 $C_1,\cdots,C_m$，每个子句包含三个文字。我们需要构造一个图 $R(\phi)$ 使得 $R(\phi)$ 有一条哈密顿路径当且仅当这个公式是可满足的。

在任意从 3SAT 开始的归约中，我们总是想要找到一个方法可以把 3SAT 的基本文字在目标问题域中表示出来，并希望所有其他一切都能到位。但 3SAT 问题的基本组成部分是什么呢？在一个 3SAT 的实例中，首先我们有一组布尔变量，每个变量的基本属性就是它可以有两个可选的值：**真**或**假**。接下来我们有这些变量的出现频次。这里最基本的问题就是一致性，也就是说，x 每次出现的值都是相同的，所有 $\neg x$ 出现的情况都取 x 的相反值。最后，所有这些变量不同的组合形成了所有的子句，这些子句构成了很多 3SAT 问题

193

需要满足的限制条件。一个从 3SAT 问题到其他问题的典型归约通常会构造一个实例，其包含了一个组件通过触发器来表示变量选择的值。还有一个组件可以传播这些选择，使同一变量在不同地方出现的值都相同，从而保证了一致性。最后还有一个组件保证限制条件可以被满足。这些组件的本质会随着不同的目标问题而有所不同，有时候我们也需要创造力来根据每个问题的特征来设计合适的组件。

在 HAMILTON PATH 中，我们可以很容易设计一个选择构件（见图 9.4）：这个简单的装置可以令哈密顿路径从上面通过这个子图，接着选择左边或右边的平行边，从而最终得到一个真值（接下来我们会更清楚地了解到，除了图 9.4 中出现的部分外，我们构造的图中没有其他的平行边）。在证明中的所有图中我们都假设这个装置和图的其余部分都通过两个黑色的端点相连接。这个装置没有其他任何结点连接图中其余部分。

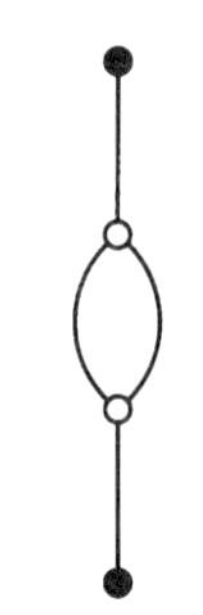
图 9.4　选择构件

一致性的保证可以从图 9.5a 得到。其中最关键的就是：假设这个图是图 G 的一个子图，通过其中的端点和图 G 余下的部分相连，并且假设 G 有一条哈密顿路径，且这条路径的起点和终点都不在这个子图中。因此这个装置被一条哈密顿路径遍历的情况只存在两种可能，即图 9.5b 和 c 中的两种情况。要证明这个结论，我们需要从这个图的一个端点开始按照一条路径来遍历子图，并且保证这两种可能带来的各种不同的路径都至少有一个结点不在这条路径上。从这里我们也可以发现这个装置就好像是两条独立的边，而在每条哈密顿路径中，其中一条边会被遍历，而另一条边不会被遍历。也就是说，我们可以把图 9.5a 中的这个装置看作一个连接了图中两条独立边的“异或”门（见图 9.5d）。

194

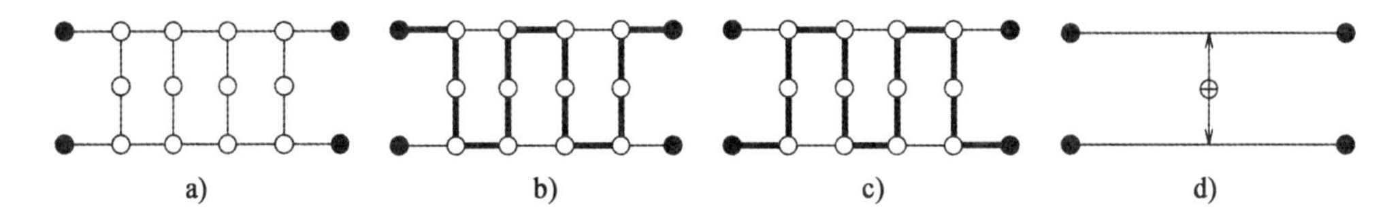

图 9.5　一致性构件

那么子句呢？我们怎样才能把那些限制条件用哈密顿路径的方式来表示出来？这里我们仍然使用三角形这种装置，每一边表示子句中的一个文字，见图 9.6。这个装置是这样工作的：假设使用我们的选择和一致性装置，我们就可以保证三角形的每条边都能被哈密顿路径遍历到当且仅当对应的文字为**假**。由此至少存在一个文字为**真**：否则三角形的三条边都会被遍历到，因此所谓的哈密顿路径也就不存在了。

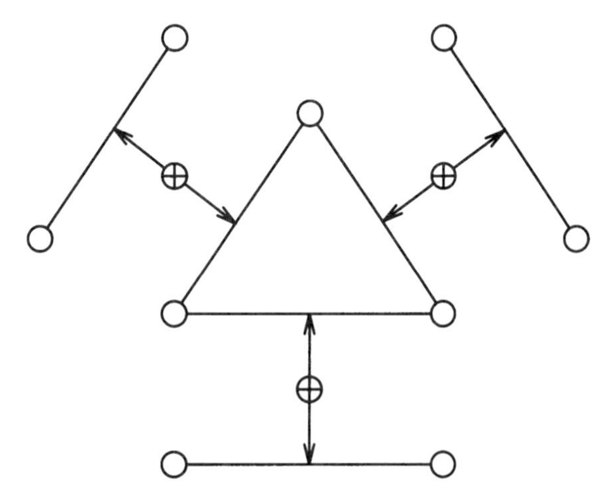
图 9.6　限制构件

显然，现在我们可以把所有的部分都拼在一起（见图 9.7）。图 G 中包含了选择

195

构件的 n 个副本，以串联形式连接（这是图中右边部分，链的第一个结点称为 1）。图中还有 m 个三角形，每个三角形对应一个子句，三角形的一条边对应子句的一个文字（图中左半部分）。如果一条边代表文字 x_i，则这条边通过一个异或构件和对应 x_i 的选择子图中值为**真**的边相连（因此如果那条边没被遍历，则这条边会被遍历）。$\neg x_i$ 对应的边和值为**假**的边相连（每个值为**真**或**假**的边可能通过异或和多条三角形的边相连，如图 9.7 所示，这些异或门相邻地排列在一起）。最后，三角形中的 $3m$ 个结点、选择构件链的最后一个结点以及一个新的顶点 3 和所有可能的边相连，形成了一个巨大的团（clique）；结点 3 和另一个独立的结点 2 相连（最后这个特征可以令证明更简单）。现在我们完成了$R(\phi)$的所有构造。

接下来我们证明图中包含一个哈密顿路径当且仅当 ϕ 存在一个可满足的真值指派。假设存在这样一个哈密顿路径。这条路径的两个结点的度必然都为 1，即结点 1 和结点 2，因此我们可以假设这条路径从结点 1 开始（见图 9.7）。从结点 1 开始，这条路径必须遍历选择构件第一个变量的两条平行边中的一条。此外，所有异或边要以图 9.5b 或 c 的形式来遍历。在遍历了异或边之后，这条路径将会继续遍历，最终使得整个选择构件链都会被遍历到。根据这部分的哈密顿路径我们也可以得到一个真值指派，称为 T。之后，哈密顿路径以一定的顺序继续遍历三角形，最后达到结点 2。

196

现在我们证明 T 可以满足 ϕ。在证明中，由于所有的异或构件都以图 9.5b 或 c 的形式来遍历，所以其实它们就像是连接所有独立边的异或。因此，一个文字对应的三角形的边被遍历到当且仅当这个文字值为**假**。由此可以得到不存在一个子句使得所有三个文字的值都为**假**，因此 ϕ 可以被满足。

◉ 所有这些结点都连接在一个大团中。

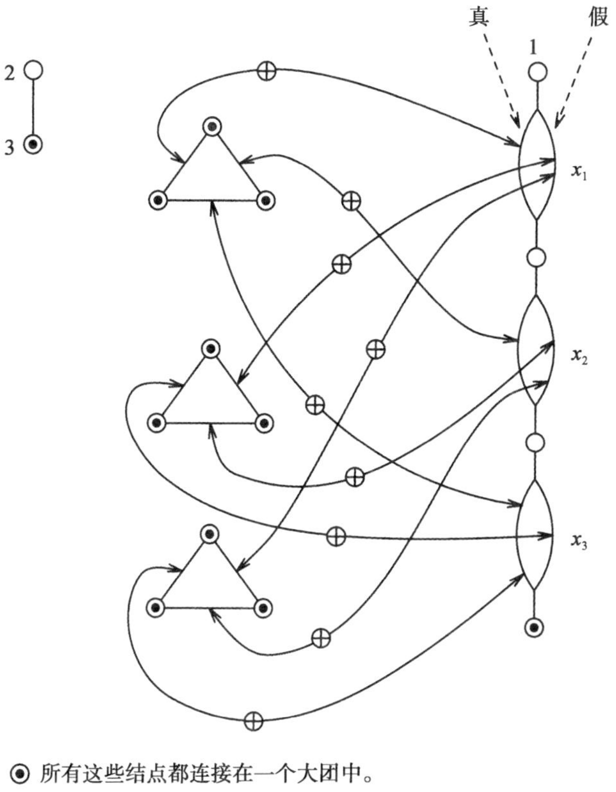

图 9.7　从 3SAT 到 HAMILTON PATH 的归约

197

相反，假设存在一个真值指派 T 满足 ϕ。我们可以找到 $R(\phi)$ 的哈密顿路径。这个哈密顿路径从结点 1 开始，先遍历所有选择链，选择每个变量在 T 中真值所对应的边。完成这部分后，余下的图就是一个巨大的团，包含了很多长度小于等于 2 的点、不相交的、需要被遍历的路径。由于所有可能的边都存在，所以我们可以很容易地把这些路径拼在一起，从而完成一条终止于结点 3 和结点 2 的哈密顿路径。 □

推论 TSP(D) 是 **NP** 完全的。

证明： 我们可以从 HAMILTON PATH 来归约。给定一个图 G 和 n 个结点，我们设计一个距离矩阵 $d_{i,j}$ 和预算 B 使得存在一个长度小于等于 B 的回路当且仅当 G 包含一条哈密顿路径。已知存在 n 个城市，每个城市在图中由一个结点来表示。如果 G 中存在一条边 $[i,j]$，则两个城市 i 和 j 之间的距离为 1；否则，为 2。最后，我们令 $B=n+1$。余下的证明我们留给读者来完成。 □

假设我们要用 k 种颜色给一个图的所有结点来“着色”，使得没有两个相邻的结点具有相同的颜色。这个经典的问题也成为 k-COLORING。当 $k=2$ 时，这个问题可以很容易解决（见习题 1.4.5）。当 $k=3$ 时，问题就完全变了，通常：

定理 9.8 3-COLORING 是 **NP** 完全的。

证明： 这个证明可以从 NAESAT 问题简单地归约得到。给定一组子句 $C_1,\cdots,C_m$，每个子句包含三个文字，所有的变量为 $x_1,\cdots,x_n$，判断是否存在一个真值指派使得不存在任意子句满足所有文字都为**真**或所有文字都为**假**。

我们构造一个图 G，并且证明这个图可以用三种颜色 0、1、2 来着色，当且仅当所有子句可以取不同的值。这里三角形还是起到了重要的作用：一个三角形的结点就需要使用所有三种颜色。因此，在我们的图中，每个变量 x_i 都有一个对应的三角形 $[a,x_i,\neg x_i]$，a 是所有这些三角形共享的结点（它是图 9.8 中最上方的标记为颜色“2”的结点）。

每个子句 C_i 用一个三角形 $[C_{i1},C_{i2},C_{i3}]$ 来表示（见图 9.8 的最下方）。最后，每个 C_{ij} 和对应子句 C_i 的第 j 个文字相连。由此我们完成了整个图的构造（见图 9.8）。

接下来我们证明 G 可以用颜色 0、1、2 来着色，当且仅当给定的 NAESAT 实例是可满足的。首先，我们假设这个图是 3 可着色的。假设结点 a 的颜色为 2（有需要，我们可以改变颜色的名称），因此对每个结点 i 来说，x_i 和 $\neg x_i$ 中一个着色为 1，一个着色为 0。如果 x_i 着色为 1，则我们认为这个变量取值为**真**，否则这个变量取值为**假**。那么如何给子句所对应的三角形来着色呢？如果一个子句的所有文字都为**真**，则对应的三角形必然不能着色，因为颜色 1 不能被使用，因此这样的图不是 3 可着色的。同样，如果一个子句的所有文字都为**假**也不是 3 可着色的。由此我们完成了一个方向的证明。

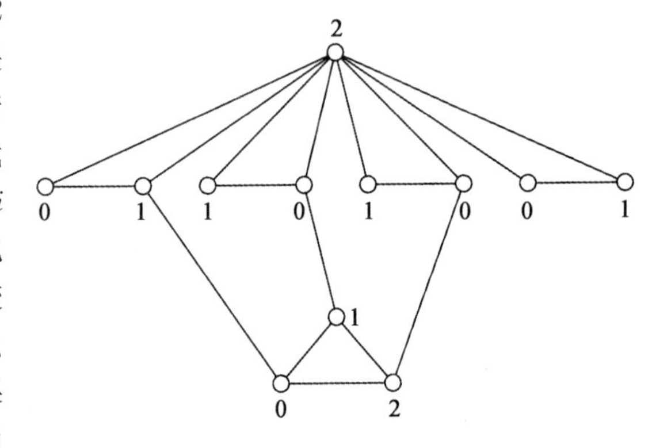

图 9.8 归约为 3-COLORING

现在来证明另一个方向，假设存在一个可满足的真值指派（对于 NAESAT 问题）。我们用颜色 2 来给结点 a 着色，并用变量的真假赋值来给变量三角形着相应的颜色。对于任意的子句来说，我们可以这样来给对应的子句三角形着色：我们选择两个真值为相反数的文字（由于子句是可满足的，所以一定存在这两个文字），并用可用的颜色0、1来给这两个文字对应的结点着色（如果文字为**真**则用0来着色；如果文字为**假**则用1来着色），之后我们给第三个文字对应的结点着色2。 □

9.4 集合和数字

我们可以这样来概括1.2节中的二分图：假设给定三个集合B、G和H（代表男孩、女孩和家），每个集合都包含了n个元素，以及一个三元关系$T\subseteq B\times G\times H$。我们要找到$T$中的$n$个三元组的集合，使得其中没有任何两个三元组有相同的元素——也就是说，每个男孩都和一个不同的女孩匹配，每对匹配的男女对应一个自己的家。我们称这个问题为TRIPARTITE MATCHING。

定理9.9 TRIPARTITE MATCHING是**NP**完全的。

198 ~ 199

证明：我们从3SAT归约到TRIPARTITE MATCHING。基本的组成部分是选择和一致性构件的一个组合，见图9.9（其中R的三元组用三角形来表示）。公式中的每个变量x都有一个对应的装置。它包含了k个男孩、k个女孩（形成了一个$2k$长的环）和$2k$个家，其中k是公式中x出现的次数或者$\neg x$出现的次数中较大的一个数（在图9.9中，$k=4$。在性质9.3中我们假设$k=2$）。ϕ中x或$\neg x$的每次出现都用一个h_j来表示，但是，如果x和$\neg x$在ϕ中的出现次数不相同，则有些h_i对应的出现次数为0。我们让$h_{2i-1}(i=1,\cdots,k)$代表x的出现次数，$h_{2i}(i=1,\cdots,k)$代表$\neg x$的出现次数。除了图中所有显示的三元组，k个男孩和k个女孩不参与其他任何R中的三元组。因此，如果一个匹配存在，则b_i或者和g_i、h_{2i}匹配，或者和g_{i-1}（当$i=1$时为g_k）、h_{2i-1}匹配，其中$i=1,\cdots,k$。上述的第一种匹配意味着$T(x)$为**真**，第二种匹配意味着$T(x)$为**假**。值得注意的是，这个装置使得当变量x选择了一个值后，它在其他地方出现时的取值都能够保证一致性。

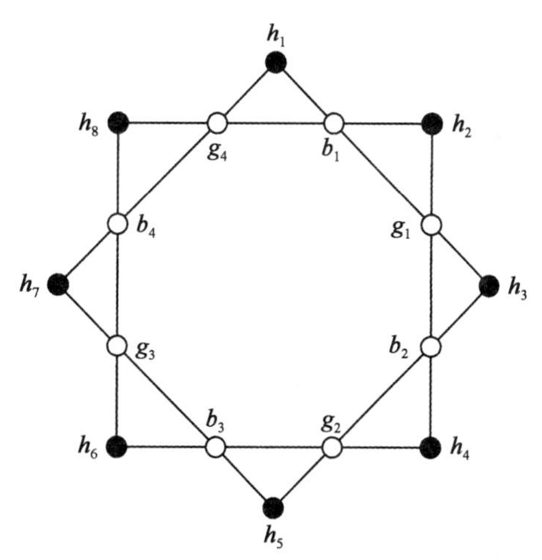

图9.9 选择-一致性构件

对于子句的限制可以这样来表示：对于每个子句c，我们有对应的男孩b和女孩g。b和g只属于唯一的三元组(b,g,h)，其中h包括分别对应于子句c中三个文字的3个家。这个想法就是，如果三个家中存在一个已经赋值但未被匹配，则意味着其值为**真**，因此c可以被满足。如果c所有三个文字值都为**假**，则b和g不能够和任意的家匹配。

由此我们完成了整个构造过程，除了还有一个细节就是：即使在这个实例中男孩和女孩的人数是相同的，家的数量比两者都多。如果有m个子句，意味着变量一共有$3m$次出现次数，这也就意味着家的数量H至少为$3m$（对于每个变量来说，家的数量至少为其出现的次数）。从另一方面来说，选择和一致性构件中有$H/2$个男孩，另外有$m\leqslant H/3$在限制部分，因此实际上男孩的数量比家的数量小。假设家的数量比男孩（以及女孩）的数量多了ℓ，这个值可以通过给定的3SAT来计算得到。现在我们可以很容易解决这个问题：我们再引入ℓ个男孩和ℓ个女孩

（因此男孩、女孩以及家的数量就相等了）。第 i 个女孩和第 i 个男孩以及各自的家参与到 $|H|$ 个三元组中。换言之，这些我们额外加入的 ℓ 对男女非常有用，可以和任意没有匹配的家相匹配，从而完成整个匹配。

我们省略以下的正式证明：一个三方匹配存在当且仅当原始的布尔表达式能够被满足。□

关于集合还有很多其他有趣的问题，我们接下来会慢慢介绍。在 SET COVERING 中，我们给定有限集合 U 的一组子集 $F=S_1,\cdots,S_n$，以及预算 B。我们需要找到 F 中的 B 个集合，满足这些集合的并集为 U。在 SET PACKING 中，给定集合 U 的一组子集以及目标值 K，这次我们要判断在这组子集中是否存在 K 个不相交的集合。在 EXACT COVER BY 3-SETS 问题中，给定集合 U 的一组子集 $F=S_1,\cdots,S_n$，且对于任意的整数 m，$|U|=3m$，对于所有的 i，$|S_i|=3$。我们需要判断 F 中是否存在 m 个不相交的集合使得其并集为 U。

通过指出以上这些问题都是 TRIPARTITE MATCHING 的一般化情况，我们可以证明这些问题都是 **NP** 完全的。EXACT COVER BY 3-SETS 问题可以很直接地转换过来。由于集合 U 可以被分为三个相等的集合 B、G 和 H，使得 F 中的每个集合都分别包含了这个三个集合中的一个文字，所以 TRIPARTITE MATCHING 只是一种特殊情况。接下来我们可以看到当存在 $3m$ 个文字，且 F 中的所有集合都包含了三个文字，预算值为 m 时，EXACT COVER BY 3-SETS 问题就变成了 SET COVERING 问题的一种特殊情况。SET PACKING 类似。

推论　EXACT COVER BY 3-SETS、SET COVERING 和 SET PACKING 都是 **NP** 完全的。□

INTEGER PROGRAMMING 需要判断一个给定的包含了 n 个变量和整数系数的线性不等式组是否存在整数解。我们已经看过很多关于这个问题是 **NP** 完全的解释：以上所有我们遇到的问题都可以简单地用一组整数的线性不等式来表示。例如，SET COVERING 可以用以下的不等式来表示：$\mathbf{A}x\geqslant\mathbf{1}$，$\sum_{i=1}^{n}x_i\leqslant B$，$0\leqslant x_i\leqslant 1$，其中每个 x_i 是一个 0-1 变量，即当且仅当 S_i 在集合中时为 1，$\mathbf{A}$ 是一个矩阵，每一行的元素为这些集合的位向量，$\mathbf{1}$ 为所有文字都为 1 的列向量，B 为这个实例的预算。因此，INTEGER PROGRAMMING 问题是 **NP** 完全的（最困难的地方是证明这个问题是属于 **NP** 的，见本章最后的注释）。相反，如果上述问题去掉了解必须为整数的限制条件，就得到了 LINEAR PROGRAMMING，它是属于 **P** 的（见问题 9.5.34 的讨论）。

200～201

接下来我们来看 INTEGER PROGRAMMING 的一个特殊情况。背包问题主要研究以下的情况：从 n 个物品中选择几件物品。假设物品 i 的价值为 v_i，权重为 w_i（两者都为正整数）。我们选择的物品的权重和最多不能超过 W。我们希望在不重复选择以及所选物品的权重和不超过 W 的情况下可以最大化所选物品的价值和。也就是说，我们要找到一个子集 $S\subseteq\{1,\cdots,n\}$ 使得 $\sum_{i\in S}w_i\leqslant W$，且 $\sum_{i\in S}v_i$ 尽可能地大。在这个问题的判定版本中，称为 KNAPSACK，我们也有一个目

$$
\begin{array}{r|cccccccccccc}
\rightarrow & 0 & 0 & 0 & 1 & 0 & 1 & 1 & 0 & 0 & 0 & 0 & 0 \\
 & 1 & 1 & 0 & 0 & 1 & 0 & 0 & 0 & 0 & 0 & 0 & 0 \\
\rightarrow & 1 & 0 & 1 & 0 & 0 & 0 & 0 & 1 & 0 & 0 & 0 & 0 \\
\rightarrow & 0 & 1 & 0 & 0 & 0 & 0 & 0 & 0 & 1 & 0 & 0 & 1 \\
 & 0 & 0 & 1 & 1 & 1 & 0 & 0 & 0 & 0 & 0 & 0 & 0 \\
\rightarrow & 0 & 0 & 0 & 0 & 1 & 0 & 0 & 0 & 0 & 1 & 1 & 0 \\
+ & 1 & 0 & 1 & 1 & 0 & 0 & 0 & 0 & 0 & 0 & 0 & 0 \\
\hline
 & 1 & 1 & 1 & 1 & 1 & 1 & 1 & 1 & 1 & 1 & 1 & 1
\end{array}
$$

图 9.10　归约至 KNAPSACK

标 K，我们希望找到一个子集 $S\subseteq\{1,\cdots,n\}$ 使得 $\sum_{i\in S} w_i \leqslant W$ 且 $\sum_{i\in S} v_i \geqslant K$。

定理 9.10 KNAPSACK 是 **NP** 完全的。

证明： 这个问题同样也可以通过增加限制条件来帮助证明是 **NP** 完全的。所以我们研究 KNAPSACK 的一个特殊情况，即对于所有的 i，$v_i=w_i$ 且 $K=W$。也就是说，给定一组 n 个整数 $w_1,\cdots,w_n$，我们希望找到一个子集使得所有子集中的整数和为 K。这个简单的数值问题是 **NP** 完全的。

我们从 EXACT COVER BY 3-SETS 来归约。给定 EXACT COVER BY 3-SETS 的一个实例 $\{S_1,\cdots,S_n\}$，我们要判断在这些集合中是否存在不相交的集合可以覆盖集合 $U=\{1,2,\cdots,3m\}$。我们把给定的集合看作位向量 $\{0,1\}^{3m}$。这样的向量也可以看作二进制的整数，而集合的并就好像整数相加（见图 9.10）。我们的目标是要找到这些整数的一个子集使得其和为 $K=2^{3m}-1$（全为 1 的向量对应于全集）。似乎我们的归约已经完成了。 202

但在这个归约中存在一个"漏洞"：二进制整数的相加与集合的求并是不同的，因为存在进位。举例来说，$3+5+7=15$ 在位向量的形式为 $0011+0101+0111=1111$。但对应的集合 $\{3,4\}$、$\{2,4\}$ 和 $\{2,3,4\}$ 是相交的，且它们的并集也不是 $\{1,2,3,4\}$。这个问题还有一个简单聪明的方法：我们把这些向量当作基数为 $n+1$ 而不是 2 的整数。也就是说，集合 S_i 变成了 $w_i=\sum_{j\in S_i}(n+1)^{3m-j}$。由于现在这些数的加法中直到 n 都不会有任何进位，所以显然存在这些数的一个集合，其和为 $K=\sum_{j=0}^{3m-1}(n+1)^j$ 当且仅当 $\{S_1,S_2,\cdots,S_n\}$ 中存在一个精确覆盖。 □

伪多项式算法和强 NP 完全

根据定理 9.10，下面的结论就似乎饶有趣味了。

性质 9.4 KNAPSACK 的任何实例都可以在 $\mathcal{O}(nW)$ 的时间内解山，其中 n 为物品的数量，W 为权重的上界。

证明： 定义 $V(w,\ i)$ 为前 i 个物品中，被选中物品的权重之和小于或等于 w，$i=0$，1，$\cdots$，n；$w=0$，1，$\cdots$，W 时，可以取得的最大价值。可以很容易看到 $V(w,i)$ 表格的 nW 个值可以按照 i 和 w 的递增顺序，且每个值的计算只需要常数次来计算：对 $0<i\leqslant n$ 和 $0<w\leqslant W$

$$V(w,\ i)=\max\{V(w,\ i-1),v_i+V(w-w_i,\ i-1)\quad w_i\leqslant w\}$$

开始，我们令初值 $V(w,0)=V(0,i)=0$（对于所有的 i，w）。最后，一个背包问题的实例取值为"是"当且仅当整个表格中存在一个值大于或等于目标值 K。 □

显然，性质 9.4 并不能证明 **P**=**NP**（因此，继续往下读）。这个算法并不是多项式时间的，因为它的时间界 nW 并不是输入的多项式函数：输入的长度大约为 $n\log W$。我们在 1.2 节中尝试 MAX FLOW 算法时已经见过这个形式了，MAX FLOW 问题所需要的时间也是输入参数的多项式形式（但不是对数，通常是准确的计算值）。这些"伪多项式"算法不只给人带来很多疑惑，同时也带来很多真正有帮助的结果（见 13.1 节）。

关于伪多项式算法，把背包问题和本章中已经证明的 **NP** 完全问题——SAT、MAX CUT、TSP(D)、CLIQUE、TRIPARETITE MATCHING、HAMILTON PATH 等这些问题区分开来是很有意义的。后面的这些问题都是通过构造多项式的小整数的归约来证明 203

NP 完全的。而对于 CLIQUE 和 SAT 来说，由于其中的整数只是作为结点的名称和变量的索引，所以这是显然的（整数不会很大）。即使对于 TSP(D) 而言，数字虽然作为城市间的距离起到了一个重要的作用，但我们只需要不超过 2 的距离来建立 **NP** 完全（见定理 9.7 中推论的证明）[⊖]。相反，在 KNAPSACK 的 **NP** 完全证明中，我们需要在归约中构造指数级的整数。

如果任何长度为 n 的实例在限制至多包含 $p(n)$（多项式）个整数的情况下问题仍然为 **NP** 完全的，则这个问题是强 **NP** 完全的。在本章中我们见过的所有 **NP** 完全问题，除了 KNAPSACK 外，都是强 **NP** 完全的。所以所有这些问题，只有 KNAPSACK 可以用伪多项式算法来解决，这当然不是一个巧合：我们需要澄清的是，强 **NP** 完全问题是没有伪多项式算法的，除非 **P**=**NP**（见问题 9.5.31）。

我们用一个有趣的例子来结束本章：一个包含了很多数字，比 KNAPSACK 简单一些，但却为强 **NP** 完全的问题。

BIN PACKING：给定 N 个正整数 $a_1,a_2,\cdots,a_N$（所有物品），以及两个整数 C（容量）和 B（箱子的数量）。我们要问的是这些数字属否能够被分为 B 个集合，每个集合容量和至多为 C。

定理 9.11　BIN PACKING 是 **NP** 完全的。

证明：我们从 TRIPARTITE MATCHING 归约到这个问题。给定一个男孩的集合 $B=\{b_1,b_2,\cdots,b_n\}$，一个女孩的集合 $G=\{g_1,g_2,\cdots,g_n\}$，一个家的集合 $H=\{h_1,h_2,\cdots,h_n\}$ 以及一个三元组 $T=\{t_1,\cdots,t_m\}\subseteq B\times G\times H$。我们判断 T 中是否存在 n 个三元组，使得每个男孩、每个女孩以及每个家都被这 n 个三元组中的一个所包含。

我们构造的 BIN PACKING 实例包含了 $N=4m$ 个物品——每个三元组，以及三元组中的男孩、女孩和家都有一个对应的物品。举例来说，对应于 b_1 每次出现的物品可以用 $b_1[1],b_1[2],\cdots,b_1[N(b_1)]$来表示，其中 $N(b_1)$ 是 b_1 在三元组中出现的次数。其他男孩、女孩或家也是相似的。对应于三元组的物品用 t_j 来表示。

这些物品的尺寸见图 9.11。M 是一个非常大的数字，比如 $100n$。值得注意的是，每个男孩、女孩和家（哪一个先出现不重要）出现一次时的尺寸和其他出现的尺寸都不相同。这次出现也正是其参与匹配的情况。每个箱子的容量 C 为 $40M^4+15$，刚好足够一个三元组和其中的三个成员的一次出现情况（只要这三个成员都是第一次出现或都不是第一次出现）。一共存在 m 个箱子和 m 个三元组。

204

物　品	尺　寸
男孩 $b_i[1]$ 的第一次出现	$10M^4+iM+1$
男孩 $b_i[q](q>1)$ 其他出现的情况	$11M^4+iM+1$
女孩 $g_j[1]$ 的第一次出现	$10M^4+jM^2+2$
女孩 $g_i[q](q>1)$ 其他出现的情况	$11M^4+jM^2+2$
家 $h_k[1]$ 的第一次出现	$10M^4+kM^3+4$
家 $h_k[q](q>1)$ 其他出现的情况	$8M^4+kM^3+4$
三元组 $(b_i,g_j,h_k)\in T$	$10M^4+8-iM-jM^2-kM^3$

图 9.11　BIN PACKING 中的物品

⊖ 否则，如果这些问题实例中的数字都是用一元来表示的，即使是这种非常浪费的表示法，整个实例的大小也只是扩大了多项式的倍数，因此归约仍然有效，即这些问题仍保持 **NP** 完全。

假设存在一种方法可以把这些物品放入 m 个箱子中。需要注意的是所有物品的和为 mC（也就是所有箱子的总容量），因此所有的箱子必须正好都是满的。我们考虑其中的一个箱子。这个箱子至少包含了4个物品（证明：所有物品的尺寸都在整个箱子容量的1/5～1/3之间）。由于所有物品的和对 M 取余为15（$C \bmod M=15$），而从1,2,4,8（这些都是所有物品尺寸的余数，见图9.11）中选出4个数字（可以重复）来表示15只有一种方法，所以箱子中必须包含一个对应于 $8 \bmod M$ 三元组，假设这个三元组为 (b_i, g_j, h_k)，以及一个男孩 $b_{i'}$、一个女孩 $g_{j'}$ 和一个家 $h_{k'}$，分别对应于 $1 \bmod 15$、$2 \bmod 15$ 和 $4 \bmod 15$。由于和对于 M^2 取余也为15，所以我们有 $(i'-i)$。$M+15=15 \bmod M^2$，因此 $i=i'$。同样，通过和对 M^3 取余的公式我们可以得到 $j=j'$，以及对 M^4 取余可以得到 $k=k'$。因此，每个箱子都包含了一个三元组 $t=(b_i, g_j, h_k)$ 和对应的 b_i、g_j、h_k 的出现。此外，所有这三者的出现或者都是第一次出现，或者都不是第一次出现——否则就不能得到 $40M^4$ 这个目标值。因此，存在 n 个箱子只包含了第一次出现的情况，这些箱子中的 n 个三元组形成了一个三方匹配。

相反，如果存在这样一个三方匹配，我们就可以通过把每个三元组和其中成员的出现相匹配，保证匹配中的三元组可以得到所有三个成员的第一次出现，从而把所有物品都放入 m 个箱子中。证明完毕。□

需要注意的是，这个归约中构造的数字都是多项式数量级的——$\mathcal{O}(|x|^4)$，其中 x 是TRIPARTITE MATCHING中的原始实例。因此，BIN PACKING是强**NP**完全的：BIN PACKING的任意伪多项式算法都会给TRIPARTITE MATCHING问题带来一个多项式算法，即意味着 **P**＝**NP**。

对于归约到那些数字起了非常重要作用的问题来说，BIN PACKING是一个很好的起点，但和KNAPSACK不同的是（至少就我们目前所知道的）它是强**NP**完全的。

205～206

9.5 注解、参考文献和问题

9.5.1 本章中的很多**NP**完全结论的证明都是在

○ R. M. Karp. "Reducibility among combinatorial problems," pp. 85-103 in *Complexity of Computer-Computations*, edited by J. W. Thatcher and R. E. Miller, Plenum Press, New York, 1972.

这是一篇具有很大影响力的论文，它揭示了**NP**完全领域（以及其在组合优化中的重要性）的真正范围。我们可以在这篇论文中找到定理9.3、定理9.7、定理9.8和定理9.9的证明以及习题9.5.7和习题9.5.12中的**NP**完全结论。下面这本书则记录了关于**NP**完全的具体内容。

○ M. R. Garey and D. S. Johnson *Computers and Intractability: A Guide to the Theory of NP-completeness*, Freeman, San Francisco, 1979.

这本书包含了数百个**NP**完全问题，出版于1979年，但现在仍然是这个领域中一本很重要的参考书（也是众多**NP**完全证明书籍中值得翻阅的一本好书）。此外，David Johnson那本关于**NP**完全和复杂性的后续评论也是一本好的补充参考文献：

○ D. S. Johnson. "The NP-completeness column: Anon-going guide," *J. of Algorithms*, 4, 1982.

性质9.1中从"凭证"的角度关于**NP**的描述在Jack Edmonds的文章中已经隐含了（见参考文献1.4.7）。

9.5.2 问题：给定一个从SAT问题到3SAT问题的直接归约（也就是说，给定一个至少包含了三个文字的子句，如何重写这个子句使其变成等价的三个文字的子句集，可以试着使用额外的辅助变量）。

9.5.3 问题：证明3SAT问题的其中一个版本，即当每个子句都正好包含一个赋值为真的文字（而不是至少有一个文字赋值为真）时，也称 ONE-IN-THREE SAT 是 **NP** 完全的（事实上，即使所有的文字都为真也是 **NP** 完全的。见定理 9.9 关于 EXACT COVER BY 3-SATS 的推论）。

9.5.4 问题：(a) 证明 SAT 的特例，当每个变量都只出现两次的问题是属于 **P** 的。

事实上，还有下面更强的性质：

(b) 证明 3SAT 问题的限制情况（每个子句中正好包含了三个不重复的文字），当每个变量至多只能出现三次是属于 **P** 的（考虑一个二分图，其中子句代表男孩，变量代表女孩，边代表出现的情况[⊖]。用习题 9.5.25 来证明这样的匹配总是存在的）。

9.5.5 问题：证明 3SAT 的一个版本，即每个子句中的三个变量都不相同的问题是 **NP** 完全的。要保证这个结果，每个子句中不相同的变量数的最小值是多少？

9.5.6 问题：证明 SAT 的特例，当每个子句为 Horn 子句或者只包含两个文字时是 **NP** 完全的（换言之，SAT 问题的不同多项式特例并不能很好地混合在一起）。

207

9.5.7 问题：DOMINATING SET 问题指的是给定一个有向图 $G=(V,E)$ 和一个整数 K，问是否存在一个集合 D，它包含了 K 个或更少的结点满足任意的结点 $v\notin D$ 都存在一个 $u\in D$ 且 $(u,v)\in E$。证明 DOMINATING SET 是 **NP** 完全的（显然 NODE COVER 问题是一个很相似的问题，从这个问题开始，只需要进行局部的简单替换就可以了）。

9.5.8 问题：锦标赛问题（tournament）指的是给定一个有向图，且图中任意的结点 $u\neq v$ 满足边 (u,v) 和边 (v,u) 正好只存在一条。（为什么要这样来起名呢？）

(a) 证明每个包含了 n 个结点的锦标赛问题都有大小为 $\log n$ 的一个支配集（dominatingset）。（证明在任意的锦标赛问题中都存在一个选手打败了至少一半的对手。只要把这个选手加入支配集即可。除了这个选手还需要加入什么呢？）

(b) 证明如果即使这个图满足锦标赛问题，DOMINATING SET 也是 **NP** 完全的，则 $\mathbf{NP}\subseteq\mathbf{TIME}(n^{k\cdot\log n})$。

锦标赛问题的 DOMINATING SET 是那些少数显现出“有限非确定性”的自然问题中的一个。见

- N. Megiddo and Vishkin. “On finding a minimum dominating set in a tournament,” *Theory. Comp. Sci*, *61*, pp. 307-316, 1988.
- C. H. Papadimitriou and M. Yannakakis. “On limited nondeterminism and the complexity of computing the V-C dimension,” *Proc. of the 1993 Symposium on Structure in Complexity Theory*.

9.5.9 问题：(a) 证明 INDEPENDENT SET 在平面图上仍然是 **NP** 完全的（如何在不改变问题基本特性的情况下把相交的边替换掉。另外见问题 9.5.16）。

(b) 以下哪个问题和 INDEPENDENT SET 最相关，且在平面图的特殊情况下仍然是 **NP** 完全的？(i) NODE COVER；(ii) CLIQUE；(iii) DOMINATING SET。

9.5.10 问题：令 $G=(V,E)$ 为一个有向图。定义 G 的内核为 G 中的一个子集 K 满足 1) 对于任意的两个结点 u，$v\in K$，$(u,v)\notin E$；且 2) 对于任意的结点 $v\notin K$，存在一个结点 $u\in K$，使得 $(u,v)\in E$。换言之，内核也就是一个独立的支配集。

(a) 证明要确定图是否含有一个内核的问题是 **NP** 完全的（如果两个结点间双向都各存在一条边且没有其他扇入边可以作为一个“正反跳转”）。

(b) 证明一个没有奇数环的有向强连通图是二分的（即它的结点可以分为两个集合，且满足两个集合内部不存在任何边），因此这样的图至少包含了两个内核。

(c) 证明 **NP** 完全说明一个不包含奇数环的有向强连通图还存在第三个内核（除了 (b) 中讨论的两个内核）。

(d) 根据 (b) 中的内容证明任意不包含奇数环的有向图都存在一个内核。

⊖ 即男孩和女孩有边相连当且仅当该变量在该子句中出现。——译者注

(e) 修改1.1节中的搜索算法，使得可以在多项式时间内确定一个给定的有向图是否包含奇数环。

(f) 证明任意不带自环的对称图（即任意无向图）都包含一个内核。

208

(g) 证明 MINIMUM UNDIRECTED KERNEL 问题，即确定包含一个至少有 B 个结点内核的无向图是否是 **NP** 完全的（和（a）中的归约相似）。

9.5.11 **问题**：证明即使给定的图是连通的，MAX BISCETION 仍然是 **NP** 完全的。

9.5.12 **问题**：在 STEINER TREE 问题中，我们给定所有城市间的距离 $d_{ij}\geqslant 0$，以及一个强制要经过的城市集合 $M\subseteq\{1,2,\cdots,n\}$。找到包含强制城市集合的最短的连通图。证明 STEINER TREE 是 **NP** 完全的。

○ M. R. Garey, R. L. Graham, and D. S. Johnson. "The complexity of computing Steiner minimal trees," *SIAM J. Applied Math.*, *34*, pp. 477-495, 1977.

证明 EUCLIDEAN STEINER TREE 问题是 **NP** 难的（这些强制的结点为平面上的点，而路径为欧式距离时，平面上所有的点都是潜在的非强制结点。这就是由 Georg Steiner 最初提出的有趣问题，而这个问题的图论版本 STEINER TREE 是一个相当枯燥的问题）。

9.5.13 **问题**：MINIMUM SPANNING TREE 基本上就是 STEINER TREE 问题中当所有结点都为强制结点时的特殊情况。给定一个城市集合和非负的路径，我们需要构建连接所有城市的最短图。证明最优图中不包含环。证明贪婪算法（即每次给图中加入一条未加入的最短路径，除非这条边的两个结点已经连通）可以在多项式时间内解决这个问题。

9.5.14 **问题**：考虑以下的最小化－最大化问题在加权图中的情况：

(a) MINIMUM SPANNING TREE 和 MAXIMUM SPANNIN GTREE（找到权重最大的连通树）。

(b) SHORTEST PATH（见问题1.4.15）和 LONGEST PATH（寻找不包含重复结点的最长路径，通常也称为 TAXICAB RIPOFF 问题）。

(c) 两个结点 s 和 t 之间的 MIN CUT 和 MAX CUT。

(d) MAX WEIGHT COMPLETE MATCHING（在带权重的二分图中）和 MIN WEIGHT COMPLETE MATCHING。

(e) TSP 和寻找最长回路的版本。

以上这些成对的问题中，哪些问题都是多项式等价的，哪些不是？为什么？

9.5.15 **问题**：(a) 证明 HAMILTON CYCLE 问题（找到一个每个结点都只访问一次的环）是 **NP** 完全的（修改定理9.7的证明即可）。

(b) 证明即使在平面图上、二分图上或者三次图上（每个结点度数都为3），HAMILTON CYCLE 都是 **NP** 完全的（从之前的归约开始，小心地移除所有违反这三个条件的情况。对平面图来说，只有异或构件是有用的。找到一种方法使得两个异或构件可以相互交叉但不影响其功能。另外，见问题9.5.16）。

209

(c) 网格图（gridgraph）是无限二维网格中的一个有限导出子图。也就是说，图的结点是一对整数，$[(x,y),(x',y')]$是一条边当且仅当$|x-x'|+|y-y'|=1$。证明网格图上的哈密顿回路问题是 **NP** 完全的（从构建（b）开始，并把图嵌入网格中。用小的方格来模拟结点，用“触须”，即宽度为2的长条形方格来模拟边）。

(d) 根据（c）的内容证明 TSP 在欧式图上的（即路径为实际的两个城市间的欧式距离）特殊情况是 **NP** 完全的。（还有一个小问题就是，对于 EUCLIDEAN TSP 问题的定义：我们需要精确到什么程度来计算平方根？）

部分（c）是来自

○ A. Itai, C. H. Papadimitriou, J. L. Szwarcfiter. "Hamilton paths in grid graphs," *SIAM J. Comp.*, *11*, *3*, pp. 676-686, 1982.

部分（d）最初的证明是出现在

○ C. H. Papadimitriou. "The Euclidean traveling salesman problem is **NP**-complete," *Theor. Comp. Sci 4*, pp. 237-244, 1977. 且同时独立地出现在

○ M. R. Garey, R. L. Graham, and D. S. Johnson. "Some NP-complete geometric problems," in

Proc. 8th Annual ACM Symp. on the Theory of Computing, pp. 10-22, 1976.

此外，定理9.2和定理9.5关于MAX2SAT和MAX CUT来自

○ M. R. Garey, D. S. Johnson, and L. J. Stockmeyer. "Some simplified NP-complete graph problems," *Theor. Comp. Sci.*, *1*, pp. 237-267, 1976.

HAMILTON CYCLE在钢块网格图（即没有"洞"的网格图）中是否是**NP**完全的仍然没有解决。[⊖]

9.5.16　在很多图论算法的应用中，例如车辆路径问题（vehiclerouting）和集成电路设计问题，默认的图通常都是*平面图*，即图中任意的边之间不能有交叉。因此确定哪些**NP**完全问题在平面图仍然保持相同的时间复杂度就变得很有意义。所以SAT问题的特殊情况就很值得研究：SAT问题的一个实例的发生图（occurence graph）是一个结点为所有变量和子句的图，如果变量（或者这个变量的否）存在于子句中，则在这个变量结点和子句结点之间就存在一条边。我们称SAT的一个实例是*平面的*，如果它的发生图也是平面的。问题参见

○ D. Lichtenstein. "Planar formulae and their uses," *SIAM J. Comp.*, *11*, pp. 329-393, 1982.

这个特殊问题也称为PLANAR SAT，即使所有的子句都至多只有三个文字，且每个变量都只出现至多5次，这个问题仍然是**NP**完全的。

问题：使用以上的结论来证明即使在平面图上，INDEPENDENT SET、NODE COVER和HAMILTON PATH都仍然为**NP**完全的。那么CLIQUE问题呢？

210

BISECTION WIDTH（每条边的权重都为1）在平面图上是否仍然是**NP**完全的还未解决。

9.5.17　**问题**：我们称一个图$G=(V,E)$的线图（line graph）为图$L=(E,H)$，其中$[e,e']\in H$当且仅当e和e'是相邻的。证明HAMILTON PATH在线图上是**P**的。Garey和Johnson在《Computers and Intractability, A Guide to the Theory of NP-Completeness》中声称是刘炯朗证明了线图上的哈密顿问题**P**的。

9.5.18　**问题**：CYCLE COVER（环覆盖）问题的定义为：给定一个有向图，是否存在一组结点不相交的环可以覆盖所有的结点？

(a) 证明CYCLE COVER问题可以在多项式时间内解决（这个问题就是匹配问题的改装提法）。

(b) 假设我们不允许存在长度为2的环。则这个问题变成了**NP**完全的（从3SAT开始归约。相似的证明见定理18.3）。

(c) 证明存在一个整数k使得以下的问题成为**NP**完全的：给定一个无向图，找到一个最短环的长度大于k的环覆盖（通过修改HAMILTON CYCLE为**NP**完全的证明）。你可以证明满足**NP**完全的k的最小值为多少？

(d) 证明当有向图*无环*时，有向哈密顿回路问题是多项式可解的。延伸结论到当不存在长度少于$n/2$的环的情况。

9.5.19　**问题**：给定一个有向图以及每条边的权重w、两个结点s和t、一个整数B。我们希望找到两条从s到t不相交的路径，每条路径的长度至多为B。证明这个问题是**NP**完全的（从3SAT开始归约。当我们需要最小化这两条不相交路径的长度和时，这个问题是多项式可解的）。

9.5.20　**问题**：CROSSWORD PUZZLE问题的定义为：给定一个整数n、一个包含了*黑色方块*的子集$B\subseteq\{1,\cdots,n\}^2$和一个有限的字典$D\subseteq\Sigma^*$。问是否存在一个从$\{1,\cdots,n\}^2-B$到$\Sigma$的映射$F$，使得所有形式为$(F(i,j),F(i,j+1),\cdots,F(i,j+k))$和$(F(i,j),F(i+1,j),\cdots,F(i+k,j))$的**极大**的单词都在$D$内。证明CROSSWORD PUZZLE是**NP**完全的（即使$B=\emptyset$仍然是**NP**完全的）。

9.5.21　**问题**：ZIGSAW PUZZLE问题的定义为：给定一组多边形（根据每个顶点的整数坐标序列）。问是否存在一种方法来安排这些多边形在平面上的位置使得（a）没有任何两个多边形重叠，且（b）这些多边形的并集为一个方块。证明ZIGSAW PUZZLE问题是**NP**完全的（可以从TILING问题的

⊖ Christopher Umans和William Lenhart证明了此问题是属于**P**的。详见他们发表在Proceeeding of Foundation of Computer Science，1997上文章。——译者注

一个版本开始证明，见问题20.2.10，在那个问题中一些砖瓦可能没有用到。接着用每边有小方凹的方形多边形来模拟砖瓦。凹形的位置反映了砖瓦的类型，且使水平和垂直可以兼容。最后加入适合的小多边形来填满这些小方凹）。

9.5.22　问题： 已知 G 为一个有向图，定义 G 的传递闭包 G^* 为一个包含了 G 中所有结点的图，当且仅当 G 中存在一条从 u 到 v 的路径，G^* 中存在一条边 (u,v)。

211

(a) 证明一个图的传递闭包可以在多项式时间内计算得到。你可以在 $\mathcal{O}(n^3)$ 内计算得到吗？（见例8.2。其实也存在更快的算法。）

(b) 定义一个包含了最少边的图 H 且满足 $H^*=G^*$ 的图为图 G 的传递归约 $R(G)$。证明计算 G 的传递归约相当于计算 G 的传递闭包，因此也可以在 $\mathcal{O}(n^3)$ 时间内计算得到。（这是来自

○ A. V. Aho, M. R. Garey, and J. D. Ullman. "The transitive reduction of a directed graph," *SIAM J. Comp.*, *1*, pp. 131-137, 1972.）

(c) 定义 G 的子图 H 为 G 的强传递归约当 H 包含了最少的边且满足 $H^*=G^*$。证明要确定 G 的强传递归约包含了 K 条或更少的边是否是 **NP** 完全的。（一个强连通图的强传递归约是什么？）

9.5.23　问题： (a) 给定两个图 G 和 H，问是否存在 G 的一个子图与 H 同构？证明这个问题是 **NP** 完全的。

(b) 证明即使图 H 为一棵和 G 具有相同结点数的树，这个问题仍然是 **NP** 完全的。

(c) 证明即使这棵树的直径最多为6，这个问题仍然是 **NP** 完全的（首先证明：要确定一个有 $3m$ 个结点的图是否包含了一个子图，它有 m 条长度为2的点不相交路径的问题是 **NP** 完全的）。

(c) 部分和一些延伸问题来自

○ C. H. Papadimitriou and M. Yannakakis. "The complexity of restricted spanning tree problems," *J. ACM*, *29*, 2, pp. 285-309, 1982.

9.5.24　问题： 给定一个图 G，问 G 中是否存在一个子图，该子树为一棵包含了 G 中所有的结点的树 T（即 G 的生成树），且满足 T 中的叶子结点（度为1的结点）

(a) 数量和给定的整数 K 相同。

(b) 数量比给定的整数 K 小。

(c) 数量比给定的整数 K 大。

(d) 和给定的结点集合 L 相等。

(e) 为一个给定结点集合 L 的子集。

(f) 为一个给定结点集合 L 的扩集（superset）。

此外，考虑 T 中所有结点的度数

(g) 至多为2。

(h) 至多为给定的整数 K。

(i) 等于一个奇数。

以上这些问题哪些是 **NP** 完全的，哪些是多项式时间可解的？

9.5.25　问题： (a) 假设在一个二分图中，每个男孩集合 B 都和一个女孩集合 $g(B)$ 相邻，且 $|g(B)|\geqslant|B|$。证明这个二分图中存在一个匹配（从最大流最小割定理开始证明，然后利用这两个问题的关系来证明）。

212

(b) 证明 INDEPENDENT SET 问题在二分图上可以在多项式时间内解决。

9.5.26　区间图（interval graph） 令 $G=(V,E)$ 为一个无向图。我们称 G 为一个区间图，如果存在一条路径 P（一个包含了结点 $1,\cdots,m,m>1$，且边为 $[i,i+1],i=1,\cdots,m-1$ 的图）和一个从 V 到 P 的子路径（连通子图）的映射 f，满足 $[v,u]\in E$ 当且仅当 $f(u)$ 和 $f(v)$ 有一个共同的结点。

(a) 证明所有的树都为区间图。

(b) 证明以下的问题在区间图上可以在多项式时间内解决：CLIQUE、k-COLORING 和 INDEPENDENT SET。

9.5.27　**弦图（chordal graph）**　令 $G=(V,E)$ 为一个无向图。如果每个环 $[v_1, v_2, \cdots, v_k, v_1]$（其中 $k>3$ 个不同结点）都有一个弦（chord），即一条边 $[v_i, v_j]$ 满足 $j \neq i \pm 1 \bmod k$，则我们称 G 为弦图。

（a）证明区间图（上一个问题）也是弦图。

图 G 的一个完美消除序列（perfect elimination sequence）为 V 的结点 $(v_1, v_2, \cdots, v_n)$ 的排列，使得所有的 $i \leqslant n$ 满足以下条件：如果 $[v_i, v_j]$，$[v_i, v_{j'}] \in E$ 且 $j, j' > i$，则 $[v_j, v_{j'}] \in E$。也就是说，存在一个方法可以删除图中所有结点，每次删除一个，使得每次删除结点的相邻结点在余下的图中形成一个团。

（b）令 **A** 为一个对称矩阵，**A** 的稀疏图 G(**A**)，以 A 中的行作为结点，存在一条从 i 到 j 的边当且仅当 A_{ij} 为非零。如果存在 **A** 的行和列的一个排列使得用高斯消除法得到的矩阵为一个上三角矩，且 **A** 中所有为 0 的入口仍然为 0，忽略非零文字的精确值，则我们称 **A** 有一个无损消除（*fill-in-free elimination*）。

最后如果存在一颗树 T 和一个从 V 到 T 的子树集合，满足 $[v,u] \in E$ 当且仅当 $f(u)$ 和 $f(v)$ 有一个共同结点，则我们称 G 包含一个树形模型（tree model）[⊖]。

（c）证明下面的三条对于 G 来说是等价的：

（i）G 为弦图。

（ii）G 包含一个完美消除序列。

（iii）G 包含一个树形模型。

（注意，（i）和（iii）的等价性也为（a）部分的证明。要证明（ii）蕴涵（i），考虑一个无弦的环和这个环中的第一个被删除的结点。要证明（iii）蕴涵（ii），考虑 G 中所有结点 u 中那些满足 $f(u)$ 包含 T 的叶子结点的结点。（i）蕴涵（iii）很简单。）

（d）证明以下问题在弦图上可以在多项式时间内解决：CLIQUE、COLORING 和 INDEPENDENT SET。

213

（e）我们称图 G 的团的数量 $\omega(G)$ 为这个图中最大团的数量。我们定义着色数 $\chi(G)$ 为要覆盖一个图的所有结点的最少需要的颜色，使得任意两个相邻结点具有不同的颜色。证明对于所有的图 G，$\chi(G) \geqslant \omega(G)$。

我们称一个图 G 是完美的，如果它的任意导出子图 G' 满足 $\chi(G') = \omega(G')$。

（f）证明区间图、弦图和二分图都是完美的。

对于更多关于完美图的内容以及一些特殊情况、算法特性等，见

○ M. C. Golumbic *Algorithmic Graph Theory and Perfect Graphs*，Academic Press，New York，1980.

9.5.28　**问题：** 证明即使在平面上 3-COLORING 问题也是 **NP** 完全的。（同样，我们需要把交叉部分用合适的图来取代。这个 **NP** 完全的结果是很重要的，因为要确定任意一个图是否可以被 2 种颜色着色是很容易的（为什么?），而要用 4 种颜色为一个平面图来着色通常也是可行的，见

○ K. Appel and W. Haken. "Every planar map is 4-colorable," *Illinois J. of Math.*, *21*, pp. 429-490 and pp. 491-567，1977.）

9.5.29　**不相交路径图**　在 DISJOINT PATHS 问题中，给定一个有向图 G 和一组结点对 $\{(s_1, t_1), \cdots, (s_k, t_k)\}$。问是否存在从 s_i 到 $t_i (i=1, \cdots, k)$ 的点不相交路径。

（a）证明即使在平面图上，DISJOINT PATHS 也是 **NP** 完全的（从 3SAT 问题开始。构造一个图，使得每个变量对应包含两个端点和端点间两条平行的路径。每个子句中都有两个端点由子句中的文字对应的三条路径来连接。这两类路径需要用合适的方式来交叉）。

（b）证明即使在平面图上，DISJOINT PATHS 也是 **NP** 完全的（可以从 PLANAR SAT 来归约（见问题 9.5.16）。或者在每个交叉的地方引入新的端点）。

（c）证明在无向图上 DISJOINT PATHS 也是 **NP** 完全的。这些结论最早出现在

⊖（b）对本题和本书以后内容都无用处，可以弃之。——译者注

○ J. F. Lynch. “The equivalence of theorem proving and the interconnection problem,” *ACM SIGDA Newsletter*, *5*, 3, pp. 31-36, 1975.

(d) 证明 DISJOINT PATHS 问题的特殊情况，即所有起始点重合的情况（$s_1=s_2=\cdots=s_k$）是属于 **P** 的。

令 $k>1$，定义 k-DISJOINT PATHS 为这个问题的特殊情况，即正好只有 k 条路径。

(e) 证明 2 DISJOINT PATHS 问题是 **NP** 完全的。（这个 **NP** 完全证明非常巧妙，来自

○ S. Fortune, J. E. Hopcroft, and J. Wyllie. “The directed subgraph homeomorphism problem,” *Theor. Comp. Sci.*, *10*, pp. 111-121, 1980.）

(f) 令 H 为一个包含了 k 条边的有向图。DISJOINT H-PATHS 问题为 k-DISJOINT PATHS 的特殊情况，即每个 $s_i's$ 和每个 $t_i's$ 必须要重合于 H 的边首和边尾。例如，如果 H 是一个包含了两个结点 1、2 和两条边 (1,2) 和 (2,1) 的有向图，DISJOINT H-PATHS 问题就是：给定一个有向图和两个结点 a 和 b，问是否存在一个简单环（不包含重复的结点）包含了 a 和 b？利用 (d) 和 (e) 中的结论来证明 DISJOINT H-PATHS 问题总是 **NP** 完全的，除非 H 是一棵深度为 1 的树，则它属于 **P**。

214

k-DISJOINT PATHS 问题的无向图的特殊情况对于所有 k 都是属于 **P** 的。见

○ N. Robertson and P. D. Seymour. “Graph minors XIII: The disjoint paths problem,” 20 篇论文的第十九部分，其中 19 篇论文出现在 *J. Combinatorial Theory*, *ser. B*, *35*, 1983；第二部分出现在 *J. of Algorithms*, *7*, 1986.

这个强大和令人惊喜的结论也许只是证明到目前为止算法图论领域最重要和广泛的结论（即所有在缩减 (minor) 下闭合的图论的性质都是属于 **P** 的）向前进了一步。我们称一个图论性质是在缩减下闭合的，如果只要 G 具有这个性质则所有通过以下步骤由 G 产生的图也都具有这个特征：(a) 删除一个结点，(b) 合并两个相邻结点。见上文的参考文献。

(g) 假设 H 是一个包含了简单结点和两个自环的有向图。则 DISJOINT H-PATHS 问题为：给定一个有向图和一个结点 a，是否存在两个经过 a 的不相交的环？根据 (f)，这个问题是 **NP** 完全的。证明这个问题在平面有向图上是多项式可解的。

事实上，对于任意的 H，DISJOINT H-PATHS 问题都可以在多项式时间内解决。见

○ A. Schrijver. “Finding k disjoint paths in a directed planar graph,” Centrum voor Wiskunde en Informatica Report BS-R9206, 1992.

9.5.30 BANDWIDTH MINIMIZATION 问题的定义为：给定一个无向图 $G=(V,E)$ 和一个整数 B，问是否存在 V 的一个排列 $v_1, v_2, \cdots, v_n$ 使得 $[v_i, v_j]\in E$ 蕴涵了 $|i-j|<B$。这个问题是 **NP** 完全的。见

○ C. H. Papadimitriou. “The NP-completeness of the bandwidth minimization problem,” *Computing*, *16*, pp. 263-270, 1976.

○ M. R. Garey, R. L. Graham, D. S. Johnson, and D. E. Knuth. “Complexity results for bandwidth minimization,” *SIAM J. Appl. Math.*, *34*, pp. 477-495, 1978.

事实上，后一篇论文证明了即使是一棵树，BANDWIDTH MINIMIZATION 问题也是 **NP** 完全的。

问题：(a) 如果给定的图为一棵树，证明本章中我们见过的所有其他图论问题都是多项式可解的。

(b) 当 B 为固定的有界整数时，证明 BANKWIDTH MINIMIZATION 问题可以在多项式时间内解决（这个结论显然是来自问题 9.5.29 关于缩减图封闭的性质。但也可以用一个简单的动态规划算法来解）。

215

9.5.31 **伪多项式算法和强 NP 完全** 要形式化 9.4 节中讨论的伪多项式算法和强 **NP** 完全的概念是有点儿困难。这个困难在于：严格地说，我们的输入应该是在图灵机上操作的干巴巴的无解释的字符串。但部分输入用二进制整数来编码这个事实应该完全透明于我们对算法和其复杂度的处理。我们怎么在不妨碍方便地抽象和代表独立性的同时来描述输入中整数的大小呢？

假设每个字符串 $x\in\Sigma^*$ 除了有一个长度 $|x|$ 外，还有一个相关的整数值 NUM(x)。关于这个整数值

我们所知道的就是，对于所有的 x，NUM(x) 可以在多项式时间内计算得到，且 $|x| \leqslant \mathrm{NUM}(x) \leqslant 2^{|x|}$。如果对于任意的输入 x，图灵机需要的运行步骤为 $p(\mathrm{NUM}(x))$，$p(n)$ 为一个多项式，则我们称图灵机在伪多项式时间内运行。我们称一个语言 L 是强 **NP** 完全的，如果存在一个多项式 $q(n)$ 使得下面的语言是 **NP** 完全的：$L_{q(n)} = \{\mathrm{NUM}(x) \leqslant q(|x|)\}$。

问题：(a) 为 KNAPSACK 中的 NUM(x) 找到一个合适的定义。证明性质 9.4 中的算法是伪多项式时间的。

(b) 为 BIN PACKING 中的 NUM(x) 找到一个合适的定义。证明 BIN PACKING 是强 **NP** 完全的。

(c) 证明如果存在一个关于强 **NP** 完全问题的伪多项式算法，则 **P**=**NP**。

自然，我们获得的伪多项式与强 **NP** 完全的比较结果取决于 NUM(x) 的定义。虽然对于任意的问题，我们可能得到一个完全难以置信的、牵强的 NUM(x) 的定义。但我们总能得到一个好的定义（即，“输入编码的最大整数”），使得以上 (c) 部分的歧义变得有意义、有信息量。

9.5.32　**问题**：令 $k \geqslant 2$ 为一个固定的整数，则 k-PARTITION 问题为以下 BIN PACKING 的特例（见定理 9.11）：给定 $n=km$ 个整数 a_1，…，a_n，和为 mC，且对所有的 i 满足 $(c/k+1) < a_i < c/k-1$。也就是说，这些整数正好放满了 m 个箱子中，但不存在任意的 $k+1$ 个整数放入同一个箱子中，也不存在任意的 $k-1$ 个整数放入同一个箱子，我们要问的是，是否存在一个划分，把所有这些整数分成 m 个组，每个组包含了 k 个数，且每个组的整数和恰好为 C。

(a) 证明 2-PARTITION 是属于 **P** 的。

(b) 证明 4-PARTITION 是 **NP** 完全的（定理 9.11 的证明基本上已经给出了）。

(c) 证明 3-PARTITION 是 **NP** 完全的（这需要一个很巧妙的从 4-PARTITION 到 3-PARTITION 的归约）。

(d) 部分中，3-PARTITION 的 **NP** 完全性来自

○ M. R. Garey and D. S. Johnson. “Complexity results for multiprocessor scheduling with resource constraints,” *SIAM J. Comp.*, *4*, pp. 397-411, 1975.

216

9.5.33　(a) 证明以下的问题是 **NP** 完全的：给定 n 个整数，和为 $2K$，是否存在一个子集的和正好为 K? 这就是所谓的 PARTITION 问题，不要和上述的 k-PARTITION 问题混淆（从 KNAPSACK 开始，加入合适的新的元素）。

(b) INTEGER KNAPSACK 问题的定义为：给定 n 个整数和一个目标值 K，如果每个数可以选取 0 次、1 次或多次，则是否存在一个子集的和为 K。证明这个问题是 **NP** 完全的（修改原来的 KNAPSACK 的实例使得每个元素至多只能使用一次）。

9.5.34　**线性规划和整数规划**　INTEGER PROGRAMMING 问题是确定一个给定的线性等式系统是否存在一个非负的整数解。这个问题显然是 **NP** 完全的，因为所有上述 **NP** 完全问题都可以很容易地归约到这个问题上。事实上，这个问题的证明难点在于要证明这个问题是属于 **NP** 的。但这个已经被证明了，见

○ C. H. Papadimitriou. “On the complexity of integer programming”, *J. ACM*, *28*, 2, pp. 765-769, 1981.

事实上，上述这篇论文也证明了当等式的数量有一个常数的上界时存在一个关于 INTEGER PROGRAMMING的伪多项式算法，这也扩展了性质 9.4（自然，一般化的 INTEGER PROGRAMMING 问题是强 **NP** 完全的）。

一个不同的、但是等价的 INTEGER PROGRAMMING 的形式是用一个不等式系统来取代等式，且变量的符号也没有限制。在这个形式下，我们有一个更棒的结论：当所有变量的数量囿于一个常数时，这个问题存在一个多项式时间的算法，主要是基于重要的基本归约技术。见

○ A. K. Lenstra, H. W. Lenstra, and L. Lovász. “Factoring polynomials with rational coefficients,” *Math. Ann*, *261*, pp. 515-534, 1982. 和

○ M. Grötschel, L. Lovász, and A. Schrijver. *Algorithms and Combinatorial Optimization*, Springer, Berlin, 1988.

相反，线性规划（那个允许可以有分数解的版本）就简单很多：除了那个经典的、有成功经验的且很有影响力的*单纯形法*（simplex method）外，见

○ G. B. Dantzig. *Linear Programming and Extensions*, Princeton Univ. Press, Princeton, N. J., 1963.

这个算法在最差情况下是指数时间复杂度[⊖]，人们已经找到了多项式时间的算法。第一个针对线性规划的多项式时间算法为*椭球法*（ellipsoid method）。

○ L. G. Khachiyan. "A polynomial algorithm for linear programming," *Dokl. Akad. Nauk SSSR*, *244*, pp. 1093-1096, 1979. English Translation *Soviet Math. Doklad 20*, pp. 191-194, 1979.

最近出现了一个实际应用更好的算法：

○ N. Karmarkar. "A new polynomial-time algorithm for linear programming," *Combinatorica*, *4*, pp. 373-395, 1984.

同样见书

217

○ A. Schrijver. *Theory of Linear and Integer Programming*, Wiley, New York, 1986.

○ C. H. Papadimitriou and K. Steiglitz. *Combinatorial Optimization: Algorithms and Compleixty*, Prentice-Hall, Englewood Cliffs, New Jersey, 1982.

问题：(a) 证明SAT的任意实例都可以简单地用带不等式的INTEGER PROGRAMMING来表示。证明即使已知这些不等式存在一个分数解，INTEGER PROGRAMMING问题仍是**NP**完全的（从每个子句包含至少两个不同文字的SAT问题开始证明）。

(b) 用一组线性不等式来表示网络当容量都为整数时存在一个值为K的整数流的情况。

(c) MAX FLOW问题是否是线性规划或整数规划的一个特例？（从表面上看，因为需要整数流，所以这似乎是整数规划的一个特例。但仔细想想，假设所有容量都是整数，则最优解总是整数的。可见整数的限制是多余的。）

218

⊖ Spilman和滕尚华对单纯形法的优良性状给出了平滑复杂性（smoothed complexity）的解释，见STOC'2001。——译者注

第10章
Computational Complexity

coNP和函数问题

非确定性的不对称暗示了将问题分类的可能性，其中包括某些最经典的数学问题。

10.1 NP和coNP

如果**NP**是具有简明的凭据的一类问题（见性质9.1），**coNP**则必须包含那些拥有简明的不合格证据的问题。也就是说，**coNP**中某问题的一个“no”实例拥有一个简短的关于其是一个“no”实例的证明，并且只有“no”实例才有这种证明。

例10.1 布尔表达式的VALIDITY是**coNP**中的一个典型问题。给定一个布尔表达式ϕ，问其在所有真值指派下是否是合法的。如果ϕ不是合法的表达式，则其能够非常简明地证明不合格：通过展示一个使其不能满足的真值指派。任何合法的表达式均没有这种不合格证据。

对于另一个例子，HAMILTON PATH COMPLEMENT是一个没有哈密顿路径的所有图的集合。因为该问题是HAMILTON PATH问题的补[⊖]，所以该问题在**coNP**中。这里不合格证据很自然是一个哈密顿路径：所有HAMILTON PATH COMPLEMENT问题的“no”实例，并且只有这些实例具有一条哈密顿路径。另外值得一提的是SAT COMPLEMENT，但是：VALIDITY仅仅是将表达式取反后的SAT COMPLEMENT（见图4.1）。

不用说，所有在**P**中的问题，当然都在**coNP**中，因为$\mathbf{P}\subseteq\mathbf{NP}$是一个确定性复杂性类，因此在补下封闭。 □

VALIDITY和HAMILTON PATH COMPLEMENT是**coNP**完全问题的例子。我们声称在**coNP**中的任何语言L都能够归约到VALIDITY。在证明中，如果$L\in\mathbf{coNP}$，则$\overline{L}\in\mathbf{NP}$中，因此存在一个从$\overline{L}$到SAT的归约。对于任意字符串$x$，我们有$x\in\overline{L}$当且仅当$R(x)$是可满足的。从$L$到VALIDITY的归约是：$R'(x)=\neg R(x)$。HAMILTON PATH COMPLEMENT的证明非常类似。更一般地，我们有：

性质10.1 如果L是**NP**完全的，则其补$\overline{L}=\Sigma^*-L$是**coNP**完全的。 □

NP=**coNP**是否成立，这是另一个悬而未决的重要的基本问题（你将碰到更多的此类问题）。当然，如果最终能够证明**P**=**NP**，则**NP**=**coNP**也成立，因为**P**在求补运算下封闭。但令人信服的是，有可能即使**P**≠**NP**，**NP**=**coNP**也仍然成立（在第14章，我们将介绍一个关于“令人信服的”形式化的概念来处理这种推测）。但是我们倾向于认为**NP**和**coNP**是不相同的。但举例而言，所有寻找系统化方法给出VALIDITY简短证明的努力都失败了（此种尝试的历史很长，例如，沿着消解的思路，回忆问题4.4.10，见10.4.4节）。类似地，我们不知道任何一个无哈密顿路径图的特征让我们可以简明地刻画哈密顿

⊖ 回忆一下，当两个语言不相交且其并是很容易识别的集合，此处不一定是所有字符串的集合，我们称这两个语言互为对方的补；在该例子下，所有字符串的集合是合法的图的编码。

路径不存在。

coNP 中的 **coNP** 完全问题不太可能在 **P** 里。更重要的是，它们也不太可能在 **NP** 中：

性质 10.2 如果一个 **coNP** 完全问题在 **NP** 中，则 **NP**＝**coNP**。

证明： 我们将说明如果 $L \in$ **NP** 是 **coNP** 完全的，则 **coNP**⊆**NP**——由对称性，可以证明另一个方向。考虑语言 $L' \in$ **coNP**。因为 L 是 **coNP** 完全的，所以存在一个从 L' 到 L 的归约 R。因此，L'的多项式时间非确定性图灵机在输入为 x 时，先计算 $R(x)$，然后将其提供给 L 的非确定性图灵机。 □

NP 和 **coNP** 之间的相似性和对称性不仅仅如此：存在一个 **coNP** 的逻辑刻画，将其作为一个能够用全域二阶逻辑来表示的图论性质集合（问题 10.4.3，见 Fagin 的定理 8.3)。

例 10.2 **coNP** 最重要的成员是 PRIMES，问给定的一个二进制整数 N 是否是素数。作为不合格证据的字符串当然是一个除了 1 和本身以外的因子。显然，所有合数（就是不是素数)，并且只有这些，拥有此类不合格证据；这显然是简明的不合格证据。 220

解决 PRIMES 问题的 $\mathcal{O}(\sqrt{N})$ 算法（见问题 10.4.8）不会迷惑任何人：这是一个伪多项式，不是多项式的，因为它的时间边界和其输入的长度 $\log N$ 不是多项式时间关系。目前，并不清楚对于 PRIMES 是否存在一个多项式时间算法，在这方面，PRIMES 类似 **coNP** 完全问题，例如 VALIDITY。但是其相似性也仅仅如此而已。对于 PRIMES，我们有一些正面的复杂性成果（见第 11 章和那里的引用)，这些成果展示了该问题和 **NP** 完全以及 **coNP** 完全问题的鲜明对比。例如，我们将在后面的章节中看到 PRIMES 问题既在 **coNP** 中，也在 **NP** 中。并且在第 11 章，我们将看到存在一个解决 PRIMES 快速的随机化的算法。最后，在 10.4.11 节我们将进一步提及关于这个重要问题正面的算法方面的成果。 □

NP∩coNP 类

因此，在 **NP** 中的问题有简明的凭据，而在 **coNP** 中的问题有简明的不合格证据。**NP∩coNP** 是一个同时拥有两者的问题的类！也就是说，在 **NP∩coNP** 中的问题有如下的性质：每个实例要么有一个简明的凭据（在这种情况下，该实例是“yes”实例）要么有一个简明的不合格证据（在这种情况下，该实例是“no”实例）。没有一个实例同时包含两个。凭据和不合格证据的实质是大不相同的，用不同的算法来验证它们。但是只有其中的一个永远存在。显然，任意在 **P** 中的问题也在 **NP∩coNP** 中，但是存在一些在 **NP∩coNP** 中的问题，这些问题不知道是否在 **P** 中（相反，在可判定性中，**RE∩coRE**＝**R**，性质 3.4)。例如，我们将很快看到 PRIMES 在 **NP∩coNP** 中。但是在展示这个结果之前，我们将首先看一个证明某一类最优化问题在 **NP∩coNP** 中的通用方法。

回忆第 1 章中的 MAX FLOW 问题。我们知道这个问题在 **P** 中，但是让我们暂时忽略这个结论，并且回忆另一个发现（见问题 1.4.11)：网络中最大流的值与最小割的值相同，最小割是指最小的边集合的容量和，使得去掉集合中的这些边将使 t 和 s 分离（见图 1.2)。现在，这些问题都是优化问题，并且它们能够通过如下步骤转化为判定性问题：MAX FLOW (D) 问，给定一个网络和一个目标 K，是否存在一个从 s 到 t 的值为 K 的流。MIN CUT (D) 问，给定一个网络和一个预算 B，是否存在一个边的集合，其容量和为 B 或者更少，并且删除这些边后，t 与 s 分离。最大流最小割定理（见问题 1.4.11）说明一个网络有一个值为 K 的流当且仅当其没有一个容量为 $K-1$ 的割。换句话说，MAXFLOW (D) 和 MIN 221

CUT (D) 问题都在 **NP** 中，并且能够很容易地归约到另一个问题的补。当这种情况发生时，我们称这两个问题（通常是判定性版本的最大化和最小化问题）是互为对偶。察看问题10.4.5获取更多关于对偶性的信息。对偶性意味着这两个问题都在 **NP**∩**coNP** 中。

10.2　素性

一个数 p 是素数的条件是 $p>1$ 且所有其他的数（除1以外）不能整除它。这个定义有一个显然的“对于所有”的量词，这立刻暗示这个问题是在 **coNP** 中（见例10.2中的讨论）。本节将说明 PRIMES 在 **NP** 中。为了完成这个目标，我们必须换一种素数的刻画，该刻画仅包含“存在”量词。

定理 10.1　一个数 $p>1$ 是素数当且仅当存在一个数 $1<r<p$，使得 $r^{p-1}=1 \bmod p$，并且对于 $p-1$ 的所有素数因子 q，$r^{\frac{p-1}{q}}\neq 1 \bmod p$。

后面，我们将通过足够的数论定理来证明定理10.1。但是现在，让我们关注我们找到的素数的“另一种刻画”实际是什么：

推论（Pratt 定理）　PRIMES 在 **NP**∩**coNP** 中[⊖]。

证明：我们知道 PRIMES 在 **coNP** 中。为了说明它在 **NP** 中，我们将说明任意素数拥有一个没有因子的凭据，并且该凭据是多项式简明的和多项式可检查的。

假设 p 是素数。显然，p 的凭据将包含上面定理中的 r。我们声称在 p 的对数多项式时间内检验 $r^{p-1}=1 \bmod p$ 是容易的，令 $\ell=\lceil \log p\rceil$。首先观察到乘法模 p 运算能够通过先进行普通的乘法，然后进行模 p 运算来得到。用来乘和除 ℓ 位整数的最简单方法需要用 $\mathcal{O}(\ell^2)$ 步（问题10.4.7）。为了计算 $r^{p-1} \bmod p$，我们不是进行 $p-2$ 次乘法（这不是 ℓ 的多项式），而是将 r 平方 ℓ 次，得到 $r^2,r^4,\cdots,r^{2^\ell}$，每次运算都模 p（否则数的增长将失去控制）。然后进行最多 ℓ 次模 p 乘法（根据 $p-1$ 的二进制表示）我们得到 $r^{p-1} \bmod p$，并且检验结果是否等于1。需要的时间是 $\mathcal{O}(\ell^3)$，一个多项式。

222

但是很不幸的是，r 本身并不是 PRIMALITY 的足够凭据：注意 $20^{21-1}=1 \bmod 21$（只要观察到20其实是 -1 模21，因此其平方是1。1的10次幂也是1），但是21不是素数。我们必须同时提供 $p-1$ 的所有素数因子，以此作为 p 凭据的一部分（见定理10.1中的陈述）。因此，我们提议的 p 的素性的凭据是 $C(p)=(r;q_1,\cdots,q_k)$，其中 q_i 是 $p-1$ 的所有素数因子。一旦它们给定，我们首先检查 $r^{p-1}=1 \bmod p$，并且通过不断被 q_i 除，$p-1$ 能够成为1。然后我们通过前一段落的指数算法检查对于每个 i，$r^{\frac{p-1}{q_i}}\neq 1 \bmod p$。所有的这些都能在多项式时间完成。

这个凭据还没有完成。给出一个如上所述的“凭据”来说明91是素数：$C(91)=(10;2,45)$。的确，$10^{90}=1 \bmod 91$（察看这个，注意 $10^6=1 \bmod 91$），通过除以2和45，90变成了1。最终 $10^{\frac{90}{2}}=90\neq 1 \bmod 91$，且 $10^{\frac{90}{45}}=9\neq 1 \bmod 91$。因此这个“凭据”被验证了。但是，$91=7\times 13$ 不是素数！这个“凭据”$(10;2,45)$ 是个误导，因为45不是素数！

问题是 $C(p)=(r;q_1,\cdots,q_k)$ 不能说服我们 q_i 是素数。解决方案很简单：对于 $C(p)$ 中的每个 q_i，提供一个*素性的凭据*，通过归纳其一定存在。当 $p=2$ 时，递归停止，此时 $p-1$ 没有任何质因子。也就是说，p 是素数的凭据如下：$C(p)=(r;q_1,C(q_1),\cdots,q_k,$

⊖ 2002年已证得：PRIMES 在 **P** 中。详见问题11.5.7的注。——译者注

$C(q_k)$)。例如，$C(67)$ 的凭据是：$(2;2,(1),3,(2;2,(1)),11,(8;2,(1),5,(3;2,(1))))$。

如果 p 是素数，那么根据定理和归纳，一定存在一个适当的凭据 $C(p)$。并且如果 p 不是素数，那么定理 10.1 暗示没有一个合法凭据。

另外，$C(p)$ 是简明的：我们声称它的总长度最多为 $4\log^2 p$。这个证明是通过在 p 上归纳完成的。$p=2$ 或 $p=3$ 时显然成立。对于一般的 p，$p-1$ 拥有 $k<\log p$ 个素数因子 $q_1=2$，…，q_k。因此凭据 $C(p)$ 除了拥有两个括号和 $2k<2\log p$ 个分隔符，还拥有数字 r（最多 $\log p$ 位）、2 和其凭据 (1)（5 位）q_i（最多为 $2\log p$ 位），以及 $C(q_i)$。现在，通过归纳 $|C(q_i)|\leqslant 4\log^2 q_i$，因此我们有

$$|C(p)|\leqslant 4\log p+5+4\sum_{i=2}^{k}\log^2 q_i \tag{10-1}$$

$k-1$ 个 q_i 的对数和为 $\log\frac{p-1}{2}<\log p-1$，因此式 (10-1) 中平方和最多为 $(\log p-1)^2$。替换进去，我们得到 $|C(p)|\leqslant 4\log^2 p+9-4\log p$，对于 $p\geqslant 5$ 来说，其小于 $4\log^2 p$。归纳完成。

223

最后，$C(p)$ 能够在多项式时间内被检验。检验 $C(p)$ 的算法需要时间 $\mathcal{O}(n^3)$ 来计算 $r^{p-1}\bmod p$ 和 $r^{\frac{p-1}{q_i}}\bmod p$，其中 n 是 p 的位数，加上检验提供的素数，乘起来等于 $p-1$ 需要的时间和检验嵌入的凭据的时间。一个完全类似前面段落中的计算说明总的时间是 $\mathcal{O}(n^4)$。□

模素数的本原根

本节将证明定理 10.1。让我们回忆一些关于数和可除性的基本定义和记号。我们将只考虑正整数。符号 p 将一直表示素数。对于某个整数 k，当 $n=mk$ 时，我们说 m 整除 n，我们写成 $m\mid n$，并且 m 称为 n 的一个因子。每个数都是素数的乘积（当然不需要不同）。m 和 n 的最大公因子表示成 (m,n)，如果 $(m,n)=1$，则 m 和 n 称为*互素*。如果 n 是任意数，我们称数 0，1，…，$n-1$ 为模 n 的*余数*。因为本节中的所有算术运算都将归约到模某个数，因此我们所处理的总是模那个数的余数。

定理 10.1 中假定存在的数 r 称为 p 的*本原根*，所有的素数都有一些本原根。但是 p 的本原根隐藏在 p 的余数中，因此我们将首先检查这些数。令 $\Phi(n)=\{m:1\leqslant m<n,(m,n)=1\}$ 为一个所有小于 n 且与 n 互素的数的集合。例如，$\Phi(12)=\{1,5,7,11\}$，$\Phi(11)=\{1,2,3,\cdots,10\}$。我们定义 n 的*欧拉函数* $\phi(n)=|\Phi(n)|$。因此，$\phi(12)=4$，$\phi(11)=10$。我们采用 $\phi(1)=1$ 的习惯。注意 $\phi(p)=p-1$（记住，p 永远代表一个素数）。

更一般地，我们能够按如下步骤计算欧拉函数：考虑 n 个数：$0,1,\cdots,n-1$。它们是 $\Phi(n)$ 的候选成员。假设 $p|n$，那么 p 从每 p 个候选者中"排除"一个，剩下 $n\left(1-\frac{1}{p}\right)$ 个候选者。如果现在 q 是 n 的另一个素数因子，则很容易看到在剩下的候选者中从每 q 个数中排除一个候选者，剩下 $n\left(1-\frac{1}{p}\right)\left(1-\frac{1}{q}\right)$ 个（通过这种方法，我们会不重复地计数所排除的 $\frac{n}{pq}$ 个 pq 的倍数）。诸如此类：

引理 10.1 $\phi(n)=n\prod_{p|n}\left(1-\frac{1}{p}\right)$。□

这对计算并不是非常有用，但是它揭示了函数的乘法本质：

推论 1　如果$(m,n)=1$，则$\phi(mn)=\phi(m)\phi(n)$。 □

224

另一个很有用的引理10.1的推论考虑了n是不同素数$p_1,\cdots,p_k$的乘积。在这种情况下，$\phi(n)=\prod_{i=1}^{k}(p_i-1)$。但是这意味着余数$k$元组$(r_1,\cdots,r_k)$和$r$之间通过映射$r_i=r \bmod p_i$有一一对应的关系，其中$r_i\in\Phi(p_i)$，$r\in\Phi(n)$（反向映射比较复杂一点儿，见问题10.4.9）。

推论 2（中国剩余定理）　如果n是不同素数$p_1,\cdots,p_k$的乘积，对于每个余数k元组$(r_1,\cdots,r_k)$，其中$r_i\in\Phi(p_i)$，存在唯一的$r\in\Phi(n)$满足$r_i=r \bmod p_i$。 □

欧拉函数的下面性质及其证明是很了不起的：

引理 10.2　$\sum_{m|n}\phi(m)=n$。

证明：令$\prod_{i=1}^{\ell}p_i^{k_i}$为$n$的素数因子分解，考虑下面的乘积：

$$\prod_{i=1}^{\ell}(\phi(1)+\phi(p_i)+\phi(p_i^2)+\cdots+\phi(p_i^{k_i}))$$

很容易看到，根据引理10.1，在只有一个素数因子的情况下，该乘积的第i个因子是$[1+(p_i-1)+(p_i^2-p_i)+\cdots+(p_i^{k_i}-p_i^{k_1-1})]$，即$p_i^{k_i}$。因此，这个乘积只是一种$n$的复杂写法。

另一方面，如果我们展开乘积，我们将得到很多项的和，每个项都对应n的一个因子。对应$m=\prod_{i=1}^{\ell}p_i^{k_i'}$的项是$\prod_{i=1}^{\ell}\phi(p_i^{k_i'})$，其中$0\leqslant k_i'\leqslant k_i$。但是这是不同素数多次幂的欧拉函数的乘积，应用引理10.1的推论$\ell-1$次，得到$\phi(\prod p_i^{k_i'})=\phi(m)$。将所有项加起来，我们得到了结果。 □

我们将用引理10.2来说明每个素数p有很多模p本原根。作为第一步，很容易看到$\Phi(p)$的所有的元素满足本原根定义的第一个要求：

引理 10.3（费马定理）　对于所有$0<a<p$，$a^{p-1}=1 \bmod p$。

证明：考虑余数集合$a\cdot\Phi(p)=\{a\cdot m \bmod p: m\in\Phi(p)\}$。很容易看到这个集合和$\Phi(p)$一样，也就是说，乘以$a$只是置换了$\Phi(p)$。因为，否则，对于$m>m'$我们有$am=am' \bmod p$，其中$m,m'\in\Phi(p)$，从而$a(m-m')=0 \bmod p$。但是这是荒谬的：$a$和$m-m'$是$1\sim p-1$之间的整数，但它们的乘积都能被素数$p$整除。因此$a\cdot\Phi(p)=\Phi(p)$。现在将两个集合中的所有数乘起来：$a^{p-1}(p-1)!=(p-1)! \bmod p$，或者$(a^{p-1}-1)(p-1)!=0 \bmod p$。因此，若两个整数的乘积能被$p$整除，则至少有一个能够被$p$整除。但是$(p-1)!$不能被$p$整除，因此一定是$(a^{p-1}-1)$。我们得到$a^{p-1}=1 \bmod p$。 □

225

实际上，我们能够在任意$\Phi(n)$上运用相同的论证，其中n不一定是素数，并且得到如下的一般化推论（称之为一般化，因为$\phi(p)=p-1$）。

推论　对于所有$a\in\Phi(n)$，$a^{\phi(n)}=1 \bmod n$。 □

不幸的是，$\Phi(p)$中的所有元素并不都是本原根。考虑$\Phi(11)=\{1,2,\cdots,10\}$。在这10个元素中，只有4个是模11本原根。例如，3的幂模11按照幂递增的顺序是：$(3,9,5,4,1,3,9,\cdots)$。这证明3不是本原根，因为$3^{\frac{10}{2}}=3^5=1 \bmod 11$。类似地，10不可能是本原根，因为$10^{\frac{10}{5}}=10^2=1 \bmod 11$（此处2和5是10的素数因子，是定理10.1中所述的q）。另一方面，2是模11本原根。2的幂模11是：$(2,4,8,5,10,9,7,3,6,1,2,4,\cdots)$。因此，2是本原根，因为$2^{\frac{10}{2}}$和$2^{\frac{10}{5}}$模11不是1。

通常，如果 $m\in\Phi(p)$，则 m 的指数是最小的整数 $k>0$，使得 $m^k=1 \bmod p$。所有在 $\Phi(p)$中的余数有一个指数，因为如果 $s\in\Phi(p)$的幂重复但是都不为1，我们有 $s^i(s^{j-i}-1)=0 \bmod p$，所以 $j-i$ 是一个指数。如果 m 的指数是 k，则仅有的 m 模 p 等于1的幂是那些 k 的倍数。根据引理10.3，所有的指数整除 $p-1$。现在我们可以更好地理解定理10.1的要求了：通过要求对于所有的 $p-1$ 的素数因子 q，$r^{\frac{p-1}{q}}\neq 1 \bmod p$，我们排除了一些指数，这些指数是 $p-1$ 的真因子，从而要求 r 的指数是 $p-1$ 本身。

让我们固定 p，令 $R(k)$ 为在 $\Phi(p)$ 中的有指数 k 的余数的总数。我们知道当 k 不能整除 $p-1$ 时，$R(k)=0$。但是，如果能够整除，那么 $R(k)$ 为多少呢？一个相关的问题是，等式 $x^k=1$ 模 p 有多少根？结果显示余数在这方面的性质类似于实数和复数：

引理 10.4 任意阶数为 k 的不恒等于0的多项式模 p 有至多 k 个不同的根。

证明：通过在 k 上归纳。很显然当 $k=0$，结果成立，因此假设其在阶数为 $k-1$ 的时候成立。假设 $\pi(x)=a_kx^k+\cdots+a_1x+a_0$ 模 p 有 $k+1$ 个不同的根，命名为 $x_1,\cdots,x_{k+1}$。考虑多项式 $\pi'(x)=\pi(x)-a_k\prod_{i=1}^{k}(x-x_i)$。显然，$\pi'(x)$ 的阶数最多为 $k-1$，因为 x^k 的系数相消了。且 $\pi'(x)$ 不等于0，因为所有的 x_i 假设模 p 不相同，$\pi'(x_{k+1})=-a_k\prod_{i=1}^{k}(x_{k+1}-x_i)\neq 0 \bmod p$。因此，通过归纳假设 $\pi'(x)$ 应该有 $k-1$ 或者更少的不相同的根。但是注意 $x_1,\cdots,x_k$ 是所有的 $\pi'(x)$ 的根，并且根据假设，它们实际上是不相同的。 □

因此存在至多 k 个指数为 k 的余数。假设存在一个，称为 s，则 $(1,s,s^2,\cdots,s^{k-1})$ 都不相同（因为对于 $i<j,s^i=s^j \bmod p$ 暗示着 $s^i(s^{j-i}-1)=0 \bmod p$，因此 s 指数 $j-i<k$）。所有这 k 个余数有性质 $(s^i)^k=s^{ki}=1^i=1 \bmod p$。因此这些是 $x^k=1$ 所有可能的解。然而不是所有这些数字的指数都为 k。例如，1的指数是1。如果 $\ell<k$ 且 $\ell\notin\Phi(k)$（也就是说，如果 ℓ 和 k 有非平凡的公因子，称为 d），则很显然 $(s^\ell)^{\frac{k}{d}}=1 \bmod p$，因此 s^ℓ 有指数 $\frac{k}{d}$ 或者更少。如果 s^ℓ 有指数 k，这意味着 $\ell\in\Phi(k)$。从而我们证明了 $R(k)\leqslant\phi(k)$。

[226]

我们现在将要证明定理10.1这个较难的方向了：当 k 不能整除 $p-1$ 时，$R(k)$ 是0；否则，最多为 $\phi(k)$。但是所有 $p-1$ 个余数 有一个指数。因此，

$$p-1=\sum_{k\mid p-1}R(k)\leqslant\sum_{k\mid p-1}\phi(k)=p-1$$

最后这个等式可以从引理10.2中获得。因此对于所有 $p-1$ 的因子，我们必须有 $R(k)=\phi(k)$。特别地，$R(p-1)=\phi(p-1)>0$，因此 p 最少有一个本原根。

相反，假设 p 不是素数（但我们将仍然称为 p，暂时违反一下我们的惯例）。我们将说明不存在如定理所规定的 r。假设 $r^{p-1}=1 \bmod p$。我们从引理10.3的推论得知，$r^{\phi(p)}=1 \bmod p$，而且因为 p 不是素数，所以 $\phi(p)<p-1$。考虑最小的 k，使得 $r^k=1 \bmod p$。很显然 k 整除 $p-1$ 和 $\phi(p)$，因此严格小于 $p-1$。令 q 为$\frac{p-1}{k}$的质因子，则 $r^{\frac{p-1}{q}}=1 \bmod p$，违背了定理的条件，证明完成。

即使模不是素数，本原根也可能存在。当对于所有 $\phi(n)$ 的因子 k，$r^k\neq 1 \bmod n$ 时，我们称 r 是模 n 本原根。例如，我们能够说明如下（证明见问题10.4.10）：

性质 10.3 每个素数平方 p^2 有一个本原根，其中 $p>2$。 □

10.3　函数问题

在本书的前面，我们决定主要研究语言编码判定性问题的计算和复杂性。在这个过程中，我们失去了什么吗？显然，实际需要解决的计算任务不都是只需要回答“yes”或“no”。例如，我们可能需要找到一个布尔表达式的*可满足的真值指派*，而不仅仅是说出这个表达式是否是可满足的。在旅行商问题中，我们需要*最优回路*，而不仅仅是否存在一个在给定预算范围内的回路，诸如此类。我们称这些需要比“yes”或“no”更详细答案的问题为*函数问题*。

227

很显然，判定性问题只在证明*负面的复杂性结果*中是函数问题很有用的代替品。例如，既然我们知道 SAT 和 TSP (D) 是 **NP** 完全的，那么我们可以确定除非 **P**=**NP**，否则不存在多项式时间算法来找出一个可满足的真值指派，或者找出最优回路。但正如我们所知道的，有些判定性问题能够比原问题更简单。下面我们将给出两个典型的不是这种情况的例子。

例 10.3　FSAT 是如下函数问题：给定一个布尔表达式 ϕ，如果 ϕ 是可满足的，则返回 ϕ 的一个可满足的真值指派；否则返回“no”。它需要计算某种*函数*——因此在其名字中记上“F”。对于每个输入 ϕ，这个“函数”可能有很多不同的值（任意可满足的真值指派），或者没有（在这种情况下，我们必须返回“no”），因此其很难符合理想数学函数的要求。但这是一种用来形式化基于 SAT 的实际计算任务的有效方式。

很显然，如果 FSAT 能够在多项式时间内解决，则 SAT 也可以。但是不难看出反方向的暗示也成立。如果我们有一个 SAT 的多项式时间算法，则我们也可以构造一个 FSAT 的多项式时间算法，如下：

给定一个变量 $x_1,\cdots,x_n$ 的表达式 ϕ，我们的算法首先问是否 ϕ 是可满足的。如果回答是“no”，则算法停止并且返回“no”。困难的情况是当回答是“yes”时，算法必须给出一个可满足的真值指派。接下去的算法如下：考虑将 x_1 替换为**真**和**假**，得到两个表达式 $\phi[x_1=$**真**$]$ 和 $\phi[x_1=$**假**$]$。显然，至少其中的一个是可满足的。我们的算法根据其中哪个是可满足的来判定 $x_1=$**真**还是 $x_1=$**假**（如果它们都是可满足的，则取任意值）。然后将 ϕ 中 x_1 的值进行替换，接着考虑 x_2。很显然，至多 $2n$ 次调用假设是多项式时间的，每次调用传入的表达式都是比 ϕ 简单的判定可满足性的算法，我们的算法找到了一个可满足的真值指派。　□

上面例子中的算法利用了 SAT 和其他 **NP** 完全问题的有趣的*自归约*性质（自归约将在 14 章和第 17 章再次讨论）。对于 TSP 和其他最优化问题，需要一个额外的技巧：

例 10.4　我们能够使用假设的 TSP(D) 问题的算法来解决 TSP（函数问题，在该问题中，需要返回实际的最优回路）：我们首先通过*二分搜索*找到最优回路的花费。首先注意最优花费是 $0\sim2^n$ 之间的整数，其中 n 是实例编码的长度。因此，我们首先询问对于给定的城市和距离，预算 2^{n-1} 是否可达到的。接着根据回答，预算 2^{n-2} 或者 $2^{n-1}+2^{n-2}$ 是否是可达到的，诸如此类，每步减少一半可能的最优花费，以此找到精确解。

228

一旦找到了最优花费，令其为 C，我们把将要询问的 TSP(D) 问题中的预算都定为 C，但是城市间的距离将发生变化。我们依次将某个城市间距离变成 $C+1$，然后询问是否存在一个花费为 C 或更少的回路。如果存在，则显然最优回路不包含这个城市间的距离，因此我们将其花费定为 $C+1$，这不会产生副作用。但如果答案是“no”，则我们知道现在考虑的这个城市间的距离对于最优回路很关键，我们将其重置回原来的值。很容易看到，

当处理完所有 n^2 个城市间的距离时，所有在距离矩阵中值小于 $C+1$ 的项是 n 个最优回路中用到的城市间的链接。这些只需要调用假设的 TSP(D) 算法多项式次。 □

判定性问题和函数问题之间的关系能够形式化地表达。假设 L 是 **NP** 中的语言。根据性质 9.1，存在一个多项式可判定的多项式的平衡关系 R_L，使得对于所有的字符串 x：存在一个字符串 y 满足 $R_L(x,y)$，当且仅当 $x \in L$。与 L 关联的函数问题记为 FL，是如下的计算问题：

给定 x，寻找一个字符串 y，使得 $R_L(x,y)$；如果不存在这样的字符串，返回“no”。

NP 中的语言按照上述关联所形成的函数语言的类称为 **FNP**。**FP** 是其中的子类，只包含能够在多项式时间解决的 **FNP** 中的问题。例如，**FNP** 中的 FSAT，不知道是否（或不太可能）在 **FP** 中。其特殊情况 FHORNSAT 在 **FP** 中，并且也是在二分图中寻找的问题匹配。注意我们没有断言 TSP 是 **FNP** 中的函数问题（这很有可能不是，见 17.1 节）。原因是，在 TSP 中，最优解不是一个充分的凭据，因为我们不知道如何在多项式时间内检验其为最优。

定义 10.1 现在来谈谈函数问题之间的归约。当如下成立时，我们称一个函数问题 A 归约到函数问题 B：存在字符串函数 R 和 S，都能够在对数空间内计算，使得对于任意字符串 x 和 z，下面成立：如果 x 是 A 的实例，则 $R(x)$ 是 B 的实例。而且如果 z 是 $R(x)$ 的正确输出，则 $S(z)$ 是 x 的正确输出。

注意定义的微妙之处：R 产生函数问题 B 的实例 $R(x)$，使得我们能够从任意 $R(x)$ 的正确输出 z 构造 x 的一个输出 $S(z)$。

如果函数问题 A 在函数问题的类 FC 中，且该类中的所有问题都能归约到 A，我们称其对于 FC 是完全的。 □

229

毫无疑问：**FP** 和 **FNP** 在归约下是封闭的，函数问题之间的归约能够结合。进一步说，不难说明 FSAT 是 **FNP** 完全的。但是我们知道，通过例 10.3 中的自归约讨论，FSAT 能够在多项式时间内解决，当且仅当 SAT 能够在多项式时间内解决。这确立了下面的结果：

定理 10.2 **FP**=**FNP**，当且仅当 **P**=**NP**。 □

全函数

函数问题和判定性问题之间的紧密联系，尤其是定理 10.2，暗示了研究 **FNP** 中的函数问题没有任何令人激动的地方。但是存在一个例外：**FNP** 中有一类重要问题保证从来不会返回“no”。显然，这种问题没有有意义的语言或对应的判定性问题（它们对应平凡语言 $L=\Sigma^*$）。尽管如此，它们都有可能是非常有趣且困难的计算问题，不知道是否也不倾向于认为在 **FP** 中。我们考察下面一些最重要也最具代表性的例子。

例 10.5 考虑下面的 **FNP** 中著名的函数问题，称为 FACTORING：给定一个整数 N，寻找其素数分解 $N=p_1^{k_1} p_2^{k_2} \cdots p_m^{k_m}$，以及 $p_1,\cdots,p_m$ 是素数的凭据。注意输出必须包含素数因子的凭据；如果不包含，问题显然不在 **FNP** 中。尽管有计划地并且认真地努力了两个世纪，但没有找到多项式时间算法来解决这个问题。似乎可以相信（尽管没有获得普遍的认同）对于 FACTORING 问题，不存在多项式时间算法（但是见问题 10.4.11，这是一个很有希望的方向）。

然而，有一些很强的理由让我们相信 FACTORING 与 **FNP** 中我们看到的其他难的函数问题（例如 FSAT）有很大的区别。原因是它是一个全函数。也就是说，对于任意整数

N，这种分解一定存在。相反，FSAT 的难度恰恰在于可能不存在一个真值指派满足给定的表达式。 □

通常，如果 **FNP** 中的一个问题 R，对于每个字符串 x，存在至少一个字符串 y 使得 $R(x,y)$，我们称 R 为全的。**FNP** 包含所有全函数问题的子类称为 **TFNP**。除了因子分解外，这个类还包含其他一些重要的问题，这些问题不知道是否在 **FP** 中。下面给出三个具有代表性的例子：

例 10.6　给定一个无向图 (V,E)，边的整数（可能为负）权重为 w（见图 10.1）。将图 10.1 中的结点想象为人，边上的权重暗示两个人喜欢对方程度——稍微有点偏离实际，这里假设是对称的。一个状态 S 是一个从 V 到 $\{-1,+1\}$ 的映射，也就是说，给每个结点赋一个值 $+1$ 或 -1。当下面的成立时，我们称结点 i 在状态 S 下是快乐的：

$$S(i)\cdot\sum_{[i,j]\in E}S(j)w[i,j]\geqslant 0 \qquad (10\text{-}2)$$

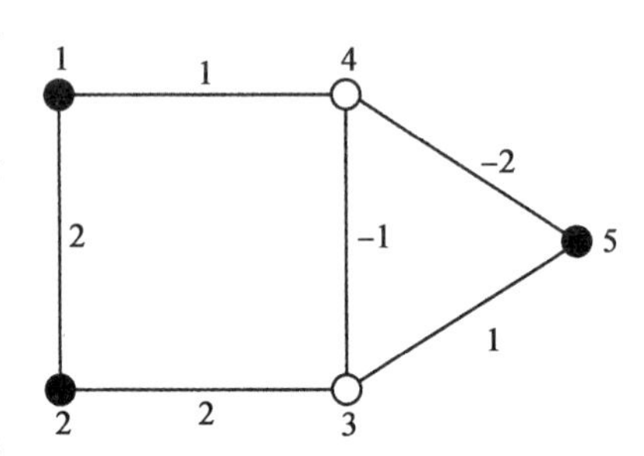

图 10.1　HAPPYNET 问题

直观地，条件（10-2）刻画了如下的事实：一个结点倾向于与其正边相连的结点有相同的值，与其负边相连的结点有相反的值。例如，在图 10.1 中，顶点 1 是快乐的，而顶点 3 是不快乐的。

我们现在能够定义下面的函数问题，称为 HAPPYNET：给定一个有权重的图，找一个使得所有结点都快乐的状态。首先，这个问题看起来像一个经典的难组合问题：毫无疑问可以尝试所有的状态，但是没有一个已知的多项式时间算法可以找到快乐状态。但是有一个重要的区别：*所有 HAPPYNET 的实例能够保证有解*，即一个使得所有结点都快乐的状态。

下面给出证明：考虑如下的状态 S 的"贡献值"：

$$\phi[S]=\sum_{[i,j]\in E}S(i)S(j)w[i,j] \qquad (10\text{-}3)$$

230～231

假设结点 i 在 S 中不快乐，也就是说，

$$S(i)\cdot\sum_{[i,j]\in E}S(j)\cdot w[i,j]=-\delta<0 \qquad (10\text{-}4)$$

令 S'为另一状态，该状态除了 $S'(i)=-S(i)$之外，与 S 相同（我们称 i 被"翻转"），考虑 $\phi[S']$。很显然，通过比较式（10-3）和式（10-4），得到 $\phi[S']=\phi[S]+2\delta$。也就是说，当我们翻转任意不快乐的结点时，函数 ϕ 至少增加 2。但是这暗示了下面的算法：

从任意状态 S 开始，不断重复：

当存在一个不快乐结点时，将其翻转。

因为 ϕ 在区间 $[-W\cdots W]$ 上取值，其中 $W=\sum_{[i,j]\in E}|w[i,j]|$，并且每一次迭代 W 至少增长 2，*所以这个过程必将停止于没有不快乐结点的状态*。整个证明完毕。我们立刻得出 HAPPYNET 在全函数问题 TFNP 类中。

因此，快乐状态永远存在。问题是如何找到它们。上面的迭代算法只是一个"伪多项式"时间算法，因为其时间边界与边的权重成正比，而不是其对数（有例子说明算法在最坏情况下是指数的，见 10.4.17 节中的引用）。顺便说一下，HAPPYNET 与神经网络的 Hopfield 模型中寻找稳定状态等价（见 10.4.17 节中的引用）。尽管该问题具有现实意义，

但到目前为止还没有任何已知的多项式时间算法可以解决它。 □

例 10.7 我们知道，给定一个图，寻找其哈密顿回路是 **NP** 完全的。但是，如果给定一个哈密顿回路，我们要寻找 *另一个*哈密顿回路呢？存在的这个回路显然应当有利于我们寻找新的回路。很不幸，不难看出即使这个问题，我们称为 ANOTHER HAMILTON CYCLE，是 **FNP** 完全的（问题 10.4.15）。

但是在三次图中考虑同一个问题——在三次图中所有的结点度数为 3。可以证明，*如果一个三次图有一个哈密顿回路，则其一定拥有第二个哈密顿回路。*

证明如下：假设我们给定一个三次图中的哈密顿回路，令其为 $[1,2,\cdots,n,1]$。删除边 [1, 2] 得到一个哈密顿路径（见图 10.2a）。我们将只考虑从结点 1 出发，不使用边 [1,2] 的路径，如图 10.2a 所示。称任意此类哈密顿路径为*候选者*（图 10.2a 到 10.2f 中的路径都是候选者）。当两个候选者有 $n-2$ 条相同的边时（除了一条边，其他全相同），我们称这两条路径是*邻居*。

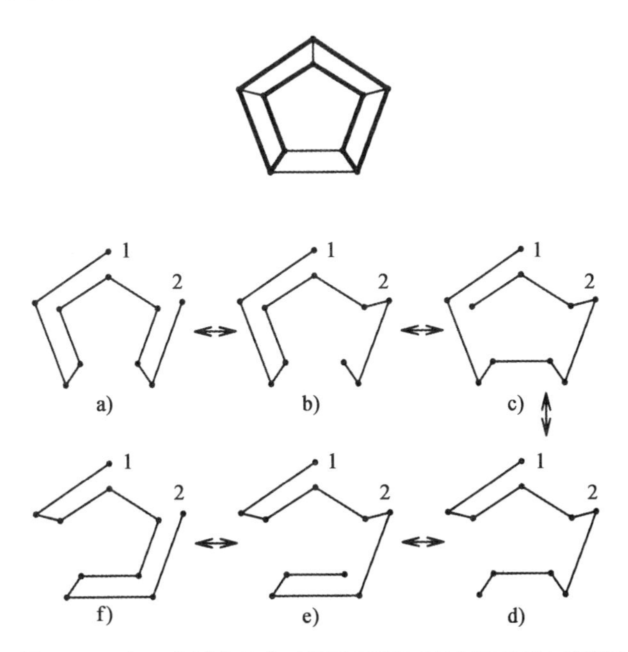

图 10.2 在三次图中寻找 ANOTHER HAMILTON CYCLE

一条候选者路径有多少个邻居？答案取决于另一个端点是否是 2。如果不是，则路径是从 1 到 $x\neq 2$，则我们通过不在当前路径中的从 x 出发的边添加路径，能够获得两个不同的候选者邻居（图是三次图），并且将其中的回路以唯一的方式打断，得到另一条路径。例如，图 10.2c 中的路径有两个邻居，分别是图 10.2b 和图 10.2d。但是一个端点为 1 和 2 的候选者路径只有一个邻居：边 [1,2] 不能被使用。

现在，很显然：因为除了端点为 1 和 2 的候选者路径只有一个邻居外，所有的候选者路径都有两个邻居，所以*一定存在偶数个端点为 1 和 2 的路径*。但是从 1 到 2 的任意哈密顿路径，加上边 [1,2]，将产生一个 哈密顿回路。我们得到结论：*一定存在偶数个使用边 [1,2] 的哈密顿回路*，既然我们知道其中的一个，那么另一个一定存在。

此外，我们不知道是否存在多项式时间算法来找出三次图中的第二个哈密顿回路。在上述论证中提到的，并在图 10.2 中所演示的算法（生成新的邻居直到无法继续）被证明在最坏情况下是指数时间的。但是，前面的讨论明确了 ANOTHER HAMILTON CYCLE 在三次图这个特殊情况下是在 **TFNP** 中的。 □

例 10.8　假设我们给定 n 个正整数 a_1，…，a_n，使得 $\sum_{i=1}^{n} a_i < 2^n - 1$。例如，

$$47,59,91,100,88,111,23,133,157,205$$

（注意，它们的和为 1014，小于 $2^{10}-1=1023$）。因为这些数的子集数目比 $1 \sim \sum_{i=1}^{n} a_i$ 之间的数的个数多，所以一定存在两个和相等的不同子集。实际上，很容易看到一定存在两个不相交的子集拥有相等的和。但是我们不知道是否存在多项式时间算法来找出这两个集合（读者可以自行找出上面例子中的这两个集合）。 □

232～234

10.4　注解、参考文献和问题

10.4.1　类综览

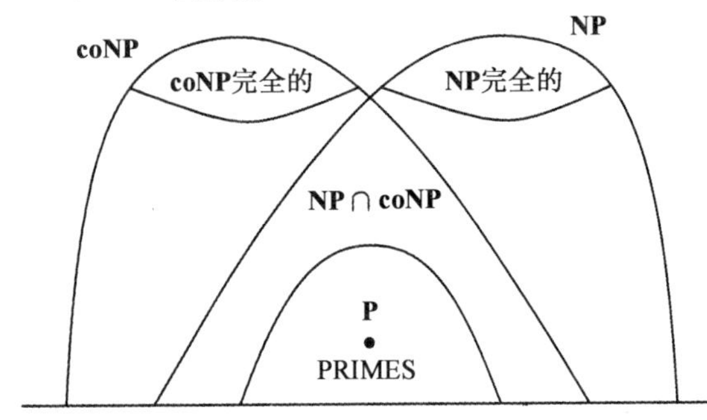

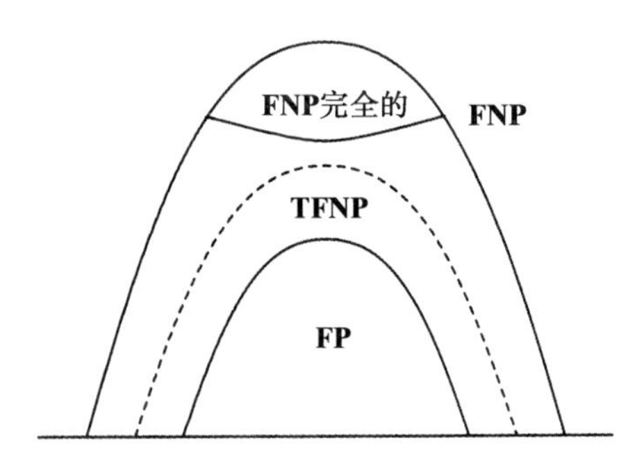

10.4.2　正如我们在注解 8.4.1 中提到的那样，表面上较强的 Karp 归约不会给 **NP** 完全问题的列表增加许多。但是存在一种不同的归约会增加许多：多项式时间非确定性归约，或者 γ 归约，提出于

○ L. Adleman and K. Manders. "Reducibility, randomness, and intractability," *Proc. 9th ACM Symp. on the Theory of Computing*, pp. 151-163, 1977.

在这个归约中，输出是通过多项式时间非确定性图灵机来计算的。用非确定性图灵机来计算一个函数意味着什么，这在证明定理 7.6 之前讨论过：尽管计算可能失败，但所有其他计算都必须正确（也就是说，输入在 L 中，当且仅当输出在 L' 中），并且至少有一个计算不会失败。如果问题在 **NP** 中，并且所有在 **NP** 中的语言都能 γ 归约到它，则其称为 γ 完全的。

235

问题：证明如果 L 对于 **NP** 来说是 γ 完全的，则 $L \in$ **P** 当且仅当 **NP**＝**coNP**。至少存在一个问题对于 **NP** 来说是 γ 完全的，但是不清楚是否是 **NP** 完全的：LINEAR DIVISIBILITY，在这个问题中，我们给定两个整数 a 和 b，问是否存在一个形为 $a \cdot x+1$ 的整数，能够整除 b，参见前面引用的 Adleman 和 Manders 的论文。

10.4.3　**问题**：证明 **coNP** 是所有能够被全域二阶逻辑表示的图论性质类（参见 Fagin 的关于 **NP** 的定理 8.3）。

10.4.4　回忆问题 4.4.10 中的消解方法。如果存在一个子句集合（$\phi_0, \cdots, \phi_n$）的序列使得（a）$\phi_0=\phi$；（b）对于 $i=0,\cdots,n-1$，通过在 ϕ_i 上添加 ϕ 的一个消解式得到 ϕ_{i+1}；（c）ϕ_n 包含空子句，则我们称这个子句集合 ϕ 有消解深度 n。从问题 4.4.10 我们知道所有不可满足的表达式具有有限的消解深度。多项式消解猜想声称任意不可满足的表达式的消解深度与表达式的大小成多项式关系。

问题：证明多项式消解猜想暗示 **NP**＝**coNP**。

多项式消解猜想在下面的论文中被反驳。

○ A. Haken, "The intractability of resolution," *Theor. Comp. Sci 39*, pp. 297-308, 1985.

10.4.5 **对偶性**：令 $L_1=\{(x,K)$：存在 z 使得 $F_1(x,z)$ 和 $c_1(z)\geqslant K\}$，$L_2=\{(y,B)$：存在 z 使得 $F_2(y,z)$ 且 $c_2(z)\leqslant B\}$ 为两个最优化问题的判定性版本，一个是最小化问题，另一个是最大化问题，其中 F_i 是多项式平衡的，多项式可计算的关系，c_i 是从字符串到整数的多项式可计算函数。直观地，$F_i(x,z)$成立，当且仅当 z 是第 i 个问题在输入为 x 时的可行解，在这种情况下 $c_i(x,z)$ 是花费。假设存在从 L_1 到 $\overline{L}_2$ 的归约和反向归约，其中 $\overline{L}_2$ 是 L_2 的补，则我们称这两个最优化问题互为对偶。

问题：(a) 证明如果 L_1 和 L_2 是两个互为对偶的最优化问题的判定版本，则两个语言都在 **NP** ∩ **coNP** 中。

(b) 根据上面的 F_1 和 C_1，给定最小化问题的判定版本 L_1。如果下面的语言在 **NP** 中，则我们称 L_1 有最优凭据：$\{(x,z)$：对于所有 z'，$F_1(x,z')$ 意味着 $c_1(x,z)\leqslant c_1(x,z')\}$。对于最大化问题也类似。说明下面的陈述对于最优化问题的判定版本 L 来说是等价的：

(ⅰ) L 有对偶。

(ⅱ) L 有最优凭据。

(ⅲ) L 在 **NP**∩**coNP** 中。

对偶性是最优化问题中重要且积极的算法性质。在 MAX FLOW 中，它的推广 LINEAR PROGRAMMING 以及一些其他重要的最优化问题，利用对偶性产生了一些非常优雅的多项式时间算法。实际上，对偶性是某些多项式算法的成功之源。事实上，绝大多数已知的互为对偶的问题都是在 **P** 中。参见 [236]

○ C. H. Papadimitriou and K. Steiglitz. *Combinatorial Optimization: Algorithms and Complexity*, Prentice-Hall, Englewood Cliffs, New Jersey, 1982.

○ M. Grötschel, L. Lovász, and A. Shcrijver. *Geometric Algorithms and Combinational Optimization*, Springer, Berlin, 1988.

10.4.6 **问题**：一个强非确定性图灵机可能有三种输出："yes"、"no" 和 "maybe"。如果下面的为真，则我们称这种机器判定 L：如果 $x\in L$，则所有计算以 "yes" 或 "maybe" 结束，但至少有一个 "yes"。如果 $x\notin L$，则所有的计算以 "no" 或 "maybe" 结束，但至少有一个 "no"。证明 L 能够被强非确定性图灵机判定，当且仅当 $L\in$ **NP**∩**coNP**。

10.4.7 **问题**：证明如果 x、y 和 z 是 ℓ 位的整数，我们能够在 $\mathcal{O}(\ell^2)$ 时间内计算 $x+y \bmod z$ 和 $x\cdot y \bmod z$。证明我们能够在 $\mathcal{O}(\ell^3)$ 时间内计算 $x^y \bmod z$。

10.4.8 **问题**：证明如果 N 不是素数，则其拥有一个除了 1 以外的不大于 $\sqrt{N}$ 的因子。证明 PRIMES 能够在时间 $\mathcal{O}(\sqrt{N}\log^2 N)$ 内解决（很不幸，N 不是输入的长度，而是输入本身）。

10.4.9 **中国剩余定理，构造性版本** 证明，如果 n 是不同素数 $p_1,\cdots,p_k$ 的乘积，则唯一满足 $r_i=r \bmod p_i (i=1,\cdots,k)$ 的 $r\in\Phi(n)$ 由下面的表达式给出：$r=\sum_{i=1}^{k}P_iQ_ir_i \bmod n$，其中 $P_i=\prod_{j\neq i}p_j$ 且 $Q_i=P_i^{-1} \bmod p_i$。（这是模域上的 Langrange 插值公式。根据中国剩余定理，证明余数是正确的）

10.4.10 **问题**：证明每个奇素数平方 p^2 有一个本原根（性质 10.3）（当然 p 有一个本原根，称为 r。则要么 $r^{p-1}\neq 1 \bmod p^2$，要么 $(r+p)^{p-1}\neq 1 \bmod p^2$。据此证明要么 r，要么 $r+p$ 是 p^2 的本原根）。

10.4.11 **因子分解算法** 尽管整数的因子分解是个古老的、荣耀的问题，而且数论学家从不需要额外的动机来研究它，但现代的公钥密码学（见第 12 章）给这个传统的问题一个意料不到的实际意义。现在的算法可以以相当快的速度来分解大的整数，尽管是超多项式的，但算法本身还是有趣的。我们将呈现此类算法简单技巧的核心，了解更多请参见

○ A. K. Lenstra and H. W. Lenstra. "Algorithms in number theory," *The Handbook of Theoretical Computer Science*, *vol. I*: *Algorithms and Complexity*, edited by J. van Leeuwen, MIT Press, Cambridge, Massachusetts, 1990.

准备将被分解的数 n（n 的大小将是我们分析的参考点）。如果一个数 m 的所有素数因子都小于 ℓ，称 [237]

m 为 ℓ 平滑。根据素数定理（即小于 n 的素数的个数大约是 $n/\ln n$），我们能够计算随机选择的数 $m \leqslant n^{\alpha}$ 是 ℓ 平滑的概率，其中 $\ell = e^{\beta\sqrt{\ln n \ln\ln n}}$。

（偶然地，对于 ℓ，类似此表达式在此类分析中经常用到。我们将写成 $\ell = L(\beta)$。所有这类算法的期望时间也是这种形式 $L(\tau)$，我们的目标是最小化 τ。在上下文中，我们将忽略那些 $\mathcal{O}(L(\varepsilon))(\varepsilon>0)$ 的因子，从而不会影响 τ。）

$m \leqslant n^{\alpha}$ 是 $L(\beta)$ 平滑的概率是 $L\left(-\frac{\alpha}{2\beta}\right)$。分解整数 n 的 Dixon 随机平方算法是：

1）随机产生整数 m_1，$m_2 \cdots \leqslant n$ 直到找到 $L(\beta)$ m_i 个使得 $r_i = m_i^2 \bmod n$ 是 $L(\beta)$ 平滑的。

2）找到一个这些 r_i 的子集 S，使得每个素数 $p \leqslant L(\beta)$ 在 S 中出现偶数次。

一旦步骤 2 完成了，我们就找到了两个数 [illegible]
乘积，y 是所有比 [illegible] 每个素数的幂次为其在 S 中总出现次数的一半。

(a) 证明 [illegible] $\bmod n$。

以很高 [illegible] 能够证明，如果 $x^2 = y^2 \bmod n$，则 $x+y$ 和 n 的最大公约数将是 n 的一个非平凡因子，这样我们就 [illegible] 了。问题是，我们多久才能完成步骤 1，如何完成步骤 2。

(b) [illegible] 用前面引用的平滑的概率，证明步骤 1 能够在期望时间 $L\left(\beta+\frac{1}{2\beta}\right)$，乘以测试一个 $\leqslant n$ 的数是否是 $L($ [illegible] 平滑所需的时间内完成。证明后者是 $\mathcal{O}(L(\varepsilon))$，其中 $\varepsilon>0$ 为任意值（因此可以被忽略，见我们上面的评论）。

(c) 证明步骤 2 能够看成是解一个 $L(\beta) \times L(\beta)$ 的模 2 方程组，因此其能够在 $L(3\beta)$ 时间内完成。

(d) 选择 β 来优化整个算法的性能 $L(\tau)$。

10.4.12　Pratt 定理来自

○ V. R. Pratt. "Every prime has a succinct certificate," *SIAM J. Comp.*, *4*, pp. 214-220, 1975.

除了我们在本章和接下来阐述的一些基本事实和技巧外，如需了解更多的数论知识，读者可以参考

○ G. H. Hardy 和 E. M. Wright. *An Introduction to the Theory of Numbers*, Oxford Univ. Press, Oxford, U.K., 5th edition, 1979.

○ I. Niven 和 H. S. Zuckerman. *An Introduction to the Theory of Numbers*, Wiley, New York 1972.

238

10.4.13　**问题**：证明 FSAT 是 **FNP** 完全的。

10.4.14　例 10.3 中所使用的 SAT 的自归约是一个非常重要的概念，在本书余下部分也会碰到（见 14.2 节和 17.2 节）。这些概念首先在下面的文章中出现：

○ C. P. Schnorr. "Optimal algorithms for self-reducibility problems," *Proc. 3rd ICALP*, pp. 322-337, 1974.

10.4.15　**问题**：证明给定一个图 G 和 G 的一个哈密顿回路，判定 G 是否存在另一个哈密顿回路是 **NP** 完全的（见定理 17.5 的证明）。

10.4.16　**问题**：每个语言 $L \in$ **NP**$\cap$**coNP** 都揭示了一个在 **TFNP** 中的函数问题，是哪个？

10.4.17　全函数的类 **TFNP** 首先在下面的文章中被研究。

○ N. Megiddo 和 C. H.. Papadimitriou. "On total functions, existence theorems, and computational complexity," *Theor. Comp. Sci.*, *81* pp. 317-324, 1991.

问题 HAPPYNET（见例 10.6）是 **TFNP** 中一个很有趣的例子，它能够通过类似于式（10-3）及其后的"单调性"方法来讨论证明其是全函数。存在 **TFNP** 的一个子类，称为 **PLS**（即多项式局部搜索），它包含了很多这类问题，包括多个 **PLS** 完全的问题——HAPPYNET 是其中之一。参见

○ D. S. Johnson, C. H.. Papadimitriou, and M. Yannakakis. "How easy is local search?" *Proc. 26th IEEE Symp. on the Foundations of Computer Science*, pp. 39-42, 1985；以及 *J. CSS*, *37*, pp. 79-100, 1988.

○ C. H. Papadimitriou, A. A. Schäffer, and M. Yannakakis. "On the complexity of local search,"

Proc. 22nd ACM Symp. on the Theory of Computing, pp. 838-445, 1990.

了解更多关于神经网络的知识，参见

○ J. Hertz, A. Krog, and R. G. Palmer. *Introduction to the Theory of Neural Computation*, Addison-Wesley, Reading, Massachusetts, 1991.

10.4.18 在三次图中找第二个哈密顿回路的问题（见例10.7）是**TFNP**中另一种类型的问题，它的全函数基于奇偶性方法。这类问题构成了一个包含有趣完全问题的耐人寻味的复杂性类，参见

○ C. H.. Papadimitriou. "On graph-theoretic lemmata and complexity classes," *Proc. 31st IEEE Symp. on the Foundations of Computer Science*, pp. 794-801, 1990; retitled "On the complexity of the parity argument and other inefficient proofs of existence," to appear in *J. CSS*, 1993.

10.4.19 和相等问题（见例10.8）属于另一类问题，因为它的全函数是通过"鸽笼原理"来获得的。参见上面引用的论文。这类中的一个完全问题是EQUAL OUTPUTS：给定一个具有n个输入门和n个输出门的布尔电路C，要么找到一个输入使输出为**真**^{n}，要么找到两个不同的输入得到相同的输出。不能够确定和相等问题是否在这个类中是完全的。

240

问题：(a) 证明和相等问题能够归约到EQUAL OUTPUTS

(b) 证明单调电路C（也就是说，没有NOT门的电路）的EQUAL OUTPUTS问题在**P**中。

第11章

Computational Complexity

随机计算

从某种很实际的意义来说，计算是内在随机的，我们甚至可以声称：一个计算机在其运作过程的任何给定毫秒内被陨星摧毁的概率至少为 2^{-100}。

有许多计算问题其最自然的算法都基于随机性，即算法假定“无偏向地投掷硬币”。我们检验以下几个实例。

符号行列式

在二分匹配问题中（见1.2节），给出一个二分图 $G=(U,V,E)$，其中 $U=\{u_1,\cdots,u_n\}$，$V=\{v_1,\cdots,v_n\}$ 和 $E\subseteq U\times V$，试问是否有完美匹配，即是否有子集 $M\subseteq E$，使得对 M 中任何两条边 (u,v) 和 (u',v') 都有 $u\neq u'$ 和 $v\neq v'$。换句话说，我们要寻找 $\{1,\cdots,n\}$ 的一个排列 π，使得对所有 $u_i\in U$，有 $(u_i,v_{\pi(i)})\in E$。

用矩阵和行列式的术语，有一个有趣的方式来看待这个问题。给出二分图 G，考虑 $n\times n$ 矩阵 A^G，如果 $(u_i,v_j)\in E$，矩阵的第 i，j 个元素是变元 $x_{i,j}$，否则其他位置的元素为0。下面考虑 A^G 的行列式，它定义为

241

$$\det A^G = \sum_{\pi}\sigma(\pi)\prod_{i=1}^{n}A^G_{i,\pi(i)}$$

这里 π 遍历 n 元素的全部排列，如果 π 是偶数个对换的乘积，$\sigma(\pi)=1$；否则，$\sigma(\pi)=-1$。显然求和式里的非零项是对应于完美匹配的 π（用这个图论观点看行列式与积和式，在某些时候，是有用的观点。）而且，所有变元在不同的单项式里只出现一次，因此它不能在最后结果中被删去。由此推出，G 有完美匹配当且仅当 $\det A^G$ 不等于0。

于是，任何计算“符号矩阵”的行列式的算法（例如 $\det A^G$）将是解答匹配问题有趣的替代方法。事实上，有许多符号矩阵（元素一般是多个变元的一般多项式）的其他应用（计算行列式，或者检测是否为0），本身就是一个重要的计算问题。

我们知道如何计算行列式。简单且古老的方法是高斯消去法（见图11.1）。我们从第 $2,3,\cdots,n$ 行减去第一行的适当倍，使得第一列的元素，除了最高行外，成为0。我们知道此类“初等变换”不影响矩阵的行列式。于是，我们不再考虑矩阵的第一行和列，重复上述过程。自然，在某个“枢纽”点（矩阵未处理部分的西北角元素）可能是0（见图11.1的最后阶段）。这个情况下，我们重新正确地排列行。如果我们不能这样做，则行列式肯定是0。交换列后，行列式值乘以－1。最后，我们看到矩阵形成“上三角形式”（见图11.1的最后一个矩阵），这样的矩阵的行列式是对角线上项的乘积（在该例子中是196。因为有一次行的交互，所以原始矩阵是－196）。在我们宣布这个多项式时间算法之前，还有一件事必须安排好：如果从 $n\times n$ 的矩阵开始，其中的元素至多为 b 位整数，那么确保计算过程产生的整数量级不是 n 和 b 的指数量级。这一点容易从这些数囿于原始矩阵的子行列式推导出（见问题11.5.3）。于是我们得到结论：我们能在多项式时间内计算矩阵的行列式。

$$\begin{pmatrix}1&3&2&5\\1&7&-2&4\\-1&-3&-2&2\\0&1&6&2\end{pmatrix}\Rightarrow\begin{pmatrix}1&3&2&5\\0&4&-4&-1\\0&0&0&7\\0&1&6&2\end{pmatrix}\Rightarrow\begin{pmatrix}1&3&2&5\\0&4&-4&-1\\0&0&0&7\\0&0&7&2\frac{1}{4}\end{pmatrix}\Rightarrow\begin{pmatrix}1&3&2&5\\0&4&-4&-1\\0&0&7&2\frac{1}{4}\\0&0&0&7\end{pmatrix}$$

图 11.1 高斯消去法

我们能对符号矩阵运用这个算法吗？如果我们尝试，中间结果是有理函数（见图 11.2）。重提在数字情况下的事实（所有中间结果是原始矩阵的子行列式，问题 11.5.3）是问题的根源，是不可逾越的障碍。一般来说，有指数多个子行列式，图 11.2 是一个适合的例子。甚至知道特定的项（如 x^2zw 行列式中的非零系数项）是否是 **NP** 完全的（见问题 11.5.4）。高斯消去法对计算符号矩阵似乎没有帮助。

$$\begin{pmatrix}x&w&z\\z&x&w\\y&z&0\end{pmatrix}\Rightarrow\begin{pmatrix}x&w&z\\0&\frac{x^2-zw}{x}&\frac{wx-z^2}{x}\\0&\frac{zx-wy}{x}&-\frac{zy}{x}\end{pmatrix}\Rightarrow\begin{pmatrix}x&w&z\\0&\frac{x^2-zw}{x}&\frac{wx-z^2}{w}\\0&0&-\frac{yz(xz-xw)+(zx-wy)(wx-z^2)}{x(x^2-zw)}\end{pmatrix}$$

图 11.2 符号高斯消去法

但记住，我们实际上没有兴趣计算符号行列式的值，我们只需要告知该行列式是否为 0。有一个有趣的思路；假设我们把变元替换为任意整数。然后我们得到数字矩阵，我们可以用高斯消去法在多项式时间内计算出它的行列式。如果这个行列式不为零，则我们知道符号行列式不是恒为零。如果符号行列式恒为 0，数字结果将总是 0。但是我们可能非常不幸，数字行列式可能为 0，虽然符号行列式不是恒为 0。换句话说，我们可能被该行列式（看成一个多项式）的根绊住。为了消去我们的顾虑，下面以适当的预防措施，说明那是非常不可能的事件。

引理 11.1 假设 $\pi(x_1,\cdots,x_m)$ 是个具有 m 个变元的非恒零多项式，每个变量的阶数至多为 d，令 $M>0$ 是一个整数。则 m 元组 $(x_1,\cdots,x_m)\in\{0,1,\cdots,M-1\}^m$ 的个数，使得 $\pi(x_1,\cdots,x_m)=0$ 至多为 mdM^{m-1}。

证明： 对变元的个数 m 进行归纳。当 $m=1$ 时，引理指出阶数 $\leqslant d$ 的多项式不可能有 d 个根（证明这个有名的定理相当于引理 10.4 中 mod p 的情形）。根据归纳，假设对于 $m-1$ 个变元，引理正确。现在把 π 写为 x_m 的多项式，它的系数是以 $x_1,\cdots,x_{m-1}$ 表示的多项式。假设这个多项式在某些整数点为 0。有两种情形：或者 x_m 在 π 里的最高阶系数是 0 或者不是 0。因为系数是以 $x_1,\cdots,x_{m-1}$ 表示的多项式，所以根据归纳法，第一种情形，可能出现 $x_1,\cdots,x_{m-1}$ 的至多 $(m-1)dM^{m-2}$ 个值，对这样的多项式至多 x_m 的 M 个值为 0，也就是说，加起来，共有 $x_1,\cdots,x_m$ 的 $(m-1)dM^{m-1}$ 个值为 0。第二种情形在 x_m 中定义一个阶数 $\leqslant d$ 的多项式，对每个 $x_1,\cdots,x_{m-1}$ 值的组合至多有 d 个根，或者 π 的 dM^{m-1} 个新根。把两个估计加起来，我们完成了证明。 □

242~243

引理 11.1 提出了一个判定随机图 G 是否有完美匹配的随机算法。我们用 $A^G(x_1,\cdots,x_m)$ 标记具有 m 个变元的矩阵 A^G。注意，$\det A^G(x_1,\cdots,x_m)$ 对每个变元至多为 1 阶。

选择 $[0,M=2m]$ 区间内的 m 个随机整数 $i_1,\cdots,i_m$。

用高斯消去法计算行列式 $\det A^G(i_1,\cdots,i_m)$。

如果 $\det A^G(i_1,\cdots,i_m)\neq 0$，则回答“$G$ 有完美匹配”。

如果 $\det A^G(i_1,\cdots,i_m)=0$，则回答“$G$ 可能没有完美匹配”。

我们称上述算法为判断一个二分图是否有完美匹配的多项式时间蒙特卡罗算法。这就是说，如果算法找到一个匹配存在，它的判定就是可靠无疑的。但是，如果算法回答“可能没有匹配”，则存在漏报的可能性。问题在于，如果 G 有一个匹配，按照引理 11.1，漏报的概率（选择 $M=2m=2md$）$\leqslant 1/2$。注意，这不是关于整个符号行列式或二分图的概率断言，而是关于随机计算的断言，它对所有行列式和图都成立。

我们已经知道一个匹配的确定性多项式算法（是 [illegible] 减弱本技巧的重要性 [illegible] 一般的符号矩阵的行列式是否不恒为 0 的问题（对于该问题，至今还没有确定性的算法）。

取 $M>>md$，我们可以降低漏报的概率（自然，对更大数的矩阵用高斯消去法花费更多）。然而，为了降低漏报概率，有一个更有吸引力（更广泛实用的）的方法：进行多次独立的实验。如果我们重复符号矩阵行列式的 k 次计算，每次对变元独立地选择 $0\sim 2md-1$ 之间的随机整数，回答总是 0，则我们确信 G 没有完美匹配的准确性提高到 $1-(1/2)^k$。如果只要有一次回答为非零，则我们知道完美匹配存在。

综上所述，蒙特卡罗算法不会有误报的回答，且漏报的概率远小于 1（也可以说，小于 1/2）。对于随机选择，我们始终假定存在一个公平币产生完美的随机位。在 11.3 节我们将质疑这个假设。最后，对所有可能的随机选择，这个算法的总时间总是多项式的。

研究那些输出结果不那么完美可靠的算法，并不意味着我们放弃数学严谨性标准和失去职业责任心。前面我们对漏报的概率进行的估计也和任何数学论断一样严格。我们完全可以运行蒙特卡罗算法 100 次，这样一来其可靠性将远远超过其他计算模块（且不必计较自身生命长度……）。

随机游走

考虑下面 SAT 的随机算法：

从任意真值指派 T 开始，重复下面步骤 r 次；

如果没有不满足的子句，则回答“公式是可满足的”并停机。

否则，选取任意不满足的子句，其文字在 T 中全部为 **false**。

随机地挑出任意文字将其翻转，更新 T。

经过 r 次重复，则回答“公式可能是不可满足的”。

以后我们将固定参数 r。注意，我们没有指定怎样选取一个不满足的子句，怎样选择开始的真值指派——我们准备接受算法这方面最坏的情况。仅需要的随机性是挑出一个文字翻转。我们等概率随机地在选择的子句内选择文字。“翻转”意指 T 中相应变元的真值取反。然后更新 T，过程不断地重复直到或者发现一个满足的真值指派，或者执行了 r 次翻转。我们称这为随机游走算法。

如果给定的表达式是不可满足的，则该算法一定是“正确的”：结论是表达式“可能是无法满足的”。但是，如果表达式是可满足的，又怎样？而且，不难论证，如果我们允许指数次重复，我们最后将以很高的概率找到一个可满足的真值指派（见问题 11.5.5）。

重要的问题是，当 r 是以布尔变元的个数表示的多项式时，可满足的真值指派将有多大的概率选中？这一朴素的方法能对付这个困难的问题吗？事实不是如此：有一个 3SAT

简单可满足的实例，对于它运行“随机游走算法”以各种方式和测度看都是糟糕的（见问题 11.5.6）。但是有趣的是，当运用于 2SAT 时，随机游走算法运行得相当正常：

定理 11.1　假设对具有 n 个变元的任何 2SAT 实例，运行随机游走算法 $r=2n^2$ 次，则发现真值指派的概率至少为 1/2。

证明： 设 $\hat{T}$ 是满足给定 2SAT 的一个实例，$t(i)$ 是翻转步的期望重复次数，从不同于 $\hat{T}$ 赋值开始的赋值 T 到发现真赋值恰好 i 个变元不同。容易看出这个量是 i 的有限函数（见问题 11.5.5）。

我们知道 $t(i)$ 什么呢？首先我们知道 $t(0)=0$，因为假如碰巧，$T=\hat{T}$，就不需要再翻转。如果处于任何其他满足真值的情况下，也不需要翻转。否则，我们至少需要翻转一次，当我们翻转时，我们选择目前 T 中不满足子句中的一个文字翻转。因为 $\hat{T}$ 满足所有子句，所以至少两个文字中有一个在赋值 $\hat{T}$ 下是 **true**。故我们随机翻转其中一个，至少有一个以1/2机会接近 $\hat{T}$。于是，对于 $0<i<n$，我们有不等式：

$$t(i) \leqslant 1/2(t(i-1)+t(i+1))+1 \tag{11-1}$$

式（11-1）中的最后一个 1 表示刚刚翻转了一次。它是不等式而不是等式，因为情况可能更接近满足：也许目前的 T 可能也满足表达式，或者与 $\hat{T}$ 中的文字都不相同，不仅仅翻转一个文字就满足一个文字。我们也有 $t(n)\leqslant t(n-1)+1$，因为在 $i=n$ 时，我们只能递减 i。

现在考虑另外一种情形，式（11-1）中等号成立。我们放弃偶然碰见的另外一个满足的真值指派，或者在两个文字中 T 和 $\hat{T}$ 都不相同的子句。显然，我们只能递增 $t(i)$。这就意味着，如果定义函数 $x(i)$ 服从 $x(0)=0$，$x(n)=x(n-1)+1$ 和 $x(i)=1/2(x(i-1)+x(i+1))+1$，则对所有 i，$x(i)\geqslant t(i)$。

现在 $x(i)$ 容易计算出来。技术上，这个情况叫作“具有反射和吸收障碍的一维随机游走”——“赌徒对决庄家必然失败”或许更为生动些。如果我们将 $x(i)$ 的所有方程加起来，得到 $x(1)=2n-1$。然后通过 $x(1)$ 得到 $x(2)=4n-4$，继续得到 $x(i)=2in-i^2$。最坏情况是 $i=n$，$x(n)=n^2$。

246

于是我们证明了发现可满足的真值指派需要的期望重复次数是 $t(n)\leqslant x(i)\leqslant x(n)=n^2$。也就是说，无论我们从哪里开始，期望的步数至多为 n^2。下面有用的引理（当 $k=2$ 时）完成了定理的证明。

引理 11.2　如果 x 是取非负整数值的随机变元，则对任何 $k>0$ $\mathbf{prob}[x\geqslant k\cdot\varepsilon(x)]\leqslant 1/k(\varepsilon(x)$ 表示 x 的期望值）。

证明： 设 p_i 是 $x=1$ 时的概率。显然

$$\varepsilon(x)=\sum_i ip_i=\sum_{i\leqslant k\varepsilon(x)} ip_i+\sum_{i>k\varepsilon(x)} ip_i>k\varepsilon(x)\mathbf{prob}[x>k\cdot\varepsilon(x)]$$

这就直接证实了引理和定理。□

定理 11.1 推出 $r=2n^2$ 的随机游走算法事实上是 2SAT 的多项式蒙特卡罗算法。而且没有误报，根据引理 11.2，再强调一遍，当 $k=2$ 时，漏报的概率小于 1/2。

费马（Fermat）测试

前面两个例子应当不会引起读者误认为随机算法仅仅解决那些已经知道如何解答的问题。素数判定就是目前我们所谈到的一个问题。

我们从引理 10.3 知道，如果 N 是素数，则对所有余数 $a>0$，$a^{N-1}=1 \bmod N$。但是如果 N 不是素数，那么余数有多大概率具有这性质呢？图 11.3 显示出，对 2～20 之间的

数，非零余数 a 满足 $a^{N-1}=1 \bmod N$ 的百分比。一个非常……了：

假设　如果 N 不是素数，则至少有一半非零……$a^{N-1}\neq 1 \bmod N$。

这个假设立即推出蒙特卡罗算法……是否是合数。

随机地取余数……

……则回答"N 是合数"。

否则，则回答"N 可能是素数"。

[219] 如果假设正确，漏报的概率确实小于 1/2。但是，假设并不正确。例如，$\Phi(561)$ 中的所有余数满足费马测试，但是 $561=3\times 11\times 17$。理由是对 $N=561$ 的所有素数因子 p，$p-1 \mid N-1$。具有这类稀有性质的数 N 称为Carmichael数，Carmichael 数推翻了上述假设。

2	100%
3	100%
4	33.3%
5	100%
6	20%
7	100%
8	14.3%
9	25%
10	11%
11	100%
12	9.1%
13	100%
14	7.7%
15	28.5%
16	13.3%
17	100%
18	6%
19	100%
20	5.3%
⋮	⋮
561	100%
⋮	⋮

图 11.3　有多少通过费马测试

有两个聪明的方法可以绕过 Carmichael 数所引起的障碍，那就是设法使得费马测试稍稍复杂些。下面介绍多个数论思想，以便得出它们中的一个（另一个稍稍简单些，见问题 11.5.7 和问题 11.5.10）。

模素数的平方根

我们已经知道 $x^2=a \bmod p$ 至多有两个根（引理 10.4）。因此它或者有两个根或者没有根，并且容易分辨出是哪一种情况。

引理 11.3　如果 $a^{(p-1)/2}=1 \bmod p$，则 $x^2=a \bmod p$ 有两个根。如果 $a^{(p-1)/2}\neq 1 \bmod p$，而且 $a\neq 0$，则 $a^{(x-1)/2}=-1 \bmod p$ 有两个根而 $x^2=a \bmod p$ 没有根。

证明：因为 p 是素数，则它有两个本原根 r。故，$a=r^i$ $(i<p-1)$。有两种情况：如果 $i=2j$ 是偶数，则显然 $a^{(p-1)/2}=r^{j(p-1)}=1 \bmod p$，于是 a 有两个平方根：r^j 和 $r^{j+(p-1)/2}$。注意，这已经考虑余数 a 的一半，因为每个余数有两个平方根，所以我们已经得到全部平方根！因此，如果 $i=2j+1$ 是奇数，则 r^i 没有平方根，且 $a^{(p-1)/2}=r^{(p-1)/2} \bmod p$。既然后者是 1 的平方根，它就不是 1 自己（记住：r 是本原根）。所以它必然是 -1——1 的唯一可能的平方根。□

所以，表达式 $a^{(p-1)/2} \bmod p\in\{1,-1\}$ 是 a 是否是模 p 完全平方根或者不是平方根的重要标志。我们简记为 $(a\mid p)$（假定 p 始终为不是 2 的素数），称为 a 和 p 的勒让德（Legendre）符号。可见，$(ab|p)=(a|p)(b|p)$。

假设 p 和 q 是两个奇素数。我们将在下面给出另一个计算 $(q\mid p)$ 的非期待的方法。

引理 11.4（高斯引理）　$(q|p)=(-1)^m$，其中，m 是集合 $R=\{q \bmod p, 2q \bmod p,\cdots,q(p-1)/2 \bmod p\}$ 中大于 $(p-1)/2$的余数的个数。

证明：首先，集合 R 中的所有余数是不相同的（如果 $aq=bq \bmod p$，则 $a-b$ 或者 q 绝不可能被 p 整除）。其次，没有 R 中两个元素相加等于 p（如果 $aq+bq=0 \bmod p$，则 $(a+b)$ 或者 q 绝不可能被 p 整除，因为 $a,b\leqslant(p-1)/2$）。考虑到 R'是由 R 中凡是$>(p-1)/2$的余数 a，全部用 $p-a$ 代替而成（见图 11.4，例如 $p=17$，$q=7$）。则所有 R'中余数至多为$(p-1)/2$ 个。事实上，我们断言 $R'=\{1,2,\cdots,(p-1)/2\}$（否则，$R$ 的两个余数

加起来[illegible]

因此，模 p 之后，有[illegible] $R'=\{\pm q,\pm 2q,\cdots,$ $\pm(p-1)q/2\}$ [illegible]恰好有 m 个余数取负号。取两个集合[illegible]

$\frac{p-1}{2}!=(-1)^m q^{\frac{p-1}{2}}\frac{p-1}{2}!\ \mathrm{mod}\ p$。因为 $\frac{p-1}{2}!$ 不能整除 p，所以引理得证。　□

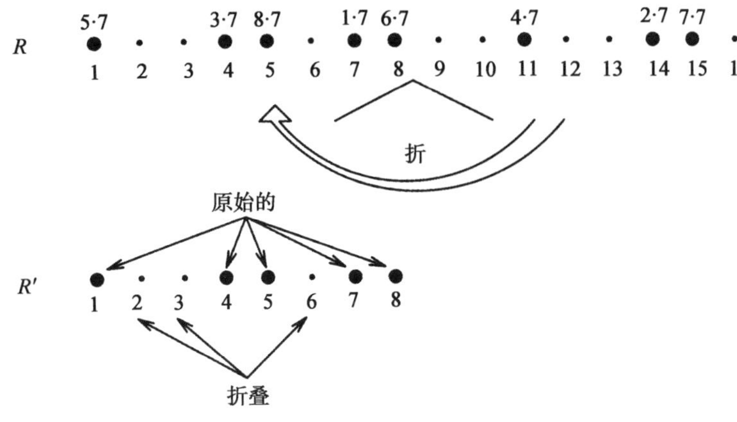

图 11.4　集合 R 和 R'

下面我们说明指出 $(p|q)$ 和 $(q|p)$ 之间微妙关系的重要定理：它们相同，除非 p 和 q 都等于 $-1\ \mathrm{mod}\ 4$，这时，它们互反。

引理 11.5（勒让德二次互反律）　$(q|p)\cdot(p|q)=(-1)^{\frac{p-1}{2}\frac{q-1}{2}}$。

证明：前面证明中的集合 R'，考虑了它集合中元素的和模 2。从一个角度，它们仅仅是在 $1\sim(p-1)/2$之间求和，和数为$\frac{(p-1)}{2}\frac{(p+1)}{2}\ \mathrm{mod}\ 2$，但是从 R'推导过程的另一角度，它是由 R 中凡是$>(p-1)/2$的余数，全部用 $p-a$ 代替而成，故这个和是[㊀]

$$\left\{\sum_{i=1}^{\frac{p-1}{2}}\left[q^i-p\left\lfloor\frac{iq}{p}\right\rfloor-2(qi\ \mathrm{mod}\ p)/(p/2)(qi\ \mathrm{mod}\ p)\right]+mp\right\}\ \mathrm{mod}\ 2$$

$$=\left\{q\sum_{i=1}^{\frac{p-1}{2}}i-p\sum_{i=1}^{\frac{p-1}{2}}\left\lfloor\frac{iq}{p}\right\rfloor+mp\right\}\ \mathrm{mod}\ 2 \tag{11-2}$$

$$=\left\{\frac{(p-1)(p+1)}{2}-\sum_{i=1}^{\frac{p-1}{2}}\left\lfloor\frac{iq}{p}\right\rfloor+m\right\}\ \mathrm{mod}\ 2$$

上式的第一项定义我们如何开始，它们是 q 乘以 $1,2,\cdots,\frac{p-1}{2}$。第二项提醒我们将这些数的余数模 p。最后两项是因为有 m 个 $a>\frac{p}{2}$用 $p-a$ 代替。自然地，式（11-2）没有考虑这些 a 的符号取反。然而，因为我们是在模 2 的情况下，所以符号求反等于不求反，结果总是一样。还因为是模 2 运算，所以我们忽略式（11-2）中 p 和 q（两个都是素数）的因子。所有这些简化后，式（11-2）中的第一项变成对$\frac{(p-1)\ (q-1)}{2}$ mod 2 的估计。因此

㊀　这里译者增加了一些推导细节。p 和 q 是不同的奇素数。——译者注

我们有

$$m=\sum_{i=1}^{\frac{p-1}{2}}\left\lfloor\frac{iq}{p}\right\rfloor \bmod 2 \tag{11-3}$$

248～250

现在式（11-3）的右边容易给出几何方式的解释（见图 11.5，$p=17, q=7$）：在从坐标原点 O 到点（p, q）间矩形中的正整数坐标点有 $\frac{p-1}{2}\times\frac{q-1}{2}$ 个。根据高斯定理，式（11-3）告诉我们（$q|p$）正是（-1）的幂次，幂次的数值为矩形对角线下面的整数点个数[⊖]。

现在证明接近完成。把 p 和 q 的地位对调，重复同样的计算。我们得到（$p|q$）是（-1）的幂次恰是矩形 $\frac{p}{2}\times\frac{q}{2}$ 中对角线上面的整数点的数量。故（$q|p$）·（$p|q$）正好是（-1）的幂次为矩形 $\frac{p}{2}\times\frac{q}{2}$ 中的全部整数点的个数。 □

为了理解引理 11.5 的意义，我们必须推广记号（$M|N$）（当 M、N 不是素数的情形）。假设 $N=q_1\cdots q_n$（q_j 是奇素数）（可以相同）。我们定义 $(M|N)=\prod_{i=1}^{n}(M|q_i)$，此表达式仅仅是个符号，它对平方根没有多大帮助。但是它非常有用。关于（$M|p$）的多个性质对于（$M|N$）仍然成立。例如积性定律：$(M_1M_2|N)=(M_1|N)(M_2|N)$。而且，它仍然是余数函数，$(M|N)=(M+N|N)$。更重要的是，二次互反定律仍然成立。我们总结如下：

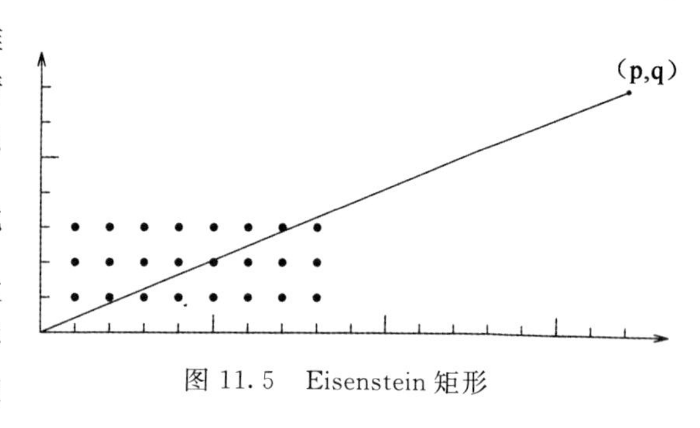

图 11.5　Eisenstein 矩形

引理 11.6　(a) $(M_1M_2|N)=(M_1|N)(M_2|N)$。

(b) $(M+N|N)=(M|N)$。即，（$M|N$）是模 N 余数函数。

(c) 如果 M 和 N 是奇数，则 $(N|M)\cdot(M|N)=(-1)^{\frac{M-1}{2}\frac{N-1}{2}}$。

证明：将（$p|q$）的性质用（$M|N$）定义即可得到（a）和（b）。至于（c），注意，如果 a 和 b 是奇数，则 $\frac{a-1}{2}\frac{b-1}{2}=\frac{ab-1}{2} \bmod 2$。 □

251

这些性质使得我们计算（$M|N$）而不需要预知 M 和 N 的因子分解。其方式类似于计算两个整数最大公因子（M,N）的欧几里得算法。所以我们首先回顾这个经典算法。

欧几里得算法重复地将两个整数中的较大者用模较小者的余数代替，直到两数之一成为 0——此时，另外一个数就是要找的最大公因子。例如 $(51,91)=(51,40)=(11,40)=(11,7)=(4,7)=(4,3)=(1,3)=(1,0)$。容易看出每隔两步，两数中的较大数至少减少一半，故步数至多为 $2l$，其中 l 是两整数的位数。每次相除需要 $\mathcal{O}(l^2)$ 时间（参见问题 10.4.7）。

⊖ 不难证明对角线{(0,0),($p/2,q/2$)}段上没有整数坐标点，而且用矩形 $\frac{p}{2}\times\frac{q}{2}$ 代替原文中的 $\frac{p-1}{2}\times\frac{q-1}{2}$ 更为贴切。——译者注

$(M|N)$ 能用引理 11.6 以类似的方式计算。如果 $N=2K$ 是偶数，那么计算就不能使用公式，因为 $(M|N)$ 对 N 为偶数时没有定义。我们必须先计算 $(2|M)$，然后用 $(2K|N)=(2|N)(K|N),\cdots$，继续下去。不过 $(2|N)$ 是容易计算的，它总是$(-1)^{\frac{M^2-1}{8}}$（问题 11.5.9）。例如，根据 (c)，$(163|511)=-(511|163)$，根据 (b)，$=-(22|163)$，根据 (a)，$=-(2|163)(11|163)$，根据 (c)，$=(11|163)=-(163|11)$，根据 (b)，$=-(9|11)$，根据 (c)，$=-(2|9)=-1$。

引理 11.7 给出两个整数 M 和 N，$\lceil \log MN \rceil=\ell$，$(M,N)$ 和 $(M|N)$ 可以在 $\mathcal{O}(\ell^3)$ 时间内计算得到。 □

我们已经提醒读者，如果 N 不是奇素数，则 $(M|N)$ 只是一个符号。这与 M 是模 N 的完全平方还是 $M^{\frac{N-1}{2}} \bmod N$ 无关系。事实上，如果 N 是合数，至少 $\Phi(N)$ 中一半元素 M 满足 $(M|N) \neq M^{\frac{N-1}{2}} \bmod N$。这就提出了一个蒙特卡罗方法来测试合数性，使得 $(M|N)$ 成为一个有趣的量，知道如何去计算它。我们先证明某些较弱的结论：

引理 11.8 如果对所有的 $M\in\Phi(N)$，$(M|N)=M^{\frac{N-1}{2}} \bmod N$，则 N 是素数。

证明： 用反证法，假设对所有 $M\in\Phi(N)$，$(M|N)=M^{\frac{N-1}{2}} \bmod N$，且 N 仍是合数。首先，设 $N=p_1,\cdots,p_k$ 是两两不同的素数的乘积。令 $r\in\Phi(N)$ 有 $(r \mid p_1)=-1$。根据中国余数定理（引理 10.1 的推论 2），有 $M\in\Phi(n)$ 使得 $M=r \bmod p_1$ 和 $M=1 \bmod p_i\,(i=2,\cdots,k)$。根据假设，$(M|N)=M^{\frac{N-1}{2}} \bmod N=-1 \bmod N$。对上述方程模 p_2 运算，得到 $1=-1 \bmod p_2$，与假设矛盾（记住：因为我们讨论 $(M|N)$，而 2 不是 N 的因子）。

所以，我们必须假设 $N=p^2m$，$p>2$ 是素数，m 是整数。则令 R 是模 p^2 的本原根（见性质 10.3）。我们断言 $r^{N-1}\neq 1 \bmod N$（这和假设矛盾）。证明中，如果还是这种情况，则 $N-1$ 必须是 $\phi(p^2)=p(p-1)$ 的倍数，故 $p|N$ 且 $p|N-1$，而这是不可能的。 □ 252

从上述容易得到主要的结论：

定理 11.2 如果 N 是个奇合数，则至少对于一半的 $M\in\Phi(N)$，$(M|N)\neq M^{\frac{N-1}{2}} \bmod N$。

证明： 根据引理 11.8，至少有一个 $a\in\Phi(N)$，使得 $(a|N)\neq a^{\frac{N-1}{2}} \bmod N$。设 $B=\{b_1,\cdots,b_k\}\subseteq\Phi(N)$ 是两两不同的余数集合，满足 $(b_i|N)=b_i^{\frac{N-1}{2}} \bmod N$。考虑集合 $a\cdot B=\{ab_1 \bmod N,\cdots,ab_k \bmod N\}$[⊖]。我们断言 $a\cdot B$ 中的所有余数都不相同，与 B 中的余数也不相同（注意，这就推出了证明）。它们互不相同，因为如果 $ab_i=ab_j \bmod N\,(i\neq j)$，则有 $a|b_i-b_j|N$，这是不可能的，因为 $a\in\Phi(N)$ 和 $|b_i-b_j|<N$。因为$(ab_i)^{\frac{N-1}{2}}=(a)^{\frac{N-1}{2}}(b_i)^{\frac{N-1}{2}}\neq(a|N)(b_i|N)=(ab_i|N)$，所以它们也不在 B 中。 □

推论 有一个判定合数的蒙特卡罗算法。

证明： 给定奇数 N，算法如下：

生成一个随机整数 $M\in[2,N-1]$，并计算 (M,N)。

如果 $(M,N)>1$，则回答“N 是合数”。

否则，计算 $(M|N)$ 和 $M^{\frac{N-1}{2}} \bmod N$，比较两者：

⊖ 我们要论证，B 实际上是 $\Phi(N)$ 的真子群。即用群论来终结本证明。

如果它们不等，则回答“N是合数”。

否则，则回答“N是可能是素数”。

（任何M既通过本测试又附带地也通过了对N的费马测试，但是显然，反之不成立。）显然，不可能漏报（算法永远不会把素数错当作合数），从定理11.2得出，误报（算法把合数错判为素数）的概率至多为1/2。根据引理11.7，本算法的执行步数是N的二进位位数的多项式。推论证毕。□

11.2 随机复杂性类

为了形式化地研究蒙特卡罗算法，我们对图灵机引进“掷硬币”功能。这些都不需要。我们将随机算法建模为通常的非确定性图灵机，仅仅在接受其输入方面给予不同的解释。

253

定义 11.1 设N是一个多项式时间有限的非确定性图灵机。我们声称N是精准的，也就是说，对每个输入x，所有的计算都在$|x|$的同一多项式时刻停机（见性质7.1）。我们还假定机器的每步恰有两个非确定性选择（见图8.5）。

设L是语言。L的多项式蒙特卡罗图灵机是如上述标准化的非确定性图灵机，对长度为n的输入，计算时间为多项式$p(n)$，对于输入串$x\in L$，N的$2^{p(n)}$次计算中至少一半停机于“yes”。如果$x\notin L$，则所有计算停机于状态“no”。具有多项式蒙特卡罗图灵机所有语言类都标记为**RP**（意指随机多项式时间）。□

注意，这个定义抓住了蒙特卡罗算法的通俗概念。所有非确定性步用“掷硬币”决定。自然，实际上，并非蒙特卡罗算法的每一步都是随机选择的，然而不妨假设算法的每一步都掷硬币，多数情况下忽略它的输出（即两个选择都一样）。而且，随机选择的结果比位还要复杂些（例如在对合数的蒙特卡罗判定算法里，选取$1\sim N$之间的一个整数，掷硬币第一次定整数的第一位二进位，掷第二次定整数的第二位，…，如果超出$1\sim N$的范围，则终止）。因为$x\notin L$，拒绝是无疑义的，所以没有误报。）而且，漏报的概率至多为1/2；理由在于，原因是如果机器的每步涉及随机选择两者之一，每一个选择的概率为$\frac{1}{2}$，所以所有计算或者计算树的“叶子”是等概率事件，每个具有概率$2^{-p(|x|)}$。因此，至多一半叶子拒绝确保漏报的概率至多1/2。

如果接受的概率不是1/2，**RP**的功能就不受到影响，只要我们目前要求，任何数字严格位于0和1。理由是：如果我们有随机算法，其漏报的概率至多为$1-\varepsilon$，$\varepsilon<1/2$，则我们可以重复k次，转换成概率至多为1/2。在图灵机术语里，“重复”意味着在非确定性树的每个叶子都“挂”上另一棵恒等于原始树的树上，并且如此这般重复k次。在最后的叶子，我们报告“yes”当且仅当有一个计算导致该叶子报告“yes”。漏报的概率至多为$(1-\varepsilon)^k$。选取$k=\left\lceil-\frac{1}{\log(1-\varepsilon)}\right\rceil$，使得$(1-\varepsilon)^k$至少为1/2。总时间是原来多项式的$k$倍。注意，$\varepsilon$可以是任意小的常数。它甚至可以是形为$\frac{1}{p(n)}$的函数，只要$p(n)$是多项式$\left(\text{请注意，}-\frac{1}{\log(1-\varepsilon)}\approx\frac{1}{\varepsilon}\right)$。类似地，通过独立地重复蒙特卡罗算法，我们可以使漏报概率任意地小到一个指数的逆。

迄今为止，新类**RP**位于怎样的一个类王国？显然**RP**位于**P**和**NP**之间（自然地，

也许 **P**＝**NP**，所以“之间”一词也许就是等于)。为什么？多项式蒙特卡罗算法判定 L 一定能够有一个非确定性多项式时间算法判定 L（因为至少有一半计算接受，所以肯定有一个接受计算)。而且，一个确定性的多项式时间算法是蒙特卡罗算法的特殊情形：它不管骰子的输出而一致地接受（概率 1 当然至少为 1/2)。

某种意义上 **RP** 是新的、不寻常的复杂性类。不是任何多项式有界非确定性图灵机都可以定义 RP 中的语言。对于一个机器 N，要定义一个语言在 RP 中，它必须有不寻常的性质：对所有输入或者“一致地”拒绝或者“大多数”接受。大多数非确定性机器至少对某些输入表现不一样。给定一个图灵机，没有容易的方法判定它是否满足上面的特性（事实上，这是不可判定的问题，见问题 11.5.12)。最后，没有容易的方法去标准化非确定性图灵机使得蒙特卡罗性质是不证自明的，仍然包含所有蒙特卡罗算法（像我们处理“在时刻 n^3 停机”那样，采用标准化精巧机器和时钟即可达到)。对于前面章节定义的类 **NP**∩**coNP** 和 **TFNP** 也有同样问题：没有容易的方式告知是否一个机器总对经过认证的输出停机。我们非正式地称这类为*语义类*，与之相对的，P 和 NP 称为*语法类*，这些类只要表面的检查就可以告知一个适当的标准化机器事实上定义了一个语言属于该类。语义类的弱点在于，一般来说，它们没有完全问题[⊖]。困难是：任何语法类有一个“标准”的完全语言，即

$$\{(M,x):M \in \mathcal{M} \wedge M(x) = \text{“yes”}\}$$

$\mathcal{M}$是适当标准化的机器类（只要是用多项式或者其他合适的函数定义的时间界)。例如，Cook 定理的证明本质上是一种语言到 SAT 的归约。然而，在语义类的情况下，“标准化”完全语言通常是不可判定的！

254 ≀ 255

类 ZPP

RP 是否是 **NP**∩**coNP** 的子集？更有野心地问：**RP** 对求补封闭吗？根据 **RP** 定义的反对称性，和 **NP** 定义的反对称性，这是值得重视的问题。于是，有一类 **coRP**，它有蒙特卡罗算法，该算法具有有限的错误的肯定回答但是无错误的否定回答。例如，我们从前面知道 PRIMES 属于该类。在某种意义下，**coRP** 和 **RP** 分享错误回答的可能性（现在是错误的肯定回答)，靠多次重复运行幸存下来。而且如同在 **RP** 中一样，我们无法告知什么时候独立试验就足够了。

在上下文中，类 **RP** ∩**coRP** 看来很诱人（回顾我们在前面章节讨论的 **NP** ∩**coNP**)。问题是该类拥有两个蒙特卡罗算法：一个是没有错误的肯定回答，另一个是没有错误的否定回答。因此，如果我们独立地运行具有两个算法的实验，或早或迟，或者从没有误报的算法得到肯定回答，或者从没有漏报的算法得到否定回答。如果我们独立执行算法 k 次，没有明确回答的概率低于 2^{-k}。和通常的蒙特卡罗算法不同的是我们*肯定可以得到正确的*回答。当然，我们无法预知什么时候算法终止——虽然，这是不可想象的，我们重复了 100 次还没明确的回答。这样的算法叫作 Las Vegas *算法*（或许要强调这个算法的拥有者不会错)。

具有 Las Vegas 算法的语言类 **RP** ∩**coRP** 标记为 **ZPP**（*具有零概率误差的多项式随机算法*)。最后，PRIMES∈**ZPP**（见 11.5.7 节的参考文献)。

类 PP

考虑问题 MAJSAT：给定一个布尔表达式，问是否其 n 个变元的 2^n 个真值赋值中，

⊖ 事实上，缺乏完全问题是形式化什么叫“语义”类的完美方式。还可以参见问题 20.2.14。

大多数为真（即是否有至少 $2^{n-1}+1$ 个赋值为真）。不清楚这类问题是否在**NP**中：构成 $2^{n-1}+1$ 个满足的真值指派的证据不是简明的。自然地，MAJSAT甚至不像在**RP**中。

对于这个问题有一个非常合适的复杂性类：我们说 L 在类**PP**中，如果有一个非确定性多项式有界图灵机 N（像以前一样标准化）使得对所有输入 x，$x\in L$ 当且仅当多一半的 N 在 x 上的计算到达接收态。我们说 N“大多数”地判定 L。

256

注意，**PP**是“语法”类不是“语义”类。任何非确定性多项式有界图灵机可以用于定义一个在**PP**中的语言；无特殊性质需要。因此，它有完全问题：很清楚MAJSAT是**PP**完全的（问题11.5.16）。我们能证明：

定理 11.3　**NP**$\subseteq$**PP**。

证明：假设 $L\in$**NP**被一个非确定性图灵机 N 判定。下面的机器 N' 将大多数地判定 L：N' 恒等于 N，除了它有一个新的初始状态外，和初始状态的非确定性选择。两个可能的输出移动之一是转移到 N 原来输入的计算。对另外一个输出移动，我们约定总是接受（具有同样的计算步）。

考虑一个串 x，如果 N 对 x 计算 $p(x)$ 步并产生 $2^{p(x)}$ 个计算，N' 显然有 $2^{p(|x|)+1}$ 个计算。当然，至少一半停机在“yes”（N' 的一半计算无条件地接受）。于是，N' 的大多数计算接受 x 当且仅当 N 至少有一个接受对 x 的计算，就是说，当且仅当 $x\in L$。因此，N' 大多数接受 L，故 $L\in$**PP**。□

PP是否对补运算封闭？“yes”和“no”之间唯一的不对称是“分开投票”的可能性，那里有相等个数的“yes”和“no”计算。但是这是容易处理的（见问题11.5.17）。

类 BPP

尽管所有三类**RP**、**ZPP**和**PP**都是被非确定性选择的概率翻译激发起来的，但是前面两个和后面一个有很大不同。**RP**和**ZPP**是为实用算法提出的具有有效随机计算的似乎合理的概念，从这个意义讲，它们是**P**的亲戚。相反，**PP**是抓住某种计算问题（例如MAJSAT）的自然方式，但是实际的计算内容，从这个意义上讲，它接近于**NP**。

无直接的方法去探索**PP**靠大多数接受的算法输入输出习俗“太脆弱了”。串 x 可以以 $\frac{1}{2}+2^{-p(|x|)}$ 的接受概率在 L 中，它的接受计算仅仅比拒绝计算多2。似乎没有合理的有效计算经验可以检测出这样的临界接受行为。

为了了解最后的论断，想象如下的形势。你有一个有偏向的骰子，它的一面比另外一面容易出现。你知道一面的概率为 $\frac{1}{2}+\varepsilon$，$\varepsilon>0$，而另外一面的概率为 $\frac{1}{2}-\varepsilon$，但是你不知道哪个概率是哪一面。怎样发现哪一个概率更有可能出现？显然的实验就是掷骰子多次，取出现次数超过概率 $1/2+\varepsilon$ 的那一面。问题在于，要多少次掷骰子才能以高概率得到正确的猜测？下面的结果最能帮助我们分析随机算法。

257

引理 11.9（Chernoff 界）　假设 $x_1,\cdots,x_n$ 是独立随机变元，取值分别以概率 p 和 $1-p$ 取值1和0。考虑和 $X=\sum_{i=1}^{n}x_i$。则对所有 $0\leqslant\theta\leqslant1$，$\mathbf{prob}[X\geqslant(1+\theta)pn]\leqslant e^{-\frac{\theta^2}{3}pn}$。

证明：假设 t 是任一正实数，我们有平凡估计 $\mathbf{prob}[X\geqslant(1+\theta)pn]=\mathbf{prob}[e^{tX})\geqslant e^{t(1+\theta)pn}]$。见引理11.2，$\mathbf{prob}[e^{tX}\geqslant k\varepsilon(e^{tX})]\leqslant1/k$，$k>0$ 是任一实数（严格地说，该结果是对任意整数随机变元和整数 k 成立，但是对一般情形，用和式代替整数也一样）。取 $k=$

$e^{t(1+\theta)pn}[\varepsilon(e^{tX}]^{-1}$，我们得到

$$\mathbf{prob}[X \geqslant (1+\theta)pn] \leqslant e^{-t(1+\theta)pn}\varepsilon(e^{tX})$$

因为 $X=\sum_{i=1}^{n}x_i$，所以有 $\varepsilon(e^{tX})=(\varepsilon(e^{tx_1}))^n=(1+p(e^t-1))^n$。代入之后，我们得到

$$\mathbf{prob}[X \geqslant (1+\theta)pn] \leqslant e^{-t(1+\theta)pn}(1+p(e^t-1))^n \leqslant e^{-t(1+\theta)pn}e^{pn(e^t-1)}$$

因为对所有正数 a，$(1+a)^n \leqslant e^{an}$，所以有上面最后的不等式。现在取 $t=\ln(1+\theta)$，我们得到

$$\mathbf{prob}[X \geqslant (1+\theta)pn] \leqslant e^{pn(\theta-(1+\theta)\ln(1+\theta))}$$

因为指数可以展开为 $-\frac{1}{2}\theta^2+\frac{1}{6}\theta^3-\frac{1}{12}\theta^4+\cdots$，$0 \leqslant \theta \leqslant 1$，引理得证。 □

换句话说，从期望导出的二项式随机变元的概率随着偏差指数地递减。有用的结果可以规定如下：

推论　如果 $p=\frac{1}{2}+\varepsilon$，$\varepsilon>0$，则满足不等式 $\sum_{i=1}^{n}x_i \leqslant \frac{n}{2}$ 的概率至多为 $e^{-\frac{\varepsilon^2 n}{6}}$。

证明：取 $\theta=\frac{\varepsilon}{\frac{1}{2}+\varepsilon}$。 □

通过大约 $\frac{1}{\varepsilon^2}$ 次数实验，我们就可以有足够信心检测出结论：我们的骰子里有一个 ε 偏差。另一方面，对于 **PP** 类，偏差 ε 小于 $2^{-p(n)}$ 是不合适的随机复杂性类：它需要指数次重复算法才能可靠地确定正确的回答。

258

定义 11.2　下面，我们引入最广泛的，然而迄今为止似乎是真的实际计算。类 **BPP** 包含所有语言 L，它有非确定性多项式有界的图灵机 N（它的计算通常具有相同的长度），具有如下性质：对于所有输入 x，如果 $x \in L$，则至少 N 的 $\frac{3}{4}$ 个计算接受 x；而如果 $x \notin L$，则至少 N 的 $\frac{3}{4}$ 个计算拒绝 x。 □

也就是说，我们要求 N 以“清晰的大多数”接受或拒绝。定义中的 $\frac{3}{4}$ 是标志性的，它表明正确的回答的概率囿界远离模棱两可的中间值 1/2（**BPP** 理解为“有界的误差概率”）。任何严格位于 1/2～1 之间的数都在同一类中。为了证实这一点，假定我们有机器 N，它以多数 $1/2+\varepsilon$ 的概率判定 L。我们可以运行机器 $2k+1$ 次（如同证明性质 11.3 那样，对每个叶子“挂着计算”并且以大多数接受为接受）。按照引理 11.9，错误回答的概率至多为 $e^{-2\varepsilon^2 k}$，只要适当递增多次 k，它可以变得任意小。特别地，取 $k=\left\lceil\frac{\ln 2}{\varepsilon^2}\right\rceil$，我们概率误差至多为 $\frac{1}{4}$。再次强调 ε 不必须是常数，它可以是任何多项式的倒数。

很清楚，**RP**⊆**BPP**⊆**PP**。第一个包含是因为在 **RP** 中的任何语言必定有 **BPP** 算法：只需运行算法两次，确保错误的否定回答概率小于 1/4（错误的肯定回答概率是 0，因此已经小于 $\frac{1}{4}$）。最后，任何 **BPP** 中的语言也在 **PP** 中，因为以清晰大多数判定的机器肯定也是简单大多数判定的机器。

不清楚是否 **BPP**$\subseteq$**NP**，这一方面有趣的结果见问题 11.5.18 和 17.2 节。还请注意 BPP 的定义是对称的：接受以清晰大多数“yes”，拒绝也是以清晰大多数“no”。因此，**BPP** 对补运算封闭，即 **BPP**=**coBPP**。最后注意 **BPP** 是“语义”类：对于 **BPP** 中的语言，定义它的非确定性机器必须有如下性质：对于所有的输入，必有两个清晰大多数的可能输出，但是不清楚如何检测和标准化这个清晰大多数。

11.3　随机源

虽然 **RP** 和 **BPP** 是完美定义的复杂性类，但它们的实用性和重要性建立在我们能够执行随机算法。换句话说，我们需要有一个*随机位源*。

为了形式化什么是我们所需要的，让我们定义*完美随机源*，它是一个随机变元，其值是位的无限序列 $(x_1, x_2, \cdots)$，对所有 $n>0$ 和所有的 $(y_1, \cdots, y_n) \in \{0,1\}^n$，我们有 [259]

$$\mathbf{prob}[x_i = y_i, i = 1, \cdots, n] = 2^{-n}$$

也就是说，x_i 是独立试验的输出，每个 x_i 取 1 的概率为 $p=\frac{1}{2}$。

如果我们有完美随机源（即有一个物理设备，按一下按钮，就开始产生一个序列 $x_1, x_2, x_3, \cdots$），则我们就对输入执行蒙特卡罗算法，在 i 步按照 x_i 选择非确定性机器的适当移动（实际上，这正是 11.1 节引入的蒙特卡罗算法）。而且，对于 **BPP** 中语言的任何随机算法可以类似地运行。于是，给定一个完美随机源，这些复杂性类中的问题能够以如此满意的方式如实地解答。

但是在自然界中，有这些完美的随机源吗？有一些似是而非的高品质随机位物理源，但是作为完美随机源，还是都有可争论的缺陷。有些是严肃的争论——真正完美的随机源物理是可能的吗（鼓励读者思考多个替代物和它们的弱点）？

例 11.1　一个完美随机源必须既是*独立的*（$x_i=1$ 的概率既与前驱又与后继无关）和*无偏差的*（概率应当正好是 1/2）。

重要的条件是独立性：约翰·冯·诺依曼很久以前观察到，从独立但有偏差的随机源到完美随机源很容易：成对地打碎序列，01 解释为 0，10 为 1，将 00 和 11 弃之不用。即，0010100001000011110…打碎为（00,10,10,00,01,00,01,11,10,…），然后是 11001…，最后的随机源是完美的。

注意我们不需要知道输出 1 概率 p 的精确值，只要求它始终严格大于 0 和小于 1，并且在每次掷取随机位时概率是常数。还有，按照此模式，为了得到长度为 n 的完美随机序列，我们需要期望平均长度为 $\frac{2n}{1-c}$ 的源序列，这里 $c=p^2+(1-p)^2$ 是源的*巧合概率*，即两个独立输出试验巧合的概率。我们将在本节后面再看到此量。□

物理实现完美随机源的现实问题在于物理过程趋向于受到前面输出的影响（且环境也倾向于这一点）。当两个连续试验的时间增加时，依赖关系可能减弱，但是理论上，它从不会消失。

考虑到物理上实行完美随机源是困难的，我们可以尝试用非物理方式发现随机性，但是在数学上和计算上。这称为*伪随机数发生器*，它产生的位序列是“不可预知的”或者“随机的”。伪随机性的基于复杂性和密码学的优雅理论已经被严格地展开研究（见问题 11.5.21的参考文献）。另一方面，在实际计算系统里，实际的伪随机数发生器常常从 [260]

一个事先提供的种子出发，种子为多位长（我们可以考虑种子是一个正整数 x_0），然后如下产生一系列整数，例如 $x_{i+1}=ax_i+b \bmod c$，其中 a、b、c 是固定整数。不幸的是，根据伪随机性复杂性理论，所有这类发生器被证明是很糟的（见 11.5.21 节的讨论）。

微随机源

因为完美随机源从物理实现的角度看来没有希望，所以我们转而寻找较弱的随机性概念，它物理上似乎更加合理。设 δ 是一个数，位于 $(0,1/2]$，p 是一个将 $\{0,1\}^*$ 映射到区间 $[\delta,1-\delta]$ 的函数。p 是一个高度复杂函数，我们完全不知道它。δ 随机源也是一个具有无限位长的随机变元，假设它的开始 n 位有特定值 $y_1,\cdots,y_n$ 的概率为

$$\prod_{i=1}^{n}(y_i p(y_1\cdots y_{i-1})+(1-y_i)(1-p(y_1\cdots y_{i-1})))^{\ominus}$$

按照这个公式，第 i 位是 1 的概率精确地是 $\delta\leqslant p(y_1\cdots y_{i-1})\leqslant 1-\delta$，它以任意方式依赖于前面几个输出。换句话说，序列中的位可能以任意复杂方式偏向于随后位的概率，但是这个偏差永远不超过 $1-\delta<1$。于是，一个$\frac{1}{2}$随机源是一个完美随机源。一个 δ 随机源，$\delta<\frac{1}{2}$被命名为微随机源。

例 11.2 因为微随机源允许位之间有强的依赖性，所以它比完美随机源是更为现实的（物理上合理的和可实现的）模型。事实上，有许多物理过程可以证实为微随机源（Geiger 计数器、Zehner 二极管、掷骰子、变化无常的朋友）。不幸的是，微随机源看上去对运行随机算法没有用。

假设一个蒙特卡罗算法，例如 11.2 节中的 2SAT 问题的随机游走算法，是由 δ 随机源 S_p 驱动的，$\delta<\frac{1}{2}$。根据 p，错误的否定回答的概率变成大于$\frac{1}{2}$。例如，假设 2SAT 的实例只有一个满足的真值指派 $\hat{T}$，而且，定义 p 的源 S_p 的骰子依赖我们所选择的文字，当它和 $\hat{T}$ 一致时，翻转的概率是 $1-\delta$。不难看出，被这样的 δ 随机源 S_p 驱动的随机游走算法，$\delta<\frac{1}{2}$，需要指数时间才能以合适的概率发现 $\hat{T}$。

261

自然地，存在 δ 随机源 $S_{p'}$，对一个平凡的例子，正确地驱动随机游走算法，对所有位序列 x，定义 $p'(x)=\frac{1}{2}$。但是因为我们假设对 p 毫无所知，所以我们必须准备全部的可能性。换句话说，当一个微随机源 S_p 驱动一个随机算法时，我们必须认为知道我们算法的对手所设定的 p 值监视着随机位的选择，恶意地极小化成功的概率。在 2SAT 随机游走算法的情况下，对手实际上将成功的概率减少到无意义的微弱境地。 □

因此，微随机源不能直接驱动随机算法。人们仍然希望沿着我们在例子 11.1 所解释的那样通过深刻复杂的构造，δ 随机源产生真正的随机源。不幸的是，可以形式化地证明可能没有这样的构造（见 11.5.20 节中的参考文献）。

尽管这些不成功的探索，但我们下面叙述微随机是很有用的。虽然它们不能直接驱动随机算法，或者产生随机位，但它们可以模拟任何你感兴趣的随机算法，且只有多项式的

⊖ 这里假定 $y_0=p\{\ \}$ 也是事先定义好的。—— 译者注

效率损失。我们必须用微随机源形式化定义 **RP** 和 **BPP** 的变体。

定义 11.3　设 N 是一个精确的多项式有界非确定性图灵机，每步有两个选择，与 **RP** 和 **BPP** 定义（见定义 11.1 和定义 11.2）一样。我们规定这两个选择为 0 选择和 1 选择。对于输入 x，计算 $N(x)$ 构成全二叉树，深度 $n=p(|x|)$（见图 11.6，注意本节中 n 表示树的计算长度而不是输入长度）。这棵树有 2^n 个叶子（“yes”或者“no”回答）和 $2^{n+1}-1$ 个结点。其中 2^n-1 是内结点，此棵树有 $2^{n+1}-2$ 条边，每条依赖于内结点的两个选择之一（见图 11.6）。

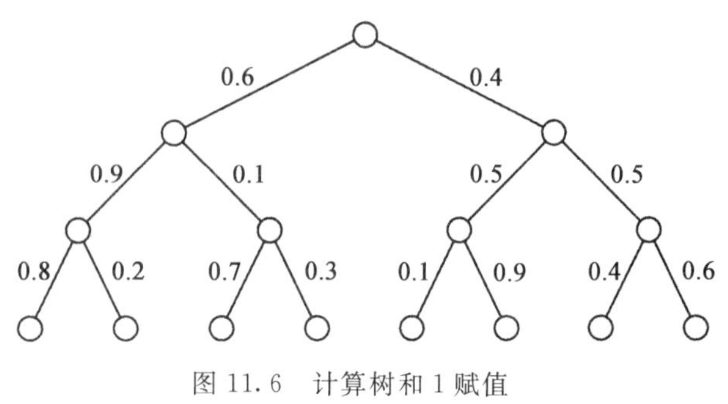

图 11.6　计算树和 1 赋值

设 δ 是 0～1/2 之间的数，对 $N(x)$ 的一个 δ 赋值（或 δ 指派）F 是 $N(x)$ 的边集到区间 $[\delta,1-\delta]$ 的映射，每条离开内结点的边被赋予一个数，它们相加等于 1。例如，图 11.6 显示了一个 1 赋值给 $N(x)$。直觉上，δ 赋值 F 抓住了该随机算法的效果，机器 N 在输入 x 上被任意一个 δ 随机源 S_p 驱动。函数 p 是精确赋值 F 对内结点的 1 选择，当每个内结点可以解释为导向它的一串选择。

给定一个 δ 赋值 F，对 $N(x)$ 的每个叶子（最后格局）ℓ，定义 ℓ 的概率为 $\mathbf{prob}[\ell]=\prod_{a\in P[\ell]}F(a)$，这里 $P[\ell]$ 是从根到叶子 ℓ 的路径，也就是说，走到一个叶子的概率精确地定义为导向叶子的选择的概率。最后，定义 $\mathbf{prob}[M(x)=\text{“yes”}[F]$ 是 $N(x)$ 全部“yes”叶子的 $\mathbf{prob}[\ell]$ 之和。

我们到了最后给出概率类 **RP** 和 **BPP** 的“微随机”变种定义的阶段。我们说语言 L 属于 δ-**RP**，如果有一个非确定性图灵机 N（如上所述），满足：对于所有的 δ 赋值 F，如果 $x\in L$，则 $\mathbf{prob}[M(x)=\text{“yes”}|F]\geqslant 1/2$ 和如果 $x\notin L$，则 $\mathbf{prob}[M(x)=\text{“yes”}|F]=0$。换句话说，如果有一个随机算法，它对任何 δ 随机源，没有错误的肯定回答，而错误的否定回答的概率小于 1/2 则称该语言 $L\in\delta$-**RP**。

类似地，一个语言属于 δ-**BPP**，如果有一个非确定性图灵机 N，它符合如下条件：对所有的 δ 赋值 F，如果 $x\in L$，则 $\mathbf{prob}[M(x)=\text{“yes”}|F]\geqslant 3/4$ 和如果 $x\notin L$，则 $\mathbf{prob}[M(x)=\text{“yes”}|F]\geqslant\frac{3}{4}$。也就是说，当被任何 δ 随机源驱动时，要求随机算法正确地判定和清楚地分清边界。□

不难看出，$0-$**RP**$=0-$**BPP**$=$**P**。因为 0 赋值可以把概率 1 给 $N(x)$ 的任何叶子，因此所有叶子在输出上保持一致。事实上，该“随机”算法必须是确定性的。显然，$\frac{1}{2}-$**RP**$=$**RP**，$\frac{1}{2}-$**BPP**$=$**BPP**。但是当 $0<\delta<1/2$ 时，δ-**RP** 和 δ-**BPP** 究竟是什么呢？它们的能力是否介于 **P** 和对应的类之间吗？换句话说，为了物理上合理的微随机源，必须放弃多少表面的随机性能力？

262～263

下面重要的结果说明没有能力失去。实际上，随机化完全可以实现：

定理 11.4　对任何 $\delta>0$，δ-**BPP**$=$**BPP**。

证明： 首先，显然 δ-**BPP**$\subseteq$**BPP**。故我们假设 $L\in$**BPP**。我们将要证明对任何 $\delta>0$，

$L \in \delta$-**BPP**。也就是说，对一个大多数判定 L 的机器 N，我们将构造一个机器 N'，它被任意 δ 随机源驱动，以大多数判定 L。我们假设 N' 回答错误的概率低于 $\frac{1}{32}$，而不是通常的 $\frac{1}{4}$。在 11.2 节，我们看到通过重复足够多次，低概率容易实现。

我们把机器 N' 描述为用 δ 随机源 S_p 驱动的随机算法。对输入 x，设 $n=p(|x|)$ 是 N 在 x 上计算的长度，令 $k=\left\lceil\frac{3\ \log n+\delta}{2\delta-2\delta^2}\right\rceil$；$k$ 将是重要的模拟参数。一个 k 二进位序列将被称为一个块，显然，共有 2^k 个可能的块，它们用对应的二进位整数 $0,1,\cdots,2^k-1$ 表示。如果 $\kappa=(\kappa_1,\cdots,\kappa_k)$ 和 $\lambda=(\lambda_1,\cdots,\lambda_k)$ 是块，则它们的内积定义为 $\kappa \cdot \lambda = \sum_{i=1}^{k}\kappa_i\lambda_i \bmod 2$。请注意两块的内积是一个二进位。

假设我们从 δ 随机源 S_p 产生 k 个连续随机位，得到一个块 $\beta_1<2^k$（我们用希腊字母标记块）。正如我们已经看到的，β_1 中的位不直接在模拟 N 中采用，因为假想的“对手”可能偏向它们引导我们的算法到错误正或错误负回答。我们“迷惑”对手的策略很简单：用 β_1 中 k 个 δ 随机位以完美确定方式产生 2^k 二进位，即 $\beta_1\cdot 0,\beta_2\cdot 1,\cdots,\beta_1\cdot(2^k-1)$（这里，我们放心地看到 k 仅仅是 n 的对数规模大小，所以 2^k 是多项式规模而已）。我们于是并行地模拟 N 对 x 的 2^k 次，其中 2^k 个位的每一个都用作 N 对输入 x 所要求的原始二进位。我们重复 n 次（n 次是机器 N 在 x 上的计算长度）：在第 j 次重复时，我们产生一个新块 β_j，我们将它“分散成” 2^k 位，并且用它来推进 N 在 x 输入的 2^k 个计算。换句话说，我们模拟 N 对输入 x 选择测试序列：$T=\{(\beta_1\cdot\kappa,\cdots,\beta_n\cdot\kappa):\kappa=0,\cdots,2^k-1\}$。在 2^k 个结果回答中（“yes”和“no”），我们采纳大多数的那个回答作为 N 对于输入 x 的回答（如果正好相等，则取“yes”）。这就完成了 N' 的描述。

很清楚，N' 是个随机算法，工作时间在 $\mathcal{O}(n2^k)=\mathcal{O}(p(|x|)^{1+3\frac{1}{2\delta-2\delta^2}})$ ㊀，后者是 $|x|$ 的多项式。剩下要证明的是，无论 S_p 是怎样的 δ 随机源，我们用以产生 n 块，错误的概率至多 1/4。

考虑 N 对输入 x，集合 $\{0,1\}^n$ 上可能的选择序列。它们中的某些是坏的错误的否定回答或者错误的肯定回答，依赖 x 是否在 L 或者不在 L 中。我们标记坏的序列集合为 $B\subseteq\{0,1\}^n$。因为 N 是一个 **BPP** 随机算法，所以我们知道 $|B|\leqslant\frac{1}{32}2^n$。$N$ 的错误回答的概率恰好是 $\mathbf{prob}\left[|T\cap B|\geqslant\frac{1}{2}|T|\right]$。为了证明当 N' 被任何 δ 随机源驱动时总以大多数判定 L，我们需要证明下述断言：

264

断言 $\mathbf{prob}\left[|T\cap B|\geqslant\frac{1}{2}|T|\right]<\frac{1}{4}$。

此断言的证明是较间接的。我们考虑模拟中用到的 $n2^k$ 个任意位，例如 $\beta_j\cdot\kappa$，其中 $1\leqslant j\leqslant n$，$0\leqslant\kappa\leqslant 2^k-1$。定义该位的偏差是 $(\mathbf{prob}[\beta_j\cdot\kappa=1]-\mathbf{prob}[\beta_j\cdot\kappa=0])^2$。显然，通过在 β_j 中偏差 k 位，对手可能对个别的位 $\beta_j\cdot\kappa$ 偏差很大，希望这 2^k-1 位的大多数不保持相对偏差。于是我们期望位的平均（对所有的 κ 求平均）

㊀ 原文有误，现增加指数的系数 3，仍然是 $|x|$ 的多项式。——译者注

偏差有上界。可以分两步完成估计：我们先指出平均偏差和块的巧合概率之间完全是意外的联系。那就是，如果从源抽取一个块的实验重复两次，恰好得到同样的块的概率。第二步，我们求该概率的上界。对于第一步，定义巧合概率为 $\sum_{\beta=0}^{2^k-1} p[\beta]^2$，其中 $p[\beta]$ 标记 δ 随机源产生块 β 的概率。下面的结果叙述平均偏差等于巧合概率。

引理 11.10　$\frac{1}{2^k}\sum_{\kappa=0}^{2^k-1}(\mathbf{prob}[\beta\cdot\kappa=1]-\mathbf{prob}[\beta\cdot\kappa=0])^2=\sum_{\beta=0}^{2^k-1}p[\beta]^2$。

证明：这个结果有一个聪明的代数证明。关键观察是 $\mathbf{prob}[\beta\cdot\kappa=0]-\mathbf{prob}[\beta\cdot\kappa=1]=\sum_{\beta=0}^{2^k-1}(-1)^{\beta\cdot\kappa}p[\beta]$。这是真的，因为当 $\beta\cdot\kappa=0$ 时，因子 $(-1)^{\beta\cdot\kappa}=1$；当 $\beta\cdot\kappa=1$ 时，因子 $(-1)^{\beta\cdot\kappa}=-1$。于是

$$\sum_{\kappa=0}^{2^k-1}(\mathbf{prob}[\beta\cdot\kappa=1]-\mathbf{prob}[\beta\cdot\kappa=0])^2=\sum_{\kappa=0}^{2^k-1}\left(\sum_{\beta=0}^{2^k-1}(-1)^{\beta\cdot\kappa}p[\beta]\right)^2$$

$$=\sum_{\kappa=0}^{2^k-1}\sum_{\beta=0}^{2^k-1}p[\beta]^2+2\sum_{\kappa=0}^{2^k-1}\sum_{\substack{\beta,\beta'=0\\ \beta\neq\beta'}}^{2^k-1}(-1)^{(\beta+\beta')\cdot\kappa}p[\beta]p[\beta']$$

然而，如果我们交换第二项中和式的次序，我们得到 $2\sum_{\substack{\beta,\beta'=0\\ \beta\neq\beta'}}^{2^k-1}p[\beta]p[\beta']\left(\sum_{\kappa=0}^{2^k-1}(-1)^{(\beta+\beta')\cdot\kappa}\right)$，容易看出，考虑到 $\beta\neq\beta'$，其内和是零[⊖]。 □

265　下面的引理说明一块的巧合概率至多等于每位巧合概率的 k 次幂。

引理 11.11　如果 β 是块，它由 δ 随机源的 k 位产生，则 $\sum_{\beta=0}^{2^k-1}p[\beta]^2\leqslant(\delta^2+(1-\delta)^2)^k$。

证明：设 $\beta=(x_1,\cdots,x_k)$，$x_i=1$ 的概率（由 δ 随机源给出）是 p_i。考虑新块 β'，它和 β 的不同在于 x_i，在 β 中 $x_i=1$ 但在 β' 中 $x_i=0$。于是 $p[\beta]$ 和 $p[\beta']$ 分别具有形式 Ap_i 和 $A(1-p_i)$。将和式 $\sum_{\beta=0}^{2^k-1}p[\beta]^2$ 分成 $x_i=1$ 的 β 和 $x_i=0$ 的 β 的各自的和式，我们得到和式为 Bp_i^2 和 $B(1-p_i)^2$ $(B>0)$。如果 p_i 和 $1-p_i$ 尽可能多地不同，和式就得到最大值，即一个是 δ，另外一个是 $1-\delta$。这对所有 k 位都成立。于是和式的最大值是

$$\sum_{i=0}^{k}\binom{k}{i}\delta^{2i}(1-\delta)^{2(k-i)}=(\delta^2+(1-\delta)^2)^k$$

此引理证明完毕。 □

根据上面的两个引理，在第 j 步，位的总偏差不超过 $2^k(\delta^2+(1-\delta)^2)^k$。我们称为 $\beta_j\cdot\kappa$ 是无偏差的，如果它的偏差 $(\mathbf{prob}[\beta\cdot\kappa=1]-\mathbf{prob}[\beta\cdot\kappa=0])^2\leqslant\frac{1}{n^2}$；否则，就称为有偏差的。注意，如果一位是无偏差的，则它的概率位于 $\frac{1}{2}-\frac{1}{2n}\sim\frac{1}{2}+\frac{1}{2n}$ 之间。

从前述引理知道，在第 j 步有至多 $n^2 2^k(\delta^2+(1-\delta)^2)^k$ 偏差位，于是总共有不超过

⊖　此处译者增加了 $\beta\neq\beta'$ 的条件。——译者注

$n^3 2^k(\delta^2+(1-\delta)^2)^k$ 偏差位。这个表达式可以调用 k 值得到

$$\begin{aligned}2^k n^3(\delta^2+(1-\delta)^2)^k &= \\ 2^k n^3(1-2\delta+2\delta^2)^{\frac{3\log n+5}{2\delta-2\delta^2}} &= \\ 2^k n^3 2^{\log(1-2\delta+2\delta^2)\frac{3\log n+5}{2\delta-2\delta^2}} &\leqslant \\ 2^k n^3 2^{-3\log n-5} = \frac{1}{32}2^k\end{aligned}$$

为了得到最后一行，我们调用到 $\log(1-\varepsilon)\leqslant-\varepsilon(0<\varepsilon<1)$。我们得出结论：至多有$\frac{1}{32}2^k$偏差位。$N'$是通过模拟 N 于 $T=\{(\beta_1\cdot\kappa,\cdots,\beta_n\cdot\kappa):\kappa=0,\cdots,2^k-1\}$ 中的 2^k 个序列而工作的。如果 T 至少包含一个偏差位，我们称 T 是*偏差的*。令 $U\subseteq T$ 代表所有无偏差序列。前面已经得知，至多只有$\frac{1}{32}2^k$ 个偏差序列（每个偏差位造成不同的无偏差序列是不大可能的）。 266

断言（和定理）的证明接近结束了，只需计算一下即可。$|B\cap T|$的期望值是

$$\begin{aligned}\mathcal{E}(|B\cap T|) = \sum_{t_1,\cdots,t_n\in T}\sum_{b_1,\cdots,b_n\in B}\prod_{i=1}^{n}\mathbf{prob}[b_i=t_i] &\leqslant \\ \frac{1}{32}2^k+\sum_{t_1,\cdots,t_n\in U}\sum_{b_1,\cdots,b_n\in B}\prod_{i=1}^{n}\mathbf{prob}[b_i=t_i] &\leqslant \\ \frac{1}{32}2^k+\sum_{t_1,\cdots,t_n\in U}\sum_{b_1,\cdots,b_n\in B}\left(\frac{1}{2}+\frac{1}{2n}\right)^n &\leqslant \\ \frac{1}{32}2^k+2^k\left(\frac{1}{32}2^n\right)e2^{-n}<\frac{1}{8}2^k=\frac{1}{8}|T|\end{aligned}$$

为了得到第二行，我们假设在最坏情况下，所有偏差序列是坏的。对于第三行，我们知道 t_i 是无偏差的，因此 **prob** $[t_i=b_i]\leqslant\frac{1}{2}+\frac{1}{2n}$。对于第四行，我们记得 T 的大小、$|B|$的上界和$\left(1+\frac{1}{n}\right)^n<e$。

于是，我们有$\mathcal{E}(|B\cap T|)\leqslant\frac{1}{8}|T|$。根据引理 11.2（取 $k=4$），我们得到断言的证明，完成 δ-**BPP**=**BPP** 的证明。 □

推论 对任何 $\delta>0$，δ-**RP**=**RP**。

证明：我们用于模拟 **BPP** 的算法同样也可以模拟任何 **RP** 算法，用这样的方式，漏报的概率是有界的。 □

11.4 电路复杂性

这是恰当地引入基于布尔电路的复杂性有趣观点的时候了。我们从第 4 章中知道具有 n 个变元输入的布尔函数，n 是固定数，能计算任何 n 个变元的布尔函数。等价地，我们可以想象一个电路接受 $\{0,1\}$ 上某个长度为 n 的串，并拒绝其他的串。这里串 $x=x_1\cdots x_n\in\{0,1\}^n$ 是解释为电路输入变元的真值指派，第 i 个输入的真值为**真**当且仅当符号 x_i 是 1。然而，仅当该串长度为 n 时，此对应才是正确的。为了与字母表 $\{0,1\}$ 上的任何语言的电路相关联，我们需要一个输入串每个可能长度的电路。

定义 11.4　电路的大小是电路中门的数量。电路族是布尔电路的无限序列$\mathcal{C}=(C_0,C_1,\cdots)$,$C_n$是$n$个输入变元的。我们说一个语言$L\subseteq\{0,1\}^*$有多项式电路族，如果有电路族$\mathcal{C}=(C_0,C_1,\cdots)$满足如下条件：首先，$C_n$的大小至多$p(n)$，$p$是某个固定的多项式。其次，对所有$x\in\{0,1\}^*$，$x\in L$当且仅当$C_{|x|}$的输出为**真**，该电路的第$i$个输入为**真**如果$x_i=1$；否则，为**假**。□

267

例 11.3　什么样的语言有多项式电路？在例8.2中，我们已经看到对于REACHABILITY，一个多项式电路本质上是什么？电路的输入是邻接矩阵的各项，布尔电路实际上计算图的传递闭包。对于图的每个结点数m，有不同的电路。此电路的输入的尺寸是$n=m^2$。我们认为这个电路族是完全定义了的：因为如果k不是完全平方时[㊀]布尔电路如果以n为输入，令其输出为**假**而且根本没有任何门电路（故，没有一个串能被接受，因它不构成邻接矩阵）。

电路的输出是传递闭包的项$(1,m)$（通常，结点1是源，结点m是目的地）。m个结点的电路大小是$\Theta(m^3)$。□

REACHABILITY具有多项式电路不是偶然的。

性质 11.1　所有**P**中的语言都有多项式电路。

证明： 应用定理8.1证明中给出的构造，对于每个**P**中的语言L，有一个时间$p(n)$判定的图灵机，对每个输入x，一个无自由变元的电路具有$\mathcal{O}(p(|x|)^2)$个门（其常数仅依赖于L），这样此电路输出为**真**当且仅当$x\in L$。容易看出，当$L\subseteq\{0,1\}^*$时，我们可以修改该电路的输入门，使它的变元反映输入x的符号。□

那么性质11.1的逆是否正确呢？所有多项式电路的语言是否都属于**P**呢？非常戏剧化地，逆是不正确的。

性质 11.2　有一个有多项式电路的不可判定语言。

证明： 设$L\subseteq\{0,1\}^*$是字母表$\{0,1\}$中的不可判定语言，令$U\subseteq\{1\}^*$是语言$U=\{1^n: n$的二进制表示属于$L\}$。U是仅有一个单符号的一元语言。显示因为不可判定语言L可以归约到它，所以U也是不可判定的（归约是指数时间的，但不影响不可判定性）。

U还是一个平凡的多项式电路族$\{C_0,C_1,\cdots)$。如果$1^n\in U$，则C_n由$n-1$个AND门（即输入的合取）构成。于是，输出是**真**当且仅当输入是1^n，因为那是理应如此。如果$1^n\notin U$，则C_n由输入门加上一个为**假**的输出构成（它没有边）。于是，对所有输入C_n输出为**假**，因为没有长度为n的串在U中。□

268

性质11.2暴露了电路簇作为实际计算模型的缺陷。为了构造族中的每个电路，允许无限量的计算。（在性质11.2的构造里，我们不得不解决不可解问题……）这显然是不可接受的，从而导出如下的定义：

定义 11.4　（继续）电路族$\mathcal{C}=(C_0,C_1,\cdots)$称为均匀电路，如果有个$\log n$空间界的图灵机$N$，输入$1^n$，输出$C_n$。我们说语言$L$有均匀的多项式电路，如果存在判定$L$的均匀多项式电路族$(C_0,C_1,\cdots)$。□

例 11.3　（继续）REACHABILITY的布尔电路族显然是均匀的。对任何n，我们能构造$\log n$空间适当的电路。相反，性质11.2的证明里描述的电路族确实不是均匀的多项式族。□

㊀　原书有误，k改为n。——译者注

事实上，均匀性是具有多项式计算的多项式电路需要的准确条件。

定理 11.5 语言 L 有均匀多项式电路，当且仅当 $L \in \mathbf{P}$。

证明： 定理的一个方向已经证明了：定理 8.1 证明里的 C_n 构造可以在 $\log n$ 空间内实现。

证明另一个方向，假设 L 有一个均匀多项式电路，那么我们能够借助 $\log|x|$ 的空间（因而在多项式时间内）构造电路 C_n 来判定 x 是否在 L 内，电路的输入集足以拼写出 x。 □

但是，“非均匀”多项式电路的精确能力还是很有兴趣的。理由在于可能的关系 $\mathbf{P} \stackrel{?}{=} \mathbf{NP}$。事实上，从定理 11.5 的观点，$\mathbf{P} \neq \mathbf{NP}$ 猜想等价于下面的猜想：

猜想 A **NP** 完全问题没有均匀多项式电路。

下述更强的猜想是最有影响力的：

猜想 B **NP** 完全问题没有多项式电路，无论均匀的还是非均匀的。

假设并非完全强词夺理。在 17.2 节，我们证明一个结果从含义上是支持这个假设的。而且，我们已经知道在布尔函数中，很少有小的电路（见定理 4.3 和问题 4.4.14）。于是近年来大量的努力关注于用证明猜想 B 来证明 $\mathbf{P} \neq \mathbf{NP}$，即证明某些特殊的 **NP** 完全问题没有多项式电路（见 14.4 节，那里有这个方向的有趣的第一步）。

下面的结果说明在证明 $\mathbf{P} \neq \mathbf{BPP}$ 中，电路是无用的。

269

定理 11.6 所有 **BPP** 中的语言有多项式电路。

证明： 假设 $L \in \mathbf{BPP}$ 是一个非确定性图灵机 N 用清晰大多数来判定的语言。我们断言 L 有一个多项式电路族 $\mathcal{C} = (C_0, C_1, \cdots)$。

对每个 n，我们将描述怎样来构造 C_n。显然，如果这个描述是清晰和简单的，则根据定理 11.5，我们已经证明重大的结果：$\mathbf{P} = \mathbf{BPP}$。因此，我们的 C_n 存在性证明包含某些“不是有效可构造的”步。有一个非常有用和聪明的方法，“组合学中的概率方法”（见参考文献）产生这样的证明。目前的证明是这一技术的简单应用，更为复杂的应用见本书后面的例子。

我们的电路 C_n 基于一系列位串 $A_n = (a_1, \cdots, a_m)$，$a_i \in \{0,1\}^{p(n)}, i = 1, \cdots, m, p(n)$ 是 N 的输入长度为 n 的计算，且 $m = 12(n+1)$。每个位串 $a_i \in A_n$ 表示 N 的可能的选择序列，故它完全表示 N 对长度为 n 的输入的计算。非正式地，C_n 对于输入 x 按 A_n 选择序列模拟 N，然后选择 m 个输出的大多数结论作为 N 的结论，因为我们知道如何用电路模拟多项式计算，所以给定 A_n，可以构造 C_n，使它有多项式个门。

但是我们必须论证给定 A_n，C_n 正确地工作。也就是说，我们必须证明下述结果（如同往常一样，如果一个位串引导 N 得出错误的否定回答或错误的肯定回答，就称该串是坏的）。

> **断言：** 对所有 $n > 0$，有 $m = 12(n+1)$ 个位串集合，它对所有的 $x, |x| = n$，A_n 的选择序列中，坏序列少于一半。
>
> **证明：** 考虑 m 个长度为 $p(n)$ 的位串序列构成的集 A_n，它们从样品集 $\{0,1\}^{p(n)}$ 独立而随机地选择出来。我们问如下问题：对每个 $x \in \{0,1\}^n$，A_n 中超过一半的选择是正确的概率是多少？我们将要证明此概率至少为 $\frac{1}{2}$。对每个 $x \in \{0,1\}^n$，至多 1/4 个计算是坏的。因为 A_n 中的序列是随机地和独立地选取的，坏序列的平均数是 $\frac{m}{4}$。根据 Chenoff 界估计（引理 11.9），坏位串序列数大于或等于 $\frac{1}{2}m$ 的概率至多 $e^{-\frac{m}{12}} < \frac{1}{2^{n+1}}$。

此最后不等式是对每个 $x\in\{0,1\}^n$ 都成立。于是，对固定的 A_n，存在有一个 x，N 对在 A_n 中选择序列运行 m 次，得出错误结论的概率至多为在所有 $x\in\{0,1\}^n$ 中这些概率之总和；这个和至多 $2^n\ \dfrac{1}{2^{n+1}}=\dfrac{1}{2}$。我们必定得到结论，至少一半以上的 A_n，我们随机选择的序列具有所期待的性质㊀。

270

用另外的话来说，在所有 $2^{p(n)12(n+1)}$ 个可能 $12(n+1)$ 位串空间中（见图 11.7），一个小子集 S_x，其大小至多 $\dfrac{2^{p(n)12(n+1)}}{2^{n+1}}$，失败于对输入 x 的大多数提供正确回答。所有这些 S_x 的并集肯定不超过 $2^n\ \dfrac{2^{p(n)12(n+1)}}{2^{n+1}}$ 个元素。从 $2^{p(n)12(n+1)}$ 减去这些元素，我们得出结论：空间中至少有一半以上元素（译者注：即选择序列 A_n 族）确保对每个 x 有接受选择㊁ 的。

请注意，虽然我们确信这样的 A_n 必然存在，但是如前所述，我们没有任何思路去找到它…… □

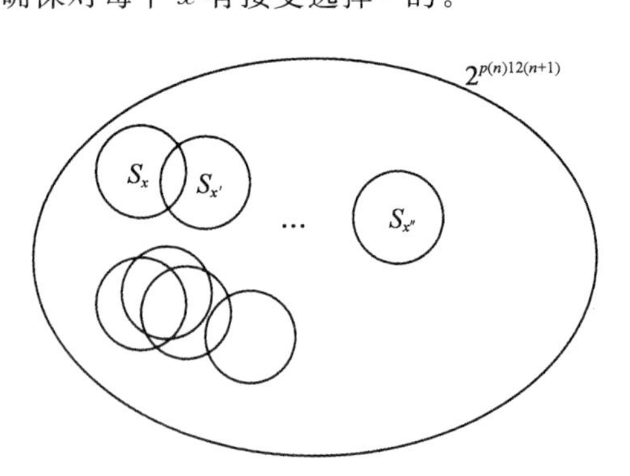

图 11.7 计数序列

定理的证明现在结束了：给定这样的 A_n，我们能够构建一个电路 C_n，它具有 $\mathcal{O}(n^2p^2(n))$ 个门，对每个选择序列模拟 N，然后取输出的大多数。从 A_n 的性质可以得出 C_n 输出**真**当且仅当输入在 $L\cap\{0,1\}^n$ 中。因此，L 有多项式电路族。 □

11.5 注解、参考文献和问题

11.5.1 类综览（虚线显示的是语义类）

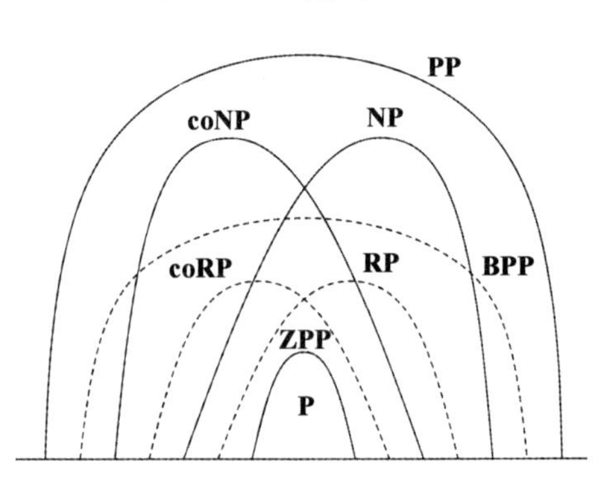

11.5.2 一个轻微的头条灾难断言：每千年，至少有一颗陨星撞击地球，造成至少 100 平方米面积的毁坏。

11.5.3 问题：(a) 证明：Gauss 消去法中矩阵的所有中间项都是有理数，其分子和分母是原始矩阵的子行列式。

(b) 在 Gauss 消去法过程中，没有数超过 n^3 位长，n 是输入的长度。

11.5.4 问题：给定一个矩阵，它的项为 0、1 或者变元 $x_1, \cdots, x_n$ 之一。我们问：其行列式是否有非零乘积 $x_1\cdot x_2\cdot\cdots\cdot x_n$？证明它是 **NP** 完全的（见 17.1 节提到的行列式和有向图的关系，将有向图的 HAMILTON PATH 问题归约到本问题）。

11.5.5 问题：证明运用于合取范式中可满足的表达式的随机游走算法，将在平均步数 $\mathcal{O}(n^n)$ 内收敛于可满足的真值指派。（每一步直接正确移向可满足的真值指派的概率是多少？我们需要多少次尝试，使得这个非常不可能的事件最后发生？）

271～272

11.5.6 问题：考虑布尔表达式 $(x_1)\wedge(x_2)\wedge\cdots,(x_n)$。显然，它只有一个可满足的真值指派，即**全真**。对所有不同的下标 $i,j,k\leqslant n$，增加子句 $(x_i\vee\neg x_j\vee\neg x_k)$。证明：随机游走算法对于 3SAT 的可满足的实例（即使从解答和子句选择的随机化开始）表现很坏。

㊀ 这里所期待的性质就是指对所有 x，N 对在 A_n 中选择序列并行地运行 m 次，以 $\frac{3}{4}m=9(n+1)$ 的大多数的一致结论为终结论，这个终结论确保是正确的正/负回答。——译者注

㊁ “接受”不是单指正回答，而是指选择导向正确的正/负回答。——译者注

11.5.7 **问题**：符号行列式的随机算法来自

○ J. T. Schwatz. "Fast Probabilistic algorithm for verification of polynomial identities", *J. ACM*, *27*, pp. 710-717, 1980.

○ R. E. Zippel. "Probabilistic algorithms for sparse polynomials" *Proc. EUROSAM'79*, pp. 216-226, Lecture Notes in Computer Science 72 Springen-Verlag, Berlin 1979.

2SAT 的随机算法来自

○ C. H. Papadimitriou. "On Selecting a satisfying truth assignment", *Proc. 32nd IEEE Symp. on the Foundation of Computer Science*, pp. 163-169, 1991.

但是，正是这个对于素数判定的随机算法，激发起 20 世纪 70 年代后期对随机算法的兴趣；本书中的素数测试来自

○ R. Solovay and V. Strassen. "A Fast Monte-Carlo test for primality," *SIAM J. Comp.*, *6*. pp. 84-86, 1977.

另一个素数测试是 Michael Rabin 提出的，见问题 11.5.10。

○ M. O. Rabin. "Probabilistic algorithm for testing primality," *J. Number Theory*, *12*, pp. 128-138, 1980.

从这篇文章中知道素数测试不仅属于 **CoRP**，而且也属于 **RP**，因此也属于 **ZPP**[⊖]。

○ L. Adleman and M. Huang. "Recognizing primes in random polynomial time," *Proceedings of the 19th ACM Symp. on the Theory of Computing*, pp. 462-470, 1987.

而且，如果 Rimann 假设为真，则有一个确定性的多项式时间算法判定一个数是否是素数，Riemann 假设是一个很重要的关于 Riemann ζ 函数的根和素数分布的猜想（见第 10 章提及的关于数论的书）：

○ G. L. Miller. "Riemann's hypothesis and tests for primality," *J. CSS*, *13*, pp. 300-317, 1976.

在问题 11.5.10 中，也讨论了这个结果。

11.5.8 **问题**：(a) 证明对于两个整数 $x>y$ 求最大公因子的欧儿里德算法（问题 10.4.7 和引理 11.7）可以推广到计算两个整数 A、B，它们可能是负数，使得 $A\cdot x+B\cdot y=\gcd(x,y)$。（假设对于 x 和 $y \bmod x$ 已经有这样的数，称为 A' 和 B'，并且已经知道 $\left\lfloor \frac{x}{y} \right\rfloor$。计算 A 和 B 的公式是什么？

(b) 基于 (a)，证明：在 $\mathcal{O}(\log^3 n)$ 步内，给定 n 和 $m\in\Phi(n)$，我们能计算 $m \bmod n$ 的逆（唯一的整数 m^{-1}，满足 $m\cdot m^{-1}=1 \bmod n$）。

273

11.5.9 **问题**：证明对于所有的素数 p，$(2|p)=(-1)^{\frac{p^2-1}{8}}$。推广到对所有的奇整数 M，$(2|M)=$？

11.5.10 **问题**：回顾图 11.3 的费马测试，检查是否 $a^{n-1}\neq 1 \bmod n$。如果 a 通过此测试，则称它为费马证据。

假设 $n-1=2^k m$，m 是奇数，假设 $a<n$，有 $a^m\neq\pm \bmod n$，连续平方这个数 $k-1$ 次，我们得到整数 a^{m2^i}，$i=1,\cdots,k-1$，它们都不同于 $-1 \bmod n$，则 a 称为 Riemann 证据。

(a) 证明：如果 n 有 Riemann 证据，则 n 是合数。

GaryMiller 在他前面所摘引的文章中证明，如果 Riemann 假设为**真**，则有一个证据（费马或者 Riemann）其长度为 $\mathcal{O}(\log\log n)$ 位。

(b) 这就推出了 PRIMES 属于 **P**（假设 Riemann 猜想为**真**）。

(c) 证明：如果 n 是合数，则至少有 $\frac{1}{2}n$ 个证据（费马或者 Riemann）。基于这一点，描述另一个多项式时间蒙特卡罗合数测试法（这个分数可以提高到 $\frac{3}{4}$，这是最好可能的估计，参见前面提及的 Mi-

---

⊖ 2002 年，3 个印度人证明了素数测试是属于 **P** 的。M. Agrawal, N. Kayal and N. Saxena. "Primes is in P". Annals of Mathematics 160 (2): 781-793 2004. ——译者注

chael Rabin 的文章）。

11.5.11　**问题**：随机复杂性的研究开始于

○ J. Gill. "Computational complexity of probabilistic Turing machines," *SIAM Journal on Computing*, *6*, pp. 675-695, 1977.

这里讨论的大多数类和定理 11.2 以及其他都被证明了的。

11.5.12　**问题**：证明下面的问题是不可判定的，假定一个精确定义的非确定性图灵机 M。

（a）是否"对所有输入或者所有计算拒绝或者至少有一半计算接受"可以判定？

（b）是否"对所有输入或者至少$\frac{3}{4}$计算拒绝或者至少有$\frac{3}{4}$计算接受"可以判定？

（c）是否"对所有输入至少有一个计算接受"可以判定？

（d）给定两个机器，是否"对所有输入或者第一个机器至少有一个接受计算或者第二个机器至少有一个接受计算，但是不会两个机器同时接受"可以判定？

（注意：这些结果分别对应于 **RP**、**BPP**、**TFNP** 和 **NP**$\cap$**coNP** 的"语义"复杂性类。）

11.5.13　**问题**：证明 **RP**、**BPP** 和 **PP** 在归约下封闭。

11.5.14　**问题**：证明 **RP** 和 **BPP** 在并和交运算下封闭。

11.5.15　**问题**：证明 **PP** 在补和对称差运算下封闭。

11.5.16　**问题**：（a）证明 MAJSAT 是 **PP** 完全的。

（b）证明 THRESHOLD SAT 是 **PP** 完全的，该问题定义为"给定一个表达式 ϕ 和整数 K，满足真值指派的子句的个数是否至少等于 K?"

274

11.5.17　**问题**：设 $0<\varepsilon<1$，我们说 $L\in PP_\varepsilon$，如果有一个非确定图灵机 M，使得 $x\in L$ 当且仅当至少有 ε 部分的计算被接受。证明：$\mathbf{PP}_\varepsilon=\mathbf{PP}$。

11.5.18　**问题**：证明 **NP**$\subseteq$**BPP** 则 **RP**$=$**NP**（即如果 SAT 可以用随机机器解答，则它可以被随机机器解答而没有错误的肯定回答，像例 10.3 一样，可以通过计算推出一个可满足的真值指派）。

11.5.19　用广义量词和它们的代数术语来处理随机复杂性类的有趣处理可参见

○ S. Zachos. "Probabilstic quantifiers and games," *J. CSS 36*, pp. 433-451, 1983.

11.5.20　**随机源**　从有偏差源创造一个无偏差源的 VonNeumann 技术（见例 11.1）来自

○ J. von Neumann. "Various techniques for use in connection with random digits," in *von Neumann's Collected Works*, pp. 768-770, Pergamon, New York, 1963.

对于移去更复杂的偏差（Markov 链形式）见

○ M. Blum. "Independent unbiased coin flips from a correlated biased source," *Proc. 25th IEEE Symp. on the Foundations of Computer Science*, pp. 425-433, 1983.

微随机源在下述文献中提出

○ M. Santha and U. V. Vazirani. "Generating quasi-random sequences from slightly random sources," *Proc. 25th IEEE Symp. on the Foundations of Computer Science*, pp. 434-440, 1984.

已经证实，从这样的随机源无法产生随机位。但是，如果我们有两个独立的微随机源，就可以产生完美随机位。

○ U. V. Vazirani. "Towards a strong communication complexity, or generating quasirandom sequences from two communication slightly random sources," *Proc. 17 ACM Symp. on the Theory of Computing*, pp. 366-378, 1985.

但是，当然，正如随机性一样，本质上，独立性很难从自然界找到。定理 11.4（实际上是 RP 模式和其基本证明技术）来自

○ U. V. Vazirani and V. V. Vazirani. "Random polynomial time equals semi-random polynomial time," *Proc. 26th IEEE Symp. on the Foundations of Computer Science*, pp. 417-428, 1985.

引理 11.10 是 Parseval 定理的 0-1 模板，见

○ P. Halmos. "*Finite Dimensional Vector Spaces*", Springer Verlag, Berlin, 1967.

对于定理 11.4 的改进，见

○ D. Zuckerman. "*Simulatin of BPP using ageneral weak random source*," Proc. 32nd IEEE Symp. on the Foundations of Computer Science, pp. 79-89, 1991.

该论文考虑的随机源限制于整个块的值（而不是单一的二进制位）比定它们位的二进制位并没有产生更高的概率。

275

11.5.21 问题：普遍采用的同余伪随机数生成器众所周知是很差的（它容易预测位，甚至减弱了"安全"参数），参见

○ J. Plumstead. "*Inferring a sequence generated by a linear congruence*," in Proc. 23rd IEEE Symp. on the Foundations of Computer Science, pp. 153-159, 1983.

○ A. M. Frieze, J. Håstad, R. Kannan, J. C. Lagarias and A. Shamir. "*Reconstructing truncated integer variables satisfying linear congruences*," SIAM J. Comp. *17*, 2 pp. 262-280, 1988.

用密码学技术和比 $\mathbf{P}\neq\mathbf{NP}$ 更强的复杂性假设下，可以生成"可证明的"伪随机数发生器。见第 12 章的注释和参考文献 12.3.5。

11.5.22 问题：证明如果 $L\in\mathbf{TIME}(f(n))$，$f(n)$ 是真的，则有一个均匀电路族判定 L，其第 n 个电路有 $\mathcal{O}(f(n)\log f(n))$ 个门（这就实质性地改进了定理 11.5 的界 $\mathcal{O}(f^4(n))$。它用遗忘的机器达到目的，该机器在 $\mathcal{O}(f(n)\log f(n))$ 时间内模拟问题 2.8.10 中的原始图灵机。对于遗忘机，只需要定理 8.1 证明里每步电路 C 的一个副本，因为我们知道读写头在哪里以及改变将要发生在哪里。这个论证来自

○ N. Pippenger and M. J. Fisher. "*Relations among complexity measures*," J. ACM, 26, pp. 423-432, 1979.

11.5.23 SAT 的概率方法 (a) 假设一个布尔表达式有少于 n^k 个子句，每个子句至少有 $k\log n$ 个不同的变元。用证明定理 11.6 的概率方法证明它有可满足的真值指派。

(b) 给出一个多项式时间的算法，它可以用于找出上述表达式的真值指派（参见定理 13.2 证明中类似的论证）。

11.5.24 带有参谋的计算 假设图灵机有一条额外的只读输入带，它称为参谋带，令 $A(n)$ 是一个将整数映射到 Σ^* 中串的函数。我们说机器 M 判定带参谋 $A(n)$ 的语言 L，如果 $x\in L$ 推出 $M(x,A(|x|))=$ "yes"，且如果 $x\notin L$ 推出 $M(x,A(|x|))=$ "no"。也就是说，由输入长度决定的参谋 $A(n)$ 正确地帮助 M 判断长为 n 的所有输入串。假设 $f(n)$ 是整数到整数的映射函数。如果有参谋函数 $A(n)$，对于所有 $n\geqslant 0$，$|A(n)|\leqslant f(n)$，则我们称 $L\in\mathbf{P}/f(n)$，M 是带有参谋的多项式时间图灵机，它借助于参谋 A 判定 L。

量化非均匀性的聪明方法由下述文章提出

○ R. M. Karp and R. J. Lipton. "*Some connections between nonuniform and uniform complexity classes*," Proc. 12th ACM Symp. on the Theory of Computing, pp. 302-309, 1980.

276

(a) 证明 $L\in\mathbf{P}/n^k$ 当且仅当 L 有多项式电路。

(b) 证明，如果 SAT$\in\mathbf{P}/\log n$，则 $\mathbf{P}=\mathbf{NP}$（对于所有可能的参谋运行，用自我归约找到正确的一个。参见用类似技术的定理 14.3）。

(c) 定义带有参谋的非确定图灵机。证明 $L\in\mathbf{NP}/n^k$ 当且仅当存在电路族 $\mathcal{C}=(C_1,C_2,\cdots)$，$C_i$ 有 i 个输入和 i 个输出，使得 $L\cup 0^*=\{C_i(x):i\geqslant 1,\ x\in\{0,1\}^i\}$。

(d) 证明 $\mathbf{P}/\log n$ 中存在一个不可判定问题。

11.5.25 问题：我们知道大多数语言没有多项式电路（见定理 4.3），但是某些不可判定语言却有多项式电路（见性质 11.2）。我们怀疑 **NP** 完全问题没有多项式电路（见 11.4 节的猜想 B）。多高的复杂性使得我们发现语言可以被证明没有多项式电路？

证明有一个指数空间中的语言没有多项式电路（在指数空间里，我们可以对角化所有可能的多项式时间电路）。

指数空间界能否被改进？它可以降低指数谱系的某些层次（参见第 17 章和第 20 章）。而且，除非

PSPACE 包含某些没有多项式电路的语言，否则某些非常反直观的复杂性类之间的包含关系将会成立，见前面提及的 Karp 和 Lipton 文章。

11.5.26：在第 14 章和第 17 章中，我们将研究电路复杂性的其他方面。极为重要的主题有

- J. E. Savage. “*The Complexity of Computing*,” Wiley, New York, 1976.
- I. Wegner. “*The Complexity of Boolean Functions*,” Teubner, Stuttgard, 1987.
- R. B. Boppana and M. Sipser. “*The complexity of finite functions*,” pp. 757-804 in The Handbook of Theoretical Computer Science, vol. I: Algorithms and Complexity, edited by J. van Leeuwen, MIT Press, Cambridge, Massachusetts, 1990.

11.5.27　**素数的分布**　共有多少素数？我们知道有无限多个，但是稠密程度大吗？即素数在合数之间分布稠密吗？表面上看来，随着数的增大，素数的密度减少，但是它的精确规律是什么？

最后的回答由所谓*素数定理*给出。见

- G. H. Hardy and E. M. Wright. “*An Introduction to the Theory of Numbers*,” Oxford Univ. Press, Oxford, U.K., 5th edition, 1979.

的 XXII 章。

这个定理说：小于或等于 n 的素数的个数记为 $\pi(n)$，接近于 $n/\ln n$，且系数 1。由此推出 n 个素数的密度接近于 $1/\ln n$。

277

切比雪夫（Tchebychef）*定理*提供了 $\pi(x)$，小于等于 x 的素数个数，严格而紧的近似界（虽然，它没有提供精确的常数）。其证明如下：考虑

$$N=\binom{2n}{n}=\frac{(n+1)(n+2)\cdots(2n)}{n!} \tag{11-1}$$

它是 $2^n\sim 2^{2n}$之间的整数（事实上，用 Stirlling 公式来迫近 N，大约是$\frac{2^{2n}}{\sqrt{2n}}$）。所有在 $n\sim 2n$ 之间的素数可以整除式（11-1）中的分子，但不能整除分母。

（a）基于以上论述，证明 $\pi(x)\leqslant\frac{2x}{\log x}$。

（b）证明 $\pi(x)\geqslant\frac{x}{4\log x}$（首先建立

$$\log N\leqslant\sum_{p\leqslant 2n}\left\lfloor\frac{\log 2n}{\log p}\right\rfloor\log p)$$

这里，给出正确回答的非形式的论述：函数 $f(x)$ 直观地理解为“$x>0$ 附近的素数密度”。我们企图去确定随着 x 的增长 $f(x)$ 怎样变化。基本上，$f(x)$ 是所有不能被$\leqslant\sqrt{x}$的素数除尽的数的百分比。于是，$f(x+\Delta x),\Delta x>0$ 是“小的”增量，趋向于小于 $f(x)$，因为比$\leqslant\sqrt{x}$有更多的素数$\leqslant\sqrt{x+\Delta x}$，究竟多多少呢？答案是$(\sqrt{x+\Delta x}-\sqrt{x})f(\sqrt{x})$，或者大约$\frac{\Delta x}{2}f(\sqrt{x})$，因为 Δx 假定是小数。现在，这些多出来的素数能整除 $x+\Delta x$ 附近的某数，而该数不被较小的素数整除，从而造成 $f(x)$ 减小。每个这样的素数只能整除大约 x 个数的一个，于是每个多出来的素数都使得 $f(x)$ 减少 $f(x)/x$。$f(x)$ 在 $x\sim x+\Delta x$ 之间的减少累加起来[⊖]，我们可以写成 $f(x+\Delta x)-f(x)=-\frac{\Delta x}{2x}f(x)f(\sqrt{x})$，或者

$$\frac{\mathrm{d}f}{\mathrm{d}x}=-\frac{f(x)f(\sqrt{x})}{2x} \tag{11-2}$$

278

（c）证明$\frac{1}{\ln n}$服从微分方程式（11-2）。事实上，它是唯一的解析函数解。

⊖ 即大约$\frac{\Delta x}{2}f(\sqrt{x})$ 个素数造成的比率的减少累加。——译者注

密　码　学

复杂性并不总是待诊断的疾病，有时候，它是待开发的资源。但正是在它最受欢迎之处，却恰恰显得最难以捉摸。

12.1　单向函数

密码学处理下述情况。两方（遵循通俗的传统，我们将称他们为爱丽丝（Alice）和鲍勃（Bob））打算在有恶意窃听者在场的情况下进行通信，即爱丽丝送一条信息给鲍勃，其通信通道可能有对手在监听（见图12.1），而该信息只能让她自己和鲍勃知道。

爱丽丝和鲍勃如下处理这种情况：他们一致同意两个算法 E 和 D——编码和解码算法。假设这些算法为公众所知。爱丽丝运行 E，希望发送信息 $x\in\Sigma^*$（本章内，约定 $\Sigma=\{0,1\}$）给鲍勃，后者运行 D。私密性取决于两个串 $e,d\in\Sigma^*$，分别称为编码和解码密钥，它们仅仅为参与通信的双方知道。爱丽丝计算加密信息 $y=E(e,x)$，在不可靠的通道里传送给鲍勃。鲍勃接收 y，计算 $D(d,y)=x$。换句话说，小心地选择 e、d，使得 D 是 E 的逆函数。自然地，E 和 D 应当是多项式时间算法，但是窃听者如果不知道 d，就没有方法从 y 计算出 x。

关于这个过程并没有高深或深奥的原理。可以选择 d 和 e 使它们与任意字符串 e 具有相同的长度 $|x|$，令 $E(e,x)$ 和 $D(e,y)$ 是相应字符串简单的按位异或（exclusive）运算 $E(e,x)=e\oplus x$ 和 $D(e,y)=e\oplus y$。也就是说，$D(e,y)$ 第 i 位是1当且仅当 e_i 和 y_i 之一为1。这种经典的模式称为一次一密（one-time pad），它显然是符合加密要求的。首先，因为 $((x\oplus e)\oplus e)=x$，所以我们有 $D(d,E(e,x))=x$，两个函数事实上是互逆的。其次，如果窃听者从 y 得到 x，则他显然知道 $e=x\oplus y$。注意，这是一个不可能的证明，没有窃听者可以从 y 推导出 x，除非他知道。

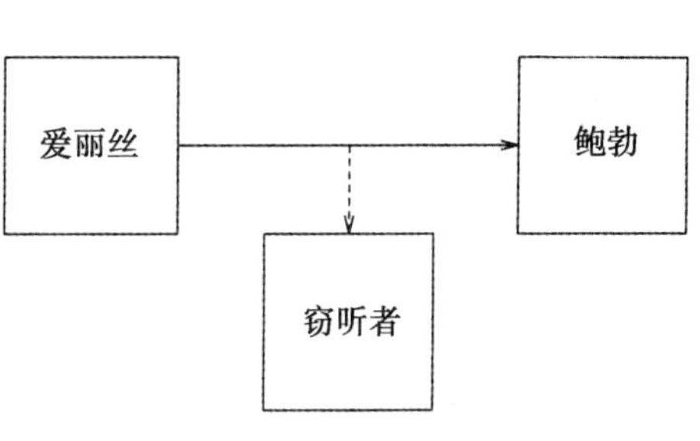

图12.1　爱丽丝、鲍勃和朋友们

但是在这个模式中存在着问题。首先密钥必须一致，通信显然也必须保密，而且密钥必须和信息一样长，因此不可能使用该方法进行频繁通信。

公开密钥密码学

现代密码学聪明地扭转了如此窘态。假设只有 d 是鲍勃的私钥，只有他一人知道，而 e 是爱丽丝和公众熟知的密钥。即鲍勃产生对 (e,d) 并公开 e。爱丽丝（或者想发送信息给鲍勃的任何人）通过计算和传送 $E(e,x)$ 给鲍勃发送信息，这里 $D(d,E(e,x))=x$ 永远成立。重点是从 e 推导出 d 和在不知道 e 的情况下从 y 推导出 x 都是不可行的计算。这种密码系统称为公开密钥密码系统（简称公钥密码系统）。

在这种情况下，我们不能期待像一次一密那样有不可能性证明。这是因为破解一个公

279～280

钥密码系统的困难性建立在从 y 猜测 x 的困难性。一旦我们正确地猜测到 x，就可以检查它是否是原始的信息，只需测试是否 $E(e,x)=y$。并且因为 x 不会在多项式意义上长于 y，所以破解一个公钥密码系统是 **FNP** 中的问题。我们仅知道所有这些问题能在多项式时间内解答……

因此，安全公钥密码系统能够存在仅当 **P**$\neq$**NP**。但是即使 **P** $\neq$**NP**，安全公钥密码系统的存在性仍然不是可直接导致的结论。最需要关注的范围是 **FNP**－**FP**，称为单向函数。

定义 12.1　设 f 是串到串的函数。如果下述条件满足，我们说 f 是单向函数。

（ⅰ）f 是一对一，并且对所有的 $x\in\Sigma^*$，$|x|^{\frac{1}{k}}\leqslant|f(x)|\leqslant|x|^k$，对某个 $k>0$。即 $f(x)$至多在多项式意义上长于或短于 x。

（ⅱ）$f\in$**FP**，即能在多项式时间内计算出来．

（ⅲ）最重要的要求是 f^{-1}（f 的逆）不在 **FP** 内。即没有一个多项式时间算法，对于给定的 y，或者计算出 x 使得 $f(x)=y$，或者回答“no”，表示不存在这样的 x。注意，因为 f 是一对一的，所以 x 能够从 $f(x)$ 唯一地还原——例如，通过测试 x 的所有适当长度选项即可。重点是没有多项式时间算法可以实现这一目的。

注意按照定义（ⅲ），函数 f^{-1}不应该在 **FP** 中，但一定在 **FNP** 中。这是因为我们可以检验任一给定的 x，通过计算 $f(x)$ 和验证它是否正好是给定的值 y。 □

例 12.1　正如我们将要看到的，即使 **P** $\neq$**NP**，也不能确保单向函数实际存在。然而，有一个函数，许多人怀疑它是单向函数：整数相乘。$f(x,y)=x\cdot y$，这里 x、y 是任意整数，我们不能确切地说它是单向函数——因为它不是一对一的，譬如 $3\times4=2\times6$。但是，如果 $p<q$ 是素数，则 $C(p)$、$C(q)$ 是它们素性的“证据”（见定理 10.1 的推论）。那么函数 $f_{\text{MULT}}(p,C(p),q,C(q))=p\cdot q$ 确实是一对一的（如果 $C(p)$、$C(q)$ 验证发现它们不是素数，则 f_{MULT}返回其输入即可），而且是多项式时间计算的。并且我们不知道 f 的逆函数，即大素数的因子乘积[⊖]。虽然我们有亚指数算法分解因子（见问题 10.4.11），但目前我们知道，还没有多项式时间算法，甚至都没有算法可以有效分解两个数百位长度素数的乘积。 □

例 12.2　还有一个被怀疑为单向函数，模素数的指数。f_{EXP}以带有凭据 $C(p)$ 的素数、一个模 p 的本原根 r（此本原根包含在 $C(p)$ 中）和一个整数 $x<p$ 为参数。f_{EXP}返回 $f_{\text{EXP}}(p,C(p),r,x)=(p,C(p),r^x \bmod p)$。求 f_{EXP}的逆是数论中另外一个著名的困难计算问题，叫作离散对数问题，至今没有多项式时间算法。事实上，从 $r^x \bmod p$ 计算 x 离散等价于计算基为 r 的模余的对数。 □

281

例 12.3　f_{MULT}和 f_{EXP}不能直接作为公钥密码系统的基础，但是有一种聪明的组合。令 p 和 q 是两个素数，考虑它们的乘积 $p\cdot q$。pq 的位数是 $n=\lceil\log pq\rceil$（在今后的密码应用中，n 是数百以上的数）。所有模 pq 后的数考虑为 n 位 {0，1} 上的串，反之亦然。假设 e 是一个互质于 $\phi(pq)=pq\left(1-\frac{1}{p}\right)\left(1-\frac{1}{q}\right)=pq-p-q+1$ 的数——这是关于 pq 的欧拉函数，见引理 10.1。RSA 函数（名字来自三个发明者的名字的首字母（Ron Rivest、Adi Shamir 和 Len Adleman））是：

⊖　原文意是“我们知道没有多项式算法求 f 的逆”。但是这是迄今为止无法证明的。——译者注

$$f_{\mathrm{RSA}}(x,e,p,C(p)q,(q)) = (x^e \bmod pq,\ pq,e)$$

这就是说，f_{RSA}简单地提升 x 到 e 次幂模 pq，公布乘积 pq 和指数 e（但是当然不公布 p 和 q）。我们假设如果输入错误则输出为输入自身——如果 C 不是有效的凭据，或者 e 不与 $\phi(pq)$ 互素。

RSA 函数是单向函数吗？我们将指出，它是一对一的（这就是我们坚持 e 和 $\phi(pq)$ 互素的原因）。显然，它能在多项式时间内计算，故满足性质（ⅱ）——记住通过重复平方，可以在 $\mathcal{O}(n^3)$ 时间内计算一个 n 位数的指数，见 10.2 节和问题 10.4.7。虽然，自然地，我们还不想急着证明 f_{RSA}满足单向函数定义中的性质（ⅲ），求 f_{RSA}的逆似乎是很不平凡的问题。如同因子分解（可以归约到它，见下面），尽管已有多年不懈的努力，但还没有发现求 RSA 逆函数的多项式时间算法。□

更为重要的是，RSA 函数可以是下面提及的公钥密码系统的基础。鲍勃知道 p 和 q，公布它们的乘积 pq 和 e，后者和 $\phi(pq)$ 互素。这是提供给任何愿意和鲍勃通信的人的公钥。爱丽丝用公钥编码信息 x，一个 n 位长的整数：

$$y = x^e \bmod pq$$

除了爱丽丝知道的以外，鲍勃还知道整数 d，它是另一个模 pq 的余数，且满足 $e \cdot d = 1 + k\phi(pq)$（对某个整数 k）。也就是说，d 是 e 的在模环 $\phi(pq)$ 上的逆。因为 e 和 $\phi(pq)$ 互素，所以其逆是存在的，可以用欧几里得算法求得（见引理 11.6 和问题 11.5.8）。为了解码 y，鲍勃简单地将它提升到 d 次幂：

$$y^d = x^{e\cdot d} = x^{1+k\phi(pq)} = x \bmod pq$$

这是因为费马定理有 $x^{\phi(pq)} = 1 \bmod pq$（见引理 10.3 的推论）。总之，RSA 公钥密码系统中，加密密钥是 (pq,e)，解密密钥是 (pq,d)，两个算法都涉及模指数运算（顺便提一句，后面的方程也表明 f_{RSA}是一对一的：d 次根是唯一的，只要 d 和 $\phi(pq)$ 互素）。　282

任何因子分解算法都可以用来求 RSA 函数的逆。一旦我们因子分解 pq，知道了 p 和 q，我们就首先计算 $\phi(pq) = pq - p - q + 1$，并从它和 e 用欧几里得算法获得 d，最后求出 $x = y^d \bmod pq$。于是，求 f_{RSA}的逆归约到求 f_{MULT}的逆。不过，可以想象还会有更直接的方法针对 RSA 公钥加密系统进行解密而不必分解 pq。有多种密码系统的变种，其归约走向别的途径：这些变种恰好与“破解”f_{MULT}一样难（见参考文献）。

密钥学和复杂性

现在处于一个非常诱人的时刻，试图将单向函数（安全的密码系统）与我们熟知的复杂性理论的片段联系起来，借此帮助我们确定函数的难解程度——**NP** 完全性。不幸的是，有两个问题：第一，它不能实现；第二，它不值得去做。为了了解这个障碍，引入一个与单向函数有关的复杂性类是有帮助的。

定义 12.2　称一个非确定性图灵机是*无二义性的*，如果它满足下述性质：对于任何输入 x 只有最多一个接受的计算。我们称被无二义性多项式界非确定性图灵机接受的语言类为 **UP**。□

显然，**P**⊆**UP**⊆**NP**。对第一个包含关系，确定性图灵机可以被看成非确定性图灵机，每步只有一个选择。这样的“非确定性”机器必然是无二义性的。对于第二个包含关系，无二义性图灵机被看成非确定性图灵机的特殊类。下面的结果说明 **UP** 与单向函数紧密相关。

定理 12.1　**UP**＝**P** 当且仅当单向函数不存在。

证明：假设有一个单向函数 f。现在定义下述语言：$L_f=\{(x,y)$：有一个 z 使得 $f(z)=y$ 且 $z\leqslant x\}$。所谓 $z\leqslant x$，我们假设 $\{0,1\}^*$ 中的所有串都是有序的，首先根据长度，相同长度 n 的串按字典排序，都看成 n 位整数。即 $\varepsilon<00<01<10<11<000<\cdots$

我们断言 $L_f\in$ **UP**－**P**。容易看出有一个无二义性的机器 U 接受 L_f：U 对输入 (x,y) 非确定地猜测串 z 的长度至多为 $|y|^k$（见单向函数定义中的（ⅱ）），查是否 $y=f(z)$。如果回答是“yes”（因为 f 是一对一的，所以至多发生一次），检查是否 $z\leqslant x$，如果是，则接受该输入。很清楚，这个非确定性机器判定 L_f，且它是无二义性的，因此 $L_f\in$ **UP**。

283

我们现在证明 $L_f\notin$ **P**。假设 L_f 有一个多项式时间算法，则我们用二分法检索能够求出单向函数 f 的逆：给定 y，我们询问是否 $(1^{|y|^k},y)\in L_f$，这里 k 是定义 12.1 中（ⅰ）部分的整数。如果回答是“no”，意味着没有 x 使得 $f(x)=y$——如果有这样的 x，它必须字典序小于 $1^{|y|^k}$，因为 $|y|\geqslant|x|^{\frac{1}{k}}$。如果回答是“yes”，则我们询问是否 $(1^{|y|^k-1},y)\in L_f$，然后询问是否 $(1^{|y|^k-2},y)\in L_f$ 等，直到某个 ℓ 询问 $(1^{\ell-1},y)\in L_f$ 回答是“no”，因此确定了 x 的确切长度 $\ell\leqslant|y|^x$。然后我们可以通过询问是否 $(01^{\ell-1},y)\in L_f$，根据回答是“yes”或者“no”来相应地决定询问 $(001^{\ell-2},y)\in L_f$ 或者 $(101^{\ell-2},y)\in L_f$，等等。经过对 L_f 至多 $2n^k$ 次多项式算法，我们得到 f 对 y 的逆。

相反，假设有一个语言 $L\in$ **UP**－**P**。令 U 是接受 L 的无二义非确定性图灵机，x 是 U 对输入 y 的接受计算。我们定义 $f_U(x)=1y$，即，U 的输入是接受计算 x，输出是 L 的输入 y 前置一个“标记”1（它意味着 $f_U(x)$ 确实是一个对应的输入，马上就要清楚缘故）。如果 x 不是 U 的一个计算的编码，那么 $f_U(x)=0x$——“旗帜”目前为 0，警告我们 f_U 的自变元不是一个计算。

我们断言 f_U 是单向函数。它确实是 **FP** 中定义清晰的函数，因为 y 是表示计算 x 的一部分，本质上可以“获悉” x。其次，变元的长度和结果是多项式相关的，因为 U 有多项式长度的计算。函数是一对一的，因为机器是无二义性的，并且，我们使用标记，$f(x)=f(x')$ 意味着 $x=x'$。而且，如果我们可以在多项式时间内求 f_U 的逆，则我们可以在多项式时间内判定 L：对 $1y$ 求 f_U 的逆告诉我们是否 U 接受 y。□

我们真诚地希望 **P**≠**UP**。**NP**＝**UP** 似乎也不太可能。如果后者成立就意味着 SAT 能用无二义性机器判定，不必试图测试所有赋值和对赋值获假，而是有目的地在正确满足的真值赋值上取零值（这里的零值代表接受和满足。——译者注）。于是，讨论密码学和单向函数正确的复杂性情境应当是 $\mathbf{P}\overset{?}{=}\mathbf{UP}$ 问题，而不是 $\mathbf{P}\overset{?}{=}\mathbf{NP}$ 问题。在此意义上，NP 完全性并不适用于辨别单向函数。但是我们也不能寄希望于 **UP** 完全性。这是因为 **UP** 定义独特的语义风格：对所有输入，要么没有要么只有一个接受计算（见 11.2 节中 **RP** 类的讨论，那里接受计算的数目或者是 0 或者是比总数的一半还多）。因此，我们不知道（或者不确信）**UP** 有完全性问题。

284

但是，即使我们可以将密码系统和 **NP** 完全（或 **UP** 完全）问题相关联，也只有非常有限的意义和用途。有一个更为基本的理由，使得本书至此所研究的复杂性概念尚不足以用于解决安全密码学中的问题：我们研究的是基于算法*最坏情况*性能的复杂性。这对于研究计算问题来说是合理和动机良好的，因为我们希望算法性能无懈可击。然而在密码学中，窃听者能够轻松确解一半以上可能的信息是不可接受的——即使余下部分的破解需要指数时间。显然，最坏情况复杂性在密码学中是不适当的判断依据。

为了获得接近于密码学中所需的单向出数定义，我们将要求（ⅲ）（求逆在最坏情况下是难的）替换为一个更强的条件，即，没有一个整数 k，且没有算法，对充分大的 n，在时间$\mathcal{O}(n^k)$内成功地对至少$\frac{2^n}{n^k}$个长度为 n 的 y 串，计算出 $f^{-1}(y)$。也就是说，没有多项式时间算法能成功地针对所有长度为 n 的输入中的多项式分数小块求出 f 的逆。

即便这个定义也不够强，因为它假定 f 是在确定性算法下求逆。我们应当容许随机算法，因为窃听者可能非常善于利用随机性。我们甚至应该容许非均匀电路簇（见 11.4 节；事实上，以某种随机输入，我们维持随机化的能力），因为在实践中，对密码系统的攻击有可能集中在最近使用的密钥大小（故而可以投入大规模计算来构造一个专攻这类尺寸密钥的电路）。

但是如此“强”的单向函数也不能直接用于密码学。例如，f_{MULT} 和 f_{EXP}（例 12.1 和例 12.2）被怀疑为如此强的单向函数，它们仍然不能直接作为公钥密码系统的基础。幸运的是，f_{RSA}有较好的运气。那么，除了性质（ⅰ）、（ⅱ），或（ⅲ）之外，f_{RSA}还具有其他什么有用于密码学应用的特征呢？

$f_{\mathrm{RSA}}(x,e,p,C(p),q,C(q))=(x^e \bmod pq,e,pq)$，条件是 $C(p)$ 和 $C(q)$ 分别证实 p 和 q 是素数，且 e 和 $pq-p-q+1$ 互素。如果违反上述任何一个条件，f_{RSA}是无法定义的（它输出某些无用的串，如同其输入一样）。如果素数极少，那么很难实证哪个输入值对应的 f_{RSA}输出有意义。显然，这样的单向函数对于密码学是无用的。

285

幸运的是，素数是非常多的。在全部 n 位数中，大约 $\ln 2 \cdot n$ 个数是素数（见 11.5.27，是的，那是自然对数）。如果我们随机取 n 位数，用随机算法测试它是否是素数，人们期待很快得到两个素数。产生经过认证的素数不算太难。寻找与 $pq-p-q+1$ 互素的余数 e 也容易——有大量满足要求的数。我们可以得出结论：可以相对容易地找到 f_{RSA}被“定义”于其上的输入。

f_{RSA}还有一个重要的性质：有一个多项式时间可计算函数 d，其输入与 f_{RSA}的输入相同，它使得*求逆问题更容易*。也就是说，虽然明显没有快的方法从（$x^e \bmod pq,pq,e$）恢复$(x,e,p,C(p),C(q))$，但如果也给出 $d(x,e,p,C(p),C(q))=e^{-1} \bmod (pq-p-q+1)$，则我们能容易地求 f_{RSA}的逆——计算 $(x^e)^d \bmod pq$ 作为 RSA 加密系统的解码阶段。即，我们能够容易地从 $f_{\mathrm{RSA}}(X)$ 和 $d(X)$ 恢复输入 $X=(x,e,p,C(p),q,C(q))$，但是只有 $f_{\mathrm{RSA}}(X)$的话显然无法解码。

综上所述，f_{RSA}除了单向函数的性质（ⅰ）、（ⅱ）和（ⅲ）外，还具有其他性质：

（ⅳ）我们能够有效地从单向函数的定义域选择。

（ⅴ）对于输入有一个多项式时间可计算函数 d，其能使求逆问题变得容易。

注意这些重要性质成为 RSA 加密系统的核心：首先，根据（ⅳ），鲍勃可以较快地产生公钥密钥对。更重要的是，根据（ⅴ），他能*有效地解码*——一个能向鲍勃隐藏爱丽丝的信息的单向函数是很不寻常的，但是它对加密的目的没用。我们称具有性质（ⅳ）和（ⅴ）的单向函数为*陷门函数*。除了在单向函数所拥有的性质（ⅲ）上有所保留以外，我们认为 f_{RSA}是陷门函数。

随机密码学

密码学是非常复杂和精细的行当。即便是基于前节定义的强单向函数所建立的公开密钥系统也有合理的保留意见。虽然我们要求 f 在所有相同长度串上只能以可忽略的比率有效地求逆，但这些串可能包含一些重要的串——例如，“ATTACK AT DAWN”、“SELL IBM”和“I LOVE YOU”等。而且，系统的确定性特征使窃听者可以注意到信息的重复出现，而这很可能是有价值的信息。

事实上，有两个总是易于解码的重要信息。假设爱丽丝和鲍勃用 RSA 公钥密码系统通信，爱丽丝经常需要给鲍勃发送一个秘密位 $b\in\{0,1\}$，爱丽丝能像普通信息那样加密该位（$b^e \bmod pq$）吗？显然不行，因为对于 $b\in\{0,1\}$，$b^e=b$，经过加密的信息和原始的信息完全一样——即根本没有加密！单个位串常常容易被解码。

286

对这个问题，有一个简单的纠正方法。爱丽丝产生一个随机整数 $x\leqslant\frac{pq}{2}$，然后传送给鲍勃 $y=(2x+b)^e \bmod pq$。鲍勃接收 y，用他的私有密钥恢复 $2x+b$：b 是解密整数的最后一位。但是这个方法安全吗？显然，它至少和 RSA 公钥密码系统一样安全，因为如果窃取者能从 y 恢复 $2x+b$，则它就能恢复 b。进一步地，设想从 $(2x+y) \bmod pq$ 和 e，人们能猜出 $2x+b$ 的最后一位，至少以一个高的成功概率，而不必猜出 $2x+b$ 的全部。如果这种情形发生了，可以证明：这种通过整数的最后一位对单比特数据进行编码的方法具备和 RSA 公钥密码系统一样的安全性。即，任何以高于 1/2 的概率从 $(2x+b)^e \bmod pq$ 和 e 成功地猜到 b 的方法，也能够击破 RSA 公钥密码系统（见参考文献 12.3.4）。

但是这个重要的事实打开了非常有趣的可能性：毕竟，任何信息由位构成。故，如果爱丽丝送任何信息给鲍勃，她可以打碎该信息成各个位，然后一一传送这些位，每次用独立选择随机整数 $x\in\left[0,\left\lfloor\frac{pq}{2}\right\rfloor-1\right]$。无可否认，比起原始的 RSA 系统，随机公钥密码系统太慢，因为前者一次性传送数百位。重要的是，这是十分安全的：已证明，所有本节开头部分提及的问题（检测重复、幸运恢复关键信息等）在随机公钥密码系统中不再出现。

12.2　协议

本章以前的各章，计算是解决问题的机器的活动。有许多变种、巧微妙性和复杂之处，但是至少就行动者、动机和目标而言，“涉及社会政治的势态”是直截了当的。那就是“高贵的武士”（算法）开展勇敢而专注的斗争去攻击明显的“野兽”（问题的复杂性）。

密码学的本性则远没有那么纯真。根据定义，密码学涉及两个通信代理，它们有不同和互相冲突的优先序和利益。而且，更重要的是，它们通信时，有一个窃听者进行阴暗的活动。在这个情形下，即便是图 12.1 中的简单情况也比解决一个计算问题更为复杂，那里唯一的目标是降低复杂性。这是一种协议，是一系列交互计算的集合，以任意复杂的方式互为输入和输出。而且，某些计算对某一方是容易的，而对另一方则是困难的。

287

现在，我们将检查一些较为精细的协议。除了涉及该领域某些最为聪明和新奇的思路外，这些协议中的某些后来被证实与重要的复杂性类相符合。

签名

假设爱丽丝要发送给鲍勃一个经过签名的文件 x。但是，这意味着什么呢？最低程度，一个签名的信息 $S_{\text{Alice}}(x)$ 是一个串，它包含原始信息 x，但通过编码能够无可争议地标记递送信息者身份。

公钥密码系统给电子签名问题提供优雅的解答。假设爱丽丝和鲍勃都有公钥和私钥

e_{Alice}、d_{Alice}、e_{Bob}、d_{Bob}，其中公钥是公众都知道的，而私钥仅为拥有者私有。我们假定他们用同样的编码和解码函数 E 和 D。爱丽丝签名 x：

$$S_{\text{Alice}}(x) = (x, D(d_{\text{Alice}}, x))$$

也就是说，爱丽丝发送 x 时，并置一个“解码”信息，该信息是将 x 看成爱丽丝接收到的信息然后加以解码后而得到的信息。自然地，如果隐私性也是所要求的，则整个签名文件还可以再用鲍勃的公钥加密。

一旦鲍勃接收到 S_{Alice}，取其第二部分 $D(d_{\text{Alice}}, x)$，对它用爱丽丝的公钥加密。我们有下列方程：

$$E(e_{\text{Alice}}, D(d_{\text{Alice}}, x)) = D(d_{\text{Alice}}, E(e_{\text{Alice}}, x)) = x$$

上面的第二个等式是任何密码系统的基本性质：解码是编码的逆。第一个等式则展示了某些公开密码系统（包括 f_{RSA}）的更深邃性质，即可交换性。可交换性意味着，如果人们编码已经解码的信息，就会得到原始信息——就像解码一个已经编码的信息一样。RSA加密系统恰好就是可交换的，因为

$$D(d, E(e, x)) = (x^e)^d \bmod pq = (x^d)^e \bmod pq = E(e, D(d, x))$$

现在鲍勃检查信息的第二部分，当他像第一部分一样用爱丽丝的公钥编码时可以肯定得到的信息确实发自爱丽丝。因为只有爱丽丝有自己的密钥 d_{Alice}，需要从 x 产生 $D(d_{\text{Alice}}, x)$。鲍勃可以重复地演示给某“电子法院”，证实除了爱丽丝能发送这个信息外，没有人能够发送。鲍勃可以合理地辩称[⊖]没有人在不知道爱丽丝密钥的情况下能产生 $D(d_{\text{Alice}}, x)$。但如果他知道爱丽丝私钥，鲍勃完全可以用比伪造爱丽丝签名更为直接的方式获利……　288

头脑纸牌

假定爱丽丝和鲍勃一致同意三张 n 位数牌 $a<b<c$。他们每个人随机选择一张，规定：（ⅰ）他们的牌不一样；（ⅱ）所有六种可能牌对是等概率的；（ⅲ）爱丽丝知道自己的牌，而鲍勃不知道爱丽丝的牌，直到爱丽丝决定公开它，类似地鲍勃的牌也是如此；（ⅳ）因为具有大数牌的人将赢得游戏，所以输出应是无可争辩的。电子法院可以通过审核协议的记录来确信博弈双方正确地得到最后的结果。

这个不太可能的游戏可以用密码学技术来实现（它显然可以推广到52张牌和五手）。首先，双方同意选一个大整素数 p，每方有两个密钥，即加密密钥 e_{Alice}、e_{Bob} 和解密密钥 d_{Alice}、d_{Bob}。我们要求 $e_{\text{Alice}} d_{\text{Alice}} = e_{\text{Bob}} d_{\text{Bob}} = 1 \bmod p-1$，使得在模 p 下，加密密钥和解密密钥互逆。

爱丽丝是庄家。她对三张牌进行加密，以随机的次序发送给鲍勃加密后的信息 $a^{e_{\text{Alice}}} \bmod p$、$b^{e_{\text{Alice}}} \bmod p$ 和 $c^{e_{\text{Alice}}} \bmod p$。鲍勃挑选其中之一返回给爱丽丝，她解码该牌并作为她自己的牌保留。由于缺乏任何关于 e_{Alice} 的信息，所以鲍勃的选择只能是随机的，于是爱丽丝得到纯随机牌——假设它是 b。

鲍勃然后用他的加密密钥对余下的两张牌 a 和 c 加密得到 $a^{e_{\text{Alice}} e_{\text{Bob}}} \bmod p$ 和 $c^{e_{\text{Alice}} e_{\text{Bob}}} \bmod p$，并发送结果的一个随机排列给爱丽丝。注意爱丽丝无法确定这两张牌的值，因为它们是由鲍勃加密的。爱丽丝选择这些信息之一，譬如 $a^{e_{\text{Alice}} e_{\text{Bob}}} \bmod p$，用她自己的密钥 d_{Alice} 将其解码，发送结果，比如 $a^{e_{\text{Alice}} e_{\text{Bob}} d_{\text{Alice}}} \bmod p = a^{e_{\text{Bob}}} \bmod p$ 给鲍勃，作为鲍勃的牌。

⊖ 这是三段演绎法的最弱部分。

鲍勃用自己的解密密钥 d_{Bob} 解码，协议结束了。可以证实，协议的四个难缠的要求都满足了。

交互式证明

非确定性算法可以看成一种简单的协议。假设爱丽丝有处理指数计算的能力，但是鲍勃只有多项式时间的计算能力。给鲍勃和爱丽丝一个布尔表达式 ϕ。爱丽丝有兴趣说服鲍勃 ϕ 是可满足的。如果 ϕ 是可满足的，爱丽丝则成功了：她用指数计算能力发现了一个可满足的真值指派，并且将它发送给鲍勃。鲍勃用他贫乏的计算资源检查该真值指派满足他的公式，他被说服了。但是如果 ϕ 是不可满足的，不管爱丽丝如何努力，她都无法说服鲍勃：鲍勃将她的全部论据解释为真值指派，并因其不满足而拒绝它们。我们能说这个简单协议判定了 SAT。

289

现在假设鲍勃可以用随机性，并且假设我们以指数小的概率容许漏报和误报。则没有爱丽丝的帮助，鲍勃能够判定 **BPP** 中的所有语言（通过运行 BPP 算法足够多次，选择大多数答案）。

的确，上面这个难说是一个协议，但是它提出了如下重要的问题：假设我们能够同时使用鲍勃的随机化和爱丽丝的指数能力。那么我们能够接受什么语言？

定义 12.3　一个交互式证明系统 (A,B) 是爱丽丝和鲍勃之间的协议。爱丽丝运行指数时间算法 A[⊖]，鲍勃运行多项式时间算法 B。协议的输入是 x，为双方算法共知。两人交换信息序列 $m_1,m_2,\cdots,m_{2|x|^k}$，爱丽丝发送奇数编号的信息，鲍勃发送偶数编号的信息。所有信息的长度是多项式长：$|m_i|\leqslant|x|^k$。可以假设爱丽丝第一个首先发送。

形式化地，信息定义如下：$m_1=A(x)$ ——爱丽丝只基于输入 x 产生的第一条信息，随后，对于所有 $i\leqslant|x|^k,m_{2i}=B(x;m_1;\cdots;m_{2i-1};r_i)$ 和 $m_{2i-1}=A(x;m_1;\cdots;m_{2i-2})$。其中 r_i 是鲍勃在第 i 步交换时使用的多项式长随机串。注意，爱丽丝不知道 r_i（见 12.3.7 节以理解这个规定的含义）。基于输入 r_i 和前面的计算信息鲍勃计算每个偶数编号的信息，而每个奇数编号的信息是由爱丽丝根据输入和所有前面的信息计算出来的。最后，如果最后的信息是 $m_{2|x|^k}\in\{$"*yes*","*no*"$\}$，则鲍勃给出他最后的表态——同意还是不同意输入。

我们说 (A,B) 判定语言 L，如果对于每个串 x：如果 $x\in L$，则 x 被 (A,B) 接受的概率至少为 $1-\frac{1}{2^{|x|}}$；而对于 $x\notin L$，则 x 被 (A',B) 接受，（A' 是任何代替 A 的指数算法）的概率至多为 $\frac{1}{2^{|x|}}$。注意对于接受有强要求：因为假设爱丽丝有兴趣说服鲍勃 $x\in L$，而如果 $x\notin L$，鲍勃应当不可能被（爱丽丝或者其他恶意的江湖骗子）说服。

最后，我们用 **IP** 标记所有被交互式证明系统判定的语言类。□

很明显，按照前面 **IP** 的定义，**IP** 包含 **NP**，也包含 **BPP**。**NP** 是 **IP** 的子类，其中鲍勃使用非随机化，当鲍勃不理睬爱丽丝的回答时则是 **BPP** 子类。但是，**IP** 比 **NP** 和 **BPP** 大多少？在以后的章节里，我们将准确地刻画交互式协议的惊人能力。接下来，我们将看到一个聪明的协议，它建立一个语言，不知道是否在 **BPP** 或者 **NP** 中，但是它确实在 **IP** 内。

290

例 12.4　GRAPH ISOMORPHISM 是一个重要问题，迄今为止，我们无法把该类问题归类到 **P** 或者 **NP** 完全类，所有归类努力都失败了。给定两个图 $G=(V,E)$ 和 $G'=(V,E')$，

⊖　可以证明，执行这种类型的任何交互作用爱丽丝仅仅需要多项式空间，见问题 12.3.7。

它们的结点集合相同，我们问它们是否同构，即，是否存在一个 V 的置换 π，使得 $G'=\pi(G)$，这里 $\pi(G)=(V,\{[\pi(u),\pi(v)]:[u,v]\in E\})$。

GRAPH ISOMORPHISM 显然属于 **NP**，但不知道它是否属于 **NP** 完全类还是 **P**（或者 **coNP**，或者 **BPP**）。相应地，它的补 GRAPH NONISOMORPHISM（给出两个图，它们是不同构的吗?）也不知道是属于 **NP** 还是属于 **BPP**。然而，我们将证明 GRAPH NONISOMORPHISM 在 **IP** 内。

对于输入 $x=(G,G')$，鲍勃重复下列交互 $|x|$ 轮：在 i 轮，鲍勃定义一个新图，它是 G 或者 G'。他产生一个随机位 b_i，如果 $b_i=1$，则令 $G_i=G$；否则，$G_i=G'$。然后鲍勃产生一个随机置换 ϕ_i，并发送 $m_{2i-1}=(G,\pi_i(G_i))$ 给爱丽丝。爱丽丝检查接收到的两个图是否同构。如果它们是同构的，她的回答是 $m_{2i}=1$；如果它们不是同构的，则回答是 $m_{2i}=0$。

最后，在 $|x|$ 轮后，如果鲍勃的随机位向量（$b_1,\cdots,b_{|x|}$）和爱丽丝的回答（$m_2,\cdots,m_{2|x|}$）相同，则鲍勃接受。这就完成了对 GRAPH NONISOMORPHISM 的协议（A,B）的描述。

假设 G 和 G' 是不同构的。那么这个协议将接受输入，因为鲍勃的第 i 个随机位是 1 当且仅当他的第 i 条信息包含了两个同构的图，当且仅当爱丽丝第 i 个回答是 1。

假设 G 和 G' 是同构的。在第 i 轮，爱丽丝从鲍勃那里接收到两个图 G 和 $\pi_i(G)$。无论 b_i 是什么，这些图都是同构的：如果是 1，则它们是同构的，因为它们都是 G 的复制品。如果是 0，则 $\pi_i(G)$ 只是 G'（它同构于 G）的一个置换。关键点是爱丽丝经常看到同样的图像、G 和 G 的随机置换。从这些无趣的串中，爱丽丝必须猜测 b_i（如果想欺骗鲍勃，她必须正确地猜对全部 b_i）。不管爱丽丝用什么聪明的指数算法 A'，她都无法达到目的。她可以幸运地正确猜测几次，但是她正确猜每个 b_i 的概率至多为 $\frac{1}{2^{|x|}}$，这正是我们所要求的。 □

零知识

协议广泛地使用密码学和随机化。签名和“头脑纸牌”协议使用密码学，交互式证明使用随机化。我们用一个两者都用到的非常有趣的协议来结束本章。

291

假设爱丽丝用三种颜色来对一个很大图 $G=(V,E)$ 的结点着色，使得没有两个相邻的结点有相同的颜色。因为 COLORING 是 **NP** 完全问题，所以爱丽丝很骄傲和激动，她希望说服鲍勃相信她拥有 G 的着色。这没有什么难的：因为 3-COLORING 属于 NP，她简单地发送她的 3-COLORING 给鲍勃，简单地使用前节提及的交互式证明协议。但是爱丽丝也担心，如果鲍勃从她那里获得了 G 的着色，他拿去向他的朋友显耀而没有提及爱丽丝的贡献。这里所要求的是零知识证明，即一个交互式证明之后，鲍勃以很高的概率相信爱丽丝确实有一个 G 的合法 3-COLORING，但是对于实际的 3-COLORING，鲍勃没有获得任何线索。

这里给出一个协议，它完成了表面看来不可能的任务。假设爱丽丝的着色是 $\chi:V\mapsto\{00,11,01\}$，即用长度为 2 的串来代表三种颜色。协议按轮进行。在每一轮，爱丽丝执行如下步骤：首先，她产生一个三种颜色的随机置换 π。然后她产生 $|V|$ 个 RSA 公钥-密钥对（p_i,q_i,d_i,e_i），每个结点 $i\in V$ 有一对。对每个结点 i，她计算概率编码（y,y'），根据颜色 $\pi(\chi(i))$ 的（在置换 π 中，i 的颜色）第 i 个 RSA 系统。假设 $b_ib'_i$ 是 $\pi(\chi(i))$ 的两

位，则 $y_i=(2x_i+b_i)^{e_i} \bmod p_iq_i$ 和 $y'_i=(2x'_i+b'_i)^{e_i} \bmod p_iq_i$，这里 x_i 和 x'_i 是不超过$\frac{p_iq_i}{2}$的随机整数。所有这些计算是爱丽丝私有的。爱丽丝公开整数（e_i, p_iq_i, y_i, y'_i）给鲍勃，对全部结点 $i\in V$。这些是 RSA 系统的公开部分和加密后的颜色。

现在轮到鲍勃了。鲍勃随机地选择一条边 $[i,j]\in E$，询问它的两个端点是否应有不同颜色。爱丽丝公开解密密钥 d_i 和 d_j 给鲍勃，允许鲍勃计算 $b_i=(y_i^{d_i} \bmod p_iq_i) \bmod 2$，类似地计算 $b_j=(y_j^{d_j} \bmod p_jq_j) \bmod 2$、$b'_i=(y'^{d_i}_i \bmod p_iq_i) \bmod 2$ 和 $b'_j=(y'^{d_j}_j \bmod p_jq_j) \bmod 2$，检查是否 $b_i b'_i\neq b_jb'_j$。这样就完成了一轮的描述。爱丽丝和鲍勃重复 $k|E|$ 轮，k 表示达到协议要求的可靠性所必需的参数。

显然，如果爱丽丝有 G 的一个合法的着色，鲍勃的所有询问都将被满足。但是如果她没有合法的着色，怎么办？如果没有合法的着色，那么在每一轮，有一条边 $[i,j]\in E$ 使得 $\chi(i)=\chi(j)$，因此 $\pi(\chi(i))=\pi(\chi(j))$。在每一轮，鲍勃有至少$\frac{1}{|E|}$的概率发现这条边。经过 $k|E|$ 轮，鲍勃发现爱丽丝没有合理着色的概率至少为 $1-e^{-k}$。

这个协议令人惊奇的特色是鲍勃没有从协议过程中学到爱丽丝对于 G 的任何着色信息。这可以如下论证：假设爱丽丝有合法的 3 着色，而协议运行。最终鲍勃从每轮中看到什么呢？某些随机产生的公钥，某些颜色概率的编码。然后他提出一条边，他获得两个解密密钥，最后，他找到两个着色 $\pi(\chi(u))$ 和 $\pi(\chi(v))$。但这些颜色是 Alice 的原始颜色的置换，故它们除了不同的随机颜色对外，没有其他意义。总之，鲍勃没有看到任何他不能自己产生的东西，如同在多项式时间内公平地掷骰子，而没有爱丽丝和她的 3 着色的帮忙。我们得到结论：被交换的知识为零——事实上，零知识的合理定义粗略地沿着这条线，即协议中的交互形成一个取样于协议开始时就有的分布上的随机串。

最后，刚才描述的对于 **NP** 完全问题 3-COLORING 的零知识协议是方便轻巧的。运用归约，可以得到结论：所有 **NP** 中的问题都有零知识证明（见参考文献 12.3.6）。

12.3　注解、参考文献和问题

12.3.1　公开密码系统是一个创新性的思想，它在下述文献中提出：

○ W. Diffie and M. E. Hellman. "New directions in cryptography," *IEEE Trans. on Information Theory*, 22. pp. 664-654 1976.

而 RSA 密码系统，这个思想至今最持久的实现是在下述文献中提出的：

○ R. L. Rivest, A. Shamir and L. Adleman. "A method for obtaining digital signatures and public-key cryptosystems," *CACM*, 21. pp. 120-126 1978.

密码学的最近综述和它与复杂性的联系，见

○ R. L. Rivest. "Cryptography," pp. 717-755 in *The Handbook of Theoretical Computer Science, vol. I: Algorithms and Complexity* edited by J. van Leeuwen, MIT Press, Cambridge, Massachusetts 1990.

12.3.2　**陷门背包**　另外一个似然的单向函数聪明方式是基于 **NP** 完全问题 KNAPSACK（见定理 9.10），出自

○ R. C. Merkle and M. E. Hellman. "Hiding information and signatures in trapdoor knapsacks," *IEEE Trans. on Information Theory*, 24. pp. 525-530 1978.

对于固定的 n 个大整数 $a_1,\cdots,a_n$ 并考虑它们是公钥 e。任何 n 位向量 x 现在能被解释为 $\{1,\cdots,n\}$ 的子集 X。加密后的信息为 $E(e,x)=\Sigma_{i\in X}a_i$。

给定 $K=E(e,x)$，多个整数的和，任何想破解此密码系统的人必须解答 KNAPSACK 的一个实例。然而，鲍勃能够容易做到：他有两个秘密大整数 N 和 m，满足 $(N,m)=1$ 和数 $a_i'=a_i \cdot m \bmod N$ 指数快地增长，即 $a_{i+1}'>2a_i'$。

(a) 证明 KNAPSACK 对于这样的 a_i' 容易解答。

然而，鲍勃用容易的实例 $(a_1',\cdots,a_n',K'=K\cdot m \bmod N)$ 代替 KNAPSACK 的实例 $(a_1,\cdots,a_n,K)$。

(b) 说明鲍勃怎么样容易地从这个容易的实例恢复 x。

当然，问题在于 KNAPSACK 这样的实例，指数增长的情形，用乘以 $m^{-1} \bmod N$，可以容易地破解而且不必知道 m 和 N. 这类格式的变种已经被破解了，它们是：

- A. Shamir. "A polynomial-time algorithm for breaking the basic Merkle-Hellman cryptosystem," *Proc. 23rd IEEE Symp. on the Foundations of Computer Science*, pp. 142-152, 1982. 和
- J. C. Lagarias and A. M. Odlyzko. "Solving low-density subset sum problems," *Proceeding of the 24th IEEE Symp. on the Foundations of ComputerScience*, pp. 1-10, 1983.

294

我们以前看到的基本归约算法使用的技术为：

- A. K. Lenstra, H. W. Lenstra, and L. Lovász. "Factoring polynomials with rational coefficients," *Math. Ann.*, 261, pp. 515-534, 1982.

12.3.3 无二义机器和 **UP** 类在下述文献中提出

- L. G. Valiant. "Relative complexity of checking and evaluating," in *Inf. Proc. Letters*. 5. pp. 20-23, 1976.

单向函数的联系（见定理 12.1）是来自

- J. Grollman and A. L. Selman. "Complexity measures for public-key cryptography," *SIAM J. Comp.*, 17. pp. 309-335, 1988.

偶然地，*SIAM Journal on Computing* 全部刊登密码学的文章，也见

- E. Allender. "The complexity of sparse sets in **P**," pp. 1-11 in *Structure in Complexity Theory*; edited by A. L. Selman, Lecture Notesin Comp. Sci. Vol. 223, Springer Verlag. Berlin, 1986.
- J.-Y. Cai, L. Hemachandra. "On the power of parity polynomial time," pp. 229-239 in *Proc. 6th Annual Symp. Theor. Aspects of Computing* Lecture Notes in Computer Science, Volume 349, Springer Verlag, Berlin,, 1989.

从 **UP** 类（仅有一条接受计算路径。——译者注）有趣地推广到确保有多项式地少量接受计算的机器类。

12.3.4：第一次提出概率加密的是

- S. Goldwasser and S. Micali. "Probabllistic encryption, and how to play mental poker keeping secret all partial information," *Proc. 14th ACM Symp. on the Theory of Computing* 5. pp. 365-377, 1982; tetitled "Probabiistic encryption." JCSS, 28. pp. 270-299, 1984.

这篇文章也包含密码系统"多项式时间安全"的形式化提法，并证明了提议中的概率模式（比 12.1 节描述的更为一般）事实上是安全的——假设陷门函数的位值版本（叫作陷门谓词）是存在的。这个猜想确保 RSA 密码系统中编码信息的最后一位是与得到全部信息一样难（这就是我们概率模式的基础），在下述文献里证明了

- W. B. Alexi, B. Chor, O. Goldreich and C. P. Schnorr. "RSA and Rabin functions: Certain parts are as hard as the whole," *SIAM J. on Comp.*, 17, pp. 194-209, 1988.

12.3.5 **伪随机数** 在密码学和伪随机数推广之间存在一个必然的联系：从目前的信息，伪随机数序列应当无法预知下一位或数，正如原始信息无法从编码中恢复一样。为了利用探索这一联系，Manual Blum 和 Silvio Micali 设计一个伪随机位发生器，在离散对数问题没有多项式时间算法的前提下（见例 12.2），证明不可预知下一位。

- M. Blum and s. Micali. "How to generate cryptographically strong sequences of pseudo-random bits," *SIAM J. on Comp.*, 13, 4, pp. 851-863, 1984.

295

这个构造出于对复杂性有着重要影响的 Andrew Yao。这个序列能通过所有“多项式时间对随机性的统计测试”，并因此用于运行 **RP** 算法：如果离散对数问题是难的，则能在小于指数（虽然不是完全多项式）时间内模拟 **RP**。见

- A. C. Yao. “Theory and application of trapdoor functions,” *Proc. 23rd IEEE Symp. on the Foundations of Computer Science*, pp. 80-91, 1982.

12.3.6　签名原来就是 Diffie 和 Hellman 公钥思想的一部分（见前面的参考文献），而头脑纸牌是下列文献提出的

- A. Shamir, R. L. Rivest and L. Adleman. “Mental Poker,” pp. 37-43 in *The Mathematical Gardener*, edited by D. Klarner, Wadsworth, Belmont, 1981.

零知识证明来自

- S. Goldwasser, S. Micali and C. Rackoff. “The knowledge complexity of interactive proof systems,” *Proc. 17th ACM Symp. on the Theory of Computing*, pp. 291-304, 1985; also *SIAM J. Comp.*, 18, pp. 186-208, 1989.

12.2 节里对图着色的零知识证明来自

- S. Goldreich, S. Micali and A. Wigderson. “Proofs that yield nothing but their validity, and a methodology of cryptographic protocol design,” *Proc. 27th IEEE Symp. on the Foundation of Computer Science*, pp. 174-187, 1986.

这篇论文证明所有 **NP** 中的问题都有零知识证明，因此（不是完全直接的）**NP** 完全图着色问题自然有零知识证明。

12.3.7　前题提及的 Goldwasser、Micali 和 Rackoff 的文章也引入了交互式证明系统和 **IP** 类（见 12.2 节）。在同一次会议上，Laci Babai 引入了 Arthur-Merlin 博弈。

- L. Babai. “Trading group theory for randomness,” *Proc. 17th ACM Symp. on the Theory of Computing*, pp. 291-304, 1985. 也见 *SIAM J. Comp.*, 18, pp. 421-429, 1989.

在 Babai 的公式中，Arthur 起了鲍勃的作用，他仅仅公布他的随机位给 Merlin，而 Merlin 具有和爱丽丝一样的能力。显然，这是一个较弱的协议。例如，在这样的规则下，如何识别 GRAPHN ONISOMORPHISM（见 12.2 节）？在下面的会议上，证实两个协议的能力是一样的：

- S. Goldwasser and M. Sipser. “Prvate coins vs. public coins in interactive proof systems,” *Proc. 18th ACM Symp. on the Theory of Computing*, pp. 59-68, 1986.

这个重要结果是用一个聪明的协议来证明的，在该协议里公开随机位模拟密秘位，然后分析密秘位协议接受的概率。

问题：假设爱丽丝有无界计算资源（相对于指数能力）运行 **IP** 定义中她的算法 A。或者她仅仅有多项式空间。证明这不影响类 **IP**。

296

12.3.8　比起 12.2 节描述的简单形式，在密码协议方面有或多或少的见解。密码协议有时被一些保留在密码系统里的更为细微的漏洞所干扰。例如，签名方案已经被破解。

- G. Yuval. “How to swindle Rabin,” *Cryptologia*, 3, pp. 187-189, 1979.

已经指出 12.2 节中的头脑纸牌方案留下关于纸牌未隐藏的某些信息。

- R. J. Lipton. “How to cheat in mental poker,” in *Proc. AMS Short Course in Cryptography*, AMS, Providence, 1981.

12.3.9　**问题**：考虑下述 3-COLORING 算法

如果 G 有 4 顶点完全子图，则回答“G 不能 3 着色”

否则，尝试所有“可能结点的 3 着色”。

(a) 假设所有具有 n 个结点的图等概率出现。证明算法执行算法第二行的概率是（对某个 $c>0$）2^{-cn^2}。

(b) 得到结论：这是一个对 **NP** 完全问题 3-COLORING 的多项式平均时间算法。对于 3SAT 的类似结果，见

○ E. Koutsoupias and C. H. Papadimitriou. "On the greedy heuristic for satisfiability," *Inf. Proc. Letters*, 43, pp. 53-55, 1992.

12.3.10 平均情况复杂性 本书中，我们取最坏情况的方法给复杂性。所有我们的负结论推出问题在最坏情况是困难的。正如我们在本章已经议论过的，这是对密码学应用没有用的复杂性证据。有许多 **NP** 完全问题和它们实例的自然概率分布，存在着解答它们的平均多项式时间算法（见前面的问题）。

什么样的复杂性理论证据能确诊问题不能有效地平均解答（从而它对密码学有应用前景）? Leonid Levin 在下面的论文中提出了非常好的框架。

○ L. A. Levin. "*Problems complete in 'average' instance*," Proc. 16th ACM Symposium on the Theory of Computing, pp. 465 (yes, on page!) 1984.

令 μ 是在 Σ^* 上的概率分布，即函数给每个串赋予一个正实数值，使得 $\sum_{x\in\Sigma^*}\mu(x)=1$。现在，问题不仅仅是语言 $L\in\Sigma^*$，而且是一对 (L,μ)。

我们仅仅考虑分布是多项式可计算的。我们说 μ 是多项式时间可计算的，如果它的累积分布 $M(x)=\sum_{y\leqslant x}\mu(y)$ 可以在多项式时间内计算（其中和取自字典序小于等于 x 的所有串 y）。注意，指数和必须在多项式时间内计算出来。不管怎样，大多数自然分布（例如，具有固定边概率的随机图，所有串具有相同长度等概率的随机串等）具有这个性质。通常，图的自然分布和其他类型的实例仅仅讨论一个特别大小的实例（例如，具有 n 个结点的图）如何分布。任何这样的分布可以通过乘以全部大小为 n 的实例转换为当今的框架概率乘以 $\frac{1}{n^2}$，然后用 $\sum_{i=1}^{\infty}\frac{1}{n^2}=\frac{\pi^2}{6}$ 标准化。

297

我们必须首先定义"满足可解的"问题类。我们说问题 (L,μ) 能以平均多项式时间可解，如果有一个图灵机 M 和一个整数 $k>0$ 使得，如果 $T_M(x)$ 是 M 对输入 x 的执行步数，则我们有

$$\sum_{x\in\Sigma^*}\mu(x)\frac{(T_M(x))^{\frac{1}{k}}}{|x|}<\infty$$

这个古怪的定义是非常好的推动：它既是独立于模型（见问题 7.4.4 中的左多项式复合），而且如果 $T_M(x)$ 是常数幂（k 将适当增加），它应当不被影响。而且，它在归约下封闭（这是右多项式复合），如果 $|x|$ 用一个指数幂代替，它不应当受影响。当然，它在分布 μ 下是平均情况复杂性。

一个从问题 (L,μ) 到 (L',μ') 的归约是从 L 到 L' 的归约，具有以下额外的性质：有一个整数 $\ell>0$ 使得对所有串 x，

$$\mu'(x)\geqslant\frac{1}{|x|^{\ell}}\sum_{y\in R^{-1}(x)}\mu(y)$$

也就是说，我们要求目标分布 μ' 不是处处比用 μ 和 R 归约的分布多项式小。

(a) 证明归约具有复合封闭性。

(b) 证明如果有一个从 (L,μ) 到 (L',μ') 的归约，而且 (L',μ') 在多项式平均时间内是可解的，则 (L,μ) 也是多项式时间可解的。

我们说问题 (L,μ) 是平均情况 **NP** 完全的（Levin 的术语是"随机 **NP** 完全的"），如果所有问题 (L',μ')（$L'\in$ **NP** 和 μ' 可计算的）归约到它（当然，$L\in$ **NP** 和 μ 可计算的）。

Levin 的文章包含了具有自然分布的"随机铺砖"问题的完全性结果（见问题 20.2.10）。还报告了有其他完全性的结果，例如

○ Y. Gurevich. "The matrix decomposition problem is complete for the average case," *Proc. 31st IEEE Symp. on the Foundation of Computer Science*, pp. 802-811, 1990.

○ R. Venkaesan and S. Rajogopalan. "Aveage case intractability of matrix and Diophantine problems," *Proc. 24th ACM Symposium on the Theory of Computing*, pp. 632-642, 1992.

讨论了某些代数和数论完全问题。

298

第 13 章

Computational Complexity

可近似性

尽管所有 **NP** 完全问题拥有相同的最坏情况复杂性，但它们很少有其他的共同点。从几乎所有其他的角度来看，这些问题又恢复了它们令人迷惑的多样性。可近似性就是其中之一。

13.1 近似算法

一个 **NP** 完全性证明是典型的用算法和复杂性的理论方法来分析计算问题的第一步，但不是最后一步。一旦 **NP** 完全性已经确定，我们就不再谋求每次都能够精确解决问题，而是寻找比这个目标更加务实的目标。如果我们正在处理最优化问题，我们可能想要研究启发式策略的行为，返回可能不是最优解的可行的“快速而劣质的”算法。这种启发式策略能够成为处理 **NP** 完全最优问题的以经验为主的有价值的方法，即使对于它们最坏情况的（或期望的）性能没有任何证明。但是在某些幸运的情况下，多项式时间启发式算法返回的解能够保证“离最优解不太远”。下面我们将其形式化地表达：

定义 13.1 假设 A 为一个最优化问题。这意味着对于每个实例 x，我们有一个可行解的集合，称为 $F(x)$，对于每一个这样的解，我们有一个正整数的花费 $c(s)$（即使在最大化问题中，我们仍使用花费和标记 $c(s)$）。最优花费定义成 $\mathrm{OPT}(x)=\min_{s\in F(x)} c(s)$（或

299

者 $\max_{s\in F(x)} c(s)$，如果 A 是一个最大化问题）。令 M 为一种算法，给定任意实例 x，返回一个可行解 $M(x)\in F(x)$。如果对于所有 x，下面的式子成立，我们称 M 是一个 ε 近似算法，其中 $\varepsilon\geqslant 0$，

$$\frac{|c(M(x))-\mathrm{OPT}(x)|}{\max\{\mathrm{OPT}(x),c(M(x))\}}\leqslant\varepsilon$$

假设所有的花费都是正的，因此这个比值总是意义明确的。直观地，如果一个启发式算法找到的解的“相对误差”最多为 ε，则该算法是 ε 近似的。为了使定义在最小化问题和最大化问题上对称，我们在分母上使用 $\max\{\mathrm{OPT}(x),c(M(x))\}$，而非更自然的$\mathrm{OPT}(x)$。在这种方法下，两种问题的 ε 都在 0～1 之间。对于最大化问题，一个 ε 近似算法返回不小于最优解 $1-\varepsilon$ 倍的解。对于最小化问题，返回的解不会超过最优解$\frac{1}{1-\varepsilon}$倍。 □

对于每个 **NP** 完全的最优化问题 A，我们的兴趣在于确定最小的 ε，使得问题 A 存在一个多项式时间的 ε 近似算法。有时这种最小的 ε 不存在，但是存在近似算法能够得到任意小的错误率（我们将在 13.2 节看到一个例子）。

定义 13.2 A 的近似阈值是指所有满足“A 存在多项式时间的 ε- 近似算法”的 ε 值（$\varepsilon>0$）的最大下界。 □

一个最优化（最小化或者最大化）问题的近似阈值可以在 0（任意逼近的近似）和 1（根本不可能近似）之间的任何位置。当然，如果我们知道 **P**＝**NP**，则 0 是所有 **NP** 中最优化问题的近似阈值。可以证明，**NP** 完全最优化问题在这个重要参数上表现出各种吸引

人的特性——因为归约通常不能保持问题的近似阈值。我们马上介绍下面的例子。

结点覆盖

NODE COVER（见定理 9.4 的推论 2）是 **NP** 完全最小化问题，其中我们需要找到在图 $G=(V,E)$ 中最小的结点集合 $C\subseteq V$，使得对于 E 中的每条边至少有一个端点在 C 中。

怎样才是似乎合理的获得“好”顶点覆盖的启发式方法呢？首先尝试：如果结点 v 有高的度数，这显然对于覆盖很多边比较有利，因此将其加入覆盖可能是一个很好的主意。这暗示了下面的“贪心”策略：

从 $C=\emptyset$ 开始。当 G 中仍然有剩余的边时，选 G 中度数最大的结点，将其加入 C，然后将其从 G 中删除。

300

可以证明，这个启发式算法不是一个 ε 近似算法，对于任意 $\varepsilon<1$——其错误率以 $\log n$ 的速度增长（见问题 13.4.1），其中 n 是 G 的结点数，因此没有一个小于 1 的 ε 是合法的。

为了获得 NODE COVER 合适的近似，我们必须采用一种技术，即使这种技术看起来比贪心策略更简单：

从 $C=\emptyset$ 开始。当 G 中仍然有边存在时，选择任意边 $[u,v]$，将 u 和 v 一起添加到 C 中，然后将 u、v 和它们的所有邻边从 G 中删除。

假设这个启发式策略最终得到结点覆盖 C。C 离最优解有多远？注意 C 包含了 G 中的 $\frac{1}{2}|C|$ 条边，没有任何两条边共用一个结点（一个匹配）。任意结点覆盖，包括最优解，必须包含其中任何一条边的至少一个结点（否则必定有边没有被覆盖）。因此 $\mathrm{OPT}(G)\geqslant\frac{1}{2}|C|$，即 $\frac{|C|-\mathrm{OPT}(G)}{|C|}\leqslant\frac{1}{2}$。我们已说明下面的定理：

定理 13.1 NODE COVER 的近似阈值最多为 $\frac{1}{2}$。 □

不可思议的是，这个算法是目前所知的 NODE COVER 的最好算法。

最大可满足性

在 MAXSAT 中我们给定一个子句的集合，寻找满足最多子句的真值指派。即使每个子句只包含最多两个文字，问题仍然是 **NP** 完全的（见定理 9.2）。

MAXSAT 近似算法最好用一个更加通用的问题来描述，称为 k-MAXGSAT（代表最大一般化可满足性问题）。在这个问题中，我们给定一个 n 个变量的布尔表达式集合 $\Phi=\{\phi_1,\cdots,\phi_m\}$，其中每个表达式不一定像 MAXSAT 那样是文字的析取，而是一个更加一般化的包含最多 n 个布尔变量中的 k 个布尔表达式，其中 $k>0$ 是一个固定的常数（为了简单，实际上我们可以假设每个表达式恰好包含 k 个变量，有些可能在其中没有明确提及）。我们正在寻找满足最多表达式的真值指派。

尽管这个问题的近似算法是完全确定性的，但是可以考虑基于概率的方法。假设我们从 2^n 个真值指派中随机选取一个。期望有多少个 Φ 中的表达式能够被满足？答案很容易计算。每个表达式 $\phi_i\in\Phi$ 包含 k 个布尔变量。我们能够很容易地从 2^k 个真值指派中计算出满足 ϕ_i 的真值指派的个数 t_i。因此一个随机的真值指派满足 t_i 的概率为 $p(\phi_i)=\frac{t_i}{2^k}$。满足表达式的期望数目就是这些概率的和：$p(\Phi)=\sum_{i=1}^{m}p(\phi_i)$。

301 假设我们在所有 Φ 中的表达式上设置 x_1=**真**。表达式集合 $\Phi[x_1=\text{真}]$ 包含变量$x_2,\cdots,x_n$，我们再次计算 $p(\Phi[x_i=\text{真}])$。相似地计算 $p(\Phi[x_1=\text{假}])$。很容易看到

$$p(\Phi)=\frac{1}{2}(p(\Phi[x_1=\text{真}])+p(\Phi[x_1=\text{假}]))$$

这个等式意味着，如果我们通过将 x_1 的真值设为 t 来修改 Φ，得到最大的 $p(\Phi[x_1=t])$，那么最终得到一个至少和原来期望的集合一样大的表达式集合。

接着，我们总是给下面一个变量赋值，使结果中表达式集合的期望最大化。最后，所有的变量都赋值了，所有的表达式或者**真**（已经可满足）或者**假**（已经不可满足）。然而，因为在这个过程中，我们的期望从不会减少，所以我们知道至少 $p(\Phi)$ 个表达式已经被满足了。

因此，我们的算法满足至少 $p(\Phi)$ 个表达式。因为最优解不会比 Φ 中表达式的总数大，且这些表达式是独立可满足的（也就是说，$p(\phi_i)>0$），比例至少和最小的正数$p(\phi_i)$一样——记得 $p(\phi)$ 是这些正 $p(\phi_i)$ 的和。我们得到结论：上面的启发式算法是 k-MAXGSAT多项式时间 ϵ 近似算法，其中 ϵ 是 1 减去最小的 Φ 中任意可满足表达式的满足概率。对于任意包含 k 个布尔变量的可满足表达式 ϕ_i，得到的概率至少为 2^{-k}（k 个变量上的 2^k 个可能的真值指派至少有一个满足表达式），因此算法是 ϵ 近似的，其中 $\epsilon=1-2^{-k}$。

现在，如果 ϕ_i是子句（回到 MAXSAT 中），则情况远比现在好：满足的概率至少为 $\frac{1}{2}$，$\epsilon=\frac{1}{2}$。如果我们将子句限定为至少有 k 个不同的文字（注意平时限制的逆转），则随机的真值指派满足一个子句的概率显然是 $1-2^{-k}$（所有真值指派都是满足的，除了一个所有文字都为**假**的指派），近似比为 $\epsilon=2^{-k}$。

下面总结关于最大可满足性问题的讨论：

定理 13.2　k-MAXGSAT 的近似阈值至多为 $1-2^{-k}$。MAXSAT 的近似阈值（MAXGSAT 的所有表达式都是子句的特殊情况）最多为 1/2。当每个子句至少有 k 个不同的文字时，最终问题的近似阈值至多是 2^{-k}。□

这些是目前所知的 k-MAXGSAT 和每个子句至少有 k 个文字的 MAXSAT 最好的多项式时间近似算法。目前所知的最好的一般化 MAXSAT 问题的近似阈值的上界是$\frac{1}{4}$。 302

最大割

在 MAX-CUT 中，我们想要将 $G=(V,E)$ 的结点分成两个集合 S 和 $V-S$，使得 S 和 $V-S$ 之间存在尽可能多的边。MAX-CUT 是 **NP** 完全的（见定理 9.5）。

一个 MAX-CUT 的近似算法是基于*局部改进*的想法（见例 10.6）。我们从 $G=(V,E)$ 中结点的任意划分开始（甚至可以 $S=\emptyset$），重复下面的步骤：如果能够通过添加一个单独的结点到 S 或者通过从 S 中删除一个单独的结点以使割更大（更多的边在里面），那么就做这个操作。如果不可能提高了，就停止，返回目前得到的割。

我们能够为任意最优化问题开发这种局部改进算法。有时这种启发式策略是十分有用的，但是通常它们的性能很少能够被证明，性能包括需要的时间（见例 10.6）和到最优解的比。幸运的是，当前的例子是一个例外。首先注意，因为最大割最多有$|E|$条边，每次局部改进至少添加一条边到割中，算法最多经过$|E|$次改进一定会停止（通常，一个有多

项式花费边界的最优化问题的任意局部改进算法是多项式的)。而且,我们断言这个算法得到的割的大小至少是最优解的一半,因此这个简单的局部改进启发式算法是 MAX-CUT 多项式时间的$\frac{1}{2}$近似算法。

在证明中,考虑将 V 分解成 4 个不相交的子集 $V=V_1 \cup V_2 \cup V_3 \cup V_4$,使得启发式算法获得的划分是 $(V_1 \cup V_2, V_3 \cup V_4)$,而最优划分是 $(V_1 \cup V_3, V_2 \cup V_4)$。令 e_{ij} 为结点集合 V_i 和 V_j 之间边的数目,其中 $1 \leqslant i \leqslant j \leqslant 4$(见图 13.1)。对于我们的划分,我们只知道不能够通过将一个结点移动到另一个集合中来得到改进。因此对于每个 V_1 中的结点,其到 V_1 和 V_2 的边少于到 V_3 和 V_4 的边。现在将 V_1 中的所有结点一起考虑,我们得到 $2e_{11}+e_{12} \leqslant e_{13}+e_{14}$,从这我们可以得出 $e_{12} \leqslant e_{13}+e_{14}$。类似地,通过考虑其他 3 个结点集合,我们能够得到下面的不等式:

$$e_{12} \leqslant e_{23}+e_{24}$$
$$e_{34} \leqslant e_{23}+e_{13}$$
$$e_{34} \leqslant e_{14}+e_{24}$$

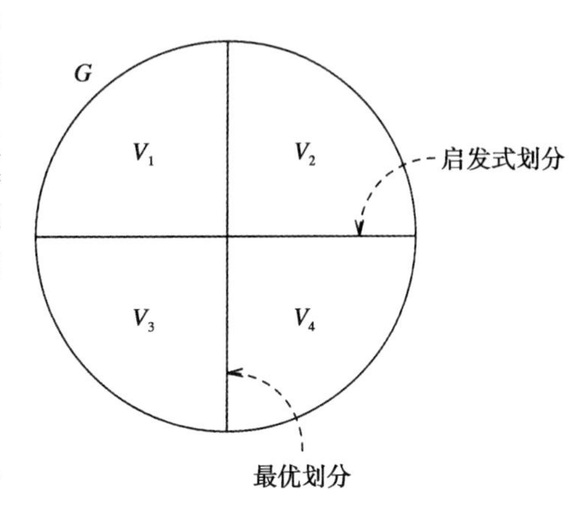

图 13.1 MAX-CUT 的论证

将这些不等式相加,将每一边同时除以 2,并且加上不等式 $e_{14}+e_{23} \leqslant e_{14}+e_{23}+e_{13}+e_{24}$,我们得到

$$e_{12}+e_{34}+e_{14}+e_{23} \leqslant 2 \cdot (e_{13}+e_{14}+e_{23}+e_{24})$$

也就是说,我们的解至少是最优解的一半。我们已经证明:

定理 13.3 MAX-CUT 的近似阈值最大为$\frac{1}{2}$。 □

旅行商问题

通过我们目前所见到的三个问题:NODE COVER、MAXSAT 和 MAX-CUT,我们说明了能够严格保证近似阈值小于 1 的算法。对于旅行商(TSP)问题,形势很严峻:如果对于 TSP 问题存在一个多项式时间 ε 近似算法,其中 ε 为任意<1的数,那么可以得到 **P**=**NP** 的结论——近似算法就没有意义了……

定理 13.4 除非 **P**=**NP**,否则 TSP 问题的近似阈值是 1。

证明: 假设对于 TSP 问题存在一个多项式时间 ε 近似算法,其中 ε 为某个小于 1 的数。使用这个算法,我们能够构造出一个 **NP** 完全问题 HAMILTON CYCLE 的多项式时间算法(见定理 9.7 和问题 9.5.15)。注意这将推出证明。

给定任意图 $G=(V,E)$,对于 HAMILTON CYCLE 问题算法构造一个$|V|$个城市的 TSP 实例。如果在图 G 中的结点 i 和 j 之间存在一条边,则城市 i 和城市 j 之间的距离为 1,如果边 $[i,j]$ 不在 E 中,则距离为$\frac{|V|}{1-\varepsilon}$。构造这个 TSP 实例后,接下来将我们假设的多项式时间的 ε 近似算法应用到这个实例上。存在两种情况:如果算法返回一个总花费为$|V|$的行程(也就是说,仅包含长度为单位长度的边),那么我们知道 G 有一个哈密顿回路。另一方面,如果算法返回至少包含一条长度为$\frac{|V|}{1-\varepsilon}$的边的行程,则整个行程的长度

303 ~ 304

一定超过$\frac{|V|}{1-\varepsilon}$。因为我们已经假设算法是 ε 近似，也就是说，最优解不可能比返回解的 1 −ε 倍小，所以我们可以肯定最优行程的花费大于$|V|$，因此 G 不存在哈密顿回路。因此我们能够仅通过创建一个如上所述的 TSP 实例，运行假设的 ε 近似算法来判定一个图是否有哈密顿回路 。 □

注意特定类型的归约被应用在这个不可能性的证明中：在构造的实例中，原实例是哈密顿回路问题的“yes”实例得到的最优花费和原实例是一个“no”实例得到的最优花费之间存在一个大的“鸿沟”。已经说明近似算法可以发现这个鸿沟。

与往常一样，问题的一个反面结果可能在特殊情况下不成立。让我们考虑 TSP 的特殊情况，其中所有的距离要么是 1 要么是 2（这是一个已经利用定理 9.7 证明是 **NP** 完全的特例）。值得注意的是在这个问题上，所有的算法是$\frac{1}{2}$近似的——因为所有行程的长度至多为最优解的两倍！但是我们能够做得更好：对于这个问题存在一个多项式时间$\frac{1}{7}$近似算法（见 13.4.8 中的参考文献）。即使在更一般情况下，该情况不要求距离一定为 1 或 2，但是它们满足三角不等式 $d_{ij}+d_{jk}\geqslant d_{ik}$，存在一个非常简单却又聪明的多项式时间$\frac{1}{3}$近似算法（见 13.4.8 中的参考文献）。在两种情况下，我们知道没有更好的近似算法。

背包问题

我们已经看到几个最优化问题（MAXSAT、NODE COVER、MAX-CUT、距离为 1 或 2 的 TSP），对于某个 ε，这些问题存在 ε 近似（但是是否存在更小的 ε 是待决的问题），对于一般化的 TSP 问题，除非 **P**＝**NP**，否则不存在 ε 近似。KNAPSACK 是一个最优化问题，其可近似性没有下限：

定理 13.5 KNAPSACK 的近似阈值是 0。也就是说，对于 KNAPSACK，对于任意 $\varepsilon>0$，存在一个多项式时间 ε 近似算法。

证明：假设给定一个 KNAPSACK 的实例 x。也就是说，我们有 n 个权重 $w_i(i=1,\cdots,n)$、一个权重约束 W 和 n 个价值 $v_i(i=1,\cdots,n)$。我们必须找到一个子集 $S\subseteq\{1,2,\cdots,n\}$，使得 $\sum_{i\in S}w_i\leqslant W$ 并且 $\sum_{i\in S}v_i$ 尽可能大。

我们在 9.4 节已经看到，对于 KNAPSACK 存在一个伪多项式算法，该算法的工作时间和实例中的权重成比例。我们现在设计一个对偶算法，该算法在价上工作，而不是权重。令 $V=\max\{v_1,\cdots v_n\}$ 为最大价值，对于每个 $i=0,1,\cdots,n$ 且 $0\leqslant v\leqslant nV$，定义 $W(i,v)$ 为通过从前 i 个项中选择价值正好为 v 所能够获得的最小权重。我们从对于任意 i 和 v，$W(0,v)=\infty$，$W(0,0)=0$ 开始，然后

$$W(i+1,v)=\min\{W(i,v),W(i,v-v_{i+1})+w_{i+1}\}$$

最终，我们选取最大的 v 使得 $W(n,v)\leqslant W$。显然这个算法在 $\mathcal{O}(n^2V)$ 时间内解决 KNAPSACK 问题。

305

但是，当然，价值有可能是很大的整数，这个算法也是伪多项式的，而不是多项式的。但既然我们只关注近似最优价值，所以我们可以采用一个计谋：或许我们可以忽略价值的最后几位，牺牲精确度来获得速度。给定一个实例 $x=(w_1,\cdots,w_n,W,v_1,\cdots,v_n)$，我

们定义一个近似实例 $x'=(w_1,\cdots,w_n,W,v_1',\cdots,v_n')$，其中新的值是 $v_i'=2^b\left\lfloor\frac{v_i}{2^b}\right\rfloor$，将原来价值的最后几位换成了0。$b$ 是一个需要在某个时候定下来的重要参数。

如果我们解决近似实例 x' 而不是 x，需要的时间仅仅是 $\mathcal{O}\left(\frac{n^2V}{2^b}\right)$，因为我们能够忽略 v_i 末尾的0。得到的解 S' 一般来说是和 x 的最优解 S 不一样的，但是下面的不等式序列说明它们之间相差并不大：

$$\sum_{i\in S}v_i\geqslant\sum_{i\in S'}v_i\geqslant\sum_{i\in S'}v_i'\geqslant\sum_{i\in S}v_i'\geqslant\sum_{i\in S}(v_i-2^b)\geqslant\sum_{i\in S}v_i-n2^b$$

第一个不等式成立是因为 S 是 x 的一个最优解，第二个是因为 $v_i'\leqslant v_i$，第三个是因为 S' 是 x' 的最优解，第四个是因为 $v_i'\geqslant v_i-2^b$，最后一个是因为 $|S|\leqslant n$。比较第二个和最后一个表达式，我们得到结论：算法返回的解最多比最优解小 $n2^b$。因为 V 是最优解价值的下界（不失一般性地假设，对于任意 i，$w_i\leqslant W$），所以与最优解之间的相对误差最多为 $\varepsilon=\frac{n2^b}{V}$。

我们现在处于一个非常有利的位置：给定任意用户定义的 $\varepsilon>0$，我们能够删除价值的最后 $b=\left\lceil\log\frac{\varepsilon V}{n}\right\rceil$ 位，在运行时间为多项式 $\mathcal{O}\left(\frac{n^2V}{2^b}\right)=\mathcal{O}\left(\frac{n^3}{\varepsilon}\right)$ 的情况下，得到一个 ε 近似算法！我们得到结论：对于任意 $\varepsilon>0$，存在一个多项式时间 ε 近似算法。因此，可以达到的比的最大下界是0。

任意近似阈值为0的问题，比如KNAPSACK，有一系列的算法，这些算法的错误率的极限是0。在KNAPSACK的例子中，这个系列的表现非常好，这个系列的算法可以看作有不同 ε 的相同算法。

306

定义 13.3 最优化问题 A 的多项式时间近似方案是一个算法，该算法对于每个 $\varepsilon>0$ 和 A 的实例 x，在与 $|x|$ 成多项式关系的时间限制下，返回一个相对误差最多为 ε 的解。在KNAPSACK的例子中，算法时间与 $\frac{1}{\varepsilon}$ 成多项式关系（见边界 $\mathcal{O}\left(\frac{n^3}{\varepsilon}\right)$），这种近似方案称为全多项式。□

不是所有的多项式时间近似方案都是全多项式。比如，没有一个强 **NP** 完全最优化问题拥有全多项式近似方案，除非 **P**=**NP**（见问题13.4.2）。比如，对于BIN PACKING，存在一个多项式时间近似方案（这是强 **NP** 完全的，见定理9.11），但是其时间与 $\frac{1}{\varepsilon}$ 的指数相关（见问题13.4.6）。下面的小节会介绍这个方案的另一个例子。

最大独立集

我们已经看到各种关于近似的最优化问题。有些问题，比如TSP问题，有近似阈值1（除非 **P**=**NP**）；其他类似KNAPSACK问题有近似阈值0；当然还有一些类型（NODE COVER、MAXSAT等）看起来在这两者之间，其近似阈值严格小于1，但是不知道是否是0。接下来我们将证明INDEPENDENT SET问题在两个极端类的其中一个中：其近似阈值要么是0，要么是1（在本章的后面部分，我们将看到其中的哪个极端才是正确答案）。

我们通过乘构造来说明。令 $G=(V,E)$ 为一个图。G^2 的顶点为 $V\times V$，边为 $\{[(u,u'),$

$(v,v')]$：其中 $u=v$ 并且 $[u',v']\in E$，或者 $[u,v]\in E\}$。请参考图 13.2。G^2 的关键性质是：

引理 13.1　G 有一个大小为 k 的独立集当且仅当 G^2 有一个大小为 k^2 的独立集。

证明：如果 G 有一个独立集 $I\subseteq V$，其中 $|I|=k$，则下面是一个大小为 k^2 的 G^2 的独立集：$\{(u,v):u,v\in I\}$。相反，如果 I^2 是 G^2 中包含 k^2 个顶点的独立集，则 $\{u:(u,v)\in I^2,v\in V\}$ 和 $\{v:(u,v)\in I^2,u\in V\}$ 都是 G 的独立集，其中之一包含至少 k 个顶点。□

通过引理 13.1 我们能够说明：

定理 13.6　对于 INDEPENDENT SET 问题，对于任意 $\epsilon_0<1$，如果存在一个 ϵ_0 近似算法，则 INDEPENDENT SET 存在一个多项式时间近似方案。

证明：假设存在时间限制为 $\mathcal{O}(n^{k'})$ 的 ϵ_0 近似算法。给定一个图 G，如果我们将这个算法运用在 G^2 上，则我们在 $\mathcal{O}(n^{2k'})$ 时间内得到一个大小至少为 $(1-\epsilon_0)\cdot k^2$ 的独立集，其中 k 是 G 的最大独立集（因此 k^2 是 G^2 的最大独立集）。据此，通过引理中的构造，我们能够得到一个 G 的独立集，大小至少为 $(1-\epsilon_0)\cdot k^2$ 的平方根，即 $\sqrt{1-\epsilon_0}\cdot k$。也就是说，如果对于 INDEPENDENT SET，有一个 ϵ_0 近似算法，则我们有一个 ϵ_1 近似算法，其中 $\epsilon_1=1-\sqrt{1-\epsilon_0}$。

因此，如果我们有一个 ϵ_0 近似算法，利用乘构造能够得到 ϵ_1 近似算法。如果我们将乘构造应用两次（也就是说，将我们的近似算法运用到 $(G^2)^2$），则我们有一个 ϵ_2 近似算法，其中 $1-\epsilon_2=\sqrt[4]{1-\epsilon_0}$。以此类推。

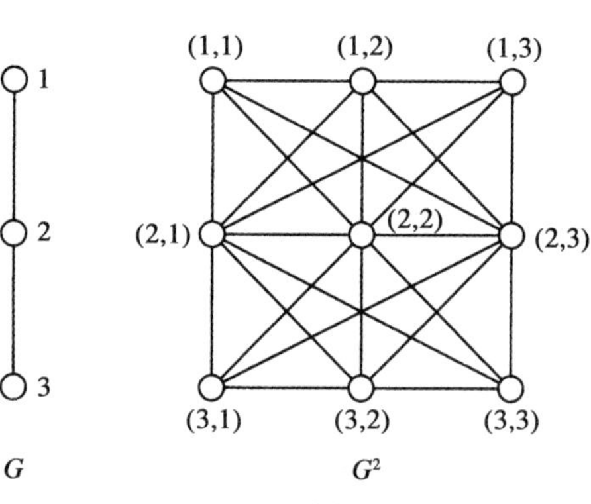

图 13.2　乘构造

对于任意给定的 $\epsilon>0$，无论多小，我们能够重复乘构造 $\ell=\left\lceil\log\frac{\log(1-\epsilon_0)}{\log(1-\epsilon)}\right\rceil$ 次。我们得到一个时间界是 $\mathcal{O}(n^{2^{\ell}k})=\mathcal{O}(n^{k\frac{\log(1-\epsilon_0)}{\log(1-\epsilon)}})$ 的算法，其近似比最多为 ϵ，这就是我们期望的近似方案（注意这个时间界不与 n 和 $\frac{1}{\epsilon}$ 成多项式关系，因此这个（假设的）多项式时间近似方案不是全多项式的）。□

对比 INDEPENDENT SET 和 NODE COVER 问题的可近似性是有意义的，这两个问题能够通过一种相当平凡的技巧，相互归约到另一个问题（见定理 9.3 的推论 1）。

另一个有趣的关于 INDEPENDENT SET 可近似性的后记是：如果我们限制图，使得没有结点的度数超过 4，我们称此种问题为 k-DEGREE INDEPENDENT SET，仍然是 **NP** 完全的（见定理 9.4 的推论 1）。但现在有一个可行的近似算法。

我们从 $I=\emptyset$ 开始。如果 G 中仍然有剩余的结点，则不断从 G 中删除任意结点 v 以及与它相邻的结点，将 v 加到 I 中。显然，得到的 I 是 G 的一个独立集。因为算法的每个阶段添加一个结点到 I 中，并且删除 G 中至多 $k+1$ 个结点（添加到 I 的结点和其邻居结点至多有 k 个），得到的独立集至少有 $\frac{|V|}{k+1}$ 个结点，其至少是最大独立集的 $\frac{1}{k+1}$ 倍。我们已经说明：

定理 13.7 k-DEGREE INDEPENDENT SET 问题的近似阈值至多为$\frac{k}{k+1}$。 □

再一次说明，对于这个问题，目前没有更好的多项式时间近似算法。

13.2 近似和复杂性

对于最优化问题，多项式时间近似方案是仅次于多项式时间精确算法的方案。对于**NP**完全最优化问题，一个重要的问题是是否存在这么一个方案。因为每个这种类型的问题都很难回答，在本节我们做一些与**NP**完全的发展并行的事：我们将很多这种问题通过归约混合在一起，使得它们对于某些很自然也很有意义的复杂性类来说是完全的。

L 归约

我们已经看到在一些场合下，原来的归约非常不适合用来研究可近似性。下面我们介绍一个能够保持可近似性的小心的归约。

定义 13.4 最优化问题显然是函数问题（因为最优解，不仅是“yes”或“no”）。回顾定义 10.1，一个从函数问题 A 到 B 的归约是一对函数 R 和 S，其中 R 能够在对数空间计算，S 能够在多项式时间计算，使得如果 x 是 A 的一个实例，则 $R(x)$ 是 B 的一个实例。另外，如果 y 是 $R(x)$ 的一个解，则 $S(y)$ 是 x 的一个解。

假设 A 和 B 是最优化问题（最大化或最小化）。一个从 A 到 B 的 L 归约是一对函数 R 和 S，它们都能在对数空间内计算，且有两个额外的性质：首先如果 x 是 A 的一个有最优花费 $\mathrm{OPT}(x)$ 的实例，则 $R(x)$ 是 B 的一个实例，其最优花费满足

$$\mathrm{OPT}(R(x)) \leqslant \alpha \cdot \mathrm{OPT}(x)$$

其中 α 是一个正常数。其次，如果 s 是 $R(x)$ 的任意可行解，则 $S(s)$ 是 x 的一个可行解，使得 309

$$|\mathrm{OPT}(x) - c(S(s))| \leqslant \beta \cdot |\mathrm{OPT}(R(x)) - c(s)|$$

其中 β 是另一个与归约相关的正常数（我们用 c 来表示两个实例的花费）。也就是说，S 能够保证返回 x 的一个可行解，该解不比给定的 $R(x)$ 的解差很多。注意通过第二个性质，一个 L 归约是一个真归约：如果 s 是 $R(x)$ 的最优解，则 $S(s)$ 一定是 x 的最优解。 □

例 13.1 从 INDEPENDENT SET 到 NODE COVER 的一个很平凡的归约（R 是恒等函数，返回相同的图 G，但是 S 将 C 换成 $V-C$）不是 L 归约。其缺点在于最优结点覆盖可以比最优独立集任意大（考虑 G 是一个大团的情况），违反了第一个条件。

但是，如果我们将图限制为度数最多为 k，那么这个问题就解决了，(R, S) 是一个从 k-DEGREE INDEPENDENT SET 到 k-DEGREE NODE COVER 的 L 归约。在证明中，如果最大度数为 k，则最大独立集至少为$\frac{|V|}{k+1}$，同时最小结点覆盖有最多$|V|$个结点，因此常数 $\alpha=k+1$ 满足第一个条件。任意覆盖 C 和最优解之间的差与 $V-C$ 和最大独立集之间的差相同，因此我们将第二个条件中的 β 取为 $\beta=1$。

类似地，很容易看到在相反的方向，(R,S) 也是一个 L 归约，其中 α 和 β 均相同。 □

L 归约有原来归约的重要组合性质（见性质 8.2）：

性质 13.1 如果 (R,S) 是一个从问题 A 到问题 B 的 L 归约，且 (R',S') 是一个从 B 到 C 的 L 归约，则它们的组合 $(R\cdot R',S'\cdot S)$ 是一个从 A 到 C 的 L 归约。

证明： 从性质 8.2 得出，$R\cdot R'$ 和 $S'\cdot S$ 能够在对数空间内得到。同样，如果 x 是 A

的一个实例，我们有 $\mathrm{OPT}(x)\leqslant\alpha\mathrm{OPT}(R(x))$ 和 $\mathrm{OPT}(R(x))\leqslant\alpha'\mathrm{OPT}(R'(R(x)))$，其中 α 和 α' 是相应的常数，因此 $\mathrm{OPT}(x)\leqslant\alpha\cdot\alpha'\mathrm{OPT}(R'(R(x)))$ 且 $R\cdot R'$ 满足第一个条件，其常数为 $\alpha\cdot\alpha'$。类似地，很容易检查 $S'\cdot S$ 满足第二个条件，其常数为 $\beta\cdot\beta'$。 □

L 归约关键的性质是能够保持可近似性：

性质 13.2 如果存在一个从 A 到 B 的 L 归约（R，S），其中常数为 α 和 β，且对于 B 存在一个多项式时间 ϵ 近似算法，则对于 A 存在一个多项式时间的 $\frac{\alpha\beta\epsilon}{1-\epsilon}$ 近似算法。

310

证明： 算法如下，给定一个 A 的实例 x，我们构造 B 的实例 $R(x)$，然后将 B 的假设 ϵ 近似算法应用到上面，得到解 s。最后我们计算 A 的解 $S(s)$。我们断言这是一个 A 的 $\frac{\alpha\beta\epsilon}{1-\epsilon}$ 近似算法。

在证明中，考虑比例 $\frac{|\mathrm{OPT}(x)-c(S(s))|}{\max\{\mathrm{OPT}(x),c(S(s))\}}$。通过 L 归约的第二个性质，分子至多为 $\beta|\mathrm{OPT}(R(x))-c(s)|$。通过 L 归约的第一个性质，分母至少为 $\frac{\mathrm{OPT}(R(x))}{\alpha}$，这至少是 $\frac{\max\{\mathrm{OPT}(R(x)),c(s)\}}{\alpha}(1-\epsilon)$。将两个不等式相除，我们得到 $\frac{|\mathrm{OPT}(x)-c(S(s))|}{\max\{\mathrm{OPT}(x),c(S(s))\}}\leqslant\frac{\alpha\beta}{1-\epsilon}\frac{|\mathrm{OPT}(R(x))-c(s)|}{\max\{\mathrm{OPT}(R(x)),c(s)\}}$。通过关于 B 的 ϵ 近似的假设，后面的量至多为 $\frac{\alpha\beta\epsilon}{1-\epsilon}$ □

性质 13.2 中表达式 $\frac{\alpha\beta\epsilon}{1-\epsilon}$ 的重要性质是：如果 ϵ 从正数趋向于 0，则表达式也是。这意味着：

推论 如果存在一个从 A 到 B 的 L 归约且对于 B 存在一个多项式时间近似方案，则对于 A 存在一个多项式时间近似方案。 □

MAXSNP 类

可近似性的复杂性理论的发展可以与使我们猜想 **P**≠**NP** 的推理相似。在两种情况下，对于一些很自然的问题，我们提出一个重要且很难回答的问题（它们是否存在多项式算法，它们是否有一个多项式时间近似方案）。我们接下来定义一个保持问题中性质的归约。首先我们需要一个类似 **NP** 的问题宽泛大类，该类包含许多重要的完全问题。我们接下来定义它。

定义 13.5 下面这个定义的动机来自于 Fagin 定理，该定理说所有 **NP** 中的图论属性能够被只含有二阶存在量词的逻辑表达（定理 8.3）。存在一个很有趣的 **NP** 部分，称为严格 **NP** 或者 **SNP**，其中包含所有能够被表达成

$$\exists S\forall x_1\forall x_2\cdots\forall x_k\phi(S,G,x_1,\cdots,x_k)$$

的性质，其中 ϕ 是一个包含变量 x_i、结构 G（输入）和 S 的没有量词的一阶表达式。**NP** 比 **SNP** 更一般化，因为在 **NP** 中允许任意一阶量词，不仅仅是全称量词。

SNP 显然包含判定问题，并且我们现在对于定义一个最优化问题的类有兴趣。存在一个简单并且令人感兴趣的方法，通过修改 **SNP** 的表达式获得一个最优化问题宽泛大类。考虑任意这种表达式 $\exists S\forall x_1\forall x_2\cdots s\forall x_k\phi$。它要求一个关系 S，使得所有可能的 k 元组 $(x_1,\cdots s,x_k)$ 满足 ϕ。假设我们妥协一点。不要求 ϕ 满足所有的 k 元组，而是寻找关系 S，使得 ϕ 尽可能满足多的 k 元组 $(x_1,\cdots s,x_k)$。我们因此得到一个最优化问题。我们将这个

311

情况稍微一般化，使得输入结构 G 不一定是二元关系，而是任意元数的一组关系 $G_1,\cdots,G_m$。

现在定义 **MAXSNP**$_0$（还不是我们的最终目标）为下面的最优化问题的类：这个类中的问题 A 如下面的表达式定义

$$\max_S |\{(x_1,\cdots,x_k)\in V^k : \phi(G_1,\cdots,G_m,S,x_1,\cdots,x_k)\}|$$

（与 $\exists S\forall x_1\forall x_2\cdots\forall x_k\phi$ 比较）。问题 A 的输入是在有限全域 V 上关系 $G_1,\cdots,G_m$ 的集合。我们寻找一个关系 $S\subseteq V^r$ 使得 ϕ 满足的 k 元组的数目尽可能大。现在注意定义 A 的表达式是如何从原来的 $\exists S\forall x_1\forall x_2\cdots\forall x_k\phi$ 发展而来。存在量词寻找最大化的 S，不知道同时 k 全称量词的序列已经变成了 k 元组的计数。

最后，将 **MAXSNP** 定义为所有能够 L 归约到 **MAXSNP**$_0$ 中问题的最优化问题的类。 □

例 13.2 问题 MAX-CUT 在 **MAXSNP**$_0$ 中，因此也在 **MAXSNP** 中。在证明中，MAX-CUT 能够写成：

$$\max_{S\subseteq V} |\{(x,y):((G(x,y)\vee G(y,x))\wedge S(x)\wedge\neg S(y))\}|$$

这里我们将图表示为有向图，给每个无向边一个任意的方向。所陈述的问题要求结点的子集 S，使得进入 S 或者离开 S 的边的数目最大，也就是说，在相关无向图中的最大割。

MAX2SAT（最大化满足的子句数目，其中每个子句有两个文字）也在 **MAXSNP** 中。这里我们有三个输入关系，G_0、G_1 和 G_2。直观地，G_i 包含所有拥有 i 个否定文字的子句；也就是说，$G_0(x,y)$ 当且仅当（$x\vee y$）是表达式中的一个子句；$G_1(x,y)$ 当且仅当（$\neg x\vee y$）是一个子句；$G_2(x,y)$ 当且仅当（$x\vee\neg y$）是一个子句。通过这些复杂的输入约定，我们能够将 MAX2SAT 写成 $\max_{S\subseteq V}|\{(x,y):\phi(G_0,G_1,G_2,S,x,y)\}|$，其中 ϕ 是如下的表达式：

$$(G_0(x,y)\wedge(S(x)\vee S(y))\vee(G_1(x,y)\wedge(\neg S(x)\vee S(y))\vee(G_2(x,y)\wedge(\neg S(x)\vee\neg S(y))$$

其中 S 表示**真**的变量的集合。不难看到陈述的问题实际上就是求一个真值指派最大化满足的子句的总数。具有 4 个关系的相似构造可以说明 MAX3SAT 在 **MAXSNP** 中。

312

对于 k-DEGREE INDEPENDENT SET，我们的输入是一个不正规的用（$k+1$）元关系 H 表示的最大度数为 k 的图 $G=(V,E)$。H 包含 $|V|$（$k+1$）元组（$x,y_1,\cdots,y_k$）使得 y_i 是结点 x 的邻居（重复说一次，当 x 的邻居数小于 k 时）。k-DEGREE INDEPENDENT SET 能够写成：

$$\max_{S\subseteq V} |\{(x,y_1,\cdots,y_k):[(x,y_1,\cdots,y_k)\in H]\wedge[x\in S]\wedge[y_1\notin S]\wedge\cdots\wedge[y_k\notin S]\}|$$

S 是一个独立集。

最后，k-DEGREE NODE COVER 在 **MAXSNP** 中，因为它能够 L 归约到 k-DEGREE INDEPENDENT SET（见例 13.1）。注意，因为根据定义 **MAXSNP**$_0$ 只包含最大化问题，所以对于最小化问题，唯一的办法是 L 归约到 **MAXSNP** 中的另一个问题，比如 k-DEGREE NODE COVER，这是在 **MAXSNP** 中的。 □

我们在例 13.2 中看到，在 **MAXSNP** 中的 4 个最大化问题在前一节中已经说明，对于某些 $\epsilon<1$，拥有多项式时间 ϵ 近似算法。这不是巧合：

定理 13.8 令 A 为一个在 **MAXSNP**$_0$ 中的问题。假设 A 形如 $\max_S|\{(x_1,\cdots,x_k):\phi\}|$。则 A 有一个（$1-2^{-k_\phi}$）近似算法，其中我们定义 k_ϕ 为 ϕ 中包含 S 的原子表达式的数目。

证明：考虑 A 的在全域 V 上的一个实例。对于每个 k 元组 $v=(v_1,\cdots,v_k)\in V^k$，我们替换 ϕ 中 $x_1,\cdots,x_k$ 的值，得到一个表达式 ϕ_v。有 3 种原子表达式 ϕ_v，即那些有关系符号

G_i（输入关系）、$=$（v_i 之间相等关系）和 S 的表达式。前两种能够通过已知的输入关系的值和 v_i，预先求值为**真**或**假**，并且从 ϕ_v 中替代（可以见定理 5.9 中的相似构造）。于是 ϕ_v 最终是一个原子表达式 $S(v_{i_1},\cdots,v_{i_r})$ 的布尔组合。

因此 A 的实例本质上是一个对于所有可能的 k 元组 v 来说，形如 ϕ_v 的表达式集合，并且要求给各个原子表达式 $S(v_{i_1},\cdots,v_{i_r})$ 赋真值（我们能够认为其是布尔变量）使得满足的 ϕ_v 的数目最大化。但是这是 MAXGSAT 的一个实例（给定一个布尔表达式的集合，要求找到满足尽可能多的布尔表达式的真值指派，见 13.1 节关于最大可满足性的部分）。在定理 13.2 之前的讨论显示如何得到问题的相对误差最多为 $(1-2^{-m})$ 的近似解，其中 m 是每个表达式中出现的布尔变量的数目——在我们的例子中是 k_ϕ。□

313

因此，在 **MAXSNP** 中的所有最优化问题共同拥有一个肯定的近似性质（它们都有某些 ϵ 近似算法，其中 $\epsilon<1$，尽管不是多项式时间近似方案），与此几乎相同的是，所有在 **NP** 中的问题都有一个肯定的算法性质——它们能够在多项式时间内被一个非确定性算法解决，尽管不一定是确定性算法。在 **MAXSNP** 中的所有问题是否都有一个多项式时间近似方案是一个最重要的问题——在近似领域中，与我们曾经研究的 $\mathbf{P} \stackrel{?}{=} \mathbf{NP}$ 问题有相似的地位。可以预见，我们现在将转而识别完全问题。

MAXSNP 完全

如果所有 **MAXSNP** 中的问题能够 L 归约到 **MAXSNP** 中的问题，那么我们称这个问题是 **MAXSNP** 完全的。从性质 13.2 的推论中，我们有：

性质 13.3　如果 **MAXSNP** 完全问题有一个多项式时间近似方案，则所有在 **MAXSNP** 中的问题都有一个多项式时间近似方案。□

很自然地，**MAXSNP** 完全问题不是显然存在。但是它们确实是：

定理 13.9　MAX3SAT 是 **MAXSNP** 完全的。

证明：因为通过定义任意在 **MAXSNP** 中的问题都能被 L 归约到一个 $\mathbf{MAXSNP}_0$ 中的问题，这足以说明所有在 $\mathbf{MAXSNP}_0$ 中的问题能够被 L 归约到 MAX3SAT。考虑这样一个问题 A，该问题通过表达式 $\max_S|\{(x_1,\cdots,x_k):\phi\}|$ 定义。定理 13.8 本质上说明 A 能够被 L 归约到 MAXGSAT。我们需要做的是进一步在那个构造中得到的布尔表达式上做工作，得到 MAX3SAT 的一个实例。

在定理 13.8 的证明中每个 A 的实例 x 产生的表达式是形如 ϕ_v 的布尔表达式，其中的布尔变量对应各个 x 的常量的元组是否属于 S。通常我们能够忽略不能被满足的表达式 ϕ_v。我们能够将每个剩余的布尔表达式 ϕ_v 表示成布尔电路，其中有 $\wedge$、$\vee$、$\neg$ 门。我们能够接着使用从 CIRCUIT SAT 到 3SAT 归约中的构造（见例 8.3）。也就是说，我们将每个电路中的门替换成一个集合，该集合有两个或者三个子句，这些子句用来说明该种门所指定的输入值和输出值之间的关系（见例 8.3）。我们增加子句 (g)，其中 g 是输出门。我们对每个可满足的 ϕ_v 应用上面的方法。最终生成的子句集合是期望的 MAX3SAT 的实例 $R(x)$。从该实例的任意真值指派 T，我们立刻得到 A 的实例 x 的一个可行解 $S=S(T)$，只要简单地从变量的布尔值中恢复 S。L 归约的描述已经完成。

314

但是我们仍然需要说明这确实是一个 L 归约。每个可满足的表达式 ϕ_v 最多被 c_1 个子句替换，其中 c_1 是与 ϕ 的大小相关的常数，因此对于 A 来说是确定的（本质上是 ϕ 中布尔连接数的 3 倍）。因此 m 个可满足的表达式 ϕ_v 被最多 c_1m 个子句替换。实例 x 的最优值

至少是 m 的某个常数比，即 $\mathrm{OPT}(x)\geqslant c_2 m$（例如，通过定理 13.8，我们能够取 $c_2=2^{-k_\phi}$）。因为在 $R(x)$ 中，所以我们总是能够设置布尔变量使得除对应输出门以外的所有子句满足 $\mathrm{OPT}(R(x))\leqslant(c_1-1)m$，如果 $\alpha=\frac{(c_1-1)}{c_2}$，则 L 归约的首要条件可以被满足。很容易看到，如果 $\beta=1$，则第二个条件是满足的，证明完毕。 □

放大器和扩张器

为了将 MAX3SAT 归约到 **MAXSNP** 中其他重要的问题（见下面的定理 13.11），我们需要确立性质 9.3 的等价形式，也就是说，即使每个变量在子句中最多出现 3 次，MAX3SAT 仍然保持 **MAXSNP** 完全（我们称这个约束问题为 3-OCCURRENCE MAX-3SAT）。在第 9 章中，我们通过将变量 x 的每次出现都替换为一个新的变量来证明，也就是说，用变量 $x_1,x_2,\cdots,x_k$ 替换，然后增加子句 $(x_1\Rightarrow x_2),(x_2\Rightarrow x_3),\cdots,(x_k\Rightarrow x_1)$。这个“蕴涵的环”保证在任何满足的真值指派中，所有新的变量有相同的真值。

这个简单的技巧在当前的情况下不适用。“蕴涵的环”的构造不是一个从 MAX3SAT 到 3-OCCURRENCE MAX3SAT 的 L 归约。究其原因，让我们考虑（不可否认有点牵强）拥有子句 $(x),(x),\cdots,(x),(\neg x),(\neg x),\cdots,(\neg x)$ 的 MAX3SAT 的实例 y，其中有 ℓ 个 (x) 和 ℓ 个 $(\neg x)$（我们并不要求子句中文字的数目不能小于 3，也没要求子句不能重复）。显然，y 的最优值 $\mathrm{OPT}(y)=\ell$。

如果我们实施上面的归约，将 2ℓ 个 x 换成 $x_1,\cdots,x_{2\ell}$，并增加子句 $(x_1\Rightarrow x_2),(x_2\Rightarrow x_3),\cdots,(x_{2\ell}\Rightarrow x_1)$，那么我们得到一个新的有 4ℓ 个子句的 MAX3SAT 实例 $R(y)$。我们想要说明从 $R(x)$ 的任意解 s 能够恢复 y 相应的解 $S(s)$。但是，$R(y)$ 的最优解 s 满足除了一个子句以外的所有 4ℓ 个子句，最优解为：$x_1,x_2\cdots,x_\ell$ 为**真**，$x_{\ell+1},x_{\ell+2},\cdots,x_{2\ell}$ 为**假**。因此，所有的子句 $(x_1),\cdots,(\neg x_{2\ell})$ 被满足，而且除了 $(x_\ell\Rightarrow x_{\ell+1})$ 以外，所有形如 $(x_i\Rightarrow x_{i+1})$ 的子句也被满足，这是唯一一个有**真**假设却得到**假**结果的子句。显然我们不能从 s 恢复有意义的 y 的解 $S(s)$。

因此，“蕴涵的环”技术不能给我们一个 L 归约。是否存在能够成功蕴涵的其他更加成熟的图呢？让我们从确认这个环在哪里出错开始：存在一个大的结点子集（即 $x_1,x_2,\cdots,x_\ell$），有一条边离开这些结点。这是破坏性的，因为它转换出了一个“作弊的”真值指派，这个真值指派满足除了这条边所代表的蕴涵以外的所有子句。能够避免这种作弊的是在有向图中所有结点集合都有“大量的”边离开它们——与集合中结点的个数相同。我们将此进行如下的形式化： [315]

定义 13.6 考虑一个有限集合 X，一个有向图 $G=(V,E)$，其中 $X\subseteq V$。我们假设 $|V|\leqslant c\cdot|X|$，其中 c 是常数，除了 X 以外 G 的所有结点入度为 1、出度为 2，或者入度为 2、出度为 1。X 中的结点入度和出度为 1。也就是说 $|E|\leqslant 2c\cdot|X|$。

如果下面的条件成立，则称 G 是 X 的放大器：对于任意子集 $S\subseteq V$，其中包含 $s\leqslant\frac{|X|}{2}$ 个 $|X|$ 中的结点，$|E\cap S\times(V-S)|,|E\cap(V-S)\times S|\geqslant s$[⊖]。也就是说，出、入 S 的边不少于 S 中的 X 结点的个数。 □

假设对于任意 X，存在一个放大器 G。则我们能够用它来构造一个一般化的“蕴涵的

⊖ 原文是 $|S|$。——译者注

环”，从 MAX3SAT 到 3-OCCURRENCE MAX3SAT 的 L 归约如下：对于原表达式的每个变量，若出现了 k 次，则我们将变量的集合 $X=\{x_1,\cdots,x_k\}$ 用最多 ck 个新的变量，通过至多 $2ck$ 条代表蕴涵关系的 G 的边连接起来组成 V。我们断言最终的构造是一个从 MAX3SAT 到 3-OCCURRENCE MAX3SAT 的 L 归约。

在证明中，首先注意如果 y 是有 m 个子句的原始实例，则 $R(y)$ 至多有 $(2c+1)m$ 个子句，因此第一个条件满足 $\alpha=2(2c+1)$（我们能够满足 y 中至少一半的子句）。更重要的是，如果 s 是 $R(y)$ 的任意一个解，则我们能够修改它使得对于 y 的每个变量 x，所有 $R(y)$ 中 x 的 k 个备份，以及 V 中所有额外的结点都有相同的真值——x 备份中的大部分。这可能导致 x 的 $|S|$ 个备份改变值，因此至多失去 $|S|$ 个在 $R(y)$ 中满足的子句。但是因为放大器的性质，我们知道在这个过程中已经至少获得了 $|S|$ 个子句（这些从 G 的**真**部分到**假**部分的蕴涵）。因此不失一般性地假设在 $R(y)$ 的最优真值指派中，每个变量的所有备份有相同的真值，这样 y 等价的真值指派能够容易地复原。两种指派到最优值的距离显然一样。

我们得到结论，如果假设放大器存在，则我们就能够证明 3-OCCURRENCE MAX3SAT 是 **MAXSNP** 完全的。下面我们将说明放大器存在。再一次，我们的论证不是构造性的，而是以定理 11.6 的那种证明方式。首先我们定义一些相关的概念：

316

定义 13.7　令 $\delta>0$。一个 X 的 δ 扩张器是一个图 $G=(X,E)$，其中 $|E|\leqslant c'|X|$，该图有如下性质：对于每个大小为 s 的子集 $S\subseteq X$，$|E\cap S\times(V-S)|\geqslant\delta|S|$。□

从 δ 扩张器，我们能够构造一个放大器。但是仍然有几个问题亟待解决。首先，只有 $\delta|S|$ 条边离开 S，而不是需要的 $|S|$。但是这能够通过取 G 的 $\left\lceil\frac{1}{\delta}\right\rceil$ 份备份达到目标。其次，不能保证有很多的边进入 S。这可以通过增加所有的反向边来解决，使得图对称。最后，为了满足入度和出度的限制，对于每个出度为 $k\geqslant 2$ 的结点 $x\in X$，我们在 V 中增加 $k-1$ 个新的结点，这“分散”了离开 x 的边。一个相似的构造也能运用在入度上。得到的图就是 X 的一个放大器，其中 $c=\frac{4c'}{\delta}$。

因此，下面的结论成立，即存在放大器：

引理 13.2　对于任意 $n\geqslant 2$，所有大小为 n 的集合 X 对于某个 $\delta>0$ 有一个 δ 扩张器。

证明： 考虑 X 上的一个随机函数 F，一个所有出度为 1 的随机图。也就是说，对于每个 $x\in X$，我们等概率地独立选取 $F(x)$ 为任意其他的结点。令 S 为一个大小为 $|S|=s\leqslant\frac{n}{2}$ 的 X 的子集。如果 S 有少于 δs 个外向的边（其中 δ 是一个即将确定的小数），我们称 S 是坏的。S 是坏的概率是多少？

为了回答这个问题，暂且先从 S 中删除外向边的源。剩余的大小为 $|T|\geqslant(1-\delta)|S|$ 的子集 T 一定是内向的，也就是说，对于任意结点 $x\in T$，我们有 $F(x)\in S$。对于 T 中的每个结点，其映射到 S 的概率是 $\frac{s}{n}$，因此 T 是内向的概率最多为 $\left(\frac{s}{n}\right)^{(1-\delta)|S|}$。因此存在 S 的内向子集 T 的概率不会超过这个数，乘以容量为 $(1-\delta)s$ 的 S 的子集的数目，其为 $\binom{s}{\delta s}$。因为我们能够将上面的 $\binom{n}{k}$ 近似为 $\left(\frac{en}{k}\right)^k$（见问题 13.4.10），所以这个在后面的数

至多为$\left(\frac{e}{\delta}\right)^{\delta s}$。我们得到结论：容量为 s 的集合 S 是坏的的概率不大于$\left(\frac{e}{\delta}\right)^{\delta s}\left(\frac{s}{n}\right)^{(1-\delta)s}$。

假设现在我们独立地取 X 上的 k 个随机函数，结合得到一个图 F_k。显然，S 是坏的的概率被该表达式的 k 次幂$\left(\frac{e}{\delta}\right)^{\delta ks}\left(\frac{s}{n}\right)^{(1-\delta)ks}$固定。最后，因为存在至多$\left(\frac{en}{s}\right)^{s}$个大小为 s 的 X 的子集，所以期望大小为 s 的在 F_k 中的所有坏的子集的数目至多为$\left(\frac{en}{s}\right)^{s}\left(\frac{e}{\delta}\right)^{\delta ks}\left(\frac{s}{n}\right)^{(1-\delta)ks}$。选取 $\delta=\frac{1}{10},k=8,s\leqslant\frac{n}{2}$，经过计算，我们得到结论：$F_8$ 中具有少于$\frac{s}{10}$条外向边的 X 的 s 子集平均个数至多$\left(\frac{1}{2}\right)^{s}$。将所有的 s 加起来，我们观察到期望的在 F_8 中的坏的子集的数目少于1。

因此，如果我们在 X 上独立地选取 8 个随机函数形成 F_8，坏的子集的期望数目小于1。显然一定存在这么一个尝试，可以得到 0 个坏子集（否则期望至少为 1）。我们必须得出结论：存在一个有 n 个结点且出度为 8 的图，使得所有小于$\frac{n}{2}$的子集 S 有至少$\frac{|S|}{10}$条出边。这个图就是 $\delta=\frac{1}{10}$且 $c'=8$ 的 δ 扩张器。 □

317

不幸的是，这个结果没有给我们任何寻找从 MAX3SAT 到 3-OCCURRENCE MAX3SAT 的 L 归约的方法。因为尽管我们知道对于所有的 n 放大器存在，因此构造可行，但是我们没有描述一个算法可以在 $\log n$ 空间内产生一个放大器（如果是在 $n\log n$ 空间，我们当然可以尝试所有可能的图直到找到放大器）。引理 13.2 的构造形式的证明比较复杂（参见 13.4.12 的参考文献）：

引理 13.2′ 存在一个算法，给定一元表示的 n，在 $\log n$ 空间内为一个大小为 n 的集合产生一个放大器。 □

根据这个重要的事实，我们的主要结果如下：

定理 13.10 3-OCCURRENCE MAX3SAT 是 **MAXSNP** 完全的。 □

根据定理 13.10，我们能够说明几个其他的 **MAXSNP** 完全的结果。

定理 13.11 下面的问题是 **MAXSNP** 完全的：

(a) 4-DEGREE INDEPENDENT SET。

(b) 4-DEGREE NODE COVER。

(c) 5-OCCURRENCE MAX2SAT。

(d) MAX NAESAT。

(e) MAX-CUT。

证明： 对于 (a)，我们注意在定理 9.4 证明中的归约也是一个从 3-OCCURRENCE MAX3SAT 到 4-DEGREE INDEPENDENT SET 的 L 归约。L 归约的性质是显然的，因为两个实例中的最优值是相同的。根据下面的事实，结果图的最大度数是 4。因为每个变量最多出现 3 次，所以每个文字最多有两个相反的文字出现。唯一可能的巧妙之处是现在可能存在有一两个文字的子句，这些能够分别用单个结点或者边来表示（与三角形相反）。

将 4-DEGREE INDEPENDENT SET 归约到 4-DEGREE NODE COVER 是显然的：R 部分是恒等式，S 部分从 S 产生 $V-S$（见定理 9.4 的推论 2)。归约是一个 L 归约（尽管

318 在无约束问题间的归约不是L归约，见例13.1)，因为最优值都是与结点个数线性相关。

从4-DEGREE INDEPENDENT SET 到 5-OCCURRENCE MAX2SAT 的L归约，对于每个结点我们有一个变量。对于每个结点 x，我们在 5-OCCURRENCE MAX2SAT 的实例中增加子句 (x)，对于每条边 $[x,y]$，我们增加子句 $(\neg x \vee \neg y)$。这完成了 5-OCCURRENCE MAX2SAT 实例的构造。很容易看出可以假设最优真值指派满足所有边的子句(因为如果不是这样，那么将一个结点设为**假**不会减少满足的子句数目)。因此满足的子句的最优数目等于最大独立集的数目加上$|E|$，而$|E|$是一个最大独立集的常数倍，见例13.1。

我们能够通过在说明 NAESAT 是 **NP** 完全（定理9.3）中使用到的相同的归约，将 MAX2SAT 归约到 MAX NAESAT（3SAT 的不全相等版本的最大化问题）：我们在每个子句中增加一个新的文字 z。两个实例中的最优值相同，因此我们得到了一个L归约。最后，在定理9.5证明中的从 NAESAT 到 MAX-CUT 的归约是一个L归约。 □

13.3 不可近似性

我们已经认为 **MAXSNP** 完全问题是否存在多项式时间近似方案与 $\mathbf{P} \stackrel{?}{=} \mathbf{NP}$ 问题相似。巧合的是，这种相似性有比任何人所预料的更深刻之处：最近一系列深刻惊人的结果说明两个问题是等价的：**MAXSNP** 完全问题有多项式时间近似方案当且仅当 $\mathbf{P}=\mathbf{NP}$——很自然地，这是一个很强的负面结果，我们本希望可近似性，但却缺少 $\mathbf{P}\neq\mathbf{NP}$ 的证明。将可近似性与 $\mathbf{P} \stackrel{?}{=} \mathbf{NP}$ 问题关联起来需要开发一种非常有趣的 **NP** 的另一种刻画，该刻画从一种更加适合讨论可近似性的角度来观察这类问题，而不是目前精确的、严格的计算角度。我们下面将讨论这个迷人的结论。

弱检验者

令 L 是语言，M 是图灵机。如果 L 能够写成下面的形式，我们称 M 是 L 的一个检验者：

$$L = \{x:(x,y) \in R, \text{对于某些 } y\}$$

其中 R 是由 M 判定的多项式平衡关系。根据性质9.1，语言 L 在 **NP** 中，当且仅当它有一个多项式时间的检验者。后来发现，M 是多项式时间的要求能够被放宽：

性质 13.4（Cook 定理，弱检验者版本） 语言 L 在 **NP** 中，当且仅当它有一个确定性的对数空间检验者。319

证明： 因为 SAT 是 **NP** 完全的，所以存在一个从 L 到 SAT 的归约 F。现在定义$(x,y)\in R$ 当且仅当 $y=F(x)$; z，其中 z 是一个布尔表达式 $F(x)$ 的满足的真值指派。显然 $x\in L$ 当且仅当存在 y 使得 $(x,y)\in R$。而且，$(x,y)\in R$ 是否成立能够在对数空间被判定：计算 $F(x)$的机器一位一位地比较其输出和 y。在对数空间判断 z 是否满足 $F(x)$ 是很平凡的。 □

因此 **NP** 检验者的复杂性能够从多项式时间减少到对数空间。它能够减少到什么程度呢？本节的重要结果是令人惊奇的 **NP** 的弱检验者。

定义 13.8 我们的新检验者是一个随机机器，在检验 $(x,y)\in R$ 是否成立时，只需要使用 $\mathcal{O}(\log|x|)$ 个随机位。而且，尽管检验者能够完全访问输入 x，但是它对凭据 y 的访问限制很多：它只检查 y 的常数位。机器工作如下：对于输入 x，对于某个 $c>0$ 有随机位字符串 $r\in\{0,1\}^{\lceil c\log|x|\rceil}$，检验者计算一个有限的整数集合 $Q(x,r)=\{i_1,\cdots,i_k\}$，其中 k 是一个固定整数，i_j 最多为$|y|=p(|x|)$。然后 y 的第 i_j 个符号被找到并写在检验者的一

个字符串上，$j=1,\cdots,k$。y 的其他部分就不再需要了。最后，检验者根据 x、r 和 $y_{i_1}\cdots y_{i_k}$ 运行一个多项式时间计算。检验者的所有计算结果返回“yes”或者“no”。

我们称这种机器是一个（$\log n,1$）限制检验者，以此表明两个重要的资源限制：$\mathcal{O}(\log n)$ 随机位，以及常数 $\mathcal{O}(1)$，即访问步骤的数目。如果对于每个输入 x 和凭据 y，下面的论据成立，则我们称一个（$\log n,1$）限制检验者判定一个关系 R：如果（x,y）$\in R$，则对于所有随机字符串，检验者以“yes”结束。但如果（x,y）$\notin R$，则至少有$\frac{1}{2}$个随机字符串，检验者以“no”结束。换句话说，存在一定限制比例的假正，但是没有假负。[⊖] □

上面提到的 **NP** 的新奇刻画如下：

定理 13.12 语言 L 在 **NP** 中，当且仅当其有一个（$\log n,1$）限制检验者。 □ 320

定理 13.12 的独创性证明包含了很多最近几年开发出的思想和技术。详情见 20.2.16 和 20.2.17。

不可近似性结果

通过定理 13.12 能够得到很多直接和重要的最优化问题的可近似性结果：

定理 13.13 对于 MAX3SAT，如果存在一个多项式时间近似方案，则 **P**=**NP**。

证明： 令 $L\in$ **NP**，并且令 V 为定理 13.12 中所论述的判定关系 R 的（$\log n,1$）限制检验者，V 使用 $c\log n$ 个随机位和 d 个访问，d 和 c 是正常数。不失一般性地假设，如果 $(x,y)\in R$，则 $x;\ y\in\{0,1\}^*$ 且 $|x;y|=|x|^k$。现在假设对于 MAX3SAT，存在一个多项式时间近似方案，它在多项式时间 $p_\varepsilon(n)$ 内取得近似比 $\varepsilon>0$。根据这点，我们将设计出一个判定 L 的多项式时间算法。

假设我们希望判定 $x\in L$ 是否成立，其中 $|x|=n$。令 $r\in\{0,1\}^{c\log n}$，考虑被这个随机选择序列影响的 V 的计算。我们希望构造一个布尔表达式来表示计算以“yes”结束的事实。在这个计算过程中，V 将访问 y 的 d 位，称为 $y_{i_1}(r),\cdots,y_{i_d}(r)$。除了 y 的这些位外，V 的计算的所有其他方面或者随机选择 r 都完全被确定了。因此计算产生一个布尔函数，这 d 位是其中的布尔变量，这能够表示成一个电路 C_r。我们知道（见性质 4.3 的证明）C_r 中门的数目最多为常数 $K=2^{2d}$。反过来，C_r 能够被表示成一个有 K 个或者更少子句的集合，记为 ϕ_r（见从 CIRCUIT SAT 到 SAT 的归约，例 8.3）。注意，无论我们如何设置变量 $y_{i_1}(r),\cdots,y_{i_d}(r)$ 的值，除了一个子句外，其他的子句都能被满足。只有某些特定的变量设定能够满足最后一个子句（这个子句表示计算的输出为“yes”）。

重复所有 $2^{c\log n}=n^c$ 可能的 V 的随机选择序列，我们得到一个最多有 Kn^c 个子句的集合，其中的各个子句群只共享 $y_{i_j}(r)$ 个变量。根据检验者接受的定义，我们知道如下的论据成立：如果 $x\in L$，则存在一个真值指派（也就是 x 的一个凭据 y，以及不同电路 C_r 的门值）满足所有子句。如果 $x\notin L$，任意真值指派一定会在至少一半的群中失去一个子句。也就是说，至少$\frac{1}{2K}$的子句一定是没有被满足的。

⊖ 我们的目标是为了提供另一种 **NP** 的刻画，这种刻画使我们避免僵化的传统观点，创立一个适合学习可近似性的框架。在这种视角下，随机成为一个最重要的部分，假正的概率提供了一种必要的“不精确”，这种“不精确”在传统的 **NP** 表述中是缺失的。根据 $\mathbf{MAXSNP}_0$ 的定义（见定义 13.5），其中不是严格要求 ϕ 对于所有 k 元组都成立，而是使 ϕ 成立的集合 S 中 k 元组的数目最大化。能够说明这两个策略实际是等价的（见问题 13.4.13）。

这里我们假设的对于 MAX3SAT 存在多项式时间近似方案开始发挥作用。我们将这个方案应用在构造的子句集合中，其中 $\varepsilon=\frac{1}{4K}$——需要的时间是 $p_{\frac{1}{4K}}(Kn^c)$，是关于 n 的多项式。如果这个方案返回一个能够满足多于 $1-\frac{1}{2K}$ 子句的真值指派，则我们知道 $x\in L$（否则不存在能够满足多于这个比例子句的真值指派）。否则，因为返回的真值指派能够保证与最优值之间的误差在 $\frac{1}{4K}$ 内，所以我们知道不存在满足所有子句的真值指派，因此 $x\notin L$（注意与 TSP 的不可近似性定理 13.4 的证明中的论证相似）。证明完毕。□

321

因为 MAX3SAT 在 **MAXSNP** 中，所以我们得到结论不存在 **MAXSNP** 完全问题有多项式时间近似方案，除非 **P**＝**NP**：

推论 1　除非 **P**＝**NP**，否则下面的问题都没有多项式时间近似方案：MAX3SAT、MAX-NAESAT、MAX2SAT、4-DEGREE INDEPENDENT SET、NODE COVER 和 MAX-CUT。□

查看更多关于这方面结果的文献。对于没有限制的 INDEPENDENT SET 问题，我们结合定理 13.13 和定理 13.6 得到更令人震惊的结果：

322

推论 2　除非 **P**＝**NP**，否则 INDEPENDENT SET 和 CLIQUE 的近似阈值是 1。□

13.4　注解、参考文献和问题

13.4.1　**问题**：(a) 说明 NODE COVER 应用贪心启发式算法（见 13.1 节）不会得到一个好过 ln$n$ 倍的最优值的解。

(b) 寻找图族，在图中 ln$n$ 的边界值无限地接近。

(c) NODE COVER 是 SET COVER 的特例（见定理 9.9 的推论）。为什么？一般化贪心启发式算法到 SET COVER，说明其有相同的最坏比例。这些结果来自

○ D. S. Johnson. "Approximation algorithms for combinatorial probelms," *J. CSS*, 9, pp. 256-278, 1974.

这是第一个关于 **NP** 完全问题的可近似性方面的系统工作。对于 (c) 中的一般化，参见

○ V. Chvatal. "A greedy heuristic for the set cover problem," *math. of operations research* 4, pp. 233-235, 1979.

已经说明 SET COVER 的可近似性能达到 1（实际上，除非 **P**＝**NP**，否则最好的可能比例是 $\Theta(\log n)$），参见

○ C. Lund and M. Yannakakis. "On the hardness of approximating minimization problems," *Proc. 25th ACM Symp. on the Theory of Computing*, pp. 286-295, 1993.

13.4.2　**问题**：参见问题 9.5.31 中伪多项式算法的形式化讨论。假设一个强 **NP** 完全最优问题有如下性质：对于任意输入 x，最优花费最多为 $p(\text{NUM}(x))$，$p(n)$ 为某多项式（注意在本书中，我们目前为止看到的所有问题都满足这个性质，NUM(x) 按照字面意思理解）。

说明这样的问题有全多项式时间近似方案当且仅当 **P**＝**NP**。

13.4.3　**问题**：参见 BIN PACKING 问题（定理 9.11），其最小化版本寻找可能的最小的箱子数目。说明 BIN PACKING 的近似阈值至少是 $\frac{1}{3}$（考虑需要的箱子数目是 2 还是 3 的问题，参见问题 9.5.33 中说明是 **NP** 完全的 PARTITION 问题）。

13.4.4　**渐近近似**　前面的问题存在某些令人失望的负面的可近似性结果：它只对于非常小的箱子数目成立。虽然我们知道，BIN PACKING 可能存在一个多项式时间启发式算法，但其总是在与最优值相差一个箱子的范围内！

显然我们需要相关的定义：我们称启发式策略 M 是一个渐近 ε 近似算法，如果存在一个常数 $\delta>0$ 使得对于所有的实例 x

$$|c(M(x))-\mathrm{OPT}(x)|\leqslant\varepsilon\cdot\max\{\mathrm{OPT}(x),c(M(x))\}+\delta$$

323

渐近近似阈值又是所有存在一个渐近 ε 近似算法的 ε 的下限中的较大者。如果渐近近似阈值是 0，我们称该问题有一个渐近多项式时间近似方案。

(a) 考虑一个优化问题 A（最大化目标 K，或者最小化预算 B），问题 A 的特殊场合，其中目标（或者预算）是被常数 c 所限制。我们称这个特殊场合为 A 的常数限制。下述问题中哪些有多项式时间能够解决的常数限制场合，哪些在常数限制场合仍然是 **NP** 完全的？

TSP、MINIMUM COLORING、MAX-CUT、BIN PACKING、KNAPSACK。

(b) 证明：如果一个问题的所有常数限制是多项式时间能够解决的，则其渐近近似阈值与原始的近似阈值一致。

13.4.5 **问题**：问题 13.4.3 明确 BIN PACKING 的近似阈值至少为 $\frac{1}{3}$，但是没有告诉我们其渐近近似阈值，这是值得商榷的更加有趣的量。

考虑下面的“第一个满足”的启发式算法，其中 n 个项是 $a_1,\cdots,a_n$，容量是 C：

初始化 n 个箱子为空，$B[j]:=0$，$j=1,\cdots,n$。

对于 $i=1,\cdots,n$：

找到最小的 j 满足 $B[j]+a_i\leqslant C$，设置 $B[j]:=B[j]+a_i$

(a) 说明第一个满足的启发式算法使至多一个箱子装了少于一半。

(b) 推断 BIN PACKING 的渐近近似阈值至少为 $\frac{1}{2}$。

13.4.6 **问题**：但我们能够做得更好。BIN PACKING 是有多项式时间的渐近近似方案的强 **NP** 完全问题的一个例子。

固定任意 $\varepsilon>0$，且令 $Q=\lfloor\varepsilon C\rfloor$为“量子大小”。将每个项 a_i 替换为量 $a'_i=\left\lceil\frac{a_i}{Q}\right\rceil$。注意每个项的值现在必定是“标准化”值 $1,2,\cdots,k$ 之一，其中 $k=\mathcal{O}\left(\frac{1}{\varepsilon}\right)$。

模式是一个总计为 k 或者更少的已排序的正整数序列。比如，如果 $k=4$，则 (1,1,2) 和 (3) 是模式。对于 $k=4$，存在 12 个不同的模式：{(),(1),(1,1),(1,1,1),(1,1,1,1),(1,1,2),(1,2),(1,3),(2),(2,2),(3),(4)}。通常模式的数目是一个取决于（指数关系）k 的固定的数 P。

(a) 用一个关于非负整数变量 $x_1\cdots,x_P$ 的等式集合来表示 项 a'_i 必须装到 m 个容量为 k 的箱子中，其中 x_j 的字面意思是根据第 j 个模式，m 个箱子有多少是装满的。

324

(b) 根据常数个变量的 INTEGER PROGRAMMING 能够在多项式时间解决这个事实（见 9.5.34 的讨论），证明 BIN PACKING 存在一个渐近多项式时间近似方案。

查看下面的资料以了解 BIN PACKING 更好的近似算法。

- N. Karmarkar and R. M. Karp. “An efficient approximation scheme for the one-dimensional bin-packing problem,” *Proc. 23rd IEEE Symp. on the Foundations of Computer Science*, pp. 312-320，1982.

13.4.7 **问题**：说明 MINIMUM UNDIRECTED KERNEL 问题（见问题 9.5.10 (g)）有近似阈值 1。(修改在 **NP** 完全证明中使用到的归约)。

13.4.8 **问题**：假设在 TSP 实例中，距离满足三角不等式 $d_{ik}\leqslant d_{ij}+d_{jk}$。对于这个 TSP 特殊场合的近似算法，根据下面的想法：我们找到城市的最小生成树（见问题 9.5.13）。取我们得到的连通图中树的边两次，因此所有度数是偶数。这个图称为欧拉图。

(a) 说明一个欧拉图（可能有重边）有一个环，该环访问了所有边一次（每个结点可能访问多于一次）。

(b) 说明在 TSP 的实例中，如果我们有一个总花费为 K 的欧拉图，则我们能够找到一个花费为 K 或者更好的回路。

(c) 说明满足三角不等式的TSP问题存在一个多项式时间启发式算法能够得到最多为两倍最优值的解。(如何比较最小生成树和最优回路?)

存在一个更加成熟的$\frac{2}{3}$近似启发式算法[⊖]，它基于最小生成树的奇度数结点的最小匹配：

○ N. Christofides. "Worst-case analysis of a new heuristic for the traveling salesman problem," technical report GSIA, Carnegie-Mellon Univ., 1976.

这是目前所知的满足三角不等式的TSP问题最好的启发式算法。

假设TSP实例中的所有距离都是1或者2。我们希望证明该TSP的特例是**MAXSNP**完全的。首要的困难是：为什么该TSP的特例是**MAXSNP**的?

结果显示任何近似阈值严格小于1的优化问题是在**MAXSNP**中！换句话说，**MAXSNP**就是所有近似阈值严格小于1的优化问题的集合（这个结果是Madhu Sudan和Umesh Vazirani在1993年告诉我的）。为了说明距离为1或2的TSP问题，我们将其L归约到MAXSAT。给定一个有n个城市的TSP实例，我们知道最优值在n～$2n$之间。因为判断这个TSP问题实例的最优值是否最多为给定的整数k是在**NP**中的问题，对于每个n～$2n$之间的k，我们能够产生一个布尔表达式ϕ_k，使得1）如果最优值最多为$k \cdot c_k$个ϕ_k的子句能够被满足；2）否则，所有c_k+1的子句能够被满足。因此，MAXSAT实例的最优值将这些子句结合得到$\sum_{k=n}^{2n} c_k + t$，其中t是回路长度的最优值。

325

(d) 说明这个TSP的特例是**MAXSNP**完全的。

当所有的距离是1或2时，三角不等式仍然满足（为什么），因此Christofides启发式算法仍然是$\frac{1}{3}$近似。但是对于1～2特例，存在一个多项式的$\frac{1}{6}$近似算法（这是目前所知最好的算法）：

○ C. H. Papadimitriou and M. Yannakakis. "The traveling salesman problem with distances one and two," *Math. of Operations Research*, 18, 1, pp. 1-12, 1993.

部分（d）也在这里证明。

偶然地，对于TSP的非对称一般化，其中d_{ij}不需要等于d_{ji}，但是三角不等式仍然成立，目前没有多项式时间启发式算法能够得到常数比例。

13.4.9　**问题**：(a) 证明STEINER TREE问题是**MAXSNP**完全的即使所有的距离是1或者2。

(b) 考虑如下的满足三角不等式的STEINER TREE问题的启发式策略：首先，找到图中结点之间的最短距离。然后，把前面得出的两点之间最短路径长度当作两点间距离，计算新的强制性结点中的最小生成树。最后通过将最短生成树中所有最短的路径组合起来，建立一个Steiner树。说明算法不会返回一个花费大于最优值两倍的Steiner树。因此满足三角不等式的STEINER TREE的近似阈值最多为$\frac{1}{2}$。

上面所述的启发式算法来自

○ L. Kou, G. Markowsky, and L. Berman. "A fast algorithm for Steiner trees," *Acta Informatica*, 15, pp. 141-145, 1981.

最近，满足三角不等式的STEINER TREE的近似阈值已经证明至多为$\frac{5}{11}$：

○ A. Z. Zelikowski. "An $\frac{11}{6}$-approximation algorithm for the network Steiner problem," *Algorithmica*, 9, 5, pp. 463-470, 1993.

13.4.10　博士论文

○ V. Kann. *On the Approximability of NP-complete Optimization Problems*, Royal Institute of Tech-

⊖ 按照定义13.1，近似比应该是1/3。——译者注

nology，Stockholm，Sweden，1991.

包含1991年前后对可近似性结果的综述，和优化问题及其可近似性状况的广泛的列表。 326

13.4.11 **问题**：使用Stirling近似公式 $n!\approx\sqrt{2\pi n}\left(\frac{n}{e}\right)^n$ 来说明 $\binom{n}{k}\leqslant\left(\frac{en}{k}\right)^k$。

13.4.12 引理13.2′的最新最简单的证明来自

○ O. Gabber and Z. Galil. "Explicit construction of linear-sized superconcentrators"，*J. CSS* 22，407-420，1981.

13.4.13 **问题**：(a) 说明除非 **P**=**NP**，否则MINIMUM COLORING的近似阈值不会小于 $\frac{1}{4}$（见判断最小颜色数是3或者4是否成立是 **NP** 完全的，定理9.8）。

(b) 说明MINIMUM COLORING的渐近近似阈值不可能小于 $\frac{1}{4}$（将每个结点替换成一个大的团）。

(c) 你能够进一步放大(b)的构造来说明，除非 **P**=**NP**，否则MINIMUM COLORING的渐近近似阈值不可能小于 $\frac{1}{2}$？

(c) 部分的证明见

○ M. R. Garey and D. S. Johnson. "The complexity of near-optimal graph coloring，" *J. ACM*，23，pp. 43-49，1976.

在13.4.1中引用的Lund和Yannakakis的论文证明，MINIMUM COLORING的近似阈值是1之前，这是关于这个重要问题的最强的负面结果。

13.4.14 **MAXSNP和弱检验者** 我们已经能够以 $(\log n,1)$ 限制检验者的方式定义优化问题 **MAXSNP**，而不是以逻辑表达式的方式（见定理13.12）。

令 $k_1,k_2,k_3>0$，并且令 f 为一个多项式时间可计算函数，它定义在每个字符串 x 和字符串 r 上，其中 $|r|=k_2\log|x|$，一个 k_1 个数值 $f(x,r)$ 的集合，这些函数值在 $1\cdots|x|^{k_3}$ 的范围内，令 M 为3个输入的多项式时间图灵机。现在定义这个最优化问题为：

"给定 x，找到长度为 $|x|^{k_3}$ 的字符串 y，使字符串 r 的数目达到最大化，满足 $M(x,r,y|_{f(x,r)})=$ "yes"，其中 $|r|=k_2\log|x|$。"

令 **MAXPCP**[⊖] 为这种形式的所有优化问题的类。

(a) 说明 **MAXSNP**⊆**MAXPCP**。（对于 $\mathbf{MAXSNP}_0$ 的每个以表达式 ϕ，计算的函数 f 定义的问题，对于每个输入关系 G 和一阶变量的值，关系 S 中有限多个位置，我们都需要查看和判定 ϕ。如果问题不在 $\mathbf{MAXSNP}_0$ 中又怎么样呢？）

(b) 说明 **MAXPCP**⊆**MAXSNP**。（技巧要点是为每个 f，M 和输入 x 定义正确的输入关系 G。G 有 $K=k_1+k_2+k_1\cdot k_3$ 个参数；我们写成 $G(r_1,\cdots,r_{k_2},b_1,\cdots,b_{k_1},j_{11},\cdots,j_{1k_3},\cdots,j_{k_1k_3})$）。有一个范围位于 $0\cdots|x|-1$ 中的整数的 K 元组与 G 相关联，如果满足如下(a)(b)两个条件：(a) $f(x,r)$ 的第 i 个元素是 $j_{i1}\cdots j_{ik_3}$，它们是 $|x|$ 进制的整数，其中 r 是由 r_j 的二进制表示拼写的比特字符串；且(b)如果对于所有的 i，对应于 $f(x,r)$ 的第 i 个元素的 y 的位等于 b_i，则 $M(x,r,y|_{f(x,r)})=$ "yes"。另一方面，关系 S 编码为 y（即它包含所有对应 y 的1位的 k_3 元组）。写下一个简单的表达式 ϕ，它表示"$M(x,r,y|_{f(x,r)})=$ "yes""。 327

13.4.15 **MAXSNP** 的定义和13.11的定理13.8来自

○ C. H. Papadimitriou and M. Yannakakis. "Optimization，approximation，and complexity classes，" *Proc. 20th ACM Symp. on the Theory of Computing*，pp. 229-234，1988；及 *J. CSS* 1991.

13.4.16 定理13.12和定理13.13的证明来自

⊖ **PCP** 代表"概率性可检查证明"。**PCP** $(\log n,1)$ 在13.4.15引用的论文中定义为有 $(\log n,1)$ 限制检验者的所有语言的类——也就是说，**NP** 类。这个问题的目的是找到这个概念和 **MAXSNP** 之间的紧密联系。

○ S. Arora, C. Lund, R. Motwani, M. Sudan, and M. Szegedy. "Proof verification and hardness of approximation problems", *Proc. 33rd IEEE Symp. on the Foundations of Computer Science*, pp. 14-23, 1992.

定理13.12的证明是在复杂性理论的若干研究中的热点。最直接地，它基于一个稍弱的结论——即**NP**有一个$(\log n, (\log\log n)^k)$限制检验者，而非$(\log n, 1)$限制检验者，这足以证明定理13.13的推论2——这个结果比前文的结果早几个星期，并且发表在相同的会议上

○ S. Arora, S. Safra. "Probabilistic checking of proofs," *Proc. 33rd IEEE Symp. on the Foundations of Computer Science*, pp. 2-13, 1992.

进一步了解导致这个卓越结果的发展，参见问题20.2.16和问题20.2.17，以及下面的"**NP**完全专栏"。

328

○ D. S. Johnson. "The tale of the second prover," *J. of Algorithms* 13, pp. 502-524, 1992.

第 14 章
Computational Complexity

关于 P 和 NP

本章的结果是解决 $\mathbf{P} \stackrel{?}{=} \mathbf{UP}$ 问题的第一步？我们征服空间的第一步击破就是这个热气球吗？这是评估和远景的问题。

14.1 NP 的地图

NP 完全性在 **NP** 分类问题中的作用不能低估。然而，曾经遇到一个抵御这种分类的问题：经过很多努力，既没有多项式时间算法也没有 **NP** 完全性的证明出现。12.2 节中的 GRAPH ISMMORPHISM 问题是经常提及的例子，但它不是唯一的一个。某些我们已经提及的“语义”类问题也不能纳入此种分类。问题自然地提出：**NP** 里是否有问题，它既不是在 **P** 内也不在 **NP** 完全内？

迄今为止，我们知道 **P** 不能等于 **NP**，如果真是这样，那就无意义了。每个在 **NP** 里的将既是多项式时间可计算的又是 **NP** 完全的（如果我们允许略微推广归约的概念，多项式时间归约代替标准的对数空间归约就得到后者）。这不大可能的情况如图 14.1c 所示。另外一方面，可能 $\mathbf{P}\neq\mathbf{NP}$ 情况看上去像图 14.1a。或者如图 14.1b 所示，可以将 **NP** 内问题干净地分为要么 **NP** 完全要么就是 **P** 的？后面的结果说明图 14.1b 不可能：这世界不是图 14.1a 就是图 14.1c. 不过，能从三个选项中去除一个也是个不错的开端。

329

定理 14.1 如果 $\mathbf{P}\neq\mathbf{NP}$，则存在一个既不是 **NP** 也不是 **NP** 完全的语言。

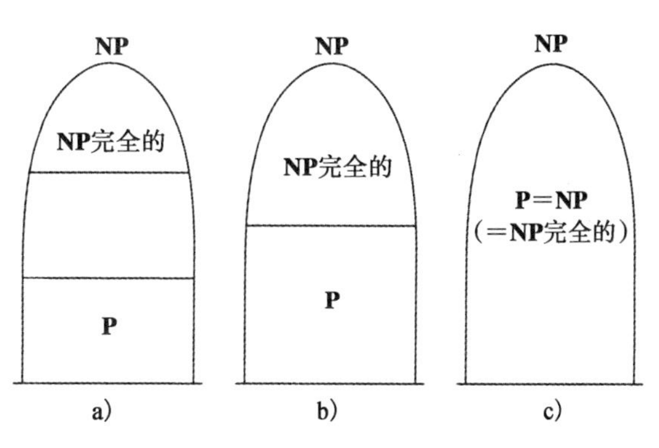

图 14.1 NP 的三个试探性图像

证明：我们假设一个多项式时间界的图灵机的枚举为 $M_1, M_2, \cdots$，（每一个有一个多项式“时钟”），和一个对数空间的归约 $R_1, R_2, \cdots$（配备有对数标尺）。这样的枚举是容易设计出来的。例如，我们能系统地产生图灵机转移函数表，每个配备计数到 n^k 的标准时钟，或者对数标尺。证明中我们需要有一个图灵机一个接着一个地产生 M_i 族，类似地 R_i 也是如此[⊖]。我们还假设我们有一个确定性图灵机 S 判定 SAT（因为我们已经假设 $\mathbf{P}\neq\mathbf{NP}$，所以预先推测这个图灵机是指数时间的）。

现在我们描述既不在 **P** 中也不在 **NP** 完全中的语言 L。事实上，我们将描述一个判定 L 的机器 K。K 简述如下：

330

$$K(x)\text{：如果 } S(x)=\text{“yes” 且 } f(|x|) \text{ 是偶数，则接受 } x\text{，否则拒绝 } x\text{。} \quad (14\text{-}1)$$

⊖ 应当警告读者：不是所有的枚举都是容易的。例如，在考虑过的任一语义类中，我们还不知道如何枚举它们——在某种意义下，它正是我们为什么叫它们为“语义类”的原因。例如，问题 14.5.2 中，枚举是可能的但是不平凡的。

换句话说，一个串被 K 接受当且仅当它是编码了一个可满足的合取范式的布尔表达式而且其长度的函数 f 是偶数，这里函数 f 是整数到整数的可计算函数，它的定义是本证明的核心。

现在来谈及 f 的定义。它是非增减函数，$f(n+1)\geqslant f(n)$，但是非常慢地增长。我们将描述一个计算 f 的图灵机 F，它的输入 n 编码为 1^n。F 操作分为两个阶段，每个阶段维持机器 n 步。我们认为每一步 F 将它的输入读写头向右移动，直到看到空白符号停止。然后向回走直到遇到符号 $\triangleright$ 终止第二阶段。在第一阶段，F 开始计算 $f(0)$、$f(1)$、$f(2)$ 等，尽可能多地计算 $f(i)$ 直到 n 步运行完。假设最后 f 的值是 $f(i)=k$。令 $f(n)$ 的值是 k 还是 $k+1$，这将在第二阶段决定。

如同预期的那样，f 已经看上去增长得很慢。如果 $n(k)$ 是使得 $f(n)=k$ 的最小的（即第一个）数 n，很清楚，最小数使得 $f(n)$ 有机会增长到值 $k+1$ 至少 n 还要增长 $\frac{n^2(k)}{2}$。这就推出 $f(n)=\mathcal{O}(\log\log n)$，事实上，它增长得非常慢。但是，后面我们将看到，$f$ 可能增长得还要慢……

现在第二阶段开始了。做什么取决于 k 是偶数还是奇数。首先假设 $k=2i$ 是偶数。则 F 开始模拟计算 $M_i(z)$、$S(z)$和 $F(|z|)$，z 按字典次序一一取遍 Σ^* 中长度为 0,1,2,…等的所有串，让尽可能多的 z，做机器 F 在 n 步（即回到遇见符号 $\triangleright$）内所能做的事。F 试图寻找一个串 z 使得

$$K(z)\neq M_i(z) \tag{14-2}$$

如前所述，K 是判定 L 的机器。根据 K 的定义，我们寻找 z 使得：(a) $M_i(z)=$“yes”而且或者 $S(z)=$“no”或者 $f(|z|)$ 是奇数；(b) $M_i(z)=$“no”，$S(z)=$“yes”而且 $f(z)$是偶数。如果这样的 z 在约定的 n 步内找到了，则令 $f(n)=k+1$；否则继续让 $f(n)=k$。这就完成了当 k 是偶数时的第二阶段的描述。

现在假设 $k=2i-1$ 是奇数。则在其第二阶段，F 模拟计算 $R_i(z)$（这是归约，于是产生一个串）、$S(z)$、$S(R_i(z))$ 和 $F(|R_i(z)|)$，然后和前面偶数时一样，耐心地按照字典序慢慢增长。现在 F 寻找一个 z 使得

$$K(R_i(z))\neq S(z) \tag{14-3}$$

也就是说，必须是下述情形之一：(a) $S(z)=$“yes”而且或者 $S(R_i(z))=$“no”或者 $f(|R_i(z)|)$是奇数；(b) $S(z)=$“no”，$S(R_i(z))=$“yes”而且 $f(|R_i(z)|)$ 是偶数。同样，如果这样的 z 在约定的 n 步内找到了，则令 $f(n)=k+1$；否则继续令 $f(n)=k$。

331

F 是良好定义了的机器，而且计算出整数函数 f，$f(n)$ 能在 $\mathcal{O}(n)$ 时间内计算出来。于是式（14-1）中的 K 是良好定义的，而且判定了语言 L。容易看出 $L\in\mathbf{NP}$：对于输入 x，我们必须做两个事：猜一个满足的真值指派；计算 $f(n)$ 确定它是偶数。这两者可以在非确定性多项式时间内完成。

我们断言 L 既不在 $\mathbf{P}$ 内也不是在 $\mathbf{NP}$ 完全内。首先，假设 $L\in\mathbf{P}$。则 L 被枚举中的一个多项式时间机器接受，譬如 M_i。即 $L=L(M_i)$ 或者 $K(z)=M_i(z)$ 对所有的 z 成立。然而，如果是这种情况，则 F 的第二阶段，在 $k=2i$ 时，永远不可以找到 z，对式（14-2）成立，而且对所有 $n\geqslant n_0$ 有 $f(n)=2i$，n_0 是整数。结果，除了有限多个 n 外 $f(n)$ 都是偶数。于是除了有限多个串外，L 和 SAT 一致。但是这与我们的两个假设相矛盾：$L\in\mathbf{P}$ 而且 $\mathbf{P}\neq\mathbf{NP}$。故 $L\notin\mathbf{P}$。

现在，假设 L 是 **NP** 完全的。类似的矛盾马上就来了：因为 L 是 **NP** 完全的，所以就有一个归约，例如说 R_i，是从 SAT 到 L 的枚举。也就是说，对所有 $zK(R_i(z))=S(z)$。导致 F 的第二阶段当 $k=2k-1$ 时，无法找到合适的 z，于是除了有限个 n 外，总有 $f(n)=2k-1$。但是回顾 L 是借助 K 定义的，这就推出 L 是个有限的语言。因此 $L\in\mathbf{P}$，我们已经假设 L 是 **NP** 完全的，这和 $\mathbf{P}\neq\mathbf{NP}$ 相矛盾。 □

14.2 同构和稠密性

所有 **NP** 完全问题是非常紧密相关的，因为它们之间相互归约。但是有个更强的令人吃惊的论断：所有已知的 **NP** 完全语言事实上是*多项式同构的*：

定义 14.1 如果有一个从 Σ^* 到自身的函数 h 满足如下条件，我们称语言 $K,L\subseteq\Sigma^*$ 是多项式同构的：

（i）h 是双射，即它是一对一的，而且是映满的。

（ii）对每个 $x\in\Sigma^*$，$x\in K$ 当且仅当 $h(x)\in L$；和

（iii）h 和它的逆 h^{-1}（双射而且是全可逆函数）是多项式可计算的。

函数 h 和 h^{-1} 叫作*多项式时间同构*。 □

例 14.1 严格地说，多项式同构不是必要的归约，因为它们用多项式时间不是对数空间归约。但是哪些归约是同构的？有一个归约是双射，它可能是好的候选者。不幸的是，大多数归约不是双射，简单地说，它们通常不是一对一，几乎从不映满——我们产生的所有实例总是*特殊的*，不覆盖全部实例。有很少但是平凡的例外，见 CLIQUE 和 INDEPENDENT SET——这是一个输入 (G,K) 到 $(\overline{G},\overline{K})$ 的映射，这里 $\overline{G}$ 是 G 的补。显然，该映射是一对一的而且映满的，它和它的逆都是多项式时间可计算的。 □

332

但是一般地，设计一个双射归约是相当有挑战意义的。幸运的是，有一个简单的系统方法，将归约转换成双射——当然不损害它们的低复杂度。我们下面来解释这一点。首先，有一个简单方法做成归约*一对一，长度递增，有效可逆*。这是基于*衬垫函数*的思想。

定义 14.2 令 $L\subseteq\Sigma^*$ 是语言。我们说函数 pad：$(\Sigma^*)^2\mapsto\Sigma^*$ 是 L 的衬垫函数，如果它有如下性质：

（i）它是对数空间可计算的。

（ii）对任何 x，$y\in\Sigma^*$，$\text{pad}(x,y)\in K$ 当且仅当 $x\in L$。

（iii）对任何 x，$y\in\Sigma^*$，$\text{pad}(x,y)\in K$，$|\text{pad}(x,y)|>|x|+|y|$。

（iv）有一个对数空间算法，给出 $\text{pad}(x,y)$ 可以恢复 y。

即，pad 函数本质上是个从 L 到自身的长度递增归约，它“编码”另一个串 y 到 L 的实例中。 □

例 14.2 考虑 SAT。给出这个问题的实例，该问题具有 n 个变元、m 个子句和额外的串 y，我们如下定义 $\text{pad}(x,y)$：

SAT 的一个实例包含 x 的所有子句、加上 $m+|y|$ 个子句以及 $|y|+1$ 个变元。前 m 个子句就是子句 (x_{n+1}) 和它的复制品，其他 $m+i$ 个子句是 $(\neg x_{n++1})$ 或者 $(x_{n+1})(i=1,\cdots,|y|)$，取决于 y 的第 i 个符号是 0 还是 1——不失去一般性，我们可以认定 $\Sigma=\{0,1\}$。

我们断言 pad 是 SAT 的衬垫函数。首先，它是对数空间可计算的。其次，它不影响原先 x 的可满足性，因为它仅仅是增加了一些互不关联的可满足的子句。而且，它显然是长度递增的。最后，给定 $\text{pad}(x,y)$，我们能容易辨别出这些额外的部分从哪里开始的

(这就是为什么我们用一个子句的那么多复制品；其他技巧也实施在这里)，通过剩下的子句(($(\neg x_{n++1})$)解码为0和((x_{n+1}))解码为1)恢复y。□

例14.3 考虑CLIQUE语言：给出一个图$G=(V,E)$和一个整数K，是否存在一个大小为K的团？我们可以假设G是连通的并且$K>2$。

这是一个对CLIQUE的衬垫函数。$\text{pad}(G,K,y)$维持同样的K，嫁接(例如于顶点1)一颗长树G的1号结点(见图14.2)。该树从$|V|$个结点的长路出发——这是为了容易识别衬垫已经出现在哪里。过了这条路径之后，树的度数或者是3或者是4。每个度3顶点意味着对应y的符号为0，而度4的顶点对应于y的符号为1。这函数符合衬垫定义是马上可知的。□

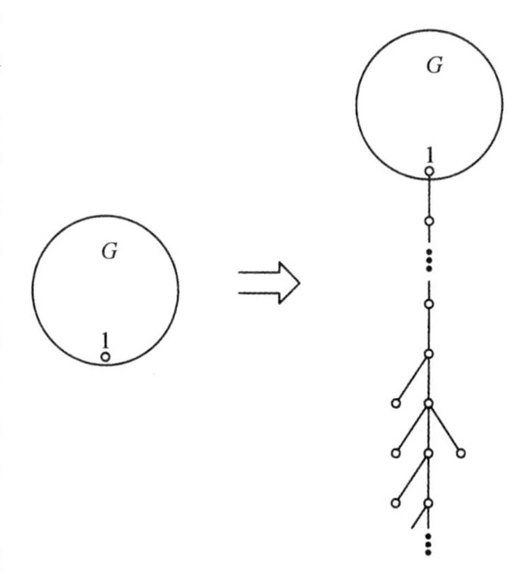

图14.2　为CLIQUE的衬垫

本书对任何**NP**完全问题构造的衬垫函数几乎总是完全平凡的(或许任何地方都是如此，见问题14.5.5)。它们可用来解决我们关于归约的第一个问题：它们常常不是一对一的。

引理14.1 假设R是从语言K到语言L的归约，pad是对于L的衬垫函数。则函数映射$x\in\Sigma^*$到$\text{pad}(R(x),x)$是长度-递增的一对一归约。而且，有一个对数空间算法R^{-1}，它假定$\text{pad}(R(x),x)$恢复x。

证明：因为R是归约，且衬垫函数有性质(i)和(ii)，所以$\text{pad}(R(x),x)$也是归约。根据(iii)，它也是长度递增的。最后，(iv)确保我们能在多项式空间内从$\text{pad}(R(x),x)$恢复x。□

333
~
334

既然我们已经知道如何把我们的归约改造成一对一的、长度递增的和有效可逆的，因此一个经典的技术处理剩下的部分(即映满的性质)：

定理14.2 假设$K,L\subseteq\Sigma^*$是语言，并假设R是从K到L以及S从L到K的归约。而且假设这些归约是一对一、长度递增的和对数空间可逆的。则K、L是多项式同构的。

证明：因为R和S是可逆的，所以R^{-1}映射L中串长到K中较短的串长和S^{-1}映射K中串长到L中较短的串长[㊀]，但是它们只是部分函数，它们有可能对Σ^*的某些串没有定义(它们可能不是R和S的值域，因为它们可能不是映满的)。

我们现在定义一个函数h，证明它是多项式时间同构的。定义一个串$x\in\Sigma^*$的S链是下述串：$(x,S^{-1}(x),R^{-1}(S^{-1}(x)),S^{-1}(R^{-1}(S^{-1}(x))),\cdots)$，第一次作用的是$S^{-1}$，然后尽可能交替地运用逆函数；注意到，如果$S^{-1}(x)$没有定义，$x$的$S$链可能仅仅是$(x)$[㊁]。$x$的$R$链也类似地定义出来。$S$链是长度减少的，于是必定要停止的，至多作用$|x|$步。要点在于，很可能$S$链终止于形为$S^{-1}(R^{-1}(\cdots S^{-1}(x)\cdots))$的串，即那时$R^{-1}$没有定义，或者是终止于形为$R^{-1}(S^{-1}(\cdots S^{-1}(x)\cdots))$的串[㊂]，即那时$S^{-1}$没有定义。在

㊀ 原文有错，译者做了修改。——译者注
㊁ 对此译者不苟同，如果$S^{-1}(x)$没有定义，x的S链就是空串。——译者注
㊂ 包括$S^{-1}(x)$没有定义，x的S链就是空串的情形。——译者注

第一种情形，我们定义 $h(x)=S^{-1}(x)$，而第二种情形定义 $h(x)=R(x)$。$h(x)$ 是良好定义的函数，因为如果 x 在第一种情形失败了，则它的 S 链不会终止于第一步，因而定义$S^{-1}(x)$有定义的；$R(x)$ 总是定义好的。

我们必须证明 h 是 K 和 L 之间的多项式时间同构，即，我们必须成立定义 14.1 的（ⅰ）到（ⅲ）。为证明它是一对一函数，假设有 $x\neq y$ 但是 $h(x)=h(y)$。首先因为 R 和 S^{-1}都是一对一的，x 和 y 必须落入 h 定义的不同场合，即 $h(x)=S^{-1}(x)=h(y)=R(y)$，$y=R^{-1}(S^{-1}(x))$。由于这时 x 属于第一种情形，则 $y=R^{-1}(S^{-1}(x))$ 是 x 的 S 链的后缀，也属于第一种情形，违反了 x 和 y 落入 h 定义的不同情形的约定。

为证明 h 是映满的，考虑任何串 $y\in\Sigma^*$，我们必须指出有个 x，$h(x)=y$。考虑 y 的 R 链，如果它停止于未定义的 R^{-1}，这就意味着 $S(y)$ 的 S 链也停止在某个未定义的 R^{-1}作用时刻，于是 $x=S(y)$ 属于第一种情形，$h(x)=h(S(y))=S^{-1}(S(y))=y$；我们得到 $x=h(y)$。如果 y 的 R 链停止于未定义的 S^{-1}作用时刻上，然后考虑 $x=R^{-1}(y)$。从 x 出发的 S 链停止于未定义的 S^{-1}应用时刻上，x 属于第二种情形，故 $h(x)=R(x)=R(R^{-1}(y))=y$。我们完毕（ⅱ）的证明，h 是双射。注意到 h 的逆是定义得非常系统的：如果 x 的 R 链停止于 S^{-1}，则 $h^{-1}(x)=R^{-1}(x)$，否则 $h^{-1}(x)=S(x)$。

为证明（ⅲ），只需注意到 R 和 S^{-1}都映射 K 中的串到 L 中，不是 K 中的串映射到不在 L 中的串。对于（ⅳ），$h(x)$ 能够在多项式时间计算，它首先计算 x 的 S 链共 $|x|$ 长，每次计算函数 R^{-1}和 S^{-1}，都缩短了串长[⊖]。最后，对 x 再作用一次于适当的函数 S^{-1}或者 R。对 h^{-1}的论证也完全一样。 □

335

从定理 14.2 中，我们能够证明所有已知的 **NP** 完全问题事实上是多项式同构的。下面类型的结果是可能的：

推论　下面的 **NP** 完全语言（还有其他许多）是多项式时间同构的：SAT、NODE COVER、HAMILTON PATH、CLIQUE、MAX CUT、TRIPARITITE MATCHING 和 KNAPSACK。

证明：因为这些问题都是 **NP** 完全的，所以它们之间有归约。根据引理 14.1，这些问题都有衬垫函数。对于 SAT 和 CLIQUE，已经在例 14.2 和例 14.3 完成了。其他问题的简单构造留给读者作为习题（见问题 14.5.5）。 □

稠密性

多项式时间同构与语言的重要特性，它们的稠密度，相关。令 $L\subseteq\Sigma^*$ 是语言。它的稠密度是下述从非负整数到非负整数的函数：$\text{dens}_L(n)=|\{x\in L:|x|\leqslant n\}|$。即，$\text{dens}_L(n)$ 是 L 中长度直到 n 的串的个数。稠密度和同构的关系可以总结为：

性质 14.1　如果 K 和 L 是多项式同构的，则它们的稠密度多项式相关的。

证明：K 中长度至多为 n 的串被多项式时间同构映射到 L 中长度至多为 $p(n)$ 的串，这里 p 是同构的多项式界。因为这个映射必须一对一的，所以 $\text{dens}_K(n)\leqslant\text{dens}_L(p(n))$。类似地，有 $\text{dens}_L(n)\leqslant\text{dens}_K(p'(n))$，$p$ 是逆同构的多项式界

显然，语言的稠密度函数不能指数地增长。于是我们能区别两类语言：有多项式界稠密度函数的，叫作稀疏语言；有超多项式稠密度函数的，叫作稠密语言。一个熟悉的但不是唯

⊖ 有时候，这步骤在对数空间内执行是困难的，但它并不是本定理的要求。——译者注

一的稀疏语言是一元语言，$\{0\}^*$ 的子集——注意任何这样的语言 U，都有 $\text{dens}_U(n)\leqslant n$。

所有我们看到的 **NP** 完全语言（包括定理 14.2 的推论里列举的语言）都是稠密的，故根据性质 14.1，它们不能多项式同构于稀疏语言。这就强烈地推断稀疏语言不能是 **NP** 完全的。有一个有趣的论断证明对于一元语言，它们永不可能是 **NP** 完全的，当然是在 $\mathbf{P}\neq$ **NP** 的假定下。

336

定理 14.3　假定有一个一元语言 $U\subseteq\{0\}^*$ 是 **NP** 完全的，则 $\mathbf{P}=\mathbf{NP}$。

证明：假设有一个一元语言 U，存在从 SAT 到 U 的归约 R（这意味 U 是 **NP** 完全的）。我们可以认定 $R(x)\in\{0\}^*$（否则，只要 $R(X)\notin\{0\}^*$，我们可以使 R 输出一个 $\{0\}^*-U$ 中的标准串。如果没有这样的串存在，则多项式算法是直接的）。我们可以描述一个 SAT 问题的多项式时间算法。

我们的算法利用 SAT 有价值的自我归约性质（见例 10.3 和定理 13.2 的证明）。给定有 n 个变元 $x_1,\cdots,x_n$ 的布尔表达式 ϕ。我们的算法考虑前 j 个变量的部分真值指派。这样的部分真值指派表示为一个串 $t\in\{0,1\}^j$，其中 $t_j=1$ 意指 $x_i=$**真**；$t_j=0$ 意指 $x_i=$**假**。对每个这样的部分真值指派 t，令 $\phi[t]$ 代表 ϕ 中代入由 t 给出的前面 j 个布尔变元真值后的表达式（略去子句中任何**假**文字和略去任何子句，如果该子句内有**真**文字）。这些表达式形成“二叉树”。显然，如果 $|t|=n$，则 $\phi[t]$ 或者是**真**（它没有子句）或者是**假**（它有空子句）。

至于“SAT 的自我归约性”，我们本质上意指下述正确地确定 $\phi[t]$ 是否是可满足的递归算法：

如果 $|t|=n$，则当 $\phi[t]$ 没有子句时返回“yes”，否则返回“no”。

否则当且仅当 $\phi[t0]$ 或者 $\phi[t1]$ 返回“yes”时，返回“yes”。

这个递归算法，如果运用于 $\phi=\phi[\varepsilon]$，将会成功地调用自己，其变元遍及树的全部结点。我们针对 SAT 的多项式时间算法基于这个算法，用聪明的扭曲方法——一个熟悉的一般加速递归的技巧：在算法递归调用的过程中，我们保留一个已经发现结果的“散列表”——即一对形为 $(H(t),v)$ 的序列，H 后面再约定，而 v 是 $\phi[t]$ 的值（“yes”或者“no”）。在计算 $\phi[t]$ 时，我们首先查看表中的 $H(t)$，是否它已经知道答案。完整的算法是：

如果 $|t|=n$，则当 $\phi[t]$ 没有子句时，返回“yes”，否则返回“no”

否则计算 $R(\phi(t))\rightarrow H(t)$ 然后察看表中的 $H(t)$，如果对偶 $(H(t),v)$ 已经被得到了，则返回“v”。

否则如果 $\phi[t0]$ 或者 $\phi[t1]$ 返回“yes”时，返回“yes”

否则，返回“no”.

无论何种情形，都用插入 $(H(t),v)$ 更新表。

337

H 的规定留在后面给出，现在给出的是算法的总体描述。

显然，为使这个算法是正确和有效的，必须认真选择 H，H 需要两个性质：首先，如果对部分真值指派 t 和 t'，$H(t)=H(t')$，则 $\phi[t]$ 和 $\phi[t']$ 必须同时满足或者同时不满足。其次，H 的值域必须是小的，使之容易有效地搜素，许多调用能在表中成功地找到值。

但我们知道这样的函数 H：它是从 SAT 到一元语言的归约。即，我们能定义 $H(t)=R(\phi[t])$。因为 R 是 SAT 到 U 的归约，所以 H 的上述性质是满足的：如果 $R(\phi[t])=$

$R(\phi[t'])$，则 $\phi[t]$ 和 $\phi[t']$ 必须同时满足（于是 $R(\phi[t])\in U$）或者同时不满足。而且，$H(t)$的所有值的长度至多为 $p(n)$，即是R的多项式界，当它作用于n个变量的表达式时。由于U是一元函数，所以有至多 $p(n)$ 个值。

让我们估计算法的运行时间。如果我们不考虑递归调用的时间，那么有多项式 $p(n)$ 界次查看表的次数。于是整个时间是 $\mathcal{O}(Mp(n))$，M是算法调用次数。

现在算法调用形成一颗二叉树，其深度至多为n。我们断言可以挑选一个调用集合 $T=\{t_1,t_2,\cdots\}$，对应于部分真值指派，满足：(a) $|T|\geqslant\frac{M}{2n}$；(b) T中所有调用是递归的（即它们不是树的叶子）；(c) T中的元素没有一个是T中另外一个元素的前缀。

我们如下构造一个集合T：我们首先不考虑树的全部叶子（即所有调用不是递归的）。因为树是二叉树，所以至少有$\frac{M}{2}$个非叶子留下来。然后，我们选择任何底部没有删除的调用t，把它加入T中，并且删除它在树中的祖先。注意t在树中的祖先是它的前缀，所以不可能在随后的循环中将t的前缀加入T中。我们继续如此地提取底部还没有删除的树中格局，将它加入T中，删除它和它的祖先，直到树上没有未被删除的结点。因为每一步我们删除了至多n个调用（记住：树的深度至多为n），所以结果的T至少为$\frac{M}{2n}$个独立的调用。

现在我们断言T中的所有调用映射为不同的H值，即如果 $t_i\neq t_j$ 和 t_i，$t_j\in T$，则 $H(t_i)\neq H(t_j)$。理由很简单：因为t_i和t_j彼此不是对方的前缀，其中一个调用在另一个调用结束之后。于是，如果它们有相同的H值，一个就要调用第二个，从而它们不是递归的。

于是我们证明了至少有$\frac{M}{2n}$个不同的值在表中。但是我们知道最多只有 $p(n)$ 个这样的值。我们得到结论$\frac{M}{2n}\leqslant p(n)$，因此 $M\leqslant 2np(n)$。因为算法的运行时间是 $\mathcal{O}(Mp(n))$，所以我们证明了一个多项式时间界 $\mathcal{O}(np^2(n))$。 338

运用更为复杂的技巧，有点儿像定理14.1和定理14.2的证明，定理14.3可以推广到任何稀疏语言（见14.5.4的参考文献）。

14.3 谕示

类似于我们喜爱的推理方法，当面临困难的问题时，人们倾向于思考同样的问题在其他情况下，即在“换一个环境”下如何处理。

像 $\mathbf{P}\overset{?}{=}\mathbf{NP}$ 类的复杂性问题那样处理这些问题。但是什么是复杂性上下文中的“替代全域”？这里有个简单的提议：我们的世界为一个无情的事实所刻画：迄今为止没有免费的计算。但是我们能够设想某种计算询问的世界。例如，我们可以想象一个算法一旦进入计算，询问一个所构造的布尔表达式满足还是不满足，得到即时的正确回答。然后用这个回答继续计算下去，或者构造下一个询问等。这是SAT的世界，其中友好的“谕示”回答所有我们的SAT免费询问。自然地，这是相当不现实和牵强的世界——但是记住，这是一个“替代全域”的搜集。

一旦我们定义了一个世界，我们能询问 $\mathbf{P} \stackrel{?}{=} \mathbf{NP}$ 在这个世界是否成立。在 SAT 的世界中，我们知道不容易得知。然而在这个世界里，多项式算法非常有力，可以不费力地解决 **NP** 中的问题，谕示也激发不确定性机器的能力到一个新的神秘的高度，它将在第 17 章讨论。SAT 世界中的 $\mathbf{P} \stackrel{?}{=} \mathbf{NP}$ 或许比我们世界中该问题更为困难。然而，本节将构造一个替代全域，那里 $\mathbf{P} \stackrel{?}{=} \mathbf{NP}$ 问题是容易的。事实上，我们将构造两个全域，那里这个问题有两个相反的回答。

但是我们必须定义具有谕示的算法：

定义 14.3　带有谕示的图灵机 $M^?$ 是一个多带确定性图灵机，它具有一条特别的串，称为询问串，和三个特定状态：询问状态 $q_?$ 和回答状态 q_{YES}、q_{NO}。注意，我们独立于使用谕示定义 $M^?$。幂次位置的“?”指示任何语言可以“植入”作为谕示。

假设 $A \subseteq \Sigma^*$ 是语言。以 A 为谕示的谕示机 $M^?$ 的计算过程与通常图灵机一样，除了当转移到询问状态时，根据当前询问的串在 A 或者不在 A 中，机器 $M^?$ 从询问状态转向 q_{YES} 或者 q_{NO} 外。回答状态允许机器用该回答进入随后的计算。带有谕示 A 的 $M^?$ 的对于输入 x 的计算标记为 $M^A(x)$。

339

带有谕示的图灵机的时间复杂性完全等同于普通图灵机的时间复杂性。事实上，这是为什么这个机器是不现实的：每次询问步，计算作为普通的一步。带谕示的非确定性图灵机也可以类似地定义（关联到空间复杂性，带谕示的图灵机有些困难，见 14.5.8 节）。于是，如果 $\mathcal{C}$ 是确定性或非确定性时间复杂性类，则我们能定义 $\mathcal{C}^A$ 为被同类机器所判定（或接受）的语言类，时间界和 $\mathcal{C}$ 一样，但是机器为带有谕示 A 的。

我们现在证明第一个结果：

定理 14.4　有一个谕示 A，使得 $\mathbf{P}^A = \mathbf{NP}^A$。

证明： 我们已经议论 SAT 是否合适作为我们要找的谕示。什么恰恰是我们要找的谕示？我们寻找一个语言，使得非确定性成为无用的。或者，一个语言使得多项式计算强大以至于非确定性成为无用。我们知道有一个地方，非确定性没有确定性强大：多项式空间计算。根据 Savitch 定理（见 7.3 节），非确定性多项式空间和确定性多项式空间重合的。

取 A 是任一 **PSPACE** 完全的语言[⊖] 我们有

$$\mathbf{PSPACE} \subseteq \mathbf{P}^A \subseteq \mathbf{NP}^A \subseteq \mathbf{NPSPACE} \subseteq \mathbf{PSPACE}$$

因此 $\mathbf{P}^A = \mathbf{NP}^A$。第一个包含关系是因为 A 是 **PSPACE** 完全的，因此任何语言 $L \in$ **PSPACE** 能被多项式时间确定性图灵机判定，其中用到 L 到 A 的归约，因此看成询问谕示一次。第二个包含是平凡的。对于第三个包含，任何带有谕示的非确定性多项式图灵机可以被非确定性多相式空间界的图灵机模拟，在多项式时间内询问 A 自己。最后一个包含是 Savitch 定理。 □

达到相反目标的谕示是稍稍精巧的。

定理 14.5　有一个谕示 B，使得 $\mathbf{P}^B \neq \mathbf{NP}^B$。

证明： 对于 B 我们需要做的是加强非确定性的能力，利用 B 的有利条件和非确定性

⊖ 严格地说，我们还没有证明 **PSPACE** 完全语言存在。但是它们的确存在的。目前，读者可以认为这样的语言被定义并且证明它是完全的，也参见问题 8.4.4。在任何事件中，在第 19 章中，我们证明许多 **PSPACE** 完全性结果——诚实地说，这些结果没有用到定理 14.4。

加上语言最大化，使得存在 $L\in \mathbf{NP}^B-\mathbf{P}^B$。我们首先定义语言 L 为：

340

$$L=\{0^n\text{：有一个 } x\in B,\ |x|=n\}$$

容易看出 $L\in \mathbf{NP}^B$：一个带有谕示 B 的非确定性机器可以猜测具有长度为 $|x|=n$ 的串，并且用它为谕示检验 $x\in B$。

我们必须定义 $B\subseteq\{0,1\}^*$，使得 $L\notin \mathbf{P}^B$。这可以用在所有带有谕示的确定性多项式时间图灵机某种慢速的"对角化"来形成。假设我们有这样机器的一个枚举 $M_1{}^?$，$M_2{}^?$，...。我们假定每个机器在此枚举中出现*无限多次*。任何合理的枚举都满足这个有用的条件，因为任何机器可以以无用的状态"衬垫"，使之不影响语言的判定，所有这样的变种必须在枚举中的某些地方出现。

我们逐步定义 B。在第 i 步的开始，假设我们已经计算出 B_{i-1}，其长度小于 i 的 B 中全部串的集合。我们还有一个*例外集合* $X\subseteq\Sigma^*$，它是我们记住不能放入 B 中串的集合（起初，在第一步，$B_0=X=\phi$）。我们着手定义 B_i，它是长度为 i 将要放入 B 的串。先模拟 $M_i{}^B(0^i)$，走 $i^{\log i}$ 步。注意步数是一个比指数小得多的函数，但是渐进地大于任何多项式。

在模拟 $M_i{}^B(0^i)$ 时，谕示机有可能询问"是否 $x\in B$"。我们怎么回答呢？如果 $|x|<i$，则我们简单地查询 $x\in B_{i-1}$。如果在内，则回答"yes"，M_i^B 进入状态 q_{YES}，否则到状态 q_{NO}，继续计算下去。但是如果 $|x|\geqslant i$，则 $M_i{}^B$ 进入状态 q_{NO}（我们回答"no"，我们加 x 到例外集合 X 中），记住我们的承诺 $x\notin B$。

假设直到最后，在 $i^{\log i}$ 步或者稍少的步内，机器拒绝了。记住我们要阻止 M_i^B 判定 L。归根到底，我们定义 $B_i=B_{i-1}\cup\{x\in\{0,1\}^*:|x|=i,x\notin X\}$。用这样的方法，使得 $0^i\in L$（因为，回顾 L 的定义，有一个长度为 i 的串在 B 中[㊀]）成立，而该时刻，M_i^B 已经拒绝了 0^i，无法使机器判定 L：$L(M_i^B)\neq L$。但是我们怎样确定集合 $\{x\in\{0,1\}^*:|x|=i,x\notin X\}$ 为非空呢？我们知道因为 X 包含的元素数不超过长度为 i 的串的总数 $\sum_{j=1}^{i} j^{\log j}$（这是在所有机器上模拟的总步数），稍做计算，就知道该数总是小于 $\{0,1\}^i$ 中的串的总数 2^i。如果 M_i^B 在规定的时间内接受 0^i，则令 $B_i=B_{i-1}$。于是这就使得 $0^i\notin L$，从而 $L(M_i^B)\neq L$。

但是，如果 $M_i^B(0^i)$ 走了 $i^{\log i}$ 步还不停机，怎么办？也许，多项式界 $p(n)$[㊁] 很大，以至于 i 的值小到 $i^{\log i}<p(i)$。如果发生这种情况，我们令 $B_i=B_{i-1}$，想象机器接受了 0^i。但是当然，我们仍能确保 $L(M_i^B)\neq L$。关键点是等价于 $L(M_i^B)$ 的机器将在枚举中出现无限多次，例如索引为 I 的机器 $L(M_I^B)$，而且 I 足够大到 $I^{\log I}\geqslant p(I)$。这就确保了 $L\neq L(M_I^B)=L(M_i^B)$[㊂]。

341

这样如此继续下去，我们就完全定义了谕示 B。因为系统地定义的 B 排除了所有以 B 为谕示的多项式时间机器判定 L 的可能，所以我们只能得出结论 $L\notin \mathbf{P}^B$，证明结束。□

㊀ 因为这时 $|x|<2^i$，所以 $\{x\in\{0,1\}^*:|x|=i,x\notin X\}$ 为非空。——译者注

㊁ 指 M_i^B 作为确定多项式时间图灵机的时间界。——译者注

㊂ 书中的证明需要小小的说明，即当 $i^{\log i}<p(i)$，也许机器 M_i^B 在第 $i^{\log i}$ 步还不停机，而到第 $p(i)$ 步之前，机器却拒绝了输入，理应令 $B_i=B_{i-1}\cup\{x\in\{0,1\}^*:|x|=i,x\notin X\}$，而我们已经令 $B_i=B_{i-1}$ 了，就是说想象 M_i^B 接受了 0^i。对这个 i，有可能 $0^i\notin L$ 和 $0^i\notin M_i^B$ 同时成立，因为 $i^{\log i}<p(i)$ 的 i 只有有限个，后面还有无限多个索引 I，使得原始的 $L(M_I^B)=L(M_i^B)$，于是 $0^I\notin L$ 和 $0^I\notin M_I^B$ 不同时成立，所以这里的证明还是对的。其实，当 $I^{\log I}\geqslant p(I)$ 时，机器 M_I^B 走到 $p(I)$ 步已经停机，根本不存在从 $p(I)$ 步到 $I^{\log I}$ 步的情形。——译者注

这对有趣的结果（定理 14.4 和 14.5）有一系列重要的方法学的含义。首先，我们原始的思维思路是借助引入模拟，看来行不通：模拟能给我们各种各样矛盾的回答。其次，这些结果警告我们：$\mathbf{P} \stackrel{?}{=} \mathbf{NP}$ 问题无法通过用谕示机来解决。这就是说，证明的技术必须超越现今所有技术手段的。而本书所有用到的许多技术可以逐字逐句地从这个范围到另一范围的（见下面例子）。

谕示结果是复杂性研究中非常有用的“探索性研究”工具。假设我们疑惑一个复杂性问题，例如两个复杂性类 $\mathcal{C}$ 和 $\mathcal{D}$ 是否相等 $\mathcal{C} \stackrel{?}{=} \mathcal{D}$——读者已经看到不少这类例子，并且将有更多例子到来。有一个谕示 B，使得 $\mathcal{C}^B \neq \mathcal{D}^B$，是个重要的隐喻 $\mathcal{C} \neq \mathcal{D}$，那是一个合法的可能性，恐怕不会有一个平凡的 $\mathcal{C}^B = \mathcal{D}^B$ 在等待我们观察到。自然地，我们可能试图去证明对某个 A，有 $\mathcal{C}^A = \mathcal{D}^A$；但是，这是几乎总能直接证明的：定理 14.4 的 A 是 **PSPACE** 完全的谕示，它崩塌的不仅是 **NP** 和 **P**，而且所有的位于 **P** 和 **PSPACE** 之间的类，故也可能 $\mathcal{C}$ 恒等于 $\mathcal{D}$。

于是，谕示的结果帮助我们建立复杂性问题诸如 $\mathcal{C} \stackrel{?}{=} D$ 成为有意义的不平凡的猜想。我们可以运用这个技术去处理更多场合，不仅仅是类的崩塌，例如：“是否有可能 $\mathbf{NP}=\mathbf{coNP}$，但是仍然 $\mathbf{P} \neq (\mathbf{NP} \cap \mathbf{coNP})$？”或者甚至还有“**BPP** 有完全问题吗？”（参见本章和下章的参考文献，那里有一大堆谕示类结果）。

例 14.4　我们已经提到谕示结果的重要性在于，许多“通常的”复杂性的证明技术在加了谕示之后不再有效，所以一个谕示结果是警示我们这样的通常技术不足以去证明相反的论断。这就必须采取半信半疑的难以量化的态度，现在让我们检查某些简单的场合。

在定理 14.4 的证明中，读者可能没有注意到断言 $\mathbf{P}^A \subseteq \mathbf{NP}^A$。它是正确的断言，因为用简单的论据可以证实 $\mathbf{P} \subseteq \mathbf{NP}$（一个确定的图灵机是非确定的特殊情形）对于谕示机仍然成立。这样简单的论据可以容易地遍及全域界。

342

但是，让我们检查是否定理 14.1 的论据也容易转换吗。相对于谕示 A 重置，定理应当读成“如果 $\mathbf{P}^A \neq \mathbf{NP}^A$，则有一个语言位于 $\mathbf{NP}^A - \mathbf{P}^A$ 中，然而它不是 $\mathbf{NP}^A$ 完全的”，但是当我们说“$\mathbf{NP}^A$ 完全的”时，我们允许在归约中使用谕示吗？稍稍思量一下，我们可能要决定用原始归约的术语来正确地叙述结果（特别因为涉及定义空间界的谕示机，困难是存在的。请参见参考文献）。

是否所有证明步骤可以容易地转移到谕示的情形？此证明基于用算法 F 的术语设计一个语言 L。所有的模拟似乎是逐字地转换任何谕示 A，除了使人烦恼的一点外：与 L 的定义一样，模拟采用机器 S 判定 SAT。而 SAT 在我们的世界里是特别的，它对于我们的 **NP** 是完全的，但对于 $\mathbf{NP}^A$ 不是。似乎没有一个合理的 SAT^A 的定义。

为了绕开这个困难，我们必须用 $\mathbf{NP}^A$ 完全问题替代 SAT 用语。这样的问题是存在的，例如：

$$C^A = \{(M^A, x):\text{非确定性谕示机 } M^A \text{ 在时间 } |x| \text{ 内接受 } x\}$$

就一定是个完全问题。借助于这样的修改，证明可以继续工作。

转换关于一元 **NP** 完全集合的定理 14.3 到带谕示的情形更加困难，因为它的证明更加依赖于 SAT 和它的自我归约性。

大量利用完全问题的一个最重要的复杂性结果是性质 13.4，它是 Cook 定理的弱验证版本。最终发现，带有谕示的重要结果不成立。

有一点需要指出：不能直接转换到谕示机的证明技术的重要类是基于完全问题的技术(因此，它恰是有相反结果的解决复杂性疑问的范例)。在后面的章节里，我们将会看到更多这类技术——包括恒等两个复杂性类（在12.2节中定义的**PSPACE**和**IP**类）的著明证明。对于这两类，已知有区分它们的谕示。□

14.4 单调电路

在第11章中，我们简单地讨论了电路复杂性，提出猜想B，一个加强的**P**≠**NP**的猜想，**NP**完全问题没有多项式电路（均匀的或非均匀的）。

证明猜想B的进展（事实上，证明在或者不在**NP**中的任何问题的电路复杂性的下界）都非常迟缓。尽管定理4.3说存在一个布尔函数要求至少$2^n/2n$门计算它（事实上，几乎所有的布尔函数需要这么多门），在目前我们所能证明的明确表示的函数簇的最大下界形为$k \cdot n$，k是一个小常数（见11.5.26中的参考文献）。

343

证明猜想B是明显困难的，我们着手证明某些较弱的结论。我们可能在较弱的模型下尝试证明**NP**完全问题的电路有指数下界复杂性。我们已经看到一个最自然的弱电路模型：*单调电路*，即没有NOT门的电路。单调电路有足够的表达能力，从而有**P**完全CIRCUIT VALUE问题（见定理8.1的推论2）。自然地，如同我们已经看到的，单调电路只能计算*单调函数*（当输入从**真**到**假**改变时，布尔函数不能从**假**改变为**真**）。许多**NP**完全问题，例如BISECTION WIDTH、NODE COVER和KNAPSACK都不是单调的，它们无法用单调电路计算，无论多大的单调电路。但是其他重要的**NP**完全问题，例如HAMILTON PATH和CLIQUE问题，确实是单调的（将邻接矩阵的任何位从**假**变换到**真**，回答不会从**真**到**假**），因此必然有单调电路计算它们（见问题4.4.13）。问题在于，*这些单调电路有多小？*

以CLIQUE为例，它无疑是**NP**完全问题（见定理9.4的推论2）。用$\text{CLIQUE}_{n,k}$表示一个布尔函数判定一个具有n个顶点的图$G=(V,E)$是否有大小为k的团。输入门对应于G的邻接矩阵。即，有$\binom{n}{z}$个输入门，并且输入门$g_{[i,j]}$为**真**当且仅当$[i,j]\in E$。$\text{CLIQUE}_{n,k}$是单调函数，于是它可以由单调电路计算。这里有这么一个电路：对每个集合$S\subseteq V$，$|S|=k$，我们有带有$\mathcal{O}(k^2)$个AND门的子电路，测试它是否构成团。对k结点的所有$\binom{n}{k}$个子集$S_1, S_2, \cdots S_{\binom{n}{k}}$重复这一过程，然后用一个大的OR门作为输出。这是一个计算$\text{CLIQUE}_{n,k}$函数的单调电路，带有$\mathcal{O}\left(k^2\binom{n}{k}\right)$个门。

我们称上述电路为*天然电路*，它测试V的子集簇是否构成一个团，返回**真**当且仅当有这样的集合在簇内。例如，上述天然电路将标记为$\text{CC}(S_1, \cdots, S_{\binom{n}{k}})$，它意味着它计算$\binom{n}{k}$个子电路的OR门，而每个子电路表明对应的集合是一个团。一般地，用天然电路$\text{CC}(X_1, \cdots, X_m)$测试的集合可以是$V$的任意子集，是基数不一定为$k$.

虽然当k是常数时，上述天然单调电路有多项式大小，但当k变成，例如，$\sqrt[4]{n}$时，它是指数大小的。下面的结果说明这个指数的依赖性是固有的。

定理 14.6（Razborov 定理）　有一个常数 c，使得对于足够大的 n，所有 $k=\sqrt[4]{n}$ 的

344

$\mathrm{CLIQUE}_{n,k}$ 单调电路具有至少 $2^{c\sqrt[8]{n}}$ 的大小。

证明：沿着如下途径来证明这个著名的结果：我们用一个限制型的天然电路来描述迫近任何单调电路的方法。迫近将分步进行，一步对应单调电路的每一个门。我们将指出，虽然每步引入相当少的错误（错误的肯定和错误的否定，见引理 14.3 和 14.4），但从指数多个错误的过程中形成天然电路（见引理 14.5）。我们必须得出结论：迫近走了指数多步，于是原始的 $\mathrm{CLIQUE}_{n,k}$ 单调电路有指数多个门。

记得 $k=\sqrt[4]{n}$。定义 $\ell=\sqrt[8]{n}$。p 和 M 是整数，在证明的后面确定。随着时间的推移，足以说明 p 大约也是 $\sqrt[8]{n}$，而 $M=(p-1)^{\ell}\ell!$，n 的指数规模大。而且，根据 k 和 ℓ 的值，容易看出 $2\binom{\ell}{2}\leqslant k$。在迫近过程中，每个天然电路形为 $\mathrm{CC}(X_1,\cdots,X_m)$，其中 X 是 V 的子集，每个子集有至多 ℓ 个结点，至多有 M 个 $X_i(m\leqslant M)$。

我们必须证明怎样用这种天然电路去迫近任一 $\mathrm{CLIQUE}_{n,k}$ 电路。我们将归纳地实现：因为任何单调电路能看作 AND 和 OR 两种子电路，所以我们将说明怎样从两个近似子电路建立整体近似电路（归纳是容易开始的，因为每个输入门 $g_{i,j}$ 标志是否 $[i,j]\in E$ 可以看作天然电路 $\mathrm{CC}(\{i,j\})$）。也就是说，给出两个天然电路 $\mathrm{CC}(\mathcal{X})$ 和 $\mathrm{CC}(\mathcal{Y})$，$\mathcal{X}$和$\mathcal{Y}$是至多 M 个结点集合，每个集合至多有 ℓ 个结点，我们将说明如何构造这些电路的近似 OR 和近似 AND。

我们从 OR 运算开始。基本上，$\mathrm{CC}(\mathcal{X})$ 和 $\mathrm{CC}(\mathcal{Y})$ 的近似是 $\mathrm{CC}(\mathcal{X}\cup\mathcal{Y})$。也就是说，我们取两个族的并（unim）。迄今为止，根本没有"近似"可言，新电路等价于其他两个的电路 OR。但是当然，有一个问题：现在有超过 M 个集合在族中，我们必须想办法减少集合的数目使其低于 M。证明的核心部分是复杂的，系统地减少集合簇大小的技术称为*采摘*。我们下面进行解释。

p 个集合的族 $\{P_1,\cdots,P_p\}$ 是葵花，叫作*花瓣*，它们每一个的基数至多为 ℓ，族中每对集合有相同的交集（叫作*葵花的核心*）。下面的引理证明了任何足够大集合的族都有葵花：

引理 14.2（Erdös-Rado 引理）　令$\mathcal{Z}$是比 $M=(p-1)^{\ell}\ell!$还多的非空集合的族。每个集合的基数小于或等于 ℓ。则$\mathcal{Z}$必然包含一个葵花。

345

证明：对 ℓ 进行归纳。当 $\ell=1$ 时，p 个不同的单一元形成一个葵花，因此定理满足。

因此，假设 $\ell>1$，考虑$\mathcal{Z}$的最大子集，称为$\mathcal{D}$，是不相交集合的子集（即，每个$\mathcal{Z}-\mathcal{D}$中的集合和$\mathcal{D}$中的某个集合相交）。如果$\mathcal{D}$包含至少 p 个集合，则它构成一个以空集为花核的葵花，此定理结论得证。否则，设 D 是$\mathcal{D}$中所有集合的并。因为$\mathcal{D}$中的集合个数小于 p，所以我们知道$|D|\leqslant(p-1)\ell$。而且，我们知道 D 与$\mathcal{Z}$中每个集合相交。因为$\mathcal{Z}$有至少 M 个集合，所以它们中的每个集合与 D 相交于某个元素，D 中有一个元素与$\mathcal{Z}$中至少 $\frac{M}{(p-1)\ell}=(p-1)^{\ell-1}(\ell-1)!$ 个子集相交。我们称这个元素为 d。现在考虑新的集合族

$$\mathcal{Z}'=\{Z-\{d\}:Z\in\mathcal{Z}\text{和 }d\in Z\}$$

我们知道$\mathcal{Z}'$有至少 $M'=(p-1)^{\ell-1}(\ell-1)!$ 个集合，于是按照归纳（注意 M'就是 M 的参数 ℓ 减少 1）它含有一个葵花 $\{P_1,\cdots,P_p\}$。然后，$\mathcal{Z}$有一个葵花 $\{P_1\cup\{d\},\cdots,P_p\cup$

$\{d\}\}$，证明完成了。 □

根据这个引理，无论何时我们都有比 M 更多的集合，我们总能在其中找到葵花。现在采摘葵花就是用葵花的核代替葵花中的集合。于是，无论何时我们都有比 M 更多的集合簇，我们可以重复地找到葵花并采摘它直到将它的数目减少到 M 或者更少。如果最后无法进行下去，根据引理，我们知道剩下比 M 更少的集合。如果$\mathcal{Z}$是一个集合簇，我们标记经过重复采摘$\mathcal{Z}$之后的结果为 pluck($\mathcal{Z}$)。

回到我们的证明，两个天然电路 CC($\mathcal{X}$) 和 CC($\mathcal{Y}$) 的近似 OR 定义为 CC(pluck($\mathcal{X}\cup\mathcal{Y}$))。

两个天然电路 CC($\mathcal{X}$) 和 CC($\mathcal{Y}$) 的近似 AND 定义为：

$$\mathrm{CC}(\mathrm{pluck}(\{X_i \cup Y_i : X_i \in \mathcal{X}, Y_i \in \mathcal{Y}, \text{和} \mid X_i \cup Y_i \mid \leqslant \ell\}))$$

也就是说，为了构造两个天然电路的近似 AND，我们选取所有可能的交叉并，删去所有多于 ℓ 个元素的集合，采摘剩下的族直至无法采摘为止。

我们将要论证这些逐步的近似是合理的近似，它们仅仅引入少量差错。在我们的分析中，我们将仅仅关注某些非常特别的输入图中的近似电路的行为，我们将这些特殊的输入图称为*正例*和*反例*。正例就是一个图有 $\binom{k}{2}$ 条边连接全部 k 个顶点，而且没有其他边。显然，有 $\binom{n}{k}$ 个这样的图，它们全都应当从 $\mathrm{CLIQUE}_{n,k}$ 输出**真**。

反例是下述经验的输出：对结点用 $k-1$ 不同的颜色着色。然后连接任何两个不同色的结点。这是图的所有边。不难看出，该图没有 k 团（因为它是 $(k-1)$ 可着色的）。共有 $(k-1)^n$ 个反例。下面，我们将计数正例和反例，它们在近似中出错了。虽然两个着色可能产生相同的图（例如，两个颜色的名字可以交换），但在我们的计数里，把两个不同的着色考虑为两个不同的反例。

346

考虑两个天然电路和它们前面定义的近似或。假设，当一个正例 E，其输入为两个原始的天然电路，它们至少有一个电路返回**真**；然而，它们的近似或却在 E 上返回了**假**。我们说：这个近似引入了一个*错误负*。类似地，如果负例的两个输入天然电路上返回的都是**假**，但是它们的或近似却返回了**真**，则我们说*近似引入一个错误正*。同样，如果某正例，构成它的天然电路同时计算出**真**但它们的近似与却返回计算出**假**，我们说该与近似引入了错误负。如果某着色，构成它的天然电路中至少有一个返回**假**但是它们的近似与却返回**真**，则一个错误正[㊀]被导出了。问题在于，*在每次近似步中，有多少错误正和错误假被引入了？*

引理 14.3　每个近似步至多引入 $M^2 2^{-p}(k-1)^n$ 错误正。

证明：先考虑对一个 OR 的近似步，特别是可能经过多次采摘，用其核 Z 代替葵花 $\{Z_1,\cdots,Z_p\}$。采摘引起什么错误真呢？在每个花瓣上有一对相同着色的结点（因此两个天然电路返回**假**），但是至少从每对的一个结点采摘，核中的结点是不同色的。有多少这样的着色呢？

这个问题容易回答，如果重新叙述：如果 V 中的结点随机着色，则所有的 Z_i 有重复的颜色，但是 Z 中没有重复的颜色，概率是多少？设 $R(X)$ 为集合 X 中有重复颜色的事件。我们有

$$\mathbf{prob}[R(Z_1) \wedge \cdots \wedge R(Z_p) \wedge \neg R(Z)] \leqslant \mathbf{prob}[R(Z_1) \wedge \cdots \wedge R(Z_p) \mid \neg R(Z)]$$

㊀ 原文是 false negaticve，但是译者认为此处应当是 false true。——译者注

$$= \prod_{i=1}^{p} \mathbf{prob}[R(Z_i) \mid \neg R(Z)] \leqslant \prod_{i=1}^{p} \mathbf{prob}[R(Z_i)]$$

347
第一个不等式成立，因为其左侧实际上等于右侧除以 $\mathbf{prob}[\neg R(Z)]<1$（这是条件概率定义）。第二个等式成立，因为只有 Z_i 的公共顶点在 Z 中，而且 Z 中没有重复的颜色，并且 Z_i 中重复颜色的概率是独立的。最后的不等式成立，因为如果我们限制自己在 $Z\subseteq Z_i$ 的颜色无重复，则 Z_i 中重复的概率显然减少。

考虑 Z_i 中两个结点。它们有相同颜色的概率显然是$\frac{1}{k-1}$。因为 $R(Z_i)$ 意指 Z_i 中至少$\binom{|Z_i|}{2}$对结点有相同的颜色，所以这就推出 $\mathbf{prob}[R(Z_i)]\leqslant\frac{\binom{|Z_i|}{2}}{k-1}\leqslant\frac{\binom{\ell}{2}}{k-1}\leqslant\frac{1}{2}$，因此随机选择着色是新错误正的概率至多为 2^{-p}。因为有 $(k-1)^n$ 种不同的着色，所以我们得出每次采摘引入 $2^{-p}(k-1)^n$ 个错误正。最后，因为近似步承受$\frac{2M}{p-1}$次采摘（每次采摘递减 $p-1$ 个集合，出发时至多 $2M$ 个集合），引理对或近似步成立。

现在考虑天然电路 $\mathrm{CC}(\mathcal{X})$ 和 $\mathrm{CC}(\mathcal{Y})$ 的 AND 近似步。它可以分解为三个阶段：第一阶段，我们形成 $\mathrm{CC}(\{X\cup Y: X\in\mathcal{X}, Y\in\mathcal{Y}\})$。这不会引入错误正的，因为任何在 $X\cup Y$ 中是团的图在 X 和 Y 中也一定是团，因此被构成的天然电路里接受。第二阶段从近似电路中省略多个电路（其基数大于 ℓ），因而没有引入错误正。第三阶段由一系列少于 M^2 采摘构成，在采摘过程中，如同前面 OR 情况一样分析，至多引入 $2^{-p}(k-1)^n$ 个错误正。引理的证明完成。□

引理 14.4　每个近似步至多引入 $M^2\binom{n-\ell-1}{k-\ell-1}$个错误负。

证明：因为用一个集合代替天然电路中的一个集合只能增加接受图（它使得测试减少限制），所以采摘不会引入错误负。因为 OR 的近似仅仅由采摘构成，所以它不会引入错误负。

然后我们考虑 AND 的近似。在第一阶段，我们用 $\mathrm{CC}(\{X\cup Y: X\in\mathcal{X}\}, Y\in\mathcal{Y}\})$ 来代替 $\mathrm{CC}(\mathcal{X})$ 和 $\mathrm{CC}(\mathcal{Y})$ 的合取。如果一个正例被 $\mathrm{CC}(\mathcal{X})$ 和 $\mathrm{CC}(\mathcal{Y})$ 同时接受，那么它的团必须包含$\mathcal{X}$的一个集合和$\mathcal{Y}$的一个集合。但它包含这些集合的并，因此它被新电路接受。因此没有错误负发生。下面我们删去所有大于 ℓ 的集合。每次删除这样的集合 Z，都可能引起多个错误负，即该团包含 Z。有多少这样的团呢？回答是$\binom{n-|Z|}{k-|Z|}$。因为我们知道

348
$|Z|>\ell$，所以每次删除至多引入$\binom{n-\ell-1}{k-\ell-1}$个错误负。因为至多删除 M^2 个集合，所以引理证毕。□

引理 14.3 和引理 14.4 表明：每个近似步引入“很少量”的错误正和错误负。下面我们证明最终结果的天然电路必然有“不少”下述两者之一：

引理 14.5　每个天然电路或者是恒**假**（因此在所有正例上是错的），或者在至少一半的反例上输出**真**。

证明：如果天然电路不是恒**假**的，则它至少接受那些图，这些图在某集合 X 上有团，

而且$|X|\leqslant \ell$。但是我们从引理14.3的证明得知：至少一半的着色给X上的结点赋予不同的颜色，因此至少一半的反例在X上有团，并且是被接受的。 □

Razborov定理的证明接近完成：我们定义$p=\sqrt[8]{n}\log n$，$\ell=\sqrt[8]{n}$，因此对大的n，$M=(p-1)^{\ell}\ell!<n^{\frac{1}{3}\sqrt[8]{n}}$。因为每个近似步引入至多$M^2\binom{n-\ell-1}{k-\ell-1}$个错误负，所以如果最终天然电路恒假，则所有正例在某步引入错误负，因此原先的$\text{CLIQUE}_{n,k}$单调电路有至少

$$\frac{\binom{n}{k}}{M^2\binom{n-\ell-1}{k-\ell-1}}$$

个门。该数$\geqslant\frac{1}{M^2}\left(\frac{n-\ell}{k}\right)^{\ell}\geqslant n^{c\sqrt[8]{k}}$，而$c=\frac{1}{12}$。否则，根据引理14.5，至少有$\frac{1}{2}(k-1)^n$个错误正。因为每次近似引入至多$M^2 2^{-p}(k-1)^n$个错误正，所以我们再一次得出结论：天然的单调电路至少有$2^{p-1}M^{-2}>n^{c\sqrt[8]{n}}$个门，$c=\frac{1}{3}$。

Razborov定理激发了某些严肃的期望：为了证明**P**$\neq$**NP**，现在我们必须做的是，建立如下：

猜想C 所有**P**中的单调语言有多项式单调电路。

不幸的是，猜想C是错的：用类似前面证明中所用到的技术，建立结论MATCHING没有多项式单调电路（见14.5.11中的参考文献）。

349

14.5 注解、参考文献和问题

14.5.1 定理14.1见于

○ R. E. Ladner. “On the sturcture of polynomial time reducibility,” *J. ACM*, 22, pp. 155-171, 1975.

在所建立的一系列结果中，在**P**$\neq$**NP**的假设下，归约产生非常稠密的和复杂性不可比较的**NP**内（以及其他类）的等价问题类。值得注意到，迄今为止，如果**P**$\neq$**NP**，还没有一个“自然的”问题被发现属于如此中间类。（偶然碰巧地，每次我们试图对一个一个**NP**中特定问题，它既难找到多项式算法但是又难以证明它是**NP**完全的，我们就强烈地推荐去探索它的复杂性属类），对于Ladner定理的推广，和用于其他复杂性类，请见

○ U. Schöning. “A uniform approach to obtain diagonal sets in Complexity classes,” *Theor. Computer Science* 18, pp. 95-103, 1982.

14.5.2 对于**P**和**NP**类，给出该语言类中语言的递归可枚举是平凡的事，它用相应的机器表示。然而，对于**NP**$\cap$**coNP**和**BPP**这样的类，这就不是那么明显的了。

问题：给出一个所有**NP**完全语言的递归枚举，即所有不确定性多项式图灵机，它们正好判定**NP**完全语言。（它出自

○ L. Landweber. R. J. Lipton, and E. Robertson. “On the structure of the sets in NP and other Complexity classes,” *Theor. Comp. Science*, 15, pp. 181-200, 1981.

14.5.3 这里是一个扰动人的可能性：假设通过一个高度非结构性的证明证明了**P**=**NP**；那就是，虽然从这个证明立即导致SAT问题有一个多项式算法存在，但是我们无法得到启示怎样清楚地叙述和运行它（定理11.6的非构造证明，即是关于这种可能性的一个思路）。

问题：(a) 清晰地给出SAT算法，它有如下性质：存在一个多项式$p(n)$，使得：(1) 输入x是可满足的表达式；(2) **P**=**NP**的情况下，算法在$p(n)$时间内以输出对x的满足真值指派以后终止。如果两个条件的任何一个不满足，算法可能任意地作为，包括走发散岔路。

(b) **证明**：如果没有条件 (2)，则这样的算法不存在，除非 **P**＝**NP**。

14.5.4　**NP** 完全问题之间的同构问题在下面文章中提出

○ L. Berman, and J. Hartmanis. "Isomorphism and density of NP and other Complete sets," *SIAM J. Computing*, 6, pp. 305-322, 1977.

该论文观察到所有已知的 **NP** 完全语言是同构的（定理 14.2 证明了这一点）。更为重要的是，该论文猜想所有 **NP** 完全语言（在多项式时间归约而不是对数空间归约）是同构的。这意味着 **P**≠**NP**，因为否则，所有 **P** 中的语言都是 **NP** 完全的，因此是同构的——这包括无限的和有限的语言，而这是荒唐的。根据性质 14.1，当然，同构猜想将意味着没有稀疏语言可以是 **NP** 完全的，除非 **P**＝**NP**。但是后一个蕴涵已经直接证明了，不需要假设同构猜想。

350

○ S. R. Mahaney. "Sparse Complete for NP: Solution of a conjecture by Berman and Hartmanis," *J. CSS*, 25, pp. 130-143, 1982.

关于一元语言的定理 14.3 是这一结果的先驱，它出自

○ P. Berman. "Relationship between the density and deterministic complexity of NP-completer language," *Proc. 5th Intern. Colloqu. on Automata, Languages and Programming*, pp. 63-71, Lecture Notes in Computer Science 62, Springer Verlag, 1978.

14.5.5　**问题**：对下述问题：KNAPSACK、MAXCUT 和 EUCLIDEAN TSP 给出衬垫函数（见问题 9.5.15）。

14.5.6　定理 14.4 和定理 14.5 在下述文章中获证

○ T. Baker, J. Gill and R. Solovay. "Relativization of the The $\mathbf{P} \overset{?}{=} \mathbf{NP}$ question," *SIAM J. Computing*, 4, pp. 431-442, 1975.

该论文还指出有一个对所有可以想象得到的关于 **P** 和 **NP** 的不测事件的各种恰当谕示。例如，有一个谕示 C，$\mathbf{NP}^C=\mathbf{coNP}^C$，但是 $\mathbf{P}^C\neq\mathbf{NP}^C$。而且，有谕示 D、E，使得 $\mathbf{NP}^D\neq\mathbf{coNP}^D$ 和 $\mathbf{NP}^E\neq\mathbf{coNP}^E$，但是 $\mathbf{P}^D=\mathbf{NP}^D\cap\mathbf{coNP}^D$ 和 $\mathbf{P}^E\neq\mathbf{NP}^E\cap\mathbf{coNP}^E$。

另外一个重要问题是否 $\mathbf{NP}\cap\mathbf{coNP}$ 有完全问题，对相对化类也可以问同样的问题：有一个谕示 E，使 $\mathbf{NP}^E\cap\mathbf{coNP}^E$ 有完全问题（这是平凡的，任何谕示 E，如果它满足 $\mathbf{P}^E=\mathbf{NP}^E$，则该类 $\mathbf{NP}^E\cap\mathbf{coNP}^E$ 就有完全问题）。而其他谕示 E 下，则没有完全问题。见

○ M. Sipser. "On relativization and the existence of complete sets," *Proc. 9th Int. Collqu. On Automata, Languages, and Progamming*, pp. 523-531, Lecture Notes in Computer Science Vol. 140, Springer Verlag, 1982.

对其他"语义"类，譬如 **RP** 和 **BPP**（见 11.2 节），和 **UP** 类（见 12.1 节）也一样。后面的结果见

○ J. Hartmanis and L. Hamachandra. "Complexity classes without machines: On complete language for UP," *Theor. Computer Sci.*, pp. 129-142, 1988.

14.5.7　按照定理 14.4 和定理 14.5 的观点，有可能 **P**＝**NP** 和 **P**≠**NP** 紧密地联系在一起：它们被至少一个谕示所支持。然而，下面的结果可以说明：在所有可能的谕示中，仅仅无意义（测度等于 0）的部分支持 **P**＝**NP**。

○ C. Bennett and J. Gill. "Relative to a random oracle **P**≠**NP**≠**coNP** with probability 1," *SIAM J. Comp.*, 10, pp. 96-103, 1981.

351

这就激发了我们坚信 **P**≠**NP** 是正确的答案。事实上，"随机谕示假设"是该论文 **P**≠**NP** 猜想的精巧推广：两个复杂性类不同，当且仅当几乎所有的谕示使它们不同。这个猜想最终被下面的论文否定

○ S. A. Kurtz. "On the random oracle hypothesis," *Information and Control*, 57, pp. 40-47, 1983.

Bennet 和 Gill 也在上述同样的文章中指出，大多数谕示 **P**＝**ZPP**＝**RP**≠**NP**（见 11.2 节）。已经证实：**RP**、**ZPP**、**UP**、**NP** 和它们补的各种包含的组合，凭我们贫瘠的知识状态，都可以被适当的谕示支持。至于"同构猜想"（见 14.5.4），对几乎所有的谕示都是不成立的。

○ S. A. Kurtz, S. R. Mahanney and J. S. Royer. "The isomorphism conjecture fails relative to a random oracle," *Proc. 21st ACM Symp. on the Theory of Computing*, pp. 157-166, 1989.

然而，最近对某些谕示，猜想是成立的：

○ S. Fenner, L. Fortnow, and S. A. Kurtz. "An oracle relative to which the isomorphism conjecture holds," *Proc. 33rd IEEE Symp. on the Foundation of Computer Science*, pp. 29-37, 1992.

14.5.8 对空间界的谕示计算给出正确的定义是很具有挑战性的。困难在于：询问串是否应当计算在空间内？或者它应当计算在输出串内？对这件事的讨论见

○ J. Hartmanis. "The Structural complexity column: Some observations about relativization of space-bounded computations," *Bull. EATCS*, 35, pp. 82-92, 1988.

偶然地，这是 Juris Hartmanis 对复杂性方面一系列出色评注的一个，这些评注从 Bulletin 的第 31 卷开始。

14.5.9 **问题**：证明 L 有多项式电路，当且仅当如果对某种稀疏语言 A，$L\in P^A$（一个非均匀电路簇非常像稀疏谕示，对每个输入长度，它包含一个多项式信息）。

14.5.10 **问题**：定义一个强壮的谕示机 $M^?$ 判定语言 L，对所有谕示 A，有 $L(M^A)=L$。即，回答总是正确的，与谕示无关（虽然机器的步数随着谕示而变化）。而且，如果 M^A 是多项式时间的，我们说谕示 A 有助于强壮机器 $M^?$。令 $\mathbf{P}_h$ 是一类语言，它们被强壮谕示机在确定多项式时间内帮助判定；$\mathbf{NP}_h$ 是相对应的非确定性机器帮助语言类。

(a) 证明 $\mathbf{P}_h=\mathbf{NP}\cap\mathbf{coNP}$。

(b) 证明 $\mathbf{NP}_h=\mathbf{NP}$。(这些概念和结果来自

○ U. Schöning. "Robust algorithms: A different approach to oracles", *in Theoretical Computer Science*, 40, pp. 57-66, 1985.)

14.5.11 长期以来，对任何单调函数的单调电路复杂性，已知的最好下界是线性（对非单调电路复杂性目前为止也是如此）。在杰出的突破里，*Razborov* 于 1985 年证明了对团问题的超多项式下界（见定理 14.6，还不是指数下界），见 352

○ A. A. Razborov. "Lower bound on the monotone complexity of some Boolean functions", *Dokl. Akad. Nauk SSSR*, 281, 4, pp. 798-801, 1985. English translation in *Soviet Math. Dokl.*, 31. pp. 354-357, 1985.

通过更好地使用 Razborov 的技术，证明是真指数下界：

○ A. E. Andreev. "On a method for obtaining lower bounds for the complexity of individual monotone functions," *Dokl. Akad. Nauk SSSR*, 282, 5, pp. 1033-1037, 1985. English translation in *Soviet Math. Dokl.*, 31. 530-534, 1985.

○ N. Alon and R. B. Boppana. "The monotone circuit complexity of Boolean functions," *Combinatorica*, 7, 1, pp. 1-22, 1987,

我们在本书中的叙述来自

○ R. B. Boppana and M. Sipser. "The complexity of finite functions," pp. 758-804 in *The Handbook of Theoretical Computer Science*, vol. I: *Algorithms and Complexity*, edited by J. van Leeuwen, MIT-Press, Cambrdge, Massachusetts, 1990.

短期内，我们可能认为或许 Razborov 的技术可以适当地推广到猜想 B（见 11.4 节）和 $\mathbf{P}\neq\mathbf{NP}$。例如，我们知道任何计算单调函数的电路有一个等价的单调多项式电路，因此 CLIQUE 没有多项式电路，无论单调与否。这个希望被 Razborov 自己打碎了，他指出即使多项式问题，例如 MATCHING（节 1.3），都有超多项式单调复杂性：

○ A. A. Razborov. "A Lower bound on the monotone network complexity of the logical permanent", *Mat. Zametky*, 37, 6, pp. 887-900, 1985. English translation in *Russian Math. Notes*, 37. pp. 485-493, 1985.

因此，NOT门可以指数地表达布尔函数，没有通用方法将计算单调函数电路转换为等价大小的单调电路。

14.5.12　问题：承受表面的貌似类同主题 **P≠NP**，现在有一个重要定理，我们也在这里提及 **TIME** (n)≠**NTIME** (n)，它在下文被证明了

○ W. J. Paul,, N. Pippenger, E. Szemerédi, and W. T. Trotter. "On determinism versus nondeterminism and relatedproblems," in *Proc. 24th IEEE Symp. on the Foundation of Computer Science*, pp. 429-438, 1983.

这个结果，像 **TIME**(n)⊆**SPACE**$\left(\frac{n}{\log n}\right)$（见问题7.4.17）一样，使用一个表示图灵机 M 和图 $G_M(x)$ 的块。基本图论事实（类似该问题的（c）部分）是：在任何 N 个结点的一个 k 带机器的计算图中，有一个集合 S，有 $\mathcal{O}\left(\frac{kN}{\log^* N}\right)$ 个结点，对任何结点 $v\notin S$，有 $\mathcal{O}\left(\frac{N}{\log^* N}\right)$ 个结点 $u\notin S$，使得有一条从 u 到 v 的路径，这里 $\log^* N$ 是增长非常慢的函数，它的值是对 N 取对数的次数，使得对数值小于1。这样的集合叫作分离器。

353

通过猜测和分离器，一个非确定性机器可以模拟确定性机器而节省 $\log^* N$ 倍。但是，需要非确定性更强的形式：在 **NP** 存在模式和 **coNP** 全称模式之间的替换，见第16、17和19章。事实上，机器用四次交错模式节省 $\log^* N$ 倍地模拟 M，也计数原始的存在模式。它建立 TIME$(n\log^* n)$，它包含在我们叫作 $\sum_4$**TIME**(n) 的类中，后面的类抓住以上这个"四重"非确定性（沿着这个方向，**P** 的扩展参见17.2节）。

现在给出最后的结果：容易看出，如果 **TIME**(n)=**NTIME**(n)，则也有 **TIME**$(n\log^* n)$=$\sum_4$**NTIME**$(n\log^* n)$（在定理17.9中证明这个推理），从而包含在$\sum_4$**TIME**(n) 内。这与十分精细的非确定性时间谱系相矛盾（见第7章中的参考文献，它涉及非确定性时间更强的变种）。

14.5.13　线性规划和TSP　把问题提成线性不等式的集合，然后去解答它们，这样的途径被证实为对付组合优化问题的非常有效的传统途径（见11.5.34节的讨论）。例如，TSP(D) 可以形成变量 x_{ij} 的线性不等式集合，如果最佳回路通过城市 i 到城市 j，则 $x_{ij}=1$；否则，$x_{ij}=0$。不难看到，这样的线性规划存在，但不幸的是，它们被证实涉及指数多个不等式。

一个可能的补救方法是引入新变量 $y_1,\cdots,y_N$ 和表达 TSP(D) 为诸多 x_{ij} 和 y_k 的线性不等式集合。预先假定，这些线性不等式是对称的，也就是说，这些不变量在任何城市的置换中不变。如果这可以通过额外多项式个的变量和不等式实现，就有 **P**=**NP**。

事实上，1986年提出了这样一个构造

○ E. R. Swart. **"P=NP"**, *Technical Report*, University of Guelph, 1986; revised 1987.

像预期的那样，此论文引起同行非常激动，它被很多学者核查过，不幸的是，还是发现了错误。

不久以后，Mihalis Yannakakis 出色地证明了：TSP没有比指数规模小的对称线性规划：

○ M. Yannakakis. "Expressing combinatorial optimization problems by linear programs," *Proc. 20th ACM Symp. on the Theory of Computing*, pp. 223-228, 1988; also, J. CSS 43, pp. 441-466, 1981.[⊖]

有些与 Razborov 定理有趣的和并行的联系。首先 Yannakakis 指出有一个 TSP(D) 特别难的情形，它写成一个一般而非对称的多项式线性规划（报告图是否有哈密顿回路，见定理9.7和它的推论），该规划存在当且仅当 **NP** 有多项式电路。因此，在某种意义下，对称规划是对电路的限制，另一叫法就是单调电路。而且，此技术可以推广到对一般非二分匹配的多项式时间问题被证明有指数下界，回顾1.4.14，就像 Razborov 的定理推广到二分匹配上一样。（非二分性是必要的，因为，如我们所知，对二分匹配有一个多项式规模对称线性规划：把它看成最大流问题就是了，见9.5.14节，它是容易表示成线性不等式的）。

354～356

附带地，Yannakakis 的结果是仅有的我们所知的 **NP** 完全问题的指数下界，那是在一个限制的计算模型下，在该模型下，有一个严厉，可能是致命的对 **P**=**NP** 证明的攻击。

⊖ 译者认为应当是1991年。——译者注

第四部分
Computational Complexity

P内部的计算复杂性类

有点讽刺，但并不令人感到惊奇的是：随着计算能力在过去50年的飞速发展，计算机科学家对什么是一个问题的“计算上令人满意的解”的要求不仅没有放松，反而更加苛刻。在数字计算机出现之前，当时流行的观点是递归函数是计算上令人满意的。当20世纪50年代计算机出现之后，有些递归问题变得明显不能算是计算上令人满意的了，递归函数的一大子类则取而代之：Grzegorczyk谱系中的一类函数。随着计算能力和野心在20世纪60年代进一步扩大，对一些实际上难的问题认真研究之后，令人沮丧的结果导致我们把多项式时间计算定义为计算上令人满意的——这一思想的影响在本书中随处可见。

带有大量处理器的并行计算机的出现，使得我们对令人满意的计算解的范围进一步缩小。多项式时间不再足够好了，因为不是所有快速的串行算法能够被大规模并行化。我们必须更深层地探索**P**类（以及我们的大脑）来发现新的概念和模型以适应这一现实状况。

357~358

第 15 章

Computational Complexity

并行计算

在科学中的一些最无法理解的领域（比方说，在物理学、经济学或者计算学中），似乎都涉及大量实体的并发交互。

15.1 并行算法

在过去的 20 年中，并行一直在深深地改变着计算理论与实践——从最初作为未来一个不太靠谱的可能性，到现在作为一个最具挑战的现实性。目前并行计算机拥有数量极其巨大的处理器，这些处理器之间相互合作来求解同一个问题实例。为了便于思考，我们假设一台并行计算机具有大量相互独立的处理器，每台处理器能够执行自己的程序，并且通过一个大的共享内存与其他处理器进行瞬时的和同步的通信。换句话说，所有处理器一起执行它们各自的第一条指令，然后交换信息，然后再执行它们各自的第二条指令，以此类推。尽管这不是唯一的一类并行计算机，但相较于其他并行计算机，在这类并行计算机上设计并行算法是最容易的（副作用是，当真的需要建造以及进一步扩展一台具有很多处理器的并行计算机时，这类并行计算机是最难建造的）。

当设计针对这类计算机的算法时，很显然，我们希望最小化并发计算开始和结束之间的时间——因为这是真正进行并行计算的时间。而且我们希望并行算法比相应的串行算法快很多。稍后我们将看到我们是怎样形式化这一目标的。此外并行算法也不应该需要许多处理器。

359

但是，在进一步介绍并行计算之前，理解并行性（它的能力、它的复杂性以及它的局限性）的最好方法是先通俗地介绍一些各种并行计算的例子，如第 1 章介绍串行算法那样。

矩阵乘法

由于有更多的问题和参数需要考虑，所以设计并行算法通常比串行算法难很多。然而，有时候情形却相当简单：原来的串行程序可以很容易地并行化。

这种情形的一个很好的例子就是矩阵乘法。假设给定两个 $n\times n$ 的矩阵 $\boldsymbol{A}$ 和 $\boldsymbol{B}$，我们要计算它们的乘积 $\boldsymbol{C}=\boldsymbol{A}\cdot\boldsymbol{B}$。也就是说，我们要计算 n^2 次下面形式的求和

$$C_{i,j}=\sum_{k=1}^{n}A_{ik}\cdot B_{kj}\quad i,j=1,\cdots,n$$

很显然，这个问题能够串行地在 $\mathcal{O}(n^3)$ 次算术运算内求解（尽管存在渐近意义下比 n^3 更快的聪明且复杂的算法，但这里我们忽视这一点）。

简单地通过从串行算法中提取尽可能多的并行，我们可以获得一个令人满意的并行算法。假设拥有 n^3 个处理器，因此这 n^3 次乘法 $A_{ik}\cdot B_{kj}$ 能够被不同的处理器独立计算。我们把计算 $A_{ik}\cdot B_{kj}$ 的处理器标记为处理器 (i,k,j)。然后，对于 n^2 个标记为 $(i,1,j)$ 的处理器，收集对应于 C_{ij} 的剩余的 $n-1$ 个乘积（假设处理器之间的通信是瞬时的），并进行 $n-1$ 次加法运算。

在 n^3 个处理器上的总运行时间是 n 次算术运算的时间。将复杂度从 n^3 降到 n 当然是很有意义的，但是这样的改进仍然不值得我们建造多处理器计算机。我们想要看到的是在时间上某种指数级的下降，比方说并行时间为 $\log n$（或者至少是多重对数的并行时间，例如 $\log^2 n$ 或者 $\log^3 n$）。

矩阵乘法就存在着这样的并行算法：区别于上述并行算法中让一个处理器执行 $n-1$ 次加法运算，我们将安排这些处理器按照二叉树来进行加法。用这个方法，我们可以在 $\log n$ 的并行步内完成所有的加法。具体地说，在第 s 步，处理器 $\left(i, 2^s\left\lfloor\frac{k}{2^s}\right\rfloor, j\right)$ 收集处理器 $\left(i, 2^s\left\lfloor\frac{k}{2^s}\right\rfloor+2^s, j\right)$ 的运算结果，并与自身的运算结果相加，其中 s 的范围从 $0\sim\lceil\log n\rceil-1$。最后，处理器 $(i,1,j)$ 将会和前面一样得到 C_{ij}。所以总的并行步是 $\log n+1$，所用到的处理器数目是 n^3。

360

我们的目标就是要设计这样对数的，或者至少是多重对数的，例如 $\log^3 n$，并行算法。类似于突破串行计算中指数和多项式时间之间的障碍，这就是我们希望在并行计算机中所获得的在复杂度上指数级的下降。同样重要的是，处理器的数目应该是多项式的——因为指数个的处理器比指数级的执行时间更加不可行。

在这个例子中，我们自然地将矩阵中元素间的一次算术运算看做是一步。如果这些元素都是长整数，那么我们就必须考虑如何将在这些长整数上的算术运算分解成位运算并且并行地执行（本节后面将讨论它）。但是我们很快将会看到，即使是布尔矩阵，矩阵乘法问题仍然是相当有趣的，而且它所需要的运行步数可以精确地计算出来。

我们能做得更好吗？不难看出，在最宽泛的假设和模型下，对矩阵乘法来说，$\log n$ 的并行步数是必需的。那所需要的处理器数目呢？既然并行算法是基于一个明显的 $\mathcal{O}(n^3)$ 的串行算法，那么并行算法的总工作量必须至少和串行算法的一样大（“总工作量”指的是所有处理器上的执行步数之和）。理由是基于一条如此显然但又非常重要的原理：一个问题并行算法的总工作量不可能小于最好的串行算法的时间复杂度（在这个例子中，我们所考虑的最好的串行算法指的是 n^3 的算法），因为任何并行算法显然可以被串行算法模拟，而且该串行算法的复杂度和并行算法的总工作量一样。

现在，明显任何需要至少 n^3 工作量而且能达到 $\log n$ 的最优并行时间的并行算法需要至少 $\frac{n^3}{\log n}$ 个处理器。问题是，在不过多增加并行时间的前提下，能将算法所需要的处理器数目从 n^3 降到最优值 $\frac{n^3}{\log n}$ 吗？

方法如下：我们并不是像前面那样在一步之内计算 n^3 个乘积，而是使用 $\left\lceil\frac{n^3}{\log n}\right\rceil$ 个处理器运行 $\log n$ “轮”来计算 n^3 个乘积。对于在原来算法中需要使用超过 $\frac{n^3}{\log n}$ 个处理器的前 $\log\log n$ 个并行的加法步骤，我们还使用 $\left\lceil\frac{n^3}{\log n}\right\rceil$ 个处理器通过多轮来完成。这样，总的并行步数不超过 $2\log n$，所用处理器数目为 $\frac{n^3}{\log n}$，因此将基于 $\mathcal{O}(n^3)$ 串行算法的并行化从各方面都打造到了最优——误差不超过两倍。这个将所需处理器数目降到最优值（给定总的工作量和并行时间的前提下）的重要技术相当普遍和重要，称为 Brent 原理。

361 将算法所需处理器的数目用 n 的函数来表示看上去可能会觉得奇怪，毕竟并行计算机的处理器数目都是固定的，而且不管什么样的和什么规模的实例都得在上面求解。比方说，在带有 P 个处理器$\left(P \text{ 比} \frac{n^3}{\log n}\text{小很多}\right)$的并行计算机上进行 $n\times n$ 的矩阵乘法时怎么办呢？事实上，一旦我们找到了达到最优并行时间的算法，我们就可以将该算法所需要的处理器数目缩减到计算机本身所能提供的范围。在这个例子中，我们可以将原先算法中每一个并行步所要执行的任务分配到 P 个处理器上，并执行$\left\lceil\frac{N^3/\log n}{P}\right\rceil$轮。这时，总的运行时间是$\frac{2n^3}{P}$。很显然，这是这个并行算法在 P 个处理器上所能获得的最快时间。

偶然地，这也从另一方面说明了为什么我们那么希望在并行算法中最小化处理器的数目：如果在最初的算法中使用了太多的处理器，那么将该算法运行在处理器数目固定的计算机上最终会大大增加并行时间。

图的可达性

接下来讨论 REACHABILITY 问题。它在串行计算中是那样基本，这里我们从并行性的观点来看这个问题例证了如下关于并行算法的严峻事实：要设计一个问题的并行算法，我们通常不得不忘记关于这个问题所有已知的串行算法，然后从头开始，进行完全不同的思考。在本节的各种例子中，我们将一次又一次地看到这种情形。

针对 REACHABILITY 问题（见 1.1 节）的搜索算法无法很容易地并行化：即使我们有办法让处理器从栈（或队列）S 中获得图的结点，并且同时处理这些结点使混乱不会发生，并行的步数仍然至少与从起点到终点的最短路径长度一样——而这条路径的长度可能是 $n-1$，比方说所给的图就是一条路径。事实上，我们猜想深度优先搜索是那些具有固有串行性的问题之一，它无法在对数多项式时间内并行化。所以，我们将不再沿着搜索的思路，我们应该寻找一个完全不同的方法。

一个有趣的方法使用了前面已经成功解决的问题：矩阵乘法。给定一个图，将图上每个结点加上自环，并用邻接矩阵 A 来表示。显然，对所有的 i，$A_{ii}=1$。计算 A 和它自己的布尔乘积 $A^2=A\cdot A$，其中

$$A_{ij}^2 = \bigvee_{k=1}^{n} A_{ik} \wedge A_{kj}$$

短短的思考之后，我们会发现 $A_{ij}^2=1$ 当且仅当从结点 i 到结点 j 存在一条长度小于等于 2 的路径。

别停。通过计算 $A^4=A^2\cdot A^2$，我们得到了所有长度不大于 4 的路径，然后 A^8，得到
362 了所有长度不超过 8 的路径，等等。在经过$\lceil \log n\rceil$次布尔矩阵乘法后，我们得到了 $A^{2^{\lceil \log n\rceil}}$——$A$ 的传递闭包的邻接矩阵。而这个传递闭包恰恰集中反映了所给图的所有可达的点对。从而这个图的传递闭包可以在 $\mathcal{O}(\log^2 n)$ 的并行步内用 $\mathcal{O}(n^3\log n)$ 的工作量来得到。注意，这个结果正是我们一直寻找的结果：并行时间是对数多项式的，而且总工作量是多项式的$\left(\text{而且，根据 Brent 原理，所需的处理器数目是 } \mathcal{O}\left(\frac{n^3}{\log n}\right)\right)$。

算术运算

假设有 n 个整数 $x_1,\cdots,x_n$，对于所有的 $j=1,\cdots,n$，要计算 $\sum_{i=1}^{j} x_i$。这个问题称为前置

求和问题。它很容易通过 $n-1$ 次加法来顺序地求解——先计算 x_1+x_2，然后再计算 $x_1+x_2+x_3$，这样直到 $x_1+x_2+\cdots+x_n$。遗憾的是，这个算法太顺序了以至于不适合并行化。

前置求和并行算法最好用递归来描述。假设 n 是 2 的某个幂次——否则，在数列的最后添加足够多无伤大雅的 0。为了计算 $x_1,\cdots,x_n$ 的前置和，首先分别计算 (x_1+x_2)，$(x_3+x_4),\cdots,(x_{n-1}+x_n)$ 的和（一个并行步）。然后递归地计算这个新数列的前置和。可以发现在子递归调用结束后我们得到了所需的一半回答——那些在偶数位置的前置和。剩下一半的奇数位置的前置和可以通过数列中奇数位置上的数再加上在它前面的偶数位置的前置和在一个并行步内获得。故而计算一个长度为 n 的数列的前置和比计算一个长度为$\frac{n}{2}$的数列的前置和只需要多两个并行步（一个在子递归调用前，一个在子递归调用后）。所以，总的并行步是 $2\log n$——这是最快的算法，即使我们只计算 $\sum_{i=1}^{n}x_i$。而所需的总工作量为 $n+\frac{n}{2}+\frac{n}{4}+\cdots\leqslant 2n$——因此，根据 Brent 原理，所需的处理器数目仅是$\frac{n}{\log n}$。

事实上，不难论证一个更通用的问题也可以同样解决：前面在前置求和中所涉及的“+”不必是整数加法，可以是在任意域上满足结合律的运算，即 $a+(b+c)=(a+b)+c$。我们接下来在二进制加法的并行算法中将用到这个推广的前置求和的思想。

两个 n 位长的二进制数的加法是又一个串行容易实现（小学所学的算法用了 $\mathcal{O}(n)$ 的布尔运算）并行困难的例子。给定两个二进制数 $a=\sum_{i=0}^{n}a_i 2^i$ 和 $b=\sum_{i=0}^{n}b_i 2^i$，我们希望得到它们的和 $c=\sum_{i=0}^{n}c_i 2^i$，其中，所有的 a_i、b_i、c_i 都是 0 或 1，并且 $a_n=b_n=0$。为了计算 c_i，我们不得不计算第 $i-1$ 位上的进位 z_{i-1}。如果我们已经得到了所有位上的进位，那么 $c_i=(a_i+b_i+z_{i-1}) \bmod 2$，所以我们可以在两个并行步内得到所有位上的结果。问题是进位是传递的，以至于看上去计算进位 z_i 必须先计算 z_{i-1}。

363

z_i 的计算公式是什么？根据定义，当 (a) a_i 和 b_i 都是 1；或者 (b) 至少它们中有一个是 1，且前面的进位是 1 时，进位 z_i 才是 1。也就是说，如果定义 $g_i=a_i\wedge b_i$ 为第 i 个位置上的进位生成位，$p_i=a_i\vee b_i$ 为进位传递位，则

$$z_i = g_i \vee (p_i \wedge z_{i-1}) \tag{15-1}$$

假设 $z_{-1}=0$。在式 (15-1) 中用 z_{i-1} 的计算公式替换 z_{i-1}，得到

$$z_i = [g_i \vee (p_i \wedge g_{i-1})] \vee ([p_i \wedge p_{i-1}] \wedge z_{i-2}) \tag{15-2}$$

注意式 (15-2) 虽然看上去是一个从 z_{i-2} 获得 z_i 的公式，但它与式 (15-1) 是同一个类型，除了 g_i 换成了 $[g_i\vee(p_i\wedge g_{i-1})]$ 以及 p_i 换成了 $[p_i\wedge p_{i-1}]$ 外。设计一个分量为 2 的位向量间的$\odot$运算，定义如下：

$$(a,b)\odot(a',b') = (a' \vee (b' \wedge a),b' \wedge b)$$

不难证明$\odot$是一种满足结合律的运算。于是[⊖]

$$\left(z_i,\prod_{j=0}^{i}p_j\right) = \left(z_{i-1},\prod_{j=0}^{i-1}p_j\right)\odot(g_i,p_i) = \left(\left(z_{i-2},\prod_{j=0}^{i-2}p_j\right)\odot(g_{i-1},p_{i-i})\right)\odot(g_i,p_i)$$

⊖ 原书叙述不清楚，译者作了较大修改。——译者注

$$=\left([g_i \vee (p_i \wedge g_{i-1})] \vee ([p_i \wedge p_{i-1}] \wedge z_{i-2}), \left(\prod_{j=0}^{i-2} p_j \wedge p_{i-1}\right) \wedge p_i\right) = \cdots$$

$$=(\cdots(((z_{-1},1)\odot(g_0,p_0))\odot(g_1,p_1))\cdots)\odot(g_i,p_i) = (\cdots((g_0,p_0)\odot(g_1,p_1))\cdots)\odot(g_i,p_i)$$

所以，计算所有的进位就是对位向量序列 $(g_0,p_0),(g_1,p_1),(g_2,p_2),\cdots,(g_{n-1},p_{n-1})$ 在⊙运算下进行“推广的前置求和”。利用前面的算法，我们可以在 $2\log n$ 的并行步内计算出所有的进位 z_i；或者，由于⊙需要花费三个基本运算，所以是 $6\log n$ 的并行布尔运算，以及 $\mathcal{O}(n)$ 的总的工作量。计算最后的结果，两个 n 位的二进制数之和，仅仅需要额外的两个并行步。我们的结论是我们能够在 $\mathcal{O}(\log n)$ 的并行步内，以$\mathcal{O}(n)$的总开销计算两个 n 位长的二进制数之和。

接着讨论乘法——一个无疑更难并行化的问题。假设我们要计算两个 n 位长的二进制数的乘法——比方说，$a\times b=1001101110\times1011010011$。这其实就是至多 n 个数的相加，即 1001001110 + 10011011100 + 10011011100000 + 100110111000000 + 10011011100000000 + 100110111000000000。其中的每一项是 a 乘以 2 的某幂次，其幂次数为所对应的 b 中值为 1 的位置。不难发现这些项可以在对数的并行时间和 $\mathcal{O}(n^2)$ 的硬件开销内从 a 和 b 中获得（一个方法是先通过前置求和生成所有的 $a,2a,4a,\cdots,2^n a$，然后再并行地“屏蔽”那些对应 b 中位值为 0 的那些项）。所以，为了能并行地求 n 位二进制数的乘法，只要研究怎样并行地对 n 位或少于 $2n$ 位的二进制数求和即可。

364

我们可以通过所谓的二替三技巧来实现。假设 a，b，c 是三个需要求和的 $2n$ 位的二进制数，a_i,b_i,c_i 分别表示它们的第 i 位。如果将这三位相加，我们得到了一个两位的数 $a_i+b_i+c_i=2\cdot p_i+q_i$，其中，$p_i$ 和 q_i 也都表示位。那么所有的 p_i 和 q_i 就构成了两个 n 位的数，p 和 q，即 $a+b+c=2\cdot p+q$。因此，用 1 步，我们就将三个数的相加规约到了两个数的相加——q 以及在尾部添加 1 个 0 的 p。

n 位或少于 $2n$ 位的二进制数求和算法如下：将这些数划分为三元组（忽略最后剩下的数），用 1 个并行步将每一个三元组中的三个数替换成两个 $2n+1$ 位的二进制数。即每一个并行步后，所要相加的二进制数的数目将乘以 $\frac{2}{3}$。在经过至多 $\log_{\frac{3}{2}}2n$ 步后，我们只剩下一两个数需要相加了。所以乘法可以在 $\mathcal{O}(\log n)$ 的并行时间内，花 $\mathcal{O}(n^2\log n)$ 的工作量来完成。更快的方法也已为人知晓（见参考文献）。

最大流

MAX FLOW 问题最好地展示了并行的局限性。在网络 N 中寻找最大流的串行算法（见 1.2 节）并行化的最大障碍是这个算法是分阶段的。在每一个阶段，从一个流 f 开始（在第一个阶段有一个处处为 0 的流），然后努力改进它。出于这个目的，我们构造了新的网络 $N(f)$ 来反映网络 N 中的每条弧在流 f 下被改进的潜力，并试图在 $N(f)$ 中从源点 s 到汇点 t 之间寻找一条路径。如果我们成功了，那么我们改进了流。如果我们失败了，那么当前流就是最大流。

不难看出每一个阶段都可以被最大并行化。在足够多的硬件下，我们可以在一个并行步内构造出 $N(f)$——而且从本节前面部分我们知道如何快速并行地寻找路径。所以，每一个阶段可以在 $\mathcal{O}(\log^2 n)$ 的并行时间和 $\mathcal{O}(n^2)$ 的总工作量内完成。其中，n 是网络中节点的数目。问题是每一个阶段都得在前一个阶段完成后才能执行，而总的阶段数可能非常大——当然要超过 n 的多重对数了。

一如既往，我们可以试着设计完全不同的算法——那些更加容易并行化的算法，而不是改造这个明显的串行算法。例如，我们可以合并连续的阶段，使它们能够同时并行地执行——我们可以尝试每次寻找多条增广路径，比方说，所有具有相同长度的可能增广路径。事实上，这样的策略在某些情形下可以成功地将阶段数降到 n，或者甚至是$\sqrt{n}$，但是降不到多重对数。MAX FLOW 问题成为一个多项式时间可解的并且看上去具有固有串行性的经典例子。稍后的小节将正式地证明，在某种严格意义上，它确实是。

365

旅行商问题

我们目前为止对并行算法的讨论澄清了另一个重要观点：并行算法不是像我们本来天真地期望的那样，是 **NP** 完全问题的解，它不是那种使得指数算法变得可行的技术上的突破。障碍就在下面的方程中。

$$\text{工作量} = \text{并行时间} \times \text{处理器数目}$$

如果一个问题已知的最快的串行算法需要指数时间（正如目前所有的 **NP** 完全问题），那么对任何的并行算法，或者并行时间必须是指数的，或者处理器数目必须是指数的（或者两者都是）。人类不太可能制造具有天文数字处理器的计算机——这个限度比我们耐心的限度更严格。

这并不意味着并行计算机对求解难的问题没有用处。并行计算，配合以巧妙的指数算法、快速的处理器和巧妙的编程技巧，可以帮助解决 **NP** 完全问题越来越大的实例。我们的观点是光靠并行化无法铲除 **NP** 完全和指数这个幽灵。

行列式和逆

最后我们用一个基本的问题来结束本节。这个问题乍看上去具有固有的串行性，但实际上存在着一个相当复杂的快速并行算法——这个问题就是计算整数矩阵的行列式。

在 11.1 节，我们已经知道利用高斯消去法，行列式可以用 $\mathcal{O}(n^3)$ 次算术运算得到。而高斯消去法是一个非常顺序的算法——它必须一行一行地处理矩阵。当然，对每一行的处理可以容易地并行化，但总的并行步数仍然是 n 或者更多。

通过将这个问题和另一个困难的问题（矩阵求逆）联系起来，一个不同的方法可以同时解决这两个问题。让我们解释行列式和逆矩阵的关系。假设 A 是一个矩阵，$A[i]$表示忽略 A 的前 $n-i$ 行和 $n-i$ 列后所剩下的矩阵，即 $A[i]$ 是 A 的右下角 $i\times i$ 的矩阵。考察这个矩阵的逆 $A[i]^{-1}$，以及它的第一个元素 $(A[i]^{-1})_{11}$。克莱姆法则告诉我们

$$(A[i]^{-1})_{11} = \frac{\det A[i-1]}{\det A[i]}$$

366

这对于 $i=n,n-1,\cdots,2$ 都成立。回溯这些方程，因为 $A[n]=A$，所以我们得到

$$\det A = \Big(\prod_{i=1}^{n} (A[i]^{-1})_{11}\Big)^{-1} \tag{15-3}$$

我们将利用这个奇怪的公式来并行地计算行列式。也就是说，我们将首先并行地计算众多矩阵的逆，然后将它们左上角的元素相乘，最后再求这个结果的倒数。

但还有一个问题：我们不是将这个方法直接用在矩阵 A 上，而是用在从 A 衍生的一个符号矩阵。当然，我们从 11.1 节知道计算符号行列式是在自找麻烦。幸运的是，符号矩阵只有一个变量：我们将利用式（15-3）计算矩阵 $I-xA$ 的行列式。而计算形如$I-xA$

矩阵的逆被证明是容易的。

计算 $(I-xA)^{-1}$ 的想法来自于当 A 是 1×1 矩阵的情形，即把 A 看作实数：它的形式幂级数为

$$(1-xA)^{-1}=\sum_{i=0}^{\infty}(xA)^{i} \tag{15-4}$$

所以为了计算 $(I-xA[i])^{-1}$，我们只要并行地对 $xA[i]$ 的所有幂次求和（利用前缀求和）。

但是怎么处理式（15-4）中复杂的无限求和呢？既然我们只是想计算 $I-xA$ 的行列式，而这个行列式是关于 x 的 n 次多项式，所以我们可以通过删除幂级数中 x^n 之后的项来完成对式（15-4）的计算。也就是说，所有计算只涉及元素为 n 次多项式的矩阵。因此，对式（15-4）的求和将在第 n 次加法之后停止。所以，通过对任意 i 并行地计算出 $(xA[i])^{i} \bmod x^{n+1}$（$\bmod x^{n+1}$ 用于提醒我们忽略那些高于 x^n 的项），并将它们相加，我们就可以并行地得到所有的 $(I-xA)[i]^{-1}$。

一旦得到所有的 $(I-xA)[i]^{-1}$，就可以获得它们左上角的元素，将它们相乘并模 x^{n+1}，就可以得到一个关于 x 的 n 次多项式，它可以写成 $c_0(1+xp(x))$，其中 c_0 为某个不等于 0 的数（如果这个多项式的常数项为 0，那么接下来的计算稍做修改即可）。根据式（15-3），这个多项式就是 $\det(I-xA)$ 的倒数。接着，通过求这个多项式的倒数，我们可以计算行列式——再次利用倒数的幂级数，并且删除 x^n 之后的项：

367

$$(c_0(1+p(x)))^{-1}=\frac{1}{c_0}\sum_{i=0}^{\infty}(-xp(x))^{i} \bmod x^{n+1}$$

因此我们计算 $\det(I-xA)$。当然，我们所感兴趣的是 $\det A$。但这很容易获得，因为 $\det(I-xA)$ 中 x^n 的系数是；如果 n 是奇数，那么再乘以 -1（在证明中，可以考虑当 x 趋向于无穷大时，$\frac{1}{(-x)^n}\det(I-xA)$ 的极限）。以上就是我们对计算行列式的并行算法的描述。

例 15.1　假设我们要用这个方法来计算

$$A=\begin{pmatrix}1 & 2\\ -1 & 3\end{pmatrix}$$

的行列式。从

$$I-xA=\begin{pmatrix}1-x & -2x\\ x & 1-3x\end{pmatrix}$$

开始。对于 $i=1$，2，要计算 $((I-xA)[i]^{-1})_{11}$ 的值。

$i=1$ 的情形总是容易的。矩阵 $xA[1]$ 就是 $(3x)$，所以 $\sum_{i=0}^{\infty}(xA[1])^{i} \bmod x^{3}=(1+3x+9x^{2})$。当然，这个矩阵左上角的元素就是 $1+3x+9x^2$。

为计算 $(I-xA)[2]^{-1}$，需要计算幂次

$$(xA[2])^{0}=\begin{pmatrix}1 & 0\\ 0 & 1\end{pmatrix},\quad (xA[2])^{1}=\begin{pmatrix}x & 2x\\ -x & 3x\end{pmatrix},\quad (xA[2])^{2}=\begin{pmatrix}-x^{2} & 8x^{2}\\ -4x^{2} & 7x^{2}\end{pmatrix}$$

由于模 x^3，因此所有更高的幂次将被忽略。将这些加在一起，得到

$$(I-xA)[2]^{-1}=\begin{pmatrix}1+x-x^{2} & 2x+8x^{2}\\ -x-4x^{2} & 1+3x+7x^{2}\end{pmatrix}\bmod x^{3}$$

因此 $((I-xA)[2]^{-1})_{11}=1+x-x^2$。将 $((I-xA)[1]^{-1})_{11}$ 和 $((I-xA)[2]^{-1})_{11}$ 相乘，得到

$$(1+3x+9x^2)(1+x-x^2)=1+4x+11x^2=1+x(4+11x) \bmod x^3$$

现在我们必须求这个多项式在模 x^3 的倒数。所以我们不得不计算

$$1-(4x+11x^2)+(4x+11x^2)^2=1-4x+5x^2 \bmod x^3$$

从这个式子中 x^2 前的系数，我们可以读出 A 的行列式的值——答案是 5。（正如我们已经知道的那样……） □

368

这个复杂算法中三个阶段的每一阶段（求逆矩阵、左上角元素相乘、对结果求倒数）都能够在 $\mathcal{O}(\log^2 n)$ 的并行步内完成。所需的总工作量是可畏的，但仍是多项式的：第一个阶段是要求最高的，它需要 n 次并行的矩阵乘法，或 $\mathcal{O}(n^4)$ 的总工作量。但是，矩阵中的元素不是数字，而是关于 x 的 n 次多项式。容易看出多项式间的每一次算术运算可以用 $\mathcal{O}(\log n)$ 步并行基本算术运算和 $\mathcal{O}(n^2)$ 的总工作量来完成。

我们还没结束：如果最初矩阵 A 中的元素是 b 位的整数，那么不难发现这些多项式的系数有 $\mathcal{O}(nb)$ 位，每次基本算术运算需要 $\mathcal{O}(\log n+\log b)$ 次位运算和 $\mathcal{O}(n^2b^2)$ 的总开销。因此，我们可以在 $\mathcal{O}(\log^3 n(\log n+\log b))$ 的并行步和 $\mathcal{O}(n^8b^2)$ 的总工作量内对 $n\times n$ 且每个元素为 b 位整数的矩阵求行列式。虽然这些结果大得不切实际，但仍然符合理论上的要求，它是输入大小为 $(n^2 b)$ 的多重对数的并行时间和多项式的总工作量。

15.2 计算的并行模型

第 2 章介绍了一些相关的计算模型：图灵机、它的多带变种、RAM，以及非确定性图灵机。前三个毫无疑问是*串行的*：它们最根本的特征是所谓的*冯·诺依曼性质*，即在每一步只有数量有限制的计算行为会发生。而非确定性图灵机显示出了并行计算的某些属性，如果我们把计算树（见图 2.9）的每一层看做是数量不受限制的并发行为。但它只是并行的一个较弱的形式，因为不同的进程只在最后以一个受限制的“一致性表决”的形式来进行通信。在第 16 章，我们将看到对非确定性的一个推广，它最忠实地反映了并行性。

但我们已经看到了一个真正并行的模型：在 4.3 节介绍并在 11.3 节和 14.4 节进一步研究的*布尔电路*。布尔电路没有“程序计数器”，所以它的计算行为可以在多个门上并发地进行。

*布尔电路将成为并行算法的基本模型。*既然我们对任意规模的实例都要求解，所以我们将考察布尔电路簇，如 11.3 节所介绍的那样，一个电路针对一种输入规模。一个*电路簇*是一个布尔电路序列 $\mathcal{C}=(C_0,C_1,\cdots)$，其中 C_i 有 i 个输入。为了避免滥用簇以至于构造出像性质 11.2 的证明中可以求解不可判定问题的电路簇，我们将只考虑具有*一致性*的电路簇。也就是说，存在一个图灵机，当输入 1^n 时，这个图灵机能够在对数空间内输出 C_n。直观上，这意味着这个簇里的所有电路具有同样的算法思想，表示的是同一个算法。

369

例 15.2 我们在例 11.3 中看到多项式电路的一致性簇，称它为 $\mathcal{C}_1$，它可以解决 REACHABILITY 问题。这个簇中的第 n 个电路大小为 $\mathcal{O}(n^3)$，并且基于求解图的传递闭包的一个递归。

在上一节我们看到了一个求解传递闭包的算法（所以可以用于求解 REACHABILITY 问题）更适合用于并行计算：邻接矩阵重复平方 $\log n$ 次。这个算法可以容易地按下述方法改造成一个一致性电路簇：首先，对于任意 n，设计一个有 n^2 个输入和 n^2 个输出的电路 Q，使得输出布尔矩阵是输入矩阵的平方。现在求传递闭包的电路只需要将 $\lceil \log n \rceil$ 个 Q *串联*在一起即可，其中上一个 Q 的输出是下一个 Q 的输入。我们把这个电路簇称为 $\mathcal{C}_2$。 □

在第2章中，一旦定义了图灵机，我们紧接着就定义了计算所需要的时间和空间。在并行计算中，我们将有两个新的重要的复杂性测度：并行时间和工作量。

定义 15.1　假设 C 是一个布尔电路，即有向无环图，图中每个结点是一个门，并有相应的入度与之匹配（C 可能有多个输出。在这种情形下，它计算的是从 $\{0,1\}^n$ 到 $\{0,1\}^m$ 的一个函数，而不是一个谓词）。一如既往地，C 的大小就是电路中门的总数。C 的深度就是 C 中最长路径上结点的个数。

现在假设 $\mathcal{C}=\{C_0, C_1, \cdots\}$ 是一个一致性电路簇，$f(n)$ 和 $g(n)$ 是从整数到整数的两个函数。我们说 $\mathcal{C}$ 的并行时间至多是 $f(n)$ 当且仅当对于所有的 n，C_n 的深度至多是 $f(n)$。我们说 $\mathcal{C}$ 的总工作量至多是 $g(n)$ 当且仅当对所有 $n\geqslant 0$，C_n 的大小至多是 $g(n)$。

最后定义 $\mathbf{PT/WK}(f(n),g(n))$ 为某语言类 $L\subseteq\{0,1\}^*$，使得对于这个类中的任意语言 L，存在一个一致性电路簇 $\mathcal{C}$ 可以以 $\mathcal{O}(f(n))$ 的并行时间和 $\mathcal{O}(g(n))$ 的工作量来判定 L。注意，在没有针对并行时间和工作量的"线性加速定理"的情况下，通过记号 $\mathcal{O}(\cdot)$，我们所定义的并行复杂性类明显忽略了常倍数。 □

例 15.2（继续）　求解 REACHABILITY 问题的一致性电路簇 $\mathcal{C}_1$ 表明 REACHABILITY 问题属于 $\mathbf{PT/WK}(n, n^3)$——由于递归，这些电路的深度都是 n。另一方面，$\mathcal{C}_2$ 表明 REACHABILITY 问题属于 $\mathbf{PT/WK}(\log^2 n,\ n^3\log n)$。 □

注意，虽然在串行计算中，我们对时间和空间的研究是相当脱节的，但在并行计算中，[370] 我们同时约束并行时间和工作量。一个理由是，正如我们在上一节研究矩阵乘法的并行复杂性时所看到的那样，工作量和并行时间是互相关联的，在某种程度上甚至是可互换的，就像在具有较少的处理器的情况下，更高的工作量需求将转变成较少处理器更长的完成时间。

但对这样的谨慎还有一个更深层的原因，或许已经为读者所知：就是因为这个关于并行计算的理论是由当前非常流行且重要的技术所触发和驱动的一个年轻的而不稳定的领域，它在风格上倾向于更加得谨慎和保守——不那么轻视常数和指数，模型更加符合实际，不太可能每次只关注于一个问题而忽略其他问题。

并行随机存取机

作为计算模型，图灵机和电路一样，编写一点儿程序都是棘手和麻烦的。在第2章中，通过证明图灵机可以在不大幅度降低效率的前提下模拟 RAM（见2.6节）这类真正现实的模型，我们增加了对图灵机作为计算通用模型的信心。

现在我们将进行类似的做法。我们将定义 RAM 的一个并行版本，它将相当准确和令人信服地刻画并行计算机，然后证明它的并行计算能力和电路能力密切相关。

定义 15.2　回顾2.6节，RAM 程序是一个有限的指令序列 $\Pi=(\pi_1,\cdots,\pi_m)$，这些指令的类型如图2.6所示（READ、ADD、LOAD、JUMP 等），并带有表示寄存器内容的参数（内存地址）。寄存器0是 RAM 的*累加器*，当前运算的结果就存储在那里。在每一步，RAM 执行程序计数器 κ 所指的那条指令，根据指令的需要对寄存器进行读、写。我们同时还有一组输入寄存器 $I=(i_1,\cdots,i_m)$。

我们现在将它推广到（针对并行随机存取机的）PRAM 程序。PRAM 程序是一个 RAM 程序序列，$P=(\Pi_1,\Pi_2,\cdots,\Pi_q)$，其中每一个是对应于 q 个 RAM 的某个机器。假设这中间的每个机器执行它自己的程序，有它自己的程序计数器，有它自己的累加器（第 i 个 RAM 的累加器是寄存器 i），但它们共享（能够同时读和写）所有的寄存器。事实上，假设每个 RAM 也可以读、写其他 RAM 上的累加器。这里没有寄存器 0。

PRAM 程序中 RAM 的数目 q 一般不是常数，而是函数 $q(m,n)$，其中，m 是输入 I 中整数的个数，而 n 是这些整数的总长度 $\ell(I)$。事实上，这些程序的内容是与 m 和 n 有关的。也就是说，对每个 m 和 n，我们有一个不同的 RAM 数目的 PRAM 程序 $P_{m,n}$，其中包含不同数量的 RAM$q(m,n)$，从而构成 PRAM 程序的一个 2 维簇$\mathcal{P}=(P_{m,n}:m,n\geqslant 0)$。为了避免滥用，我们将只考察具有一致性的 PRAM 程序簇。即存在一个图灵机，当输入 1^m01^n 后，它能够在对数空间内生成 $q(m,n)$ 个处理器和程序 $P_{m,n}=(\Pi_{m,n,0},\Pi_{m,n,1},\cdots,\Pi_{m,n,q(m,n)})$。

371

注意，在 PRAM 中处理器的数目同时依赖于输入整数的个数和它们的总长度。这是因为对某些问题，当整数很大时，PRAM 可能需要进一步并行。通常，$q(m,n)$ 只取决于 m。

PRAM $P_{m,n}$的一个格局是一个元组（$\kappa_1,\kappa_2,\cdots,\kappa_{q(m,n)},R$），它包含了所有 RAM 的程序计数器，以及所有寄存器当前内容的一个描述 R（见针对 RAM 的对应定义）。在每一步，第 i 个 RAM 执行程序计数器 κ_i 所指的那条指令，并以该指令所涉及的寄存器内容或者自身累加器、寄存器 i 的内容作为该指令的参数。只有一个地方比较微妙：既然我们允许多个 RAM 对任意寄存器进行读和写，所以我们必须决定如果有多个处理器要更新同一个寄存器（或者通过 STORE 指令，或者如果这个寄存器就是某个 RAM 自己的累加器，就通过算术指令），该怎么办。我们规定让具有最小索引的 RAM 将它的值写到这个寄存器上（参见参考文献中其他的方法，并比较它们和此处约定的区别）。

最后，假设 F 是一个从有限的整数序列映射到有限的整数序列（对应于判定问题，这个输出序列允许只有 0 或 1）的函数；$\mathcal{P}=(P_{m,n}:m,n\geqslant 0)$ 是一个一致性的 PRAM 程序簇。f 和 g 都是从正整数到正整数的函数。我们说$\mathcal{P}$用并行时间 f 和 g 个处理器可以计算 F，如果对于任意 m，$n\geqslant 0$，$P_{m,n}$具有下述性质：首先，它有 $q(m,n)\leqslant g(n)$ 个处理器。其次，当这个 PRAM 的输入为 $I=(i_1,\cdots,i_m)$ 且这 m 个整数的总长度 $\ell(I)=n$ 时，所有 $q(m,n)$ 个 RAM 将在至多 $f(n)$步之后到达终止指令，并且前 $k\leqslant q(m,n)$ 个寄存器包含了输出结果 $F(i_1,\cdots,i_m)=(o_1,\cdots,o_k)$。 □

或许值得再讨论一下 PRAM 的定义。首先，PRAM 是一个非常忠实地反映我们“心目中并行机器”的模型；在前面的小节里，我们已经在这上面设计算法解决了各种问题。它是极其强大（某种程度上不太现实）的并行计算机。它的处理器可以通过共享内存进行即时通信（现实中只有处理器非常少的并行计算机有这种功能。当处理器数目 P 很大的时候，通信通过网络来实现，并且伴有至少 P 的对数级别的通信延迟）。事实上，PRAM 处理器还可以对同一块内存进行写操作，而这用硬件在一个原子步骤内实现是有问题的（当然，我们总是可以通过先将要进行写操作的这些处理器的内容写到它们各自的寄存器中，然后再一次通过对数的延迟挑选出哪个处理器可以有写的权限来实现）。

372

换句话说，我们的 PRAM 是一个最理想的和强大的并行计算模型。鉴于此，它和电路（一种最原始和现实的模型）的紧密关系应该再次得到保证。接下来，我们将给出两个方面的结果。首先，毫不意外，PRAM 可以轻松地模拟电路。

定理 15.1　如果 $L\subseteq\{0,1\}^*$ 属于 **PT/WK**$(f(n),g(n))$，那么存在一个一致性的 PRAM 能够用 $\mathcal{O}\left(\frac{g(n)}{f(n)}\right)$个处理器在 $\mathcal{O}(f(n))$ 的并行时间内计算从 $\{0,1\}^*$ 映射到 $\{0,1\}$ 的相应函数 F_L。

证明：利用在对数空间内生成第 n 个电路 C_n 的机器，我们将按如下方法生成对应的

PRAM（参见性质8.2关于如何将两个对数空间的机器组合成一个对数空间的机器的证明）。对 C_n 中的每个门 g_i，我们有一个不同的 RAM Π_i $\Big($我们将在稍后概述如何将处理器数目减少到 $\mathcal{O}\Big(\frac{g(n)}{f(n)}\Big)\Big)$。

Π_i 上的程序非常简单：首先，它等待 $3d$ 步，d 是从所有输入门到 g_i 中最长路径的长度。这个数字很容易在对数空间内从 C_n 获得（严格地讲，虽然 RAM 的指令表中没有 NOOP 指令（一条什么都不做的指令），但读者可以想出许多方法来模拟它）。之后，Π_i 在3步之内计算 g_i，并将它存储到它的累加器，寄存器 i。例如，如果 g_i 是一个带有输入 g_j 和 g_k 的 AND 门，那么 RAM Π_i 的程序将是：

$3d+1$. LOAD j
$3d+2$. JZERO $3d+5$
$3d+3$. LOAD k
$3d+4$. JUMP $3d+6$
$3d+5$. LOAD $=0$
$3d+6$. HALT

对于 OR 门和 NOT 门也是类似的。输入门和常数门将更容易实现，只要通过一条 READ 或者 LOAD=指令即可。通过对 d 进行归纳，可以轻松地证明执行完这些指令之后，寄存器 i（处理器 i 的累加器）将包含门 g_i 的正确值。我们确保输出门总是 g_1。这样寄存器1就是最后的结果。

为获得更好的处理器数目，我们将再次使用 Brent 原理：我们首先计算 $q(n)=\left\lceil\frac{g(n)}{f(n)}\right\rceil$。对每个不同的 d，我们列出那些链接到所有输入门的最长路径的长度为 d 的门。然后我们尽可能均匀地将这些门分配到 $q(n)$ 个处理器上去模拟。这时，这些门的结果不能保存在累加器上，而只能保存在不同的寄存器上。 □

373

令人感到惊奇的是，电路可以相当有效地模拟 PRAM：

定理 15.2　假设函数 F 可以被一个一致性的 PRAM 用 $g(n)$ 个处理器在 $f(n)$ 的并行时间内计算出，其中 $f(n)$ 和 $g(n)$ 可以用对数空间从 1^n 来获得。那么存在一个深度为 $\mathcal{O}(f(n)(\log f(n)+\log n))$，规模为 $\mathcal{O}(g(n)f(n)(n^k f(n)+g(n))(f(n)+n^k))$[⊖] 的一致性电路簇可以计算出 F 的二进制表示。其中 n^k 是对数空间图灵机输入 1^n 后输出这个簇的第 n 个 PRAM 所花的时间上界。

证明：对于一个大小为 n 的二进制输入，对应的 PRAM 有至多 $g(n)$ 个处理器。就像我们在针对 RAM 的定理2.5中所论证的（参见证明中的声明），PRAM 寄存器中整数的二进制长度至多为 $\ell(n)=n+f(n)+b$，其中，b 是 PRAM 程序中显式调用的最长整数的长度——当然至多是 n^k，因为所有这样的整数必须在输入 n 的对数空间内生成。同样，每个 RAM 程序中指令的总数也至多是 n 的多项式。因为我们有至多 $g(n)$ 个 RAM 工作至多 $f(n)$ 个并行步，所以在整个计算过程中最多会有 $f(n)g(n)$ 个寄存器会受到影响。

因此，PRAM 的格局 $C=(\kappa_1,\kappa_2,\cdots,\kappa_{q(m,n)},R)$ 可以用 $\mathcal{O}(g(n)f(n)\log n)$ 位来编码。

⊖ 原书有错，译者做了修改。——译者注

R 以（地址，内容）的形式包含这些寄存器的内容。所有的整数都以二进制形式编码，并且前面添加了足够多的 0 以获得最大的 $\ell(n)$ 位。因此，C 就是一个位序列，而且我们事先知道哪些位对应第 i 个程序计数器，哪些位包含 R 中第 r 对（地址，内容）信息。

问题是，我们怎么从当前的格局计算出下一个格局的编码。我们将证明这将并行地快速实现——用一个具有较小深度的电路来实现。我们看看任意一条指令。比方说，假设我们知道 RAM i 的当前指令是“t：ADD j”，而且我们知道寄存器 i 和 j 的内容在被编码格局中的具体位置。那么我们可以用 $\log \ell$ 的并行时间和 $\mathcal{O}(\ell)$ 的工作量计算这两个整数的和，并用它来替换 i 中的内容。这里有三个问题：第一，我们不知道 RAM i 当前执行的是哪条指令，我们必须从包含在格局中的程序计数器 κ_i 寻找答案。第二，我们不知道格局中的哪一对（地址，内容）包含了 j 的内容，我们必须检查 R 中所有的对。第三，其他 RAM 可能也要抢着对寄存器 i 进行写操作，那么最后必须是索引最小的那个 RAM 胜出。

前两个问题有一个比较笨拙的解决办法：对于前面例子中的“t:ADD j”指令，对于任意 $r \leqslant f(n)g(n)$，有如下算法：

“如果程序计数器 κ_i 等于 t，而且如果在编码 R 中的第 r 对是 (j,x)，那么寄存器 i 递增 x。”

该算法中的两个测试可以容易地用两个 $\log\ell$ 深度和 $\mathcal{O}(\ell)$ 规模的电路来实现——这些电路用当前格局所对应的位作为输入，基本上进行按位比较，然后计算布尔输出。如果它们的输出都是**真**，就执行加法电路。注意，对每一个 RAM 程序中的每一条指令以及每一对（地址，内容），都必须要有这样的电路，所以总共有 $\mathcal{O}(n^k f(n)g(n))$ 个电路。其中 n^k 对应于 PRAM 程序中总的指令数，其上界是图灵机构造 PRAM 所花的时间。

我们所确认的第三个问题（写－写冲突）可以如下解决。首先以（地址，要进行写操作的 RAM 编号，内容）的格式将当前步内的所有写操作（最多 $g(n)$ 次）记录下来，然后用 $g^2(n)$ 个整数比较，它们每个的深度为 $\log\ell(n)$，来解决冲突。

用解释指令“ADD j”的类似方式，我们可以实现所有其他的 RAM 指令。间接地址指令（例如“ADD ↑ j”）可以用两步来实现（首先找到寄存器 j 的内容，然后再找出以那个内容为地址的寄存器的内容）。READ 指令则要寻找电路的输入。

因此，存在一个深度为 $\mathcal{O}(\log \ell)=\mathcal{O}(\log f(n)+\log n)$、大小为 $\mathcal{O}(g(n)(n^k f(n)+g(n))(f(n)+n^k))$㊀ 的电路，对于一个给定的 PRAM 格局的编码，计算下一个格局的编码。最后，由 $f(n)$ 个这样的电路串联所构成的电路 C_n 就可以模拟所给的输入长度为 n 的 PRAM 程序。□

15.3 NC 类

现在定义

$$\mathbf{NC}=\mathbf{PT/WK}(\log^k n, n^k)$$㊁

为可以在多重对数的并行时间和多项式的总工作量内求解的所有问题的集合。与 **P** 和 **NP** 一样，**NC** 类包括了所有的指数 k，从而确保相对于这个模型的其他变种，这个类总是稳定的。例如，从定理 15.1 和 15.2 可知，**NC** 就是 PRAM 用多重对数的并行时间和个数以

374~375

㊀ 原书有错。——译者注

㊁ 这里的两个指数都用 k 来表示容易引起误解，其实并不需要相等。——译者注

多项式表示的处理器所能求解问题的集合。我们将在下一小节中看到 **NC** 在归约下也是封闭的。

就像 **P** 类所声称的那样反映了我们对在串行环境中所谓有效计算的直观理解，我们论证了 **NC** 刻画着我们直观上的那些“并行计算机所能够令人满意地求解的问题”。

但是，这里的论证远不够令人信服，当然也没有像 **P** 那样被大家广泛接受。其中一个问题是：在串行计算中，多项式和指数时间算法之间的差别是真实而且剧烈的，即前者要比后者快一个指数的量级。例如对于极其常见的数值，比方说 $n=20$，2^n 就要比 n^3 大很多。相反，虽然在理论上，$\log^3 n$ 从渐进上要比$\sqrt{n}$小得多，但这个差别要在 $n=10^{12}$时才会有感觉。而对于这么大的 n，所谓的“多项式数目的处理器”是没有任何实际意义的。

NC 定义的另一个问题是，它是*语言类*。从 15.1 节可以看到，在并行计算中那些令人感兴趣的问题通常需要大量的输出（而正如这节稍后将要看到的那样，在并行计算中，这类问题和它们所对应的判定问题在复杂性上是不相等的）。事实上，很多作者把 **NC** 定义为在多重对数的并行时间和多项式的工作量内可以计算的*函数*集合，而不是可判定语言集合。

相反，我们将用“**NC** 算法”一词来表示满足这些复杂度界的且可能会有大量输出的并行算法类。

并行复杂性更精细的定义可以通过定义下面一系列重要的 **NC** 子类获得：

$$\mathbf{NC}_j = \mathbf{PT/WK}(\log^j n, n^k)$$

也就是说，$\mathbf{NC}_j$ 是 **NC** 中并行时间限定为 $\mathcal{O}(\log^j n)$ 的这个子类。自由参数 k 表明我们允许任意多项式的总工作量。例如，我们在 15.1 节所给的并行算法表明 REACHABILITY 问题在 $\mathbf{NC}_2$ 中。事实上，$\mathbf{NC}_2$ 是“有效的并行计算”概念的另一个，而且是更加保守的定义。注意所有的 $\mathbf{NC}_j$ 构成了一个潜在的复杂性类*谱系*。我们记得在串行计算中，所有的复杂性类 $\mathbf{TIME}(n^j)$ 构成一个真包含的谱系（见问题 7.4.8）。而对于 **NC** 谱系，这个相应的性质仍然是一个重要的、尚未证明的猜想。

既然根据定义，**NC** 中任何问题可以用多项式的工作量来解决，那么自然 $\mathbf{NC}\subseteq\mathbf{P}$。但是否 $\mathbf{NC}=\mathbf{P}$？这个重要的未解决的问题是 $\mathbf{P}\stackrel{?}{=}\mathbf{NP}$ 难题在并行计算中的对应版本。在这两个问题中我们都在问，是否计算上令人满意的这类问题（在串行计算中是 **P**，在并行计算中是 **NC**）是更大类的一个真子类，即我们野心（当初是 **NP**，现在是 **P**）的极限是什么。就像 $\mathbf{P}\stackrel{?}{=}\mathbf{NP}$ 问题一样，直觉和经验看上去都在暗示着一个否定的回答：如果所有多项式时间可解的问题都可以大规模并行化，那真的将是不同凡响。对 **P** 中一些相当简单的问题（比方说前面小节中的最大流问题）设计 **NC** 算法的屡屡失败意味着*存在某些问题具有固有的串行性*，即 $\mathbf{NC}\neq\mathbf{P}$。不幸的是，目前还未看到这样的证明。因此，为了确认可能的“具有内在串行性的问题”，我们必须再一次求助于规约和完全问题。

376

P 完全

在 **P** 的所有问题中，**P** 完全问题是最不可能在 **NC** 中的——最有可能是“固有串行的”。但是要论证这一点，我们必须首先证明对数空间规约保持并行复杂性。这是关于空间和并行时间的更通用原理（*并行计算论题*）的一个实例（参见定理 16.1）：

定理 15.3 如果 L 可以规约到 $L'\in\mathbf{NC}$，那么 $L\in\mathbf{NC}$。

证明：假设 R 是从 L 到 L'的对数空间的规约。不难发现存在一个对数空间的图灵机 R'接受输入（x,i）（i 是不超过$|R(x)|$的整数的二进制表示）当且仅当 $R(x)$ 的第 i 位是1。通过在输入为（x,i）的 R'的格局图上求解可达性问题，我们可以计算 $R(x)$ 第 i 位的值。所以，如果我们对所有的输入利用 $\mathbf{NC}_2$ 电路并行地求解，那么我们可以计算出 $R(x)$ 的所有位。一旦我们得到了 $R(x)$，我们就可以利用判断 L'的 NC 电路来判断是否 $x\in L$。而所有这些电路都在 NC 中。 □

注意我们的证明隐含着上述定理的一个更精准的表述：

推论 如果 L 可以规约到 $L'\in\mathbf{NC}_j$，其中 $j\geqslant 2$，那么 $L\in\mathbf{NC}_j$。 □

正如我们在 15.1 节中所发现的那样，在网络中计算最大流看上去是一个具有固有串行性的任务。我们将证明下面的问题是 **P** 完全的：

ODD MAX FLOW：给定一个网络 $N=(V,E,s,t,c)$，最大流的值是奇数吗？

显然，如果我们无法在 NC 中判断这个问题，那么就不存在计算最大流的值的 NC 算法。注意，这里我们不是用熟悉的 MAX FLOW(D)——判断最大流的值是否大于一个给定的目标，而是用了一个非标准的判定问题来替代优化问题。通过一个更复杂的规约，可以证明 MAX FLOW(D) 也是 **P** 完全的，见问题 15.5.4。就像我们将在下一小节中所看到的那样，在并行计算中优化问题和它们相应的判定问题在复杂性上的等价性以一种最有趣的方式失效——所以没有使用 MAX FLOW(D) 作为例子就没有什么好遗憾的了。 377

定理 15.4 ODD MAX FLOW 是 **P** 完全的。

证明：我们知道它是属于 **P** 的（见 1.2 节）。为了证明完全性，我们将从 MONOTONE CIRCUIT VALUE 规约到 ODD MAX FLOW 问题。

给定一个单调电路 C。假设 C 的输出门是一个 OR 门，而且 C 中所有门的输出数不超过 2。后者可以通过如下方法得以保证：对于每一个出度$k>2$的门引入 $k-2$ 个 OR 门，并构成一棵树。这些新引入门的另一个输入为**假**（见图 15.1）。而且我们假设 C 中所有的门分别标上 $0,\cdots,n$，并且保证每一个门的标号比它祖先的标号小。因此，输出门的标号是 0，较大的标号都分配给了输入门（见图 15.2a）。

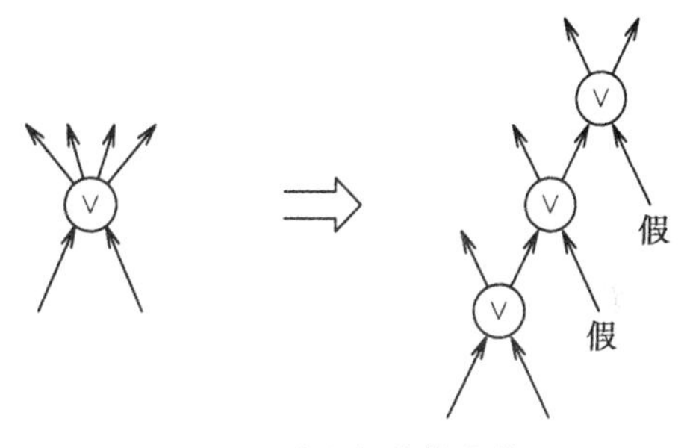

图 15.1 减少门的输出数

我们的构造是这样的：网络 $N=(V,E,s,t,c)$ 中的结点包括了 C 中所有的门 $0,\cdots,n$，外加两个结点 s 和 t（源和汇）。接下来我们将描述边的构成，以及它们的容量。首先，从 s 到每一个值为**真**的输入门 i 有一条边，它的容量是 $d2^i$——i 为这个值为**真**的输入门的标号，d 为这个门的出度。从每一个输入门 i 到它的每一个后继门有一条容量为 2^i 的边。从输出门到顶点 t 有一条容量为 1 的边。

考虑任意一个 AND 门或者 OR 门 i。它已经有一些输入边和输出边。注意它至多有两条容量为 2^i 的输出边，而它输入边的容量至少是它输出边容量的两倍（它的前趋结点的标号严格大于 i），所以它的输入容量会有盈余，记为 $S(i)$。如果 i 是一个 AND 门，那么从 i 到 t 有一条容量为 $S(i)$ 的边（i,t）；如果 i 是一个 OR 门，那么从 i 到 s 有一条容量为 $S(i)$ 的边（i,s）。这就是整个的构造过程。图 15.2a、b 是一个构造的例子。注意我们的构造中有边流向 s。虽然我们知道这样的边在最大流问题中是多余的，但有利于接下来的证明。 378

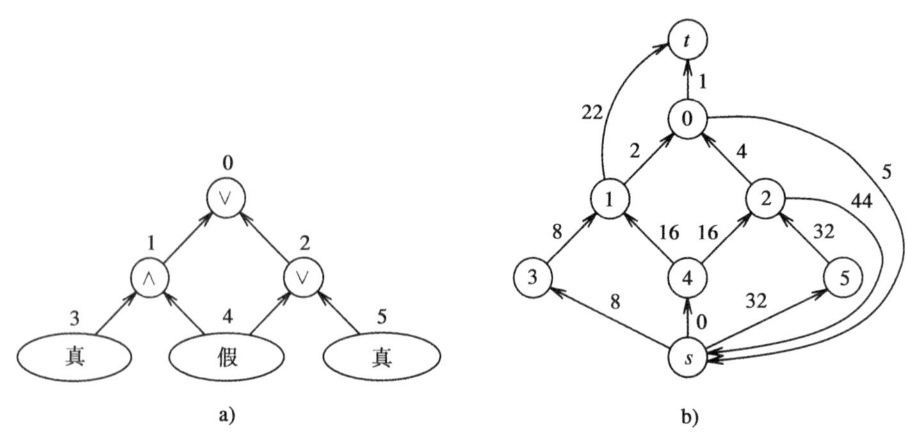

图 15.2　网络的构造

对于固定的流 f，一个门称为满的，如果它所有指向它后继门的边的流量是满的；如果所有这些边的流量都是 0，那么这个门称为空的。流 f 称为标准的，如果所有值为**真**的门是满的，所有值为**假**的门是的空的（见图 15.3，满的门用粗体表示以示区别）。379

我们断言标准流总是存在的，而且事实上它就是最大流。为了构造一个标准流，首先将从 s 出来的边的流量都填充满。接着从输入门开始处理所有的门，最后处理输出门。所有值为**真**的输入门有足够多的流量以确保它是满的（因为输入边的容量为 $d2^i$），而所有值为**假**的输入门显然必定是空的（没有输入流）。在此基础上我们对门的深度进行归纳。根据归纳，所有值为**真**的或者门至少有一条输入边的流量是满的，从而有足够的流量填满它的输出边，或者还会有部分流量通过那条盈余边回流到 s。对于所有值为**假**的 OR 门，根据假设，因为它的前趋都是空的，所以它没有输入的流量，自然也是空的。

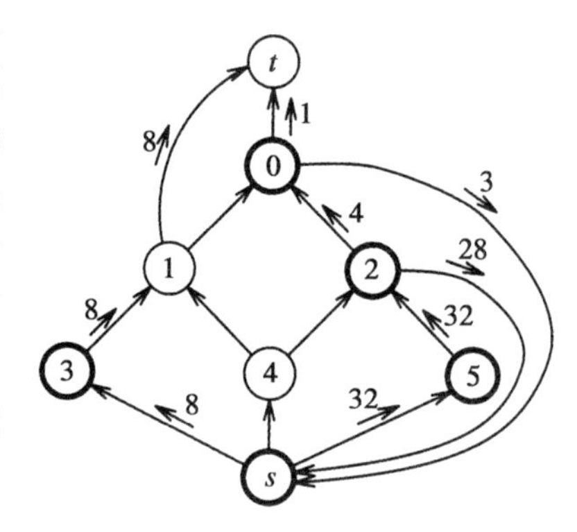

图 15.3　标准流

对于所有值为**真**的 AND 门，因为所有的输入边都是满的，所以有足够的流量填满输出边（以及指向 t 的盈余边）。最后，对于所有值为**假**的 AND 门，至多只有 1 条输入边的流量是满的，而它可以直接通过盈余边流出（根据构造，那条盈余边有足够的容量对付）。

接下来我们断言这条标准流 f 是最大的。在证明中，我们将 N 中的结点分成两组：第一组包含所有 s 和所有值为**真**的门，第二组包括 t 和所有值为**假**的门。我们说这个割的容量等于 f，从而 f 是最优的。而这一点很容易验证：从第一组指向第二组的边可以分为两种，要么（a）从值为**真**的 OR 门、AND 门或者输入门指向值为**假**的 AND 门；要么（b）从值为**真**的 AND 门或者输出门指向 t。两种类型的边在 f 中都是满的，所以这个割的容量等于 f 的流量。从而 f 是最大流（见最大流最小割定理，问题 1.4.11）。380

最后，注意在这个标准流中，所有的流量都是偶数，除了从输出门到 t 的流量的奇偶性不确定。因此，最大流为奇数当且仅当这个输出门是满的，也就是这个输出门的值为**真**。□

15.4　RNC 算法

P 完全问题数量可观，并且还在不断增加（参见参考文献）。既然这些问题被认为基本上不可能存在有效的并行算法，非常类似于 **NP** 完全问题，所以对这些问题的并行算法的研究也开始朝着不那么宏伟的目标转向了：并行近似算法、对某些特例的并行算法和并行启发式算法。

有一个重要的问题是我们知道是最大流问题的特例：判断一张图是否存在完美匹配（见 1.2 节图 1.6 的构造）。不幸的是，我们不知道 MATCHING 是否属于 **NC**。然而，我们已经具备了设计匹配问题的随机并行算法的所有要素：只要对基于行列式（见 11.1 节）的匹配问题使用蒙特卡洛算法，其中我们用 **NC** 算法来计算行列式（见 15.1 节）。因此，判断一个二分图是否存在完美匹配属于如下所定义的 **RNC**——一个随机版本的 **NC**（相较于 **P** 和 **RP**）。

定义 15.3 语言 L 属于 **RNC**，如果存在一个具有如下性质的一致性 **NC** 电路簇：首先，如果问题的输入长度为 n，则电路 C_n 有 $n+m(n)$ 个输入门，$m(n)$ 是一个多项式——直观上这些额外的输入门其实就是这个算法所需要的随机位。如果长度为 n 的字符串 x 属于 L，那么 $2^{m(n)}$ 个长度为 $m(n)$ 的字符串 y 中至少有一半满足：对输入 $x;y$，C_n 输出**真**。如果 $x \notin L$，那么对于所有的 y，当输入为 $x;y$ 时 C_n 输出**假**。 □

接下来我们继续探讨匹配问题。我们可以有效并行地判断一个二分图是否存在完美匹配。但这还不能令人满意，因为我们实际上想要的是求出这个完美匹配，而不仅仅是确保它的存在。研究判定问题的唯一理由是它们通常等价于对应的搜索问题。也就是说，给定一个判断解的存在性的有效算法，如果解存在，那么我们有一个通用的“动态规划技术”（详见关于 3SAT 问题的例 10.3 和关于 TSP 问题的例 10.4）事实上可以计算出这个想要的解。这个方法的隐患是它是固有串行的。我们没有一个通用有效的并行方法来将判定算法转化成搜索算法。

381

幸运的是，对于匹配问题，我们有一个聪明的办法可以做到。为了更好地描述它，我们转而讨论一个更通用的问题，最小权的完美匹配问题。假设每一条边 $(u_i, v_j) \in E$ 带有一个权重 w_{ij}。我们不仅要寻找一个完美匹配，而且这个完美匹配 π 的权重之和 $w(\pi) = \sum_{i=1}^{n} w_{i,\pi(i)}$ 要最小。我们有一个 **NC** 算法来求解这个问题，前提是这个问题要满足下面两个条件：首先，所有的权重要小到至多是 n 的多项式；其次，最小权的完美匹配必须是唯一的。

这个算法利用了匹配与行列式之间的关系。我们定义矩阵 $A^{G,w}$。如果 (u_i, v_j) 有边，那么这个矩阵的第 (i,j) 元素为 $2^{w_{ij}}$；否则，这个元素的值为 0。也就是说，矩阵 $A^{G,w}$ 的元素 x_{ij} 是 2 的相应边的权重次幂（这就是为什么我们需要权重是多项式的）。$A^{G,w}$ 的行列式是多少呢？还记得

$$\det A^{G,w} = \sum_{\pi} \sigma(\pi) \prod_{i=1}^{n} A^{G,w}_{i,\pi(i)}$$

首先，注意那些由不完美匹配所构成的项都是 0。所以，这个公式其实就是对所有完美匹配的项求和。其次，$\prod_{i=1}^{n} A^{G,w}_{i,\pi(i)}$ 就是 $2^{w(\pi)}$。换句话说，$\det A^{G,w}$ 是 2 的幂次的和（也有可能是负的，因为 $\sigma(\pi)$ 因子），其中这些指数上的值表示的是完美匹配的权重。

既然最小权的完美匹配是唯一的，所以不妨假设它的权重是 w^*。因此，$\det A^{G,w}$ 的所有项都是 2^{w^*} 的倍数。而且除了 1 项外，所有的其他项都是 2^{w^*} 的偶数倍。也就是说，

存在某个 k（也许是负的）使得 $\det A^{G,w}=2^{w^*}(1+2k)$。因此，$2^{w^*}$ 是能够整除 $\det A^{G,w}$ 的 2 的最高次幂。基于这个事实，我们可以如下有效地并行计算 w^*：我们首先用 **NC** 算法来计算 $\det A^{G,w}$（因为所有的权重都是多项式的，所以这个数至多有多项式的位）。$\det A^{G,w}$ 结果的二进制表示中末尾 0 的个数[⊖]就是 w^*。

一旦我们有了 w^*，我们就可以按照如下方法来判断边 (u_i, v_j) 是否在最小权的完美匹配中：我们从 G 中删除这条边以及它的两个结点，在剩下的图中计算最小权的完美匹配。显然，边 (u_i, v_j) 在 G 的最小权完美匹配中当且仅当这个新的最小权是 w^*-w_{ij}。我们并行地对所有边进行判断即可。

到目前为止，我们所证明的是，*如果最小权的完美匹配存在而且唯一，那么它可以被有效并行地获得*。而且我们知道如何在 **RNC** 中判断完美匹配是否存在。但怎么保证最小权的完美匹配是唯一的呢？这就是随机的用处所在：我们证明了如果对每条边随机地赋予较小的权重，那么这个图将以较高的概率存在唯一的最小权完美匹配：

382

引理 15.1（分离引理） 假设 E 中每条边的权重是从 $1\sim 2|E|$ 中独立且随机地选取。如果完美匹配存在，那么以至少 $\frac{1}{2}$ 的概率，这个图的最小权完美匹配是唯一的。

证明：一条边称为坏的，如果它在某一个最小权完美匹配中，但不在另一个最小权的完美匹配中。显然，最小权完美匹配是唯一的，当且仅当这个图中不存在坏的边。

现在考察某一条边 $e=(u_i, v_j)$，并且假设除了这条边外，其他所有边的权重都已经选好了。令 $w^*[\bar{e}]$ 表示不包含 e 的最小权完美匹配的权重，$w^*[e]$ 表示所有包含 e 的完美匹配中权重最小的权重，再减去 e 的权重。考察 $\Delta=w^*[\bar{e}]-w^*[e]$。显然，根据定义，$\Delta$ 的值和 e 的权重没有关系。

接下来，我们选取 e 的权重 w_{ij}。我们断言 e 是坏的，当且仅当 $w_{ij}=\Delta$。原因是简单的：如果 $w_{ij}<\Delta$，那么每一个最小权的完美匹配必然都包含 e；如果 $w_{ij}>\Delta$，那么没有最小权的完美匹配包含 e。这两种情形 e 都不是坏的。当 $w_{ij}=\Delta$ 时，e 是坏的，因为此时存在两个最小权的完美匹配，一个包含 e，而另一个不包含 e。

从而 $\mathbf{prob}[e \text{ is 坏的}]\leqslant\frac{1}{2|E|}$，因为这就是从 $1\sim 2|E|$ 之间随机选取一个整数恰好等于 Δ 的概率——记号“小于等于”提醒我们 Δ 有可能完全超出了 $1\sim 2|E|$ 这个范围。所以，这个图中存在坏边的概率至多是这个不等式上界的 $|E|$ 倍，从而不超过一半。

顺便说一下，注意这个引理的证明和匹配其实没有什么关系：对于我们想从任意一个子集簇中分离出一个子集，这个引理都是成立的。 □

在二分图中找到一个完美匹配的算法现在就完整了：对每条边随机分配一个权重，然后运行计算最小权的完美匹配算法。如果完美匹配存在，那么以至少 $\frac{1}{2}$ 的概率，这个算法将返回正确的解。

较小的容量

我们用一个关于 MAX FLOW 的有趣的讨论来结束本章：为了证明 MAX FLOW 是 **P** 完全的，我们不得不使用指数大的容量。另一方面，我们刚看到匹配问题（可以看做是单

[⊖] 严格地讲，我们应该并行地计算 $\det A^{G,w}$ 结果的二进制表示中最后 0 的个数，但这可以通过前置求和轻松获得。

位容量的最大流问题（见图1.6））可以（在随机的帮助下）有效并行地解决。这就产生了一个问题，如果容量都是用一进制表示，那么MAX FLOW是否存在一个**RNC**算法？接下来我们将看到这样的算法确实是存在的。事实上，它导致了一个求解MAX FLOW的**RNC**近似方案（参见问题15.5.8，注意与背包问题的显著不同，见9.4节和13.1节）。 383

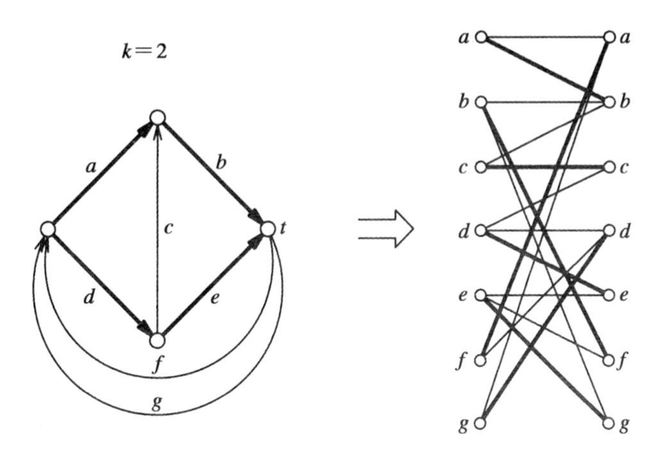

图15.4 从单位容量的最大流问题到匹配问题

假设有一个网络，它的容量是用一进制来表示的。等价地，我们可以假设所给网络中的所有边都是单位容量的（大于1的容量可以通过多边来实现）。我们从t到s添加k条平行的边，其中k是想要获得的流量的值（见图15.4）。

现在创建1个二分图。图中两边的端点集合就是所给网络的边的集合（包括k条新增加的边，见图15.4）。在二分图中有一条边(e,e')当且仅当e的头就是e'的尾。同时，对原先网络中的每一条边e，我们在二分图中添加边(e,e)（直观上，这将允许最初网络中的边上的流量为0，但不允许在网络上新增加的边的流量为0）。不难验证，在相应的二分图中存在一个完美匹配当且仅当在原先的网络中存在值为k的流（见图15.4）。自然，既然我们知道怎样在**RNC**中求解判定问题，那么通过二分查找就可以找到最优解。 384

15.5 注解、参考文献和问题

15.5.1 类综览

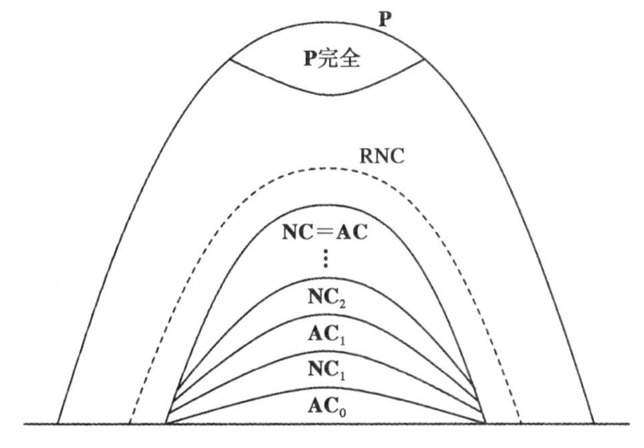

15.5.2 为了解更多的并行算法，以及通用的并行化，参见

○ S. Akl. *The Design and Analysis of Parallel Algorithms*, Prentice Hall, Englewood Cliffs, 1989.

○ J. Já Já. *An Introduction to Parallel Algorithms*, Addison-Wesley, Reading, Massachusetts, 1992.

○ R. M. Karp and V. Ramachandran. "Parallel algorithms for shared-memory machines", pp. 870-941 in *The Handbook of Theoretical Computer Science, Vol. I: Algorithms and Complexity*, edited by J. van Leeuwen, MIT Press, Cambridge, Massachusetts, 1990.

以及其他一些书和综述。15.1节中所描述的求行列式的算法来自

○ A. L. Chistov. "Fast parallel evaluation of the rank of matrices over a field of arbitrary characteristic", *Fund. of Computation Theory*, Lecture Notes in ComputerScience, Volume 199, Springer Verlag, Berlin, pp. 63-79, 1985.

基于类似于今天的大规模并行计算机的并行计算模型上的并行算法的一个形式化的以及全面的介绍，请参见

○ F. T. Leighton. *Parallel Algorithms and Architectures*, Morgan-Kaufman, San Mateo, California, 1991.

385

15.5.3 **问题**：证明如果 $\mathbf{NC}_{i+1}=\mathbf{NC}_i$，那么 $\mathbf{NC}=\mathbf{NC}_i$。也就是说，如果 **NC** 谱系的连续两层重合，那么整个谱系将坍塌到这一层（与定理17.9做比较。事实上，这两个定理的证明并不是没有关系的）。

15.5.4 我们曾经说过一个布尔表达式可以看做是一个特别的电路，其中每个门至多只能用作另一个门的输入。显然，一般的电路比表达式更加简洁和经济，但问题是简洁多少呢？比方说，任何一个电路是否存在一个等价的布尔表达式，而且这个表达式的大小至多是该电路的多项式倍？这个问题被证明是一个关于并行计算的基本问题的复述！

问题：证明一个语言可以被一个具有多项式大小的一致性的表达式簇所计算当且仅当它是在 $\mathbf{NC}_1$ 中的。（这首先是由下文所发现的

○ P. M. Spira. "On time-hardware complexity tradeoffs for Boolean functions", *Proc. 4th Hawaii Conference on Systems Sciences*, pp. 525-527, 1971.

对于任意一个多项式大小的表达式，即使它的深度是多项式的，我们也可以对它进行"调整"，使调整后的表达式的深度是对数的。参阅下文对这一重要技术的一个更通用的应用

○ R. P. Brent. "The parallel evaluation of general arithmetic expressions", *J. ACM* 21, pp. 201-206, 1974.）

所以，除非 $\mathbf{P}=\mathbf{NC}_1$，否则电路不可能被大小只是它的多项式倍的表达式所模拟。

对于任意多项式大小的表达式可以在 $\mathbf{NC}_1$ 的某个变种中所计算的一个直接的证明参阅

○ S. R. Buss. "The Boolean formula value problem is in ALOGTIME", *Proc. 19th ACM Symp. on the Theory of Computing*, pp. 123-131, 1987.

对于 $\mathbf{NC}_1$ 的另一个令人惊奇的刻画，参见

○ D. Barrington. "Bounded-width polynomial-size branching programs recognize exactly those languages in NC^1", *Proc. 18th ACM Symp. on the Theory of Computing*, pp. 1-5, 1986.

15.5.5 我们对于电路中门的扇入端数是有限制的（即每个门至多有两个输入），但对于扇出端数却是没有限制的（每个门可以作为其他任意多个的门的输入）。

问题：证明大小和深度只需要线性地增加，任意电路就可以转化成一个扇出端数为2的电路。（问题来自

○ H. J. Hoover, M. M. Klawe, and N. Pippenger. "Bounding fan-out in logical networks", *J. ACM* 31, pp. 13-18, 1984.）

15.5.6 **AC谱系** 接下来我们来讨论前面那个问题的反面，即电路中的OR门和AND门的扇入端数是没有限制的。也就是说，OR门可以有多个输入，而且用一步就可以计算出所有这些输入的OR；对于AND门也是一样的。例如，虽然在通常的模型中计算 n 位的或需要对数深度的电路，但在扇入端数不受限制的模型中只需要深度1就可以实现。现在，对于 $i\geqslant 0$，定义 $\mathbf{AC}_i$ 为所有可以由扇入端数不受限制

的、多项式规模的、深度为$\mathcal{O}(\log^i n)$（所以当$i=0$的时候，深度为常数）的一致性电路簇所判定的语言集合。定义**AC**是所有$\mathbf{AC}_i$的并集。 386

(a) 证明$\mathbf{NC}_i \subseteq \mathbf{AC}_i \subseteq \mathbf{NC}_{i+1}$。并证明$\mathbf{AC}=\mathbf{NC}$。

(b) 证明如果$\mathbf{AC}_{i+1}=\mathbf{AC}_i$，那么对于所有$j>i$，$\mathbf{AC}_j=\mathbf{AC}_i$（见问题15.5.3）。

(c) 证明$\mathbf{AC}_i$就是由具有多项式处理器和$\mathcal{O}(\log^i n)$的并行时间的一致性PRAM程序所判定的语言集合（问题来自

○ L. J. Stockmeyer and U. Vishkin. "Simulation of parallel random access machines by circuits", *SIAM J. Computing*, 13, pp. 409-423, 1984)。

与$\mathbf{NC}_i$不同，**AC**谱系的第0层是一个有趣的类：$\mathbf{AC}_0$包含了所有可以由常数深度、多项式大小和输入端数不受限制的电路所判定的语言（没有大小的限制，**P**中所有的语言都可以被判定，见关于合取范式的定理4.1)。关于奇偶性语言（所有有奇数个1的位串）不属于$\mathbf{AC}_0$的一个有趣的证明，参见

○ M. Furst, J. Saxe and M. Sipser. "Parity, circuits, and the polynomial hierarchy", *Math. Systems Theory*, 17, pp. 13-27, 1984.

有趣的是，相同语言看上去也很难用神经网络来解决，参见

○ J. Hertz, A. Krog, and R. G. Palmer. *Introduction to the Theory of Neural Computation*, Addison-Wesley, Reading, Massachusetts, 1991.

15.5.7 **PRAM模型** 依赖于对内存的各种访问模式，PRAM模型有很多变种。既然我们所描述的PRAM模型允许多个处理器同时读取同一块内存地址，甚至可以对它同时进行写操作，所以这个模型称为CRCW PRAM（"并发地读，并发地写"）。一个较弱的模型叫作CREW，"并发地读，独占地写"。它允许并发地读，但在每一步每个地址只允许一个处理器对它进行写操作。最后，EREW模型不管是读操作还是写操作都不允许并发进行。

这3个模型一个比一个更加真实地反应了用硬件实现同时内存访问的现实状况。事实上，根据在众多的对一个地址同时进行写操作的处理器中选取一个处理器方式的不同，CRCW PRAM模型也有3个类型。我们已经讨论过的PRIORITY CRCW PRAM是根据处理器编号来选取胜者。一个较弱的但更现实的机制是ARBITRARY CRCW PRAM模型，这个机制在众多的进行写操作的处理器中任意选一个作为胜者（所以程序也要做相应的准备以应对有众多输出的情形）。最后，在COMMON CRCW PRAM模型中，所有对同一个地址同时进行写操作的处理器所写的内容必须相同。因此，我们有5个PRAM模型，它们按照计算能力从弱到强排列如下：

EREW　CREW　COMMON CRCW　ARBITRARY CRCW　PRIORITY CRCW

如果我们忽略处理器数目之间的多项式的差别，那么最后3个模型被证明是等价的： 387

问题：证明一个运行时间为t，处理器数目为p的PRIORITY CRCW PRAM程序可以被一个运行时间为$\mathcal{O}(t)$，处理器数目为$\mathcal{O}(p^2)$的COMMON CRCW PRAM程序所模拟。

结果表明，在某些情形下，前3个模型中的每个模型都比它前一个模型更强，参见下一个问题以及前面所引用的Karp和Ramachandran的综述中的第3节。然而，这5个机器模型中任意两个的计算性能至多相差对数倍：

问题：证明一个运行时间为t，处理器数目为p的PRIORITY CRCW PRAM程序可以被一个运行时间为$\mathcal{O}(t\log p)$，处理器数目为$\mathcal{O}(p)$的EREW PRAM程序所模拟。

15.5.8 CROW PRAM（允许并发地读，但只允许自己写）模型允许并发地读，但每个寄存器只属于某一个处理器。只有这个寄存器的拥有者可以对它进行写操作。在前面的那个谱系中，CROW PRAM应该放在什么位置？(CROW PRAM，可以说是最接近现实的模型，是由

○ P. W. Dymond and W. L. Ruzzo. "Parallel RAMs with owned memory and deterministic context-free language recognition". *Proc. 13th Intern. Conf. on Automata, Languages, and Programming*, pp. 95-104, 1986.

提出并研究的。借助于确定性上下文无关语言，对它的计算能力还有一个令人惊奇的刻画。)

15.5.9　(a) 假设我们想要用PRAM来计算n位的，或证明CRCW PRAM可以用$\mathcal{O}(n)$个处理器，在$\mathcal{O}(1)$的时间内完成；而CREW PRAM可以用$\mathcal{O}(n)$个处理器在$\mathcal{O}(\log n)$的时间内完成。

(b) 证明CREW PRAM计算n位的或需要至少$\Omega(\log n)$步——即使每个处理器执行关于自身寄存器的任意函数只需要单位时间（问题来自

- S. A. Cook, C. Dwork, and R. Reischuk. "Upper and lower bounds for parallel random access machines without simultaneous writes", *SIAM J. Comp.*, 15, pp. 87-97, 1986.

定义什么叫一个输入位在时刻t影响一个处理器或寄存器。通过对t的归纳，试证明在时刻t，对处理器或寄存器有影响的输入位的数目不超过c^t。有趣的是，c必须大于2)。

15.5.10　在文献中有大量的关于并行化的形式化模型。在20世纪70年代中期，一系列体现并行化思想的强有力的计算模型由一些研究者独立地提出。其中包括了图灵机的扩展

- W. J. Savitch. "Recursive Turing machines", *Intern. J. Compo Math.*, 6, pp. 3-31, 1977.

具有“向量处理”能力的随机存取机

- V. R. Pratt and L. J. Stockmeyer. "Characterization of the power of vector machines", *J. CSS*, 12, pp. 198-221, 1976.

388

- J. Trahan, V. Ramachandran, and M. C. Loui. "The power of random access machines with augmented instruction sets", in *Proc. 4th Annual Conf. on Structurein Complexity Theory*, pp. 97-103, 1989.

交替图灵机（参见第16章的参考文献），以及其他。所有这些模型都有一个稀奇的特性：多项式可解的语言类和不确定性多项式可解的语言类一致！实质上，这些模型的上述两个语言类就是**PSAPCE**——并行计算论题的一个表现形式，参见第16章。与现在商用的大规模并行计算机更相近的并行的形式化模型（它们对待处理器间的通信延迟要比*PRAM*慎重得多），参见

- P. W. Dymond and S. A. Cook. "Hardware complexity and parallel complexity", *Proc. 21st IEEE Symp. on the Foundations of Computer Science*, pp. 360-372, 1980.
- L. G. Valiant. "General purpose parallel architectures", pp. 953-971 in *The Handbook of Theoretical Computer Science, vol. I: Algorithms and Complexity*, editedby J. van Leeuwen, MIT Press, Cambridge, Massachusetts, 1990.
- C. H. Papadimitriou and M. Yannakakis. "Towards an architecture-independent analysis of parallel algorithms", *Proc. 20th ACM Symp. on the Theory of Computing*, pp. 510-513, 1988,

和前面提到的Tom Leighton的书。还可以参见，

- P. van Emde Boas. "Machine models and simulations", pp. 1-61 in *The Handbook of Theoretical Computer Science, vol. I: Algorithms and Complexity*, edited byJ. van Leeuwen, MIT Press, Cambridge, Massachusetts, 1990.

这是一篇对各种计算模型进行全面比较的综述，其中也包括了并行模型。

15.5.11　**NC**类为什么被看做是可行的并行计算的讨论，参见

- N. Pippenger. "On simultaneous resource bounds", *Proc. 20th IEEE Symp. on the Foundations of Computer Science*, pp. 307-311, 1979.
- S. A. Cook. "Towards a complexity theory of synchronous parallel computation", *Enseign. Math.*, 27, pp. 99-124, 1981.
- S. A. Cook. "A taxonomy of problems with fast parallel algorithms", *Inform. and Control*, 64, pp. 2-22, 1985.

15.5.12　我们知道在一个图中寻找最大独立集是**NP**完全的。现在假设我们想寻找的是极大独立集。这个当然可以通过“贪心算法”快速地完成：从G中不断地添加结点到集合中。每添加一个结点，就在G中删除这个结点以及它的邻居，直到G中没有结点为止。不幸的是，这个算法太串行了。事实上，Les Valiant猜测极大独立级问题本身具有固有的串行性。

389

然而考虑下述“套入”贪心算法的方法。在每一步，我们不是在正在构造的独立集中添加当前图中

的某一个结点，而是套入某整个独立集 S。我们怎么选择 S 呢？下面这个想法来自

○ M. Luby. "A simple parallel algorithm for the maximal independent set", *SIAMJ. Comp.*, 15, pp. 1036-1053, 1986.

首先，将 G 中的每个结点以概率 $\frac{1}{d}$ 放入 S 中，其中 d 是这个结点的度数。然后检查两个端点都在 S 中的那些边。对于每条边，将度数最小的那个结点从 S 中去掉，任意地断开链接。如果这两个端点的度数一样，则随意去除哪个点。最后将 S 的剩余结点添加到正在构造的极大独立集中，并在 G 中去掉这些结点和它们的邻居。整个过程重复进行，直到 G 为空。

问题：(a) 证明在每一步，S 中删除的边的期望数至少是 G 的边数的 $\frac{1}{16}$。

(b) 证明上述算法是求极大独立集问题的一个 **RNC** 算法。

事实上 Mike Luby 证明了这个算法并不需要随机性：我们所需要的仅仅是插入 S 的结点必须是两两独立的，而这一点很容易得到保证。算法中的随机实验是对一个多项式大的样本进行采样，而这可以用穷举计数来代替。因此，这个算法转化成一个确定性的 $\mathbf{NC}_2$ 算法。从并行的角度，对这个去随机技术的进一步求精，可以参见

○ M. Luby. "Removing randomness from parallel computation without processor penalty", *Proc. 29th IEEE Symp. on the Foundations of Computer Science*, pp. 162-173, 1988.

○ B. Berger, J. Rompel. "Simulating $\log^c n$-wise independence in NC", *Proc. 30th IEEE Symp. on the Foundations of Computer Science*, pp. 2-7, 1989.

○ R. Motwani, J. Naor, and M. Naor. "The probabilistic method yields deterministic parallel algorithms", *Proc. 30th IEEE Symp. on the Foundations of Computer Science*, pp. 8-13, 1989.

然而，贪心算法比 Luby 算法有一个优势：假设每次都是插入标号最小的结点，则它可以得到字典序优先的极大独立集。很明显，这个问题不可能并行地快速获得：

(c) 证明在图上寻找字典序最小的极大独立集是 **P** 完全的（可以从 MONOTONE CIRCUIT VALUE 规约到这个问题。每一个门用一条边来表示，图中其余的边，以及结点的相关次序则用来体现这个电路的结构）。

15.5.13 比较电路 (a) 证明带有 NAND 门的电路的 CIRCUIT VALUE 问题是 **P** 完全的。

(b) 证明只有 AND 门的电路的 CIRCUIT VALUE 问题属于 $\mathbf{NC}_2$。对于 $\oplus$（异或门），也请证明同样的性质。

一个比较门有两个输入：x_1 和 x_2；还有两个输出：$(x_1 \vee x_2)$ 和 $(x_1 \wedge x_2)$。

390

(c) 设计一个有 4 个输入，4 个输出，只有比较门的电路，其功能是对输入进行排序。

虽然所有其他可以想象的电路求值问题（例如前面的 (a) 和 (b)）要么是 **P** 完全的，要么是 **NC**，但带有比较门的电路的求值问题看上去在这两者之间。例如，这个问题可以在并行时间 $\sqrt{n}$ 内计算出，但目前已知的 **P** 完全问题没有一个是可以在这个时间内求解的。参见

○ E. W. Mayr and A. Subramanian. "The complexity of circuit value and network stability", *Proc. 4th Annual Conf. on Structure in Complexity Theory*, pp. 114-123, 1989.

(d) 证明在一个图中寻找字典序最小的极大匹配问题（这个问题等价于在一个线图中寻找字典序最小的极大独立集问题，见问题 15.5.12 和问题 9.5.17）等价于比较门的电路求值问题。

15.5.14 定理 15.4 来自

○ L. M. Goldschlager, R. A. Shaw, and J. Staples. "The maximum flow problem is log space complete for P", *Theor. Comp Science* 21, pp. 1073-1086, 1982.

问题：证明 MAX FLOW(D) 是 **P** 完全的（这是来自

○ T. Lengauer and K. W. Wagner. "The binary network flow problem is log space complete for P", *Theor. Comp Science* 75, pp. 357-363, 1990)。

15.5.15　关于早期的**P**完全的结果，参见

○ S. A. Cook. "An observation on time-storage trade-offs", *Proc. 5th ACM Symp. on the Theory of Computing*, pp. 29-33, 1973; *also*, *J. CSS*, 9, pp. 308-316.

○ N. D. Jones and W. T. Laaser. "Complete problems for deterministic polynomial time", *Theor. Computer Science* 3, pp. 105-118, 1976.

其中两个是：(a) 一个路径系统是一个三元组 $T\subseteq V^3$ 的集合——一个有向图的推广。我们说结点 i 是可达的，或者 $i=1$，或者有两个（递归）可达的结点 j，j'满足 $(j,j',i)\in T$。问题 PATH 是："给定一个路径系统，结点 n 是否可达?" 证明这个问题是**P**完全的。

(b) 回忆问题 3.4.2 中关于上下文无关文法的定义。问题 CONTEXT-FREE EMPTINESS 是："给定一个上下文无关的语言 G，该语言是否会生成空?" 证明该问题是**P**完全的。

15.5.16　更多关于**P**完全、并行计算和复杂性的论述，参见

○ R. Greenlaw, H. J. Hoover, and W. L. Ruzzo. *A Compendium of Problems Complete for P*, Oxford Univ. Press, in press, 1993.

本书类似于 Grary 和 Johnson 的那本书，但主题是**P**完全（并且包含了一个广泛的**P**完全问题的列表）。然而证明**P**完全的一般方法不像证明**NP**完全（见第 9 章）那么深奥。规约通常是从 CIRCUIT VALUE 问题的标准形式开始，进行相当普通的器件构造。

391

问题：证明 CIRCUIT VALUE 问题仍然是**P**完全的，即使 (1) 电路中除了输入门外，其他所有的门是扇入端数和扇出端数都等于 2 的 OR 门或 AND 门；(2) 所有的门按照层来排列，第 0 层是输入门，剩下的每一层 AND 门和 OR 门交替出现。

15.5.17　**问题**：证明下面两个问题是**P**完全的："给定一个图，是否存在一个导出子图满足：(a) 最小的度数至少是 k；(b) 顶点连通度至少是 k?" "导出子图"是指如果原图中边的两个结点都在这个子图中，那么这条边也在这个子图中；一个图的"顶点连通度"是指要让图不连通所需要删除的最少的点的数目。(a) 来自

○ R. J. Anderson and E. W. Mayr. "Parallelism and greedy algorithms", in *Advances in Computing Research*, *vol.* 4, pp. 17-38, 1987.

而 (b) 来自

○ L. M. Kirousis, M. J. Serna, and P. Spirakis. "The parallel complexity of the subgraph connectivity problem", *Proc. 30th IEEE Symp. on the Foundations of Computer Science*, pp. 163-175, 1988.

15.5.18　我们所展示的匹配问题的**RNC**算法来自

○ K. Mulmuley, U. V. Vazirani, and V. V. Vazirani. "Matching is as easy as matrix inversion", *Proc. 19th ACM Symp. on the Theory of Computing*, pp. 345-354, 1987; *also*, *Combinatorica* 7, pp. 105-113, 1987.

匹配问题也被证明属于**coRNC**：

○ H. Karloff. "A Las Vegas algorithm for maximum matching", *Combinatorica* 6, pp. 387-392, 1986.

问题：(a) 带权的匹配问题是在**RNC**中的，其中权重至多是多项式的。

(b) 对 MAX FLOW，设计一个**RNC**近似方案。

权重不受限制，而且二进制表示的匹配问题的并行复杂性仍然是个未解决的问题。

15.5.19　**通信复杂性。**假设第 12 章中出现的 Alice 和 Bob 想要计算一个布尔函数 $f(X,Y)$，其中 $X=\{x_1,\cdots,x_n\}$和 $Y=\{y_1,\cdots,y_n\}$ 是两个不相交的布尔变量的集合。他们彼此的计算能力不受任何限制，而且他们都真心希望能够得到 $f(X,Y)$ 的正确结果。问题是 Alice 只知道 X 中这些变量的值，而 Bob 只知道 Y 中的。他们之间的通信是需要开销的。

他们着手如下的通信协议：Alice 首先计算一个任意复杂的布尔函数 $a_1(X)$，并将位 a_1 发送给 Bob；Bob 计算一个任意的布尔函数 $b_1(Y,a_1)$，并将位 b_1 发回给 Alice。在第 $i+1$ 轮，Alice 计算 $a_{i+1}(X,$

$b_1, \cdots, b_i$)，Bob 计算 $b_{i+1}(Y, a_1, \cdots, a_{i+1})$。$k$ 轮之后（我们希望 k 尽可能地小），双方有足够的信息可以计算 $f(X,Y)$。这个最小的 k 就称为 f 的通信复杂性。 392

(a) 下述函数的通信复杂性是多少？

(1) $f(X,Y)=1$ 当且仅当 $X=Y$；(2) $f(X,Y)$ 返回 X 和 Y 中 1 的总数；(3) $f(X,Y)$ 是 X 和 Y 中 1 的总数模 2 的值。

(b) 现在假设在得到输入变量的值并运行协议之前，Alice 和 Bob 先决定如何将 $X \cup Y$ 中的位一分为二，从而使得通信复杂性最小。在这个前提下，重复问题 (a)。

(c) 我们现在定义非确定性的通信协议为 Alice 和 Bob 每次不确定地选择布尔函数。就像任何其他的函数非确定性计算，某些计算可能失败，但所有成功的计算都产生了正确的结果，而且至少有一个计算是成功的。对于不确定性的通信复杂性，重复问题 (a)。

通信复杂性是由

○ A. C.-C. Yao. "Some complexity questions related to distributive computing", *Proc. 11th ACM Symp. on the Theory of Computing*, pp. 294-300, 1979.

提出的，它刻画了用集成电路来计算布尔函数的困难程度。而且通信复杂性的下界可以在下面的领域轻松得到解释：

○ T. Lengauer. "VLSI Theory", pp. 837-868 in *The Handbook of Theoretical Computer Science*, *vol. I: Algorithms and Complexity*, edited by J. van Leeuwen, MIT Press, Cambridge, Massachusetts, 1990.

令人惊奇的是，确定性与非确定性的通信复杂性就相差一个平方，非常类似于空间复杂性的相关结果。参见

○ A. V. Aho, J. D. Ullman, and M. Yannakakis. "On notions of information transfer in VLSI circuits", *Proc. 15th ACM Symp. on the Theory of Computing*, pp. 133-139, 1983.

然而，当我们最小化输入中的所有划分下的通信复杂性（如前面的 (b) 部分），则存在一个指数的差距，参见

○ C. H. Papadimitriou and M. Sipser. "Communication complexity", *Proc. 14th ACM Symp. on the Theory of Computing*, pp. 196-200, 1982; also, *J. CSS*, 28 pp. 260-269, 1984.

并行于时间复杂性，对通信复杂性的一个易于接受的综合讨论，参见

○ B. Halstenberg and R. Reischuk. "Relations between communication complexity classes", *J. CSS*, 41, pp. 402-429, 1990.

在通信复杂性和并行复杂性之间有一个意想不到的关系：假设我们想用并行计算一个有 n 个输入和 1 个输出的函数 F。现在我们进行下面的实验：给 Alice 一个令 $F(X)=$**真**的输入 $X=\{x_1, \cdots, x_n\}$；给 Bob 一个令 $F(Y)=$**假**的输入 $Y=\{y_1, \cdots, y_n\}$。他们必须给出一个令 $x_i \neq y_i$ 的下标 i（根据我们的假设，这样的 i 一定存在）。 393

(d) 证明这个问题的通信复杂性是 $\Theta(d_F)$，其中 d_F 是计算 F 的最浅的布尔电路（或表达式，因为对大小没有限制，所以两者是等价的）的深度（证明怎样用布尔电路的每一层来模拟通信协议的每一步，反之也是）。

这个结果，以及关于单调电路的深度和扇入端数不受限制的电路的深度的类似结果出现在

○ M. M. Klawe, W. J. Paul, N. Pippenger, and M. Yannakakis. "On monotone functions with restricted depth", *Proc. 16th ACM Symp. on the Theory of Computing*, pp. 480-487, 1984.

○ M. Karchmer and A. Wigderson. "Monotone circuits for connectivity require superlogarithmic depth", *Proc. 20th ACM Symp. on the Theory of Computing*, pp. 539-550, 1988.

在第二篇论文中，这个联系被用来证明关于空间受限计算的类似于 Razborov 定理（定理 14.6）的结果，即 REACHABILITY（显然是一个关于邻接矩阵的单调函数）不能用深度小于 $c\log^2 n$ 的单调电路来求解，其中 c 是某个大于 0 的常数。 394

第 16 章

Computational Complexity

对数空间

非确定性对空间的影响不像非确定性对时间的影响那么具有戏剧性——这个问题就像是 **P** 和 **NP** 问题的一个遥远的回声。但在历史上这个问题却是在这方面第一个被研究的问题。

16.1 $\mathbf{L} \stackrel{?}{=} \mathbf{NL}$ 问题

正如我们所看到的，**P** 的内部充满着关于复杂性的有趣问题，这其中最经典的都与对数空间有关。在对数空间中，是否非确定性比确定性更加强大，即是否 $\mathbf{L} \stackrel{?}{=} \mathbf{NL}$，仍然是另一个重要的未解决的问题。

但是，我们知道 **L** 和 **NL** 都落在 **NC** 内。事实上，我们可以几乎精确地了解对数空间类和并行复杂性类之间有趣的缠绕关系：

定理 16.1 $\mathbf{NC}_1 \subseteq \mathbf{L} \subseteq \mathbf{NL} \subseteq \mathbf{NC}_2$。

证明：第二个包含是简单的。第三个包含关系可以通过可达性方法（见 7.3 节）获得：为了判定是否输入 x 被一个非确定性的对数空间图灵机 N 所接受，我们只需要构造 N 关于输入 x 的格局图，然后在 $\mathbf{NC}_2$ 内判定从初始结点是否可以到达一个接受结点（从第 15 章可知 REACHABILITY 是在 $\mathbf{NC}_2$ 中的）。

现在考虑第一个包含关系。我们必须给出一个算法在对数空间内计算任意一个对数深度的一致性电路簇。我们的算法是 3 个对数空间算法的复合（而从性质 8.2，我们已经知道怎样在对数空间内复合对数空间的算法）。第一个算法就是生成所给定的一致性电路簇的电路。我们假设电路是用门的列表来表示，其中每个门包含它的种类信息以及它的前趋（即有边指向该门的那些门）。**真**和**假**门没有前趋，NOT 门只有一个前趋。OR 门和 AND 门的两个前趋是按次序排列的，所以我们能够区分第一个和第二个前趋。这个列表中的第一个门是输出门。

在电路中，一个门的出度可能大于 1（也就是说，它可能是多个门的前趋。事实上，这种“共享公共子表达式”的性质使得电路和表达式有所差别，可参见 4.3 节）。第二个对数空间的算法将这个电路转变成一个等价的所有出度都为 1 的电路（本质上转变成了一个表达式）。这可以通过下述方法获得：我们考察在原先电路中的所有可能的从输出门到输入门的路径。我们不是用在这条路径中所遇到的门的名字来表示这条路径（这将需要 $\log^2 n$ 的空间），而是用和这条路径等长的位串来表示。这个位串中的每一位表示在这条路径中下一个要访问的门是上一个门的第一个前趋还是第二个前趋（NOT 门的唯一前趋用 0 来表示）。注意既然所给电路的深度是对数的，那么这些路径的长度也是对数的。

现在，通过用这些路径来表示门，我们构造出一个等价的树状电路。也就是说，输出门标记为空串 ε。它的第一个前趋标记为 0，第二个前趋标记为 1，1 的第一个前趋标记为 10，等等（见图 16.1）。一个门若有多条路径可达，则它就有多种表示方法。这个新电路的门可以一个接一个耐心地通过反复利用空间来生成。最后，我们就获得了一个等价的树状电路（见图16.1b），其中每个门由对数长的位串所标记。也就是说，我们的新电路是由一个位串的列表来表示，每个位串表示一种门。

我们的第三个算法计算这个树状电路的输出门。要计算一个标记为字符串 g 的 AND 门，该算法递归地计算它的第一个前趋 $g0$。如果结果是**假**，那么我们就不需要计算第二个前趋：我们已经可以知道这个门的值为**假**。但如果第一个前趋的值为**真**，那么我们还必须计算第二个前趋 $g1$。对于 OR 门，只需要将前面的**真**和**假**颠倒一下就可以了。对于 NOT 门，我们只需要计算它的唯一的输入，然后返回相反的结果。对于值为**真**或**假**的输入门则什么都不用做。一旦某个门的计算结束，则对它的后继（即唯一的那个将它作为前趋的门，因为我们所要计算的是一个树状的电路）的计算将继续进行。这个后继的标记可以简单地通过删除当前标记的最后一位来获得。当我们结束对输出门的计算时，我们就知道了整个电路的值。

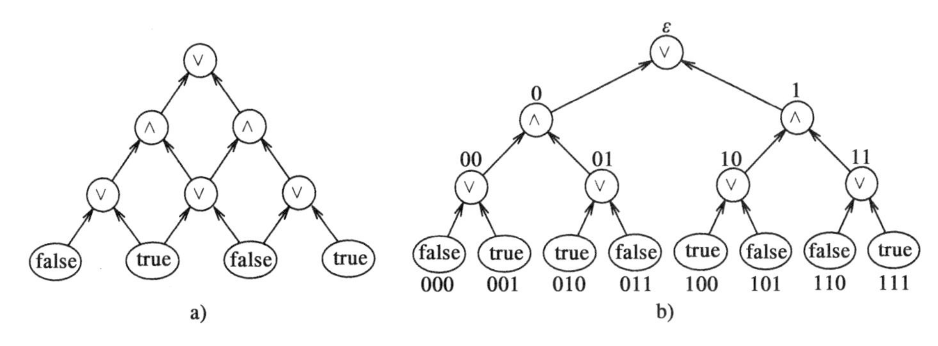

图 16.1 一个电路 a）和一个等价的树状电路 b）

为了完成这个计算，我们需要维护多少信息呢？对于 AND 门的第一个前趋的值的判断保证了所有我们需要记住的仅仅是当前所要计算的门的标记和它的值：如果我们在计算某个门的第二个前趋，那么该事实正反映了第一个前趋的值。从而，第三个算法在对数空间内正确地计算了这个电路的值。这就是整个证明。 □

396 ≀ 397

定理16.1从一个侧面反映了空间和并行时间之间显著的紧密关系：它们是多项式相关的。这个重要的发现称为“并行计算论题”。当然，它可以被推广到对数空间以外：$\mathbf{PT/WK}(f(n),k^{f(n)})\subseteq\mathbf{SPACE}(f(n))\subseteq\mathbf{NSPACE}(f(n))\subseteq\mathbf{PT/WK}(f(n)^2,k^{f(n)^2})$。但是只有当 $f(n)=\log n$ 时，总工作量是多项式的。

我们用来界定对数空间下非确定性能力的最强结果是 Savitch 定理（定理7.5的推论），即 $\mathbf{NL}\subseteq\mathbf{SPACE}(\log^2 n)$。而用来证明这个结果以及 $\mathbf{NL}=\mathbf{coNL}$（定理7.6）的“可达性方法”体现了 REACHABILITY 问题与非确定性空间之间的亲密关系。下面是具体的描述：

定理 16.2 REACHABILITY 是 **NL** 完全的。

证明：我们已经证明了 REACHABILITY 能够用对数的非确定性空间来解决（见例2.10）。

接下来，我们将展示如何将任何语言 $L\in\mathbf{NL}$ 归约到 REACHABILITY。这个构造其实已经隐含在了可达性方法中：假设 L 可以用对数空间受限的图灵机 N 来判定。给定输入 x，我们用对数空间来构造关于输入 x 的图灵机 N 的格局图，记作 $G(N,x)$（见7.3节）。我们可以假设 $G(N,x)$ 只有一个接受结点（每一个接受格局都指向它），称为 n。该格局图当然还有一个初始结点，称为1。显然，$x \in L$ 当且仅当这个 REACHABILITY 的实例有一个“yes”的回答。□

下面我们将看到另一个有趣的 **NL** 完全问题：

定理 16.3　2SAT 是 **NL** 完全的。

证明：我们知道（见定理 9.1 的推论）2SAT 在 **NL** 中。要证明完全性，我们将从 UNREACHABILITY（REACHABILITY 问题的补问题。由于 **NL**＝**coNL**，所以也是 **NL** 完全问题）归约到 2SAT。首先，我们必须从一个无圈图 G 开始。容易发现，即使对于这样的图，REACHABILITY 问题仍然是 **NL** 完全的（例如，参见接下来的定理 16.5 的证明）。我们通过如下方法将针对这类图的不可达性问题归约到 2SAT 问题：图中的每一个结点变成一个新的布尔变量，图中的每一条边 (x, y) 用子句 $(\neg x \vee y)$ 来代替。对于开始结点 s 和目标结点 t，我们分别用子句 (s) 和 $\neg t$ 来代替。显然，所生成的 2SAT 的实例是可满足的，当且仅当在所给定的图上没有从 s 到 t 的路径。□

L 是否有完全问题呢？答案是肯定的，但是完全没有意义。只有当某个语言类在计算上难于归约时，这样的归约才是有意义的，所以在 **L** 中，看上去我们已经达到了使用对数空间归约的极限：**L** 中的所有语言都是 **L** 完全的。为了进一步对 **L** 中的语言进行分类，我们需要对归约的定义有所弱化（参见问题 16.4.4）。

398

所以，2SAT 是在这个复杂性类中完全的可满足性问题（**NP** 中完全的可满足性问题是 3SAT，**P** 中的是 HORN SAT，对于其他的复杂性类，更多的可满足性问题将不断地增加进来）。并不意外，2SAT 同时对 **NL** 给出了一个精确的逻辑刻画，就像针对 **NP** 的Fagin 定理一样（见 8.3 节）。类似于 Horn 二阶存在逻辑的定义（见 5.7 节），如果二阶存在逻辑中的某个句子中的所有一阶量词都是全称的，该句子是若干子句的合取形式，而且每个子句包含至多两个涉及二阶关系符的原子表达式，则我们称该句子为 Krom 句（“Krom 子句”是另一个术语，用在逻辑中特指带有两个文字的子句）。类似于定理 8.3 和定理 8.4，我们有：

定理 16.4　**NL** 就是那些可以用带有后继的 Krom 二阶存在逻辑表达的有关图论的性质所构成的类。□

证明：问题 16.4.11。

16.2　交错

现在是最佳时刻来介绍非确定性的一个重要推广，交错。首先，让我们给出另一个基于格局的关于非确定性的定义：一个格局“导致接受”当且仅当它是一个最终接受格局，或者（递归地）至少它的某个后继导致接受。也就是说，每一个格局在某种程度上是它的后继格局的一个隐含的 OR。相对应地，一个判定该语言的补集的机器所包含的格局就是隐含的 AND。

现在假设非确定性机器同时允许这两种模式。也就是说，某些格局是 AND 格局——如果它的所有后继都接受，则它接受；而另一些则是 OR 格局——如果它的至少某个后继接受，则它接受。每一个格局的模式（AND 或 OR）由该格局的状态所决定。该机器接受某个输入当且仅当伴有该输入的初始格局为接受格局。形式化的定义如下：

定义 16.1　一个交错图灵机是一个非确定性图灵机 $N=(K, \Sigma, \Delta, s)$，其中状态集合 K 被划分成两个集合，$K=K_{\text{AND}} \cup K_{\text{OR}}$。令 x 为输入，并考察 N 关于输入 x 所得到的计算树。这棵树上的每个结点是这个机器的一个格局，并且包含了计算的步数。现在，我们从这个树的叶子开始，逐渐向上，按如下方式递归地定义这些格局的某个子集为*最终接受格局*：首先，所有状态为“yes”的叶子格局为最终接受格局。一个状态在 K_{AND} 中的格局 C 是最终接受格局当且仅当它的所有后继格局（即 C 通过一步可以产生的那些格局 C'）是最终接受格局。一个状态在 K_{OR} 中的格局 C 是最终接受格局当且仅当至少它的某个后继格局是最终接受格局。最后，我们说 N *接受* x，如果初始格局是最终接受格局。我们说一个交错图灵机 N *判定一个语言* L，如果 N 接受所有的字符串 $x \in L$，并且拒绝所有的字符串 $x \notin L$。

399

我们令 **ATIME**$(f(n))$（交错时间 $f(n)$）代表所有由交错图灵机用至多 $f(|x|)$ 步可判定的语言所构成的类；**ASPACE**$(f(n))$（交错空间）代表所有由交错图灵机用至多 $f(|x|)$ 空间可判定的语言所构成的类。最后，定义 **AP**=**ATIME**(n^k)，以及 **AL**=**ASPACE**$(\log n)$。 □

读者或许被这些重要的复杂性类的引入而感到有所困扰。幸运的是，接下来我们将给出一个关于交错空间计算能力的完整刻画：交错空间复杂性类等价于比它高一个*指数级别的确定性时间复杂性类*（在接下来的两章之后，我们将给出关于交错时间的非常类似的刻画——交错时间复杂性类大致等价于确定性空间复杂性类）。一种证明这个重要结果的方法就是利用完全问题，尤其是 MONOTONE CIRCUIT VALUE 问题（见 8.2 节）。

定理 16.5 MONOTONE CIRCUIT VALUE 问题是 **AL** 完全的。

证明：我们首先证明这个问题在 **AL** 中。这个交错图灵机的输入是一个电路——即输入是一系列的边以及每个结点的种类。这个机器检查这个电路的输出门。如果它是一个 AND 门，那么机器进入一个 AND 状态；如果这个输出门是 OR 门，那么这个机器进入 OR 状态。不管是哪种情形，机器找到这个输出门的那两个前趋（它通过检查所有的边来实现），并*非确定地进行选择*。根据所选择的门的种类，这个机器进入 AND 或 OR 状态，并继续寻找这个门的前趋。如此往复。如果所找到的门是输入门，并且它是**真**的，那么这个机器进入接受状态；否则，这个机器进入拒绝状态。注意在我们对交错图灵机的设计中，就像我们对非确定性图灵机的设计一样，只有一部分是**真**的非确定性选择。对于剩下的那些非确定性选择，我们可以认为这些选择是对等的。所对应的状态可能是 AND 状态（由于这两个布尔运算都是幂等的，所以对 OR 状态也同样成立）。

我们称该机器中用来检查新门的那些格局为*门格局*。通过对门的高度进行简单归纳，并利用交错机器关于最终接受的递归定义，可以证明一个门格局是一个最终接受格局当且仅当所对应的门的值为**真**。所以初始格局为最终接受格局当且仅当输出门的值为**真**，从而这个机器正确地计算了所给的电路。最后，显然整个计算只需要对数的空间：这个机器只需要记录正在考察的门的标记即可。

400

现在，我们必须证明任何语言 $L \in$ **AL** 可以归约到 MONOTONE CIRCUIT VALUE 问题。考虑这样的语言 L，它所对应的交错图灵机 $N=(K_{\mathrm{AND}}, K_{\mathrm{OR}}, \Sigma, \Delta, s)$，以及某个输入 x。我们将构造一个单调电路 C 使得 C 的输出为**真**当且仅当 N 接受 x。通常，假设 N 的每个选择恰好包含两个分支。

这个构造同样是直接的（这正体现了单调电路和交错图灵机的紧密关系）。这个电路中所有的门都是形如 (C, i) 的二元组，其中 C 是 N 在输入 x 上的一个格局，i 代表了“步数”——一个从 $0 \sim |x|^k$ 之间的整数。引入“步数”的目的是使得电路不含有圈（格局图通常会有圈，而电路则没有圈）。从门 (C_1, i) 到门 (C_2, j) 之间有条弧当且仅当 C_2

由 C_1 通过一步产生，而且 $j=i+1$。门 (C,i) 的种类取决于格局 C 的状态：若该状态在 K_{OR} 中，则该门是 OR 门；若该状态在 K_{AND} 中，则该门是 AND 门；若是“yes”状态，则该门为**真**；若是“no”状态，则该门为**假**。输出门就对应于关于输入 x 的初始格局。显然，利用前面证明中也使用的同样的对应关系，可以证明这个电路的输出值为**真**当且仅当 $x\in L$。 □

推论 1　**AL**$=$**P**。

证明：这两个复杂性类在归约下都是封闭的，而且它们拥有同样的完全问题（见性质 8.4）。 □

事实上，利用同样的方法我们可以证明多项式交错空间复杂性类恰好就是 **EXP**（定理 20.2 的推论 3），以及更高的复杂性类的对应关系：

推论 2　$\mathbf{ASPACE}(f(n))=\mathbf{TIME}(k^{f(n)})$。

16.3　无向图的可达性

有向图的 REACHABILITY 问题是 **NL** 完全的，所以它不被指望能够在（确定性的）对数空间内完成。但对于无向图呢？既然无向图是有向图的特例，这个问题可能更容易些。而它也确实如此：尽管我们不知道 UNDIRECTED REACHABILITY 是否在 **L** 中，但我们将证明它能够在*随机的对数空间*内解决。

考虑语言 L，和一个用如下方式判定 L 的非确定性对数空间图灵机：首先，对于所有的输入，该计算将在多项式步数后停机，而且从每个格局将引出两个非确定性的选择——机器本身是明确的。更重要的是，若 $x\in L$，则至少一半的计算将以“yes”结束；若 $x\notin L$，则所有的计算都将以“no”结束。换句话说，这个机器是一个使用了对数空间的 **RP** 机器。**RL** 是由这样的机器所能够判定的所有语言的类。

401

定理 16.6　UNDIRECTED REACHABILITY 在 **RL** 中。

证明：令 $G=(V,E)$ 为一个无向图，并令 1，$n\in V$。这个用来判断是否有一条从 $1\sim n$ 的无向路径的随机算法非常简单：它就是一个*随机游走*。也就是说，我们从结点 1 开始，从所有从结点 1 出发的边中随机地选择一条边 $[1,i]$，然后沿着这条边移动到结点 i，并这样继续下去[⊖]。由于技术上的原因（稍后将会解释清楚），我们假设每一步我们有机会留在同样的结点上。也就是说，我们假设每一个结点 i 上有一个自环 $[i,i]$。

令 v_t 表示这个随机游走在时刻 t 所访问的结点：$v_0=1$。如果 $v_t=i$，而且 $[i,j]\in E$，那么 $\mathbf{prob}[v_{t+1}=j]=\dfrac{1}{d_i}$，其中 d_i 表示 i 的度数，即所有和 i 关联的边（包括自环）的个数。最后，令 $p_t[i]=\mathbf{prob}[v_t=i]$ 表示在时刻 t 结点 i 被访问的概率。显然，在随机游走的最初，这些概率极大地依赖于这些结点离结点 1 的距离。然而，随着整个过程的进行，这些概率将收敛到一个非常简单的形式：

引理 16.1　若 $G=(V,E)$ 是一个连通图，则对于任意结点 i，$\lim_{t\to\infty} p_t[i]=\dfrac{d_i}{2|E|}$。

这是一个出众的结论：这说明随机游走在某个特定时间访问某个结点的概率和这个结

⊖ 在 11.1 节，我们证明了在一条路径上的随机游走可以解决 2SAT 问题（见定理 11.1）。我们将看到，在一个正则图上，随机游走的收敛将要花费更长但也不算太长的时间。

点的度数呈正比（至少，从渐近的角度，当随机游走已经走了很多步之后，这句话是成立的）。换个说法，在每一步，在每个方向，每条边都以相同的概率被遍历。

引理的证明：时刻 t，$p_t[i]$ 将会偏离所声称的渐近值$\frac{d_i}{2|E|}$。令 $S_t[i]=p_t[i]-\frac{d_i}{2|E|}$ 表示结点 i 的偏移量，并令 $\Delta_t=\sum_{i\in V}|\delta_t[i]|$ 表示时刻 t 的总的绝对偏移量。

我们怎样从 $p_t[i]$ 计算出 $p_{t+1}[i]$ 呢？既然随机游走是以相同概率访问当前结点的所有邻居结点，我们可以认为 p_{t+1} 是按照如下方式从 p_t 获得的：每个结点 i 将它的 $p_t[i]$ 均分成 d_i 个部分，其中 d_i 是结点 i 的度数，然后将每一部分分别传给它的邻居（由于自环，所以也包括它自己）。每个结点 i 将它从邻居收到的部分相加，其结果就是 $p_{t+1}[i]$。但是，由于 $p_t[i]=\frac{d_i}{2|E|}+\delta_t[i]$，这个分割和传递可以看做是保留了$\frac{d_i}{2|E|}$那部分，而仅仅是分割和传递 $\delta_t[i]$ 部分——分割和传递$\frac{d_i}{2|E|}$部分将导致$\frac{1}{2|E|}$在任意两个邻居之间被交换，从而互相抵消。

402

既然 $\delta_t[i]$ 在相邻的结点间互相交换，这些绝对值的总和将不会增加。但是，如果两个带有相反符号的 $\delta_t[i]$ 在某个结点相遇，则总和会减少。我们将证明这确实会发生：

显然，既然在时刻 t，总的绝对偏移量是 Δ_t，则有一个结点 i^+ 满足 $\delta_t[i^+]\geqslant\frac{\Delta_t}{2|V|}$，还有一个结点 i^- 满足 $\delta_t[i^-]\leqslant-\frac{\Delta_t}{2|V|}$。在 i^+ 和 i^- 之间一定存在一条长度为偶数的路径 $[i^+=i_0,i_1,\cdots,i_m,\cdots,i_{2m}=i^-]$（证明：如果 i^+ 和 i^- 之间的最短路径为奇数，则在这条路径上加一个自环。在该证明中，自环的作用仅限于此）。来自 i^+ 的正的偏移量将经过 m 步来到这条路径的中点，并且每走一步，要被当前结点的度数细分；对于负的偏移量同样如此。因此，至少原先正偏移量的$\frac{1}{|V|^m}$将到达中点 i_m，对于来自反方向的负偏移量同样如此。所以，在经过 $m\leqslant n$ 步后，至少$\frac{\Delta}{2|V|^n}$的正偏移量将抵消同样数量的负偏移量，从而在 n 步之后，总的绝对偏移量将从 Δ_t 减少到最多 $\Delta_t\cdot\left(1-\frac{1}{|V|^n}\right)$。因此，当 $\Delta_t\to0$ 时，$p_t[i]$ 将收敛到$\frac{d_i}{2|E|}$。□

然而，这个引理是一个渐近的结果，事实上可能要花指数的时间才能收敛，而我们只有多项式的时间。但是，有一种方法可以直接使用这个结论：换一种叙述方式，这个引理其实是说，渐进地，这个游走平均每$\frac{2|E|}{d_i}$步将返回 i。或者，等价地，若 $v_t=i$，则时刻 t 之后游走第一次返回 i 所花费的期望时间是$\frac{2|E|}{d_i}$。现在这个结果仍然是渐近上成立的。但是，容易发现在游走的各种阶段，期望返回时间不会发生改变，因此这个渐近的结果即使在游走的最初阶段仍然成立。从而，从一开始，游走连续两次访问结点 i 的期望间隔时间是$\frac{2|E|}{d_i}$。

现在假设我们针对 UNDIRECTED REACHABILITY 的随机算法的输入图 G 有一条

从 $1\sim n$ 的路径 $[i_0=1,i_1,\cdots,i_m=n]$（如果这样的路径不存在，则随机游走永远不会返回一个误报）。既然我们从1开始，我们知道每 $\frac{2|E|}{d_1}$ 步我们将回到1。所以，经过期望值为 $\frac{d_1}{2}$ 次的这样的返回（即总的 $|E|$ 步之后，游走将走向正确的方向）到 i_1。现在我们在 i_1。同样，我们将平均每 $\frac{2|E|}{d_{i_1}}$ 步返回一次，然后经过期望值为 $\frac{d_{i_1}}{2}$ 次这样的返回，或者 $|E|$ 步，我们将到达 i_2。以此类推，经过少于 $|E|n$ 的期望步数，我们将到达 n。也就是说，随机游走从1首次到达 n 的期望步数至多是 $|E|n$。

完整的随机算法就是：

从结点1开始运行随机游走 $2n|E|$ 步。

如果结点 n 曾经被访问过，则回答"有一条从 $1\sim n$ 的路径"。

否则，则回答"可能没有从 $1\sim n$ 的路径"。

显然，这个算法不会有误报，而且漏报发生的概率至多是 $\frac{1}{2}$（因为算法运行的步数是期望到达步数的两倍，见引理11.2）。最后，容易看出这个算法的每一步计算都可以在对数空间内实现。 □

403 ≀ 404

16.4 注解、参考文献和问题

16.4.1 类综览：

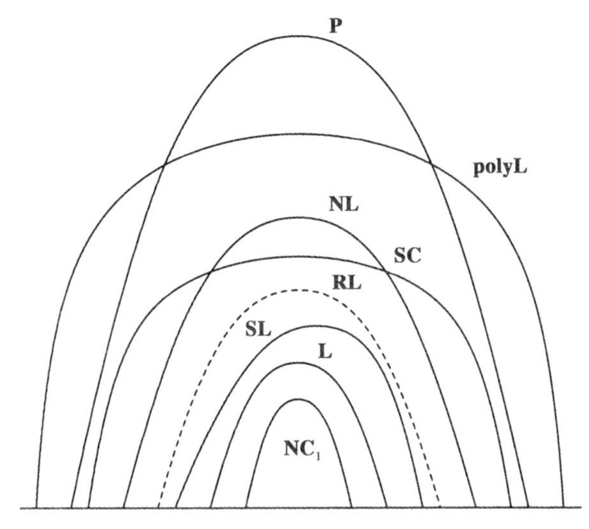

16.4.2 定理16.1是在

○ A. Borodin. "On relating time and space to size and depth", *SIAM J. Comp.* 6, pp. 733-744, 1977.

中被证明的。

16.4.3 **多重对数空间和SC** 对数空间或许看上去约束太强了，因为正如我们所知道的，它并不包含"简单的"问题，比方说REACHABILITY。一个有兴趣的放松约束叫多重对数空间。定义**polyL**为**SPACE**($\log^k n$)（表示在所有 $k>0$ 上的并）。显然，**NL**⊆**polyL**，但并不清楚**polyL**和**P**的关系。

(a) 证明**polyL**≠**P**。(**polyL**有完全问题吗?)

因为不期望**polyL**在**P**中，所以它不能成为令人信服的关于可行计算的定义。我们该怎么补救呢?

一种思路是考虑 **polyL**∩**P**。然而，一种更好更优雅的关于可行计算的定义是类 **SC**[⊖]。**SC** 定义为如下语言的类：每一个语言可以由确定性图灵机同时在多项式时间和多重对数空间内判定。 405

(b) **SC** 和 **polyL**∩**P** 有关系吗？为了理解这两个类的差别，证明 **NL**⊆**polyL**∩**P**，并将它与下面的 (d) 部分做比较。

我们知道什么是一个电路的深度。它可以由如下定义：令 S_0 表示所有输入门的集合。对于 $j>0$，令 S_j 表示那些不在 $S_i(i<j)$ 中，而所有前趋在某个 $S_i(i<j)$ 中的门的集合。现在，这个电路的深度就是所有非空集合 S_j 中最大的下标 j。电路的宽度是 $\max_{j>0}|S_j|$。注意，在所有 $j>0$ 上取最大有可能会使宽度小于输入门的数目。

(c) 证明 **SC** 与由多项式大小和多重对数宽度的一致性电路簇所能判定的语言构成的集合一致（注意这里古怪的反记忆法：**NC** 表示的是“浅电路”（这两个英文单词的首字母是 S 和 C），而 **SC** 表示的是“窄电路”（这两个英文单词的首字母是 N 和 C））。

(d) 是否 **NL**⊆**SC** 目前还不知道。为什么这不可以利用 Savitch 定理得到呢？（在 Savitch 定理的证明中，“中间优先查找”算法要花费多少时间？）

但是，现在我们知道 **RL**⊆**SC**。这个重要的结果来自

○ N. Nisan. “RL⊆SC”, *Proc. 24th ACM Symp. on the Theory of Computing*, pp. 619-623, 1992.

16.4.4 为了使 **L** 完全问题成为可能，我们需要一个更弱的归约，即它所要的计算比确定性对数空间更受限制。一个例子是能用 $\mathbf{NC}_1$ 电路完成的那些归约。

问题：证明在 $\mathbf{NC}_1$ 的归约下，有向树的可达性问题是 **L** 完全的（关于这个以及其他的 **L** 完全问题，参见

○ N. D. Jones, E. Lien, and W. T. Laaser. “New problems complete for deterministic log space”, *Math. Systems Theory* 10, pp. 1-17, 1976.

○ S. A. Cook and P. McKenzie. “Problems complete for logarithmic space”, *J. Algorithms*, 8, pp. 385-394, 1987.

在文献中，用在该层中的归约要比 $\mathbf{NC}_1$ 更弱）。

16.4.5 交错图灵机是在

○ A. K. Chandra, D. C. Kozen, and L. J. Stockmeyer. “Alternation”, *J. ACM*, 28, pp. 114-133, 1981.

中提出并研究的。该文章也指出了交错空间和指数时间的紧密关系（见定理 16.5 的推论 1），以及交错时间和确定空间的关系（见第 20 章）。交错可以被看做是并行的一个模型。事实上，它可以经过适当修改从而模仿一致性电路（即 PRAMS）：假设我们同时约束交错图灵机的时间和空间（就像我们在问题 16.4.3 中通过同时约束确定性图灵机的时间和空间来定义 **SC** 那样）。具体地，我们所感兴趣的是用对数空间和 $\log^i n$ 时间的交错图灵机。 406

问题：证明这个定义所对应的复杂性类就是 $\mathbf{NC}_i$（这个结果，以及一个类似的基于总的格局空间和交错计算数目的关于 $\mathbf{AC}_i$ 的漂亮的刻画，都来自

○ W. L. Ruzzo. “On uniform circuit complexity”, *J. CSS*, 22, pp. 365-383, 1981）.

16.4.6 **问题**：一个锤子是个有 $2n$ 结点的图，其中 n 个结点形成一个团，剩下 n 个结点形成一条路径；这个团的某个结点和这条路径的某个端点之间有一条边相连。

证明若随机游走算法应用在该锤上，则需要期望 $\Omega(n^3)$ 步才能走遍这个图的所有结点。从而，在定理 16.6 的证明中的那个界是渐近最优的。

16.4.7 **问题**：考虑一个结点为 $\{1,2,\cdots,n\}$，边为 $\{(i,i+1),(i,1):i=1,\cdots,n-1\}$ 的有向图。从

⊖ **SC** 代表的是“Steve's class”（这两个英文单词的首字母为 S 和 C）。Nick Pippenger 提出这个术语用来向 Stephen Cook（第一个定义并研究了这方面的复杂性的人）致敬。Cook 也曾经将 **NC**，见 15.3 节，这个由 Pippenger 提出的关于可行并行计算的有影响的概念，为“Nick's class”（这两个英文单词的首字母为 N 和 C）。

结点 1 开始，随机游走算法要花多长时间才能够到达结点 n?

16.4.8　**通用遍历序列**　令 $G=(V,E)$ 为一个无向图，$V=\{1,2,\cdots,n\}$。假设对于每个结点 i，我们将所有与 i 关联的边排成一个序列 $E_i=([i,j_1],\cdots,[i,j_{k_i}])$，其中 $k_i<n$。从而我们可以认为 G 有 n 个从 V 到 V 的映射 $G_1,\cdots,G_n$，其中，对于 $k\leqslant k_i$，$G_i(k)=j_k$（即与 i 关联的第 k 条边的另一个结点）；若 $k>k_i$，$G_i(k)=i$（换句话说，我们假设每个结点的度数为 n，可能包含了多条自环）。

令 $U=u_1u_2\cdots u_m\in\{0,1,\cdots,n\}^*$ 为一个字符串，G 是如上所述的一个图，i 是 G 中的某个结点。我们定义 $U(G,i)$ 为一个结点序列 $(i_0,i_1,\cdots,i_m)$，其中：(a) $i_0=i$；而且 (b) 对于所有的 $j<m$，$i_{j+1}=G_{i_j}(u_{j+1})$。也就是说，$U(G)$ 是从 i 出发，沿着 U 中当前符号所指的那条边前进的这种走法中的所有访问到的结点的序列。我们说 U *遍历了* G，如果 G 的所有结点出现在 $U(G)$ 中。最后，U 是一个 n 个结点的*通用遍历序列*，如果它能够遍历所有的 n 个结点的连通图。

利用一个非构造性的概率方法来证明存在一个长度为 $\mathcal{O}(n^3)$ 的 n 个结点的通用遍历序列。

16.4.9　定理 16.6，以及前面的问题，都来自

○ R. Aleliunas, R. M. Karp, R. J. Lipton, L. Lovász, and C. Rackoff. "Random walks, traversal sequences, and the complexity of maze problems", *Proc. 20th IEEE Symp. on the Foundations of Computer Science*, pp. 218-223, 1979.

16.4.10　**对称空间**　由于无向图方便的对称性，所以无向图的可达性问题看上去比一般的可达性问题简单（比较定理 16.6 和定理 16.2）。是否有一种方法来约束空间受限的非确定性图灵机，使它正好反映了这种可达性?

(a) 仔细定义一个非确定性图灵机的变种，使得格局间"通过一步产生"的关系是对称的（你可能需要定义一种能够在同一时刻扫描多个字符的指针）。

(b) 证明 UNDIRECTED REACHABILITY 正是由 (a) 中所定义的机器在对数空间内所能够判定的语言构成的类中的完全问题（这个结果来自

407

○ H. R. Lewis and C. H. Papadimitriou. "Symmetric space-bounded computation", *Theor. Comp. Science*, 19, pp. 161-187, 1982)。

顺便说一句，根据定理 7.6，我们还不知道是否对称空间在补运算下是封闭的。这个困难是在

○ A. Borodin, S. A. Cook, P. W. Dymond, W. L. Ruzzo, and M. L. Tompa. "Two applications of inductive counting for complementation problems", *SIAM J. Comp.*, 18, pp. 559-578, 1989.

中指出的。

然而，我们知道对称对数空间（记作 **SL**），至少在下面三方面是弱于 **NL** 的：首先，由定理 16.6，**SL**⊆**RL**。事实上，作为刚才所提文章中的一个结果，**SL**⊆**coRL**。因此，**SL** 有拉斯维加斯对数空间算法（见 11.3 节中的 **ZPP** 类）。这个结果结合了在定理 7.6 和定理 16.6 的证明中所用到的技术。最后，我们现在知道，**SL**⊆**SPACE**$(\log^{\frac{3}{2}} n)$。然而，对于 **NL**，我们所知道的最好结果是 Savitch 定理：**NL**⊆**SPACE**$(\log^2 n)$。前面那个包含关系是在

○ N. Nisan, E. Szemerédi, A. Wigderson. "Undirected connectivity in $\mathcal{O}(\log^{1.5} n)$ space", *Proc. 33rd IEEE Symp. on the Foundations of Computer Science*, pp. 24-29, 1992.

中证明的。

16.4.11　证明定理 16.4（这个结果来自

○ E. Grädel. "The expressive power of second-order Horn logic", *Proc. 8th Symp. on Theor. Aspects of Comp. Sci.*, vol. 480 of Lecture Notes in Computer Science, pp. 466-477, 1991)。

408

第五部分

Computational Complexity

NP 之外的计算复杂性类

如果复杂性理论的目标仅局限于区分可以被有效求解的问题和难解的问题，那么研究 **NP** 以外的复杂性类，或它们的完全问题，可能没有什么价值。然而，这里我们的目标将会更大一点：我们希望理解这个过程。在此过程上，基于归约和完全性的计算概念与应用保持一致。我们感到只有当我们证明了某个问题在某个自然的复杂性类中是完全的时候，我们才能理解这个问题的复杂性。但是，当然一个复杂性类是否自然和重要又在极大程度上依赖于它的完全问题有多自然和重要。通常，对复杂性的研究被引导向通过完全问题来定义一个新的、有趣的复杂性类，并且该复杂性类与已知的复杂性类没有很明确的划分。

此外，关于一个问题的复杂性研究能够告诉我们的信息通常远远多过其难易程度。有时候，一个复杂性的结果可以看作一个比喻——从概念上帮助我们理解潜在的应用有多难。归根结底，如果算法是精确结构的直接产物，那么计算复杂性一定是数学上不整洁、缺少结构性的一个表现。从这个观点出发，在接下来的章节我们将看到两人博弈比求解优化问题还要复杂；对组合结构的计数和计算积和式将介于两者之间；不确定下的判定和交互式协议和博弈一样强大；而简练的输入表示将使得问题变得更加难。

409
~
410

第 17 章
Computational Complexity

多项式谱系

尽管我们将研究的复杂性类在一定程度上是 **NP** 定义的副产品，但它们也有自己的非凡人生。

17.1 优化问题

优化问题在 **P** 和 **NP** 的理论框架内还没有一种令人满意的分类，这激发了我们将研究延伸至 **NP** 以外。

让我们用旅行商问题（TSP）作为我们研究的例子。在问题 TSP 中，给定一个关于一组城市的距离矩阵，我们希望能够找到城市间的最短回路。我们已经间接地在 **P** 和 **NP** 的框架内研究了 TSP 的复杂性：我们定义了判定版本 TSP(D)，并证明它是 **NP** 完全的（定理 9.7 的推论）。为了更好地理解旅行商问题的复杂性，我们现在引入另外两个变种。

EXACT TSP：给定一个距离矩阵和一个整数 B，是否最短回路等于 B?

TSP COST：给定一个距离矩阵，计算最短回路的长度。

这 4 个变种可以按“复杂性的递增关系”排列如下：

TSP(D)； EXACT TSP； TSP COST； TSP

在这个序列中的每一个问题都可以归约到下一个。对于最后面的三个问题，这是显然的；对于前两个问题，注意在定理 9.7 的推论中证明 TSP(D) 是 **NP** 完全的所使用的归约可以用来将 HAMILTON PATH 归约到 EXACT TSP（图中有一条哈密顿路当且仅当最优回路的长度恰好是 $n+1$)。既然 HAMILTON PATH 是 **NP** 完全的，而且 TSP(D) 在 **NP** 中，所以我们一定可以下结论说有一个从 TSP(D) 到 EXACT TSP 的归约。

事实上，我们知道这 4 个问题是多项式等价的（因为第一个和第四个是多项式等价的，见例子 10.4)。换句话说，存在某一个问题的多项式算法当且仅当存在一个多项式算法能够解决所有的 4 个问题。诚然，从研究复杂性理论的实际动机来看（即识别出那些可能需要指数时间的问题)，这个粗糙的刻画已经足够好了。但是，归约和完全性提供了更多关于问题微妙而有趣的分类。从这个意义上，在这 4 个关于 TSP 的变种中，我们只知道 **NP** 完全问题 TSP(D) 的确切复杂性。在本节，我们将证明其他三个 TSP 变种是某些 **NP** 非常自然扩展的完全问题。

DP 类

EXACT TSP 属于 **NP** 吗？给定一个距离矩阵和某个声称为最优的代价 B，我们怎样能够快速地验证最优代价确实是 B？读者可以试着考虑一下这个问题，这个问题并不简单。如果我们能够验证最优代价*不是* B，那么也将同样令人钦佩。换句话说，EXACT TSP 看上去甚至不在 **coNP** 中。事实上，本节中的结果将表明如果 EXACT TSP 在 **NP**$\cup$**coNP** 中，那么这将带来真正显著的后果——复杂性世界将会极大地不同于我们目前所认为的样子。

但是，EXACT TSP 至少在一个重要方面是与 **NP** 和 **coNP** 紧密相关的：作为语言，

它是 **NP** 中的语言（TSP 语言）和 **coNP** 中的语言（TSP COMPLEMENT 语言——询问最优代价是否至少是 B）的交集。也就是说，EXACT TSP 的某个实例判定为“yes”当且仅当它在 TSP 中为“yes”，而且在 TSP COMPLEMENT 中也为“yes”。这需要下面的定义：

定义 17.1 一个语言 L 属于 **DP** 类当且仅当有两个语言 $L_1 \in \mathbf{NP}$ 和 $L_2 \in \mathbf{coNP}$ 满足 $L = L_1 \cap L_2$。 □

我们要就一个很普遍的误解提醒读者：**DP** 并不是 $\mathbf{NP} \cap \mathbf{coNP}$[⊖]。这两个类之间有着天壤之别。一是 **DP** 不大可能在 $\mathbf{NP} \cup \mathbf{coNP}$ 中，更别提在更受限制的 $\mathbf{NP} \cap \mathbf{coNP}$ 中了。而且，$\mathbf{NP} \cap \mathbf{coNP}$ 定义中的交集是在语言类域中，而不是像 **DP** 那样的语言。

412

另一个 $\mathbf{NP} \cap \mathbf{coNP}$ 和 **DP** 之间的重要差别是，后者是一个完美的语法类，所以存在完全问题。作为例子，考察下面的问题：

SAT-UNSAT：给定两个布尔表达式 ϕ、ϕ'，两者都是子句中有 3 个文字的合取范式。以下是否为真：ϕ 是可满足的且 ϕ' 不是可满足的？

定理 17.1 SAT-UNSAT 是 **DP** 完全的

证明：为了证明它在 **DP** 中，我们不得不给出两个语言 $L_1 \in \mathbf{NP}$ 和 $L_2 \in \mathbf{coNP}$ 满足 SAT-UNSAT 的所有“yes”的实例构成的集合就是 $L_1 \cap L_2$。这很容易：$L_1 = \{(\phi, \phi') : \phi$ 是可满足的$\}$，以及 $L_2 = \{(\phi, \phi') : \phi'$ 是不可满足的$\}$。

为了证明完全性，令 L 为 **DP** 中的任意语言。我们必须证明 L 可以归约到 SAT-UNSAT。对于 L，我们知道有两个语言 $L_1 \in \mathbf{NP}$ 和 $L_2 \in \mathbf{coNP}$ 满足 $L = L_1 \cap L_2$。既然 SAT 是 **NP** 完全的，那么我们知道存在一个从 L_1 到 SAT 的归约 R_1，以及一个从 L_2 的补到 SAT 的归约 R_2。对于任意输入 x，从 L 到 SAT-UNSAT 的归约就是：

$$R(x) = (R_1(x), R_2(x))$$

我们知道 $R(x)$ 是 SAT-UNSAT 的一个判定为“yes”的实例当且仅当 $R_1(x)$ 是可满足的且 $R_2(x)$ 是不可满足的，即当且仅当 $x \in L_1$ 且 $x \in L_2$，或者等价地，$x \in L$。 □

通常，从我们基本的“面向可满足性”的完全问题出发，我们能够证明更多的 **DP** 完全问题。

定理 17.2 EXACT TSP 是 **DP** 完全的。

证明：我们已经证明了它在 **DP** 中。为了证明完全性，我们将从 SAT-UNSAT 归约到它。所以，令 (ϕ, ϕ') 为 SAT-UNSAT 的一个实例。我们将利用从 3SAT 到 HAMILTON PATH 的归约（见定理 9.7 的证明），从 (ϕ, ϕ') 生成两个图 (G, G')，使得每一个图有一条哈密顿路径当且仅当所对应的表达式是可满足的。但是我们的构造将是全新的：无论表达式是否是可满足的，图 G 和 G' 都会包含一条断裂的哈密顿路径——也就是两条点不相交，且并起来覆盖所有结点的路径。

为了达到这个目的，我们稍微修改每一个表达式，使得它有一个几乎可以满足的真值指派，即一个除了某个子句不满足，其他子句都满足的真值指派。这很容易做到：我们给所有的子句添加一个新的文字（称它为 z），并另外添加一个子句 $(\neg z)$。通过令所有的变量都为**真**，我们就可以做到除了新添加的子句外，其他子句都是可满足的。然后，通过将 $(x_1 \vee x_2 \vee x_3 \vee z)$ 用两个子句 $(x_1 \vee x_2 \vee w)$ 和 $(\neg w \vee x_3 \vee z)$ 来代替，我们就可以使得新

⊖ 我们的意思是，这两个类还不知道，或者不被认为是相等的。但在还没有证明 $\mathbf{P} \neq \mathbf{NP}$ 的情况下，我们不必过于强调这个差别。

的表达式满足每个子句有三个文字。

413

如果我们从这个有一个几乎可以满足的真值指派的子句集合（称为 T）开始，进行定理 9.7 的归约，就很容易发现所生成的图总有一条断裂的哈密顿路径：它从结点 1 开始，根据 T 遍历所有的变量，然后继续遍历所有的子句，除了那个有可能不被满足的子句，也就是这条路径断裂的地方（你可能需要查看图 9.6 中的“约束构件”来证实这确实至多只会导致一个这样的断裂）。然后这条路径继续正常地走到结点 2。

我们将利用这个事实来证明 SAT-UNSAT 可以归约到 EXACT TSP。给定一个 SAT-UNSAT 的实例 (ϕ,ϕ')，我们分别将 ϕ 和 ϕ' 归约到 HAMILTON PATH，从而得到两个保证有断裂的哈密顿路径的图 G 和 G'。接下来，通过将图 G 中的结点 2 和 G' 中的结点 1 看成一个结点，并反过来将 G 中的结点 1 和 G' 中的结点 2 看成一个结点，我们合并这两个图并构成了一个圈（见图 17.1）。令 n 表示这个新图的结点数。

接下来我们在这个合并的图上定义两结点间的距离，从而得到一个 TSP 的实例。结点 i 和 j 间的距离定义如下：若 $[i,j]$ 为图 G 中或图 G' 中的边，则距离为 1。若 $[i,j]$ 不是一条边，但 i 和 j 都是图 G 的结点，则它的距离是 2；所有其他的边（我们特称它们为非边，即 non-edges）$[i,j]$ 距离规定为 3。

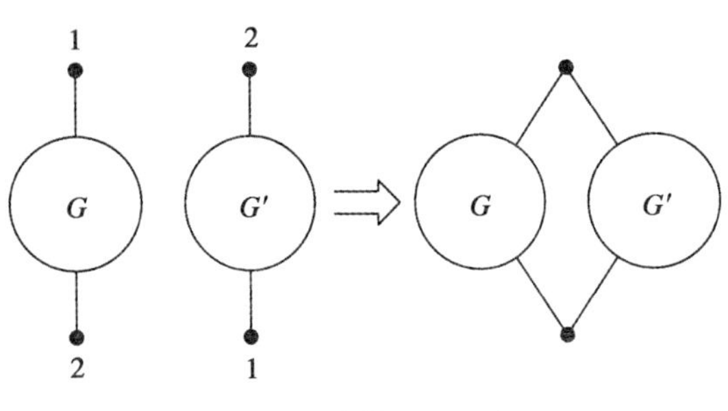

图 17.1　合并 G 和 G'

这个旅行商问题实例中的最短回路长度是多少？显然，这取决于是否 ϕ 和 ϕ' 是可满足的。若它们都是可满足的，则最优代价为 n——这个合并图中结点的个数（在这个合并图中有一个哈密顿圈）。若它们都是不可满足的，则最优代价为 $n+3$（这条最优回路包含了两条断裂的哈密顿路径，从而还需要用 G 中的非边和 G' 中的非边各一条）。若 ϕ 是可满足的，而 ϕ' 不是可满足的，则最优代价为 $n+2$（将必须使用 G' 中的非边，而不用 G 中的非边）。若 ϕ' 是可满足的，而 ϕ 不是可满足的，则最优代价为 $n+1$。

414

因此，SAT-UNSAT 的某个实例 (ϕ,ϕ') 判定为“yes”当且仅当最优代价为 $n+2$。令 B 为这个数，这就完成了我们从 SAT-UNSAT 到 EXACT TSP 的归约。□

我们已经看到所有 **NP** 完全优化问题（INDEPENDENT SET、KANPSACK、MAX-CUT、MAX SAT 等）的“精确代价”版本都可以通过组合两个实例，并迫使最优代价准确地反映两个表达式的状态，证明是 **DP** 完全的。所以，**DP** 看上去是一个供优化问题的“精确代价”版本合适表达场景。

但是 **DP** 比这丰富得多。比方说，除了 SAT-UNSAT 外，还有两个与可满足性相关的问题也在 **DP** 中：

CRITICAL SAT：给定一个布尔表达式 ϕ，是否 ϕ 是不可满足的，但去掉任何一个子句将导致它可满足？

UNIQUE SAT：给定一个布尔表达式 ϕ，是否它只有唯一一个可满足的真值指派？

CRITICAL SAT 用例子说明了一类重要而又全新的问题——判断输入就某个给定的性质是否是临界的。换言之，该输入具有该性质，但一个轻微的不利扰动将使得它不再具有该性质。其他的例子还有：

CRITICAL HAMILTON PATH：给定一个图，是否它没有哈密顿路径，但添加任意一条边将导致一条哈密顿路径？

CRITICAL 3-COLORABILITY：给定一个图，是否它不是3着色的，但去除任意一个结点将使得它是3着色的？

这三个“临界”问题都已经被证明是**DP**完全的。至于UNIQUE SAT以及其他许多判定一个给定实例是否有唯一一个解的问题，还不知道是否在更弱的类中。它们也未被证明（或认为）是**DP**完全的（见参考文献）。顺便说一句，UNIQUE SAT不要和所谓的无二义性的非确定性计算的**UP**类（见12.1节）混淆。这两类是解决判定问题中关于唯一解的非常不同的两方面：UNIQUE SAT判定解是否存在且唯一；**UP**关心针对那些要么有唯一解，要么没有解的实例的计算能力。**UP**中的可满足性问题，称为UNAMBIGUOUS SAT，将是如下的问题：给定一个已经知道至多有一个可满足的真值指派的布尔表达式，它是否是可满足的？这是一个和UNIQUE SAT完全不同的问题。

$\mathbf{P}^{\mathbf{NP}}$类和$\mathbf{FP}^{\mathbf{NP}}$类

415

我们可以把**DP**看做是由一种具有特殊性质的谕示机所能判定的语言所构成的类：这个机器用了两次SAT谕示。然后它接受该输入当且仅当第一次的回答是“yes”而第二次的回答是“no”。显然，我们可以将这种机器的接受模式推广到任意固定的布尔表达式（比方说，在**DP**中，该表达式为$x_1 \wedge \neg x_2$。见参考文献）。

然而，更为有趣的推广是允许任意多项式次的查询，事实上，每一次查询都是基于以前查询的回答自适应地生成的。按照这样的方式，我们得到了$\mathbf{P}^{\mathrm{SAT}}$类——由带有SAT谕示的多项式时间谕示机判定的语言类。既然SAT是**NP**完全的，我们可以用**NP**中的任何一个语言作为谕示来代替它——这就是为什么我们等价地将$\mathbf{P}^{\mathrm{SAT}}$写成$\mathbf{P}^{\mathbf{NP}}$。这个类还有一个名字叫$\Delta_2\mathbf{P}$——这个命名是将$\mathbf{P}^{\mathbf{NP}}$与我们将在下一节讨论的一个重要的类的序列中的第一层中的某一个等同起来。

定义了$\mathbf{P}^{\mathbf{NP}}$，我们现在可以定义它所对应的函数类$\mathbf{FP}^{\mathbf{NP}}$（见第10章中的**FP**和**FNP**）。也就是说，$\mathbf{FP}^{\mathbf{NP}}$是由带有SAT谕示的多项式时间图灵机计算的从字符串到字符串的函数的集合。事实上，相较于$\mathbf{P}^{\mathbf{NP}}$，我们对$\mathbf{FP}^{\mathbf{NP}}$更感兴趣，因为后者碰巧有许多自然的完全问题，包括许多重要的优化问题。比方说，$\mathbf{FP}^{\mathbf{NP}}$最终将给出我们一直在寻找的关于TSP复杂性的精确刻画。

这里有几个自然的$\mathbf{FP}^{\mathbf{NP}}$完全问题。适合这一层的可满足性问题的版本为：

MAX-WEIGHT SAT：给定一组子句，每个都带有一个整数权重，寻找一个真值指派使得满足子句的权重之和最大。

但是此刻，我们将从一个比可满足性更接近于计算本质的问题开始归约：

MAX OUTPUT：给定一个非确定性图灵机N和它的输入1^n。对于输入1^n机器N满足，无论它做怎样的非确定性选择，它将在$\mathcal{O}(n)$内停机，并且输出一个长度为n的二进制串。我们所要求的是对于N和1^n，给出这个N所可能输出的最大的二进制整数。

定理17.3 MAX OUTPUT是$\mathbf{FP}^{\mathbf{NP}}$完全的。

证明：首先让我们证明MAX OUTPUT与那些判定问题在**NP**中的优化问题一样，是在$\mathbf{FP}^{\mathbf{NP}}$中的。这个算法实质上和求解TSP的算法（见例10.4）相同：给定N和1^n，我们重复地询问是否有一个非确定性的选择序列使得最终的输出比整数x大。我们利用二分查找来设置不同的 x，并最终收敛到最优值。每一次这样查询能够在 **NP** 内回答，从而该算法表明 MAX OUTPUT 在 $\mathbf{FP}^{\mathbf{NP}}$ 中（顺带说一句，注意该二分查找算法每一次查询都非平凡地利用到了以前查询的结果，所以该算法是自适应的。从某种程度上讲，这个被证明的结果表明二分查找是解决这类问题的最一般方法）。

416

接下来，假设 F 是一个在 $\mathbf{FP}^{\mathbf{NP}}$ 中的字符串到字符串的函数。也就是说，有一个多项式时间的谕示机 $M^?$ 满足对于任意的输入 x，$M^{\mathrm{SAT}}(x)=F(x)$。我们将给出一个从 F 到 MAX OUTPUT 的归约。既然这是一个函数问题间的归约，所以应该存在两个函数 R 和 S 满足：a) R 和 S 是在对数空间内可计算的；b) 对于任意字符串 x，$R(x)$ 是 MAX OUTPUT 的一个实例；c) S 作用在 $R(x)$ 的最大输出上并返回 $F(x)$——关于原输入 x 的函数值。

给定 x，我们首先将描述这个归约中关于 R 的部分，即怎样构造机器 N 和它的输入 1^n。首先定义 $n=p^2(|x|)$，其中 $p(\cdot)$ 是 M^{SAT} 的多项式界——这将给 N 足够的时间来模拟 M^{SAT}。与描述其他非确定性图灵机一样，我们非形式化地描述 N。之后将很容易发现该机器的转移关系从 x 开始，可以在对数空间内构造出来。对于输入 1^n，N 首先生成 x（这是在整个构造中唯一一个 x 用到的地方），然后它模拟 M 对输入 x 的运行。这个模拟是非常简单且确定性的，除了 M^{SAT} 中的那些查询步骤外。

假设 M^{SAT} 运行到它第一个查询，并询问某个布尔表达式 ϕ_1 是否是可满足的。N 通过非确定性地猜测这个查询的答案 z_1 来进行模拟——若 ϕ 是可满足的，则 z_1 是 1，否则是 0。如果 $z_1=0$，则 N 从状态 q_{NO} 开始，继续它对 M^{SAT} 的模拟。但若 $z_1=1$，则 N 进一步猜测一个可满足 ϕ_1 的真值指派 T_1，并检查 T_1 是否真的满足 ϕ_1。若检查通过，则 N 从状态 q_{YES} 继续模拟 M^{SAT}。但若检查失败，则 N 输出一个最小的值 0^n，并停机——我们称这是一次不成功的计算。

N 继续用这种方式来模拟 M^{SAT}，并用它的非确定性来猜测所有查询的答案 $z_i, i=1,\cdots$。当 M^{SAT} 停机时，N 输出所有查询猜测的答案 $z_1z_2\cdots$，并在后面添加足够多的 0 以保证最后的总输出长度为 n，最后面再添加 M^{SAT} 的输出（在 S 部分将要用到）。这称为一次成功的计算。

许多 N 的成功的计算有可能是对 M^{SAT} 的错误模拟，因为有可能某个查询 ϕ_j 是可满足的，但仍然 $z_j=0$——每一次成功的计算可以保证 $z_j=1$，则必然 ϕ_j 是可满足的。但我们可以证明输出最大整数的那次成功的计算对应了一次正确的模拟。理由是简单的：假设在某个产生最大输出的成功计算中，存在某个 j，使得 $z_j=0$ 但 ϕ_j 是可满足的——比方说，通过真值指派 T_j。取这样的最小 j（即最早发生的此类错误）。那么一定存在另一个 N 的成功计算，它在第 j 次查询前和原先的那个成功计算一致。在第 j 次查询时，它猜测 $z_j=1$，接着成功地猜测出了真值指派 T_j，检查该真值指派，然后一路顺利地直到最后。这次成功计算的输出在前 $j-1$ 位都和原先的那个成功计算一致，但在第 j 个位置它是 1。因此，它给出了一个更大的数，与原先那个成功计算的输出最大相矛盾。所以，输出最大的 N 的计算实际上对应了一次对 M 的正确模拟。

417

总结对 N 的构造：它用 $|x|$ 个状态来生成 x，并用 $p^2(|x|)$ 长的输入作为时钟。其他的转移关系反映了 $M^?$ 的转移函数，除了它的查询状态是用一个简单的非确定性程序来模拟外。应该容易看出，N 能够在对数空间内构造出来。至于归约的 S 部分，$F(x)$ 可以很容易地从 N 的最大输出尾部读出来。 □

定理 17.4 MAX-WEIGHT SAT 是 $\mathbf{FP^{NP}}$完全的。

证明：这个问题在 $\mathbf{FP^{NP}}$ 中：通过二分查找，利用 SAT 谕示，我们可以找到最大的、可满足的子句的总权重。然后，通过对每一个变量逐一赋值，我们就可以找到获得这个最大总权重的真值指派。

我们现在必须将 MAX OUTPUT 归约到 MAX-WEIGHT SAT。正如在 Cook 定理中的归约（见定理 8.2），对于非确定性机器 N 和它的输入 1^n，我们可以构造一个布尔表达式 $\phi(N,n)$ 使得 $\phi(N,n)$ 的任意一个可满足的真值指派对应于 N 在输入 1^n 上的一次合法的计算。$\phi(N,n)$ 中的所有子句被赋予一个巨大的权重，比方说，2^n，使得任何要获得最优值的真值指派必须要满足所有的子句。

接下来我们在 $\phi(N,n)$ 中再添加一些子句。我们知道在 $\phi(N,n)$ 中，变量对应于 N 在每一步中每一个字符串的每一个位置上的符号。所以，有 n 个变量，称它们为 $y_1,\cdots,y_n$，对应于停机时刻输出字符串上的每一位。我们在 MAX-WEIGHT SAT 的实例上再添加一个文字的子句 (y_i)：$i=1,\cdots,n$，并且子句 (y_i) 的权重为 2^{n-i}。因为这些新的子句，以及它们恰当的 2 的幂次的权重，所以容易看出最优的真值指派不仅体现了 N 在输入 1^n 上的合法计算，而且体现了输出为最大二进制整数值的那个计算。最后，对于归约的 S 部分，从所生成表达式的最优真值指派（事实上，甚至只需要从最优权重上），我们可以容易地恢复 N 的最优输出。 □

现在我们可以着手本节的主要结果了：

定理 17.5 TSP 是 $\mathbf{FP^{NP}}$完全的。

证明：我们知道 TSP 是在 $\mathbf{FP^{NP}}$ 中的（见例子 10.4）。为了证明完全性，我们将从 MAX-WEIGHT SAT 归约到它。给定一个关于 n 个变量 $x_1,\cdots,x_n$ 的子句 $C_1,\cdots,C_m$ 集合，它们的权重分别是 $w_1,\cdots,w_m$，我们将构造一个 TSP 的实例，使得满足这个子句集合的最优真值指派可以很容易地从最优回路中获得。

418

和往常一样，TSP 的实例将通过图来给出。图上没有边的两点之间的距离将被设置为足够大，比方说，$W=\sum_{i=1}^{m}w_i$。这个图是在哈密顿路径问题的 **NP** 完全性的证明中所用的那个图的一个变种（见图 17.2，并将它与定理 9.7 的证明做比较）。在图中，对应于变量的“选择”构件像以前一样串联在一起，但对应于子句的“约束”构件现在则不同了：每一个约束构件包含四条平行边，其中三条对应于子句中的三个文字（使得这个回路将穿过这个子句中某个为**真**的文字），外加一条额外的平行边，它的作用类似于“紧急出口”：如果这个子句是不可满足的，而且没有为**真**的文字，则这三条平行边将失效，而这个紧急出口则必须被采用。这个图中所有边的长度都为 0，除了紧急出口的长度定义为该紧急出口所对应的子句的权重外。这样每次紧急边被采用时，它所对应的子句损失的权重就精确地反映在这个回路的花费上。

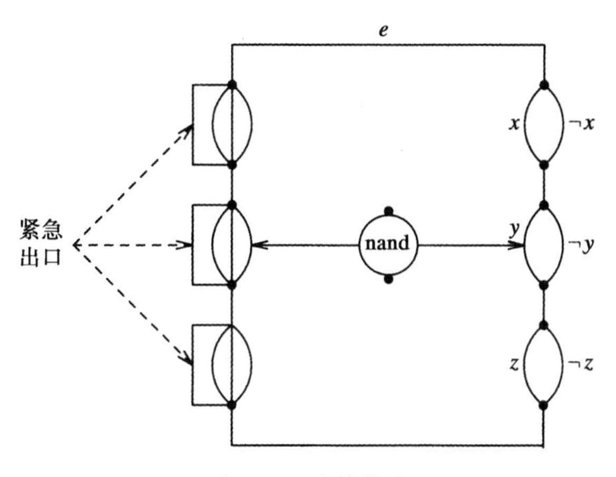

图 17.2 总体构造

剩下来的这部分可能是整个构造中最微妙的部分——“一致性”构件。由于这个新的约束构件，是基于三条平行边的（从某种意义上来说，是我们在图 9.6 中所用到的三角形的一个“对偶”），所以我们必须将这三条边分别与它们在选择构件中所对应的相反的文字连接起来，而不是像以前那样与选择构件中相同的文字连接起来。更重要的是，我们必须允许（在一个子句中有两三个文字的值为**真**的情况下）可以有对应文字为**真**的边不被经过。因此，图 9.5 中的“异或”构件不再适用。我们必须设计一个允许边都不被经过的“与非”构件。这样的构件将每一个子句中的文字边与所对应的选择构件中的相反文字连接起来，从而确保一旦做出了选择，哈密顿圈不会经过相反的文字。

419

我们的与非构件相当复杂，（它有 36 个结点!）但它的设计思想却是非常简单的：归根结底，它只不过是个异或构件，再多了可以被“关掉”的选项使得它不被遍历到。我们可以利用图 17.3 中所展示的“菱形构件”来实现这个效果。这个图有如下有趣的性质，这些性质可以通过一些尝试来加以验证：假设它是某个图的一部分，并且像通常一样只有黑色的结点有边通向该图的其他部分。那么，它只能够以图中所示的两种方法被某个哈密顿回路所遍历：要么“从北向南”，要么“从东向西”。换句话说，如果某个哈密顿回路从这四个黑色结点中的某一个进入该图，那么它将不得不遍历该图之后从相对的那个结点离开。

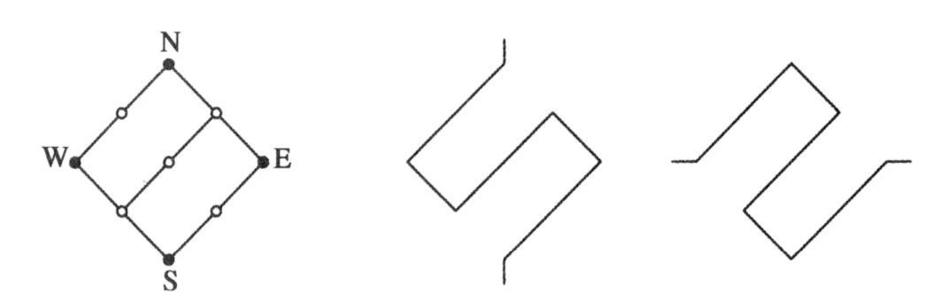

图 17.3　菱形构件

我们的与非构件其实就是图 9.5 的异或构件，只不过原来构件中的四条长度为 2 的垂直路径分别被菱形构件所替换，如图 17.4a 所示。很容易发现，替换之后，整个图的功能和以前一样是上下两条边的异或。但现在重点在于通过图上连接东西两个结点的水平路径，我们可以随意关掉该设备。也就是说，我们的与非构件是一个带有一条额外路径的异或构件，如果该路径被遍历了，则该设备的其他部分将不会被遍历，从而被“关闭”（见图 17.4b）。

420

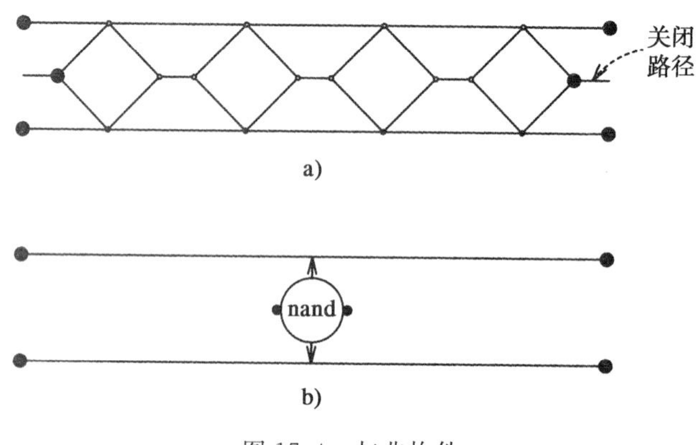

图 17.4　与非构件

接下来我们需要稍微修改一下“约束”构件，使得在某个子句中，对应文字为**真**的平行边中只有一条被经过。我们还记得子句中的每个文字都和一个与非构件相关联。将子句中的三个文字任意排序。对应于第一个文字的平行边现在有一个选择（见图17.5），该选择是1）关闭第二个文字的与非构件（若该文字碰巧也是**真**）；或者2）不关闭它。接下来该平行边还有一个选择：若第三个文字碰巧也是**真**，关掉它；反之，则不用关闭。对应于第二个文字的平行边只有一个选择：关闭第三个文字，或者不关闭。第三个文字没有这样的选择。也就是说，我们给这三个文字排了个优先级：若第一个文字为**真**，则遍历它所对应的平行边，并关闭其他为**真**的文字。若第一个文字为**假**而第二个文字为**真**，则遍历第二个文字并关闭第三个文字，若它也为**真**。最后，若只有第三个文字为**真**，则它必须被遍历。若没有文字为**真**，则紧急出口将被使用。

现在整个构造就完成了。我们来回顾一下（见图17.2）。首先对每个变量要有一个选择，然后是对每个子句的四条平行边要有个选择，然后对前两条平行边的每条边都有一个额外的选择来关闭后面平行边的异或构件，最后整个圈是闭合的。每一条对应于文字的平行边通过一个与非构件与该变量所对应的选择构件中的相反的文字关联起来。C_i 紧急边的长度为 w_i，所有其他边的长度都为0。所有没有出现在构造中的边的权重都足够大，比方说，是所有权重之和 W。

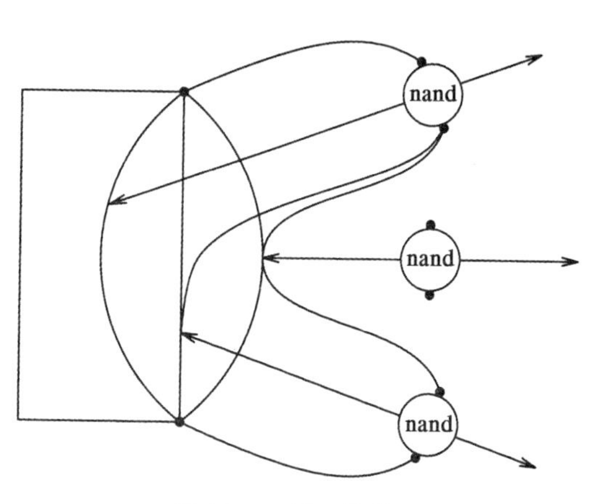

图17.5 子句构件

现在我们来考察该实例的最优旅行商回路。显然，那些在该构造中没有出现的边不会被遍历，所以这个回路其实是在我们所构造的这个图中的哈密顿圈（因此我们的构件都参与到了其中）。该回路必须经过每个变量的选择构件，从而给出了一个真值指派，称为 T。它然后遍历与非构件，并根据打开它们还是关闭它们，选择不同的走法。最后它遍历子句部分。对于每一个子句，它只能经过其中的一条平行边。这条平行边可能是一个在 T 中为**真**的文字，后者是一条紧急边。所有和被经过的平行边相关联的与非构件必须是已经“打开”的，而所有与未被经过的平行边相关联的与非构件必须是“关闭”的。最后，该回路回到起点，其总的花费等于在 T 指派下的未被满足的子句的权重之和，即 W 减去 T 指派的总权重。所以，最短长度的回路对应于最大权重的真值指派。从而该证明完成。□

推论 TSP COST 是 $\mathbf{FP}^{\mathbf{NP}}$ 完全的。

证明：考虑 MAX-WEIGHT SAT 问题的一个变种——我们只需要返回最优权重，而不是最优真值指派。容易发现这个问题是 $\mathbf{FP}^{\mathbf{NP}}$ 完全的，其归约本质上和定理17.4的证明一样。最后，利用定理17.5的证明可以将 MAX-WEIGHT SAT 的这个变种归约到 TSP COST。□

421~422

$\mathbf{P}^{\mathbf{NP}[\log n]}$ 类

其他许多优化问题也是 $\mathbf{FP}^{\mathbf{NP}}$ 完全的：（优化版本的）KNAPSACK、带权重的 MAX-CUT 和 BISECTION WIDTH 等。引人注意的是，在这张列表中，没有那些代价是多项式大的，从而至多只需要对数多位的问题，比方说，CLIQUE、UNARY TSP（距离用一进制表示的 TSP），不带权重的 MAX SAT、MAX-CUT 和 BISECTION WIDTH。

这是有原因的。作为例子，考察这个问题。

CLIQUE SIZE：给定一个图，给出它的最大团的大小。

利用二分查找，我们可以证明 CLIQUE SIZE 是在 $\mathbf{FP}^{\mathbf{NP}}$ 中的，并且只需要对数多的自适应 **NP** 查询——因为确切值必定在 1 和所给的图的结点个数 n 之间，所以二分查找进行 $\log n$ 次查询就可收敛到所要求的值。或者，我们可以给出一个针对 CLIQUE SIZE 的查询多项式次的谕示算法（即从 $1\sim n$，逐一查询最大团是否大于该值）。但这里的查询不是自适应的，它们并不依赖所有以前查询的结果。在上述这两个 CLIQUE SIZE 的谕示算法都没有充分利用多项式多的自适应查询供其使用（稍后我们将证明，非常引人瞩目地，这两种限制将导致同一个复杂性类）。因此，CLIQUE SIZE 以及其他代价为多项式大的优化问题，必定属于一个更弱的类。

确实如此。让我们定义 $\mathbf{P}^{\mathbf{NP}[\log n]}$ 是对于输入 x，进行至多 $\mathcal{O}(\log |x|)$ 次 SAT 查询的多项式时间的谕示图灵机所能够判定的语言类。$\mathbf{FP}^{\mathbf{NP}[\log n]}$ 是所对应的函数类。

定理 17.6　CLIQUE SIZE 是 $\mathbf{FP}^{\mathbf{NP}[\log n]}$ 完全的。

证明：这个证明模仿了前面那个 TSP 是 $\mathbf{FP}^{\mathbf{NP}}$ 的完全证明。我们首先证明 MAX OUTPUT[$\log n$] 问题（输出为 $\log n$ 位，而不是 n 位）的 MAX OUTPUT 问题是 $\mathbf{FP}^{\mathbf{NP}[\log n]}$ 完全的。这个证明和定理 17.3 的证明完全类似。然后我们从 MAX OUTPUT[$\log n$] 归约到 MAX SAT SIZE（寻找最大可满足子句个数的 MAX SAT 问题）。该证明思路如下：既然这个机器的输出是对数多的位，定理 17.4 证明中所用到的权重就是 n 的多项式的，因此这些权重可以利用同一个子句的多份拷贝来模拟。最后，通过普通的归约（通过 INDEPENDENT SET，见定理 9.4 和它的推论），MAX SAT SIZE 可以归约到 CLIQUE SIZE。□

类似地，前面提到的代价为多项式的优化问题也可以证明是 $\mathbf{FP}^{\mathbf{NP}[\log n]}$ 完全的。

423

但是关于 $\mathbf{FP}^{\mathbf{NP}}$ 的另一个约束呢？即谕示机必须在它知道任何查询的回答之前非自适应地做出决定要问哪些问题。定义 $\mathbf{P}_{\|}^{\mathbf{NP}}$（意为并行地进行查询的谕示机）为进行如下操作的谕示机所能判断的所有语言类：对于输入 x，该机器首先在多项式时间内计算数量为多项式的 SAT（或任意其他在 **NP** 中的问题）的实例，然后收到所有正确的回答。基于这些回答，机器在多项式时间内判断是否 $x\in L$。

定理 17.7　$\mathbf{P}_{\|}^{\mathbf{NP}}=\mathbf{P}^{\mathbf{NP}[\log n]}$。

证明：为了证明 $\mathbf{P}^{\mathbf{NP}[\log n]}\subseteq\mathbf{P}_{\|}^{\mathbf{NP}}$，考察一台使用了至多 $\mathcal{O}(\log n)$ 次自适应 **NP** 查询的机器。当第一次查询后，有两种可能的回答。对每一种可能的回答，又会产生一个相应的查询，以及两个可能的回答。容易发现在整个计算中，总的可能的查询次数为 $2^{k\log n}=\mathcal{O}(n^k)$。为了用非自适应谕示机来模拟该机器，我们首先计算所有 $\mathcal{O}(n^k)$ 次可能的查询，并找出它们的答案，从中我们可以很容易地找出一条正确的查询路径。

对于另一个方向，假设有一个语言可以通过多项式次非自适应 SAT 查询来判定。我们可以按照如下的方式通过对数次自适应 **NP** 查询来判定该语言：首先，用 $\mathcal{O}(\log n)$ 次 **NP** 查询，（通过二分查找）我们得出非自适应查询中回答是“yes”的确切数目。注意在该二分查找中的每一个问题，询问在所给定的布尔表达式的集合中，是否有使得至少 k 个表达式可满足的真值指派，本身就是一个 **NP** 查询——满足 k 个表达式的真值指派以及那些可满足的表达式的标示，就构成了一个充分的证据。一旦已知“yes”回答的确切数目 k，我们就进行最后一次查询：“是否存在一个满足 k 个表达式的真值指派，使得若所有其他的表达式都不满足（我们知道必然是这样），这个谕示机将最终进入接受状态？” □

17.2 多项式谱系

由于我们定义了 $\mathbf{P}^{\mathbf{NP}}$，我们现在处在了一个似曾相识的情景中：我们已经定义了一个重要的确定性复杂性类（它是确定性的，因为相对于我们的定义，谕示机是确定性的），进而我们忍不住要去考虑所对应的非确定性类，$\mathbf{NP}^{\mathbf{NP}}$。当然，这个类很有可能在补下不封闭，因此我们还应该考虑使用那类的谕示机。以此类推：

定义 17.2 *多项式谱系*是如下的类的序列：首先，$\Delta_0\mathbf{P}=\Sigma_0\mathbf{P}=\Pi_0\mathbf{P}=\mathbf{P}$，对于所有的 $i\geqslant 0$

424

$\Delta_{i+1}\mathbf{P}=\mathbf{P}^{\Sigma_i\mathbf{P}}$

$\Sigma_{i+1}\mathbf{P}=\mathbf{NP}^{\Sigma_i\mathbf{P}}$

$\Pi_{i+1}\mathbf{P}=\mathbf{coNP}^{\Sigma_i\mathbf{P}}$ 。

我们还定义*累积多项式谱系*为类 $\mathbf{PH}=\bigcup_{i\geqslant 0}\Sigma_i\mathbf{P}$。

由于 $\Sigma_0\mathbf{P}=\mathbf{P}$ 对多项式时间的谕示机没有帮助，所以这个谱系的第一层构成了我们所熟悉的重要的复杂性类：$\Delta_1\mathbf{P}=\mathbf{P}$，$\Sigma_1\mathbf{P}=\mathbf{NP}$，$\Pi_1\mathbf{P}=\mathbf{coNP}$。第二层从上一节所研究的类 $\Delta_2\mathbf{P}=\mathbf{P}^{\mathbf{NP}}$开始，然后是 $\Sigma_2\mathbf{P}=\mathbf{NP}^{\mathbf{NP}}$以及它的补 $\Pi_2\mathbf{P}=\mathbf{coNP}^{\mathbf{NP}}$。和第一层一样，我们完全有理由相信这三个类是不同的。对于第三层以及其他层同样如此。当然，每一层的三个类与我们所知道的 **P**、**NP** 和 **coNP** 一样具有相同的包含关系。同样，每一层的每一个类包含了前面所有层的所有类。

为了证明一个问题在 **NP** 中，我们很有可能是基于“证书（或凭据）”或“证据”，而不是基于非确定性图灵机来进行证明。我们发现使用 **NP** 的基于多项式平衡关系（性质 9.1）的特性是简单方便的。在具有复杂递归定义的多项式谱系中，这种概念性的简化将更受欢迎，也几乎是必需的。下面，我们将给出针对多项式谱系的性质 9.1 的一个直接的推广。

定理 17.8 令 L 为语言，且 $i\geqslant 1$。$L\in\Sigma_i\mathbf{P}$，当且仅当有一个多项式平衡关系 S 满足语言 $\{x;y:(x,y)\in R\}$ 在 $\Pi_{i-1}\mathbf{P}$ 中，而且

$$L=\{x:\text{存在一个 } y \text{ 满足}(x,y)\in R\}$$

证明：对 i 进行归纳。对于 $i=1$，这个声明就是性质 9.1。所以假设 $i>1$，而且这样的关系 R 存在。我们要证明 $L\in\Sigma_i\mathbf{P}$。也就是说，我们必须要给出一个以 $\Sigma_{i-1}\mathbf{P}$ 中的语言作为谕示的能够判定 L 的非确定性多项式时间谕示机。这是简单的：这个非确定性机器对于输入 x 简单地猜测一个合适的 y，并询问一个 $\Sigma_{i-1}\mathbf{P}$ 谕示是否 $(x,y)\in R$（更准确地，既然 R 是一个 $\Pi_{i-1}\mathbf{P}$ 关系，所以应该询问是否 $(x,y)\notin R$）。

反过来，假设 $L\in\Sigma_i\mathbf{P}$。我们要证明存在这样一个适当的关系 R。我们所知道的是 L 能够被一个多项式时间的非确定性图灵机 $M^?$，通过语言 $K\in\Sigma_{i-1}\mathbf{P}$ 作为谕示来判定。既然 $K\in\Sigma_{i-1}\mathbf{P}$，通过归纳我们知道，存在一个在 $\Pi_{i-2}\mathbf{P}$ 中可识别的关系 S 满足 $z\in K$，当且仅当存在 w 使得 $(z,w)\in S$。

我们需要描述一个多项式平衡的关于 L 的多项式可判定的关系 R，即对每个 $x\in L$，有一个简洁的证书。我们知道 $x\in L$，当且仅当对于 x，M^K 有一个正确的、最终接受的计

425

算。而 x 的证书将是记录 M^K 这样一个计算的字符串 y（和性质 9.1 的证明做比较）。但是 M^K 现在是一个带有谕示 $K\in\Sigma_{i-1}\mathbf{P}$ 的谕示机，因此它的有些步骤是对 K 的查询。其中有些有"yes"的回答，有些有"no"的回答。对于每一个"yes"的查询 z_i，我们的证书 y 同样包含 z_i 自身的、满足 $(z_i,w_i)\in S$ 的证书 w_i。这就是我们关于 R 的定义：$(x,y)\in R$，当且仅当 y 记录 $M^?$ 关于 x 的一个进入接受状态的计算，以及在该计算中对每一个回答是"yes"的询问 z_i 的证书 w_i。

我们断言检查是否 $(x,y)\in R$ 能够在 $\Pi_{i-1}\mathbf{P}$ 中完成。首先，我们必须检查是否 $M^?$ 的所有步骤是合法的。但这个可以在确定性多项式时间内完成。然后，对于多项式多的 (z_i,w_i) 对，我们必须检查是否 $(z_i,w_i)\in S$。但这可以在 $\Pi_{i-2}\mathbf{P}$ 内完成，因此当然在 $\Pi_{i-1}\mathbf{P}$ 中。最后，对于所有回答是"no"的查询 z_i'，我们必须检查确实 $z_i'\notin K$。但既然 $K\in\Sigma_{i-1}\mathbf{P}$，这其实又是一个在 $\Pi_{i-1}\mathbf{P}$ 中的问题。所以，$(x,y)\in R$，当且仅当有些 $\Pi_{i-1}\mathbf{P}$ 询问都有"yes"的回答。而且容易发现这可以在一个 $\Pi_{i-1}\mathbf{P}$ 计算中完成。 □

一个关于 $\Pi_i\mathbf{P}$ 的"对偶"结论是：

推论 1 令 L 是语言，且 $i\geqslant 1$。$L\in\Pi_i\mathbf{P}$，当且仅当有一个多项式平衡的二元关系 R 满足语言 $\{x;y:(x,y)\in R\}$ 在 $\Sigma_{i-1}\mathbf{P}$ 中，而且

$$L=\{x:\text{对于所有}\ |y|\leqslant|x|^k\ \text{的}\ y,(x,y)\in R\}$$

证明：$\Pi_i\mathbf{P}$ 就是 $\mathbf{co}\Sigma_i\mathbf{P}$。 □

注意，在推论 1 中关于 L 的描述中，对于全称量词 y，我们显式地声明 $|y|\leqslant|x|^k$。由于已经知道 R 是多项式平衡的，所以在这个上下文中，这个约束是多余的，并且可以被忽略。同时，在语言的描述中，我们将使用 $\forall x$ 和 $\exists y$ 这类量词，比方在下面的推论 2 中所展示的。这将有助于呈现这些描述中的优雅数学结构，以及和逻辑的亲密关系。

为了去除定理 17.8 中的递归，我们称关系 $R\subseteq(\Sigma^*)^{i+1}$ 为多项式平衡的，若对于任意 $(x,y_1,\cdots,y_i)\in R$，存在某个常数 k 使得 $|y_1|,\cdots,|y_i|\leqslant|x|^k$。

推论 2 令 L 是一个语言，且 $i\geqslant 1$。$L\in\Sigma_i\mathbf{P}$，当且仅当有一个多项式平衡的、多项式时间可判定的 $(i+1)$ 元关系 R 满足

$$L=\{x:\exists y_1\forall y_2\exists y_3\cdots Qy_i\ \text{满足}(x,y_1,\cdots,y_i)\in R\}.$$

426 其中第 i 个量词 Q 是 $\forall$，如果 i 是偶数；否则是 $\exists$，如果 i 是奇数。

证明：像定理 17.8 和它的推论 1 那样，重复地将在 $\Pi_j\mathbf{P}$ 或 $\Sigma_j\mathbf{P}$ 中的语言用它们的证书形式来替换。 □

利用这些特性，我们可以证明一个关于多项式谱系的基本事实：既然它总是通过前一层作为谕示来定义后一层，这样不厌其烦地一层叠加一层地建立起来，其导致的结构是极端脆弱的。在任何一层，任何振动对其后层都会带来灾难性的后果。

定理 17.9 若对于某个 $i\geqslant 1$，$\Sigma_i\mathbf{P}=\Pi_i\mathbf{P}$，则对于所有的 $j>i$，$\Sigma_j\mathbf{P}=\Pi_j\mathbf{P}=\Delta_j\mathbf{P}=\Sigma_i\mathbf{P}$。

证明：只要证明 $\Sigma_i\mathbf{P}=\Pi_i\mathbf{P}$ 蕴涵了 $\Sigma_{i+1}\mathbf{P}=\Sigma_i\mathbf{P}$ 即可。因此，考虑一个语言 $L\in\Sigma_{i+1}\mathbf{P}$。由定理 17.8，有一个在 $\Pi_i\mathbf{P}$ 中的关系 R 满足 $L=\{x:\text{存在一个}\ y\ \text{满足}(x,y)\in R\}$。但既然 $\Sigma_i\mathbf{P}=\Pi_i\mathbf{P}$，$R$ 也在 $\Sigma_i\mathbf{P}$ 中。也就是说，存在某个关系 $S\in\Pi_{i-1}\mathbf{P}$，使得 $(x,y)\in R$ 当且仅当有一个 z 满足 $(x,y,z)\in S$。从而，$x\in L$ 当且仅当有一个字符串 $y;z$ 满足 $(x,y,z)\in S$，其中 $S\in\Pi_{i-1}\mathbf{P}$。但这意味着 $L\in\Sigma_i\mathbf{P}$。 □

在复杂性理论中，许多结果的陈述都会以类似定理 17.9 那样结束："那么对于所有的 $j>i$，$\Sigma_j\mathbf{P}=\Pi_j\mathbf{P}=\Delta_j\mathbf{P}=\Sigma_i\mathbf{P}$。"这个结论通常会简写成"那么多项式谱系会塌陷到第 i

层。”比方说：

推论　若 **P**＝**NP**，或者即使 **NP**＝**coNP**，多项式谱系也会塌陷到第一层。 □

这个推论使得一件事变得足够清晰：在还未证出 **P**≠**NP** 的情况下，我们没有希望证得这个多项式“谱系”真的是一个每一个类真包含前一个类的关于类的谱系（尽管再一次，我们强烈地相信应该是这样的）。不过，由于以下原因，多项式谱系仍然是有趣的。首先，它是对重要的（可证的）关于“越来越不可判定问题”的谱系，即算术 Kleene 谱系（回顾问题 3.4.9）的一个多项式的类比。其次，它的各层包含了一些，尽管不是太多，但有趣而且自然的问题。其中有些问题还是完全的。比方说，考虑下面的判定性问题：

MINIMUM CIRCUIT：给定一个布尔电路 C，是否不存在具有更少的门，且计算相同布尔函数的电路？

MINIMUM CIRCUIT 在 Π_2**P** 中，而且目前还未发现它在这下面的类中。要证明它在 Π_2**P** 中，注意 C 是一个“yes”的实例当且仅当对于所有拥有更少门的电路 C'，存在一个输入 x 使得 $C(x)\neq C'(x)$。然后利用定理 17.8 的推论 2，注意最后的不等式可以在多项式时间内检查完。

我们还不知道 MINIMUM CIRCUIT 是否是 Π_2**P** 完全的。幸运的是，和往常一样，对于任意 $i\geqslant 1$，存在一个可满足性的版本非常适合于该谱系所对应的层：

427

QSAT$_i$（伴有 i 个交错量词的量化的可满足性）：给定一个布尔表达式 ϕ，其中布尔变量被划分成 i 个集合 $X_1,\cdots,X_i$，是否存在一个对于 X_1 中变量的真值指派，使得对于 X_2 中变量的任意真值指派，都存在一个对于 X_3 中变量的真值指派……这样直到 X_i，对于这样的真值指派，ϕ 是否是可满足的？我们将（通过稍微滥用一下我们的一阶量词）来表述 QSAT$_i$ 的实例：

$$\exists X_1 \forall X_2 \exists X_3 \cdots QX_i \quad \phi$$

和往常一样，其中的量词 Q 是 $\exists$，若 i 是奇数；否则，是 $\forall$，若 i 是偶数。

定理 17.10　对于所有的 $i\geqslant 1$，QSAT$_i$ 是 Σ_i**P** 完全的。

证明：两个方面的证明都主要依赖于定理 17.8 和推论 2。要证明 QSAT$_i\in\Sigma_i$**P**，我们只需要注意它是以推论 2 所要的形式定义的。

要将任意语言 $L\in\Sigma_i$**P** 归约到 QSAT$_i$，我们首先以推论 2 的形式来刻画 L。既然关系 R 能够在多项式时间内判定，那么有一个多项式时间的确定性图灵机 M 只接受那些满足 $(x,y_1,\cdots,y_i)\in R$ 的字符串 $x;y_1;\cdots;y_i$。假设 i 是奇数（i 是偶数时是类似的）。利用 Cook 定理（因此甚至没有用到 M 是确定性这样一个优势），我们可以写出布尔表达式 ϕ 反映这个机器的计算。ϕ 中的变量可以分为 $i+2$ 类。变量集合 X 包含的变量代表了输入字符串中第一个“;”符号之前的那些符号——M 的输入是 $x;y_1;\cdots;y_i$ 的形式。类似地，变量集合 Y_1 代表了下一个输入符号，以此类推直到 Y_i。这些 $i+1$ 组集合称为输入变量。最后，有一组（可能很大）布尔变量 Z 包含了 M 在整个计算中的所有其他方面。

现在，对 $X,Y_1,\cdots,Y_i$ 中的变量赋值之后，所生成的表达式是可满足的当且仅当这组输入变量的值所对应的字符串在 M 可判定的语言中，即它们之间存在关系 R。

现在，考虑任意字符串 x，以及在 ϕ 中对 X 相对应的代入赋值 $\hat{X}$。我们知道 $x\in L$ 当且仅当有一个 y_1，使得对所有的 $y_2,\cdots$，有一个 y_i（还记得 i 是奇数）满足 $R(x,y_1,\cdots,y_i)$。但这对表达式 ϕ 来说，意味着对于这些具体的值 $\hat{X}$，有一组对 Y_1 的赋值，使得对于所有

的 Y_2 的赋值，…，有一组对 Y_i 的赋值，并且有一组对 Z 的赋值，使得 ϕ 的值为**真**。从而 $x\in L$ 当且仅当 $\exists Y_1 \forall Y_2 \cdots \exists Y_i; Z\phi(\hat{X})$，而这正是 QSAT_i 的一个实例。 □

那么累积谱系 **PH** 又怎样呢？它有完全集合吗？发现它有可能不存在完全问题。这不是因为 **PH** 是一个"语义类"——它不是。它的原因有一点微妙（与问题 8.4.2 做比较）。

428

定理 17.11 如果有一个 **PH** 完全问题，那么多项式谱系将塌陷到某个有限层。

证明：假设 L 是 **PH** 完全的。因为 $L\in\mathbf{PH}$，所以存在 $i\geqslant 0$ 使得 $L\in\Sigma_i\mathbf{P}$。但是任意语言 $L'\in\Sigma_{i+1}\mathbf{P}$ 可以归约到 L。既然多项式谱系的所有层在归约下是封闭的，这就意味着 $L'\in\Sigma_i\mathbf{P}$。从而 $\Sigma_i\mathbf{P}=\Sigma_{i+1}\mathbf{P}$。 □

关于多项式谱系的计算能力，有一个相当明显的上界：多项式空间。事实上，从定理 17.8推论 2 中的特性容易看出，对于字符串 $y_1,y_2,\cdots,y_i$ 的搜索完全能够在多项式空间内完成。在第 18 章，我们将看到 **PSPACE** 从某种程度上是多项式谱系的一个推广和扩展。

性质 17.1 **PH**$\subseteq$**PSAPCE**。 □

但 **PH**=**PSAPCE** 吗？这还是一个未解决的有趣问题。但是注意这样一个难以理解的事实：如果 **PH**=**PSAPCE**，那么由定理 17.11，**PH** 有完全问题（因为 **PSPACE** 有），因此多项式谱系塌陷。尽管 **PH**=**PSAPCE** 看上去会使得多项式谱系向上"伸展"，从而增强它的计算能力，但事实上却会走向反面。最后，**PH** 有一个非常自然的逻辑刻画（比 Fagin 定理更加自然，参见问题 17.3.10）。

BPP 和多项式电路

在 11.2 节研究 **BPP** 的时候，注意我们还不知道它是否在 **NP** 中（或 **coNP** 中，因为 **BPP** 在补下封闭，所以它要么同时是两者的子集，要么都不是）。现在，通过概率技术，我们可以证明它在多项式谱系的第二层中。

定理 17.12 **BPP**$\subseteq\Sigma_2$**P**。

证明：令 $L\in\mathbf{BPP}$。关于 L，我们所知道的是存在一个标准的图灵机 M，对于长度为 n 的输入，经过长度为 $p(n)$ 的计算后，它通过绝对多数方法来判定 L。对于每个长度为 n 的输入 x，令 $A(x)\subseteq\{0,1\}^{p(n)}$ 表示所有最终可接受的计算集合（那些导致"yes"的选择）。我们假设若 $x\in L$，那么 $|A(x)|\geqslant 2^{p(n)}\left(1-\frac{1}{2^n}\right)$；若 $x\notin L$，那么 $|A(x)|\leqslant 2^{p(n)}\frac{1}{2^n}$。换句话说，错误回答的概率（误报或者漏报）至多是$\frac{1}{2^n}$，而不是通常的$\frac{1}{4}$。这可以通过执行 **BPP** 算法足够多次后取多数结果的方法来得到保证（见第 11.3 节的讨论）。

令 U 为所有长度为 $p(n)$ 的位串集合。对于 $a,b\in U$，定义 $a\oplus b$ 为两个位串异或后得到的新位串。比方说，$1001001\oplus 0100101=1101100$。这个运算有一些非常有用的性质。首先，$a\oplus b=c$ 当且仅当 $c\oplus b=a$。也就是说，函数"$\oplus b$"作用在 a 上两次之后返回 a。因此，函数"$\oplus b$"是单射的（因为它的参数能够被恢复）。其次，如果 a 是固定的串，而 r 是随机串，则独立地投掷无偏硬币 $p(n)$ 次之后，$r\oplus a$ 还是一个随机位串。这是因为"$\oplus a$"是 U 的置换，所以并不会影响均匀分布。

429

令 t 是一个长度为 $p(n)$ 的位串，并考察集合 $A(x)\oplus t=\{a\oplus t: a\in A(x)\}$。我们称这个集合为 $A(x)$ 在 t 下的翻译。因为函数$\oplus t$ 是单射的，所以 $A(x)$ 的翻译和 $A(x)$ 有着同样的基数。我们将证明如下直观的事实：若 $x\in L$，既然 $A(x)$ 在这种情形下足够大，所以我们可以找到一个相对小的翻译集合覆盖整个 U。然而，若 $x\notin L$，那么 $A(x)$ 非常小，从而不存在这样的翻译集合。

更形式化地，假设 $x\in L$，考察一个由 $p(n)$ 个翻译所构成的随机序列 $t_1,\cdots,t_{p(n)}\in U$。它们独立地通过$\frac{1}{2}$的概率获得 $p(n)^2$ 个位而构成的。固定一个串 $b\in U$。我们说这些翻译*覆盖* b，若存在某个 $j\leqslant p(n)$ 使得 $b\in A(x)\oplus t_j$。b 被覆盖的概率是多少呢？$b\in A(x)\oplus t_j$ 当且仅当 $b\oplus t_j\in A(x)$。由于和 t_j 一样 $b\oplus t_j$ 是随机串，而且我们假设 $x\in L$，所以我们得到 **prob** $[b\notin A(x)\oplus t_j]=\frac{1}{2^n}$。因此，$b$ 没有被任何 t_j 覆盖的概率就是这个数的 $p(n)$ 次幂，$2^{-np(n)}$。

因此，每一个在 U 中的点没有被覆盖的概率是 $2^{-np(n)}$。存在一个未被覆盖的点的概率至多为 $2^{-np(n)}$ 乘以 U 的基数，或 $2^{-(n-1)p(n)}<1$。因此，一个随机的翻译序列 $T=(t_1,\cdots,t_{p(n)})$ 有一个正的（事实上，压倒性的）概率使得它能够覆盖整个 U。所以，我们*必须说至少存有一个 T 能够覆盖整个 U*。

相反，假设 $x\notin L$。那么 $A(x)$ 的基数是 U 的基数的指数级的一小部分，显然没有长度为 $p(n)$ 的翻译序列 T 能够覆盖整个 U。因此，*有一个长度为 $p(n)$ 覆盖整个 U 的翻译序列 T 当且仅当 $x\in L$*。

现在，$L\in\Sigma_2\mathbf{P}$ 的证明可以简单地从定理 17.8 的推论 2 获得：我们已经证明 L 可以写成

$$L=\{x:\text{存在一个 } T\in\{0,1\}^{p(n)^2}\text{ 满足对于所有的 } b\in U,\text{有一个 } j\leqslant p(n)\text{ 使得 } b\oplus t_j\in A(x)\}$$

根据推论，这就是在 $\Sigma_2\mathbf{P}$ 中语言的形式。最后的存在量词“有一个 j 使得……”不影响 L 在多项式谱系中的位置：它的存在量词基于多项式多的可能性，因此是一个伪装的“或”。换个说法，整个一句“有一个 $j\leqslant p(n)$ 使得 $b\oplus t_j\in A(x)$”可以通过尝试所有的 t_j，从而在多项式时间内完成测试。□　430

既然 **BPP** 在补下是封闭的，所以事实上我们证明了：

推论　$\mathbf{BPP}\subseteq\Sigma_2\mathbf{P}\cap\Pi_2\mathbf{P}$。□

我们用一个和电路复杂性相关的有趣结果来结束对多项式谱系的讨论。在 14.4 节，我们明确地阐述了一个重要的“猜想 B”——$\mathbf{P}\neq\mathbf{NP}$ 的加强版，即 SAT（或者任意其他 **NP** 完全问题）不存在多项式电路（一致的或者不一致的）。下面的结果给这个猜想增加了不少可信度。

定理 17.13　若 SAT 有多项式电路，则多项式谱系塌陷到第二层。

证明：这个证明是 SAT 自归约的一个漂亮应用（见定理 13.2 和 14.3 的证明）。所谓 SAT 是自归约的，是指有一个通过判定更小实例的 SAT 来判定原 SAT 的多项式时间算法。也就是说，有一个多项式时间谕示机 M^{SAT} 以 SAT *作为谕示*来判定 SAT。唯一的约束是：对于长度为 n 的输入，它的谕示字符串最多只能包含 $n-1$ 个字符。

这个证明基于自归约的一个重要结果：*自测试*。假设有一簇多项式电路$\mathcal{C}=(C_0,C_1,\cdots)$判定 SAT。在证明中，我们将允许自归约机 M^{SAT} *使用这个簇的一个起始段*$\mathcal{C}_n=(C_0,C_1,\cdots,C_n)$ 来作为该机器的谕示，而不是 SAT。也就是说，一旦一个查询出现在它的查询字符串中，这个机器 $M^{\mathcal{C}_n}$ 调用的不是 SAT，而是在这个起始段中的某个适当的电路，假设查询的长度至多是 n（而且我们也知道 M 的查询有较小的长度）。我们说起始段$\mathcal{C}_n$ *自测试*，若对于规模至多是 n 的布尔表达式 w

$$M^{\mathcal{C}_n}(w)=\mathcal{C}_n(w)$$

也就是说，所有布尔表达式 w 输入适当的电路后所给出的答案与它们作为以电路段作为谕示的SAT自归约机的输入时所输出的答案一致。如果这个自测试对所有的 w 都成立，那么这就意味着（通过对规模 w 的归纳）$\mathcal{C}_n$ 确实是SAT电路簇的一个正确起始段。

接下来我们将证明若SAT有多项式电路，则对于所有的 j，$\Sigma_j\mathbf{P}=\Sigma_2\mathbf{P}$。根据定理17.9，我们只需要证明 $\Sigma_3\mathbf{P}=\Sigma_2\mathbf{P}$。所以，对于一个所给的语言 $L\in\Sigma_3\mathbf{P}$，我们必须证明它在 $\Sigma_2\mathbf{P}$ 中。我们可以假设 L 的形式为：

$$L=\{x:\exists y\forall z(x,y,z)\in R\}$$

其中 R 是一个在**NP**中可判定的多项式平衡关系——这是定理17.8推论2的一个简单的变种，递归在倒数第二步停止。既然 R 在**NP**中是可判定的，而且SAT是**NP**完全的，那么有一个归约 F 满足 $(x,y,z)\in R$ 当且仅当布尔表达式 $F(x,y,z)$ 是可满足的。假设对于输入 x，所构造的最大表达式 $F(x,y,z)$ 的长度至多是 $p(|x|)$。既然 R 是多项式平衡的，且 F 是多项式时间的，则 $p(n)$ 是一个多项式。

431

为了证明 L 在 $\Sigma_2\mathbf{P}$ 中，我们将证明 $x\in L$ 当且仅当下面的性质成立：

*存在一个起始段 $\mathcal{C}_{p(|x|)}$ 和一个字符串 y，满足对于所有的字符串 z 和表达式 w（所有的长度至多是 $p(|x|)$）。我们有：(a) $\mathcal{C}_{p(|x|)}$ 对于 w 的自测试成功，即 $M^{\mathcal{C}_n}(w)=\mathcal{C}_n(w)$；(b) $\mathcal{C}_{p(|x|)}$ 对于表达式 $F(x,y,z)$ 输出为***真***。*

注意，由于上述条件涉及两个交错的量词，而且最里面的性质可以在多项式时间内测试，所以 $L\in\Sigma_2\mathbf{P}$。

如果上述条件成立，那么通过(a)，我们知道 $\mathcal{C}_{p(|x|)}$ 是SAT电路簇的一个正确的起始段，因此它能够用来正确验证在(b)中的 $R(x,y,z)$，所以这个条件蕴涵了 $x\in L$。反过来，若 $x\in L$，那么有一个 y 使得对于所有的 z，$R(x,y,z)$。而且，通过我们的假设（SAT有多项式电路），我们知道存在一个正确的起始段能够自测试。对于适当的 y 和 z，这个起始段将验证 $(x,y,z)\in R$。证明完成了。□

432

17.3　注解、参考文献和问题

17.3.1　类综览

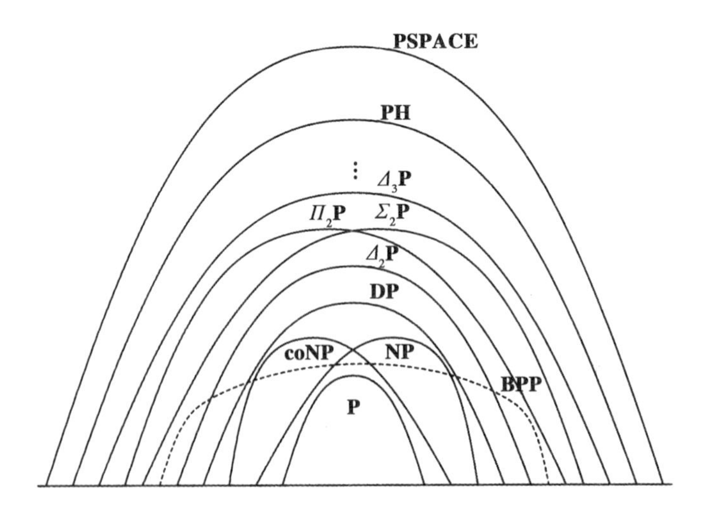

DP类是在

○C. H. Papadimitriou and M. Yannakakis. "The complexity of facets (and somefacets of complexity)",

Proc. 24th ACM Symp. on the Theory of Computing, pp. 229-234, 1982; *also*, *J. CSS* 28, pp. 244-259, 1984.
中引入的。

许多 **DP** 完全性结果可以在上面的文章，以及下面这篇文章中找到：

○ C. H. Papadimitriou and D. Wolfe. "The complexity of facets resolved", *Proc. 16th IEEE Symp. on the Foundations of Computer Science*, pp. 74-78, 1985; *also*, *J. CSS* 37 pp. 2-13, 1987.

至于 UNIQUE SAT，存在着一个谕示，在该谕示下，该问题不是 **DP** 完全的。因此，与我们所看到的其他问题相比，它看上去并不那么能作为 **DP** 的代表：

○ A. Blass and Y. Gurevich. "On the unique satisfiability problem", *Information and Control*, 55, pp. 80-88, 1982.

关于这一点，参见问题 18.3.5。

DP 中的"D"代表"差异"：**DP** 中的一个语言就是 **NP** 中某两个语言的差集。所对应的，由两个递归可枚举语的言差所构成的类是在.

○ H. Rogers. *Theory of Recursive Functions and Effective Computability*, MIT Press, Cambridge, Massachusetts, 1987 (second edition).
中定义。

433

顺便说一句，我们所定义的 **DP** 类在该文献中记做 D^p。我们采用了新的记号，包括关于多项式谱系的记号（它们通常记做 $\Sigma_2{}^p$ 等），为了所有在 **P** 和 **PSAPCE**"之间"的类有一个统一的命名规则：所有的名字以 **P** 结尾，前缀表示所涉及的计算模式。

17.3.2　**问题：**(a) 证明问题 CRITICAL SAT、CRITICAL HAMILTON PATH 和 CRITICAL 3-COLORABILITY 在 **DP** 中。

(b) 证明 UNIQUE SAT 在 **DP** 中。

(c) 证明若 UNIQUE SAT 在 **NP** 中，则 **NP**＝**coNP**。

17.3.3　**问题**：证明 **DP**⊆**PP**。

17.3.4　**真或假？**(或等价于 **P**＝**NP**?)

(a) 若 L 是 **NP** 完全的，而且 L' 是 **coNP** 完全的，那么 $L\cap L'$ 是 **DP** 完全的。

(b) 若 L 是 **NP** 完全的，则 $L\cap\overline{L}$ 是 **DP** 完全的。

17.3.5　**DP** 可以扩展到那些允许 SAT 查询为任意有限数目的复杂类。所产生的布尔谱系，有点缺乏自然的完全问题，是在

○ J.-Y. Cai, T. Gundermann, J. Hartmanis, L. Hemachandra, V. Sewelson, K. Wagner, and G. Wechsung. "The Boolean hierarchy I: Structural properties", *SIAMJournal on Computing* 17, pp. 1232-1252, 1988. Part Ⅱ: Applications in *vol.* 18, pp. 95-111, 1989.
中研究的。

17.3.6　证明如下语言是 Δ_2**P** 完全的：给定一个 TSP 的实例，最优回路的长度是否为奇数？最优巡回路是否是唯一的？

17.3.7　**FP**$^{\mathbf{NP}}$和优化问题间的关系（定理 17.5 和 17.6）在

○ C. H. Papadimitriou. "The complexity of unique solutions", *Proc. 23rd IEEE Symp. on the Foundations of Computer Science*, pp. , pp. 14-20, 1983; *also J. ACM* 31, pp. 492-500, 1984.

中有所提及，并在

○ M. W. Krentel. "The complexity of optimization problems", *Proc. 18th ACM Symp. on the Theory of Computing*, pp. 79-86, 1986; also *J. CSS* 36 pp. 490-509, 1988.

中给出了具体的陈述。

定理 17.7 来自

○ S. R. Buss and L. Hay. "On truth-table reducibility to SAT and the difference hierarchy over NP",

Proc. 3rd Symp. on Structure in Complexity Theory, pp. 224-233, 1988.

17.3.8　**问题**：证明若 $\mathbf{NP}\subseteq\mathbf{TIME}(n^{\log n})$，则 $\mathbf{PH}\subseteq\mathbf{TIME}(n^{\log^k n})$。

17.3.9　多项式谱系是在

○ L. J. Stockmeyer. "The polynomial hierarchy", *Theor. Comp. Science*, *3*, pp. 1-22, 1976.

434

中引入并研究的。

关于 QSAT_i 完全性的定理 17.10 来自于

○ C. Wrathall. "Complete sets for the polynomial hierarchy", *Theor. Comp*, *Science*, *3*, pp. 23-34, 1976.

17.3.10　证明 **PH** 是所有能够用二阶逻辑表示的关于图论性质的类（与定理 8.3 进行比较）

17.3.11　假设 TSP 的欧几里德实例中的城市都是凸多边形上的顶点。那么不仅最优回路很容易找到（它就是这个多边形的周长），而且这个实例具有*主回路性质*：存在一个回路使得任意城市子集上的最优回路可以通过简单地将该回路上的不在这个子集中的城市删除而获得。

问题：证明判定 TSP 的一个给定实例是否具有主回路性质是在 $\Sigma_2\mathbf{P}$ 中的。

17.3.12　我们知道将布尔表达式从析取范式转换成合取范式的最坏情况可能是指数的，因为输出有可能是输入的指数长。但是假设输出是短的。特别是，考虑如下的问题：给定一个析取范式形式的布尔表达式和一个整数 B。我们要求判断所对应的合取范式是否有 B 或者更少的子句。

问题：证明这个问题在 $\Sigma_2\mathbf{P}$ 中。

顺便说一句，上述这两个问题是两个很好的自然的 $\Sigma_2\mathbf{P}$ 完全问题的候选者。

17.3.13　**默认逻辑**　默认是一个形如 $\delta=\frac{\phi:\psi\&\chi}{\chi}$ 的对象，其中 ϕ、ψ 和 χ 都是合取范式的布尔表达式，分别称为 δ 的*先决条件*、*论据*和*结论*。直观地讲，上述默认的意思是：*若 ϕ 是真的，而且既没有与 ψ 矛盾，也没有与 χ 矛盾，那么我们可以"默认假设 χ 为真"*。比方说，下面是在人工智能中这种设备预期的用法：

$$\frac{\text{鸟(翠迪)}:\neg\text{企鹅(翠迪)}\,\&\,\text{苍蝇(翠迪)}}{\text{苍蝇(翠迪)}}$$

*默认理论*是一个二元组 $D=(\alpha_0,\Delta)$，其中 α_0 是一个布尔表达式（直观上，包含了我们对世界最初的知识），Δ 是一个默认的集合。

默认理论的语义是在一种特殊模型上定义的，该模型称为*扩展*。给定一个默认理论 (α_0,Δ)，(α_0,Δ) 的*扩展*是一个表达式 α 使得下面的合取范式的表达式序列从 α_0 开始，收敛到 α：

$$\alpha_{i+1}=\Theta(\alpha_i\cup\{\chi:\text{存在某个默认}\frac{\phi:\psi\&\chi}{\chi}\in\Delta,\ \alpha_i\Rightarrow\phi\ \text{而且}\ \alpha\not\Rightarrow\neg(\psi\wedge\chi)\})$$

这里 $\Theta(\phi)$ 表示演绎闭包，即所有从 ϕ 演绎出来的子句。也就是说，在每一步，我们把那些先决条件已

435

经成立的，而且论据和结论没有与所寻找的扩展相矛盾的那些默认结论添加到 α_i 中；然后我们就获得了所有可能的逻辑结论。注意所寻找的扩展 α 出现在迭代中。显然这个过程在 $|\Delta|$ 或更少的步骤之后必将收敛，但不一定收敛到 α。如果不是收敛到 α，那么 α 就不是扩展。默认理论可以有一个、多个，或者没有扩展。令 DEFAULT SAT 为下述问题："给定一个默认理论，它是否有一个扩展？"

(a) 证明 DEFAULT SAT 是 $\Sigma_2\mathbf{P}$ 完全的。

(b) 考虑所有的默认都是形如：$\frac{x\&y}{y}$ 的 DEFAULT SAT 的一个特例，其中 x 和 y 都是文字。证明 DEFAULT SAT 在这个特例中是 **NP** 完全的。

默认逻辑是由 Ray Reiter 提出并研究的，

○ R. Reiter. "A logic for default reasoning", *Artificial Intelligence 13*, 1980.

它是试图在人工智能中刻画难以理解的常识推理的众多形式化体系中的一个，可参阅

○ M. Genesareth and N. Nilsson. *Logical Foundations of Artificial Intelligence*, Morgan-Kaufman,

San Mateo, California, 1988.

在（a）和（b）部分的复杂性结果来自

○ C. H. Papadimitriou and M. Sideri. "On finding extensions of default theories", *Proc. International Conference in Database Theory*, pp. 276-281, Lecture Notes in Computer Science, Springer-Verlag, 1992.

关于这个以及其他常识推理形式化的一个非常全面的复杂性方面的研究，包含在

○ G. Gottlob. "Complexity results in non-monotonic logics", CD-TR 91/24, T. U. Wien, August 1991. Also, *J. of Logic and Computation*, June 1992.

其中得到了一些自然的、各自在多项式谱系的某个层中是完全的问题。

17.3.14　存在某些谕示，分别在不同的谕示下，**PH≠PSAPCE** 且多项式谱系是无限的，或者是塌陷到任意层，参见

○ A. C.-C. Yao. "Separating the polynomial hierarchy by oracles", *Proc. 26th IEEE Symp. on the Foundations of Computer Science*, pp. 1-10, 1985.

○ J. Håstad. *Computational Limitations for Small-depth Circuits*, MIT Press, Cambridge, 1987.

○ K.-I Ko. "Relativized polynomial-time hierarchies with exactly k levels", *SIAM J. Computing*, 18, pp. 392-408, 1989.

这两个问题曾经悬而未决有一段时间。事实上，我们已经知道对于一个随机谕示，从 **PSAPCE** 分离出多项式谱系是可以的：

○ J.-Y. Cai. "With probability one, a random oracle separates PSPACE from the polynomial hierarchy", *Proc. 18th ACM Symp. on the Theory of Computing*, pp. 21-29, 1986; also, *J. CSS*, 38, pp. 68-85, 1988.

17.3.15　定理 17.12 的一个更弱的版本是在

436

○ M. Sipser. "A complexity theoretic approach to randomness", *Proc. 15th ACM Symp. on the Theory of Computing*, pp. 330-335, 1983.

中公布的。

我们的证明来自

○ C. Lautemann. "BPP and the polynomial time hierarchy", *IPL* 17, pp. 215-218, 1983.

定理 17.13 来自

○ R. M. Karp and R. J. Lipton. "Some connections between nonuniform and uniform complexity classes", *Proc. 12th ACM Symp. on the Theory of Computing*, pp. 302-309, 1980; retitled "Turing machines that take advice", *Enseign. Math.*, 28, pp. 191-201, 1982.

437～438

它目前更强的形式要归功于 Mike Sipser。

第 18 章
Computational Complexity

有关计数的计算

"……而且尽管这些洞相当小，
但他们不得不把它们都数出来。"

18.1 积和式

到目前为止，我们已经研究了问题的两种相关的风格：一种是问是否存在一个想要的解；另一种要求给出一个解。但是还有一类重要的、自然的和本质上不同的问题：询问存在多少个解。

例 18.1 考虑下面的问题：

#SAT：给定一个布尔表达式，计算能够满足它的不同真值指派的数目。

显然，如果我们能够解这个问题，那么我们就能够解 SAT：一个表达式是可满足的，当且仅当这个数目不等于 0。

类似地，#HAMILTON PATH 要求在给定图上不同的哈密顿路径的数目。#CLIQUE 是要求大小大于或等于 k 的团的数目。以此类推。□

例 18.2 上面例子中的所有问题实质上是 **NP** 完全判定问题的"计数版本"。但是即使判定问题是多项式的，求出所有解的数目仍然可能非常难。比方说，考察 MATCHING 问题。虽然判断一个二分图是否有完美匹配可以在多项式时间内完成（见 1.2 节），但计算出在二分图上的不同完美匹配的数目是一个重要的，而且非常难的问题。

有人可能希望通过利用匹配和矩阵行列式之间的关系（见 11.1 节和 15.3 节）来解决计算完美匹配个数的问题。假设 $G=(U,V,E)$ 是一个二分图，其中 $U=\{u_1,\cdots,u_n\}$，$V=\{v_1,\cdots,v_n\}$，以及 $E\subseteq U\times V$。考虑这个图的邻接矩阵 A^G——这是一个 $n\times n$ 的矩阵，其中第 i,j 个元素为 1，若 $[u_i,v_j]\in E$；否则，为 0。A^G 的行列式是

$$\det A^G = \sum_{\pi}\sigma(\pi)\prod_{i=1}^{n}A^G_{i,\pi(i)}$$

这里在 G 的所有完美匹配上进行求和。若 π 是一个奇排列，则 $\sigma(\pi)$ 为 -1；若它是一个偶排列，则 $\sigma(\pi)$ 为 1。就是这个因子挫败了我们打算通过行列式来计算匹配个数的计划。

换个说法，我们之所以能够有效地计算行列式，正是因为这个看上去复杂的 $\sigma(\pi)$。因为如果我们去掉这个 $\sigma(\pi)$ 因子，我们就可以获得矩阵的另一个重要刻画——积和式：

$$\text{perm}A^G = \sum_{\pi}\prod_{i=1}^{n}A^G_{i,\pi(i)}$$

A^G 的积和式就是 G 的完美匹配的数目。这就是为什么求二分图完美匹配个数的问题不记做 #MATCHING，而是记做 PERMANENT。我们很快将看到这是一个非常难的问题。

一个有 n 个"男孩"$\{u_1,\cdots,u_n\}$ 和 n 个"女孩"$\{v_1,\cdots,v_n\}$ 的二分图 G 可以被等价地看成是一个有 n 个结点 $\{1,2,\cdots,n\}$ 的有向图 G'，其中在 G' 中有从 i 到 j 的边当且仅当 $[u_i,v_j]$ 在 G 中（见图 18.1，注意有向图 G' 可能有自环）。容易发现 G 中的一个完美匹配

对应于G'中的一个圈覆盖，即一个覆盖G'中所有结点的结点不相交圈的集合（见图18.1）。所以，A^G的积和式就是G'上的所有圈覆盖的总数。这个等价性提供了一个更好的方法来想象匹配和积和式。比方说，在图18.1中二分图有4个不同的匹配。足够自然地，这个有向图有4个不同的圈覆盖，而且这个矩阵的积和式是4。□

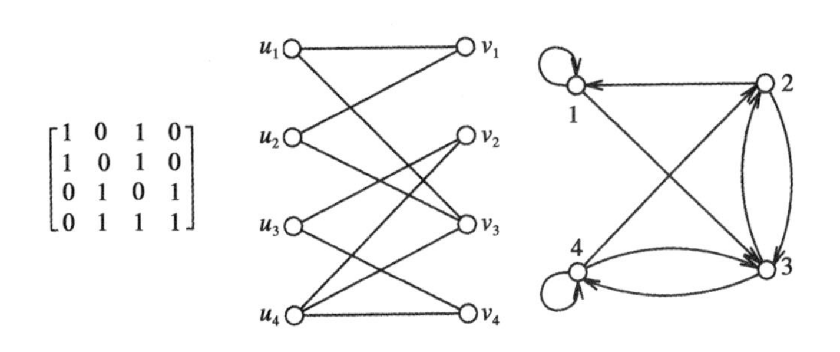

图18.1　积和式，匹配和圈覆盖

例18.3　计算解的个数是一种与概率计算最相关的计算模式。比方说，REACHABILITY引出了如下的问题：给定一个有m条边的图G，G的2^m个子图中有多少子图包含了一条从结点1到结点n的路径？这个问题很重要，因为连接这两个结点的子图的个数是对这个图可靠性的一个精确估计，即2^m乘以这两个结点在每条边以$\frac{1}{2}$的概率独立断裂的情况下仍然保持连通的概率。因此，计算包含一条从1到n路径的子图个数的问题就叫作GRAPH RELIABILITY。□

定义18.1　我们现在定义一个强有力的函数类，叫作#**P**（读作“number **P**”或“sharp **P**”，或甚至是“pound **P**”）。令Q是一个多项式平衡的多项式时间可判定的二元关系。关于Q的计数问题是：给定x，有多少y满足$(x,y)\in Q$? 所需要的输出可以是一个二进制表示的整数。#**P**就是所有与多项式平衡的多项式可判定的关系相关联的计数问题的类。□

比方说，若Q是关系“y满足表达式x”，那么所对应的计数问题就是#SAT。若Q是“y是图x的一条哈密顿路径”，那么我们就有#HAMILTON PATH。通过令Q是关系“y是二分图x的一个完美匹配”，我们获得PERMANET。若Q是“y是图x的一个子图，而且y中有一条从结点1到结点n的路径”，则我们得到了GRAPH RELIABILITY，以此类推。这些是#**P**问题中的一些重要例子（很快我们将看到它们是#**P**完全的）。

像往常对待函数问题一样，两个计数问题A和B之间的归约包含两个部分：部分R是从A的实例x到B的实例$R(x)$的一个映射；另一部分S从$R(x)$的回答N恢复到x的回答$S(N)$。在计数问题中，有一种方便的归约，叫作*吝啬归约*。基本上，归约是吝啬的，若S是恒等函数。也就是说，实例$R(x)$解的个数等于实例x解的个数。说得更简单些，在**FNP**中问题之间的吝啬归约是那些*保持解的数目不变*的归约。

440～441

读者可能需要回过头来看看第9章来验证：事实上，我们所看到的大多数**NP**中问题之间的归约其实就是所对应的计数问题间的吝啬归约（除了一个例外，见下面的定理18.2）。比方说，回顾从CIRCUIT SAT到3SAT的归约（见例8.3）。应该很清楚：使得电路接受的那些输入和可满足所生成表达式的真值指派之间存在着一一对应。所以，这个归约是吝啬的，而且与CIRCUIT SAT相关联的计数问题可以归约到#SAT。在下面的证明中我们将用到这一点。

定理 18.1　#SAT 是#**P** 完全的。

证明：这是 Cook 定理的一个吝啬变种。假设在#**P** 中有一个通过关系 Q 定义的任意计数问题。我们将证明这个问题可以归约到#SAT。

我们知道 Q 能够被一个多项式时间的图灵机 M 所判定。我们同样知道 Q 是多项式平衡的，也就是说，对于每个 x，可能的解 y 的长度最多是 $|x|^k$。事实上，容易发现我们可以假设所有解的长度恰好为 $|x|^k$，而且 y 的字母表为 $\{0,1\}$。从定理 8.2 我们知道，基于 M 和 x，我们可以在对数空间内构造一个有 $|x|^k$ 个输入的电路 $C(x)$，使得输入 y 导致 $C(x)$ 的输出为**真**当且仅当 M 接受 $x;y$，或等价地，$(x,y)\in Q$。因此，$C(x)$ 的构造就是一个从 Q 的计数问题到 CIRCUIT SAT 的计数问题的一个吝啬归约。根据前面的讨论，存在着从CIRCUIT SAT 的计数问题到#SAT 的吝啬归约（吝啬归约显然是可以复合的）。□

正如我们所说的，第 9 章中我们所看到的大多数归约是，或者很容易使之成为，吝啬的。但从 3SAT 到 HAMILTON PATH 的归约是一个例外。它不是吝啬的，因为在子句这边的结点所生成的完全连通图（在图 9.7 中做了标记的结点）使得对每一个可满足的真值指派添加了相当大数量的哈密顿路径（而且不幸的是，这个数目并不总是一样的）。要证明下面的结果需要我们更多的思考。

定理 18.2　#HAMILTON PATH 是#**P** 完全的。

证明：基于在定理 17.5 证明 TSP 是 $\mathbf{FP^{NP}}$ 完全时所用到的归约，我们将证明有一个从 3SAT 到 HAMILTON PATH 的吝啬归约。假设我们按如下方法修改那里（见图 17.2）构造的图：首先，我们忽略连接子句部分的终点和变量部分起点的边（即图 17.2 的边 e），这样我们所找的就不是哈密顿回路了，而是在图 17.2 中两个顶点之间的哈密顿路径。其次，我们忽略每个子句的“紧急边”，这条边是当子句是不满足的时候所遍历的。然后我们马上可以得到，所生成图的哈密顿路径与所给的 3SAT 实例的可满足的真值指派是一一对应的。这是因为对于每一个可满足的真值指派，只有一种方法能够遍历这些子句，即通过遍历那条对应着该子句的第一个为**真**的文字的边。□

442

最令人印象深刻而且有趣的#**P** 完全问题是*那些所对应的搜索问题能够在多项式时间内解决的问题*。0-1 矩阵的 PERMANENT 问题，这个等价于在二分图上计算完美匹配个数的问题（或等价于计算一个有向图上圈覆盖的个数），就是一个经典的例子。

定理 18.3（Valiant 定理）　PERMANENT 是#**P** 完全的。

证明：我们将从 3SAT 归约到 PERMANENT。给定一组子句，每个子句带有 3 个文字。我们必须构造一个有向图 G 使得 G 上的圈覆盖以某种方式对应于表达式的可满足的真值指派（但是，由于判断一个图是否有圈覆盖是容易的，所以这个对应不可能是很直接的）。

我们的构造与“哈密顿”相关的这类问题的完全性证明的风格非常相似（毕竟一个哈密顿回路就是一个圈覆盖）。比方说，对于每一个变量，图上相应有一套*选择构件*——图 18.2 所示的有向图，其中没有结点是和图的其他部分共享（但是将会通过附加在边上的异或构件与图上的其他部分进行沟通）。对于每一个圈覆盖，图上的这两个顶点必定是要么被从左边通过的回路所覆盖（对应于 $x=$**真**），或者被从右边通过的回路所覆盖（$x=$**假**）。

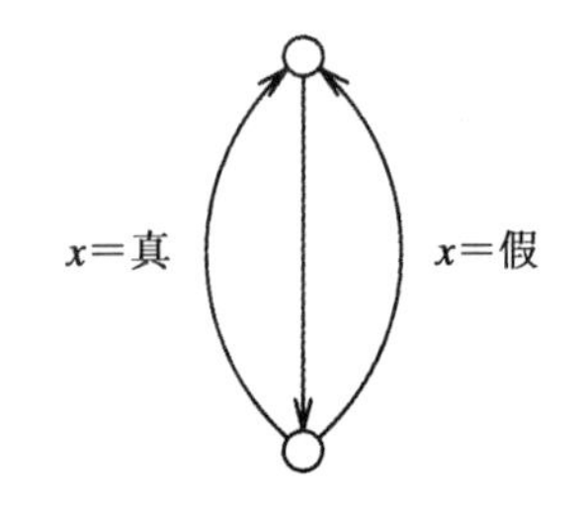

图 18.2　PERMANENT 的选择构件

对于每一个子句，我们有一份如图 18.3 的构件。

"最外面的"三条边都将通过异或构件与选择构件中所对应的文字边连接起来（就和我们在 HAMILTON PATH 中所做的一样）。这个子句构件有如下关键的性质，可以简单地通过一些尝试来进行验证：没有一个圈覆盖能够遍历这三条最外面的边。而且对于最外面边的任何一个真子集（包括空集），只有一个圈覆盖能够遍历该集合中的边，并且不会遍历不属于该集合的最外面的边。注意它的意义：有一个对该子句构件的圈覆盖，当且仅当在选择构件中所选择的真值指派满足该子句。这看上去我们已经离目标很近了（而且圈覆盖与可满足的真值指派之间的对应非常直接，而我们在该证明的第一段提到不应该有如此直接的对应）。

443

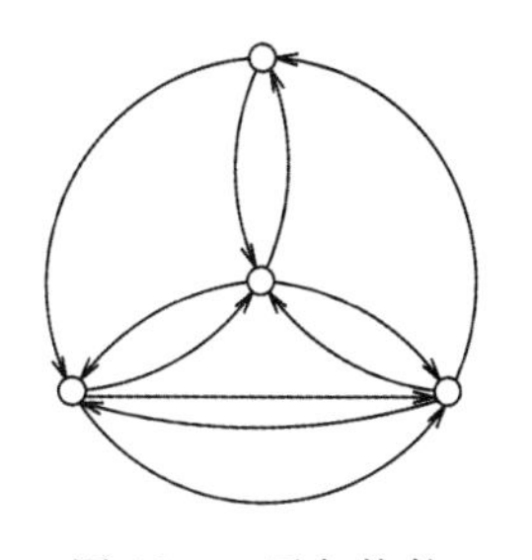
图 18.3　子句构件

当然，这个问题是由于异或构件是异乎寻常的复杂和曲折。图 18.4 就是所构造的异或构件（图 18.4a 是用矩阵来表示，图 18.4b 是用有向图来表示）。可以立刻发现这个构件违背了 PERMANENT 问题，因为这个矩阵拥有除了 0 和 1 之外的其他元素。稍后我们将看到如何去除这些元素。所对应的图也同样如此（有些边的权重不是 1）。现在圈覆盖的权重是指这个圈覆盖上所有边的权重的乘积（可能是一个负数）。这个将矩阵推广到一般元素的 PERMANENT 问题可以用来计算所有圈覆盖的权重之和。

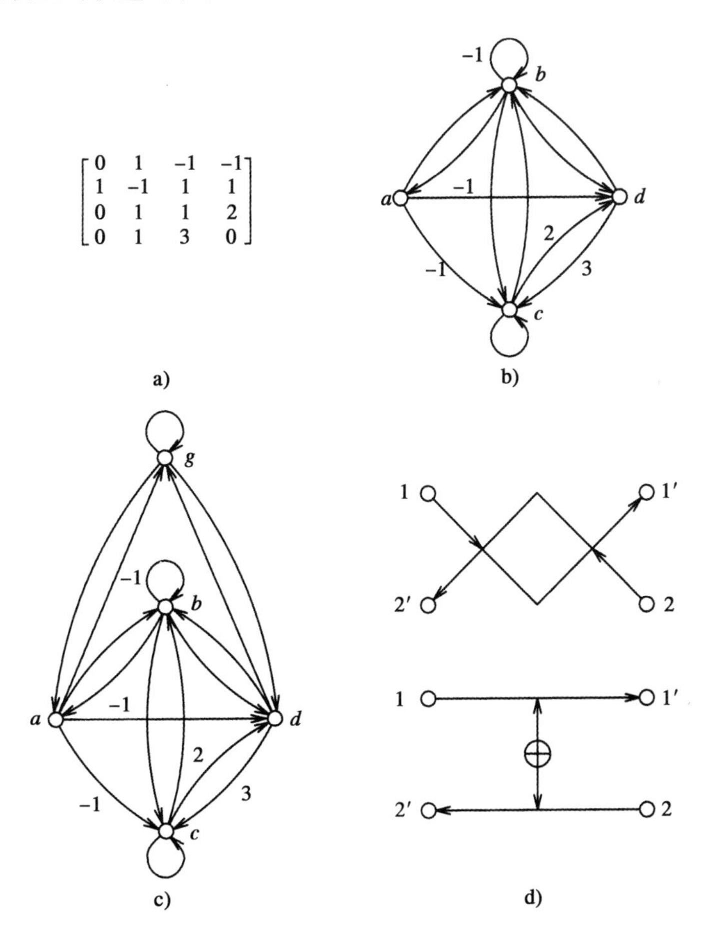

图 18.4　异或构件

我们首先来阐述这个异或构件关于矩阵的积和式的关键性质：图18.4a的矩阵有如下显著的性质，可以简单地通过计算来进行验证：

(a) 整个矩阵的积和式为0。

(b) 如果我们删除第一行和第一列，那么这个矩阵的积和式为0。如果我们删除最后一行和最后一列，那么积和式也为0。如果我们同时删除第一行、第一列，以及最后一行和最后一列，积和式仍为0。

444~445

(c) 如果我们删除第一行和最后一列，那么这个矩阵的积和式是4。如果我们删除最后一行和第一列，那么积和式也是4。

我们可以基于图18.4c来重新描述这些性质（直观地，所添加的结点g代表了图的其他部分）。这个图的所有圈覆盖的总权重是8。其中，权重4来自包含（g,d）和（a,g）的圈覆盖（这对应于删除矩阵的第一行和最后一列），另外的权重4来自包含（g,a）和（d,g）的圈覆盖（这对应于删除矩阵的第一列和最后一行）。所有包含g上自环的圈覆盖（没有行或列被删除）的总权重为0。类似地，所有经过（g,a）和（a,g）的圈覆盖的总权重（删除第一行和第一列）为0，所有包含（g,d）和（d,g）的圈覆盖的总权重（删除最后一行和最后一列）为0。

对于整个图来说，这些性质表明18.4b的图（图18.4d为它的缩略表示）像是一个带有值的异或构件。假设图G包含了两条边（$1,1'$）和（$2,2'$）。现在如图18.4d所示用这4个结点的图把这两条边连接起来。根据上一段所描述的性质可以得到：G上所有经过边（$1,1'$），但没有经过边（$2,2'$）的圈覆盖的总权重是4的倍数。对于那些经过边（$2,2'$），但没有经过边（$1,1'$）的圈覆盖的总权重同样如此。但G上所有其他的圈覆盖对最后的总数没有任何贡献，从而被有效禁止。

现在我们的构造完成了：对于子句构件中的每一条外部边和选择构件中对应于相应文字的选择边用一个异或构件连接起来。*我们断言所生成图的所有圈覆盖的总权重是$4^m s$，其中m是在所给表达式中文字出现的次数（在我们的图中是异或构件的数目），s是给定表达式可满足的真值指派的个数。*这个证明可以相当容易地从上述讨论中获得：任何没有满足所有异或构件的圈覆盖对最后的总数没有贡献。任何其他的圈覆盖必定对应于一个可满足的真值指派（因为它遍历了所有的子句构件），从而贡献了4^m（因为它同样遍历了所有m个异或构件，而每一个贡献了一个因子4）。所以#SAT可以归约到广义上的关于整数矩阵而不是0-1矩阵的PERMANENT。

要完成整个证明，现在我们必须说明如何用0-1来替换其他整数，使得积和式仍然是正确的。对于小的正整数，比方说在图18.4a中的2和3，这很容易做到：对于权重为2的边，可以用图18.5a中的构件来代替。显然，这个构件对于任何包含所替换边的圈覆盖贡献了权重2。对于权重3，可以用类似的方法处理（见图18.5b）。即使我们有一个大的整数，比如说2^n，我们也可以通过将n个这样的构件串联起来来模拟它。剩下的唯一难点是如何模拟-1项。

446

为了处理-1项，我们不得不考虑另一个和PERMANENT密切相关的问题，它叫作PERMANENT MOD N：给定一个0-1矩阵A和一个整数N，我们要找出perm$A$ mod N的值。这个引入的问题不一定在#**P**中，因为没有一个明显的搜索问题所对应的计数问题是这个问题。但是显然PERMANENT MOD N可以归约到PERMANENT（如果我们可以准确地计算积和式，那么我们当然可以获得它模N的余数）。所以，为了证明PERMANENT是

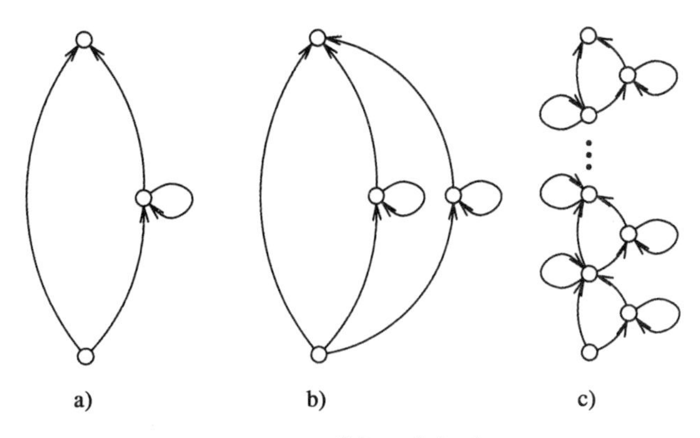

图 18.5 模拟正的权重

#**P** 完全的，只要将#SAT 归约到 PERMANENT MOD N，而不是 PERMANENT。

我们用到的技巧是，如果我们计算的是所构造矩阵的积和式模整数 N，那么我们可以将令人讨厌的-1 看做是 $N-1$。令 $N=2^n+1$，其中 n 是一个适当的大整数（比方说，$n=8m$）这样我们所构造的这个矩阵的积和式不会超过 N。我们现在可以用 2^n 来替换-1，而 2 的幂次可以用图 18.5c 的构件来模拟。最终的这个 0 - 1 矩阵的积和式模 N 的值就是 4^m 乘以原先表达式的可满足的真值指派的数目（就是这个“模 N”部分使得可满足的真值指派与圈覆盖的对应最终失效）。整个证明就完成了。 □

18.2 ⊕P 类

容易发现任何在#**P** 中的计数问题可以在多项式空间内解决：通过重复利用空间，我们可以按照字典序枚举所有的解，并用一个计数器来记录我们所发现的解的个数。因此#**P**和第 17 章的多项式谱系一样，不会比多项式空间更强大。问题是，**NP** 的这些重要的推广（多项式谱系和#**P** 之间）在计算能力上如何呢？直观地，PERMANENT 和其他#**P**完全问题看上去极其难，即使与多项式谱系中那些可怕的问题相比也同样如此。看上去我们似乎可以猜想#**P** 比多项式谱系更加强大——计数所能够带给我们的比量词所能够带给我们的多。

447

只有这次，这个猜想被实实在在地证明了。既然我们不能直接将#**P**（函数类）与 **PH**（语言类）做比较，但为了将这个结果描述地更准确，我们利用判断是否存在一个非确定性图灵机使得有超过一半的计算进入接受状态的语言类 **PP**（见第 11 章）。这个类和#**P** 密切相关：在这个类中的问题可以看做是判断进入接受状态的计算总数（当然是一个 $0\sim2^n$ 之间的数，其中 n 是计算的步骤数）的第一位是 0 还是 1——而#**P** 要求这个数的所有位。Toda 定理（见 18.3.4 节中的参考文献）说的是

$$\mathbf{PH} \subseteq \mathbf{P}^{\mathbf{PP}} \tag{18-1}$$

也就是说，带有 **PP** 谕示的多项式时间谕示机可以判定所有在多项式谱系中的问题。计数确实是非常强大。

在这一节中，我们同样将在体现计数的威力方面给出一个更简单的结果。我们考虑那些不需要知道解的总数的第一位，而是最后一位的问题。比方说，考察下面的两个问题：

⊕SAT：给定一组子句，可满足的真值指派的个数是奇数吗？

⊕HAMILTON PATH：给定一个图，它是否含有奇数条哈密顿路径呢？（为了让这

个问题有意义，我们必须认为使用了相同的边，但方向相反的两条哈密顿路为同一条路径。）

一般地，我们说一个语言 L 是在⊕**P** 类中（读作“odd **P**”或“parity **P**”）若存在一个非确定性图灵机 M 使得对于所有的字符串 x 我们有 $x \in L$ 当且仅当 M 在输入 x 上的所有进入接受状态的计算总数为奇数。等价地，L 是在⊕**P** 类中若存在一个多项式平衡且多项式可判定的关系 R 使得 $x \in L$ 当且仅当所有满足 $(x, y) \in R$ 的 y 的个数为奇数。下面这两个关于⊕**P** 的结果是非常直接的：

定理 18.4　⊕SAT 和⊕HAMILTON PATH 是⊕**P** 完全的。

证明：从上面的⊕**P** 的第二个定义可以容易得到它们都在⊕**P** 中。完全性可以通过在♯**P**的任何问题到♯SAT 的吝啬归约，以及从♯SAT 到♯HAMILTON PATH 的归约获得。□

448

定理 18.5　⊕P 在补下是封闭的。

证明：⊕SAT 的补（判断是否有偶数个可满足的真值指派）显然是 **co**⊕**P** 完全的。现在这个语言可以通过如下方式归约到⊕SAT：给定任意一个关于 n 个变量 $x_1, \cdots, x_n$ 的子句集合，增加一个新的变量 z，将文字 z 添加到所有的子句中，并且添加 n 个子句 $(z \Rightarrow x_i), i=1, \cdots, n$。任何在老的表达式上可满足的真值指派仍然是可满足的（令 $z=$**假**），而且我们还有额外一个所有变量都为**真**的可满足的真值指派（$z=$**真**时的唯一一个）。因此可满足的真值指派的个数递增了 1，所以完成了从⊕SAT 的补到⊕SAT 的归约。既然⊕SAT 同时是⊕**P**完全和 **co**⊕**P** 完全的，而且这两个类在归约下是封闭的（容易验证），因此⊕**P**$=$**co**⊕**P**。□

PP 看上去囊括了♯**P** 所有的能力。与之相反，⊕**P** 反映了计数的一个相当弱且温和的方面：解的个数的奇偶性。至于这个究竟有多弱，部分证据来自 PERMANENT MOD 2（又叫作⊕MATCHING，判断一个给定二分图的完美匹配的个数是否是奇数的问题）是属于 **P**（矩阵 M^G 的行列式模 2 可以给出正确的答案）。但是，我们可以证明如果一个 **RP** 机器安装一个⊕**P** 谕示，则它能够模拟所有的 **NP** 问题（见下面的定理 18.6）。与 Toda 定理相比（上面的式（18-1）），这个结论用到了一个更加强的谕示机（但当没有使用谕示时，仍旧“可以说实际的”），以及一个更弱的谕示。所包含的类是 **PH** 的最底层。有趣的是，定理 18.6 的证明中的技术是 Toda 定理的证明中的一部分。

定理 18.6　$\mathbf{NP} \subseteq \mathbf{RP}^{\oplus \mathbf{P}}$。

证明：我们将给出一个利用⊕SAT 谕示来求解 SAT 的多项式蒙特卡洛算法。我们需要一些预备性的定义：假设我们要处理的是一个有 n 个布尔变量 $x_1, \cdots, x_n$ 的合取范式的布尔表达式 ϕ。令 $S \subseteq \{x_1, \cdots, x_n\}$ 是这些变量的一个子集。*超平面* η_S 是一个布尔表达式使得该表达式是可满足的当且仅当 S 中*有偶数个变量为***真**。令 $y_0, \cdots, y_n$ 为新的变量。η_S 可以表达为下面子句的合取：(y_0)，(y_n)，以及对于 $i=1, \cdots, n$，若 $x_i \in S$，$(y_i \Leftrightarrow (y_{i-1} \oplus x_i))$，若 $x_i \notin S$，$(y_i \Leftrightarrow y_{i-1})$。自然，每个子句涉及至多三个变量，因此表达式可以容易地写成合取范式的形式。直观上，在表达式 ϕ 上添加超平面 η_S 的这些子句所起到的效果就是将 ϕ 中可满足的真值指派的集合与在 n 维模 2 的向量空间上的超平面做一个交集。关键是，如果我们连续地将我们的表达式与随机的超平面相交 n 次，那么以一定的概率，所生成的表达式中有一个表达式只有一个可满足的真值指派（因此它的可满足性可以通过⊕SAT 谕示来检测）。

449

利用⊕SAT 谕示来求解 SAT 的蒙特卡洛算法为：

令 ϕ_0 为所给定的表达式 ϕ。对于 $i=1, \cdots, n+1$，重复下面的操作：

随机产生一个变量的子集 S_i，并令 $\phi_i=\phi_{i-1} \wedge \eta_{S_i}$。

若 $\phi_i \in \oplus$SAT，则回答"ϕ 是可满足的。"

若在 $n+1$ 步之后没有 ϕ_i 在⊕SAT 中，则回答"ϕ 有可能是不可满足的。"

显然，这个算法不会有误报：若 ϕ_i 的可满足的真值指派的个数是奇数，那么它一定不是 0。所以，ϕ_i 是可满足的。而且因为 ϕ_i 是 ϕ 再加上一些额外的子句得到的，所以 ϕ 也是可满足的。但是这个算法可能有漏报：一个表达式可能有，比方说两个可满足的真值指派，但它们两个都被第一个所选择的超平面所去除。我们将证明漏报发生的概率不会大于 7/8（通过重复这个算法 6 次，漏报发生的概率会小于 1/2，从而满足我们所定义的 **RP**）。

漏报发生的概率至多是 7/8，是基于下面的断言：

断言 如果 ϕ 的可满足的真值指派的个数为 $2^k \sim 2^{k+1}$ 之间，其中 $0 \leqslant k < n$，则 ϕ_{k+2} 恰有一个可满足的真值指派的概率至少是 1/8。

断言的证明：令 T 为 ϕ 的可满足的真值指派的集合。我们假设 $2^k \leqslant |T| \leqslant 2^{k+1}$。我们说两个真值指派在 η_S 上一致，若它们同时满足 η_S 或它们同时不满足 η_S。我们现在固定某个 $t \in T$，并考察另一个元素 $t' \in T$。t' 和 t 在所有前 $k+2$ 个超平面上一致的概率是 $\frac{1}{2^{k+2}}$（因为这意味着对于前 $k+2$ 个 S_i 中的任何一个，t 和 t' 在这其中赋值不同的变量个数为偶数，而这些事件发生的概率都是 1/2，且相互独立）。将所有的 $t' \in T-\{t\}$ 加起来，我们看到存在某个 t' 使得 t 和 t' 在前 $k+2$ 个超平面上一致的概率至多是 $\frac{|T|-1}{2^{k+2}} < 1/2$。因此 t 和 T 中的任何一个其他的元素在前 $k+2$ 个超平面中的某个超平面上不一致的概率至少是 1/2。

现在，t 满足所有前 $k+2$ 个超平面的概率显然是 $\frac{1}{2^{k+2}}$。而且我们在前一段看到，如果它满足这些超平面，则概率至少为 $\frac{1}{2}$，它是唯一的一个满足这些超平面的真值指派（容易发现 t 满足前 $k+2$ 个超平面不影响它与 T 的其他元素不一致的概率）。所以，以至少 $\frac{1}{2^{k+3}}$ 的概率，t 是唯一一个满足 ϕ_{k+2} 的真值指派。因为这对 T 中的每一个元素 t 都成立，而且 T 中至少有 2^k 个元素，所以 T 中存在这样一个元素的概率至少是 $2^k \times \frac{1}{2^{k+3}}=1/8$。 □

如果 ϕ 的可满足的真值指派的个数不是 0，那么它一定介于 $2^k \sim 2^{k+1}$ 之间，其中 k 为某个小于 n 的常数。因此至少有一个 ϕ_i，它以至少 1/8 的概率被唯一一个真值指派所满足——从而被奇数的真值指派所满足。这个定理就证明了。 □

450 451

18.3 注解、参考文献和问题

18.3.1 本章开头的诗来自 Beatles（披头士），一支 20 世纪 60 年代的英国摇滚乐队，所唱的"生命中的一天"。

18.3.2 ＃**P** 是由

○ L. G. Valiant. "The complexity of computing the permanent", *Theoretical Comp. Science*, 8, pp. 189-201, 1979.

提出的。这篇文章还证明了定理 18.3——事实上，这是一个稍弱的版本：$\#\mathbf{P} \subseteq \mathbf{P}^{\text{PERMANENT}}$。

○ V. Zankó. "#P-completeness via many-one reductions", *Intern. J. Foundations of Comp. Science*, 2, pp. 77-82, 1991.

指出了 PERMANENT 在归约下是 #**P** 完全的。

更多的 #**P** 完全性结果可以参阅

○ L. G. Valiant. "The complexity of enumeration and reliability problems", *SIAM J. Computing* 8, pp. 410-421, 1979.

○ M. E. Dyer, A. M. Frieze. "On the complexity of computing the volume of a polyhedron", *SIAM J. Computing* 18, pp. 205-226, 1989.

18.3.3　**问题**：证明 $\mathbf{P}^{\mathbf{PP}} = \mathbf{P}^{\#\mathbf{P}}$。也就是说，以判定是否进入接受状态过半数的计算为谕示的多项式算法与那些以精确计数为谕示的多项式算法一样强大。注意我们不得不首先修改谕示图灵机使得它们能够收到来自它们查询的输出结果，或者我们可以定义 $\mathbf{P}^{\#\mathbf{P}}$ 为那些查询方式形如"矩阵 A 的积和式是否至多是 K?"的谕示图灵机在多项式时间内所能够判定的语言类。(这个结果来自

○ D. Angluin. "On counting problems and the polynomial hierarchy", *Theoretical Computer Science*, 12, pp. 161-173, 1980.)

18.3.4　Toda 定理来自

○ S. Toda. "On the computational power of PP and ⊕P", *Proc. 30th IEEE Symp. on the Foundations of Computer Science*, pp. 514-519, 1989.

另一个不同的证明可以参阅

○ L. Babai and L. Fortnow. "A characterization of #P by arithmetic straight-line programs", *Proc. 31st IEEE Symp. on the Foundations of Computer Science*, pp. 26-35, 1990.

⊕**P** 类是由

○ C. H. Papadimitriou, S. Zachos. "Two remarks on the power of counting", *Proc. 6th GI Conference in Theoretical Computer Science*, Lecture Notes in Computer Science, Volume 145, Springer Verlag, Berlin, pp. 269-276, 1983.

提出的。定理 18.6 来自

○ L. G. Valiant, V. V. Vazirani. "NP is as easy as detecting unique solutions", *Theor. Comp. Science*, 47, pp. 85-93, 1986.

452

18.3.5　**问题**：(a) 假设 S 是一个非负整数的集合，满足 $1 \in S$ 而且 $0 \notin S$。假设 **SP** 为非确定性图灵机以下述约定接受输入的所有语言的类：输入 x 被接受，当进入接受状态的计算数目在 S 中。推广定理 18.6来证明 $\mathbf{NP} \subseteq \mathbf{RP}^{\mathbf{SP}}$。

(b) 证明 $\mathbf{DP} \subseteq \mathbf{RP}^{\text{UNIQUESAT}}$ (见 17.1 节)。也就是说，即使在随机归约下，但 UNIQUE SAT 还是 **DP** 完全的（见第 17 章的参考文献）。(这两个结果都来自前面所引用的 Valiant 和 Vazirani 的文章。)

18.3.6　**问题**：证明 $\mathbf{UP} \subseteq \oplus\mathbf{P}$（见 12.1 节）。

关于这个结果到更一般化的 **UP** 的非平凡推广，参阅

○ J.-Y. Cai, L. Hemachandra. "On the power of parity polynomial time", pp. 229-239 in *Proc. 6th Annual Symp. on Theor. Aspects of Computing*, Lecture Notes in Computer Science, Volume 349, Springer Verlag, Berlin, 1989.

453
≀
454

多项式空间

受限于多项式空间的计算有一个令人惊奇的不同刻画。它也有许多自然的完全问题——它们用不同的方式说着同一件事。

19.1 交错和博弈

PSPACE 中最基本的完全问题可能是量词化可满足性问题，或 QSAT[⊖]：给定一个带有布尔变量 $x_1,\cdots,x_n$ 并用合取范式表示的布尔表达式 ϕ，是否存在一个对变量 x_1 真值指派，使得对于变量 x_2 的任意真值指派，存在着对变量 x_3 的真值指派，这样一直下去，直到 x_n（若 n 是偶数，则第 n 个量词为“对于所有的”；若 n 是奇数，则为“存在”），使得 ϕ 是可满足的？换句话说，

$$\exists x_1 \forall x_2 \exists x_3 \cdots Q_n x_n \quad \phi?$$

我们已经看到过这个问题的一个变种了：在 $\Sigma_i\mathbf{P}$ 完全问题 QSAT$_i$ 中，我们对于所允许交错的量词的数目 i 有事先的约束（见 17.2 节）。注意事实上 QSAT 是所有 QSAT$_i$ 的推广，虽然看上去它对量词的交错有一个更严格的要求（QSAT$_i$ 允许相同量词化的变量连在一起）：为了确保严格的交错，我们可以在前缀插入适当量词化的“哑”变量，即这些变量不会出现在 ϕ 中。

455

定理 19.1 QSAT 是 **PSPACE** 完全的。

证明：为了证明 QSAT 能够在多项式空间内判定，假设我们有一个量词化的布尔表达式

$$\exists x_1 \forall x_2 \exists x_3 \cdots Q_n x_n \quad \phi$$

变量所有可能的真值指派可以通过一棵深度为 n 的满二叉树来表示。根结点的左子树包含了所有 $x_1=$**真**的真值指派，右子树包含了所有 $x_1=$**假**的真值指派。接着我们对 x_2 进行分叉，然后是 x_3，这样一直下去。我们可以将这棵树转变成一个布尔电路，其中若 i 为偶数，则所有在第 i 层的门为 AND 门（也就是说，若 x_i 是全称量词），所有的奇数层都是 OR 门。一个输入门（也就是这棵树的叶子）为**真**，若对应的真值指派满足 ϕ；反之，则为**假**。从这个构造中我们可以直接得到：给定的量词化表达式是 QSAT 的一个“yes”实例，当且仅当这个电路的值为**真**。现在我们可以利用在定理 16.1 的证明中所产生的与电路的深度成正比的空间来计算电路值的技术在 $\mathcal{O}(n)$ 空间内计算电路的值。

当然这也有着类似的难点：这个算法用到的二叉树和电路是指数级的，所以我们无法提供足够的存储空间给它们。但从性质 8.2 的证明中我们知道（对数或任意更高层次）空间受限的多个算法能够在同样的空间内组合。

现在我们必须证明在 **PSPACE** 中的所有问题可以归约到 QSAT。这个证明利用了可达

⊖ 这个问题通常称为 QBF，即量词化的布尔表达式。我们用 QSAT 来强调它仍旧是可满足性问题的另一个版本，仍旧刻画了复杂性中重要的一层。

性方法来处理空间受限的计算（见 7.3 节）。事实上，这个证明就是用逻辑语言将 Savitch 定理（见定理 7.5）的证明复述了一遍。

假设 L 是一个用图灵机 M 对于输入 x 在多项式空间判定的语言。为了判定是否 $x\in L$，其中 $|x|=n$，我们考察 M 对于输入 x 的格局图。我们知道它至多有 2^{n^k} 个格局，其中 k 是某个整数。从而我们可以将 M 对于输入 x 的格局编码成长度为 n^k 的位向量。

记得在 Savitch 定理的证明中，我们通过计算一个布尔函数 PATH(a,b,i) 来判定是否 $x\in L$。该函数为**真**当且仅当有一条从 a 到 b 长度至多为 2^i 的路径，其中 a 和 b 是格局，i 是一个整数。在现在的证明中，我们将说明对于每个整数 i，怎样写一个带有在集合 $A\cup B=\{a_1,\cdots,a_{n^k},b_1,\cdots,b_{n^k}\}$中的自由布尔变量（即不受任何量词约束的变量）的量词化的布尔表达式 ψ_i，使得 ψ_i 在对它的自由变量的某个真值指派下为**真**当且仅当对这些 a_i 和 b_i 的真值指派表示了两个格局 a 和 b，且满足在格局图中从 a 到 b 有一条长度至多为 2^i 的路径。一旦我们说明了如何实现这个构造，$x\in L$ 就可以表示成 $\psi_{n^k}(A,B)$，其中我们用代表初始格局的真值指派来替换 A，用接受格局的真值指派来替换 B（不失一般性，我们假设接受格局是唯一的）。

456

对于 $i=0$，$\psi_0(A,B)$ 仅仅表示或者对于所有的 i，$a_i=b_i$，或者从格局 A 经过一步可以到达 B。容易发现 ψ_0 可以写成 $\mathcal{O}(n^k)$ 个蕴涵项的析取形式，每一个蕴涵项包含了$\mathcal{O}(n^k)$ 个文字（在后面的证明部分将明白我们为什么选择析取范式）。

归纳地，假设我们有 $\psi_i(A,B)$。简单地将 $\psi_{i+1}(A,B)$ 表示成

$$\exists Z[\psi_i(A,Z)\wedge\psi_i(Z,B)]$$

是一件很诱人的事，其中 Z 是一个新的代表路径中点的变量块。不幸的是，这样的构造会产生指数大的表达式（因为每一次迭代，表达式的长度至少翻一倍）。因此，这不是一个对数空间的归约。

绕过这个难点的聪明做法是用同一个 ψ 来断言存在从 a 到 z 的路径和从 z 到 b 的路径。因此 $\psi_{i+1}(A,B)$ 可以写成：

$$\exists Z\forall X\forall Y[((X=A\wedge Y=Z)\vee(X=Z\wedge Y=B))\Rightarrow\psi_i(X,Y)]$$

其中 X、Y 和 Z 是有 n^k 个变量的块。也就是说，我们希望无论是 $X=A$ 和 $Y=Z$，还是 $X=Z$和 $Y=B$，$\psi_i(X,Y)$ 都成立。注意“重复使用表达式 $\psi_i(X,Y)$”其实逻辑等价于在定理 7.5 的证明中通过对 PATH 两次递归调用来“重复使用空间”。

按照这样的构造，ψ_{i+1}并不是 QSAT 所要求的形式。首先，它不是所有量词都在前面的前束式，因为 ψ_i 的量词和“新的”量词 $\exists Z\forall X\forall Y$ 是分开的。这个问题容易修正：利用性质 5.10 中第（2）和（3）条关于量词的性质，ψ_i 的量词可以移到前面，并紧跟在新量词的后面。

一个稍微严重的问题是 ψ_{i+1}并不是定义 QSAT 时所要求的合取范式。这看上去是一个严重的问题，因为即使将 ψ_i 看做一个变量，ψ_{i+1}的合取范式仍将需要指数多的子句。幸运的是，ψ_{i+1}的析取范式是小的，而且容易计算。它的析取范式包含了 ψ_i 的析取范式，后面是 $16n^{2k}$个蕴涵项——对于每两个在 $1\sim n^k$ 之间的整数 i、j，列表中有 16 个蕴涵项。第一个是

$$(x_i\wedge\neg a_i\wedge x_j\wedge\neg z_j)$$

它刻画了一种使（$X=A\wedge Y=Z$）$\vee$（$X=Z\wedge Y=B$）为**假**的可能性。另外 15 种的区别在于

是否每一对的第一个或第二个文字为**真**（四种组合），以及它们所处理的是（$X=A \wedge Y=Z$）和（$X=Z \wedge Y=B$）中的第一个合取还是第二个合取（四种组合）。注意对 ψ_{n^k} 的构造实际可以在对数空间内完成：我们在 ψ_0 上增加 n^k 层新的子句（前面所讨论的蕴涵项的否定）的块，每一层针对不同的变量集合，最后我们将所有 n^k 层的量词都移到前面来。 457

从而我们给出了一种从 **PSAPCE** 中的任意问题到 QSAT 的析取范式版本，而不是合取范式版本的归约。但是这个版本的 QSAT 就是 QSAT 的补。因此，每个在 **PSAPCE** 中的语言可以归约到 QSAT 的补。从而任意在 **coPSAPCE** 中的问题可以归约到 QSAT。但是当然 **PSAPCE**＝**coPSAPCE**，因此，这个证明就完成了。 □

记得类 **AP**＝**ATIME**(n^k) 是用交错图灵机在多项式时间内可以判定的语言集合（见 16.2 节）。毫不意外，QSAT 是这个类的完全问题：

定理 19.2　QSAT 是 **AP** 完全的。

证明：QSAT 可以在交错的多项式时间内解决是显然的：这个计算将逐一猜测变量 $x_1, x_2, \cdots, x_n$ 的真值，其中存在量词化的变量在 K_{OR} 的状态中进行猜测，而全称量词化的变量在 K_{AND} 的状态中进行猜测。最终状态是接受的，若所猜测的真值指派满足表达式；否则，拒绝。根据交错机接受输入的定义可以得到：量词化的表达式被接受当且仅当它为**真**，所需要的时间是多项式的。

完全性的证明是 Cook 定理（见定理 8.2）的一个变种。和非确定性机器一样，多项式时间交错图灵机在一个给定输入上的计算可以用一张带有额外的非确定性选择的表来刻画。唯一的区别是，在现在所生成的表达式中，若当前的状态在 K_{AND} 中，则非确定性选择的量词是全称量词；若在 K_{OR} 中，则量词是存在量词。我们可以标准化交错图灵机使 K_{OR} 格局的后继是 K_{AND}，反过来也一样。因此代表非确定性选择的变量在偶数层是存在量词化的，在奇数层是全称量词化的。所有其他的变量（电路的门）是存在量词。容易看出这个机器接受输入当且仅当所生成的量词化的表达式为**真**。当然，我们可以通过添加哑变量来使得量词化的表达式严格交错。 □

推论　**AP**＝**PSAPCE**。

证明：这两个类在归约下是封闭的，而且 QSAT 对两者都是完全的。

QSAT 是一类有趣的 **PSPACE** 完全问题（二人博弈）的第一个样本。QSAT 可以看成是两个玩家，∃ 和 ∀，之间的博弈。这两个玩家从 ∃ 开始轮流下棋。每一步棋要决定下一个变量的真值——在第 i 步，若 i 是奇数，则 ∃ 确定 x_i 的值；若 i 是偶数，则 ∀ 确定 x_i 的值。∃ 努力使表达式 ϕ 为**真**，而 ∀ 努力使它为**假**。显然，n 步之后（n 是变量的个数）两个玩家中的一个将会赢。在本章中所提及的博弈，其情形将和 QSAT 类似：两个玩家轮流下棋，每一步要在几个事先确定的可能中选择一个来改变“棋盘”——在这个例子中是指表达式和部分真值指派。下棋的步数至多是棋盘规模的多项式。最后，棋盘中的某些格局算是一方获胜（那些满足 ϕ 的格局算 ∃ 胜），而其他的格局算是另一方获胜（容易看出哪个是哪个）。很多普通的棋类游戏（例如，国际象棋、跳棋、围棋、余子棋、井字棋等，可以参阅本章的其他部分以及参考文献）都是这种类型。 458

注意在这类二人博弈中，一个“解”并不是一个简单且简洁的对象，比方说一个可满足的真值指派，或一个廉价的回路。我们所要的是玩家完备的策略，即对对方任意位置和行动的一个成功反应。这样的策略通常是指数大小的。

能够用 **PSPACE** 完全性来区分那些直观上很难的棋类游戏（如国际象棋、跳棋、围棋）和那些简单的游戏（如井字棋和余子棋）是一件非常有趣的事。不幸的是，这里有个问题：棋类游戏通常定义在某个固定大小的棋盘上，而事实上棋盘的大小是游戏定义的一个重要部分。所有规模有限的游戏理论上都可以用一台图灵机快速地按照最优策略来执行——该图灵机将所有可能的格局和行动编码到它巨大的状态集合中！而本书中所研究的计算复杂性忽略了所涉及机器的“描述”复杂性，看上去不适合用来探索规模有限的棋类游戏的难易区别。

但我们可以推广很多规模有限的棋类游戏使得它们可以在任意 $n\times n$ 的棋盘上玩。有些游戏，如国际象棋，由于棋盘大小和 6 种棋子看上去是该游戏定义不可分割的组成部分，而且如果这些参数被修改，国际象棋的本质就被彻底地扭曲（请参阅参考文献中关于国际象棋的这类推广的复杂性结果），因此没有一个自然的推广。但另一方面，跳棋、围棋、余子棋、井字棋等看上去可以容易地推广到任意大小的棋盘。若围棋是在 29×29 的棋盘上玩，而不是在 19×19 的棋盘上玩（至于围棋的定义，稍后将会看到），可以认为围棋的本质没有被根本改变。而且对于这些游戏，复杂性方法（尤其是 **PSPACE** 完全性）开始起作用。

459

在本节的剩余部分，我们将展示两个这类推广的游戏是 **PSPACE** 完全的。

地理学游戏

地理学是一个小学游戏，由两人来玩，这里称它们为“Ⅰ”和“Ⅱ”。游戏开始时Ⅰ命名某个起始城市，比方说“ATHENS”。然后Ⅱ必须找到一个城市，该城市的名字要以前一个城市的尾字母开头，例如“SYRACUSA”。然后Ⅰ必须用例如“ALEXANDRIA”来回应（“ATHENS”以及其他已经用过的城市在整个游戏中不能被重复使用）。这样一直下去。第一个玩不下去的人（可能是因为所有名字以当前城市尾字母开头的城市都已经被用过了）为输家。

我们可以按如下重新形式化该游戏：我们有一个有向图 $G=(V,E)$，其中结点表示世界上的城市，而且有一条边从城市 i 到城市 j 当且仅当 i 城市名字的尾字母和 j 城市名字的首字母一样。玩家Ⅰ挑出事先规定的结点 1，然后玩家Ⅱ从结点 1 指向的那些结点中挑出一个，以此类推，这样玩家交替地给出了 G 上的一条路径。第一个由于从当前结点所指向的所有结点都已经被使用过了而导致无法继续下去的人为输家。

我们可以将这推广到任意给定图 G。这个推广可以不仅仅指的是有任意多城市的星球，还可以更加不现实地包括任意大的字母表。事实上，并不用所有图都表示“以……的尾字母开始的”关系。总之，我们所感兴趣的是下面的计算问题：

GEOGRAPHY：给定一个图 G 和一个起始结点 1，Ⅰ会赢吗？

定理 19.3 GEOGRAPHY 是 **PSPACE** 完全的。

证明： GEOGRAPHY 游戏有下面两个重要的性质：

(a) 任意合法的执行序列的长度至多是输入规模的多项式。事实上，这个游戏一定会在至多 $|V|$ 步之后终止。

(b) 给定一个“棋盘格局”（即一个图、一条从结点 1 出发的路，以及一个接下来谁玩的指示），有一个多项式空间算法可以构造出所有可能的接下来的走法和棋盘格局。若已经不能走，则根据棋盘格局判断是Ⅰ赢还是Ⅱ赢。

任何这样的游戏可以在 **PSPACE** 中判断。这个算法和我们用来处理 QSAT 的算法一样：给定一个输入，我们在多项式空间内构造出“博弈树”，也就是从初始棋盘开始的棋盘格局树。这棵树的叶子依据在该棋盘格局下Ⅰ是否会赢设为**真**或**假**。任意非叶子的棋盘格局看作OR门，若接下来是Ⅰ走；若接下来是Ⅱ走，则看作AND门。我们可以避免有超过两个输入的门，其方法是用足够多的同种类门所构成的二叉树来替换这样的门。所有这些可以在多项式空间内完成。从而我们可以在多项式空间内计算出这棵树，并得到这个输入的回答。

我们现在将从QSAT归约到GEOGRAPHY。假设我们有一个QSAT的实例，比方说

$$\exists x\ \forall y \exists z[(\neg x \vee \neg y) \wedge (y \vee z) \wedge (y \vee \neg z)]$$

这个例子的构造如图19.1所示，推广到其他任意量词化的表达式也是显然的。每一个变量用菱形的“选择构件”来代替，而且所有这些构件都串行排列。起始结点是第一个变量所对应的菱形的顶端结点。在图19.1中从起点出发的任意路径将经过每个菱形的某一侧。我们可以将这样一条路径看做是对变量的真值指派，其中在第i个菱形中，所选择的是值为**假**的文字。也就是说，如果玩家想令x为**真**，则要选择菱形的$\neg x$那侧，反之亦然。注意照这个走法，很明显Ⅰ将决定存在变量，而Ⅱ将决定全称变量。这个做完之后（不失一般性，我们假设最后的量词恰好是存在量词），Ⅱ选择一个对应于某个子句的结点（这些是最底部的结点），所起的作用是想说明这个子句不被所选择的真值指派所满足。在下一步中Ⅰ所能够选择的结点是在该子句中文字所对应的菱形的中间结点。若这个子句没有为**真**的文字，则Ⅰ就无法继续，从而立刻失败。若这个子句中有文字可以满足它（也就是说有文字在这条路径上还没有被经过），那么Ⅰ就选择这个文字，从而Ⅱ将在下一步失败。

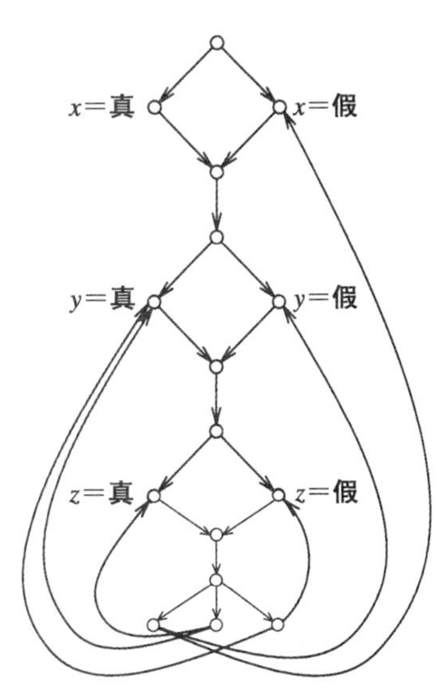

图19.1　对GEOGRAPHY的归约

假设所构造的图会让Ⅰ赢。这意味着无论Ⅱ怎样玩，玩家Ⅰ将选择一条路径导致Ⅱ到达一个已经使用过的城市。而这意味着Ⅰ有一个对第一个菱形的选择，使得Ⅱ无论对第二个菱形怎样选择，对其他菱形以此类推，使得无论Ⅱ选择的是哪个子句结点，Ⅰ总可以选择一个未使用的文字。而对应于所给的QSAT实例，上述可直接翻译成∃的一个制胜策略：∃有一个对x_1的选择，使得不管x_2怎么选择，这样一直下去，最后对所有的子句都存在着一个可满足的文字。从而所给的QSAT为**真**。反过来也同样直接。□

通往围棋之路

围棋是个古老的游戏，它的棋盘由19×19的“点”格构成。若两点在同一行且所在列相邻，或反之，则我们认为这两点是相邻的（若这两点是沿对角线紧靠，则不算相邻）。两个玩家，黑方和白方，交替地在任意未占据的点上放置一块（分别是黑色的和白色的）“棋子”；黑方先开始。两个玩家的目标，大概地讲，是形成大且安全的由自己颜色的棋子所构成的块，并尽可能多地吃掉对方颜色的棋子。我们接下来进一步解释这些术语。

一个黑色块是格上由黑色棋子所生成的子图中的一个连通分支；白色块也是类似的（比方说，图19.2中有3个黑色块和5个白色块）。一个黑色块被包围若该块中没有棋子

和空着的点相邻。一旦一个黑色块被包围了（可能是由于白方将它最后一个空着的出口给堵住了），则所有这些黑色棋子将被白方吃掉，并从棋盘上移走。对于白色块被黑方包围的情形也是类似的。比如说，在图 19.2 左边的黑色块即将被白方包围并吃掉。

图 19.2 右下角中 8 字形的白色块是“安全的”，即它不会有被黑方包围并吃掉的危险。原因是它有两个单一的孔（称为“眼”），使得黑方无法同时填满它们，从而给所有和这两个眼相邻的白色棋子提供了“永久的喘息空间”。因此任意白色块，例如在右上角的白色块，若能通过一条白色路径和安全的 8 字形块连通，那么就安全了。通常，一盘围棋会退化成一场竞赛：一方努力要将一个大的块通过一条路径（其中很多部分可能已经就位）和一个安全块连接上，而对方则努力阻断这个连接。我们所要证明的围棋的 $n\times n$ 的推广是 **PSPACE** 完全的就将基于这样一场竞赛。

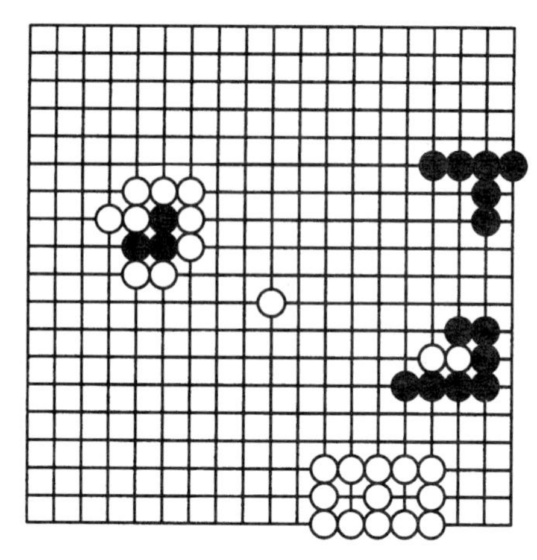

图 19.2　一个围棋格局

为了简化并使我们能够证明围棋是 **PSPACE** 完全的，我们必须稍微修改一下标准的围棋规则。首先，我们将假设棋盘为任意 $n\times n$ 大——这是对有关棋类游戏的任何复杂性证明所必需的。其次，我们将省略那些对证明不会有影响的复杂规则。更重要的是，注意我们还没有确定游戏什么时候终止，以及谁赢。我们将假设游戏将在两个玩家走了 n^2 步之后终止（也就是说，当双方放置了足以填满棋盘的棋子，且无法吃掉对方的棋子）。（一个玩家可以在某一轮放弃下棋子，但这仍旧算做是一步。）最后在棋盘上留下的未被吃掉的棋子最多的那方获胜；万一打平，则假定白方胜㊀。

460～463

我们定义 GO 为如下问题：

GO：给定一个走了 $k<n^2$ 步之后的，带有一些白子和黑子的 $n\times n$ 的棋盘格局，接下来是黑方走。是否黑方会赢？

关于 GO 这类问题的复杂性结果成立的前提条件我们已经描述清楚了。GO 是 **PSPACE** 完全的这个事实（马上就要证明）仅仅意味着除非 **P**＝**PSPACE**，否则没有多项式时间算法能够判断任意一个围棋格局是否导致白方获胜。众所周知，最重要的围棋格局，空棋盘，可能对黑方有利，因此从空棋盘开始，在最优的走法下，将永远不会出现那些我们证明是难以判断的格局。说了那么多，接下来让我们来证明。

定理 19.4　GO 是 **PSPACE** 完全的。

证明：从定理 19.3 证明的开头那段通用的论证中可以得到这个简化规则的推广游戏是在 **PSPACE** 中的。

为了证明完全性，我们将从 GEOGRAPHY 归约到 GO㊁。在从 GROGRAPHY 到 GO 的归约中，我们将不得不利用到在定理 19.3 的证明中所生成的 GEOGRAPHY 图的特殊结构。从某种意义上，这是从 QSAT 到 GEOGRAPHY 归约的延续，GEOGRAPHY 仅仅

㊀ 围棋实际的终止规则要复杂得多，甚至是有些含糊。举例来说，对于下棋的总步数没有一个事先已知的上界，比方说在我们规则中提出的 n^2，因此我们不知道更加忠实地推广下的 $n\times n$ 棋盘的围棋是否在 **PSPACE** 中。

㊁ 不，我们不是指去除字母 E、G、R、A、P、H 和 Y……（“归约”在英文中还有“简化”的意思。——译者注）

是一个起到媒介作用的副产品。

记得在定理19.3的证明中所生成的GEOGRAPHY图（见图19.1）。它有一个非常特殊的结构。若忽略那些从底部结点指向文字的“回边”，这个图是二分的。也就是说，它的结点集合V可以划分成两个集合V_{I}和V_{II}，若当前城市在V_{I}中，则Ⅰ走；若在V_{II}中，则Ⅱ走。V_{I}包含了偶数编号的菱形的顶部和底部结点，以及奇数编号的菱形的中间（文字）结点。V_{II}则包含了所有其他结点。我们可以容易地修改这个图使得每个结点要么入度为1且出度至多为2，或者反之（这可以通过如图19.3所展示的替换来实现）。最后，我们可以将图平面化。考察任意两条交叉边。通过图19.1可以看出它们都是回边，从而在任意一局中它们至多有一条将会被经过。出于这种考虑，我们将这个交叉用图19.4来进行替换。容易发现一旦Ⅰ选择了结点a，则对双方来说，最优的玩法一定是沿着路径$(1,3,4,6,b)$，从而这个替换正确地模拟了那两条被替换的边。Ⅰ选择5，或者Ⅱ选择8，都将导致立刻失败。

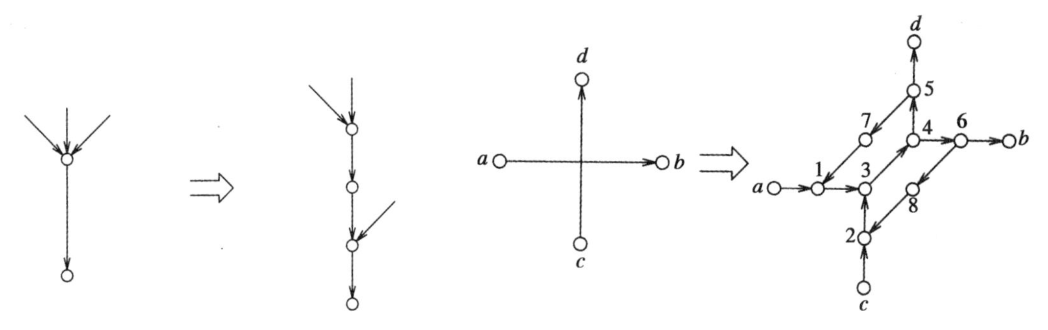

图19.3 在GEOGRAPHY中度的减少

图19.4 在GEOGRAPHY中的交叉边

所生成图的结点可以分成下面的五种：

(a) 玩家Ⅰ的决策结点（见图19.5a）。它们是偶数编号的菱形的顶部结点（如图19.3扩张出来的）子句结点，以及图19.4所引入的被迫的决策结点。

(b) 玩家Ⅱ的决策结点（见图19.5b）。它们是奇数编号的菱形的顶部结点，最下面的菱形的底部结点（更确切地说，是那些如图19.3所示的被扩展的结点）。

(c) 归并节点（见图19.5c）。它们是所有菱形的底部结点，以及图19.4中的一个结点。

464~465

(d) 测试节点（见图19.5d）。它们是所有菱形的中间结点，有可能如图19.3所示的那样扩展出来。游戏的最后一步是在它们中的某个点上。

(e) 最后是入度和出度都为1的平凡节点（见图19.5e）（包括底部的结点，以及图19.3和图19.4中所引入的某些结点）。

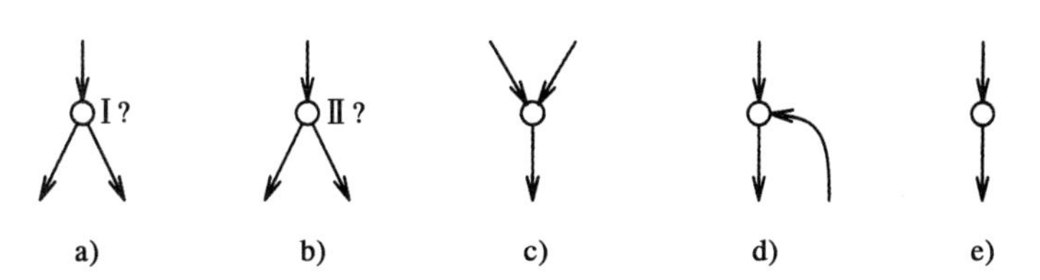

图19.5 五种结点

我们将要构造的围棋格局具有如下结构：棋盘是一个 $n \times n$ 的网格，其中 n 要足够大（$n=20|V|$ 可以够用）。我们在第（n^2-n）步——也就是说，我们还有 n 步要走。一大部分网格被一个大的白色块所占据，但它几乎要被一个较小的黑色块所包围（见图 19.6）。这个白色块足够大（剩余的步数非常少）以至于整盘游戏的胜负取决于白色块是被吃掉，还是成功地连到按照我们将要描述的方式散布在棋盘上的众多较小的安全白色块中的某个。

466

接下来是白方下棋。这个白色块除了一条狭窄的"管道"外，其他都已经被黑色棋子包围（见图 19.6）。这个管道也被黑色块所包围，但它通向了一小片"气"（一或两个未占据的点）。这个管道将通向模拟 GEOGRAPHY 图中五种结点的结构（这个管道的开头部分模拟了起始结点）。事实上，这些模拟边的管道，以及模拟图中各种结点的结构形成了 GEOGRAPHY 图在 $n \times n$ 网格上的一个"嵌入"。为了实现这个嵌入，有必要如图 19.6 所示将管道"弯曲"（容易发现可以嵌入网格中并满足它的边的任意平面图是由多条水平和垂直线段构成）。我们的想法是白方有办法保证管道到达一个安全的白色块当且仅当原来的 GEOGRAPHY 实例对玩家Ⅰ有利。

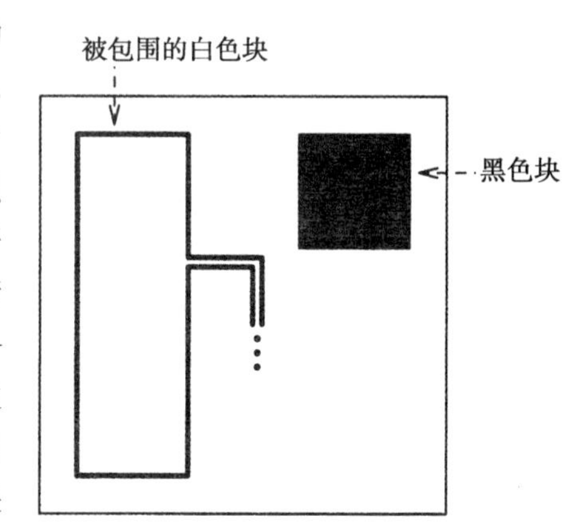

图 19.6　格局的一般结构

(a) 玩家Ⅰ的决策结点用图 19.7a 中的围棋格局来模拟。当玩家进入到这一部分时，管道的顶部连接着那块大的白色块，而且接下来是白方下。若白方不将白子下在图中位置 1 或者位置 2，则黑方胜：黑方下在 1（若白方下在 5，则为 2），这将迫使白方下在 2（或分别是 1），从而黑方下在 5（或分别是 3）并完成对白色块的包围。因此，白方必须下在位置 1 或者 2，而这模拟了在 GEOGRAPHY 中Ⅰ在当前结点对右侧边或左侧边的选择（注意角色是反的：若Ⅰ在 GEOGRAPHY 中选择了左侧边，则在 GO 中白方将选择*右边*的管道）。若白方下在 1，则黑方下在 2 从而封死另一侧管道。白方一定以位置 3 响应，黑方一定接着下在位置 4（否则，白方将连到 8 字形块，从而获胜），在这个构造中的游戏就结束了。对称地，若白方下在 2，黑方则下在 1，接着白方 5，黑方 6。注意在下一个结构中又是白方先下（因此白方先下的前提仍然成立）。

(b) 玩家Ⅱ的决策结点用图 19.7b 中的围棋格局来模拟。唯一的区别是白方必须先下在位置 0，然后黑方选择是下在 1 还是 2。

(c) 归并结点用图 19.7c 来模拟。白色块要么是和左边管道相连，要么是和右边管道相连。取决于白色块和哪侧管道相连，白方下在 1 或 2 从而将其进一步与向下的管道相连，而黑方接下来必须下在另一个未被白方占据的点上（否则黑方将立即失败）。

(d) 测试结点用图 19.7d 来模拟。这些结点有可能被玩家访问两次：一次紧跟在所对应的决策结点之后，另一次在最后。对于第一次访问，一旦上面的管道和白色块相连通，

467

白方一定下 1，黑方则必定下在 2（否则白方将连接到垂直的 8 字形块），然后棋局将进入到管道下方所连接的结构。如果最后棋局通过右边的管道又进入这个结构，那么白方一定下在 3。这时候，若曾经进入过这个结构（也就是说，若它所对应的是 GEOGRAPHY 中未使用过的城市，或 QSAT 中一个值为**假**的文字），则在位置 2 有一个黑棋子，从而黑棋

子下在位置 4 并赢得胜利。否则，黑方无法同时占据 2 和 4，从而白方可以在下一步连通垂直的 8 字形块并获得胜利。

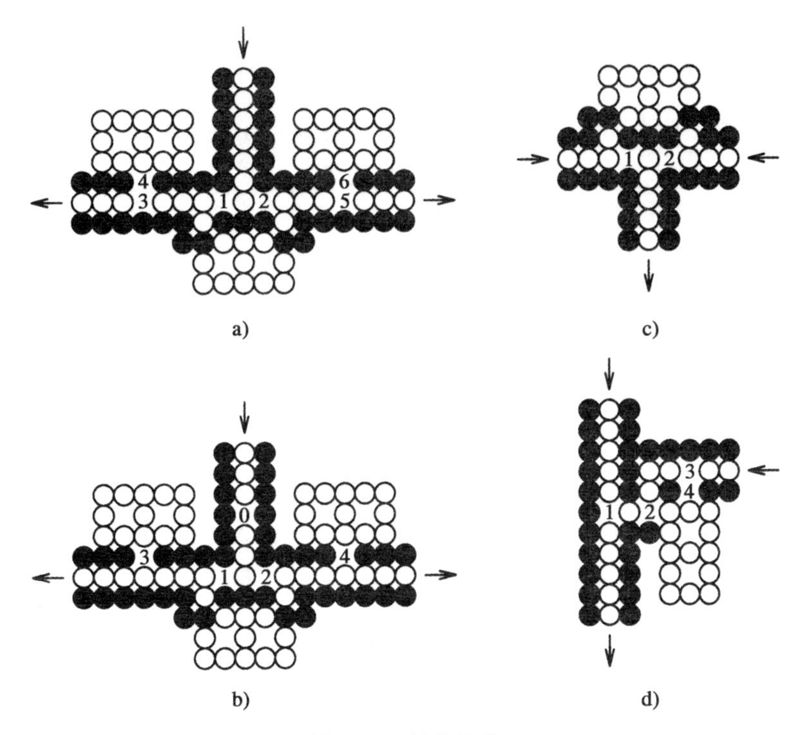

图 19.7　结点结构

(e) 入度和出度为 1 的平凡结点在我们的构造中没有表示出来。一个管道可以模拟由这样的结点构成的任意长的链。在 GEOGRAPHY 中这类结点的目的就是控制接下来玩的人是谁。而在我们的围棋实例中，白方永远先下。

468

从对围棋格局的各种组成部分的讨论中我们可以得到：所构造的位置对白方有利（换句话说，面对黑方各种可能的策略，白方有一个制胜策略）当且仅当所给的 GEOGRAPHY 实例对玩家 I 有利（当且仅当 QSAT 实例对玩家 ∃ 有利）。 □

19.2　对抗自然的博弈和交互协议

考虑下面随机的调度问题：给定一个有向无环图 $G=(V,E)$，其中结点是需要在两个处理器上执行的任务（见图 19.8）。两个处理器是完全相同的，每个任务都能够在任意一个上面运行。如果某个任务的任意前驱完成了，则该任务能够在处理器上开始运行。也就是说，这个调度问题中的前驱是一些可相互替代的先决条件，其中至少要有一个必须被执行。这是第一个使该问题有别于一般调度问题的特质。其次，存在一个包含了强制任务的 V 的子集 M。只有这些任务必须执行，其余的任务只在作为先决条件的时候才执行（M 中的任务在图中用实心点说明）。另外，也许是最重要的，任何任务（不管是不是强制任务）在任意处理器上的执行时间是单位泊松随机变量。也就是说，对于任意 $t\geqslant 0$，执行时间至多为 t 的概率等于 $1-e^{-t}$。不同任务的执行时间是相互独立的。我们寻找一个调度策略，它最小化直到所有强制任务被完成的总的期望时间。

让我们看一下在这个问题中一个调度策略是怎样构成的。在任意时刻，有一些能够调度的任务（也就是说，要么它们在 G 中没有前驱，要么至少有一个前驱已经完成）。任意合理的策略将选取两个任务（假设存在两个或者更多的任务）并且调度它们。如果只存在一个这样的任务，没有其他选择，只能将其调度到机器上。假设现在两个正在执行的任务中的一个已经完成。在这个事件发生之前期望的经过时间就是$\frac{1}{2}$（两个单位泊松随机变量的较小值）。因为泊松分布的*无记忆性质*，所以很容易看出另一任务需要至多 t 的额外运行时间的概率*仍然*是 $1-e^{-t}$。换句话说，任务的执行时间分布没有被影响，尽管它已经执行了使另一个任务完成的时间。因此*暂停执行第二个任务并且开始新的一轮调度仍然是*最优策略。现在我们必须决定任务中的哪两个是可用的，*包括暂停的那个*，然后调度它。两个连续决定之间的时间间隔称为*决定周期*。如果在一个决定周期中只有一个任务被执行，则期望的完成时间是 1。

469

我们希望最小化完成所有强制任务的期望时间。这个期望值容易计算：

$$\frac{1}{2}T_2+T_1$$

其中 T_2 是两个任务执行时决定周期的总数，T_1 是只有一个任务能够执行时决定周期的总数。我们希望找到一种策略（也就是说，一个函数，其输入为任意可能的至少有两个可用任务的给定任务图的子图，输出两个可用的任务来执行）最小化这个期望值。我们能够定义下面的计算问题：

STOCHASTIC SCHEDULING：给定一个任务图 $G=(V,E)$，一个强制任务的集合 $M\subseteq V$，和一个有理数 B，是否存在一个调度策略使得$\frac{1}{2}T_2+T_1$ 的期望值小于 B？

这是一个典型的*在不确定下做决定*的问题。我们不断面对一个决定（例如，调度哪个任务），紧接着一个随机事件（在我们的例子中，哪个任务先完成），接着是一个新的决定，然后是新的随机事件，如此反复。程序的输出取决于决定和随机事件。我们希望设计一个策略来优化输出。

在不确定下做决定的问题可以看成对抗随机化的敌手的一种特殊博弈：一个“对抗自然的博弈”。其框架，就“局面”，移动的数目等而言，与普通的博弈相同。差别是现在一个参与者努力取得胜利，但是另一个人对于胜利没有兴趣，*随机地参加*。第一眼看上去这似乎是一个最有利的情况，且暗示在计算上这也是简单的。但事实并非如此。在这个博弈中，我们与自然对抗的目标是找到一个*使赢的概率*（或者其他期望的回报）*最大的策略*。结果是在计算上和与最优化的敌手博弈一样难！

很显然，存在一个可满足性的变种能够刻画这种情况：

SSAT（*随机可满足性*）：给定一个布尔表达式 ϕ，是否存在一个 x_1 的真值，使得如果随机选择 x_2 的值，存在 x_3 的一个真值，等等，使得 ϕ 最终被满足的概率大于$\frac{1}{2}$？它能够写成

470

$$\exists x_1 \mathbf{R} x_2 \exists x_3 \mathbf{R} x_4 \cdots \mathbf{prob}[\phi(x_1,\cdots,x_n)=\textbf{真}]>\frac{1}{2}$$

其中我们使用了一个新的量词 $\mathbf{R}x$，很显然定义为“对于随机的 x”。

我们可以定义一个自然的交错多项式时间的变种来刻画这类在不确定下做决定的问题：

定义 19.1　*概率性交错图灵机*是一个精确的交错多项式时间图灵机 M，其在输入 x

上所有的计算有相同的长度$|x|^k$，且非确定性选择的数目都是2。而且，计算严格在两个不相交的集合中交替，我们称其为K_+和K_{MAX}（而不是通常的K_{OR}和K_{AND}）。

考虑一个在概率性交错图灵机的输入为x时的计算中的格局C。格局C的接受计数定义如下：如果C的状态是接受状态，则计数为1；如果是拒绝状态，则计数为0；否则，如果C的状态在K_+中，则C的接受计数为两个后继格局的接受计数之和。最后如果C的状态在K_{MAX}中，则C的接受计数为两个后继格局的计数的最大值。如果初始格局的接受计数大于$2^{|x|^k-1}$，则我们称概率性交错图灵机M接受x。

换个说法，如果对于每个状态在K_{MAX}中的格局C，可以从两个后继格局中选出一个使得我们考虑的最终有$2^{|x|^k}$个叶子（原始的树高度为$|x|^k$）的计算树中大部分叶子是接受的，则M接受x。

我们定义被概率性交错多项式时间图灵机判定的所有语言的类为**APP**（这是基于交错的**PP**）。□

下面所述可能有点令人惊奇。

定理 19.5　**APP**=**PSPACE**。

证明：一个方面，我们证明被概率性交错机器接受的能够在多项式空间被判定。我们的算法保持一个直到目前所看到的接受叶子的计数，初始为0；我们也保存当前访问的格局。如果一个接受格局被访问，则计数加1，但如果得到了拒绝格局，计数保持不变；然后我们返回前驱格局（很容易从当前的格局计算得到）。如果一个K_{MAX}格局第一次被到达，我们的算法非确定性地选择两个后继计算之一（根据Savitch的定理，非确定性在多项式空间中是不重要的）并且从这继续下去。当一个K_{MAX}格局通过其某个后继到达（算法已经计算了整个子树），我们继续追溯其前驱。如果一个K_+格局第一次被到达，则算法接下来访问其第一个后继；当访问完第一个子树后返回，算法访问第二个后继；接着返回到其前驱。如果计数大于$2^{|x|^k-1}$，则输入被接受。显然只有计数（多项式个位）和当前的格局需要维护。

471

另一个方向是**NP**⊆**PP**（见定理11.3）的一个更加精巧的证明。假设L能够被交错图灵机M在n^k的时间内判定。我们能够设计一个概率性交错机器M'来判定L，构造如下：M'首先（从一个K_+状态）分成两个状态：一个继续原来的M在输入上的计算，另一个有单一的一个接受计算，并且执行相同的多项式步。假设存在一种给M'的计算树的每个K_{MAX}格局后继的选法，使得最终的树的大部分的叶子都是接受的。因为只有一个接受叶子能够从后半部分叶子中得到（这些对应于开始状态的第二个分支），所以这意味着所有的前半部分叶子必须被接受（这些反映了M的计算），因此输入是在L中的。相反方向也很容易。□

可以立刻得到下面的结论：

定理 19.6　SSAT是**PSPACE**完全的。

证明：一个判定SSAT的概率性交错多项式时间图灵机猜测变量的真值，只在K_{MAX}的状态中猜测存在量词的变量，在K_+的状态中猜测随机量词的变量。严格交错能够通过插入虚状态来实现。

为了说明完全性，考虑被概率性交错图灵机M判定的**PSPACE**中的任意语言L和输入x。通过Cook定理，我们能够构造一个刻画M在x上的计算表达式。为了反映出概率性交错图灵机关于接受的定义，我们需要做的是通过随机量词量化表示从 K_+ 的一个状态中做出非确定性选择的变量，并用存在量词量化其他所有的变量。很自然地，对应于非确定性选择的量词按照这些选择的时间顺序排列。 □

定理 19.7　STOCHASTIC SCHEDULING 是 **PSPACE** 完全的。

证明： STOCHASTIC SCHEDULING 能够被下面的概率性交错机器判定：选择两个要执行的任务这件事可以被一串来自 K_{max} 状态的 $2\log|V|$ 个非确定性选择所模拟，每个非确定性选择猜测两个要执行的任务的比特位（为了遵守交错的要求，这串非确定性选择中要插入一些虚拟的 K_+ 状态）。随机地选择两个任务中的一个先完成这件事可以被一个 K_+ 状态所模拟。

STOCHASTIC SCHEDULING 问题中存在一个困难，如果期望的时间比给定的时间界 B 小，则我们接受，但是概率性交错机器接受的条件是接受的概率大于一半。这能够通过下面的过程矫正：目前为止描述的机器的每个计算以一个调度为终结，花费为 $T=\frac{1}{2}T_2+T_1$。根据每个这种格局，我们从 K_+ 状态做出 $\log|V|+1$ 个非确定性选择（同样与 K_{MAX} 状态交织在一起），使得所生成的子树总的接受叶子数恰好是总的 $2|V|$ 个中的 $|V|+2B-2T$ 个——这里我们不失一般性地假设 $|V|$ 是 2 的幂。如果我们为 K_{MAX} 格局做出一个选择（也就是调度策略），接受的概率就是 $\frac{|V|+2B-2\overline{T}}{2|V|}$，其中 $\overline{T}$ 是选择的调度策略期望的完成时间。很显然这个概率大于 $\frac{1}{2}$，当且仅当按照要求 $\overline{T}<B$。

为了说明 STOCHASTIC SCHEDULING 是 **PSPACE** 完全的，我们需要将 SSAT 归约到它。我们简述这个归约（见图 19.8 作为例子）。给定一个有 n 个变量和 m 个子句的 SSAT 的实例，任务图 G（表面上非常类似于 GEOGRAPHY 图的构造）。该图包含了一堆对应于变量的结构，加上对应每个子句的任务。对应于存在变量的结构是一个菱形（顶上的那个），其中最好的策略是选择一边，并且同时调度里面的两个任务。这个的功能类似于相应的变量选择一个真值指派。对应于随机变量（从上数第二个）的结构更加简单：现在最佳的调度策略是同时调度两边（让自然来决定真值指派）。唯一强制任务是该堆底部的那个结点（因此必须调度一条贯穿该堆的路径），加上对应子句的任务。每个对应子句的任务出现在其中出现的所有文字之后，加两个称为“放弃任务”的非强制任务。记得对于一个将要调度的任务，其任意一个（不是所有）前驱必须已经完成。一旦贯穿堆的路径已经完成（在机器完全忙碌的 $2n+1$ 个周期中），存在两个选择：如果得到的真值指派满足所有的子句，则我们调度最底下的任务，所有 m 个子句花费 $m+1$ 个周期，其中最后一个是空闲的（总的经过时间为：$\frac{1}{2}T_2+T_1=\frac{1}{2}(2n+1+m)+1=\frac{(2n+m+3)}{2}$）。否则，我们能够首先调度放弃的任务，

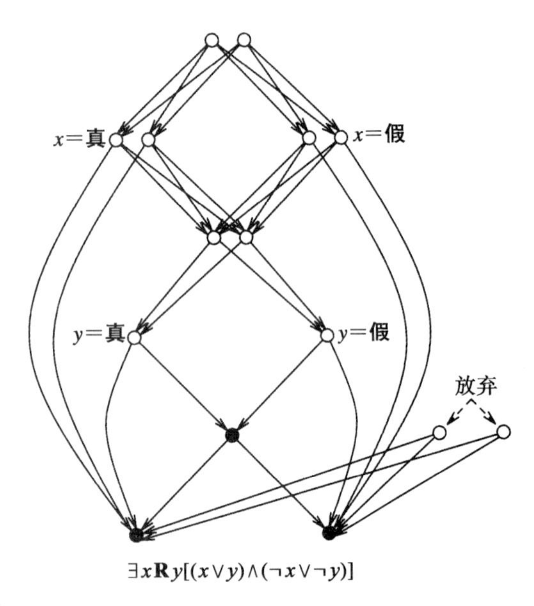

图 19.8　随机调度

当其中之一完成后，调度子句，花费额外的忙周期（总的经过时间为$\frac{2n+m+4}{2}$）。由此得出，如果p是在给定的存在变量的真值指派下满足所有子句的概率，则相应调度策略的期望是$p\frac{2n+m+3}{2}+(1-p)\frac{2n+m+4}{2}$，其小于$B=\frac{4n+2m+7}{4}$当且仅当$p>\frac{1}{2}$。 □

存在更多的在不确定性下是**PSPACE**完全的决策问题（见参考文献）。

交互协议

在定义**PP**后的第11章，我们立刻用类似的定义定义了一个弱的类**BPP**，但是有额外的要求，即接受或者拒绝的概率远远不是$\frac{1}{2}$（至少$\frac{3}{4}$的概率接受，至多$\frac{1}{4}$的概率拒绝）。我们能够类似地放松类**APP**的定义（我们已经证明其等价于**PSPACE**）来定义一个相似的交错类，称为**ABPP**。对于在**ABPP**中的一个语言，存在一个概率性交错图灵机使得如果输入x在L中，则存在一个对计算树中的K_{MAX}格局的后继格局的选择集合，使得至少最终树中$\frac{3}{4}$的叶子是接受的。相反，如果$x\notin L$，则对于K_{MAX}格局的所有后继选择，树中至多有$\frac{1}{4}$的叶子是接受的。

472～474

ABPP和**IP**之间有一个紧密的联系，**IP**是能够被交互协议判定的类（见12.2节）。任意**ABPP**计算可看成是交互协议，而且事实上爱丽丝能够看见的鲍勃的随机位（到目前为至所用到的随机位能够从非确定性计算树的当前结点推出）。当然错误概率是$\frac{1}{4}$，而不是交互协议要求的$2^{-|x|}$，但是这没区别（见11.3节中的讨论）。因此**ABPP**⊆**IP**。反过来，**IP**是**PSPACE**的子集：在多项式空间中我们能够逐个检查鲍勃和爱丽丝之间所有可能的交互，计算接受的概率。因此我们得到下面的一条包含的链：

性质 19.1 **ABPP**⊆**IP**⊆**APP**=**PSPACE**。 □

在非确定性计算领域，如**BPP**所刻画的，通过“接受”和“拒绝”中谁占大多数进行判定的概率计算，看上去要实质性地弱于**PP**所刻画的截割的判定标准。如果**BPP**包含**NP**（就像**PP**包含**NP**），则很不寻常，因为这样的话，则所有的**NP**完全问题有可靠的实际的随机算法：这样的可能性很小。非常令人惊讶，在交错的世界中，截割的判定标准和利用“多数投票”的判定标准是等价的，性质19.1中的包含链崩塌！难的部分是证明上等式（下等式是下面证明的推论）：

定理 19.8 （Shamir定理）：**IP**=**PSPACE**。

证明：一个包含关系从性质19.1中得出。对于另一个包含，因为**IP**显然在归约下封闭，所以说明**PSPACE**完全问题QSAT在**IP**中就足够了。我们将通过描述一个判定QSAT的很聪明的交互协议来说明。假设爱丽丝和鲍勃有一个量化的布尔表达式ϕ，

$$\phi=\forall x\exists y(x\vee y)\wedge\forall z((x\wedge z)\vee(y\wedge\neg z))\vee\exists w(z\vee(y\wedge\neg w))\tag{19-1}$$

注意，因为某个原因，我们不假设表达式是前束式，这个原因很快就会说明。但是表达式（19-1)有另一个有用的性质：变量的每次出现与其量化的地方不会被多于1个的全称量词分隔。我们称这种表达式是简单的。结果显示，我们可以不失一般性地假设给定的表达式是简单的：

引理 19.1 任何量化的布尔表达式ϕ能够在对数空间内转化成等价的简单表达式。

证明：考虑全称量词$\forall y$和一个在$\forall y$之前量化，在$\forall y$之后使用的变量x。也就是说，ϕ形如$\cdots Qx\cdots\forall y\psi(x)$。我们将$\phi$转化为：

475

$$\cdots Qx\cdots\forall y\exists x'((x\wedge x')\vee(\neg x\wedge\neg x'))\wedge\psi(x')$$

也就是说，我们引入一个新的存在量化变量x'，这将是x的新名字，并且规定在析取范式中x和x'必须相等。因此，对于每个全称量化变量y，从表达式的头开始，我们对其他每个在y之前量化、在y之后使用的变量x，按照上面所述修改ϕ。因为对于每个y，我们需要做好几次修改，次数由ϕ中原始的变量数限制，所以可以在$\mathcal{O}(n^2)$步内得到简单的表达式。□

对于简单的表达式ϕ，协议首先将ϕ转换为一个大致等价的算术表达式，让爱丽丝说服鲍勃ϕ的算术化不为0。我们能够假设在ϕ中，否定只应用于变量，而非子表达式。如若不然，我们能够"传播"任意的否定符号，经过其他的逻辑连接符和量词，直到到达变量那层，参考定理8.1的推论中到MONOTONE CIRCUIT VALUE的归约。这必须在前面段落所述的将表达式转化成简单表达式之前完成。为了算术化ϕ，我们将布尔变量转换成整数变量，替换规则是$x=0$意味着x是**假**，$x=1$意味着x是**真**。$\vee$换成$+$，$\wedge$换成$\times$。最终所有**假**的表达式转换成0，所有**真**的表达式转换成任意正值。$\neg x$被$1-x$模拟（记得我们没有一般表达式的取反）。存在量化一个关于变量x的表达式等价于（对于$x=0,1$）表达式的算术化的值相加。类似地，全称量化对应取两个值的乘积。例如，式（19-1）中ϕ的算术化是：

$$A_\phi=\prod_{x=0}^{1}\sum_{y=0}^{1}[(x+y)\cdot\prod_{z=0}^{1}[(x\cdot z+y\cdot(1-z))+\sum_{w=0}^{1}(z+y\cdot(1-w))]]\tag{19-2}$$

和及积的范围扩展到表达式末尾。我们称这种表达式为$\sum$-$\prod$表达式。注意，因为ϕ是一个没有自由布尔变量的完全量化的表达式，所以A_ϕ也没有自由变量，其值为非负整数。例如，上面的A_ϕ值是96。实际上，我们期望值是非零，因为ϕ是**真**。算术化的重要性质能够用下面的引理描述：

引理 19.2　对于任意用$\wedge$、$\vee$和否定连接的变量上的量化表达式ϕ，ϕ为**真**当且仅当$A_\phi>0$。

476

证明：我们将通过ϕ结构上的归纳证明一个稍微强一点儿的命题：

对于任意表达式ϕ和其自由变量的任意真值指派，如果ϕ的真值是**真**，通过A_ϕ及其自由变量根据**真-假**和1-0之间的显然的对应关系取值，其值为一个正整数；如果ϕ是**假**，则值为零。

这个声明对文字当然成立。如果$\phi=\psi_1\vee\psi_2$，则ϕ为**真**当且仅当ψ_1和ψ_2中至少有一个为**真**，通过归纳，其发生当且仅当A_{ψ_1}和A_{ψ_2}中至少有一个取正数，又当且仅当$A_\phi=A_{\psi_1}+A_{\psi_2}$取正值（通过归纳，我们知道$A_{\psi_1}$和$A_{\psi_2}$是非负整数）。对于$\wedge$，$\forall x$和$\exists x$的归纳步骤非常相似，因此省略。□

因此，爱丽丝要使鲍勃相信的是给定的$\sum$-$\prod$表达式的值是正整数。第一步，爱丽丝希望将这个整数发送给鲍勃（她当然能够用她的指数计算能力计算）。但是有一个问题：这个数可能太大了。例如，$\sum$-$\prod$表达式

$$\prod_{x_1=0}^{1}\prod_{x_2=0}^{1}\cdots\prod_{x_k=0}^{1}\sum_{y_1=0}^{1}\sum_{y_2=0}^{1}(y_1+y_2)\tag{19-3}$$

求得4^{2^k}——这个数有指数个位，因此不可能计算并传输。这个问题由下面的引理解决。

引理 19.3　如果 $\sum$-$\prod$ 表达式 A 的值的长度为 n，且为非零，则存在一个在 2^n～2^{3n} 的素数 p，使得 $A \neq 0 \bmod p$。

证明： 假设对于这个范围内的所有素数 $A=0 \bmod p$。通过中国剩余定理（引理 10.1 的推论 2），模这些素积的乘积为 0。我们将说明这个乘积大于 A 的值，因此真值为 0，这和 ϕ 为**真**的假设矛盾。

首先，很容易看到 A 的值最多为 2^{2^n}：每个额外的运算（加、乘、累加、累乘）最多将原来的值平方（实际上，只有乘和累乘会取平方，其他运算最多变为两倍）。因为 A 中存在最多 n 个运算，所以我们得到结论，值不超过 2^{2^n}。

接下来，我们将说明 2^n～2^{3n}之间的不同素数至少为 2^n 个，因此其乘积大于 2^{2^n}。这样引理就证明完了。它由素数定理产生（关于素数分布的一个重要而且深刻的结果，见问题 11.5.27 中的讨论）。但是下面的简单计算也能推出：

477

断言　素数 n 的个数至少为$\sqrt{n}$。

断言的证明： 如果数 $i \leqslant n$ 不能被任意小于$\sqrt{n}$的素数分解，则 i 是素数。现在对于小于等于 n 的数，最多有一半能够被 2 整除。对于剩下的数，最多有 1/3 的数能够被 3 整除。对于所有的直到$\sqrt{n}$的素数，以此类推。因此最大为 n 的所有素数的个数至少为 $n\prod_{p \leqslant \sqrt{n}} \frac{p-1}{p}$，$p$ 的范围是所有不超过$\sqrt{n}$ 的素数，其至少与 $n\prod_{i=2}^{\lfloor\sqrt{n}\rfloor} \frac{i-1}{i} \geqslant \sqrt{n}$ 一样大。　□

根据这个引理，通过爱丽丝自己选择的素数 p，其中 $2^n \leqslant p \leqslant 2^{3n}$，爱丽丝说服鲍勃 $\sum$-$\prod$ 表达式 A 值为非零数的整个协议能够获得。现在让我们用式（19-2）中的 $\sum$-$\prod$ 表达式 A 作为例子，具体讨论该协议。

爱丽丝首先给鲍勃发送素数 p 以及它是素数的凭证，所有计算都要模这个素数——假设这个数是 13（暂时忽略至少为 2^n 的要求）。她也发送凭借指数能力计算出的 $A \bmod p$ 的值 a，——在我们的例子中，$a=96 \bmod 13=5$。

计算分步进行，每个阶段对应 A 中的每个 $\sum$ 和 $\prod$ 符号。在每个阶段的开始，存在一个的以 $\sum_x$ 或 $\prod_x$ 开头的 $\sum$-$\prod$ 表达式 A，以及由爱丽丝提供的 a 模 p 的值。如果第一个 $\prod$ 或 $\sum$ 被删除，则得到的表达式为 x 的多项式，称为 $A'(x)$。鲍勃从爱丽丝那里求得多项式的系数（这很难计算，但对爱丽丝却并非如此）。由于重复平方（考虑将上面 $\sum$-$\prod$ 表达式（19-3）中最后括号中的 y_1 替换成 x_1），通常该多项式的度数能够达到 n 的指数。但是我们已经假设原始的表达式是简单的，则 $A'(x)$ 能够写成只有一个 $\prod$ 符号——其他的是不包含 x 的量的乘积，因此是常数。因为除了 $\prod$ 外，其他任意的符号至多能够增加 $A'(x)$ 度数 1 度，所以 $A'(x)$ 的度数最多为 $2n$。因此爱丽丝传输 $A'(x)$ 的系数给鲍勃是没有问题的。

在我们的例子中，多项式 $A'(x)$ 是 $2x^2+8x+6$。一旦鲍勃收到它，他检验 $A'(0) \cdot A'(1)=a \bmod p$（在我们的例子中，$6 \cdot 16=5 \bmod 13$），因此给出的多项式与宣称的值 a 一

致。鲍勃现在想要删除开头的 $\prod_x$ 符号并继续检验新的更小的 $\sum$-$\prod$ 表达式 A。但是如果他这么做，剩余的表达式有自由变量 x，因此不是相同性质的求值问题。为了将其转化为没有自由变量的求值问题，鲍勃将 x 替换为一个随机数模 p，假定是 9。得到的 $\sum$-$\prod$ 表达式是

478

$$\sum_{y=0}^{1}[(9+y)\cdot\prod_{z=0}^{1}[(9\cdot z+y\cdot(1-z))+\sum_{w=0}^{1}(z+y\cdot(1-w))]]$$

因为这只是 $A'(9)$，而爱丽丝声称 $A'(x)$ 是 $2x^2+8x+6$，所以如果爱丽丝是正确的，则新的 A 值为 $a=2\cdot 9^2+8\cdot 9+6=6 \bmod 13$。我们因此能够开始新的一轮。

$A'(y)$ 是删除开头的 $\sum$ 的 A。爱丽丝计算出其为 $A'(y)=2y^3+y^2+3y \bmod 13$，并将这个消息发送给鲍勃。鲍勃检查 $A'(0)+A'(1)=6 \bmod 13$。现在他能够删除开头的 $\sum$，并将 y 替换成一个随机数模 13，假定是 $y=3$。声称新表达式的值是 $A'(3)=7 \bmod 13$。现在新表达式从因子 $(9+3)=12 \bmod 13$ 开始。如果 12 乘上剩余的表达式得到 $7 \bmod 13$，那么剩余的表达式一定是 $7\cdot 12^{-1} \bmod 13$，鲍勃也可以用欧拉算法来判定 $12^{-1}=12 \bmod 13$。于是得出声称的剩余表达式

$$A=\prod_{z=0}^{1}[(9\cdot z+3\cdot(1-z))+\sum_{w=0}^{1}(z+3\cdot(1-w))]$$

的值为 $a=7\cdot 12=6 \bmod 13$。我们可以开始下一轮了。

删除 A 中开头的 $\prod$，我们有 $A'(z)$，爱丽丝声称 $A'(z)=8z+6$。鲍勃检查 $A'(0)\cdot A'(1)=6=a \bmod 13$。他给 z 产生一个随机值，假定是 7。从 A 中删除开头的 $\prod$ 后得到的新表达式的值一定是 $A'(7)=10 \bmod 13$。这个表达式的开头项是 $(9\cdot 7+3\cdot(1-7))=6 \bmod 13$。因为我们假设整个表达式的值为 10，所以剩余的表达式是

$$A=\sum_{w=0}^{1}(7+3\cdot(1-w))$$

的值一定是 $a=10-6=4$。现在爱丽丝声称 $A'(w)=10-3\cdot w$。鲍勃检查 $A'(0)+A'(1)=a=4 \bmod 13$。最后，因为在 $A'(w)$ 中不再存在 $\sum$ 和 $\prod$ 符号，所以鲍勃能够自己检查声称的 $A'(w)$ 是否正确。如果正确，则鲍勃确信 $\sum$-$\prod$ 表达式（19-2）模 p 为非零，因此不可能是零。即（19-1）中量化的表达式 ϕ 是**真**。

很显然，如果 A 的值为非零，则协议能够说服鲍勃相信这件事。剩下的就是说明，如果 $A=0$，则爱丽丝几乎不可能说服鲍勃。证明很简单：我们要证明，如果 $A=0$ 且爱丽丝以一个非零数 a 开始，则第 i 轮声称的 a 值是错的概率为 $\left(1-\frac{2n}{2^n}\right)^{i-1}$。

479

爱丽丝声称的第一个值 a 是非零的，因此一定是错的；因此当 $i=1$ 时，命题是对的。通过归纳，对于 $i>1$，我们知道第 $i-1$ 个值错误的概率是 $\left(1-\frac{2n}{2^n}\right)^{i-2}$。假设这个值确实是错的。因为在第 i 轮，爱丽丝产生的多项式 $A'(x)$ 一定使 $A'(0)+A'(1)$（根据第 i 个符号是 $\sum$ 还是 $\prod$，也可能是 $A'(0)\cdot A'(1)$）是错误的值，爱丽丝必须提供一个错误的多项式——一个不同于正确多项式的多项式 $A'(x)$，记作 $C(x)$。现在 $C(x)-A'(x)$ 是一个度数为 $2n$ 的多项式，因此最多有 $2n$ 个根（见引理 10.4）。因此鲍勃产生在 $0\sim p-1$ 之

间的随机数 x 是其中一个根的概率至多是 $\frac{2n}{p}$（这是我们取 p 至少为 2^n 的原因）。在第 i 轮中，值 a 错误的概率至少为第 $i-1$ 轮值为错误的概率乘以 $\left(1-\frac{2n}{2^n}\right)$，从而证实了命题。

根据声明，在最后一轮，鲍勃将知道爱丽丝欺骗他的概率是 $\left(1-\frac{2n}{2^n}\right)^n$，只要 n 足够大，概率能够任意接近 1。最后，为了达到交互证明定义要求的置信度 $1-2^{-n}$，重复两次协议就足够了。 □

推论　**ABPP＝IP＝PSPACE**。

证明：只要注意在上面证明的交互协议中，爱丽丝可能很了解鲍勃产生的随机位——这些随机位是每一轮的随机求值点，该信息对爱丽丝来说没有用。因此协议能够以 QSAT 计算树的形式来表示，其结点在随机化点和最大化点之间交替，因此接受和拒绝都需要绝大多数。 □

19.3　更多的 PSPACE 完全问题

下面是一个基本的 **PSPACE** 完全问题：

IN-PLACE ACCEPTANCE：给定一个确定性图灵机 M 和一个输入串 x，问 M 是否能接受 x 并且计算时，不越过输入带上第 $|x|+1$ 个字符？

定理 19.9　IN-PLACE ACCEPTANCE 是 **PSPACE** 完全的。

证明：显然它是属于 **PSPACE** 的：在线性空间内，对于输入 x，我们可以模拟 M，并记录运算的步数。如果图灵机拒绝或者企图添加一个空白字符⊔（从而违反了“就地”的要求），或者图灵机运行的步骤超过了 $|K||x||\Sigma|^{|x|}$ 步，则我们给出拒绝。

然后假设语言 L 在 **PSPACE** 内，可以被图灵机 M 在 n^k 空间内接受。显然 M 接受 x 当且仅当 M 就地接受字符串 $x\sqcup^{n^k}$（即我们在 x 后面追加 n^k 个空白字符）。故 $x\in L$ 当且仅当（$M,x\sqcup^{n^k}$）是 IN-PLACE ACCEPTANCE 的一个“yes”实例。 □ 480

下面的一种变形也是很有用的：

IN-PLACE DIVERGENCE：给定一个确定性图灵机 M 的描述，M 是否能在不超过 $|M|$ 个字符的带上不收敛地计算下去？

推论　IN-PLACE DIVERGENCE 是 **PSPACE** 完全的。

证明：显然它在 **PSPACE** 中。我们可以把 IN-PLACE ACCEPTANCE 归约到 IN-PLACE DIVERGENCE：对给定的 M 和 x 我们设计一个 M'，它首先在空串上输入 x，M' 接着模拟 M，并记录步数。当 M 即将接受时，通过重置步数为 0 且将字符串清空来初始化 M'，使之不收敛。如果对于输入 x，M 表现出任何其他的行为（例如，拒绝、检测到不收敛、加入空白符号等），则我们终止 M'。显然 M' 从任意格局开始有一个不收敛的计算当且仅当它从具有空串的初始格局开始有一个不收敛计算，而这种情况的发生当且仅当 M 接受 x。 □

我们可以通过从 IN-PLACE ACCEPTANCE 和 IN-PLACE DIVERGENCE 的归约来证明很多其他问题也是 **PSPACE** 完全的。其中一个重要的类别是分布式计算。我们接下来介绍这样一个例子。

一个进程是有向图 $G=(V,E)$，我们称它的顶点为它的状态，称它的边为转换。一个通信进程系统是进程的集合 $\{G_1=(V_1,E_1),\cdots,G_n=(V_n,E_n)\}$，这里假设所有 V_i 是不相交的，以及一个称为通信对的无向转换对的集合 $P=\{\{e_1,e_1'\},\cdots,\{e_m,e_m'\}\}$。每一个通信对 $\{e_i,e_i'\}\in P$ 满足 $e_i\in E_j$ 且 $e_i'\in E_k(j\neq k)$。直观地，P 中的转换对代表着一种进程间交互的方法，即相应的进程按照转换的要求同时改变成合适的状态。要令这样的通信发生，这两个进程必须位于合适的状态上（两个转换的尾部）。

我们定义通信进程系统的*系统状态集合*为所有 V_i 的笛卡儿积：$V=V_1\times V_2\times\cdots\times V_n$。我们定义*转换关系* $T\subseteq V\times V$ 如下：$((a_1,\cdots,a_n),(b_1,\cdots,b_n))\in T$ 当且仅当存在 $j\neq k$ 使得 $\{(a_j,b_j),(a_k,b_k)\}\in P$，并且 $a_i=b_i$ 对所有的 $i\notin\{j,k\}$ 成立。也就是说，$((a_1,\cdots,a_n),(b_1,\cdots,b_n))\in T$ 当且仅当我们仅仅通过 P 中的一个对来改变系统状态的两个部分从而从 $(a_1,\cdots,a_n)$ 转变为 $(b_1,\cdots,b_n)$，并保持其他部分不变。

这里最重要的问题就是设计通信进程系统使它们满足不同的要求，并测试设计的结果是正确的。不幸的是，正如这些系统中所有其他重要的性质一样，测试工作都是难完成的。比如，我们定义*死锁系统状态*是系统状态 $d\in V$，使得没有任何 $a\in V$ 且 $(d,a)\in T$。死锁系统状态是我们不希望看到的，所以我们希望能够检测到死锁通信状态。不难看到测试给定的通信进程系统是否存在死锁状态是 **NP** 完全的（见问题 19.4.5）。但是，在实际情况中，只有一部分系统状态被实际操作使用。不会遇到的死锁情况是不重要的。因此下面的问题更有意义：

481

REACHABALE DEADLOCK：给定一个通信进程系统和一个初始系统状态 a，是否存在一个死锁系统状态 d，它能从 a 通过转换关系到达？

定理 19.10　REACHABLE DEADLOCK 是 **PSPACE** 完全的。

证明：要证明 REACHABLE DEADLOCK 是属于 **PSPACE** 的，我们假设给定一个通信进程系统。容易看到，在多项式空间内我们可以输出整个转换关系。对给定的转换关系，在非确定性对数空间内（相对于转换关系的大小，它在输入的指数级内）我们能确定一个状态 a 是否可能到达某个死锁系统状态。最后，运用性质 8.2 中的技巧，我们可以把两个有界空间算法结合成一个算法，从而不需要存储整个转换关系，这样我们就能在多项式空间内解决这个问题。

我们通过把 IN-PLACE ACCEPTANCE 归约到 REACHABLE DEADLOCK 来证明其完全性。对给定的图灵机 M 和输入 x，我们要决定 M 是否在有界空间内接受 x。我们这样来构造进程系统。构造 $|x|+2$ 个进程：M 计算时字符串的方块数加上一个初始的 $\triangleright$ 以及一个结尾的 $\triangleleft$，一个新的符号。我们假设已经修改了 M 的程序，这样当光标扫描到了 $\triangleleft$ 时（即当计算要违反"就地"要求时），图灵机就拒绝。这 $|x|+2$ 个进程都是同构的：第 i 个进程的状态空间 V_i 为 $\{s^i:s\in\Sigma\cup\Sigma\times K\}$，它是集合 $\Sigma\cup\Sigma\times K$ 的一个"有记号的副本"——这就是图灵机所有运算列表中出现的字符集合，见图 8.3。同样，$E_i=V_i\times V_i$ 为所有可能出现的边。

我们接下来定义通信对的集合 P。P 由所有 $\{(s_1^i,s_2^i),(s_3^{i+1},s_4^{i+1})\}$ 的边对组成，使得：(a) 字符 s_1、s_3 的其中一个和字符 s_2、s_4 的其中一个属于 $\Sigma\times K$；(b) 如果在某一时刻 M 的带中存在两个相邻的方块包含 s_1 和 s_3，则在下一步中这两个方块包含 s_2 和 s_4。此外，对所有的 $a,b\in\Sigma$ 以及 $i,j\leqslant|x|$，我们同时加入所有如下形式的对 $\{((\text{"}no\text{"},a)^i,(\text{"}no\text{"},a)^i),(b^j,b^j)\}$（这使得拒绝状态可以自我转换，从而把这类状态从死锁系统状态中排除）。定义了通信进程系统之后，我们令初始状态系统为 $a=(\triangleright,(x_1,s),x_2,\cdots,x_n,\triangleleft)$，其中 $x=x_1x_2\cdots x_n$ 是输入，s 为 M 的初始状态。

482

显然 M 的格局很自然地对应于系统状态，转换状态对应于格局图。当然，也存在一些不是格局的系统状态（例如，那些不是从 $\triangleright$ 开始，或者在 $\Sigma \times K$ 中有多个字符的状态），但这样的系统状态都是不能够从 a 到达的状态。由于我们的机器是确定性的，所以在这个进程系统的转换图中仅存在一条从 a 离开的路径，且对于输入 x，这条路径正好通过 M 所有的计算格局。如果 M 拒绝或发散，则没有一个从 a 可以到达的死锁。如果 M 接受，则这个接受的格局就是唯一可以到达的死锁。因此存在一个可以到达的死锁当且仅当 M 就地接受 x。 □

周期优化

假设我们必须为每天都要执行的任务提供一些机器。每个这样的任务会在一天的某个固定时间启动，然后在某个固定时间结束，并且在这段时间内需要独占一台机器。例如，在图 19.9a 中，任务 A 必须要在每天上午 6 点至下午 3 点执行，任务 B 必须要在下午 1 点至下午 11 点执行，任务 C 必须要在下午 8 点至上午 8 点执行，任务 D 必须在上午 0 点至上午 4 点执行。我们希望最小化所需要的机器数量（假设所有的机器是相同的，且适合所有的任务）。

对于这个问题，有一个很简单的图论方法：我们考虑一个无向图，其中的每个结点都是一个任务。如果两个任务对应的线段相交，则这两个任务结点间存在一条边，因此这两个任务必须使用不同的机器（见图 19.9b）。显然所需要的最少的机器数量就是这个图的着色数（chromatic number），也就是说，需要为图中所有结点着色并使相邻结点间颜色不同所需要的最少颜色数量。在以上这个例子中我们只需要三个机器。

但事实上在这个例子中两个机器就足够了。上述的分析是有问题的，因为它基于每个任务每天使用的机器都是相同的这样一个其实并不需要的限制条件。除去这个限制条件，我们实际上要着色的图就是图 19.9c。这里，A_i 代表任务 A 第 i 天，以此类推。尽管事实上这个图是无限的，但显然它只需要两种颜色就能被着色。注意，这个图是周期图，原则上在两个方向上延伸至无限远。周期图也可以非常简洁地用图 19.9d 来描述。在这个周期图中，有些边是有向的，标记为+1。这样的一条边 (u,v) 意味着对于所有的整数 i，存在一条无向边连接结点 u_i 和 v_{i+1}。现在我们可以陈述这个问题了：

PERIODIC GRAPH COLORING：给定一个周期图 G 和一个代表颜色数量的数 k，问这个图是否可以用 k 种颜色来着色？

483

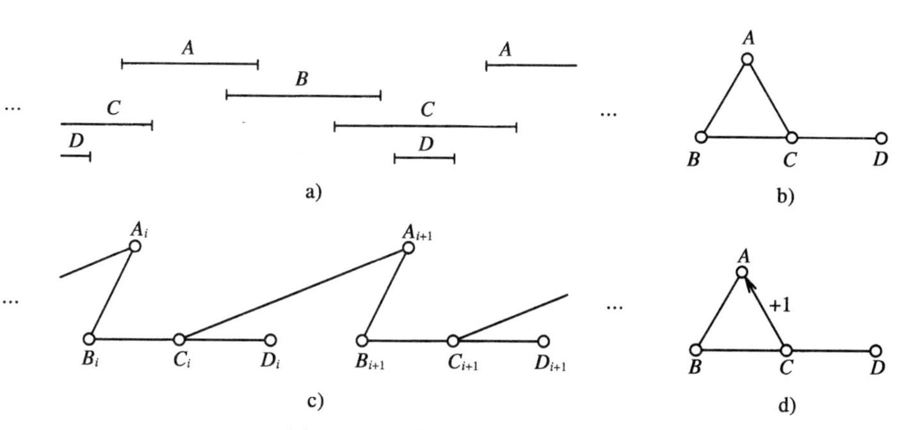

图 19.9 周期性调度和图着色

虽然给一个无限图着色看上去似乎很奇怪、很不寻常，但这却是一个已经明确定义的问题：要么存在一个着色（一个结点的无限可数集合到 $\{1,2,\cdots,k\}$ 的映射），要么不存在，但答案不是一下子可以算得出来的。

484

这个推广不单只适用于图上的问题。考虑如下的合取范式下的周期布尔表达式：

$$\cdots \wedge (x_i \vee \neg y_{i+1}) \wedge (x_i \vee y_i) \wedge (\neg x_i \vee z_{i+1} \vee y_i) \wedge$$
$$(x_{i+1} \vee \neg y_{i+2}) \wedge (x_{i+1} \vee y_{i+1}) \wedge (\neg x_{i+1} \vee z_{i+2} \vee y_{i+1}) \wedge \cdots$$

也可以精简成：

$$(x \vee \neg y_{i+1}) \wedge (x \vee y) \wedge (\neg x \vee z_{i+1} \vee y)$$

对每个整数 i 我们有一个包含了 3 个子句和 3 个布尔变量的组。y_{i+1} 中的下标表示在第 i 个组中的子句包含了 y_{i+1}，而不是 y_i。显然，我们也可以定义更复杂的表达式，其子句由包含了超过两组的变量构成；或者是图上的边连接两个不相邻的块中的顶点（这些对象的简洁表示可以有任意的正整数作为下标）。这里我们只考虑相邻的块才可能相交的周期性对象。

上述问题可定义如下：

PERIODIC SAT：给定一个周期布尔表达式，问是否存在一个满足所有的子句的变量的真值指派？

而且，这个问题也是一个良好定义的问题，但不是一下子算得出的。

定理 19.11　PERIODIC SAT 是 **PSPACE** 完全的。

证明： 我们首先证明这个问题是属于 **PSPACE** 的。假设给定的周期表达式是可满足的，那么考虑它可满足的真值指派。真值指派包含了一个对各种变量块真值指派的双向无穷序列 $\cdots,T_i,T_{i+1},T_{i+2},\cdots$。每个 T_i 都是一个 $\{$**真**,**假**$\}^n$ 中的元素，其中 n 是周期表达式中每个块中变量的数量。第 i 个块对（i 为任意整数），为两个相邻真值指派对（T_i，T_{i+1}）。由于存在 2^{2n} 种可能的不同块对，所以必然存在两个相同块对，它们之间的距离不超过 2^{2n}。因此，对于 $i+2$ 和 $i+2^{(k+1)n}$ 之间的某个 i 和 j 来说，$(T_i,T_{i+1})=(T_j,T_{j+1})$。但这也意味着存在一个可满足的真值指派，它包含了 $(T_i,T_{i+1},\cdots,T_{j-1})$ 的双向无限重复。我们可以得到：*如果一个周期表达式是可满足的，则它包含了一个周期性可满足的真值指派，其周期至多为变量个数的指数级。*

这个关键的观察使我们可以在多项式空间内解决这个问题：我们可以利用非确定性来猜测真值指派 $T_1,T_2,\cdots$，总是记住最后的两个真值指派。在我们猜测 T_i 后，我们检测第 $i-1$ 个组中所有的子句是否都被满足了。一旦我们成功猜测到了我们可以接受的 $T_{2^{2n}+2}$：我们知道存在一个周期性可满足的真值指派。

要证明完全性，我们还需要把 IN-PLACE DIVERGENCE 归约到 PERIODIC SAT。给定一个图灵机 M，问是否存在 M 的任何计算（从任意格局开始）会在 M 的带的前 $|M|$ 个方格上永远循环下去。我们的周期表达式在每个块中都拥有足够的变量去编码 M 的格局（加上一些额外的变量）。其中的子句表达了第 $i+1$ 个块中变量所编码的格局应该是由第 i 个块所编码的格局的下一步这样一个要求。这和 Cook 定理（定理 8.2）是完全一样的：一个电路可以捕捉到 M 的转换关系；电路的门就是新的变量，子句表达了每个门的输入和输出间真实的逻辑关系。

485

因此如果构造的这个周期表达式是可满足的，则变量的真值决定了 M 中前 $|M|$ 个方块上的无限次的计算。相反地，如果存在 M 的一个无限的，原地踏步的计算，则也必然存在一个无限计算，它由一个有限"循环"的无限次的重复组成（在证明中，这无限次的

计算只需要运行足够长到下一个格局重复出现就可以了)。而这样的无限计算产生了一个双向无限真值指派，它能够满足所构造的表达式。□

定理 19.12 PERIODIC GRAPH COLORING 是 **PSPACE** 完全的。

证明： 证明 PERIODIC GRAPH 属于 **PSPACE** 与 PERIODIC SAT 的证明相同：至多在 k^n 个副本出现后，相邻两个图的着色必然会重复，因此整个着色可以假设为指数级的周期。那么，多项式空间机器可以猜测并检查这样的着色。

要证明完全性，我们模仿第 9 章中 3SAT 到 COLORING 的归约。首先，回想定理 9.3 中证明 NOT-ALL-EQUAL SAT 问题变种的可满足性是 **NP** 完全的。我们观察到，一般而言电路产生的子句是可满足的当且仅当它们满足 NOT-ALL-EQUAL 的定义。因此定理 19.11 中的证明也说明了 PERIODIC NOT-ALL-EQUAL SAT 问题是 **PSPACE** 完全的。

最后，回想从 NOT-ALL-EQUAL SAT 到 COLORING 的归约（见图 9.8)。要把这个归约应用于这两个问题的周期性版本，我们需要为每个整数 i 创建一组新的三角形，并相交在不同的 2- 节点，以及为第 i 层的子句创建一组点不相交的三角形。子句三角形的结点与子句中出现的文字结点相邻（这些子句可能在下一层包含了一些文字)。通过给每一层 i 增加两个新的相邻的结点，称 a_i 和 b_i，并把这两个结点连接到第 i 层和第$i+1$层的 2-结点上，我们确保所有的 2-结点都着了相同的颜色。由此我们完成了 PERIODIC COLORING 是 **PSPACE** 完全的证明。□

还有很多这种类型的 **PSPACE** 完全问题，见 19.4.6 中的参考文献。

486

19.4 注解、参考文献和问题

19.4.1 QSAT 的 PSPACE 完全性由下文提出

- L. J. Stockmeyer and A. R. Meyer. "*Word problems requiring exponential time*," Proc. 5th ACM Symp. on the Theory of Computing, pp. 1-9, 1973.

该文章中的另一个重要的 **PSPACE** 完全问题，正则表达式等价性问题，见问题 20.2.13。Karp 的文章

- R. M. Karp. "Reducibility among combinatorial problems," pp. 85-103 in *Complexity Computations*, edited by J. W. Thatcher and R. E. Miller, Plenum Press, New York, 1972.

也包含一个 **PSPACE** 完全问题：上下文有关的识别。(给出一个与上下文有关语法（见问题 3.4.2）和一个串，该串位于该语法所生成的语言里吗?) 这个问题和 INPLACE ACCEPTANCE（见定理 19.9）紧密相关。

PSPACE 的博弈论方面在下文中指出

- T. J. Schäfer. "*Complexity of some two-person perfect-information games*", J. CSS 16, pp. 185-225, 1978.

有关 GEOGRAPHY 的定理 19.3 也在上文中给出。GO 的结果来自

- D. Lichtenstein, and M. Sipser. "*GO is polynomial-space hard*", J. ACM 27, pp. 393-401, 1980.

HEX（六连棋，或称"截连棋"）游戏到任意图的推广也是 **PSPACE** 完全的：

- S. Even, and R. E. Tarjan. "*A combinatorial game which is complete for polynomial-space*, J. ACM 23, pp. 710-719, 1976.

检查者游戏也是 PSPACE 完全的：

- A. S. Fraenkel, M. R. Garey, D. S. Johnson, T. Schäfer and Y. Tesha. "*Tghe complexity of checkers on an $N \times N$ board-preliminary report*," Proc. 19th IEEE Symp. on the Foundation of Computer Science, pp. 55-64, 1978.

推广后的国际象棋甚至更难，主要是因为国际象棋的终结规则允许指数长游戏（我们已经人为地在 GO 中排除了这种可能性)：

○ A. S. Fraenkel, and D. Lichtenstein. "*Computing a perfect strategy for n×n chess requirestimes exponential in n*", J. Combin. Theory Series A, 31, pp. 199-213, 1981.

19.4.2 但是甚至单人游戏也可能是 **PSPACE** 完全的。设 G 是有向无回路图。我们希望放置一个卵石在图的每个结点上。如果一个结点的全部前驱都已经有卵石，则该结点可以放置一个卵石。任何时候，我们可以放置一个卵石在源点（那样游戏得以开始）。任何时候，我们能够从任何结点移去一个卵石。当所有结点都曾经有卵石在上面放过，游戏结束。我们希望极小化必须提供的卵石数，也就是说，任何时候图上必须同时放置的最大卵石数。这个问题比 **NP** 完全还要难的原因是，当然，为了尽可能减少卵石的数量，结点可能重新放置卵石多次。已经证实此问题和寄存器最小化问题和问题 7.4.17 有关，它是 **PSPACE** 完全的。

487

○ J. R. Gilbert, T. Lengauer and R. E. Tarjan. "*The pebblling problem is complete for polynomial-space*," SIAM J. Comp. 9, pp. 513-524, 1980.

对于另一个 **PSPACE** 完全单人游戏问题，考虑移动复杂的家具问题，它的部件和附件是可以移去或旋转的，通过奇形怪状走廊。见

○ J. Reif. "*Complexity of the mover's problem and generalizations*," Proc. 20th IEEE Symp. on the Foundation of Computer Science, pp. 144-154, 1979. 也参见

○ J. E. Hopcroft, J. T. Schwatz, and M. Sharir. "*On the complexity of motion planning for multiple independent objects: PSPACE-completeness of the warehouseman's problem*," Int. J. Roboties Research, 3, pp. 76-88, 1984.

19.4.3 不确定的决策问题的复杂性，例如 STOCHASTIC SCHEDULING，在下文中研究

○ C. H. Papadimitriou. "*Games against nature*", Proc. 24th IEEE Symp. on the Foundation of Computer Science, pp. 446-450, 1983; also J. CSS 31, pp. 288-301, 1985.

其中还可以发现多个其他完全问题的例子，以及这个类和 **PSPACE** 的等价性（见定理 19.5）。

19.4.4 Shamir 定理来自

○ A. Shamir. "*IP=PSPACE*", Proc. 31st IEEE Symp. on the Foundation of Computer Science, pp. 11-15, 1990.

此文改进了发表于该文数天之前的结果，该结果声称 **IP** 包含多项式谱系 **PH**：

○ C. Lund, L. Fortnow, H. Karloff and N. Nisan. "*Algebraic methods for interactive proofs*", Proc. 31st IEEE Symp. on the Foundation of Computer Science, pp. 1-10, 1990.

后文的证明使用了和 *Shamir* 非常相似的算术交互技术，但是是基于 *Toda* 定理来计算积和式的。这些算术技术可以追溯到关于密码技术和测试方面的研究。

○ D. Beaver, and J. Feigenbaum. "*Hiding instances in multioracle queries*", Proc. 7th Symp. on Theoretical Aspects of Comp. Science, Lecture Notes in Computer Science, Springer Verlag, Berlin, pp. 37-48, 1990.

488

○ R. J. Lipton. "*New direction in testing*", pp. 191-202 in Distributed Computing and Crypotography, American Math. Society, Provindence, 1991.

对于 Shamir 关于多证明者协议的定理以后的研究活动以及其他没有预见到的方向的重大突破见 20.2.16 问题中的参考文献。

19.4.5 **问题**：证明一个给定的通信进程系统是否有死锁状态（到达或者到达不了）是 **NP** 完全的。

19.4.6 关于 PERIODIC SAT 和 COLORING 的定理 19.11 和定理 19.12 仅仅是其中的一小部分：

问题：小心地定义 PERIODIC HAMILTON PATH 和 PERIODIC INDEPENDENT SET 问题，证明它们是 **PSPACE** 完全的。

欲了解更多参见

489~490

○ J. H. Orlin. "The Complexity of dynamic language and dynamic optimization problems," *Proc. of 13th. ACM Symp. the Theory of Computing*, pp. 218-227, 1981.

第20章

Computational Complexity

未来的展望

本章，我们将最后看一看某些真正的、可证明的棘手问题……

20.1 指数时间复杂性类

回顾指数时间复杂性类定义

$$\mathbf{EXP} = \mathbf{TIME}(2^{n^k})$$

和对应的非确定类

$$\mathbf{NEXP} = \mathbf{NTIME}(2^{n^k})$$

和 $\mathbf{P} \stackrel{?}{=} \mathbf{NP}$ 相对应的指数级的问题是 $\mathbf{EXP} \stackrel{?}{=} \mathbf{NEXP}$——不幸的是，对这个问题的解答我们也好不到哪去。然而，关于这两个问题之间有一些简单的联系：

定理 20.1 如果 $\mathbf{P}=\mathbf{NP}$，则 $\mathbf{EXP}=\mathbf{NEXP}$。

证明： 设 $L \in \mathbf{NEXP}$。在 $\mathbf{P}=\mathbf{NP}$ 的假设下，我们将证明 L 在 $\mathbf{EXP}$ 里。根据定义，L 被非确定性图灵机 N 在时间 2^{n^k} 内判定，k 是某个常数。现在考虑 L 的“指数衬垫版本”：

$$L' = \{x \sqcap^{2^{|x|^k} - |x|} : x \in L\}$$

即，L' 由 L 中 x 衬垫足够“拟空格”使之总长度到 $2^{|x|^k}$。

我们断言 $L' \in \mathbf{NP}$。这是容易证明的：首先检查串是否以很多拟空格结尾，如果不是则拒绝，否则他就模拟 N，处理拟空格为空格。因为它的输入长度是指数量级，所以机器在多项式时间内工作。

因为 $L' \in \mathbf{NP}$，并且我们假设 $\mathbf{P}=\mathbf{NP}$，所以我们知道 $L' \in \mathbf{P}$。因此有一个确定性图灵机 M' 在时间 n^ℓ 内判定 L'。事实上，我们可以假设 M' 是具有输入输出的机器，而且它从不写任何东西在输入带上。我们现在反过来构造一个确定性机器 M，它在时间 2^{n^ℓ} 内判定 L，ℓ 是整数，从而完成证明。这是容易做到的：输入 x 上的 M 简单地模拟输入 $x \sqcap^{2|x|^k - |x|}$ 上的 M'。仅有的困难是，当 M' 的读写头在 $\sqcap$ 中移动时如何跟踪它，但这可以通过将读写头的位置看成二进制整数来解决。 □

逆反过来，如果 $\mathbf{EXP} \neq \mathbf{NEXP}$，则 $\mathbf{P} \neq \mathbf{NP}$。即，类的相等性向上传递，而不等性则向下传递。换句话说，虽然我们相信 $\mathbf{EXP} \neq \mathbf{NEXP}$，但有可能比证明 $\mathbf{P} \neq \mathbf{NP}$ 更难。也许，$\mathbf{P} \neq \mathbf{NP}$，仍然有 $\mathbf{EXP}=\mathbf{NEXP}$（见参考文献）。

当然，还可以推广（它的证明见问题 20.2.3）。

推论 如果 $f(n)$ 和 $g(n) \geqslant n$ 是真函数，则 $\mathbf{TIME}(f(n)) = \mathbf{NTIME}(f(n))$ 蕴涵 $\mathbf{TIME}(g(f(n))) = \mathbf{NTIME}(g(f(n)))$。 □

还有，定理 20.1 在空间复杂性方面以及时间和空间复杂性交互方面的类比，见问题 20.2.4。

有趣的是，将 $\mathbf{EXP}$、$\mathbf{NEXP}$ 和其他两类更温和的指数时间相比较：

$$E = \mathbf{TIME}(k^n) \text{ 和 } \mathbf{NE} = \mathbf{NTIME}(k^n)$$

即，这两类中的时间界有线性指数关系，而不是多项式指数关系。这些类的主要缺点是它们在归约下不封闭（见问题7.4.4）。但是，它们与**EXP**和**NEXP**紧密相关。

引理20.1　对任何**NEXP**中语言L，就有一个语言$L'\in$**NE**，使得L归约到L'

证明：只需注意到，如果$L\in$**NTIME**(2^{n^k})，则$L'=\{x\sqcap^{|x|^k}:x\in L\}$在**NE**中，而且$L$归约到$L'$。□

换言之，**NEXP**是**NE**在归约下的闭包。这个引理在证明**NEXP**完全性结果时有用。

精简的问题

492

但是，这些类有怎样的完全问题呢？在下个子节中，我们将看到某些有趣的逻辑问题，它们体现了这一级别的复杂性。另外一类有趣的**EXP**和**NEXP**完全问题来自定理20.1的证明：**NEXP**和**EXP**就是输入规模以指数精简的**P**和**NP**。

多个**NP**完全图论问题（包括MAXCUT、MAX FLOW、BISECTION WIDTH等）在自动设计VLSI芯片中有重要的应用。然而，在芯片设计中，有些描述芯片的方法不是显式和直接地，列举各个部件和芯片的连接，而是用重复格式和编码好的格局精简和隐式地描述芯片。以一个简单的例子为例，一个很规整电路可以描述如下：

"在一个$N\times M$方格(i,j)，$i=1,\cdots,N,j=1,\cdots,M$上，重复地存放组件$C$（$N$和$M$是给定大整数），除了位置$i=j$、$i=2$和$i=N-1$上存放其他给定组件$C'$"。

因为M和N以二进制形式给定，所以这样的描述可以想象得到是指数地比他们描述的电路更为精简。相应地，抽象了电路结构和运算的（我们需要用这些电路来解答一些计算问题，如MAX-CUT，BISECTION WIDTH等问题）图可以用比我们通常列出的所有边的清晰表示方式更为指数地精简的方式来描述。

我们能定义一种表示图的方式，它达到了这种"硬件描述语言"的效果。具有$n=2^b$个结点的图的精简表示，是具有$2b$个输入门的布尔电路C。该图标记为G_C，它定义为：G_C的结点集合为$\{1,2,\cdots,n\}$。$[i,j]$是G_C的一条边，当且仅当C接受b位二进制整数i,j作为输入。

现在问题SUCCINCT HAMILTON PATH是：给出具有n个结点的图G_C的C精简表示，G_C有哈密顿路径吗？SUCCINCT MAX CUT、SUCCINCT BISECTION WIDTH或者任何图论问题的精简版本也一样（对于这些问题，以及任何图论优化问题，一个二进制的预算/目标K和C一起给出）。

我们也可以定义SUCCINCT 3SAT、SUCCINCT CIRCUIT SAT和SUCCINCT CIRCUIT VALUE。为了编码布尔电路，我们首先假设所有门至多有两个后继门，即我们想象一个门有4个邻居，前两个是前驱，后两个是后继（如果少于4个邻居，就把缺失的门设为虚构的门0）。布尔电路的精简表示是另一个具有很多输出的布尔电路。输入形式为

493

$i;k$，i是二进制数的门编号，$0\leqslant k\leqslant 3$，编码电路的输出形为$j;s$，门j是门i的第k个邻居，s编码门i的类型（AND、OR、NOT）。为了精简地编码一个合取范式形式的布尔表达式，我们假定所有子句有3个文字，每个文字出现3次（而且，缺失的文字和子句以0表示）。假设要被编码的表达式有n个变元和m个子句。编码电路输入$0;i;k$，这里$i\leqslant n$和$k\leqslant 2$，返回文字$\neg x_i$出现第k次的子句的标号。对于输入$1;i;k$，返回文字x_i出现第k次的子句的标号。对于输入$2;\sqcup i;\sqcup k$，这里$i\leqslant m$和$1\leqslant k\leqslant 3$，返回子句i的第k个文

字。可以看出，所有的布尔表达式被编码了。SUCCINCT␣CIRCUIT␣3SAT㊀是这样的问题㊁：给一个电路 C，布尔表达式 ϕ_C 是否是可满足的。对 SUCCINCT CIRCUIT SAT 和 SUCCINCT CIRCUIT VALUE 也类似。

定理 20.2　SUCCINCT CIRCUIT SAT 是 **NEXP** 完全的。

证明：它显然在 **NEXP** 中：一个非确定性机器可以猜测一个对所有门满足的真值指派 $[t_1,\cdots,t_N]$，N 按照 C 的输入是指数大小的，然后，验证输出门是**真**并且所有的门有合法的值。

为证明完全性，我们将归约 **NEXP** 中的任何语言到 SUCCINCT CIRCUIT SAT。故假设 L 是语言，被非确定性图灵机 N 在时间 2^n 内判定（这里，我们用到引理 20.1）。对每个输入 x，我们将构造 SUCCINCT CIRCUIT SAT 的实例 $R(x)$，$R(x)$ 是一个电路，它编码另外一个电路 $C_{R(x)}$，具有如下性质：$C_{R(x)}$ 可满足当且仅当 $x \in L$。电路 $C_{R(x)}$ 本质上是在 Cook 定理（见定理 8.2）证明中所构造的电路，只是指数规模大。即有基本电路 C 的 $2^n \times 2^n$ 个复制品。$C_{R(x)}$ 的门形为 i,j,k，其中 $i,j \leqslant 2^n$ 和 $k \leqslant |C|$，C 具有基本电路的规模。$R(x)$ 对输入 i,j,k 有二进制输出 $s;i,j,k';i,j,k''$，s 是 C 的门 k 的编码类型，而 k'，k''是 C 中 k 的前驱。非常容易完成 $R(x)$ 的构造，它适当地约定 C 的邻接复制品的输入和输出，以及计算表中的上下行和左右列，使之包含正确的符号（见图 8.3）　□

对于更多这类有关复杂性问题的讨论，见问题 20.2.9。类似于上面建立定理 20.2 的证明，得到：

推论 1　SUCCINCT 3SAT 和 SUCCINCT HAMILTON PATH 是 **NEXP** 完全的。

证明：SUCCINCT 3SAT 和 SUCCINCT HAMILTON PATH 显然在 **NEXP** 中；为了证明完全性，通常的 CIRCUIT SAT 到 3SAT 的归约（回顾例 8.3）可以通过直观地修改用来构建 SUCCINCT CIRCUIT SAT 到 SUCCINCT CIRCUIT 3SAT 的归约。给定电路 K 编码的某电路 C_K，我们必须构造电路 $R(K)$，它编码等价表达式 $\phi_{R(k)}$。表达式 $\phi_{R(k)}$ 必须有和 C_K 的门一样多的变元，两倍多的子句，具有直接反映 C_K 的结构。这是非常容易做到的，$R(K)$本质上就是 K，带有某些简单的输入预处理和输出的后处理以和新的惯例相一致。 494

现在我们归约 SUCCINCT 3SAT 到 SUCCINCT HAMILTON PATH。给出一个电路 C 描述一个布尔表达式 ϕ_C，我们能够构造电路 $R(C)$，它编码从 3SAT 到 HAMILTON PATH 的归约（定理 9.7）的图。每个变元对应于图中一个选择构件（见图 9.7），每个子句对应于三个结点（图 9.7 中的约束构件中三角形的结点），加上对应于一个子句里一个文字的每次出现的 12 个结点（异或构件）。图中任意两个这样的结点是否用 G 里边相连能够从两个结点编号、加上布尔表达式（如同电路 C 所描述）的出现关系来容易确定。因此，编码归约的结果图电路 $R(C)$ 可以通过对 C 进行简单的编号预处理和后处理而得到。　□

推论 2　SUCCINCT CIRCUIT VALUE 是 **EXP** 完全的。

证明：显然，它在 **EXP** 中。定理 20.2 证明的确定性版本（见定理 8.1 和 8.2）建立

㊀ 原文漏掉 CIRCUIT。——译者注

㊁ 如果这样的表达式存在，则它可满足否的提问是合理的。但是，很多电路并不能表示成一个合法的布尔表达式，其可能的原因则是五花八门。

了完全性。 □

最后，我们有定理 16.5 推论 1 的指数版本（它也可以通过定理 20.1 的证明用到的"衬垫论证"得到）。

推论 3　**EXP** 就是交错多项式空间类。

证明： SUCCINCT CIRCUIT VALUE 在上述两个类中都是完全的（见问题 20.2.9(e)）。 □

SUCCINCT 3SAT 在交互式协议和可近似性的研究中起了核心的作用，具体请参阅 13.4.14 节及其后面的内容。

一阶逻辑的一个特例

FIRST-ORDER SAT，询问是否一阶逻辑表达式有一个模型，当然是不可判定的（见定理 6.3 的推论 1）。然而有若干有趣的表达式的"句法类"是可判定的。下面，我们将核查它们中的一个（其他类见 20.2.11）。

495

如果（a）字母表仅有关系符和常数符，没有函数符和等号，而且（b）该一阶逻辑表达式的形式为

$$\psi = \underline{\exists x_1 \cdots \exists x_k \forall y_1 \cdots \forall y_\ell \phi} \tag{20-1}$$

则称该一阶逻辑表达式为 Schönfinkel-Bernays 表达式。即，它是一系列存在量词在前、一系列全称量词在后的前束形式。SCHÖNFINKEL-BERNAYS SAT 是如下问题：给定如（20-1）所示的 Schönfinkel-Bernays 表达式，它有一个模型吗？

定理 20.3　SCHÖNFINKEL-BERNAYS SAT 是 **NEXP** 完全的。

证明： 我们首先指出它属于 **NEXP**。考虑（20-1）中 Schönfinkel-Bernays 表达式 ψ，假设有 m 个常数出现于 ϕ。

引理 20.2　ψ 是可满足的当且仅当它有一个具有 $k+m$ 或者更少元素的模型。

证明： 假设 ψ 有一个模型 M，其论域是 U。根据满足的定义，有元素 $u_1, \cdots, u_k \in U$，它们不一定是不同的元素，使得 $M_{x_1=u_1,\cdots,x_k=u_k} \models \underline{\forall y_1 \cdots \forall y_\ell \phi}$。现在令 U' 是集合 $\{u_1, \cdots, u_k\}$，加上 U 的所有出现于 ϕ 的某些常数在 M 下的映像的元素（注意 U' 至多有 $k+m$ 个元素），并令 M' 是 M 在 U' 的限制。即，M' 有论域 U'，将词汇集中所有常数符号，如同 M 一样，映射到 U' 中相同的元素（注意，按照定义，常符号的映像也是 U' 中定义的）。最后，U' 元素的 k 元组按 M' 内的关系符有关系当且仅当它按 M 内的关系符有关系。

我们断言 $M' \models \psi$。理由是：因为 $M_{x_1=u_1,\cdots,x_k=u_k} \models \underline{\forall y_1 \cdots \forall y_\ell \phi}$，所以 $M_{x_1=u_1,\cdots,x_k=u_k} \models \underline{\forall y_1 \cdots \forall y_\ell \phi}$ 中，因为 M 和 M' 的常数符号和关系符相一致，并删去论域里的元素使得全称语句更容易满足。 □

从引理可以直接得知，SCHÖNFINKEL-BERNAYS ␣ SAT 属于 **NEXP**。为了验证 Schönfinkel-Bernays 表达式是可满足的，我们只需猜测一个模型具有 $|U| \leqslant k+m$ 个元素，并验证这个模型满足 ψ。令 n 是表示 ψ 的长度，出现在 ψ 中的每个关系符和函数符的参数至多为 n，描述模型的长度是 $\mathcal{O}(n^{2n})$，在时间 $\mathcal{O}(n^q)$ 内可以测试可满足性，q 是量词的总数。我们得证此问题属于 **NEXP**。

为证明完全性，考虑语言 L 被非确定性图灵机 N 判定，每步有两个选择，时间为 2^n（用引理 20.1）。对每个输入 x，我们将在对数空间内构造一个 Schönfinkel-Bernays 表达式

$R(x)$，使得 $x \in L$ 当且仅当 $R(x)$ 有个模型。

此构造本质上与 Fagin 定理（见定理 8.3）的证明相同，除了一些方法更为简单些外。496 现在我们不需要二阶存在量词，因为提问是否存在一个模型有同样的效果。关系符的参数个数依赖于 n，事情大大地简化了。

我们有 $2n$ 个变元 $x_1,\cdots,x_n,y_1,\cdots,y_n$。整个表达式 $R(x)$ 由下面所描述的合取组成，前面置以 $2n$ 个变元的全称量词。为模拟变元的 0、1 值，我们使用一元符号 $\mathbf{1}(\cdot)$。直观地，$\mathbf{1}(\mathrm{x}_1)$ 意指 $\mathrm{x}_1=1$，$\neg\mathbf{1}(\mathrm{x}_1)$ 意指 $\mathrm{x}_1=0$（我们需要这个技巧，因为在我们语言里没有等式）。

对 $\mathrm{k}=1,\cdots,\mathrm{n}$，我们有 2k 元谓词 $\mathrm{S_k}(\mathrm{x}_1,\cdots,\mathrm{x_k},\mathrm{y}_1,\cdots,\mathrm{y_k})$ 表示二进制数 $\mathrm{y}_1,\cdots,\mathrm{y_k}$ 是二进制数 $\mathrm{x}_1,\cdots,\mathrm{x_k}$ 的后继值。与定理 8.3 的证明一样我们可以递归地定义 $\mathrm{S_k}$。对于 $\mathrm{k}=1$，我们有 $\mathrm{S}_1(\mathrm{x}_1,\mathrm{y}_1)\Leftrightarrow(\neg\mathbf{1}(\mathrm{x}_1)\wedge\mathbf{1}(\mathrm{y}_1))$。

对每个出现在 N 的计算表中的符号 σ，我们有 2n 元关系符 $\mathrm{T}_\sigma(\mathbf{x},\mathbf{y})$（$\mathbf{x}$ 表示 $x_1,\cdots,x_k$，$\mathbf{y}$ 表示 $y_1,\cdots,y_k$），它表示在第 $\mathbf{x}$ 步（$\mathbf{x}$ 解释为 n 位二进制整数）N 的第 $\mathbf{y}$ 个符号是 σ。有两个 n 元关系 C_0 和 C_1，$C_0(\mathbf{x})$ 意指第 $\mathbf{x}$ 步非确定性选择为 0，$C_1(\mathbf{x})$ 意指第 $\mathbf{x}$ 步非确定性选择为 1。我们要求每一步两者必取其一。我们还要求表的第一行在 x 之后以空格填满，最左列和最右列仅仅相应地包含 ▷ 和 ⊔。每个五元组 $(\alpha,\beta,\gamma,c,\sigma)$ 代表如果三个连续的符号是 $\alpha\beta\gamma$ 并选择 c，则在下一步，σ 出现在 β 的位置，我们有表达式确保这个实现，如定理 8.3 的证明一样。最后，我们要求有一个"yes"在最后一行。我们对 $R(x)$ 的刻画到此为止。容易证实合取式 $R(x)$ 完全公理化所要的关系符含义，于是有一个对于 $R(x)$ 的模型当且仅当 $x \in L$。 □

最后我们提醒读者关于 **EXP** 和 **NEXP** 完全问题：不像本书所有其他章节的完全性结果，这些问题已知不在 **P** 中，因此按照我们的标准，它们肯定是难处理的。

更大范围的……

没有理由终止于 **NEXP**：通过量词交错，人们会超越 **NEXP** 并自然发现指数谱系与多项式谱系类似，人们会以为指数谱系是一个无限递增的类的序列。然而，自 **NE** 开始，这个谱系却塌陷了（见参考文献）。于是，我们有指数空间 $\mathbf{EXPSPACE}=\mathbf{SPACE}(2^{n^k})$；497 甚至我们到达双指数时间 $2\text{-}\mathbf{EXP}=\mathbf{TIME}(2^{2^{n^k}})$。当然，也有 $2\text{-}\mathbf{NEXP}=\mathbf{NTIME}(2^{2^{n^k}})$。如果 $2\text{-}\mathbf{EXP}$ 和 $2\text{-}\mathbf{NEXP}$ 不相等，不等号会向下传递到 $\mathbf{EXP}\neq\mathbf{NEXP}$，最后 $\mathbf{P}\neq\mathbf{NP}$。再向上则是 $3\text{-}\mathbf{EXP}=\mathbf{TIME}(2^{2^{2^{n^k}}})$ 等。

我们于是有指数谱系——有所改变的是这次是真的可证明的谱系，因为根据时间谱系定理，这些类的每一个都是真包含前面一个复杂性类。这个谱系的累积复杂性类称为初等语言类[⊖]。即，一个语言是初等的，如果它属于某个有限指数的类

$$\mathbf{TIME}(2^{2^{\cdot^{\cdot^{\cdot^{2^n}}}}})$$

注意，在该定义中，非确定性、交错、空间界或者在最后指数里的 n^k 都是无关紧要的细节……，最后还发现某些相当自然的可判定问题甚至不是初等的（见问题 20.2.13）。498

⊖ 这个术语表达的有些过份。术语出自不可判定的上下文。

20.2　注解、参考文献和问题

20.2.1　类综览

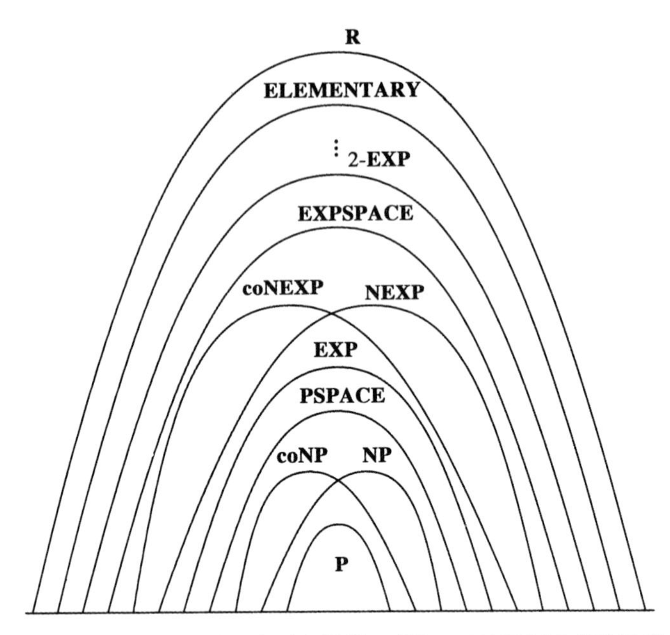

在文献中，关于指数复杂性类的记号，有不少混淆。例如，**EXPTIME** 有时候表示我们书上的 **E**，类似地对非确定性类也有相似的混淆。

20.2.2　有谕示使得 **P**≠**NP**，但 **EXP**＝**NEXP**，见

○ M. J. Dekhtyar. "On the relativization of deterministic and nondeterministic complexity classes," in *Mathematical Foundations of Computer Science* pp. 255-259, Lecture Notes in Computer Science, Vol. 45, Springer Verlag, Berlin, 1976.

该文中也给出分离 **EXP** 和 **PSPACE** 类的谕示。这些类与 **E**，**NE** 的关系也服从各种相对化。

20.2.3　**问题**：证明如果 $f(n)$ 和 $g(n)\geqslant n$ 是真复杂性函数，

(a) **TIME**$(f(n))$＝**NTIME**$(f(n))$ 推出 **TIME**$(g(f(n)))$＝**NTIME**$(g(f(n)))$。

499

(b) 对于空间，也有类似结论。

20.2.4　**问题**：证明如果 **L**＝**P**，则 **PSPACE**＝**EXP**。

20.2.5　**问题（非确定性空间谱系）**：(a) 证明 **NSPACE**$(n^3)\neq$**NSPACE**(n^4)（重复地使用问题 20.2.3 (b)，结合 Savitich 定理和空间谱系定理）。

(b) 更为一般地，证明 **NSPACE**$(f(n))\neq$**NSPACE**$(f^{1+\varepsilon}(n))$，对于任何函数 $f\geqslant \log n$ 和 $\varepsilon>0$。

20.2.6　定理 20.1、问题 7.4.7 和问题 20.2.5 来自

○ O. Ibarra. "A note concerning nondeterministic tape complexities," *J. ACM*, 19, pp. 608-612, 1972

○ R. V. Book. "Comparing complexity classes," *J. CSS*, 9, pp. 213-229, 1974.

○ R. V. Book. "Translational lemmas, polynomial time, and $log^j n$ space," *Theoretical Computer Science*, 1, pp. 215-226, 1976.

20.2.7　**问题**：证明 $\mathbf{P}^{\mathbf{E}}$＝**EXP**。

20.2.8　**问题**：(a) 证明 **E**≠**NE** 当且仅当有一个一元语言在 **NP**－**P** 中（考虑 **E**（或 **NE**）中任一语言的一元版本，证明它在 **P** 中（或相应地，在 **NP** 中））。这个结果可以加强为如下：

(b) 证明 **E**≠**NE** 当且仅当有一个稀疏语言在 **NP**－**P** 中。（参见

○ J. Hartmanis, V. Sewelson, and N. Immerman. "Spare sets in NP-P: EXPTIME vs NEXP-

TIME," *Information and Control*, 65, pp. 158-181, 1985.)

论文

○ L. Hemachandra. "The strong exponential hierarchy collapse," *J. CSS*, 39, 3, pp. 299-322, 1989.

证明了 **NE** 谱系塌陷。

20.2.9 精简使得一个问题的复杂性增加一个指数量级。定理 20.2 仅仅是一个可能的例子：

(a) 定义 SUCCINCT KNAPSACK 并证明它是 **NEXP** 完全的。

(b) 证明 SUCCINCT REACHABILITY 是 **PSPACE** 完全的。对于图是一棵树的情况，请重新证明该命题（回顾问题 16.4.4）。

(c) 定义 SUCCINCT ODD MAX FLOW 并证明它是 **EXP** 完全的。

(d) 定义 NON-EMPTINESS 是下述问题：给定一个图，它有边吗？证明 SUCCINCT NON-EMPTINES 是 **NP** 完全的。

(e) 证明 SUCCINCT CIRCUIT VALUE 是交错多项式空间完全的。

图论问题的精简版本的复杂性在下文中进行了研究。

○ H. Galperin and A. Wigderson. "Succinct representations of graphs," *Information and Control*, 56, pp. 183-198, 1983.

500

这些问题的复杂性指数地增加第一次在该文被观察到。定理 20.2 证明中的一般归约技术来自

○ C. H. Papadimitriou and M. Yannakakis. "A notes on succinct representations of graphs," *Information and Control*, 71, pp. 181-158, 1986.

该主题更为详尽的处理见

○ J. L. Balcázar, A. Lozano, and J. Torán. "The complexity of algorithmic problems in succinct instances," in *Computer Science*, edited by R. Baeza-Yates and U. Manber, Plenum, New York, 1992.

20.2.10 **问题**：给出一堆方砖，所具有的类型为 $T=\{t_0,\cdots,t_k\}$，以及两个关系 $H,V\subseteq T\times T$(对应地，为水平和垂直可兼容关系)。还给定二进制整数 n。一个 $n\times n$ 铺砖是一个函数 $f:\{1,\cdots,n\}\times\{1,\cdots,n\}\mapsto T$ 使得 (a)$f(1,1)=t_0$；(b) 对所有 i,j，$(f(i,j),f(i+1,j))\in H$ 和$(f(i,j),f(i,j+1))\in V$。TILING 是如下问题的回答：给出 T,H,V 和 n，是否存在一个 $n\times n$ 铺砖？

(a) 证明 TILING 是 **NEXP** 完全的。

(b) 证明 TILING 是 **NP** 完全的，如果 n 以一元形式给出（这就是逆向精简现象）。

(c) 证明给出 T,H 和 V，对所有 $n>0$，是否存在一个 $n\times n$ 铺砖问题是不可判定的。

20.2.11 **一阶逻辑的可判定片段** 除了定理 20.3 中的一阶逻辑 Schönfinkel-Bernays 片段被证明是 **NEXP** 完全的外，下述无函数类的量词序列的可满足性也是可判定的：

(a) Ackermann 类，形为 $\exists^*\forall\exists^*$ 的量词式（即，只有一个全称量词）是 **EXP** 完全的。

(b) Gödel 类，形为 $\exists^*\forall\forall\exists^*$ 的量词式（即，只有两个接续的全称量词）是 **NEXP** 完全的。

后来发现，所有其他量词序列的有效性问题是不可判定的。还有一个可判定的情况是

(c) 词汇中仅有一元关系符的任意表达式。这是一元场合，它的可满足性问题是 **NEXP** 完全的。

这些可判定的研究成果是 Hilbert 规划的主要部分（见第 6 章的参考文献），时间上要早于一阶逻辑的不可判定性。关于一阶逻辑片断的可判定性、不可判定性和复杂性结果，参见

○ B. S. Dreben, and W. D. Goldfrab. *The Decision Problem: Solvable Cases of Quantification Formulas*, Addison-Wesley, Reading, Massachusetts, 1979.

○ H. R. Lewis. *Unsolvable Classes of Quantification Formulas*, Addison-Wesley, Reading, Massachusetts, 1979.

501

○ H. R. Lewis. *Complexity results for classes of Quantification Formulas*, in *J. CSS*, 21, pp. 317-353, 1980.

20.2.12 **实数理论** 我们注意第 9 章里整数集合上的线性不等式是否有整数解是 **NP** 完全的，而同

样的问题对实数解则属于 **P**（见 INTEGER 和 LINEAR PROGRAMMING，9.5.34 节）。引人深思的是关于整数和实数的复杂性在更为广的背景下展示出类似的行为：一面是，在词汇 $0,1,+,\times,<$ 上的一阶逻辑表达式是否是 **N** 上一个真性质是不可判定的，（参见定理 6.3 的推论 1）然而，一阶逻辑式是否是实数域 $\Re$ 上为真性质则是可判定的。（为了看到两个理论的重要区别，考虑

$$\forall x \forall y \exists z[x \geq y \vee (x < z \wedge z < y)])$$

令 THEORY OF REALS 是这个词汇集上的所有一阶逻辑语句集合 ϕ，使得 $\Re \models \phi$。THEORY OF REALS WITH ADDITION 是没有乘法出现的上述集合的子集。

为证明 THEORY OF REALS WITH ADDITION 是可判定的，我们采用一般的用于很多领域的技术：量词消去法。对任何前束形式 $Q_1x_1\cdots Q_nx_n\phi(x_1,\cdots,x_n)$，其中 ϕ 是无量词，我们展示怎样转换它到等价的无量词表达式。通过归约，我们只需展示怎样转换上述表达式到等价的表达式 $Q_1x_1\cdots Q_{n-1}x_{n-1}\phi'(x_1,\cdots,x_{n-1})$，其中 ϕ' 是无量词。事实上，假设 Q_n 是 $\forall$（否则用项 $\forall x_n$ 重写表达式）。

(a) 证明 ϕ 是 k 个形为 $x_n \rhd \ell_i(x_1,\cdots,x_{n-1})$ 的原子表达式的布尔组合，其中 $\rhd \in \{=,<,>\}$，ℓ 是具有有理系数的线性函数。

(b) 证明 ϕ' 是形为 $\vee_{t\in T}\phi[x_1 \leftarrow t]$，其中 T 是 n^2 项的集合，它对所有 i,j，形为 $\frac{1}{2}(\ell_i(x_1,\cdots,x_{n-1})+\ell_j(x_1,\cdots,x_{n-1}))$。

(c) 得出结论 THEORY OF REALS WITH ADDITION 属于 2-**EXP**。(你能改进到属于 **EXPSPACE** 吗?)

对于比较弱的下界，我们能够证明 **NEXP** 中的每个问题可以归约到 THEORY OF REALS WITH ADDITION。为此，我们对每个 $n \geq 0$ 构造表达式 (1) $\mu_n(x,y,z)$；(2) $\xi_n(x,y,z)$；(3) $\beta_n(x,y)$，长度为 $\mathcal{O}(n)$，具有标明的自由变元。这些表达式有下述性质：用 a,b,c 代替 x,y,z 时，$\Re$ 满足这些表达式当且仅当相应地有 (1) $a \in [0,2^{2^n}]$ 的整数，$a \cdot b = c$；(2) $a,c \in [0,2^{2^n}]$ 的整数，$b^a = c$；(3) $a \in [0,2^{(2^n+1)^2}+1]$ 的整数，$b \in [0,2^n]$ 的整数，而且 a 的第 b 位是 1。

(d) 说明怎样对 n 进行归纳，使得在 n 的对数空间内构造这些表达式（为避免多次使用 μ_i 等，在定义 μ_{i+1} 时，你必须采用定理 19.1 的技术）。

502

(e) 用这些表达式去编码任何非确定性指数时间计算为语句，使得语句在 THEORY OF REALS WITH ADDITION 中当且仅当计算是成功的（这是 Cook 定理的另一个指数扩展版本）。

THEORY OF REALS WITH ADDITION 的复杂性可以精确定位于某个复杂性类，但是本书没有给出（至少是迄今为止……）：具有指数时间的交错图灵机（迄今我们有所有指数空间的）但是每次仅计算 n 次交错。这一结果来自

○ L. Berman. *The complexity of logical theories*, Theor. Comp. Science 11, pp. 71-78, 1980.

有趣的是，THEORY OF REALS（所有语言，包括乘法）也是可判定的。这也通过消去量词而得到，但是现在涉及更多种类——例如，从 $\exists x a\cdot x\cdot x+b\cdot x+c=0$ 消去量词应当产生 $b\cdot b \geq 4\cdot a\cdot c$。这是 Alfred Tarski 的经典结果。有趣的是，如果我们允许指数，它是否是可判定的还是一个未解决的问题。

如果我们通过禁止指数来弱化数论，那么我们知道该问题仍然是不可判定的（见第 6 章的参考文献）。然而，如果我们还移去乘法，那么得到的数论片段叫作 Presburger 算术。运用消去法，该理论是可判定的，其复杂性也是高的，例如见

○ M. J. Fisher and M. O. Rabin. *Super-exponential complexity of Presburger arithmetic*, Complexity of Computation (R. M. Karp, ed.), SIAM-AMS Symp. in Applied Mathematics 1974.

20.2.13　正则表达式的等价性　正则表达式是符号集 $\{0,1,\emptyset,\cdot,\cup,{}^*\}$ 上的语言，定义如下：首先单位长度串 $0,1,\emptyset$ 是正则表达式。其次，如果 ρ,ρ' 是正则表达式，则 $\rho\cdot\rho',\rho\cup\rho',\rho^*$ 也是。正则表达式的语义也是简单的：正则表达式 ρ 的含义是一个语言 $L(\rho)\in\{0,1\}^*$ 归纳地定义如下：首先 $L(0)=\{0\}$，$L(1)=\{1\}$ 和 $L(\emptyset)=\{\}$。然后，$L(\rho\cdot\rho')=L(\rho)L(\rho')=\{xy:x\in L(\rho),y\in L(\rho')\}$，$L(\rho\cup\rho')=L(\rho)\cup L(\rho')$ 和

$L(\rho^*)=L(\rho)^*$。

(a) 描述 $L((0\cup 1^*)^*)$ 和 $L((10\cup 1)^*\cup(11\cup 0)^*$。你能否设计一个有限状态自动机，也许是非确定性的（见问题 2.8.11 和 2.8.18），它判定这些语言？

事实上，一个语言能被有限自动机判定当且仅当它是某个正则表达式的含义（这就是为什么我们称这种语言为正则，见问题 2.8.11）。一个方向是容易的：

(b) 如果 ρ 是正则表达式，指出怎样设计一个非确定性的有限状态自动机判定 $L(\rho)$（显然，对 ρ 的结构采用归纳法）。你能给出另外一个方向的证明吗？

如果 $L(\rho)=L(\rho')$，我们称这两个正则表达式 ρ 和 ρ' 是*等价的*。判定两个正则表达式是否等价是个重要的计算问题，其变种遍及全部上述复杂性谱系。这些变种在一篇重要论文中讨论。

503

○ L. J. Stockmeyer and A. R. Meyer. *Word problems requiring exponential time*, Proc. 5th ACM Symp. on the Theory of Computing, pp. 1-9, 1973.

(c) 证明判定两个正则表达式是否等价的问题是 **PSPACE** 完全的，*即使表达式之一是* $\{0,1\}^*$（用非确定性来证明它在 **PSPACE** 中。为证明完全性，用正则表达式表示*不是*‘机器 M 在输入 x 后接受的就地计算’的编码的字符串的集合。）

(d) 如果正则表达式不出现 *（Kleene 星），则称为无 * 正则表达式。证明两个无 * 正则表达式是否等价是 **coNP** 完全的（证明属于 **coNP** 并不难，为证明完全性，从 3SAT 的一个*无法*实例开始，写一个*无法*满足该实例的真值指派的集合的无 * 正则表达式）。

(e) 现在假设我们允许将平方缩写符 ^{2} 放在正则表达式中 $L(\rho^2)=L(\rho)L(\rho)$。但是不允许用 *。证明两个正则表达式是否等价是 **coNEXP** 完全的。（用 ^{2} 我们能够表示一个指数长的表达式的不满足的真值指派，只要其子句有某种正则性。注意这是精简表示而导致复杂性指数递增的又一实例。

(f) 接下来假设同时允许 * 和 ^{2}，这时候问题成为*指数空间完全的*！（又一个精简表示的例子，请和 (e) 进行比较）

(g) 最后，如果我们允许符号 $\neg$（含义为：$L(\neg\rho)=\{0,1\}^*-L(\rho)$），则*等价问题甚至不是初等的*（每次出现 $\neg$ 就升高新的指数复杂性，直观上，因为它要求一个非确定性有限状态自动机到非确定性有限状态自动机的转换，见问题 2.8.18）。

20.2.14 复杂性类的全景画 有一个有趣的途径从统一的角度来观察各种在本书中讨论的复杂性类。我们有一个计算模型：非确定性的、多项式界的图灵机，标准化时每步有两个选择（第一和第二选择次序任意）和精确地在输入长度为 n 的 $p(n)$ 步停机，p 是一个多项式。这样的机器 N 运行在输入 x 上，产生一棵计算树，$2^{p(|x|))}$ 片叶子，每片叶子标记为“yes”或者“no”。现在因为选择被排序了，所以这些叶子也排序了，因此 N 对 x 的计算可以考虑为 $\{0,1\}^{2^{p(|x|)}}$ 的一个串，目前暂不考虑“yes”或者“no”和 1 或 0 的区别。我们标记该串为 $N(x)$。

语言 $L\in\{0,1\}^*$ 称为*叶子语言*。令 A 和 R 是两个不相交的叶子语言（相应地叫*接受*和*拒绝*叶子语言）。现在任何两个这样的语言定义一个*复杂性类*：令 $\mathcal{C}[A,R]$ 是下述性质所定义的语言 L 的全体，有一个标准化非确定性图灵机 N，具有下述性质：$x\in L$ 当且仅当 $N(x)\in A$，$x\notin L$ 当且仅当 $N(x)\in R$。

504

(a) 证明 $\mathbf{P}=\mathcal{C}[A,R]$，其中 $A=1^*$ 和 $R=0^*$。证明 $\mathbf{NP}=\mathcal{C}[A,R]$，其中 $A=\{0,1\}^*1\{0,1\}^*$ 和 $R=0^*$。还证明 $\mathbf{RP}=\mathcal{C}[A,R]$，其中 $A=\{x\in\{0,1\}^*: x$ 中 1 的个数比 0 的个数多和 $R=0^*$。

(b) 寻找适当的叶子语言 A 和 R，使得 $\mathcal{C}[A,R]$ 是：**coNP**，**PP**，**BPP**，**ZPP**，**UP**，$\oplus$**P**，**NP**$\cap$**coNP**，**NP**$\cup$**coNP**，**NP**$\cup$**BPP**。

(c) 寻找适当的叶子语言 A 和 R，使得 $\mathcal{C}[A,R]$ 是：$\mathbf{\Sigma}_2\mathbf{P}$，$\mathbf{\Sigma}_j\mathbf{P}$，**PSPACE**。

(d) 考虑叶子语言 A，它由具有如下性质的串 x 组成：如果 x 分割为长度为 2^k 的互不相交的子串，$k=\lceil\log\log x\rceil$，而且如果这 $\frac{|x|}{2^k}$ 个串被看成二进制整数，则其中最大的整数是奇数。证明 $\mathcal{C}[A,\overline{A}]$ 是 $\Delta_2\mathbf{P}$（见定理 17.5 和问题 17.3.6）。

(e) 证明 (a)～(d) 考虑的叶子语言全都属于 **NL**。证明如果 A，$R\in\mathbf{NL}$，则 $\mathcal{C}[A,R]\subseteq\mathbf{PSPACE}$。

(f) 证明如果 A 是 **NL** 完全的叶子语言，则$\mathcal{C}[A,\overline{A}]=$**PSPACE**。

(g) 寻找适当的叶子语言 A 和 R，使得$\mathcal{C}[A,R]=$**EXP**，也寻找适当的叶子语言 A 和 R，使得$\mathcal{C}[A,R]=$**NEXP**。

(h) 在 (a)～(d) 考虑的哪些叶子语言对 A 和 R 是互补的？即 $A\cup R=\{0,1\}^*$？哪些叶子语言对 A 和 R 可以重新定义成为互补的？（例如，(a) 中 **P** 内叶子语言对不互补，但是存在互补的其他语言对。）

注意这些通过互补对所定义的类与我们平时所谓的*语法类*而不是*语义类*的紧密关系。事实上，一个“语法类”完美的合理定义将是任何形为$\mathcal{C}[A,\overline{A}]$ 的类。

(i) 定义适当的叶子语言到叶子语言的函数类使得下述事实为真：如果 f 是该类中的函数，通常，A 和 R 是互不相交的语言，则 $f(A)$ 和 $f(R)$ 也是互不想交的叶子语言，而且$\mathcal{C}[A,R]\subseteq\mathcal{C}[f(A),f(R)]$。

我们发现，一个和如上叶子语言紧密相关的形式化可以用于有关谕示结果的系统化证明，见

○ D. P. Bovet, P. Crescenzi, and R. Silvestri. *A uniform approach to define complexity classes*, Theor. Comp. Science 104, pp. 263-283, 1992.

20.2.15　队列网络　假设给定一个*队列网络*，它是队列集合 $V=\{1,\cdots,n\}$ 和*顾客类型*集合 T，其类型 $t_i=(P_i,a_i,S_i,w_i)$ 是路径集合 $P_i\subseteq V^*$（一系列队列，为服务于这类顾客所接受的），一个*内部到达时间分布* a_i（系统里这类顾客经常到达的程度），对每个队列 $j\in V$ 有一个*服务时间分布* S_{ij}（一个顾客待在队列 j 中多长时间）和一个*权重* w_i（这类顾客在系统里多么重要）。分布是离散的，以清晰的值-概率对的方式给定。问题是控制这个系统（基本的要求是确定怎样处理每次顾客的来到和完成队列中的服务），使顾客平均总等待时间的加权和最小。

505

这是著名的、重要的、超出想象的困难问题——例如，当 $n=2$ 时两个队列的情况，就已经是众所周知的困难问题。

问题：严格地形式化问题，证明它是 **EXP** 完全的（用交错多项式空间）。

20.2.16　交互式证明和指数时间　在 12.2 节定义的爱丽丝和鲍勃之间的交互式证明系统，定理 19.8 指出它就是 **PSPACE**。假设我们推广这个概念到*多证明者*。即，协议在鲍勃（他有多项式时间和随机计算能力）与多个证明者（命名她们为爱丽丝、艾米、安等）之间，每个人都具有指数计算能力，每个人都有意图使鲍勃相信串 x 确实在语言 L 中。鲍勃向任何一个证明者提他的问题，证明者必须回答。事实上，对每个输入 x，鲍勃可以和多个证明者交互，交互次数为$|x|$的多项式次。如果 $x\in L$，我们要求鲍勃以概率 1 接受；如果 $x\notin L$，则对任何可能的证明者集合，鲍勃接受的概率小于 $2^{-|x|}$。

使得情况变得有趣的关键特征是：证明者在协议的过程中*不能相互通信*。如果允许相互通信，则情况等价于一个证明者的协议（一帮合谋的证明者行为等价于一个证明者）。但是不容许证明者之间相互通信，使得她们难以欺骗鲍勃，我们将会看到，可能容许更为有趣和强大的语言被判定。

如果一个语言 L 可以被上述协议判定，我们说它有一个*多证明者交互证明系统*。我们写为 $L\in$ **MIP**。我们说 L 有一个谕示证明系统，如果下述成立：有一个随机谕示图灵机 $M^?$ 使得，如果 $x\in L$ 则存在一个谕示 A，$M^A(x)=$“yes”以概率 1 成立；如果 $x\notin L$，则对任何谕示 B,$M^B(x)=$“yes”的概率$\leqslant 2^{-|x|}$。

(a) 证明下述事实是等价的：

(1) $L\in$ **MIP**。

(2) L 有两个证明者的交互式证明系统。

(3) L 有一个谕示证明系统。

（当然，从 (2) 推导 (1) 是平凡的，为证明 (1) 推出 (3)，想象证明者事先约定取得一致：对于鲍勃所提的任何问题回答相同（他们必须如此做，因为他们缺乏通信）；将这个协议表示成一个谕示机。为证明 (3) 推出 (2)，鲍勃能用向证明者之一提问他向谕示机发出的询问来模拟 M^A，在结束之际，向第二个证明者随机地选择向第一个证明者询问过的提问——以确保第一个证明者能够背诵回答某些谕示，而不是基于之前她的交互回答。要重复足够多次。这个论证来自

506

○ L. Fortnow, J. Rompel, and M. Sipser. *On the power of multiprover interactive protocols*, Proc. 3rd. Conference on Structure in Complexity Theory, pp. 156-161, 1988.)

(b) 基于 (a)，证明 **MIP⊆NEXP** (用 (3))。

令人惊奇的是，人们发现这两类是重合的。不但如此，交互式协议的功能达到其极限（和 Shamir 定理 19.8 相比）。这在下文中被证实

○ L. Babai，L. Fortnow，and C. Lund. *Nondeterministic exponential time has two-prover interactive protocols*，Proc. 31st IEEE Symp. on Foundation of Computer Science，pp. 16-25，1990；also，Computational Complexity 1，pp. 3-40，1991.

通过推广在 Shamir 定理的证明中使用过的“算术化”方法，该文章设计了一个针对 SUCCINCT 3SAT 的谕示证明系统（见定理 20.2 的推论 1)。证明是很精致的。SUCCSINCT 3SAT 的实例和由谕示提供的断言满足的真值指派被转换成长的求和式，与 Shamir 定理的证明相似。如果由谕示提供的真值指派是多线性函数（该多项式对每个变元线性），则 Shamir 定理的证明修正一下就可以。最后，谕示必须被用来测试是否为多线性——这才是证明的核心。

20.2.17 NEXP 和近似性 在一系列导致最终定理 13.13 被证明的重大发展中重要一步是发现了交互式概率证明和优化问题的可近似性相关。下文是首次披露这一点。

○ U. Feige，S. Goldwasser，L. Lovász，S. Safra and M. Szegedy. *Approximating cligue is almost NP-complete*，Proc. 32nd IEEE on the Foundations of Computer Science，pp. 2-12，1991.

思路是简单的：假设 $L\in$ **NEXP**。根据前面的问题，我们可以假设 L 有一个谕示证明系统 $M^?$。令 $V(x)$现在是所有 $M^?$ 对输入 x 的可能接受的计算——它们是$|x|$的指数量。定义下面的边$[c,c']\in E(x)$，c,c'是 $V(x)$ 中的计算，当且仅当有一个谕示 A 使得 $M^?$ 对于 c 和 c'进行的计算一致（换句话说，如果 c 和 c'是“相容的”)。结果显示，因为 $M^?$ 是对于 L 的谕示证明系统，所以图$(V(x),E(x))$ 的最大团或者非常小（如果 $x\notin L$）或者非常大（在 $x\in L$)。

问题：请证明，如果 CLIGUE（或 INDEPENDENT SET）的近似阀值严格小于 1，则 **EXP＝NEXP**（与定理 13.13 的推论 2 相比较)。

507

本章的思路和技术已经从 $\mathbf{P}\overset{?}{=}\mathbf{NP}$ 扩大到指数时间。从上述结论到

○ S. Arora，and S. Safra. *Probabilistic checking of proofs*，Proc. 33rd IEEE on the Foundations of Computer Science，pp. 2-13，1992.

并最终导致

○ S. Arora，C. Lund，，R. Motwani，M. Sudan and M. Szegedy. *Proof verification and hardness of approximation problems*，Proc. 33rd IEEE on the Foundations of Computer Science，pp. 14-23，1992.

定理 13.12 和 13.3 涉及了。将算术化和多线性测试有效“缩减”到多项式范围的更聪明的论证。事实上，这种缩减努力已经从前面列出的 Feige 等的参考文献开始了。为了综合理解这些技术，见

○ M. Sudan. *Efficient Checking of Polynomials and Proofs and the Hardness of Approximation problems*，Phd dissertation，Univ. of California Berkeley，1992.

508

索　引

索引中所标页码为该词在书中第一次出现的页码。

推荐阅读

自动机理论、语言和计算导论（原书第3版）

作者：John E. Hopcroft 等 译者：孙家骕 等 书号：7-111-24035-8 定价：49.00元

本书是关于形式语言、自动机理论和计算复杂性方面的经典教材，是三位理论计算大师的巅峰之作。书中涵盖了有穷自动机、正则表达式与语言、正则语言的性质、上下文无关文法及上下文无关语言、下推自动机、上下文无关语言的性质、图灵机、不可判定性以及难解问题等内容。

本书已被世界许多著名大学采用为计算机理论课程的教材或教学参考书，适合作为国内高校计算机专业高年级本科生或研究生的教材，还可供从事理论计算工作的研究人员参考。

计算理论导引（原书第3版）

作者：Michael Sipser 译者：段磊 唐常杰 等 书号：978-7-111-49971-8 定价：69.00元

本书由计算理论领域的知名权威Michael Sipser所撰写。他以独特的视角，系统地介绍了计算理论的三个主要内容：自动机与语言、可计算性理论和计算复杂性理论。作者以清新的笔触、生动的语言给出了宽泛的数学原理，而没有拘泥于某些低层次的细节。在证明之前，均有“证明思路”，帮助读者理解数学形式下蕴涵的概念。本书可作为计算机专业高年级本科生和研究生的教材，也可作为教师和研究人员的参考书。